750kV变电站
工程设计与创新

李志刚　主　编
康　鹏　申卫华　副主编

中国电力出版社
CHINA ELECTRIC POWER PRESS

内 容 提 要

750kV 示范工程是我国电力工业发展史上的一个里程碑。750kV 示范工程设计创立了新一级电压等级输变电工程设计技术的系统性开发模式。本书在 750kV 示范工程的基础上，结合近年来的工程实践，旨在系统总结 750kV 输变电工程设计技术，提炼设计创新亮点，促进电网设计技术发展。主要包括引论，电气主接线，过电压保护、绝缘配合及防雷接地，高压电气设备，电气总平面布置及配电装置，导体及金具，站用电、照明及电缆敷设，计算机监控系统，继电保护，电源、时间同步及辅助控制系统，站区布置及建构筑物，给排水、灭火及暖通空调，变电站数字化发展与展望十三章内容。

本书可作为从事电力工程变电专业建设管理、施工、运行和检修等专业工程技术人员及管理人员的参考书，也可供高等院校相关专业的师生参考使用。

图书在版编目（CIP）数据

750kV 变电站工程设计与创新 / 李志刚主编. —北京：中国电力出版社，2024.6
ISBN 978-7-5198-8074-3

Ⅰ．①7… Ⅱ．①李… Ⅲ．①变电所–工程施工–施工设计 Ⅳ．①TM63

中国国家版本馆 CIP 数据核字（2023）第 158711 号

出版发行：中国电力出版社
地　　址：北京市东城区北京站西街 19 号（邮政编码 100005）
网　　址：http://www.cepp.sgcc.com.cn
责任编辑：高　芬（010-63412717）
责任校对：黄　蓓　王海南　郝军燕
装帧设计：张俊霞
责任印制：石　雷

印　　刷：三河市万龙印装有限公司
版　　次：2024 年 6 月第一版
印　　次：2024 年 6 月北京第一次印刷
开　　本：787 毫米×1092 毫米　16 开本
印　　张：31.25
字　　数：715 千字
印　　数：0001—1500 册
定　　价：198.00 元

编 委 会

主　编　李志刚

副主编　康　鹏　申卫华

参　编　李学鹏　马彦琴　牛冲宣

　　　　应　捷　王黎彦　赵晓辉

序　言

　　自 2005 年 750kV 官亭—兰州东输变电示范工程投产以来，我国 750kV 电网建设逐渐进入快速发展阶段，日臻成熟；到目前为止，750kV 电网规模已跃居世界首位，750kV 变电站研究、设计、建设、设备制造、调试、运行管理等已达到世界领先水平。

　　设计是工程建设的龙头，做好设计工作，才能从源头上做好工程建设。创新是引领发展的第一动力，只有不断进行创新，才能推动技术发展，促进技术成果转化。在多年的工程建设中，750kV 变电站在设计和创新领域取得了较为丰硕的成果，攻克了较多难关，积累了大量成功经验。

　　中国电力工程顾问集团西北电力设计院有限公司作为最早参加 750kV 电网建设的设计单位，一直战斗在工程设计和创新一线，为我国 750kV 电网贡献了自己的一份力量，形成了一整套先进设计理念，推动了我国电力设计行业的发展。

　　为进一步指导 750kV 变电站工程设计，培养优秀人才，助力我国 750kV 电网安全、规范、创新建设，中国电力工程顾问集团西北电力设计院有限公司组织经验丰富的技术人员，编纂了《750kV 变电站工程设计与创新》。本书与《750kV 架空输电线路工程设计与创新》为系列图书，有利于 750kV 输变电工程设计经验和创新成果的转化，彰显了企业责任。

　　本书全面总结和反映了我国 750kV 变电站设计和创新领域各项重大成果，代表了行业的水平和发展方向，希望能够为后续工程建设提供帮助，为我国电力发展添砖加瓦。

柏林

全国工程勘察设计大师

2024 年 4 月 8 日

前　言

2001 年，我国启动西北电网 750kV 主干网架可行性研究工作，至今已有二十余年。自 2005 年 9 月 750kV 官亭—兰州东输变电示范工程（简称 750kV 示范工程）投产以来，截至 2022 年年底，西北地区全网建成 750kV 线路 220 条，总长度约为 27713.38km；750kV 变电站 68 座（含 2 座开关站），主变压器 131 组，主变压器容量 235100MVA。750kV 主网架建设不仅为西北五省区经济社会发展提供了坚强的电力保障，而且为"西电东送"等国家战略提供了坚强的支撑。从 2005 年至今，我国仅用了十多年的时间就建成了世界上规模最大的 750kV 骨干网架，堪称一个伟大的奇迹。

750kV 示范工程是我国电力工业发展史上的一个里程碑，是我国自主设计、自主建设、自主设备制造、自主调试、自主运行管理的具有世界领先水平的输变电工程。750kV 示范工程设计，从摸索前行，到制定规程、规范，再到工程建成投运进行总结，创立了新一级电压等级输变电工程设计技术的系统性开发模式。创新，是工程设计的灵魂和永恒主题。二十多年来，工程设计者们不断总结工程经验，合理应用新技术、新设备、新材料，创新应用三维数字化设计，工程设计水平不断提高，设计出了一批批精品工程、优质工程。

本书的编写旨在系统总结 750kV 输变电工程设计技术，提炼设计创新亮点，促进电网设计技术发展。主要包括引论，电气主接线，过电压保护、绝缘配合及防雷接地，高压电气设备，电气总平面布置及配电装置，导体及金具，站用电、照明及电缆敷设，计算机监控系统，继电保护，电源、时间同步及辅助控制系统，站区布置及建构筑物，给排水、灭火及暖通空调，变电站数字化发展与展望十三章内容。本书可作为从事电力工程变电专业建设管理、施工、运行和检修等专业工程技术人员及管理人员的参考书，也可供高等院校相关专业的师生参考使用。

本书由李志刚担任主编，负责总体策划、组织协调及校审统稿工作，并负责编写第一章（康鹏参与）；李学鹏负责编写第二章；康鹏负责编写第三章；申卫华负责编写第四章和第六章；王黎彦负责编写第五章（李学鹏参与）；牛冲宣负责编写第七章；马彦琴负责编写第八章、第九章和第十章；应捷负责编写第十一章和第十二章；赵晓辉负责编写第十三章。

　　本书的编制得到了行业内相关单位和人员的支持和帮助，提供了宝贵素材；钟西岳、张玉明、穆华宁、许玉香等审阅了本书并提出了有益的修改意见，在此一并感谢。

　　"十四五"期间，我国将致力于构建以新能源为主体的新型电力系统，电力技术和电力工业将迎来又一次飞跃发展的机会。希望本书的出版，能够给后来者有所帮助。但由于技术的快速发展和编者水平所限，本书难免出现纰漏和差错，恳请读者在使用中将发现的问题和错误反馈给编者，以便再版时修正。

编　者

2023 年 6 月

目　录

第一章 引 论

第一节 概 述

2005 年 9 月，我国自主设计的首个 750kV 输变电工程——750kV 官亭—兰州东输变电示范工程（简称 750kV 示范工程）投入运行。经过多年的建设和发展，至 2022 年年底，我国西北地区（陕西、甘肃、青海、宁夏、新疆）已形成了以 750kV 为主的骨干网架。在 750kV 电网建设之前，西北电网根据自身特点和需求，选择 330kV 作为最高电压等级运行，为西北地区社会经济发展发挥了重要作用；后因地区经济的进一步发展和需求，750kV 电压等级开始提上日程，经过示范工程、"十二五"期间、"十三五"期间及"十四五"初期各阶段的不断建设和发展，工程建设和技术水平不断提高，在 750kV 变电站设计与创新方面取得了巨大成就。

至 2022 年 6 月，我国第一条 330kV 输变电工程（330kV 刘家峡—天水—关中输变电工程，简称 330kV 刘天关输变电工程）投运满五十周年；同时，我国第一条 750kV 输变电工程（750kV 官亭—兰州东输变电示范工程）开展可研论证和设计研究工作也已走过二十个春秋。

1958 年 9 月，我国第一座完全依靠自己力量建设的百万千瓦级大型水力发电工程——甘肃刘家峡水电站正式开工建设；1969 年 3 月，第一台机组发电；1974 年 12 月，刘家峡水电站全部建成投产。当时，甘肃省全省电力负荷不足 500MW，相邻的青海省电力负荷不足 90MW，无法消纳刘家峡水电站的电力，需要把多余的电力外送到 500km 外的陕西关中负荷集中地区。

在解决刘家峡水电站电力外送通道时，针对西北地区电压等级的选择问题，进行过多方论证，对 500、380、330kV 三种电压等级进行了比较，考虑标准电压序列、投资和实际需求等综合因素，最终决定采用 330kV 电压等级。1967 年 9 月，经国家批准，330kV 刘天关输变电工程应运而生。

330kV 刘天关输变电工程线路长 534km，变电容量 480MVA，于 1970 年 4 月开工，1972 年 6 月投入运行，工程现场照片见图 1-1。之后 330kV 电网进入大规模建设期，逐渐成为我国西北地区主网架，为我国西北地区发挥水电优势、承载大范围功率交换、水火共济等方面发挥了重大作用，作出了巨大贡献。

图 1-1　330kV 刘天关输变电工程现场照片

随着经济的不断发展，至 20 世纪末，原有 330kV 网架已无法满足西北地区大型水火电厂的接入系统，以及 500km 以上超远距离输电的要求，难以适应经济社会发展的需求。随着 330kV 电网输送容量趋于饱和，电网出现不少薄弱环节，形成输电"瓶颈"，造成黄河上游水电基地和陕北、宁夏火电基地出线密集、线路走廊紧张、送电效率降低等问题，形成资源浪费。此外，在全国联网的大格局下，西北电网作为送端电网，需要自身网架足够坚强，才能确保电力外送通道的顺畅。因此，在西北地区建设 750kV 电网被提上议程。

在西北地区建设 750kV 电网，可满足西北电网内部电力输送和功率交换要求，满足国家"西电东送"战略要求，实现西北电网自身发展需求，具有非常重要的战略意义。经多方论证，最终确定在西北地区建设 750kV 网架。

2001 年，我国开始启动西北电网 750kV 主干网架可行性研究工作；2003 年 9 月，中国电力工程顾问集团西北电力设计院有限公司（简称西北院）独立设计的 750kV 官亭—兰州东输变电示范工程正式开工；2005 年 9 月 26 日，工程正式投入商业运营。750kV 官亭—兰州东输变电示范工程是我国自主设计、建设、制造、调试、运维的第一个 750kV 超高压输变电工程，自此我国的超高压输变电技术迈入世界先进行列。

国外自 1965 年加拿大建成、投运世界上第一条 735kV 超高压输电工程以来，对这个电压等级已有多年设计和科研经验，尽管这些经验可供我国参考，但我国 750kV 输变电工程主要建设在西北地区，海拔高、风沙大、紫外线强烈、昼夜温差大，因此必须结合我国技术发展和进步的实际情况，对 750kV 工程设计进行研究，并结合工程需要进行创新。

自我国开始第一座 750kV 变电站设计和科研创新工作以来，至今已二十余年，在这二十余年里，以西北院为代表的各设计单位以及相关科研单位，在 750kV 变电站设计与创新方面开展了大量工作，走自主创新之路，攻克了一个个难关；技术起点高，新材料、新工艺、新技术应用多，树立了一座又一座丰碑。在 750kV 变电站设计、750kV 设备制造方面，一大批规程规范也陆续编制发布。此外，设计及科研工作连续斩获各类奖项：750kV 官亭—兰州东输变电示范工程获国家科学技术进步奖一等奖、中国电力科学技术奖一等奖、全国优秀工程设计金奖、电力行业优秀工程设计一等奖；博州 750kV 变电站工程、妙岭 750kV 变电站工程等一批工程获中国电力优质工程奖；西宁 750kV 变电站工程、日月山 750kV 变电站工程、西安南 750kV 变电站工程、张掖 750kV 变电站工程等一批工程获鲁班奖；西安北 750kV 变电站工程获中国安装之星奖等。这些丰硕的成果，无不浸透着设计和科研人员的汗水，记录着他们的伟大足迹。

第二节　国内外 750kV 变电站设计发展历程

一、国外 750kV 变电设计技术发展概况

国外第一个 735kV 输变电工程于 1965 年在加拿大魁北克建成投产，即 735kV 麦尼夸根—魁北克—蒙特利尔输变电工程，线路长度约 600km。苏联于 1967 年建成其第一个 750kV 输变电工程，从科拉科夫斯卡火电站至莫斯科，长度约 100km。美国第一个 765kV 输变电工程于 1969 年建成，为美国电力公司（American Electric Power，AEP）电网。后续若干个国家也开展了 750kV 电网建设。

在我国 750kV 示范工程启动研究和建设之前，世界上共有美国、苏联、乌克兰、加拿大、巴西、南非、委内瑞拉、韩国等十几个国家建设了 750kV 输电系统，750kV 线路总长超过 27000km；750kV 当时已成为这些国家的主力电网；从设备制造到工程运行，积累了较为丰富的运行经验及相关科研和创新成果。但是，由于外部环境条件和运行条件差异较大，国外的这些经验可供我国直接应用的较少。当时，国外工程与国内工程外部条件显著差异如下：

（1）国外工程过电压水平与国内相比有差异。

（2）国外工程海拔一般均未超过 1500m，而我国西北地区海拔普遍较高，部分地区海拔甚至达到 3000m 以上。

（3）导线电晕、电磁环境等指标各国差异较大，这些指标对变电站设计有较大影响。

（4）变电站设备、导线、金具的研制和开发，需要各国结合国情及环境条件实际考虑，不能生搬硬套。

国外的 750kV 电网工程建设主要集中在 20 世纪 60 年代至 80 年代初，20 世纪 80 年代以后，仅巴西、南非、委内瑞拉、波兰、韩国有过少量 750kV 建设经验，其中韩国于 2000 年投运 KEPCO 项目，之后国外 750kV 电网发展开始放缓。2001 年我国开始启动 750kV 示范工程科研及设计工作以来，国外 750kV 工程设计技术发展相对较为缓慢并逐渐被我国赶超。

二、国内 750kV 变电设计技术发展概况

（一）"十二五"及前期发展情况

2005 年 9 月 26 日，750kV 示范工程正式投产，变电工程采用 800kV 户外 GIS。

2008 年，西北电网新增 3 条 750kV 线路：凤凰—乌北（降压至 220kV 运行）、银川东—兰州东、官亭—西宁。800kV 户外 AIS 配电装置首次开始在银川东变电站工程应用，西宁变电站工程首次深入研究 750kV 高海拔防晕设计技术。

2009 年，西北 750kV 电网迎来大发展，750kV 兰州东—平凉—乾县输变电工程投运，紧接着 750kV 乾县—宝鸡输变电工程投运。陕西彬长发电厂双回接入乾县变电站。宁夏新增 750kV 黄河—贺兰山输变电工程，大坝电厂三期接入贺兰山变电站，黄河变电站、白银变电站 Π 接入 750kV 银川东—兰州东线路，景泰发电厂单回接入白银变电站。

2010 年，青海拉西瓦水电站分别单回接入西宁变电站、官亭变电站。新疆建成 750kV 凤凰—乌北郊—吐鲁番—哈密单回线路，新疆电网与西北主网联网，形成乌北郊—吐鲁番—哈密—敦煌—酒泉—武胜双回网架（河西第一通道）。甘肃电网与青海电网形成西宁—武胜—白银—兰州东—官亭—拉西瓦—西宁的环网网架结构。宁夏建设 750kV 银川东—黄河双回线路，灵武发电厂双回接入银川东变电站。陕西新增 750kV 乾县—信义双回线路。青海新增 750kV 西宁—日月山双回线路。陕西宝二电厂单回线路接入宝鸡变电站。

2011 年，陕北至关中 750kV 第一通道（即 750kV 榆横—洛川—信义双回线路）建成，秦岭发电厂单回接入信义变电站。青海建成 750kV 日月山—海西—柴达木双回线路，新疆建成 750kV 吐鲁番—巴州单回线路。其中日月山变电站首次在 750kV 电压等级上采用四分裂导线。

2013 年，新疆与西北联网第二通道（即 750kV 哈密—天山换流站—烟墩—沙洲—鱼卡—柴达木双回线路）建成。新疆建设 750kV 凤凰—乌苏—伊犁单回线路，甘肃建设 750kV 敦煌—沙洲双回线路。陕西新增 750kV 榆横变电站—双河发电厂单回线路。在沙洲变电站和鱼卡变电站，750kV 可控高压并联电抗器首次应用；沙洲变电站为首个全复合化 750kV 变电站。

2014 年，750kV 兰州东—麦积山—宝鸡双回线路建成，陕甘联络线增加为四回。其中麦积山变电站首次应用 800kV HGIS 设备。新疆形成围绕乌鲁木齐的环网结构（凤凰—达坂城—乌北郊—凤凰），建设 750kV 乌北郊—五彩湾单回线路，达坂城双Π接入吐鲁番—乌北郊线路，建设 750kV 库车—巴州单回线路，750kV 电网进一步向南疆延伸。

2015 年，陕西关中形成 750kV 环网（建设 750kV 宝鸡—南山—信义单回线路），店塔发电厂单回接入榆横变电站。宁夏建设沙湖变电站，形成环网网架结构（黄河—银川东—沙湖—贺兰山—黄河）。新疆建设亚中变电站，单Π接入凤凰—达坂城线路。建设 750kV 库车—阿克苏—巴楚—喀什单回线路，750kV 电网延伸至南疆深处。

至"十二五"末期，西北电网形成新疆与主网双通道四回联络线路（哈密—敦煌—酒泉—河西、哈密—天山换流站—烟墩—沙洲—鱼卡—柴达木）、甘肃与宁夏电网双回联络线路（黄河—白银）、甘肃与陕西四回联络线路（兰平乾、兰天宝）、甘肃与青海四回联络线路（沙洲—鱼卡双回、武胜—西宁双回、兰州东—官亭双回）。

陕西电网形成关中 750kV 环网，并通过陕北至关中 750kV 第一通道向陕北延伸。甘肃与青海电网形成环网结构，宁夏主网形成环网结构，新疆电网形成以乌鲁木齐为负荷中心的环网结构，并向南、北疆进一步延伸。

这一阶段为 750kV 电网的初始建设期，从设计角度讲，取得了以下阶段性成果：

（1）800kV 户外 GIS、HGIS、AIS 三种典型设备均在变电站中首次进行应用，取得了第一手运行经验。

（2）高海拔地区设备、导线和金具首次采用防晕技术，且效果较好，有效地体现了节能降耗理念。

（3）750kV 可控高压并联电抗器在电网中首次应用，为系统安全稳定运行提供了重要支撑。

（4）复合化设备在工程中大范围应用，积累了丰富的经验，且节约了工程造价。

（二）"十三五"期间电网建设情况

1. 省间通道

2016 年，宁夏与西北主网联网第二通道（750kV 灵州—六盘山—平凉双回线路）建成，加强了宁夏与西北主网联系，省际间能力进一步增强。

2. 陕西电网

2019 年，陕北至关中 750kV 第二通道（750kV 榆横—夏州—秦道—泾渭双回线路）建成，提升了陕北至关中的功率交换能力，有效缓解了陕北新能源消纳压力。2020 年，750kV 信义—西安南—宝鸡Ⅱ回线路工程建成，提升了陕西东西部功率交换能力与可靠性，降低了大负荷时段东南部地区限电的风险。

2020 年，朔方变电站投运，陕北北部网架得到加强。

3. 甘肃电网

2017 年，750kV 平凉变电站 2 号主变压器建成投运后，平凉变电站由一座开关站升级为该地区重要的枢纽变电站，平凉、庆阳地区实现了一座 750kV 变电站与 5 座 330kV 变电站的连接，提升了两地区 750/330kV 电网互联互通与转供转带能力，大幅提高了供电可靠性。

2017 年，酒泉—湖南±800kV 特高压直流输电工程建成，酒泉换流站三回 750kV 线路接入莫高变电站。

2019 年，河西 750kV 第三回线加强工程（750kV 敦煌—莫高—酒泉—甘州—河西—白银单回线路）投运，进一步增强了新疆及河西地区与主网的功率交换能力，提升了西北省间互济能力，提高了地区新能源消纳水平。

4. 青海电网

2018 年，750kV 日月山—海西—柴达木输电线路串联补偿装置投运，缩短了青海电网东西电气距离，提升了海西外送断面输送能力，促进了海西新能源消纳。这是我国首个 750kV 串联补偿工程。

2017 年，郭隆变电站双Ⅱ接入 750kV 西宁—武威线路。

2018 年，750kV 塔加Ⅰ线及香加变电站投运，750kV 电网向青海南部进一步延伸，为海南新能源提供了新的上网点；2019 年，750kV 月塔Ⅱ线投运，形成塔拉变电站第三条外送电路径，提升了塔拉外送断面能力。

2020 年，青豫直流工程（青海—河南±800kV 特高压直流输电工程）建成，其中海南换流站与海南 750kV 变电站合建，三回接入塔拉、两回接入西宁。同时，海南 750kV 输变电工程的投运，提高了电力汇集能力，有力支撑了青豫直流稳定运行。海南换流站是我国首次应用 800kV 户内 GIS 设备的工程。

2020 年，青海电网形成双环网网架结构（海西—塔拉—日月山—海西、日月山—塔拉—海南—西宁—日月山）。

5. 宁夏电网

2016 年，宁夏双环网网架形成。建成上海庙换流站接入工程，直流外送能力进一步增强。2018 年，750kV 杞乡开关站及沙坡头变电站投运后，中卫地区送、受电能力及电压支撑能力大幅提高。杞乡变电站首次在 750kV 采用了断路器双列式布置方案。

2016 年，灵州—绍兴±800kV 特高压直流输电工程（换流站与灵州变电站合建）建成。

2017 年，上海庙—山东临沂±800kV 特高压直流输电工程（三回接入沙湖变电站）建成。

6. 新疆电网

2016 年，建成 750kV 五彩湾—芨芨湖—三塘湖双回输变电工程、750kV 伊犁—库车输变电工程，交流网架形成"内供三环网，外送双通道"（三环网为乌昌核心区小环网、环天山东段环网、环天山西段环网；双通道为交流外送一、二通道）的主网架格局，电网覆盖面积不断扩大。2018 年，750kV 五家渠、塔城输变电工程投运；2020 年，750kV 和田输变电工程投运。750kV 主网架结构向北、向南进一步延伸，补强完善 750kV 电网网架结构，扩大电网覆盖区域，提高了供电能力和电源汇集能力。

2019 年，昌吉—古泉±1100kV 特高压直流输电工程（三回接入五彩湾）投运。

上述工程的投运，使得 750kV 网架进一步加强，提升了新疆与西北联网通道、南疆电网送受电、陕北送出等断面的输送能力，进一步增加了 750kV 电网与下级电网的功率交换能力，提高了地区电网供电能力和可靠性，提升了 750kV 电网支撑特高压直流稳定运行的能力。

这一阶段为 750kV 电网的大规模建设期，从设计角度讲，取得了以下阶段性成果：

（1）大量交直流合建工程陆续投运，交直流耦合程度逐步加强。

（2）750kV 串联补偿装置在电网中首次应用，为系统经济运行提供了重要支撑。

（3）大量新能源通过 750kV 电网送出，对 750kV 电网的安全稳定运行提出了更高的要求。

（4）新的设备布置方案不断出现，800kV GIS 断路器双列式布置方案的应用，给变电站配电装置设计带来了崭新的思路。

（5）800kV 户内 GIS 首次进行应用，为高寒、高海拔地区大规模 800kV GIS 变电站的安全可靠运行提供了新的解决方案。

（三）"十四五"初期（至 2022 年年底）电网建设情况

1. 陕西电网

投运 750kV 输变电工程包括陕西特高压陕北换流站（三回接入朔方变电站），750kV 陕朔Ⅰ、Ⅱ、Ⅲ线，清陕Ⅰ、Ⅱ线，横朔Ⅲ线，形成陕北换流站—朔方—榆横全线三回结构。

2. 青海电网

投运 750kV 托素变电站、青塔Ⅲ线、青宁Ⅱ线、海托Ⅱ线，其中拖素变电站首次采用 800kV HGIS "C" 型布置方案。

3. 宁夏电网

投运 750kV 妙岭变电站，黄妙Ⅰ、Ⅱ线，妙州Ⅰ、Ⅱ线。

4. 新疆电网

投运 750kV 阿楚Ⅱ线，昌庭Ⅰ、Ⅱ线，巴库Ⅱ线，吐巴Ⅱ线，车和Ⅱ线，芨木Ⅱ线，木塘Ⅱ线。

上述工程的投运，进一步加强了西北 750kV 网架，提升了陕西陕北、青海海南、新疆南疆、天山东环网网架结构等重要断面输送能力，网架结构得到进一步优化，大电网资源优化配置能力进一步提升。2021年，陕武直流工程投运，最大输送能力达到3000MW，外送能力进一步提升。

从这一阶段开始，750kV电网的设计思路有了重大变化，主要体现在西北电网总体"三高"特征进一步突出，即新能源占比高、电力电子化程度高、交直流耦合度高，运行特性发生深刻转变。

随着我国"双碳"目标的提出，新能源迎来大发展，配合新能源送出的750kV变电站（汇集站）也大量开始规划建设，西北地区750kV工程将呈现出配套直流及配套新能源送出的显著特征，新设备、新技术需求将进一步增加。

为避免西北电网多直流、大规模新能源交互影响引发连锁反应易导致的频率、电压稳定问题，西北电网系统保护按照分层、分区控制原则进行部署，整体形成新疆—甘肃和宁夏两大直流群的系统保护子系统，共同完成西北电网的同步稳定和电网的频率电压紧急控制，通过系统保护的全局控制手段提高了电网的安全稳定运行裕度。

第三节　设计创新成果

总体来讲，我国750kV变电站工程设计及创新工作已开展二十余年，为我国电力事业和经济发展提供了重要支持和保障，有力地推动了电力工业发展和技术进步。

在电气主接线方面，综合考虑可靠性、灵活性、经济性，并结合远期扩建的便利性，提出了不同情况下750kV变电站主接线型式。在总平面布置方面，与出线条件密切配合，提出了单列式、双列式、三列式、平环式等多种布置方案，并进行了户外和户内750kV配电装置的设计及对比工作。在设备选择方面，结合国产化要求，提出了AIS配罐式断路器、GIS、HGIS几大类设备选型方案；结合西北高海拔情况，提出了高海拔地区设备外绝缘参数要求；结合系统运行要求，应用750kV可控高压并联电抗器、串联补偿器、串联电抗器等柔性交流输电系统（flexible AC transmission system，FACTS）设备；并结合抗震、抗低温、抗风沙、抗紫外线等要求，对设备提出了应对措施。在智能化设计方面，对智能变电站过程层组网方式进行对比分析，推荐提出合理配置方案。在二次辅助设备方面，结合最新技术要求，提出在线监测、智能辅控等合理实施方案。在构支架优化设计方面，创新提出750kV格构式构架相贯焊设计应用理念，有效降低了钢结构用量等。

此外，随着数字化设计手段的不断发展，750kV变电站也已开始全面采用数字化技术进行方案优化、协同工作，未来变电站采用数字化设计技术将成为不可阻挡的趋势。

一、750kV示范工程设计创新成果

750kV官亭—兰州东输变电示范工程是我国第一次自主设计、自主建设、自主设备制造、自主调试、自主运行管理的具有世界领先水平的输变电工程。其重大意义在于：一是全面掌握了750kV超高压输变电工程的核心技术；二是形成了科研、设计、设备制造、施工运行全链条的科研攻关体系；三是健全完善了设计、设备、施工、运行的标准体系，填补了我国500kV以上电压等级超高压输变电工程技术和标准方面的空白；四是

为发展西北电网骨干网架和我国特高压电网建设奠定了基础，对提升我国在超高压、特高压输电领域的研究、设计、设备制造、工程建设和运行管理水平等，都具有极其重大和深远的意义。

（1）对 750kV 系统过电压与绝缘配合进行全面研究，系统地提出了 750kV 工频过电压、操作过电压、雷电过电压水平，确定断路器合闸电阻选取原则，对配合系数、避雷器吸收能量等进行研究确定；对高海拔地区设备外绝缘特性进行研究，提出 750kV 设备外绝缘配置要求。

（2）对 750kV 各种空气间隙进行研究，通过理论计算及试验，选择并确定变电站A1、A2 值（变电站相—地、相—相），并进一步确定变电站 B、C、D 值。对空气间隙的高海拔修正方法进行推荐。对不同海拔绝缘子选型及片数进行研究确定。

（3）对 750kV 主设备技术参数进行全面系统研究，并形成技术规范。这些基础性研究指导了设备研发和设计相关工作，为 750kV 变电站的设备订货和配电装置设计打下坚实的基础，同时对后续设备国产化提供了较好的支撑。

（4）对 750kV 配电装置主接线型式和平面布置方案进行全面分析和比较，首次提出800kV GIS "一" 字型布置方案并实施应用，取得较好的经济和社会效益。

（5）对 750kV 配电装置导体和金具设计方案进行系统性研究，首次提出外径 71mm耐热铝合金空心扩径软导线及其相关配套金具，对 750kV 配电装置各处导体和金具选择进行标准化，并在变电站中推广应用，具有较好的技术经济先进性。

（6）对变电站防雷接地设计技术进行深入研究和分析。对接地系统进行优化设计，提出合适的降阻措施；研究接地系统短路对二次系统安全性能的影响，探讨了抗干扰措施；对大型接地系统的接地电阻测试技术进行研究和推荐；分析并确定变电站防直击雷措施的可靠性。

（7）对 750kV 系统继电保护及稳定控制措施进行研究，分析 750kV 系统电气特性及其对保护装置，以及整定值的影响，对 750kV/330kV 电磁环网问题进行研究，提出各种保护配置方案，以及安全稳定控制标准、控制措施和控制方式。

（8）对 750kV 变电构架及设备支架选型进行详细计算和研究，这在国内尚属首次。综合考虑用钢量指标和占地指标要求，进行各种荷载组合，推荐出安全可靠、经济合理的变电构支架结构型式，750kV 构架和设备支架分别采用自立式格构钢管结构和钢筋混凝土结构。

750kV 示范工程在建设过程中开展了重要科研工作，形成了一系列标准化应用成果，在确保工程按期投运的同时，有力地指导了后续工程建设。

二、750kV 示范工程后续至今设计创新成果

（一）电气一次类

（1）结合工程布置型式，750kV 电气接线在三列式基础上，发展出了平环式接线、斜连式接线、"一" 字型接线、双列式接线及 "C" 型接线等几种接线型式。在变电站初期出线规模较小的情况下采用了角形接线等过渡接线方案。

（2）2008 年 8 月投产的银川东 750kV 变电站、2008 年 12 月投产的西宁 750kV 变电

站等多个 750kV 变电站中，结合工程需要、产品设计制造能力、大件运输条件等方面情况，国内首次将 750kV 变压器单相容量由 750kV 示范工程的 500MVA 增大至 700MVA。

（3）银川东 750kV 变电站选用了两断口 SF_6 罐式断路器，为国内首次。750kV 两断口 SF_6 罐式断路器在后续多个 750kV 变电站中得到应用。

（4）银川东 750kV 变电站工程中首次选用了三柱水平旋转式隔离开关，之后在其他 750kV 变电站工程中较多采用了三柱水平旋转式隔离开关。

（5）2014 年 6 月底投产的天水 750kV 变电站在国内首次采用 800kV HGIS＋软导线母线方案，安装及维护检修方便，较 GIS 方案节约造价，较罐式断路器方案节约占地。后续配合 800kV HGIS 配电装置，提出采用悬吊式管型母线方案，在 750kV 桥湾变电站、张掖变电站、妙岭变电站及德令哈变电站等多个 750kV 变电站工程中均有应用。

（6）针对 800kV HGIS 配电装置间隔宽度较大，采用悬吊式管型母线挠度较大的问题进行了研究，提出了"V"型绝缘子串加双侧辅助拉索的管型母线悬吊系统，并在兰临 750kV 变电站工程中应用。

（7）结合西北地区抗震、抗低温、抗风沙、抗紫外线等要求，对设备材料选择、配电装置布置方案等提出应对措施，如采用抗震螺栓、采用户内 GIS 方案等，全面解决外部环境对变电站安全运行的影响。

（8）2022 年 7 月投产的 750kV 郭隆—武胜第三回输变电工程，首次对小型化 800kV GIS 设计方案进行全面研究并应用，其突出技术特征是：采用可控避雷器抑制合空线操作过电压，断路器取消合闸电阻；隔离开关取消阻尼电阻，针对极小概率出现的高幅值快速瞬态过电压（very fast transient overvoltage，VFTO）采用磁环型阻尼母线深度抑制。

（9）研究提出 750kV 可控高压并联电抗器，并于 2012 年在国内首次应用，其作为一种新型 FACTS 装置，通过动态补偿输电线路过剩的容性无功功率，可以更加有效地抑制超高压输电线路的容升效应、操作过电压、潜供电流等现象，降低线路损耗，提高电压稳定水平及线路传输功率。750kV 可控高压并联电抗器目前已应用于甘肃 750kV 敦煌变电站、沙洲变电站及青海鱼卡 750kV 开关站、新疆吐鲁番 750kV 变电站。

（10）2018 年 12 月投运的 750kV 柴达木—海西—日月山双回输变电工程，首次采用了 750kV 串联补偿装置，应用后大大缩短其联结的两电力系统间的电气距离，提高了输电线路的输送功率及电力系统运行稳定性。

（11）2017 年，在灵州±800kV 换流站工程中研究并应用了 750kV 串联电抗器装置，可以减小系统短路电流，满足西北地区实际系统需求。

（12）复合绝缘在 750kV 变电站中的应用范围逐步扩大，从部分设备采用空心复合套管及复合绝缘子，到 2013 年投运的沙洲 750kV 变电站电气设备外绝缘全部采用复合绝缘，有效提高了设备应对高污秽等环境影响能力，节约了设备投资。

（13）综合考虑 750kV 线路运行工况，基于降低工频过电压水平、限制单相重合闸过程中的恢复电压和潜供电流等目的，在后期的 750kV 变电站工程设计中，基本考虑取消线路高压并联电抗器前隔离开关，同时取消线路高压并联电抗器前避雷器，进一步优化了占地面积，节约了设备造价。

（14）从 2009 年日月山 750kV 变电站工程开始，800kV GIS 配电装置设计时，主要采用母线集中外置方案，断路器单元集中布置，安装检修可选用较小吨位的吊车，运行巡视方便，设备布置清晰。

（15）结合进出线方向及安装要求，2018 年杞乡 750kV 开关站 800kV GIS 配电装置首次提出并采用断路器双列式布置方案，此种布置方案可以节约大量 GIS 主母线，节约工程整体投资；配电装置横向尺寸较小，可以很好地与主变压器及其他配电装置区协调配合；安装检修通道设置在两列断路器中间，吊车可直接驶入该通道，无需拐弯，即可方便地安装检修断路器等 GIS 设备，节约大量安装检修时间。

（16）2009 年，在宝鸡 750kV 变电站工程中，800kV AIS 配电装置主变压器进线首次采用局部四排架低架横穿进线方案，避免了横穿时不同串的进串引下线与横穿进线之间的相互交叉问题，布置清晰，检修维护便利。

（17）2011 年，首次提出了 750kV 配电装置采用四分裂导线方案，并应用于日月山 750kV 变电站工程中；后续多个变电站陆续采用了四分裂导线方案，改善了 750kV 变电站内的电晕噪声、无线电干扰、电磁感应水平，改善了运行人员的运行环境，降低了对周围环境的影响。

（18）为进一步降低 750kV 变电站可听噪声水平，结合已建成运行的 750kV 变电站噪声情况，2008 年，从西宁 750kV 变电站工程开始，持续对 750kV 降噪金具进行研究，提出一系列降噪优化设计方案并在工程中应用，改善了变电站可听噪声。

（19）随着变电站智能化的发展，在 750kV 变电站工程中采用智能照明系统，实现对变电站站区内的户内外照明灯具分区域控制及管理，达到管理智能化、操作简单化，实现高效率、低成本的管理。结合绿色建筑需求，提出低碳照明方案，实现低排放、低能耗、省资源的照明系统和照明方式。

（20）随着对消防安全问题以及环境保护问题的逐步重视，新型防火材料不断推陈出新，如防火膨胀模块、耐火砖、叔丙乳液水性防火涂料等已广泛应用于 750kV 变电站内的电缆沟、电气设备的防火封堵。

（二）控制保护类

（1）为落实智能化建设要求，2010 年年底建成的延安 750kV 变电站工程首次采用"电子式互感器＋合并单元""一次设备＋智能终端"的智能化一次设备，通过过程层网络传输过程层设备与间隔层设备之间的二次信息，实现变电站的智能化，提高变电站的自动化程度、信息化程度、运行效率。

（2）随着智能变电站的运行实践，2015 年逐步明确采用"一次设备＋智能终端"的方案实现一次设备智能化，取消电子式互感器及合并单元，避免由于合并单元切除故障时间带来的延时，保证继电保护的速动性要求。

（3）基于计算机技术的不断强大以及调度管理模式的不断变化，2011 年提出一体化监控系统设计方案，对计算机监控系统功能及结构进行提升和优化，实现全站信息数字化、通信平台网络化、信息共享标准化。

（4）为解决辅控系统集成度低、信息共享差的问题，2011 年提出智能辅助控制系统方案，将安全警卫子系统、火灾报警子系统、环境监测子系统和辅助控制系统后台之间采用 DL/T 860 标准互联，各辅助系统采用统一综合的分析平台，信息共享，实现各系统的联动。

（5）为支撑相关调度、集控站各主站的新需求，同时，为推进变电站模块化建设技术迭代提升，2022 年提出辅助设备智能监控系统，实现"主要设备更集成、二次系统更智能、预制装配更高效、建设运行更环保"的要求。

（6）为提高变电站倒闸操作智能化水平的要求，2021 年全面推进基于先进的传感器技术实现一键顺控功能的实施应用，提升了变电运维工作的质量和效率。

（7）随着计算机技术的不断发展，继电保护在功能配置、功能集成、智能化、规范统一等方面有了逐步提升和优化，双套配置远方跳闸保护装置不再单独配置，远跳功能及就地判别功能集成于线路保护装置。

（8）按照加强主保护的思路，750kV 变压器差动保护增加了低压侧小区差动等保护功能。考虑 750kV 变电站的重要性，配置 66kV 母差保护用以快速切除主变压器低压侧故障。微机保护、测控装置整合的速度加快，工程中低电压等级已采用保护测控一体化集成装置。

（9）结合运维要求，2011 年开始采用变电站站用交直流一体化电源系统方案，各电源系统一体化设计、一体化配置、一体化监控，其运行工况和信息数据上传至远方控制中心，实现就地和远方控制功能，实现站用电源设备的集中监控管理。

（10）为满足变电站不断提升的自动化水平需要，2010 年开始全站统一设置一套独立的时间同步对时系统，接收单元双重化配置，互为热备用。

（11）为确保电网各级运行人员对电网同步时钟设备时间准确度的实时监测，2014 年前后推出时间同步监测管理系统方案，可准确、在线、及时发现和预警不能达到性能要求的时钟设备。

（12）本着以人为本的理念，变电站设计人性化要求不断提高，二次辅控类设备配置方案更全面，交直流一体化电源系统、一次设备在线监测系统、智能辅助控制系统以及电子防范系统的实施，在电力系统安全稳定运行、减轻运维工作负担、提升运维工作质量和效率方面都有很大提高。

（三）土建类

（1）结合近二十年的工程经验，对西北地区常见的湿陷性黄土、盐渍土、膨胀土等特殊地质情况下的土建设计方案进行全面研究，依据建（构）筑物上部结构形式及受力特点、场地湿陷类型、建（构）筑物地基湿陷等级分类、湿陷性黄土层厚度等条件，综合确定建（构）筑物采用复合地基（如灰土垫层法、灰土挤密桩、DDC 工法、强夯法等）或桩基方案［如钻（挖）孔灌注桩、挤土成孔灌注桩、静压或打入的预制钢筋混凝土桩］等地基处理方案；依据盐渍土场地含盐类型、含盐量、分布状态、盐渍土的物理和力学性质、溶陷等级、盐胀特性及建筑物类型等条件，综合分析确定建（构）筑物基础的内外防腐蚀措施及地基处理方案；针对膨胀土吸水膨胀和失水收缩两种变形特性，采取非膨胀土置换或土壤改良等措施，有效解决在浸水状态下，膨胀土存在承载力衰减、干缩裂隙发育等问题。

（2）2018 年起初步归纳总结特殊地质地区的 750kV 变电站在站址选择、总体规划、总平面布置、竖向设计、地下管线与沟道、站内道路与场地等方面的设计经验，结合相关规程规范要求，梳理总结在场地布置、竖向标高及场地坡度、基槽余土计算、站区高边坡设计等方面的优化措施。

（3）750kV 变电站建筑物（主控楼、继电器室、消防水泵房等）按工业建筑标准设计，统一设计标准、统一设计风格，方便生产运行。2014～2018 年，推进 750kV 变电站向无人值班智能化方向发展，主控通信室多为一层布置。2019 年之后，随着《火力发电厂与变电站设计防火标准》（GB 50229）的更新替代，750kV 变电站站内建筑也随之发生变化，增加了综合水泵房、雨淋阀室、消防设备间等三类建筑。2021 年起对于部分站址偏远且环境条件较为恶劣的 750kV 变电站站内建筑进行差异化设计，增设检修备品库及汽车库，扩大主控通信楼建筑面积及层数，警传室功能增加安保用房；对于部分高海拔地区的 750kV 变电站，GIS 设备采用户内布置，增设户内 GIS 室。

（4）2018 年在建筑行业大力推广装配式建筑的背景下，变电站建筑也紧跟时代步伐，向着工业装配化方向创新发展。采用钢结构全栓接，选用一体化墙板，减少现场拼装、焊接与涂刷。

（5）对特定地区，将建筑形式、地域材料与当地建筑技术进行有机整合，提取地域文化中核心本质的元素，致力于把当地地域文化用直观的理念和技术表达出来，使建筑和其所处的当地社会形成一种和谐自然的关系。

（6）梳理 750kV 构架近二十多年的发展与演变发展进程，逐步总结 750kV 配电装置构架在设计过程中的特点及亮点，深入剖析 750kV 工程建设过程中构架设计存在的问题和不足，2013 年针对性地提出 750kV 格构式构架优化方案，2016 年创新性地提出半相贯半螺栓连接节点设计方案，为后续 750kV 变电站设计提供支持参考。

（7）配合 750kV 变电站内 363kV GIS 配电装置出线要求，2016 年首次提出塔式垂直出线方案，对 330kV 出线构架钢管格构塔式结构进行了详细研究。

（8）2017 年开始通过理论分析、数值仿真、模型疲劳试验等手段研究避雷针在疲劳荷载作用下的受力性能、失效机理；采用数值仿真分析的方法，通过改变避雷针的高度、直径、厚度等几何参数及不同风压、风频等参数，进行单钢管避雷针的受力性能、疲劳寿命的参数分析，总结出强风低温地区避雷针设计原则。

（9）2019 年，回顾 750kV 变电站含油设备及建筑物灭火设施从无到有并逐渐完善的过程，总结泡沫喷雾、水喷雾灭火系统存在的问题，结合新消防标准要求，有针对性地对消防方案进行优化提升。

（10）随着电网技术的发展，750kV 变电站设备布置、建筑物构造逐步优化更新，工艺设备的布置方式、散热量及散热型式、设备对温湿度的要求不断变化，其供暖、通风及空气调节设计应适应这些变化；结合站址气象条件，选择运行安全可靠、节能、低碳、环保、投资小、维护方便的供暖、通风和空调方式。

（四）其他类

（1）随着近年来节能、环保等方面提出的新要求，750kV 变电站设计时也充分考虑这一理念，高能效、低损耗设备在变电站内逐步开始应用，降噪围墙、隔声罩等也陆续开始安装。

（2）随着"标准化设计、工厂化加工、模块化建设、机械化施工"建设理念的不断深入人心，在750kV变电站设计中，针对围墙、防火墙、电缆沟、设备基础、建筑物等方面，设计单位均进行了大量研究，提出了一整套安全、高效、完善的750kV变电站工程机械化施工解决方案。

（3）2022年，国家电网有限公司提出基建"六精四化"三年行动计划，我国750kV变电站在建设时，也根据这一情况，逐步提高了电网建设标准化、绿色化、模块化、智能化要求，促进了750kV变电站设计技术整体水平的持续提升。

第二章 电气主接线

第一节 电气主接线选择与设计

750kV 变电站是电网的关键节点，在系统中发挥着枢纽作用，变电站的可靠性对整个系统的安全运行尤为重要，提高 750kV 变电站可靠性是电气主接线选择最关键的因素之一。电气主接线的选择与电力系统的安全稳定及变电站本身运行的可靠性、灵活性和经济性密切相关，并且对电气设备的选择、配电装置的布置、继电保护和控制方式的确定有较大影响。因此必须处理好各方面的关系，全面分析相关影响因素，通过技术经济比较，合理确定电气主接线。

一、750kV 电气主接线的选择

750kV 变电站电气主接线除应考虑设备的制造水平、不同接线型式的特点及主接线的可靠性等因素外，还应结合变电站的规划容量、负荷性质、线路和变压器连接元件总数、设备特点等条件确定。

（一）750kV 设备发展过程

20 世纪 60 年代，敞开式 750kV 输变电设备得到较大发展。1965 年加拿大建成的735kV 输变电系统、1967 年苏联建成的第一条 750kV 工业试验线路及 1969 年投运的765kV 输变电系统均采用敞开式设备。后续波兰、匈牙利、巴西、委内瑞拉等国家的 750kV（765kV）输变电系统也都采用了敞开式设备。

20 世纪 70 年代中期，800kV GIS 设备开始出现。法国阿尔斯通（ALSTOM）公司于1976 年率先研制出 800kV GIS，并在美国电力（AEP）公司的 JoshuaFalls 变电站试运行6 年，于 1980 年 11 月正式投入运行。日本东芝公司于 1984 年为南非 Beta 变电站生产了800kV GIS 设备。同时期 ABB 公司也为南非 ALPHA 变电站提供了 800kV GIS 设备，并于 1987 年投入运行。2002 年，韩国投运的 765kV 输变电工程全部采用了 800kV GIS 设备，可以说在 2000 年左右，800kV GIS 设备已基本成熟。

2001 年我国开始启动 750kV 示范工程时，750kV 配电装置主要有敞开式和 GIS 两种布置型式。这两种设备型式有比较明显的特点：敞开式设备占地面积大，受环境影响较大，但投资相对小；GIS 设备占地面积小，受外部环境影响小，但投资相对大。我国西北地区海拔相对较高，采用 GIS 设备绝缘问题相对容易解决，故在我国首批 750kV 示范

工程中引进了 GIS 设备。

（二）750kV 电气主接线型式及比选

我国 750kV 示范工程启动时，750kV 电气主接线型式主要有一台半断路器接线、4/3 断路器接线、环形母线接线、角形接线、变压器母线接线等不同接线方案。如南非 765kV 变电站采用环形母线接线，韩国 765kV 变电站采用一台半断路器接线，美国 AEP 系统 765kV 变电站的主接线有多角形接线（进出线最多达 6 回）等不同型式。

当时我国国内 500kV 及 330kV 系统大部分采用一台半断路器接线，220kV 系统采用双母线接线或双母线分段接线。结合国内外超高压配电装置的接线型式，750kV 配电装置可选择的电气主接线主要有双母线接线、一台半断路器接线、4/3 断路器接线、双断路器接线四类型式。

1. 双母线接线

双母线接线是指每回线路都经一台断路器和两组隔离开关分别与两组母线连接，母线与母线之间通过母线联络断路器（简称母联）连接，电源与负荷平均分配在两组母线上的一种接线方式，如图 2-1 所示。

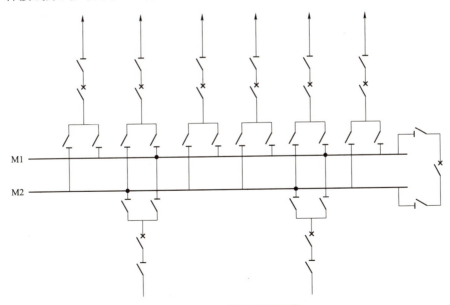

图 2-1　双母线接线示意图

采用双母线接线时，母线故障或与母线连接的任何元件发生故障，都会造成与母线连接的所有进出线退出运行，可靠性较差，故双母线接线在 750kV 变电站中不宜考虑。

2. 一台半断路器接线

一台半断路器接线是一种一个回路由两台断路器供电的双重连接的多环形接线，两组母线由三个断路器连接形成一串，从每串中引出两个回路，这种接线具有较高的供电可靠性和运行调度灵活性。如图 2-2 所示。

采用一台半断路器接线时，若母线发生故障，与此母线相连接的所有断路器跳闸，而全部回路仍保留在另一组母线上继续工作，可以做到不停电检修任一台断路器；隔离开关不作为操作电气设备，只用于隔离电压，减少了误操作的概率，操作检修方便。当有可能出现两个完整串时，进出线应配置隔离开关。

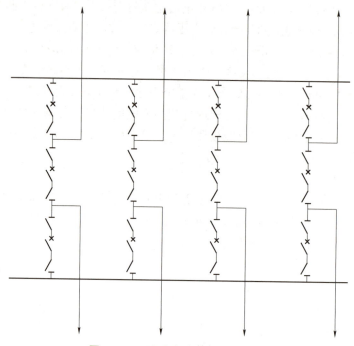

图 2-2　一台半断路器接线示意图

　　一台半断路器接线具有可靠性高、运行调度灵活、操作检修方便等特点，是目前国内外大型变电站广泛采用的一种接线型式。

　　3. 4/3 断路器接线

　　4/3 断路器接线是由一台半断路器接线演变而来的接线方式，即在一台半断路器接线的每串内，再串入一台断路器，就可再引出一个元件，形成 4 台断路器接 3 个元件的接线方式，如图 2-3 所示。

　　在元件数相同的条件下，4/3 断路器接线比一台半断路器接线用的断路器更少，对超高压配电装置有更好的经济性。4/3 断路器接线的运行特点与一台半断路器接线相近。在可靠性方面，双重故障时的停电范围大于一台半断路器接线。图 2-3 中断路器 QF1 停电检修，元件 L3 故障，断路器 QF3 拒动时，断路器 QF2、QF4 断开，元件 L1、L2、L3 全停电。

　　4/3 断路器接线通常不能采用断路器成列布置，中间元件引出也比较困难。某些发电厂配电装置中采用 4/3 断路器接线方式时，在布置上采用了类似一台半断路器接线的"品"字布置方式。

　　4. 双断路器接线

　　在双断路器接线中有两条母线，每一元件经两台断路器分别接两条母线，如图 2-4 所示。采用双断路器接线时，每一元件可以方便、灵活地接在任一条母线上，断路器检修或单母线故障元件不需要停电。当元件较多时母线可以分段。

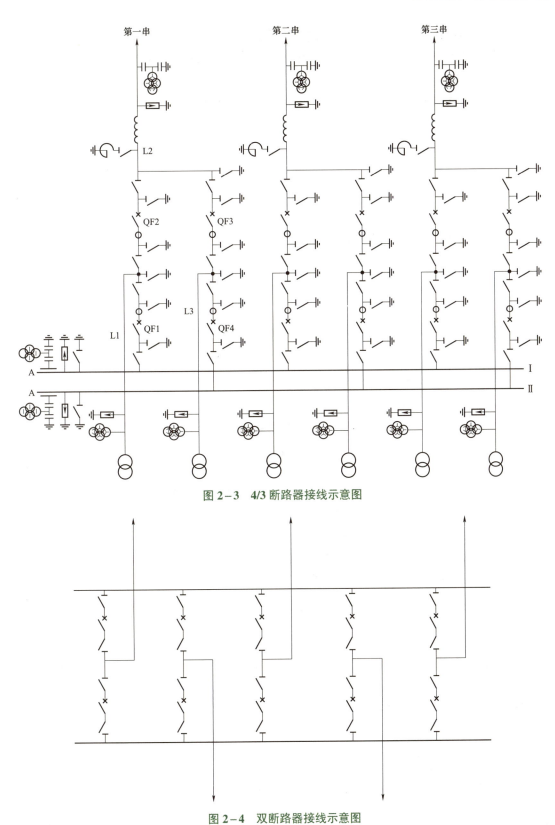

图 2－3　4/3 断路器接线示意图

图 2－4　双断路器接线示意图

双断路器接线具有较高的可靠性和运行灵活性。断路器检修、母线检修、母线隔离开关检修、母线故障时，元件均可不停电。每一元件经两台断路器分别接在两条母线上，可根据调整系统潮流、限制短路电流、限制故障范围的需要灵活地改变接线。隔离开关不作为操作电气设备，处理事故、变换运行方式均用断路器，操作灵活快速、安全可靠。但在相同元件数量下，使用断路器的数量比一台半断路器接线及双母线接线都多，配电装置造价高。

5. 750kV 接线型式的比选

750kV 变电站最终接线方案除考虑可靠性、灵活性外，还取决于变电站的进、出线回路数。以 6 回出线、2 台主变压器进线为例，不同接线方式下断路器数量见表 2-1。

表 2-1　　　　　不同接线方式下断路器数量（6 回出线、2 台主变压器进线）

序号	接线型式	断路器数量（台）
1	双母线（双分段）接线	12
2	一台半断路器接线	12
3	4/3 断路器接线	11
4	双断路器接线	16

双母线接线可靠性较差，在 330、500kV 系统已较少采用，故在西北 750kV 变电站中也不宜采用双母线接线。双断路器接线、一台半断路器接线、4/3 断路器接线均属于多环形接线方案，任意两串可形成一个环形接线，环与环互相连接，这就要求主接线最少要有 3 串。

根据系统规划，西北电网 750kV 变电站 750kV 进出线回路数大多为 7~12 回。若选择双断路器接线，变电站串数将达到 7~12 回，串数较多，投资较大，故可考虑采用出线元件采用双断路器接线，变压器元件直接接母线的方案；若选择 4/3 断路器接线，远期出线规模较大时，进出线比较困难，故不宜采用该接线方式；若选择一台半断路器接线，变电站串数最终为 4~8 串，容易形成多环形接线，属较理想方案。

综上所述，我国 750kV 变电站电气主接线方案重点考虑一台半断路器接线方案，双母线接线、双断路器接线作为比选方案。

（三）750kV 电气主接线可靠性评估

在选择确定 750kV 示范工程电气主接线型式的研究过程中，西北院与清华大学合作，采用清华大学开发的用于发电厂和变电站电气主接线可靠性的评估软件 SSRE-TH（station and substation reliability evaluation-tsinghua university）重点对 750kV 变电站主接线方案（一台半断路器接线）和比较方案（双断路器接线、变压器母线接线）分别进行可靠性和经济性评估。

1. 可靠性评估的基本理论和方法

电力系统可靠性的解析理论是沿着两个方向发展的：一个是网络法；一个是状态空间法。网络法偏重研究系统是否连通，分析的效率较高，但其计算结果中不包含连通的具体状态。状态空间法详细地分析系统各种可能的状态，但计算比较复杂，随着系统元件数量的增加，系统复杂性增大，可计算性大大降低。

2. 元件的可靠性模型

在进行电气主接线可靠性评估时，会涉及很多种类的元件，如发电机组、变压器、断路器、隔离开关、母线、电压互感器及电流互感器等。要精确地模拟这些元件有一定的困难，其中又以断路器的结构更为复杂，需要考虑的因素较多。

（1）断路器的模型。一个正常闭合的断路器可能有 7 种状态，分别为：① 正常状态（N 状态）；② 计划检修状态（M 状态）；③ 强迫检修状态（m 状态）；④ 误动状态（f 状态）；⑤ 接地或绝缘故障状态（i 状态）；⑥ 拒动状态（st 状态）；⑦ 故障后修复状态（r 状态）。其空间状态图如图 2-5 所示。

在实际应用中，上述复杂模型不实用，考虑的因素太多，使问题的复杂性大大增加，因此有必要将模型进行简化。

从故障后果的观点来看，可以把 st 状态和 i 状态等效为相关故障状态（S 状态），m、f 和 r 状态合并为独立故障状态（R 状态）。前者（S 状态）将导致保护区内所有断路器跳闸，这是一种相关故障；而后者（R 状态）只有故障断路器跳闸。当需要考虑继电保护的误动影响时，还必须进行修正。继电保护失效主要有两种情况：① 误动，即其保护区内无故障，保护动作；② 拒动，当保护区内有故障时，保护没有动作。

继电保护误动的效果与被保护断路器处于 S 状态的后果一样，因此可以归到一种状态中。继电保护拒动会引起变电站很多设备退出运行，导致严重后果，这也是一种相关故障，其后果相当于在故障断路器的保护区内的断路器都处于 S 状态，从而导致下一级断路器跳闸，这种状态单独列出来，称为 F 状态。

当 S 状态和 F 状态的操作时间可以忽略时，这两个状态可以合并入 R 状态。由此得到简化的三状态可靠性模型，如图 2-6 所示。

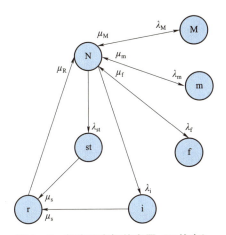

图 2-5　断路器空间状态图（7 状态）

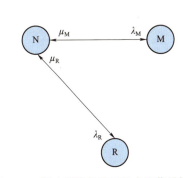

图 2-6　断路器简化的三状态可靠性模型

综合上述因素，确定断路器故障模型（包括继电保护及自动装置）如式（2-1）和式（2-2）所示。

1）线路侧断路器

$$\lambda = \left\{ K_1 + K_2 \left[\frac{L_i}{L_P} \right]^{0.5} + K_3 \left(\frac{n_i}{n_P} \right)^{0.4} \right\} \lambda_P \qquad (2-1)$$

式中　　K_1——静态系数，一般取 0.3；

　　　　K_2——切除短路系数，一般取 0.4；

　　　　L_i——线路长度，km；

　　　　L_P——平均线路长度，km；

　　　　K_3——操作系数，一般取 0.3；

　　　　n_i——断路器每年的实际操作次数；

　　　　n_P——年平均操作次数，我国取为 24 次/年；

　　　　λ_P——断路器统计平均故障率。

2）主变压器—机组侧断路器

$$\lambda = \left\{ K_1 + K_2 \left[\frac{\lambda_U + \lambda_T}{\lambda_L L_P} \right]^{0.5} + K_3 \left(\frac{n_i}{n_P} \right)^{0.4} \right\} \lambda_P \qquad (2-2)$$

式中　　λ_U——水轮发电机组故障率；

　　　　λ_T——主变压器故障率；

　　　　λ_L——线路故障率，次/（百 km·年）。

其他变量同式（2-1）。

3）母联断路器、分段断路器及联络变压器断路器故障率不乘修正系数，取 λ_P。

（2）发电机、输电线路、变压器、隔离开关的模型。发电机、输电线路、变压器都属于静态元件，其功能是从一点到另一点传输功率。它们可以处于下列状态之一：正常运行状态、故障修复状态和计划检修状态。隔离开关的可靠性模型与以上元件相似。这些类型的元件的状态转移模型可用图 2-6 来表示。

（3）计算方法。通过直接分析主接线网络图，找出影响每一回线路停电的事件，然后分析在该事件下的后果，得到该状态下的概率和频率。

故障的搜索方法如下：首先找到任一回出线到源点的最小割集，包括一阶割集、二阶割集、三阶割集，也就是相应的一重故障、二重故障、三重故障，由于三重以上的故障发生的概率和频率都极小，因此不考虑。

对于割集，其可靠性指标按如下原则计算。

1）一重故障。故障率即为单个元件强迫停运的故障率，故障恢复时间也为单个元件强迫停运的故障恢复时间；当然，如果存在备用设备，停电时间就是备用设备投运的操作时间。

2）二重故障。应考虑强迫停运与计划检修停运重叠的情况。假设两个元件强迫停运的故障率分别为 λ_1、λ_2，强迫停运故障恢复时间分别为 r_1、r_2，计划检修停运率分别为 λ_{m1}、λ_{m2}，计划检修停运时间为 r_{m1}、r_{m2}。则二重故障的持续强迫停运故障率为

$$\lambda_P = \lambda_1 \lambda_2 (r_1 + r_2) \qquad (2-3)$$

二重故障的持续强迫停运时间为

$$r_{P} = \frac{r_1 r_2}{r_1 + r_2} \tag{2-4}$$

计划检修停运与持续强迫停运可能在以下两种情况之一重叠：元件 1 已在检修，元件 2 强迫停运；元件 2 已在检修，元件 1 强迫停运。此时的等效停运率为

$$\lambda_{sm} = \lambda_{m1} \lambda_2 r_{m1} + \lambda_{m2} \lambda_1 r_{m2} \tag{2-5}$$

等效的停运时间为

$$r_{sm} = \frac{1}{\lambda_{sm}} \left(\frac{r_2}{r_{m1} + r_2} \lambda_{m1} \lambda_2 r_{m1}^2 + \frac{r_1}{r_{m2} + r_1} \lambda_{m2} \lambda_1 r_{m2}^2 \right) \tag{2-6}$$

3）三重故障。同样应考虑强迫停运与计划检修停运重叠的情况。由于在工程实际中，不会同时对两个元件进行检修，因此只考虑两个元件强迫停运与另外一个元件发生检修停运的重叠。计算方法和公式与二重故障类似，只需将两个强迫停运元件首先进行等效为一个强迫停运元件，代入式（2-3）~式（2-6）即可。

在求出对应于各种故障判据下的各重故障的故障率和故障恢复时间后，就可以求得这种判据下的故障率 λ_s（次/年）、故障停电平均持续时间 D（h/次）、可用率 A、年停电的平均时间 U（h/年）、停电频率 f_s（次/年），并可求得系统的损失电能，即期望不可供电量。各个指标的含义如下。

1）故障率 λ_s：系统在时刻 t 之前正常工作，在 t 以后单位时间（年）内发生故障的条件概率密度，单位为次/年。

2）故障平均停电持续时间 D：发生一次故障的平均停电持续时间，单位为 h/次。

3）可用率 A：系统处于可用状态的概率，$1-A$ 即停电概率。

4）年停电的平均时间 U：系统一年中发生整个变电站故障的期望平均停电持续时间，单位为 h/年。

5）停电频率 f_s：系统一年内发生停电故障的平均次数，单位为次/年。

6）期望故障受阻电力 EPNS：系统一年中由于发生停电故障而无法送出的电力的期望值，单位为 MW/年。

7）期望故障受阻电能 EENS：系统一年中由于发生停电故障而无法送出的电能的期望值，单位为 MWh/年。

期望受阻电能的计算是通过统计整个变电站（所）所有引起电力损失乘以故障持续时间得到。

3. 主接线可靠性评估

750kV 示范工程电气主接线方案重点考虑了一台半断路器接线，双断路器接线作为比选方案。

以 750kV 示范工程中的官亭变电站为例进行具体计算。官亭变电站一台半断路器接线方案（方案一）见图 2-7，双断路器接线方案（方案二）见图 2-8。

750kV 示范工程电网相关元件的可靠性统计数据参照了俄罗斯和北美国家 700kV 及以上电压等级电网的元件可靠性统计数据。针对这种情况，分别采用了三套数据：第一

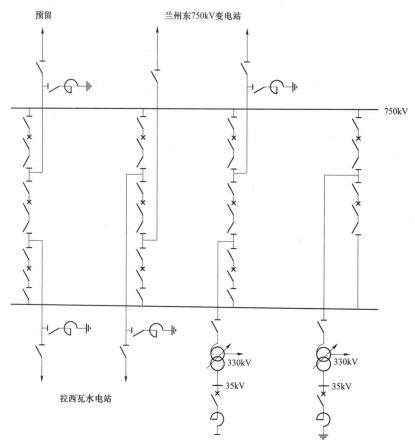

图 2-7　一台半断路器接线方案（方案一）

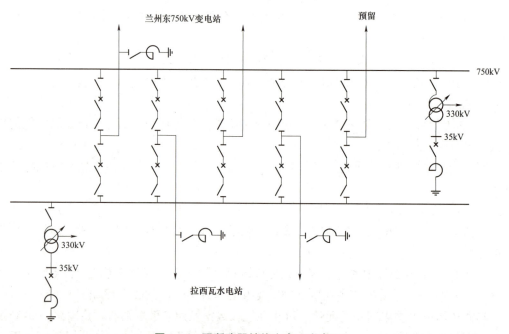

图 2-8　双断路器接线方案（方案二）

套数据为参照俄罗斯及加拿大数据；第二套数据为参照龙滩水电站可靠性分析工程所采用的 500kV 设备可靠性数据；第三套数据为国际大电网会议（Conference International des Grands Reseaux Electriques，CIGRE）统计的 750kV 以上设备可靠性数据。

方案一、方案二静态投资估算表见表 2-2。

表 2-2　　　　　　　　　　静 态 投 资 估 算 表

项目	方案一	方案二
断路器	10 组 6000 万元	8 组 4800 万元
刀闸	29 组 1624 万元	21 组 1176 万元
合计	7624 万元	5976 万元

注　设备价格为当年设备价格。

方案一、方案二年停电损失电量见表 2-3。

表 2-3　　　　　　　　　　年 停 电 损 失 电 量　　　　　　　　　　（MWh）

项目	方案一	方案二
第一套数据	2126	2581
第二套数据	1514	1876
第三套数据	476	660

4. 750kV 示范工程的推荐主接线方案

750kV 示范工程的电气主接线方案选型，主要根据可靠性和经济性指标综合评定，以"可靠性合理，经济性最优"为基本选型原则。首先是各项可靠性指标都必须满足一定的要求，否则不是合格的备选方案；对于可靠性技术指标合格的备选方案，需要根据经济性指标，同时综合考虑可靠性指标的因素，选择可靠性合理、经济上最优的方案。

二、750kV 系统对主接线的配置要求

1. 750kV 电气接线的基本要求

（1）当线路、变压器等连接元件总数为 6 回及以上，且变电站在系统中具有重要地位时，750kV 配电装置宜采用一台半断路器接线方式。因系统潮流控制或限制短路电流需要，可将母线分段。

（2）当采用一台半断路器接线时，宜将电源回路与负荷回路配对成串，同名回路不宜配置在同一串内，但可接于同一侧母线；当变压器超过两台时，其中两台进串，其他变压器可不进串，直接经断路器接母线。

（3）在一台半断路器接线下，初期线路和变压器组成两个完整串时，各元件出口处宜装设隔离开关。

（4）当 750kV 配电装置最终连接元件总数不大于 6 个，且变电站为终端变电站时，

23

在满足运行要求的前提下，可采用线路变压器组、桥型、单母线或线路有两台断路器、变压器直接与母线连接的"变压器母线组"等接线。

（5）750kV 配电装置初期回路数较少时，宜采用断路器数量较少的简单接线，但在布置上应满足过渡到最终接线的可实施性。采用气体绝缘金属封闭组合电器的各级电压配电装置，通过经济技术论证，可采用断路器数量较少的接线型式。

2. 750kV 电气接线的设备配置

750kV 配电装置电气设备配置的原则应根据《220kV～750kV 变电站设计技术规程》（DL/T 5218—2012）中的相关规定，以及相关分析计算和设计要求确定，目前 750kV 配电装置电气设备主要的配置的原则是：

（1）750kV 断路器两侧及 750kV 进出线出口均装设隔离开关，隔离开关配有单侧或双侧接地开关；对于同塔架设或平行回路的线路侧接地开关应具有开合电磁感应和静电感应电流的能力，其开合水平应按具体工程情况经计算确定。

（2）气体绝缘金属封闭开关设备（GIS）配电装置的接地开关配置应满足运行检修的要求。与 GIS 配电装置连接并须单独检修的电气设备、母线和出线，均应配置接地开关，出线回路的线路侧接地开关采用具有关合动稳定电流能力的快速接地开关。

（3）800kV GIS 配电装置的母线避雷器和电压互感器、电缆进出线间隔的避雷器、线路电压互感器宜设置独立的隔离断口或隔离开关。

（4）800kV GIS 配电装置应在与架空线路连接处装设敞开式避雷器，其接地端应与 GIS 管道金属外壳连接。800kV GIS 母线避雷器的装设宜经雷电侵入波过电压计算确定。

（5）750kV 线路并联电抗器回路不宜装设断路器，可根据线路并联电抗器的运行方式确定是否装设隔离开关。750kV 线路并联电抗器通常与所接线路一同投退，目前工程中电抗器电源侧装设的隔离开关系检修需要，当采用其他措施能够满足要求时，可不装设此隔离开关。

（6）750kV 高压并联电抗器回路可与出线回路共用一组避雷器。

（7）750kV 配电装置当采用一台半断路器接线，线路和变压器组成两个以上完整串时，进出线不装设隔离开关。

（8）750kV 避雷器和电压互感器不应装设隔离开关。

（9）750kV 配电装置当采用一台半断路器接线、4/3 断路器接线、角形接线等多断路器接线型式时，应在断路器两侧均配置电流互感器。每回出线的三相上应装设电压互感器；在主变压器和每组母线上，应根据继电保护、计量和自动装置的要求，在一相或三相上装设电压互感器。

三、750kV 变电站中压侧接线及设备配置要求

根据国外已投运的 750kV 变电站中压侧的接线情况及结合我国实际情况，750kV 变电站中压侧主要有 330、220kV 两种电压等级。220kV 电压等级主要分布在新疆电网和宁夏北部电网。

1. 中压侧电气接线的基本要求

（1）330kV 接线。

1）330kV 配电装置可采用一台半断路器接线或双母线接线，实际工程应结合技术经济比较结果确定。

2）因系统潮流控制或限制短路电流需要，可将母线分段。

3）采用一台半断路器接线时，宜将电源回路与负荷回路配对成串，同名回路配置在不同串内，同名回路可接于同一侧母线。初期为 1～2 组主变压器，主变压器应全部进串；当主变压器组数超过 2 组时，其中 2 组主变压器进串，其他变压器可不进串，直接经断路器接入母线。

4）初期回路数较少时，宜采用断路器较少的简化接线，但在布置上应考虑过渡到最终接线方案。

5）当高压并联电抗器与线路需同投同退时，不宜设置隔离开关。实际工程中根据系统要求也可设置隔离开关。

（2）220kV 接线。220kV 配电装置一般采用双母线接线，当技术经济合理时，也可采用一台半断路器接线。采用双母线接线时，当线路和变压器连接元件总数在 10～14 回时，在一条母线上装设分段断路器；元件总数为 15 回及以上时，在两条母线上装设分段断路器。为了限制 220kV 母线短路电流或者满足系统解列运行的要求，也可根据需要将母线分段。

（3）GIS 近远期过渡接线。为便于远期 GIS 的扩建和减少停电时间，可采取以下措施：

1）330kV 采用双母线接线时，当远期线路和变压器连接元件总数为 6～7 回时，可在一条母线上装设分段断路器；元件总数为 8 回及以上时，可在两条母线上装设分段断路器。当本期线路和变压器元件总数为 4 回及以上时，本期可按远期接线考虑，分段、母联、母线设备间隔一次上齐。

2）220kV 采用双母线接线时，当远期线路和变压器连接元件总数为 10～14 回时，可在一条母线上装设分段断路器；元件总数为 15 回及以上时，可在两条母线上装设分段断路器。当本期线路和变压器元件总数为 4 回及以上时，本期可按远期接线考虑，分段、母联、母线设备间隔一次上齐。

3）对布置于本期进出线之间的备用间隔，本期提前建设该间隔母线侧隔离开关，在母线扩建接口处预装可拆卸导体的独立隔室。当远期接线为双母线双分段时，建设过程中尽量避免采用双母线单分段接线。

2. 中压侧电气接线的设备配置

（1）750kV 变电站中的 330kV 配电装置可采用一台半断路器接线或双母线接线。因系统潮流控制或因限制短路电流需要，可将母线分段。

（2）双母线或单母线接线中母线避雷器和电压互感器，宜共用一组隔离开关；一台半断路器接线中母线避雷器和电压互感器不应装设隔离开关。安装在出线上的避雷器、耦合电容器、电压互感器以及接在变压器引出线或中性点上的避雷器，不应装设隔离开关。

（3）330kV 线路并联电抗器回路不宜装设断路器，可根据线路并联电抗器的运行方式确定是否装设隔离开关。

（4）当采用一台半断路器接线、3/4 接线、角形接线等多断路器接线型式时，应在断路器两侧均配置电流互感器。

（5）对经计算影响电网安全稳定运行的重要变电站，其 220kV 及以上电压等级双母线接线方式的母联、分段断路器，应在断路器两侧配置电流互感器。

四、750kV 变电站低压侧接线及设备配置要求

我国 750kV 变电站低压侧电压等级在示范工程阶段考虑了 35kV 和 66kV 两种电压等级，结合系统无功配置需求、变压器的制造能力以及设备标准化生产等方面做了大量的论证工作，最终确采用 66kV 电压等级，其主要用于低压无功补偿接线和站用电分支接线，无直接出线。

（1）750kV 变电站主变压器采用单相自耦变压器，主变压器低压侧采用三角形接线，750kV 主变压器低压侧 66kV 配电装置电气接线采用按主变压器分单元的单母线接线。

（2）750kV 变电站低压侧无功补偿设备为并联电容器、电抗器时，66kV 应根据低压无功补偿容量确定采用一段母线或多端母线；各变压器低压侧母线之间不做连接。

（3）66kV 各段母线宜设置总断路器，具体应根据本段母线连接的低压无功补偿装置的容量计算确定。装设出口断路器具有防止 66kV 侧母线及其所连接的设备发生故障时跳开主变压器高、中压侧断路器，致使 750kV 与 330kV 系统解列，以及主变压器差动回路保护范围大等优点。

（4）当 66kV 总回路电流超过 5000A 时，应采用双分支总断路器。

（5）66kV 电压互感器配置隔离开关。

（6）66kV 并联电容器、电抗器能分组投切，投切断路器宜装在电源侧。

（7）并联电容器回路串联电抗器值，应限制谐波放大及限制合闸涌流，根据需要经计算后确定。

五、750kV 变电站中性点接地方式

（1）750kV 变电站中 750kV 和 330（220）kV 电压等级的中性点直接接地，66kV 电压等级的中性点不接地。

（2）750kV 变电站主变压器中性点应根据系统计算结果，考虑预留或安装限流电抗器，用于限制短路电流。

（3）在直流工程单极大地运行方式下，会通过接地极向大地注入持续的直流电流，直流电流在土壤中传输。750kV 变电站应核实变压器中性点是否需要安装直流偏磁治理装置。

第二节　设计优化与创新

一、750kV 电气主接线创新

自 750kV 示范工程以来，我国投运的所有 750kV 变电站均采用了一台半断路器接线，

实践证明，一台半断路器接线运行可靠，检修方便，能够满足 750kV 电网的运行要求。在 750kV 配电装置的布置中，一台半断路器接线方式结合布置形式总体上可细分为三列式、平环式、斜连式、"一"字型、双列式及"C"型等几种型式，但其本质都是一台半短路接线的变化。各种不同的变化形式主要是为了与 750kV 配电装置的布置形式相配合。

（一）三列式接线

1. 接线型式

对应于一台半断路器接线型式，三列式接线将一个完整串的三台断路器分别布置为一列，如图 2-9 所示。330～750kV 配电装置的三列式接线型式通常与三列式布置方式对应。

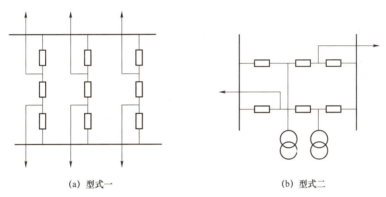

(a) 型式一　　　　　　　　(b) 型式二

图 2-9　三列式接线示意图

2. 布置特点

三列式布置的特点是对主接线的模拟性强，适宜向两侧出线。三列式配电装置一个间隔可同时在两侧进出线，断路器沿进出线方向排成三列，两组母线布置在两端，进出线构架共 4 排，电气设备采用中型布置。为提高供电可靠性，一般同名回路接入不同串内，即不同名回路接入一串内，分别向两侧出线，一个进出线串占用一个间隔。当有些串为同方向进出线回路（如线—线串）或交替接线时，需多占一个间隔，即一个进出线串占用两个间隔。配电装置设有环形道路，并在两串之间设有纵向通道，以满足各串设备运输时车辆通行和检修的需要。三列式布置示意图如图 2-10 所示。

3. 适用范围

三列式布置的配电装置的主要特点是在一台半断路器接线的配电装置中占地最小，设备布置清晰，对主接线的模拟性强，便于运行检修，进出线方便。适用于变电站或对配电装置无特殊要求的发电厂，尤其对敞开式 750kV 配电装置，均采用三列式布置方式。

（二）平环式接线

1. 接线型式

平环式接线是一台半断路器接线的一种变化，在敞开式配电装置和 GIS 配电装置中均有应用。对应于一台半断路器接线型式，平环式接线是将一个完整串的三台断路器接成一个环形，其他完整串也依次接为环形，如图 2-11 所示。

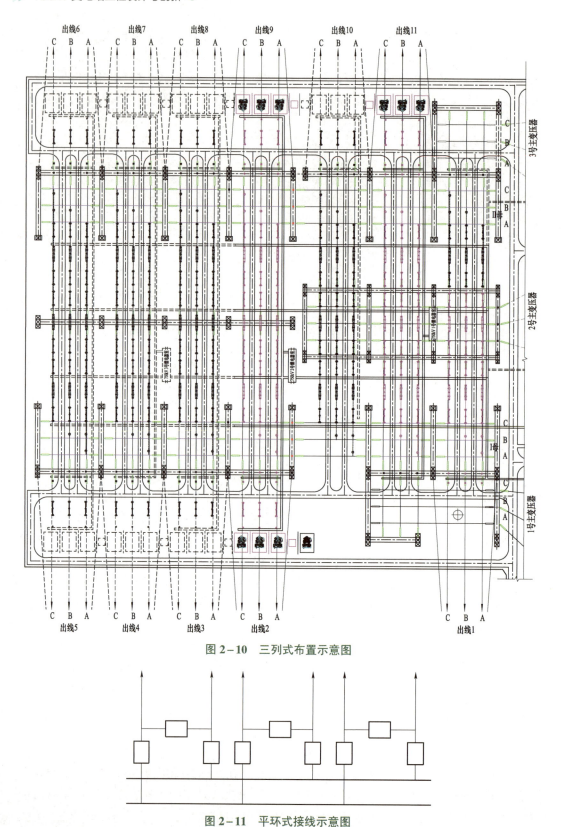

图 2-10　三列式布置示意图

图 2-11　平环式接线示意图

2. 布置特点

平环式布置的纵向尺寸较三列式配电装置小，横向尺寸较三列式配电装置大。这种配电装置的布置特点是一串占用两个间隔，每个间隔中沿出线方向布置一台母线侧断路器，中间断路器横向布置在两间隔中间的线路侧，两条母线并排布置在进线侧。这种布置的特点是较三列式布置压缩了纵向尺寸，同时易于实现进出线交替式布置而不多占间隔。配电装置设有环形道路。

3. 适用范围

平环式布置的配电装置的主要特点是对主接线的模拟性强，便于运行检修，进出线方便，其纵向尺寸较三列式要小，在场地条件受限制的情况下，尤其是纵向尺寸有一定受限的情况下可采用平环式布置。

（三）斜连式接线

三列式接线和平环式接线的共同特点是纵向尺寸（指沿进出线方向）较大，横向尺寸（指沿母线方向）较小，主要适用于敞开式配电装置。对于 GIS 布置方式或对于场地纵向尺寸严重受限的场地不太适用。

针对纵向尺寸受限的场地和 GIS 设备，工程技术人员在工程实践中发展了断路器单列式布置的斜连式配电装置布置方式和断路器单列式"一"字型配电装置布置方式，满足了变电站总平面布置对配电装置的要求。

1. 接线型式

为了适应纵向尺寸受限的场地和发电厂的总平面布置需求，将一台半断路器接线三列式布置的配电装置"压扁""拉长"形成了新的配电装置，即断路器单列布置的斜连式配电装置，如图 2-12 所示。

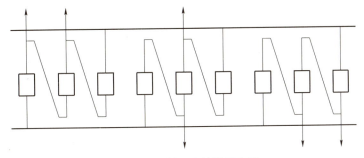

图 2-12　斜连式接线示意图

2. 布置特点

斜连式配电装置是断路器单列布置的一种，最早是 1978 年由苏联工程师提出的应用于 500kV 配电装置的一种新型布置方案，其在 330kV 配电装置也有应用，也可应用于750kV 配电装置。

斜连式配电装置是将一台半断路器接线中每串的三台断路器平行排成一列，断路器两侧平行布置两排进出线门型构架，两组母线与进出线门型架平行位于两侧最外侧。也就是说，以断路器为中轴线，由内向外、对称布置进出线门型架和母线，这就构成了斜连式配电装置的基本格局。

斜连式配电装置每串的母线侧断路器通过设备间连线（下层导线）与母线相连，每串中的母线侧断路器与中间断路器之间由断路器两侧进出线门型架间的跨间隔的斜拉架空导线串接起来，这样就构成了一个完整串。每个完整串占用三个间隔。由于联结断路器的斜拉导线也将两侧的进出线串联在一起，所以不论进出线交叉与否或是线—线串，进出线的引接均很方便，且不因为交叉接线而多占间隔。同时，斜连式配电装置也正是由于斜拉导线的存在而得名。

斜连式配电装置周围设有环形道路，断路器前设有巡视检修道路，以便运行维护。

3. 适用范围

斜连式布置的配电装置纵向尺寸较三列式和平环式都要小，在场地条件受限制的情况下，尤其是纵向尺寸有一定受限的情况下可考虑采用斜连式布置。

（四）"一"字型接线

1. 接线型式

"一"字型配电装置是断路器单列式布置设计思想的一种延伸和发展，是一种全新的配电装置型式。"一"字型配电装置是将一台半断路器接线每串中所有的电气设备拉直成一长串，首尾相连，沿横向成"一"字型排列，采用中型布置方案；两组母线紧靠平行横向置于电气设备旁边；两排进出线架分别位于两组母线外侧。

电气设备首尾相连沿横向成"一"字型排列以及进出线构架与母线构架相结合构成框架型式，是"一"字型配电装置基本结构的两个显著特点。

如图 2-13 所示的"一"字型配电装置接线演变及配置图，斜连式配电装置的接线及平环式配电装置的接线都是由三列式配电装置的接线（一台单断路器接线的典型接线）演变而来的。模拟并实现这些新的接线，就产生了新的配电装置型式。

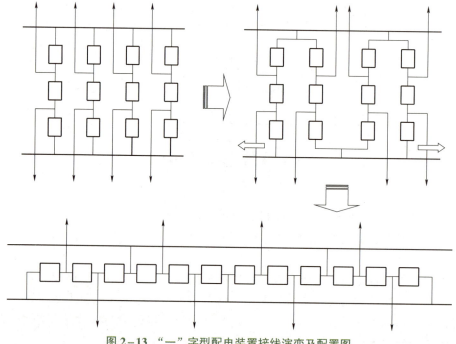

图 2-13 "一"字型配电装置接线演变及配置图

2. 布置特点

在 800kV GIS 配电装置中"一"字型接线是最多采用的一种接线方式。"一"字型布置根据主母线布置方式的不同，可分为母线分相布置、母线集中内置、母线集中外置等方式，"一"字型接线示意图如图 2-14 所示。

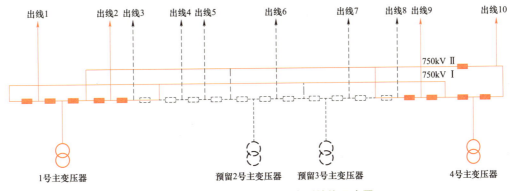

图 2-14　800kV GIS "一"字型接线示意图

（1）母线分相布置。该方案特点为串中连接母线长度较短，主母线高位布置，日常运行巡视方便，但检修断路器时需跨过主母线吊装断路器，且最外侧相断路器距离吊车较远，需选用大吨位吊车；同时主母线较高，需加强支撑件。800kV GIS "一"字型母线分相布置平断面示意图如图 2-15 所示。

（2）母线集中内置。该方案与母线分相布置型式差异不大，主要体现在母线集中布置于进线侧，断路器集中布置在出线侧。在出线回路多于进线回路时分支母线总长度较短。但断睡器单元的吊装、运行人员巡检相对母线集中外置方案不便，设备吊装需选用大吨位的吊车。800kV GIS "一"字型母线集中内置平断面示意图如图 2-16 所示。

（3）母线集中外置。该方案与母线分相布置型式差异不大，主要体现在母线集中布置于出线侧，断路器集中布置在进线侧。断路器单元靠近主运输道路，设备的吊装及运输可利用主运输道路，吊装半径较小，可选用较小吨位的吊车；同时，运行巡视均较方便。但出线分支母线与主母线交叉，出线分支母线较长。800kV GIS "一"字型母线集中外置平断面示意图如图 2-17 所示。

综上所述，采用母线分相布置方案时，运行人员巡检方便，但由于主母线高位布置，设备安装检修不够方便，同时也降低了设备的抗震性能且配电装置的功能区分不清晰。采用母线集中布置方案时，配电装置均为低位布置，安装检修方便，配电装置功能区分清晰。其中，母线集中内置方案出线分支母线短，但进线分支母线长，断路器单元安装需选用大吨位吊车，运行人员巡检也不够方便；母线外置方案断路器单元安装可选用较小吨位的吊车，运行巡视均较方便，进线分支母线短，但出线分支母线长度较母线内置方案长。

3. 适用范围

"一"字型接线的配电装置纵向尺寸较其他布置方案都小，横向尺寸大，适用于场地横线尺寸不受限而纵向尺寸受限的场地，800kV GIS 布置大多采用"一"字型布置方式。

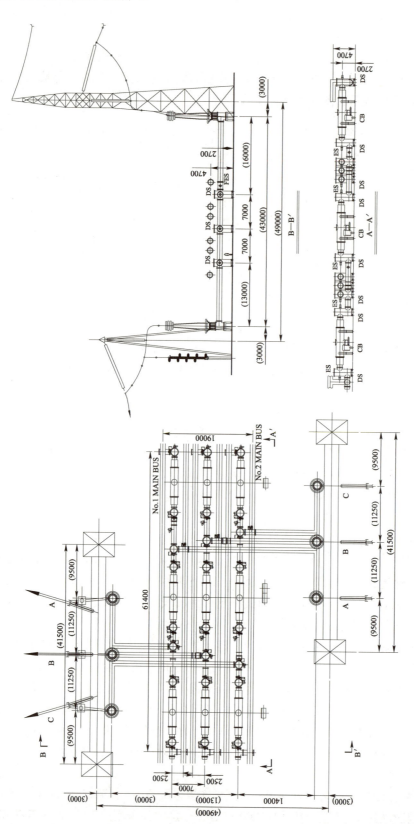

图 2-15 800kV GIS "一" 字型母线分相布置平断面示意图

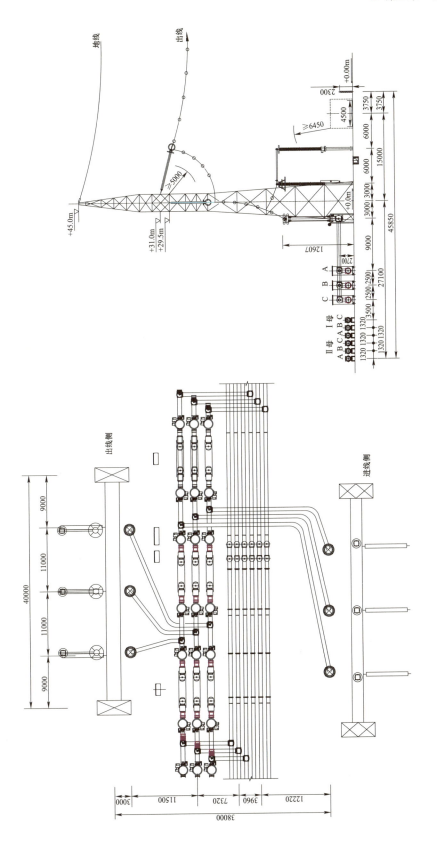

图 2-16 800kV GIS "一"字型母线集中内置平面断面示意图

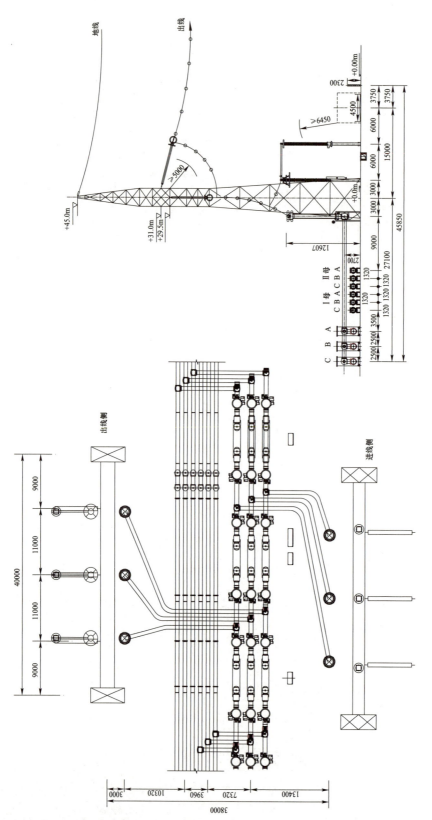

图 2-17　800kV GIS "一" 字型母线集中外置平断面示意图

（五）双列式接线

常规一台半断路器接线的 GIS 配电装置多采用"一"字型母线集中外置布置方案，一般均向一个方向出线（局部可根据实际情况反向出线），出线方式不灵活，常会出现难以与出线线路走向相协调的问题，造成线路侧需采用较多转角塔进行转向，且线路路径更长，大幅增加线路侧投资。

采用"一"字型布置方式时，GIS 主母线较长，而 GIS 主母线造价也较昂贵；此外由于 GIS 断路器单元较重，吊车需由主变压器运输道路开至离断路器较近处，而此处一般均布置有主变压器进线构架、继电器室等建、构筑物，有时会导致吊车难以顺利驶入预定位置，经常需多次倒车操作，大大延长了操作时间，给安装检修带来不便。

当变电站进出线回路较多时，"一"字型布置导致 GIS 配电装置横向尺寸过长，难以和主变压器及其他区相协调，增大了占地面积，且站区围墙难以规整，给项目征地带来不便。

1. 接线型式

为了解决"一"字型接线存在的这些问题，在一台半断路器的基础上演化了双列式接线。即 GIS 断路器双列式布置方案，主要是解决以下问题：① 当线路需要向不同方向出线时，如何使变电站与线路配合更为顺畅，节约线路侧投资；② GIS 主母线造价昂贵，如何通过减少管道母线长度，节约 GIS 总体投资；③ 如何通过合理布置设备及安装检修道路，给安装检修带来便利。

双列式接线主要是配合双列式布置的 GIS 而设置的接线型式，其特点是断路器布置为两列，母线分别布置在断路器的外侧。双列式接线示意图如图 2-18 所示。

在图 2-18（a）所示的接线型式中，断路器布置在中间位置，母线布置与两侧，中间设道路用于检修和安装断路器，此种方式纵向尺寸短、横线尺寸长。在图 2-18（b）所示的接线型式中，母线集中在中间，断路器在母线两侧，在两侧设置道路，用于检修和安装断路器，此种方式较图 2-18（a）所示方式的纵向尺寸长，但横线尺寸短。

2. 布置特点

GIS 断路器双列式布置方案的特点在于，在配电装置设计时将断路器集中布置为两列，两列断路器中间设安装检修通道；主母线分别集中布置在断路器两侧，出线构架分别布置在两组主母线外侧。此种布置方案可以节约大量 GIS 主母线，而保持其他主设备数量基本不变，大大节约了投资；且配电装置横向尺寸较小，可以很好地与主变压器及其他配电装置区协调配合；安装检修通道设置在两列断路器中间，吊车可直接驶入该通道，无需拐弯，即可方便地安装检修断路器等 GIS 设备，节约大量安装检修时间。

800kV GIS 断路器双列式布置平断面示意图如图 2-19 所示。

对于 GIS 采用断路器双列式布置方案，根据断路器双列式布置自身的特点，不可避免地会出现 GIL 管道母线需穿越两列断路器中间安装检修通道的问题。结合实际工程设计和实践经验，GIL 管道母线跨路方案主要可分为两大类，即地上跨越方案和地下跨越方案。这两种方案在国内外均有较多运行经验。

3. 适用范围

当线路需要向不同方向出线，且进出线的数量相当时，采用双列式接线将使变电站与线路配合更为顺畅，节约线路侧投资；减少管道母线长度，节约 GIS 总体投资。

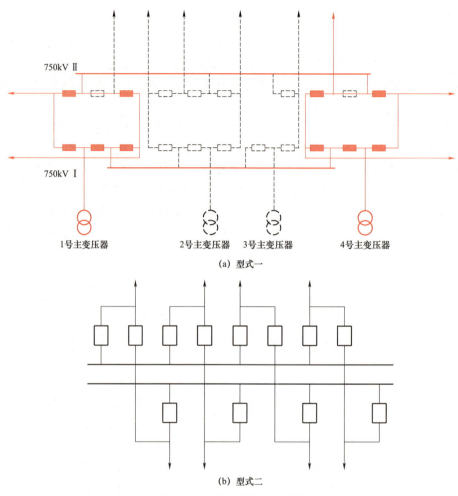

(a) 型式一

(b) 型式二

图 2-18　双列式接线示意图

（六）"C"型接线

1. 接线型式

HGIS 通常采用"一"字型接线型式，以一台半断路器接线为例，HGIS 单元组合有 3 种模式，分别为"1+1+1 断路器""2+1 断路器""3+0 断路器"。

"一"字型 HGIS 布置优点是 GIS 分支母线使用少，节约了设备投资，缺点是高跨线较多，构架投资大，同时高跨线造成母线电磁感应现象严重，不利于运维及检修。

针对此种情况，工程设计人员通过调换双侧出线套管与母线套管位置，母线套管在配电装置间隔内侧，中间通过支柱绝缘子连接，电气设备上方无带电导线，静电感应较小便于进行设备检修。

"C"型接线示意图如图 2-20 所示。

2. 布置特点

"一"字型布置断面示意图如图 2-21 所示。"C"型布置的特点是出线及主变压器套管布置在配电装置间隔最外侧，母线套管在配电装置间隔内侧，线路及主变压器进线引接方便。"C"型布置方式在保持 HGIS 设备布置紧凑性的同时，缩小了母线之间的距离，

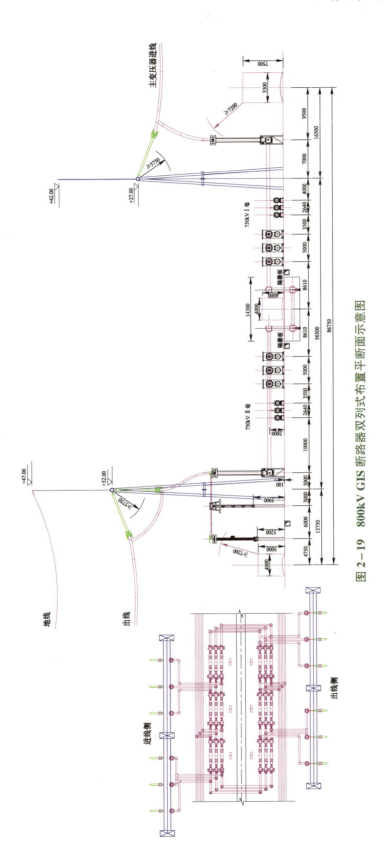

图 2-19 800kV GIS 断路器双列式布置平断面示意图

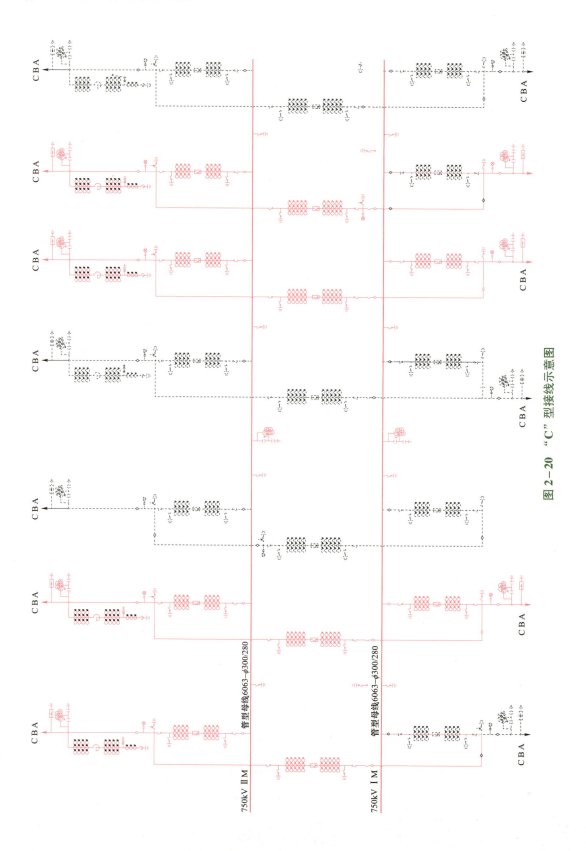

图 2-20 "C" 型接线示意图

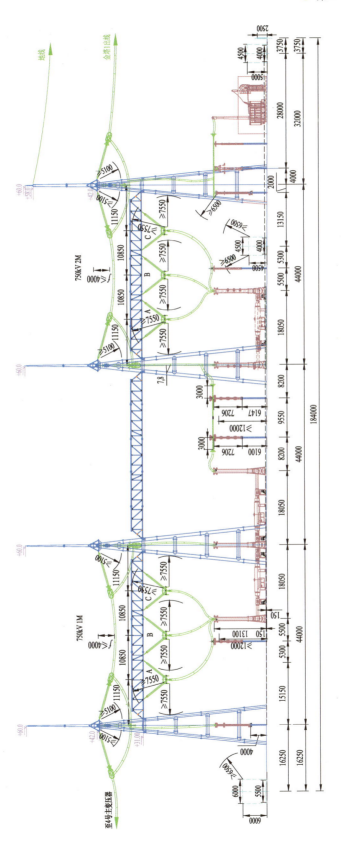

图 2-21 "一"字型布置断面示意图

减小了间隔纵向尺寸，较传统布置方案在节约占地方面有明显优势。同时，由于没有高跨线的影响，母线电磁感应现象明显减轻，有利于设备运维及检修。"C"型布置断面示意图如图 2-22 所示。

3．适用范围

"C"型接线和布置主要适用于 HGIS 设备，采用"C"型布置的配电装置上部无跨线，结构紧凑，构架简单，节约投资。

二、750kV 过渡接线

当 750kV 变电站中 750kV 配电装置最终连接元件总数不大于 6 回，且变电站为终端变电站时，在满足运行要求的前提下，可采用线路变压器组、桥型或角形接线等；在变电站初期出线规模较小的情况下，也可采用双断路器接线、角形接线等。在 750kV 配电装置满足要求的前提下，也可采用单母线接线、桥型接线或变压器母线组接线。

（一）750kV 的角形接线

750kV 角形接线一般作为变电站初期的一种过渡接线型式，以下通过实际案例来说明这种接线型式。

1．角形接线案例 1

（1）平凉开关站接线型式分析。平凉 750kV 变电站最终规模为 1 台主变压器和 7 回出线，远期采用一台半断路器，共 8 个元件组成 4 个完整串。一期作为开关站运行，共 4 回出线分别为兰州东 2 回、乾县 2 回。

750kV 开关站电气主接线一期可采用两种接线型式：一是 750kV 4 回出线两两配对组成线一线单元组，安装 2 台断路器，安装出线侧隔离开关，线路侧通过隔离开关接高压电抗器；二是采用四角形接线，一期 750kV 出线 4 回，逐一组成线一线单元组，构成角形接线，安装 4 台断路器，安装出线侧隔离开关，线路侧通过隔离开关接高压电抗器。

根据系统专业当时的规划，平凉开关站工程一期（兰州东、乾县各 2 回线）于 2008 年投产，在 2010 年将扩建崇信电厂一回线。因此，无论是采用线一线单元组还是采用四角形接线，在 2010 年，该变电站都将扩建为一台半断路器接线型式，届时变电站装设的开关设备数量都是相同的。

对比两种接线方式，在任一回计划检修或事故情况下，线一线单元组接线的方案会导致兰州东—平凉—乾县双回输电路中的一回彻底停电，四角形接线则可以通过开断停运线路以及出线隔离开关，将计划检修或故障的一回线路退出，其他三回线路仍可以闭环运行。所以，四角形接线在运行可靠性以及运行方式灵活性上均优于线一线单元组接线方式。

另外，四角形接线通过合理地安排，在日后的系统扩建过程中，可以有效地减少停电时间，由此也将带来一定的经济效益。

（2）四角形接线对比。四角形过渡接线有多种组合方案可供选择，本案例中的 4 条 750kV 出线为两组同名线路，所以该 4 条线路组合方式可分为两种结构，见图 2-23。

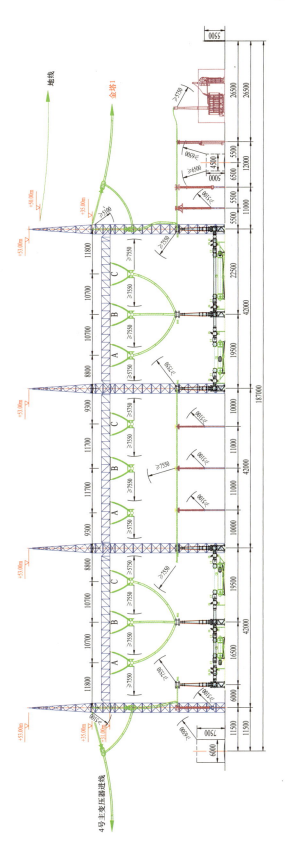

图 2-22 "C" 型布置断面示意图

图 2-23 750kV 四角形过渡接线组合方式示意图

这两种结构的区别在于同名双回路的排列方式，方案一采用间隔排列，方案二采用相邻排列。

两个方案在单重故障下的动作是完全相同的，均会跳开故障线路的两台断路器。其主要区别在于在单重线路故障下，同时叠加断路器失灵故障时，对系统造成的影响不同。方案一在单重线路故障下，叠加其中任一台断路器失灵故障时，均可以确保兰州东和平凉各有一回线不受故障影响，保障了兰州东至乾县至少有一条线路可以正常运行。方案二在单重线路故障下，叠加相邻同名回路联络断路器失灵故障时，会导致同名的双回线同时跳闸，整个兰州东至乾县双回线将全部停运。

综合分析，可以得到如下结论：① 过渡接线采用四角形接线方案时，其在运行可靠性、运行方式灵活性以及经济性等多方面，均优于线线单元组接线方案；② 过渡接线采用同名双回路相邻排列的四角形接线时，对检修、故障的适应性稍差，采用同名双回路间隔排列的四角形接线时，对检修、故障的适应性较好。

因此该工程一期 750kV 配电装置的过渡接线推荐采用同名双回路间隔排列的四角形接线。

（3）750kV 过渡接线方案的实施。根据变电站的最终接线，本期建设的 4 回线路分别在四个不同的串内，因此实施同名双回路间隔排列的四角形接线方案的组合有多种型式，经比较，推荐采用如图 2-24 所示的方案。

该方案具有以下优点：

（1）本期接线方案在一次接线上较易改为最终接线。因为本期装设的 4 台断路器均为其中两回同名线路的两侧开关，而另两回同名线路则通过母线过渡转接。这种接线在本期具有较强的单元性，在日后扩建时，可最大限度减少由于扩建造成的线路停运损失。

（2）过渡接线方案在扩建时二次改动工作量最小。一般来说，多角形接线向最终接线的过渡，在二次部分的改动往往是十分繁杂的。而目前的接线由于 4 台断路器均为其中两回同名线路的两侧开关，因此在扩建时该两条线路的所有控制、保护、计量、测量回路均不需作任何改动。

2. 角形接线案例 2

和田 750kV 变电站远期规模为 6 回出线及 2 台主变压器，750kV 配电装置电气主接线采用一台半断路器接线方式，远期共组成 4 个完整串，主变压器均按进串方案配置。

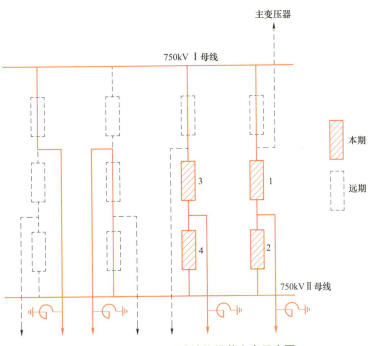

图 2-24 750kV 过渡接线推荐方案示意图

和田 750kV 变电站 750kV 采用一台半断路器接线，一期规模为 1 回出线和 1 台主变压器，共两个元件，可以组成两个不完整串，安装 4 台断路器，也可以组成一个完整串，安装 3 台断路器。结合站址的系统条件及远期规模，为减少本期投资，最终采用了一个完整串的接线型式，为了提高配电装置可靠性，一期配电装置采用 750kV 安装跨条的方式。和田 750kV 变电站角形接线过渡方案示意图如图 2-25 所示。

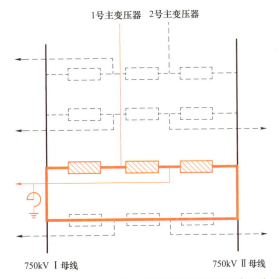

图 2-25 和田 750kV 变电站角形接线过渡方案示意图

和田 750kV 变电站的接线型式实际上是个一种三角形接线的变化，该方案有以下优点：

（1）接线方案在一次接线上较易改为最终接线。克服了一个完整串时若中断路器故障或检修，全站就必须停运的确定。采用跨条后中断路器故障可以通过跨条供电，提高了可靠性。

（2）过渡接线方案在扩建时二次改动工作量最小。目前的接线由于是按一个完整串配置的断路器，因此在扩建时该两条线路的所有控制、保护、计量、测量回路均不需作任何改动。

（二）双断路器接线

双断路器接线也经常作为一台半断路器接线的一种过渡接线。每一元件经两台断路器分别接两条母线，每一元件可以方便、灵活地接在任一条母线上。

如某变电站远期 6 回 750kV 出线、2 台主变压器进线，按照 4 个完整串规划，由于建设时序的问题，本期 1 台主变压器均配置及 2 回出线均配置为不完整串，实际组成了双断路器接线型式。双断路器接线过渡方案示意图如图 2-26 所示。

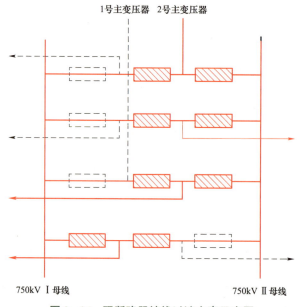

图 2-26 双断路器接线过渡方案示意图

双断路器接线实质上是一台半断路器的一种变化，由多个不完整串组成，该方案有以下优点：

（1）方便后续过渡为最终接线型式。双断路器接线的可靠性高，尤其是适用于后期会很快过渡到完整串的接线。

（2）过渡接线方案在扩建时二次改动工作量最小。目前的接线由于是按一个完整串配置的断路器，因此在扩建时该两条线路的所有控制、保护、计量、测量回路均不需作任何改动。

第三章 过电压保护、绝缘配合及防雷接地

第一节 750kV 过电压保护及绝缘配合设计

750kV 变电站进行设备选择和配电装置布置时，需要确定设备绝缘水平以及各电压等级空气间隙，这对于变电站安全稳定运行起着决定性的作用。由于大量 750kV 变电站位于西北高海拔地区，其设备外绝缘水平和空气间隙均需要进行高海拔修正，国标、行标及国外规范中修正的方法较多，如何抉择成为设计人员必须重点关注的问题。因此必须综合考虑造价和安全可靠性等方面的关系，通过计算和试验相结合，进行合理确定。

750kV 变电站有 750/330/66kV 和 750/220/66kV 两个电压序列，在绝缘配合时一般按最高电压把系统分为两个范围：① 范围 I，$3.6\text{kV} \leqslant U_\text{m} \leqslant 252\text{kV}$；② 范围 II，$U_\text{m} > 252\text{kV}$。其中，$U_\text{m}$ 为系统最高（线）电压。

过电压的标幺值规定如下：① 工频过电压的 $1.0\text{p.u.} = U_\text{m} / \sqrt{3}$；② 谐振过电压和操作过电压的 $1.0\text{p.u.} = \sqrt{2} U_\text{m} / \sqrt{3}$。后续部分章节在论述时，将直接采用过电压标幺值的概念。

一、750kV 过电压保护及绝缘配合设计面临的问题

在我国西北地区 750kV 变电站建设之前，相关的标准或规程仅适用于 500kV 及以下电压等级的输电系统，缺乏 750kV 电压等级的标准及规程规范；并且由于没有实际工程作依托，研究重点主要是电压等级选择，对 750kV 输电系统本身的技术问题研究涉及不多；另外，国内可借鉴的资料也非常有限。因此，在西北电网 750kV 示范工程开工建设之前，有必要从技术和经济等多方面对 750kV 过电压保护及绝缘配合进行深入细致的研究。

750kV 电网的过电压保护及绝缘配合与 500kV 及 330kV 相比，有其特殊性，面临着和其他电压等级不同的特点。如 750kV 设备和外绝缘操作冲击放电电压曲线已进入非线性区域，此时，降低过电压水平对设备制造和工程设计造价有着非常重要的影响。为了保证工程的安全性、经济性，需要找到一个合适的平衡点，研究有效的限制过电压措施，确定合理的过电压水平，选择有合理裕度的绝缘水平。

综上所述，需要进行 750kV 过电压保护及绝缘配合的详细研究，为 750kV 电网建设提供有力支撑，为工程安全可靠、经济合理提供科学依据。

二、750kV 过电压保护及绝缘配合设计发展历程

750kV 示范工程伊始，开展了 750kV 电压等级的多方面科研工作，其中 750kV 变电站过电压保护及绝缘配合是非常重要的一环。

1. 750kV 示范工程最终验收结论

750kV 示范工程最终课题验收时，对 750kV 系统过电压与绝缘配合的综合意见如下：

（1）建议 750kV 系统的工频暂时过电压水平一般控制为：母线侧不超过 1.3p.u.，线路侧不超过 1.4p.u.。

（2）对金属氧化物避雷器（metal oxide arrester，MOA）的选择建议：① 母线侧 MOA 的额定电压 U_r 可选 600kV；② 线路侧 MOA 的额定电压 U_r 可选 648kV；③ 避雷器标称放电电流为 20kA，20kA（8/20μs）时，雷电冲击保护水平要求母线侧不大于 1380kV，线路侧不大于 1491kV。

（3）对 750kV 系统操作过电压可采用 500Ω 左右的合闸电阻加以限制，合闸电阻投入时间不小于 8ms，热容量建议不小于 1500kJ。对合变压器的 750kV 断路器，当在 330kV 侧先合闸时，可不装设合闸电阻。750kV 系统的相对地统计过电压可控制在 1.8p.u. 以下。

（4）750kV 电气设备及电抗器中性点和接地电抗器的绝缘水平建议如表 3-1 和表 3-2 所示。

表 3-1　　　　　　　　　750kV 电气设备的绝缘水平

系统电压（kV）		设备名称	额定雷电冲击耐受电压（kV，峰值）		雷电截波（kV，峰值）	额定操作冲击耐受电压（kV，峰值）		工频 1min 耐受电压（kV，有效值）	
标称	最高		内绝缘	外绝缘		内绝缘	外绝缘	内绝缘	外绝缘
750（765）	800	变压器	1950	1950/2250	2100	1425 1550	1425/1550 1550/1675	860	
		电抗器及其他设备	2100	2100/2350	2250	1550	1550/1675		
		断路器纵绝缘	2100（+460）	2100（+460）/2350（+510）		1300（+650）	1300（+650）/1425（+720）	800+460	800+460/880+510

注　1. 外绝缘的分子、分母分别对应于海拔 1000m 和 2000m。
　　2. 断路器纵绝缘雷电冲击反相工频为 0.7 倍相电压峰值。

表 3-2　　　　　　电抗器中性点和接地电抗器的绝缘水平

额定雷电冲击耐受电压（kV，峰值）		雷电截波（kV，峰值）	工频 1min 耐受电压（kV，有效值）	
内绝缘	外绝缘	内绝缘	内绝缘	外绝缘
480	450/550	530	200	185/240

注　外绝缘的分子、分母分别对应于海拔 1000m 和 2000m。

（5）变电站的空气间隙。在 750kV 示范工程时，科研单位进行了大量试验，结合计

算情况，确定了 750kV 过电压保护和绝缘配合的计算方法，特别是高海拔修正方法。其中对于空气间隙，主要采用标准操作波试验结论。

变电站 750kV 高压配电装置的空气间隙由 A、B、C、D 4 个电气尺寸决定，A1 和 A2 值可参考表 3-3，B、C、D 可由此推出。

表 3-3　　　　变电站 750kV 高压配电装置的最小空气间隙（A1、A2 值）　　　（m）

序号	放电电压类型	A1		A2
		A1′	A1″	
1	工频放电电压	2.20/2.50		3.75/4.65
2	正极性操作冲击电压波	4.80/5.40	5.50/5.95	7.20/8.00
3	正极性雷电冲击电压波	4.30/4.80	4.60/5.10	4.80/5.30

注　分子对应于海拔 1000m，分母对应于海拔 2000m。

2. 后续研究情况简介

2014～2016 年期间，在广泛调研 750kV 输变电工程过电压水平、绝缘设计以及避雷器配置和运行情况的基础上，我国深入研究了 750kV 输变电系统的过电压差异化特性、高压并联电抗器中性点小电抗过电压过电流特性、典型间隙长波前操作冲击放电特性等技术问题，并分析了 750kV 输变电工程绝缘配置优化方案，提出了 750kV 输变电工程设计优化方案设想。在过电压保护及绝缘配合方面主要成果如下：

（1）提出我国 750kV 输电系统的过电压差异化特性、控制水平和过电压差异化设计原则。

（2）提出 750kV 系统避雷器参数优化设计方案，提出取消 750kV 断路器合闸电阻的适用范围。

（3）揭示高压并联电抗器中性点工作条件差异化特性的产生机理，提出了 750kV 高压并联电抗器中性点避雷器、绝缘水平选取方法，并基于不同 MOA 阀片参数性能的中性点避雷器及绝缘水平差异化参数配置要求，明确了 750kV 高压并联电抗器中性点小电抗全周期通流能力选型要求。

（4）首次提出 750kV 变电站典型间隙 1000μs 长波前操作冲击放电特性，以及 0～4000m 海拔范围 750kV 输变电工程长波前操作过电压控制间隙配置。

以上结论为提高 750kV 输变电工程的经济效益，提升我国 750kV 电压等级的设计和研究水平提供了有力的技术支撑。

三、750kV 过电压保护及绝缘配合设计特点

1. 过电压保护水平

结合我国 750kV 系统实际特点，经研究确定 750kV 示范工程过电压保护水平如下。

（1）工频过电压。750kV 工频过电压应符合下列要求：

1）线路断路器的变电站侧的工频过电压不超过 1.3p.u.。

2）线路断路器的线路侧的工频过电压不超过 1.4p.u.，其持续时间不应大于 0.5s。

（2）相对地操作过电压。750kV 相对地操作过电压水平一般不宜超过 1.8p.u.。

（3）相间操作过电压。750kV 相间操作过电压可取相对地内过电压的 1.7 倍。

2．绝缘配合计算方法介绍

绝缘配合就是根据系统中可能出现的各种电压和保护装置的特性来确定设备的绝缘水平；或者根据已有设备的绝缘水平，选择适当的保护装置，以便把作用于设备上的各种电压所引起的设备损坏和影响连续运行的概率降低到在经济上和技术上能接受的水平。也就是说，绝缘配合是要正确处理电压、限压措施和设备绝缘耐受能力三者之间的配合关系，全面考虑设备造价、维修费用以及故障损失三个方面，力求取得较高的经济效益。

绝缘配合的方法有惯用法（确定性法）、统计法、简化统计法三种方法。惯用法是指在惯用过电压（即可接受的接近于设备安装点的预期最大过电压）与耐受电压之间，按设备制造和电力系统的运行经验选择适宜的配合系数，从而确定绝缘配合的方法。统计法是指针对某种过电压及设备的绝缘特性，按照各自的分布规律进行分析，从而确定绝缘配合的方法。在简化统计法中，对概率曲线的形状作了若干假定（如已知标准偏差的正态分布），从而可用与一给定概率相对应的点来代表一条曲线。在过电压概率曲线中，该点的纵坐标为"统计过电压"，其概率不大于 2%；而在耐受电压曲线中，则称该点的纵坐标为"统计冲击耐受电压"，设备的冲击耐受电压的参考概率取为 90%。绝缘配合的简化统计法是对某类过电压在统计冲击耐受电压和统计过电压之间选取一个统计配合系数，使所确定的绝缘故障率从系统的可靠性和费用两方面来看是可以接受的。

3．绝缘配合方法选择

以变电站的过电压水平作为绝缘配合的基础，遵循绝缘配合程序，按照标准推荐的配合因数（包括绝缘裕度、海拔修正因数等）进行绝缘配合，从而确定设备的内外绝缘水平。

从可靠性和经济性等方面综合考虑，750kV 变电站一般采用的绝缘配合方法是：按照实际工程的站址海拔，对 750、330kV 操作过电压的内绝缘采用确定性法，对操作过电压的外绝缘采用简化统计法；对雷电过电压内、外绝缘均采用统计法。

考虑我国 220kV 及以下电压等级设备具有较大的绝缘裕度，外绝缘试验电压的提高在技术方面不会造成较大的困难，且在经济上也不会造成投资的较大增加，所以 220kV 及以下电压等级设备外绝缘试验电压按照规范要求的规定值（即额定绝缘水平）进行海拔修正确定。具体海拔修正因数仍采用 IEC 71-2 推荐的方法确定。

4．绝缘配合程序

推荐遵循标准的绝缘配合程序，并按照标准推荐的配合因数（包括绝缘裕度等）进行绝缘配合。

GB/T 311.2 及 IEC 71-2 推荐的绝缘配合程序见图 3-1。绝缘配合程序包括选取设备的最高电压以及与之相应的、表征设备绝缘特性的一组标准耐受电压 U_w。选择一组最优的 U_w 可能需要反复考虑程序的某些输入数据，并重复此程序的某些部分。

选取额定耐受电压时，宜从标准额定耐受电压系列数中选取。所选取的工频、冲击标准电压构成额定绝缘水平。

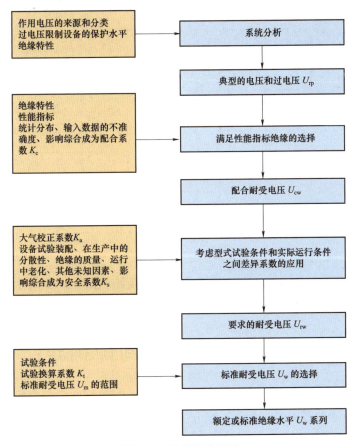

图 3-1 绝缘配合程序

5. 电气设备外绝缘水平高海拔修正

对于电气设备安装在海拔高于 1000m 时，标准绝缘水平规定的耐受电压范围可能不满足设备外绝缘实际耐受电压的要求。此时，在进行设备外绝缘耐受电压试验时，实际施加到设备外绝缘的耐受电压应高于标准绝缘水平，按式（3-1）进行海拔修正

$$K_a = e^{q\left(\frac{H-1000}{8150}\right)} \qquad (3-1)$$

式中 H——设备安装地点的海拔，m；

   q——指数 q 取值同绝缘配合程序中的规定，具体取值要求如下。

q 的取值方法为：

（1）对空气间隙或者清洁绝缘子的短时工频耐受电压，q 取 1.0。

（2）对雷电冲击耐受电压，q 取 1.0。

（3）对操作冲击耐受电压，q 可按图 3-2 确定。对于由两个分量组成的电压，电压值是各分量的和。

（4）对污秽绝缘子，指数 q 的数值仅供参考。对污秽绝缘子的长时间试验以及短时工频耐受电压试验（如果当要求时），指数 q 对于标准绝缘子 q 可低至 0.5，而对于防雾型可高至 0.8。

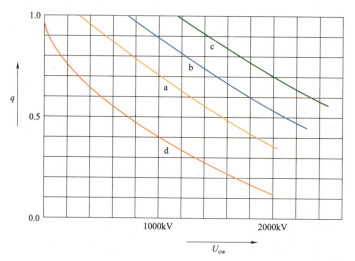

图 3-2　指数 q 与配合操作冲击耐受电压的关系（GB/T 311.1—2012）

a—相对地绝缘；b—纵绝缘；c—相间绝缘；d—棒－板间隙（标准间隙）

第二节　最小空气间隙确定

空气间隙上的过电压水平的确定，有三种方法：① 按断路器限制的操作过电压倍数计算；② 与变压器的基准绝缘水平相配合；③ 与避雷器保护水平相配合。美国、苏联、英国、日本等国多采用第二种方法，即空气间隙上的过电压水平与变压器的基准绝缘水平相配合。我国在 500kV 配电装置设计中采用第三种方法。

750kV 示范工程中 750kV 配电装置设计时，空气间隙上的过电压水平沿用 500kV 配电装置设计经验，即空气间隙上的过电压水平与避雷器保护水平相配合。采用这种方法主要考虑避雷器的保护水平是确定变压器、断路器等设备绝缘水平的基础，同时也可借鉴 500kV 配电装置中空气间隙的设计经验。后续工程基本沿用了这一理念。

750kV 示范工程总结的空气间隙确定流程如图 3-3 所示。

一、750kV 配电装置空气间隙确定

1. 气象条件

为使 750kV 配电装置最小空气间隙值具有一定的适应范围，一般在确定取值时以海拔 1000m 为分级标准，在海拔 1000m 及以下的地区，以 1000m 的值为标准，当海拔超过 1000m 时，则需要对 A1、A2 值进行海拔修正。

同时，试验曲线大都以标准气象条件为标准，为了查放电特性曲线，需要将空气间隙的放电电压归算到标准气象条件。标准气象条件是指海拔 0m，气压 1.01325×10^5Pa，温度 20℃，绝对湿度 11g/m³。

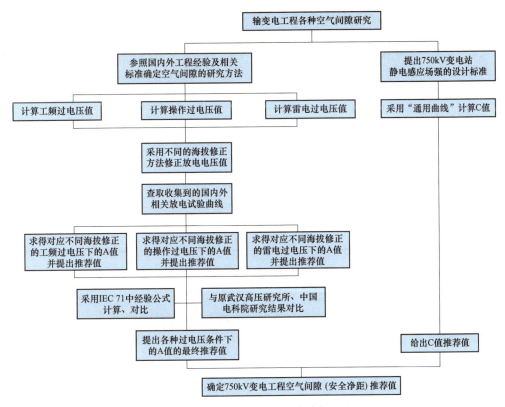

图 3-3 空气间隙确定流程

2. 避雷器参数

避雷器参数是绝缘配合的主要内容，也是空气间隙设计的基础数据。严格意义上讲，即使是同一电压等级的同一类型的避雷器的保护水平也会有所差异，而不同的保护水平确定的空气间隙也不同。避雷器的保护水平应按照以下原则考虑：

（1）根据避雷器保护水平确定的空气间隙应该具有相对稳定性，不应因避雷器而异。

（2）根据绝缘配合确定的避雷器保护水平应该具有代表性，应该与 750kV 正常设备的绝缘水平一致。

（3）设计空气间隙时以线路型避雷器的保护水平为准。750kV 变电站采用的避雷器有母线型、线路型，由于线路型避雷器的操作波放电电压比母线型避雷器高，而同一个 750kV 配电装置不应有两种空气间隙，因此应取大者作为空气间隙的设计基础。避雷器的主要参数见表 3-4。

表 3-4   避 雷 器 的 主 要 参 数

项目	避雷器型式	
	母线型	线路型
系统标称电压（kV，有效值）	750	750
额定电压（kV，有效值）	600	648
持续运行电压（kV，有效值）	462	498
标称放电电流（kV）	20	20

续表

项目	避雷器型式	
	母线型	线路型
直流 1mA 参考电压（kV）	＞810	＞875
工频参考电压（kV）	＞600	＞648
1/20μs、20kA 下陡波冲击残压（kV）	≤1518	≤1639
30/60μs、2kA 下操作冲击残压（kV）	≤1142	≤1234
8/20μs、20kA 下雷电冲击残压（kV）	≤1380	≤1491
4/10μs 大电流耐受能力（kV）	100	100
2ms 方波冲击电流（A，峰值）	2500	2500
线路放电等级	5	5

需要说明的是，为统一起见，在 750kV 配电装置设计空气间隙时，一般以线路型避雷器的保护水平为准；但在特殊情况下，若 750kV 无出线，则可采用母线型避雷器的保护水平来设计空气间隙，将减小此处带电距离和配电装置占地指标等，如某换流站内换流区域即按此进行了优化，这里不再展开。

3. 放电曲线的选取

设计空气间隙时需要参考各种 750kV 变电站真型相-地、相-相的雷电波、操作波、工频放电电压特性曲线。为了较准确地计算 A 值，不仅需要架空软导线、管型硬母线与构架之间的放电特性曲线，还需要带电电气设备（均压环）与构架之间的放电特性曲线。随着 750kV 送变电工程的开展，我国一些科研、设计单位也在积极地进行这方面的研究，取得了大部分真型试验结果。由于试验条件的限制，在 750kV 示范工程时，由于部分放电特性曲线试验尚未完成，故在利用国内研究成果的同时，也参考了国外的试验曲线进行空气间隙的设计。

空气间隙设计所采用的曲线主要包括原武汉高压研究所提供的 750kV 放电曲线、苏联高压送电线路设计所采用的放电曲线、美国 345kV 及以上超高压输电线路设计所采用的放电曲线以及 IEC 相关曲线（表格）等。

4. 绝缘配合的波形

在 GB 311.1、DL/T 620 标准中，对绝缘配合的波形作了规定：

（1）操作冲击波。波头（波前）时间 250μs，波尾 2500μs。

（2）雷电冲击波。波头（波前）时间 1.2μs，波尾 50μs。

需要说明的是，在我国设计 500kV 系统时，曾对 250μs 和 500μs 两种波头进行了对比试验。考虑 250μs 主要是按照临界波头的观点，一般认为长空气间隙（3～6m）对应 250μs 波头的空气间隙 50%放电电压值最低，以这种临界波头作为试验条件最苛刻。选用 500μs 进行对比试验，主要考虑了按照我国对锦辽、平武、晋京 500kV 系统操作过电压模拟试验结果，在我国 500kV 系统中出现的操作波绝大部分都是 1000μs 以上的长波头波形。选用 500μs 波头已经比较偏于保守和严格，也比较接近实际情况。对 250μs 和 500μs 两种波头进行试验对比，较长的 500μs 波头比短波头 250μs 的 50%放电电压值平均提高

10%～19%，因此波头时间选择对我们确定最小电气距离影响甚大。

为了安全起见，750kV 示范工程在设计 750kV 配电装置空气间隙时，绝缘配合的波形仍然按照上述标准中规定的进行计算。

5. 空气间隙放电电压的高海拔修正

空气间隙放电电压与设备外绝缘水平类似，与实际安装运行场地的大气条件有关。一般来说，放电电压随着空气密度或湿度的增加而升高（相对湿度大于 80% 时例外）。而空气密度和湿度又都随着海拔的升高而下降，因此，用于高海拔地区的设备需具有更高的绝缘耐受水平，也同时需要更大的空气间隙放电电压。

不同设计或者试验标准推荐的空气间隙放电电压的气象修正方法存在着差异，在 750kV 示范工程设计时，经过对比、分析，有四种海拔修正方法有可能用于设备外绝缘和带电空气间隙的设计，分别是 DL/T 620、GB 311.1、IEC 71−2 标准中推荐的海拔修正方法以及原武汉高压研究所在《高海拔地区变电外绝缘特性研究》报告中推荐的海拔修正方法。

不同的修正方法有其各自的优缺点，经多方比较，750kV 示范工程最终按照 IEC 71−2 中的海拔修正方法进行空气间隙放电电压的气象修正，该方法一直沿用至今。其主要思路为严格按照绝缘配合步骤，计算得到相应海拔的放电电压，经过查放电曲线，从而得到实际海拔所需空气间隙值。高海拔修正计算过程见本章第一节所述。此外，《高压输变电工程外绝缘放电电压海拔校正方法》（GB/T 42001—2022）对空气间隙的高海拔校正系数进一步进行了细化，这里不再叙述。

6. 750kV 空气间隙的设计

经计算，并与国外类似情况进行对比分析，750kV 示范工程推荐的 750kV 最小空气间隙 A1、A2 值参考表 3−3，这里不再赘述。

7. 变电站带电导体至地面的空气间隙 C 值的计算

C 值不是由放电距离和人体举手高度控制，而是受静电感应场强控制。确定空气间隙 C 值的方法有两种：一是选择几个间隔进行模拟试验；二是选择典型部位进行局部计算。750kV 示范工程采用第一种方法。

关于变电站的静电感应场强水平，在 750kV 示范工程设计时，在国际上尚无统一标准与规定。日本在设计 275kV 以上超高压变电站时，配电装置内场强水平就是按照 275kV 变电站的相同水平设计的，控制其场强水平（离地 1.5m 空间场强）在 7kV/m 以内。苏联在设计变电站时，对场强水平不加限制，但按安全规则，对运行人员在各种场强下的工作时间作了规定，如表 3−5 所示。欧美国家（例如加拿大、美国）对变电站内场强水平没有明确规定，而实际采用一般在 10kV/m 内，部分达到 10～15kV/m。

表 3−5 苏联规定在各种场强下的工作时间

序号	电场强度（kV/m）	24h 内人员允许停留在电场中的时间（min）
1	5	不限制
2	10	180
3	15	90
4	20	10
5	25	5

在 1980 年国际大电网会议上，曾发出关于在电力线下的电场对人身健康无影响的通报"1980 年 8 月于巴黎举行的大会上，与会专家们，其中包括苏联专家都同意'过去对电场的危险影响作了过高的估计，现规定的电场临界值远高于现存电场的数值，也就是允许有很大的安全裕度'……"。另外，在由意大利专家代表国际大电网会议工作小组作的报告中，提出关于电场对生物的影响，认为 10kV/m 是一个安全水平，最高允许场强在线路下可定为 15kV/m，走廊边沿为 3～5kV/m。

1979 年，我国在锦州讨论 500kV 变电站设计技术条件时，曾提出变电站场强水平大部分地区限制在 8kV/m 以内。国内对 330～500kV 变电站静电感应场强水平做了大量的实测及模拟与计算工作，实测的 330～500kV 变电站场强水平中，大部分场强水平在 10kV/m 以内，10～15kV/m 场强水平在 2.5% 以下，各电气设备周围的最大空间场强大致为 3～13kV/m。

综上所述，根据国际大电网会议的意见与国内 330～500kV 变电站设计运行经验，750kV 示范工程提出了 750kV 变电站静电感应场强的设计标准：场强水平不宜超过 10kV/m，少部分地区可允许达到 15kV/m。该设计标准一直沿用至今。

根据以上情况进行计算，并参考国外研究成果、运行经验，最终 C 值的推荐值为 12m。

8. 750kV 配电装置最小安全净距（含高海拔修正）推荐

根据以上论述结果，在变电站设计时，750kV 配电装置最小安全净距（含高海拔修正）推荐值见表 3-6。

表 3-6　　　　750kV 配电装置最小安全净距（含高海拔修正）推荐值　　　　（m）

符号	含义	海拔 1000m	海拔 1500m	海拔 2000m	海拔 2500m	海拔 3000m
A1′	带电部分至接地部分之间	4.80	5.10	5.40	5.60	6.00
A1″	带电设备至接地部分之间	5.50	5.75	5.95	6.30	6.60
A2	不同相的带电部分之间	7.20	7.55	8.00	8.40	8.80
B1	（1）栅状遮栏至带电部分之间 （2）设备运输时，其外廓至无遮栏带电部分之间 （3）交叉的不同时停电检修的无遮栏带电部分之间	6.25	6.50	6.70	7.05	7.35
C	无遮栏裸导体至地面之间	12.00	12.00	12.00	12.00	12.00
D	（1）平行的不同时停电检修的无遮栏带电部分之间 （2）带电部分与建筑物、构筑物的边沿部分之间	7.50	7.75	7.95	8.30	8.60

二、330、220、66kV 配电装置空气间隙确定

330kV 屋外配电装置最小空气间隙计算方法与 750kV 基本类似，而 220、66kV 屋外配电装置最小空气间隙属于短空气间隙，可按照规程直接由海拔查出相应的相对地最小空气间隙，这里不再赘述。

第三节 直击雷保护及雷电侵入波保护设计

一、变电站直击雷保护设计特点

750kV 变电站必须进行直击雷保护的对象和措施见表 3-7。

表 3-7 750kV 变电站必须进行直击雷保护的对象和措施

序号	建（构）筑物名称	建（构）物的结构特点	防雷措施	
1	35kV 屋外配电装置	钢筋混凝土结构或金属结构	装设独立避雷针或避雷线；应专门敷设接地线接地	
2	220kV 及以上配电装置	金属结构	在架构上装设避雷针或装设独立避雷针或避雷线；构架避雷针（线）可经金属构架地线接地；独立避雷针或避雷线塔应专门敷设接地线接地	
		钢筋混凝土结构	在架构上装设避雷针或装设独立避雷针或避雷线。应专门敷设接地线接地	
3	屋外安装的变压器		装设独立避雷针（线）	
4	主控制楼（室）	金属结构	金属架构接地	在强雷区宜有直击雷保护
		钢筋混凝土结构	钢筋焊接成网并接地	
5	屋内配电装置	金属结构	金属架构接地	
		钢筋混凝土结构	钢筋焊接成网并接地	

与 500kV 及以下电压等级相比，750kV 变电站占地面积大，构架高度高，独立避雷针及构架避雷针高度均较低电压等级有较大提高，需研究其他电压等级直击雷保护计算方法在 750kV 变电站应用的效果。

在我国，直击雷保护计算方法主要有折线法和滚球法，两者都得到了广泛的应用。我国电力行业普遍采用折线法来确定避雷针（线）的保护范围，而在建筑行业一般采用滚球法来确定。用这两种方法所确定避雷针（线）的保护范围有很大差别。

折线法以经验和小雷电冲击电流下的模拟试验为基础，确定避雷针（线）的保护范围。其保护机理为雷电先导发展初期，随机地向任意方向发展，但当雷电先导到达某一地面高度时，避雷针将会影响先导的发展方向，使先导放电电场发生形变，并将先导的发展方向引到避雷针上，实现对建筑物的保护。

滚球法以击距理论为基础，根据闪击距离（即放电距离）的大小确定避雷针（线）的保护范围。其保护机理为当雷电先导达到对避雷针或被保护建筑物的闪击距离以前，击中点是不确定的，而达到闪击距离时，避雷针或被保护建筑物就产生向上的迎面先导，雷电先导与迎面先导会合时就形成雷电的主放电，如果避雷针比被保护建筑先达到雷电的闪击距离，就能实现对建筑物的保护。滚球法确定保护范围的特点是保护范围由闪击距离 R 决定，不同等级的建筑物有不同的保护范围。

我国已经使用的避雷针，绝大多数高度都在 60m 以下，它们的保护范围是根据防雷规范中的折线法确定的。由 1966～1978 年对不同地区的几百座发电厂、变电站的调查表明，避雷针的绕击事故率平均为 0.07 次/（百所·年），平均安全运行年限为 1400 年，这些避雷针的运行经验表明，由折线法确定的保护范围是可靠的。

对于 60m 以上的避雷针，折线法没有考虑侧击的影响。当雷电先导不是从避雷针的上方，而是从侧向发展，并且其高度较低时，就有发生侧击的可能。因此，高度超过 60m 的避雷针，由折线法确定的保护范围过大，可靠性较差。

一般地说，滚球法的保护范围比折线法小，可以认为它的可靠性比折线法高。国际上变电站设计中，计算避雷针、避雷线的保护范围时，普遍使用滚球法。

在 750kV 示范工程中，西北院对折线法、滚球法、电气几何模型法均进行了详细分析计算，结合后续 750kV 变电站建设情况，最终形成 750kV 变电站计算避雷针、避雷线的保护范围的方法如下：

（1）对于 750kV 变电站，一般均采用折线法进行计算，具体可参照《交流电气装置的过电压保护和绝缘配合设计规范》（GB/T 50064）以及《电力工程设计手册　变电站设计》中推荐计算方法进行。

（2）对于变电站中建筑物，当确有必要时（一般无此要求），也可采用滚球法进一步进行核算，参照《建筑物防雷设计规范》（GB 50057）中推荐计算方法进行。

二、750kV 雷电侵入波保护设计特点

对于 750kV 配电装置，由于其重要性，通常还应校验变电站近区雷击时的雷电侵入波过电压。

装设避雷器是变电站限制雷电侵入波过电压的主要措施。要使变电站内的电气设备得到有效的保护，必须正确选择避雷器的型式、参数，合理确定保护接线方式及避雷器的台数、装设位置等。避雷器动作时，其端子上的过电压被限制在可以接受的幅值内，从而达到保护电气设备绝缘的目的。此时配电装置电气设备绝缘与避雷器通过雷电流后的残压进行配合。

进线保护段的作用在于利用其阻抗来限制雷电流幅值和利用其电晕衰耗来降低雷电波陡度，并通过避雷器的作用，使之不超过绝缘配合所要求的数值。进线保护段是指邻近变电站的 1～2km 的这段线路上加强防雷保护措施。当线路全线没有避雷线时，这段线路必须架设避雷线；当线路全线有避雷线时，则应使这段线路具有更高的耐雷水平，以减小进线段内绕击和反击形成侵入波的概率。这样就可以使侵入变电站的雷电波主要来自进线段以外，并且受到 1～2km 线路冲击电晕的影响，削弱了侵入波的陡度和幅值；同时由于进线段线路波阻抗的作用，减小了通过避雷器的雷电流。

装设一台避雷器的最大保护范围及避雷器与被保护设备的最大允许电气距离，一直是人们比较关心的问题。运行经验证明，对于电压等级不高、规模不大的一般变电站，按照相关标准中的规定布置避雷器是可以满足保护要求的；而对于电压等级高、规模大、接线较复杂的变电站，如 750kV 变电站，很难定量给出避雷器的保护距离。对于此类配电装置的雷电侵入波过电压保护用 MOA 的设置和保护方案，宜通过仿真计算确定。

通过仿真计算确定 MOA 的设置和保护方案时，通常采用惯用法或统计法。惯用法较为直观，但未考虑各种幅值的雷电流和各种运行方式的出现概率；而统计法则可以考

虑较多随机因素的影响，得出变电站的雷电安全运行年，对于评价变电站的防雷保护可靠性更为科学，同时又可以与运行经验相互印证。根据国内相关标准要求，750kV 变电站的雷电安全运行年不宜低于 1000 年。

第四节　接地技术及其发展

一、750kV 变电站接地系统设计

（一）750kV 变电站接地系统特点

750kV 系统的电压等级高，容量大，接地短路电流大，最大可达到 63kA，为了保证电力系统的安全、可靠运行，对接地系统的要求将更加严格。此外，750kV 变电站建在电阻率普遍较高的西北地区，并且冬季的冻土层很厚，电阻率很高。在冬季冻土层很厚的地区进行接地系统设计和施工有其自身的特点：一是表层冻土层的土壤电阻率很高且厚度很厚，这给接地系统的降阻带来了巨大的挑战；二是表面的高土壤电阻率冻土层给变电站的接触电位差和跨步电位差等安全设计带来了难度。因此，如何在这种高土壤电阻率、冬季冻土层很厚的地区进行接地系统设计和施工，使接地电阻、接触电位差和跨步电位差达到要求，确保人身和设备安全、确保系统安全稳定运行是一项非常艰巨的任务。

在 750kV 示范工程之前，我国的接地设计规程中没有涵盖 750kV 变电站接地系统。当时，我国在接地系统设计方面主要存在两方面的问题：一是设计过于简单；二是不够重视接触电位差和跨步电位差。这种设计会导致一系列后果：① 可能导致设计与接地系统建设完成后的实测结果相差甚远，有时刚建成的接地系统还没有投入运行就要进行接地改造，延误变电站建设工期，造成巨大的经济损失；② 引起接地系统改造需要追加资金、征地等一系列的问题；③ 简单设计无法正确估计变电站的最大接触电位差和跨步电位差，有可能造成人身安全事故；④ 故障电流经地网流入大地时，二次电缆的外皮环流将在二次电缆的芯线产生干扰电位，该干扰电位直接施加在继电保护装置上，如果电位过高将导致继电保护的误动作，严重威胁电力系统的安全稳定运行，故研究短路对继电保护的影响具有十分重要的理论和现实意义。因此，750kV 变电站接地技术研究是 750kV 输变电工程设计的一个关键和核心问题。

在土壤电阻率很高且地网利用面积受限制的情况下，要使接地电阻满足小于 0.5Ω（原要求）是很难的，即使满足此规定，也不可能完全排除危险，甚至处于技术经济均不合理的境地。但是只要设计合理，仍然完全能够达到安全的目的。因此接地网的设计应将变电站内外的接触电位差、跨步电位差和转移电位限制在安全值以内，是确保人身和设备安全的根本办法和主要目标。要考虑地面电位梯度带来的危险，就不可避免地需要计算地网上土壤表面的电位分布。但是以往的接地计算均采用仅适合于简单电极布置的近似公式或者经验公式，要计算地网上土壤表面任意一点的电位，特别是对于复杂形状的接地网，仅使用这些公式是不可能实现的。随着大容量高速计算机的发展，从 20 世纪 70 年代开始，国外开始将计算机数值计算方法引入到接地计算中来，为解决地网上土壤

表面电位分布的计算问题提供了有效的途径。

接地网设计应考虑接地系统中最严重的接触电位差和跨步电位差的情况来作为设计的基础,设计目标为将接触电位差和跨步电位差限制在安全范围内。事实证明,在大多数情况下,只要通过精心、合理的设计,可使危险电位降低到最低值。

随着计算机技术的发展,国外的接地系统的设计一般是根据土壤地质结构,采用多层土壤结构模型,分析接地系统的接地电阻、地电位升、接触电位差和跨步电位差,确保施工完成的接地系统满足安全要求。另外一方面,科学的设计能够根据地质结构的实际情况,因地制宜进行接地系统设计,经济有效地降低接地电阻、接触电位差和跨步电位差。

接地系统的安全设计主要包括三方面的工作:① 确定符合实际的土壤结构模型;② 接地系统电气参数计算;③ 接地系统的优化设计。

在 750kV 示范工程前,这方面的研究工作太少,主要局限于均匀土壤模型,且没有讨论垂直接地极等因素对优化布置规律的影响。而实际情况中完全均匀的土壤基本上是不存在的,实际土壤结构都可以采用水平或垂直分层的非均匀土壤模型来描述。因此研究非均匀土壤结构中接地系统的优化布置规律对于改善接地系统的安全性,确保接地系统的安全稳定运行具有重要的现实意义。

(二)750kV 示范工程提出的 750kV 变电站接地系统设计结论

750kV 示范工程对 750kV 变电站接地系统特点进行分析后,开展了深入研究,其对后续工程影响较大的几条结论如下:

(1)考虑兰州东和官亭两个变电站的接地系统在冰冻季节的接地电阻很高,为了确保变电站的安全稳定运行,必须通过提高变电站二次电缆及二次设备的绝缘耐受电压来提高允许的地电位升高值。在国内外的接地标准中,着重考虑了地电位升高对人身安全的影响,但是对低电压及电子设备安全的影响考虑得很少。通过对二次电缆、通信电缆及二次设备的绝缘耐受电压的测试,综合各方面的因素,变电站的地电位升高值取 5kV 是可行的。此外,必须注意通信线路引起的高电位引出的问题,目前一般采用光缆通信线路,因此这方面的问题可以不予考虑。但在实际设计中为了提高 750kV 变电站的安全性,应尽可能降低变电站的接地电阻,尽量满足地电位升小于 2kV 的要求。

(2)兰州东变电站水平接地网采用水平地网无法满足规程要求。由于土壤模型为三层,中间层的电阻率非常大,而下层电阻率非常小,推荐采用穿透中间高阻层的垂直接地极来降低接地电阻。垂直接地极采用爆破接地技术施工能有效地降低接地电阻、降低接触电位差。

(3)水平地网采用不等间距的优化布置后,接地系统的安全性得到了很大的改善,接触电位差降低了 28%~30%,降低的幅度非常明显,有必要采用优化布置方案。完全采用均压优化设计可能导致变电站设备布置时出现一定的问题,一些设备附近无法找到接地点。因此为了方便,可以采用中间部分等间距布置,周围不等间距布置的方式。

(三)高土壤电阻率地区的接地系统设计

在高土壤电阻率($\rho > 500\Omega \cdot m$)地区,接地装置要达到规定的接地电阻值可能会在技术经济上极不合理。因此,其接地电阻允许值可相应放宽。

独立避雷针（线）的独立接地装置的接地电阻做到 10Ω 有困难时，允许采用较高的接地电阻值，并可与主接地网连接，但从避雷针与主接地网的地下连接点至 35kV 及以下设备的接地导体（线）与主接地网的地下连接点，沿接地极的长度不得小于 15m，且避雷针到被保护设施的空中距离和地中距离还应符合防止避雷针对被保护设备反击的要求。

在高土壤电阻率地区，应尽量降低变电站的接地电阻，其基本措施是将接地网在水平面上扩展、向纵深方向发展或改善土壤电阻率。方法包括扩大接地网面积、外引接地、增加接地网的埋设深度、利用自然接地极、深埋垂直接地极、局部换土、爆破接地技术、利用接地模块、深井接地技术等。应注意各种降阻方法都有其应用的特定条件，针对不同地区、不同条件，采用不同的方法才能有效地降低接地电阻；各种方法也不是孤立的，在使用过程中必须相互配合，以获得明显的降阻效果。

降阻方法的应用效果宜结合接地系统的数值计算进行分析，特别是采用长垂直接地极时，宜结合分层土壤模型来确定合理的垂直接地极深度，做到有的放矢。

二、GIS 接地设计注意事项

由于 GIS 设备的三相母线分别装于不同的管道母线里，在正常运行时仍有较大的感应电流，特别是对于 800kV GIS 进出线套管处，其流过的接地线的感应电流可达到千安级。感应电流会引起外壳及金属结构发热，使设备的额定容量降低，二次回路受到干扰。因此 800kV GIS 外壳的接地非常重要，其接地线必须与主接地网连接，不允许元件的接地线串联后接地。

由于 750kV 主接地网的间距约为 20m，如将 GIS 的各接地点分别与主接地网连接，会使引线长度很长，施工非常困难，且浪费材料，同时难以满足安全性要求。考虑 GIS 本体区域为防止故障时人触摸 GIS 的金属外壳遭到电击、分相式 GIS 外壳感应电流的释放以及减少开关设备操作引起的暂态电流对人员和二次设备的不良效应等，可就近设置 GIS 区域专用辅助接地网。

推荐在 GIS 基础内敷设专用辅助接地网，并要求厂家在三相母线间配置三相短接板。由于辅助地网与设备具体情况密切相关，设备订货时需根据厂家设备实际特点，与厂家共同计算协商辅助接地网的具体设置方案。

第五节 设计创新及展望

一、750kV 出线侧采用母线型避雷器应用研究

变电站避雷器的主要作用是抑制变电站区域内的高幅值雷电过电压和操作过电压，保护变电站设备免遭过电压损坏，以达到提高电力系统运行可靠性和稳定性的目的。无间隙金属氧化物避雷器 MOA 具有残压小、体积小、放电无延迟、无工频续流、非线性特性优良以及吸收过电压能量大等诸多优点，已被广泛用于各个电压等级的电力系统中。在工程设计时，应合理选择避雷器型号，综合考虑经济性、可靠性等方面，对变电站内避雷器型号及布置方式进行选择。

以往 750kV 配电装置母线侧和出线侧由于过电压倍数有差异,一直区分设置不同参数的避雷器。依据 750kV 系统设计规范,工频暂时过电压要求阈值如下:母线侧不高于 1.3p.u.,线路侧不高于 1.4p.u.。目前西北地区 750kV 避雷器选择如下:母线侧避雷器额定电压为 600kV,线路侧避雷器额定电压为 648kV。若线路侧和母线侧均选用额定电压为 600kV 的避雷器,则可降低避雷器残压,从而降低设备绝缘水平以及空气间隙值。

此处重点要考虑两个方面:① 避雷器自身的安全性,涉及长期运行电压下的荷电率和工频暂时过电压下的耐受能力;② 过电压下吸收的能量,避雷器的吸收能量是否满足要求。

对典型超高压避雷器进行工频过电压耐受特性试验,结果表明:在预注入 2500A/2ms、2 次方波能量的条件下,工频耐压均能满足 $1.0U_r$ 下耐受 1200s,$1.05U_r$ 下耐受 10s,$1.15U_r$ 下耐受 1s,$1.20U_r$ 下耐受 0.1s。将线路侧额定电压为 648kV 的避雷器换成额定电压为 600kV 的避雷器时,在出现最严酷的 1.4p.u.工频暂时过电压下,避雷器承受的最大工频电压是 $1.077U_r$,参考以往 750kV 工程系统计算给出的最大持续时间不大于 0.5s,因此 750kV 出线采用母线型避雷器是安全的。

经研究和试验可得出,超高压工程线路末端的工频过电压(1.4p.u.)虽然会比首端高,但其持续时间小于 0.5s,而避雷器自身工频电压耐受时间特性具有一定裕度,因此 GB/T 50064—2014 中规定线路首、末端均可按首端工频过电压(1.3p.u.)选择其额定电压,即避雷器全部采用母线型避雷器。这样处理可在不降低设备可靠性前提下改善系统过电压保护,但会增加避雷器的雷电冲击电流和能量,因此实际工程中,如果 750kV 变电站统一采用母线型避雷器,需要对雷电入侵波下的电流及能量水平进行研究。对典型 750kV 配电装置雷电侵入波计算分析表明:线路侧 600kV 避雷器在最严酷雷电波侵入时,注入的能量往往小于 0.25kJ/kV,目前设备可满足此要求。因此,750kV 变电站母线侧和线路侧避雷器均选用额定电压为 600kV 的避雷器一般来说是可行的。

以某海拔 3000m 地区 750kV 变电站为例,经计算校核,避雷器全部采用母线型避雷器,采用本章第二节中空气间隙计算方法进行计算,该工程最小空气间隙的推荐值见表 3-8。

表 3-8　　　　　　　　某 750kV 变电站最小空气间隙的推荐值
（海拔 3000m,采用母线型避雷器）

符号	适用范围	数值
A1′	带电导体至接地构架	5300/4800
A1″	带电设备至接地构架	5800/5500
A2	带电导体相间	8300/7200
B1	（1）带电导体至栅栏 （2）运输设备外轮廓线至带电导体 （3）不同时停电检修的垂直交叉导体之间	6550/6250
B2	网状遮栏至带电部分之间	无此工况

续表

符号	适用范围	数值
C	带电导体至地面	12000
D	（1）不同时停电检修的两平行回路之间水平距离 （2）带电导体至围墙顶部 （3）带电导体至建筑物边缘	8000/7500

注　分子、分母分别表示海拔 3000m 和 1000m 时的最小安全净距。

如果采用规范中海拔 3000m 的最小空气间隙标准值（采用线路型避雷器），其结果见表 3-9。

表 3-9　　　　　　　　750kV 变电站最小空气间隙的规范标准值
（海拔 3000m，采用线路型避雷器）

符号	适用范围	数值
A1′	带电导体至接地构架	6000/4800
A1″	带电设备至接地构架	6600/5500
A2	带电导体相间	8800/7200
B1	（1）带电导体至栅栏 （2）运输设备外轮廓线至带电导体 （3）不同时停电检修的垂直交叉导体之间	7350/6250
B2	网状遮栏至带电部分之间	无此工况
C	带电导体至地面	12000
D	（1）不同时停电检修的两平行回路之间水平距离 （2）带电导体至围墙顶部 （3）带电导体至建筑物边缘	8600/7500

注　分子、分母分别表示海拔 3000m 和 1000m 时的最小安全净距。

由表 3-8 和表 3-9 可知，若采用母线型避雷器，空气间隙有了大幅优化。

此外，目前我国变电站中实际采用的标称放电电流 20kA、额定电压 600kV 的避雷器操作冲击电流残压要求值为 1142kV，根据中国电科院电力工业电气设备质量检验测试中心对厂家送检的避雷器试品检测试验结果，现有避雷器厂家中性能较优的避雷器操作冲击电流残压较标准最大可降低约 3%，即额定电压 600kV 避雷器操作冲击电流残压可降至 1108kV，大部分厂家生产的避雷器操作冲击电流残压较标准仅降低 0.99% 左右，即额定电压 600kV 避雷器操作冲击电流残压可降至 1131kV。如果采用性能较优的避雷器，设备外绝缘水平和空气间隙值可进一步降低。

以上所述为理论研究成果，实际工程是否采用以及具体如何采用，需结合实际情况最终确定。

二、750kV 可控避雷器应用研究

可控避雷器可通过动态控制避雷器电阻片的投入数量，使避雷器在系统正常运行时具有高可靠性，暂态情况下降低残压，从而能够深度降低系统操作过电压，也将减小空

气间隙值。但由于目前尚无变电站在 750kV 配电装置区域全部采用可控避雷器，且可控避雷器是配合断路器取消合闸电阻来同步应用的，整体系统的过电压水平由于合闸电阻的取消，并未降低，而配电装置设计时需要兼顾整体情况，故目前尚未因可控避雷器的应用而减小带电距离。

750kV 可控避雷器在郭隆—武胜第三回出线工程中进行试点，在郭隆 750kV 变电站及武胜 750kV 变电站侧各安装 3 只可控避雷器，该工程已于 2022 年 8 月投运，目前运行正常。

未来结合工程经验的进一步积累，以及科学技术的进一步发展，如果可控避雷器在 750kV 区域整体进行应用，将有望对变电站空气间隙值带来较大的优化空间。

三、特快速瞬态过电压（VFTO）问题研究

GIS 和 HGIS 中隔离开关操作或绝缘发生闪络接地故障时，可产生 VFTO。VFTO 的特点是波前时间很短（小于 0.1μs）；波前之后的振荡频率很高（大于 1MHz），幅值很高（最大值可达 2.5p.u.～3.0p.u.）。

VFTO 可能损害 GIS、HGIS、变压器和 GIS 母线电磁式电压互感器绝缘，也可能损害二次设备或对二次电路产生电磁骚扰。

变压器与 GIS 经过架空线或电缆相连时，在变压器上的 VFTO 幅值不高，波前时间降缓至雷电过电压波前时间范围内。这是由于在变压器套管处的 VFTO 幅值受到架空线的阻尼和衰减，波前时间变缓至雷电过电压或操作过电压波前时间范围内。然而，由于部分绕组的谐振，此频率的过电压分量仍可在变压器绕组内引起高的内部作用电压，有必要仔细研究其他的保护方式。

变压器与 GIS 之间通过油气套管相连时，在变压器上的 VFTO 较严重，可能损害变压器匝间绝缘。

在 750kV 示范工程时，我国对 VFTO 的研究尚不深入，但总体来说，500kV 及以下电压等级 GIS 设备 VFTO 引起的损害较 750kV 为轻。

750kV 示范工程对 800kV GIS 内隔离开关均加装了投切电阻，对 VFTO 起到了很好的防护作用。随着后续工程的进展，各科研单位、设计单位、设备制造厂家均对 VFTO 的防护开展了较为深入的研究，主要结论如下：

（1）800kV GIS 和 HGIS 变电站应结合工程对 VFTO 予以预测，提出防护措施。预测 VFTO 的计算模型应考虑各影响因素，宜结合厂家在隔离开关典型 VFTO 试验回路上的试验结果和计算模型进行校验。750kV 敞开式变电站中，VFTO 一般影响较小。

（2）因隔离开关操作产生的 VFTO 最有效的防护措施为加装隔离开关投切电阻，或避免可能引起危险的操作方式。GIS 避雷器对 VFTO 基本无抑制作用，不能作为防护措施。

（3）西山 750kV 变电站经计算后，800kV GIS 隔离开关未加装投切电阻，成为首个 GIS 隔离开关未加装投切电阻的示例，后续部分变电站也采取了类似的措施。

（4）若主变压器或高压并联电抗器进线回路采用油气套管方式，VFTO 对主变压器或高压并联电抗器绕组绝缘影响较大，需特别引起注意。

根据以上情况总结，800kV GIS 变电站可根据实际布置情况及设备参数进行建模计算，若 VFTO 计算结果在允许范围内，则 GIS 隔离开关可不必设置投切电阻，节约工程投资和设备占地指标。

四、操作过电压波前时间优化后对 750kV 配电装置空气间隙影响

750kV 配电装置空气间隙主要由操作冲击结果确定。本章第二节对确定空气间隙的操作冲击波进行了描述：波前时间 250μs，波尾 2500μs。

实际上，750kV 相地以及相间操作过电压波前时间远远大于 250μs。2016 年，国家电网公司组织国网陕西省电力公司经济技术研究院、中国电力科学研究院、西北院等单位，深入研究了典型间隙长波前操作冲击放电特性等技术问题，提出了选择 1ms 作为试验电压波前时间和绝缘配合波形的观点。

（1）相地过电压波前时间。统计线路长度 80、200km 和 400km 的单回路和同塔双回路最大的相地 2% 过电压点三相的相地过电压波前时间，该波前时间应涵盖不同线路长度的最严酷的情况。由于大于 50km 的 750kV 出线断路器一般均加装合闸电阻，最短波前时间为 1.703ms。根据 200km 线路最大的相地 2% 过电压点波前时间与过电压大小的关系可知，过电压基本与波前时间负相关。

根据操作过电压波前时间分布特点，建议 750kV 线路的相地操作冲击试验冲击电压波前时间可选择 1ms。不选统计出的最小波前时间 2ms 的原因是：虽然根据操作冲击放电电压与波前时间的"U"形形状关系，2ms 长波前放电电压比 1ms 要略有提高，小于 3%，但考虑到 2ms 长波前的放电电压的标准偏差比 1ms 波前有一定提高，不利于绝缘安全控制，因此，选择 1ms 波前作为试验电压波前时间和绝缘配合波形是合理的，可用于 750kV 变电站典型间隙操作冲击放电特性研究。

（2）相间过电压波前时间。对 80km 和 400km 长度线路最大的相间 2% 过电压出现点的相间过电压，进行波前时间与过电压的统计分析，最短的相间过电压波前时间 2.73ms，考虑与相地操作过电压波前时间选择的相同原因，建议 750kV 线路的相间操作冲击试验电压波前时间选择 1ms。

推荐变电站典型电极相间试验正负极性操作冲击电压均采用 1ms 长波前操作冲击电压，既考虑了长波前冲击放电特性对于间隙选择具有有利影响，可以降低间隙距离的特点，又合理控制了波前时间的长度，避免过大波前冲击电压放电分散性对于绝缘安全的不利影响。

（3）750kV 变电站相—地间隙配置推荐。采用 1ms 长波前操作冲击电压，海拔 1000m 情况下，750kV 变电站相对地间隙，包括分裂导线—构架和均压环—构架间隙的配置结果为：分裂导线—构架 3420mm，均压环—构架 5250mm。相比较而言，规程中标准空气间隙为：分裂导线—构架 4800mm，均压环—构架 5500mm。

（4）750kV 变电站相间间隙配置推荐。采用 1ms 长波前操作冲击电压，海拔 1000m 情况下，750kV 变电站相间间隙配置结果为 6640mm。相比较而言，规程中标准相间空气间隙为 7200mm。

（5）结论。对标准操作冲击波和 1ms 长波前操作冲击波下，推荐的最小空气间隙进行总结，如表 3-10 所示。

表 3-10　标准操作冲击波和 1ms 长波前操作冲击波推荐的最小空气间隙（海拔 1000m）　（m）

序号	放电电压类型	A1		A2
		A1′	A1″	
1	标准操作冲击电压波	4.80	5.50	7.20
2	1ms 长波前操作冲击波	3.42	5.25	6.64

注　A1′指带电导体至接地部分之间最小空气间隙值，A1″指带电设备至接地部分之间最小空气间隙值。

根据以上各条内容进行分析，采用 1ms 长波前操作冲击电压波形，替换标准 250μs 波前时间操作冲击电压波形，对 750kV 空气间隙有较大影响，750kV 空气间隙值显著下降。实际工程应结合具体情况进行分析，综合考虑。

五、750kV 主变压器励磁电流及进线断路器合闸电阻选取研究

随着近年来工程经验的不断积累，较多 750kV 短距离线路出线断路器已取消合闸电阻，但 750kV 主变压器进线断路器合闸电阻的选取，依然存在一些不确定因素，其与变压器空载合闸时励磁涌流息息相关。

1. 励磁涌流的产生机理、危害及抑制措施

（1）励磁涌流的定义。变压器励磁电流的大小取决于励磁电感值，也就是取决于变压器铁芯是否饱和。在正常运行情况下，铁芯未饱和，变压器励磁电流较小，一般不超过额定电流的 2%～5%，现代大型变压器的励磁电流通常不大于额定电流的 1%。但变压器铁芯在分闸、检修、测试等过程中，由于铁磁材料的磁滞特性，铁芯中会残留剩磁。在空载合闸或故障切除后恢复供电时，变压器电压从零或很小的值突然上升到运行电压，在这个电压上升的暂态过程中，剩磁使变压器铁芯严重饱和，产生很大的暂态励磁电流，这个暂态励磁电流就是励磁涌流。励磁涌流的最大值可以达到额定电流的 4～8 倍，与变压器的额定容量有关。

（2）励磁涌流的产生机理。正常运行时，变压器铁芯工作在铁芯非饱和区域，磁通量与励磁电流均对称，励磁电流幅值较小；当剩磁与稳态磁通叠加使得铁芯出现饱和时，对应的励磁电流迅速增大，且磁通量和励磁电流不再对称。

变压器空载合闸瞬间的铁芯磁通由稳态磁通和暂态磁通组成。前半部分为稳态磁通分量；后半部分为衰减的暂态磁通分量，暂态磁通由铁芯剩磁和合闸电压相角决定。在铁磁材料被反复磁化退磁的过程中，铁磁材料的磁感应强度总是落后于磁场强度的变化。铁芯材料的磁滞效应导致在变压器铁芯中存在剩磁。暂态磁通分量使得铁芯内的总磁通总是偏向一侧，是造成磁通超过饱和磁通值，从而使得铁芯饱和、产生励磁涌流的原因。

（3）励磁涌流的影响因素分析。为了减小励磁涌流，需要尽量减小暂态磁通，可采

用改变合闸时电网电压的相角、增加合闸电阻以等效增大一次侧绕组电阻等方式。影响励磁涌流大小的因素主要如下：

1）变压器空载励磁特性。不同厂家产品的励磁特性各不相同。

2）变压器剩磁大小。变压器空载充电的暂态过程中，铁芯剩磁叠加在变压器非周期分量和周期分量之上，这决定了合闸时总磁通的大小。

3）合闸相角。由于铁芯磁通不能突变，变压器空载投入时将出现一个非周期分量磁通，合闸瞬间的电压相位角决定了非周期分量磁通的大小。

除此以外，励磁涌流还与变压器的型式、内部结构、容量及合闸回路的电阻值等有关。

2. 励磁涌流的危害

变压器空载合闸时产生的励磁涌流危害主要有下列几点：

（1）励磁涌流含有数值很大的高次谐波分量（主要是二次谐波和三次谐波），谐波会导致电力系统电能质量降低，容易对电网中其他运行设备造成谐波污染；会使设备产生过热、振动、噪声和绝缘老化等现象，可能会导致电流互感器的磁路过度饱和，降低电流互感器的测量正确率，甚至出现保护失灵。

（2）一般情况下，变压器容量越大，衰减的持续时间越长，但总的趋势是涌流的衰减速度往往比短路电流衰减慢一些。虽然励磁涌流一般小于短路电流，但励磁涌流出现频率和持续时间远高于短路电流，当绕组受力方向频繁改变，或者承受过大的轴向力时，就可能导致绕组松动变形、局部电场强度增大、绕组绝缘破坏，引起匝间短路，导致变压器抗短路能力降低。励磁涌流的破坏作用具有累计效应且不易察觉，是导致变压器故障的潜在因素之一，从而减少变压器使用寿命。

（3）励磁涌流将随时间逐渐衰减，其衰减时间取决于回路阻抗，小型变压器几个周期后即达到稳定状态，大型变压器衰减较慢，有的甚至延续20s。当变压器产生励磁涌流时，若差动保护不能有效识别该励磁涌流，将其误判作短路电流，就会导致差动保护的误动作，造成大面积停电。

（4）对于邻近换流站的变电站中主变压器空载合闸所产生励磁涌流的另一项重要危害是，励磁涌流产生的谐波将引起换流站母线电压的畸变，对逆变侧换流器换相过程造成一定影响，有可能导致直流换相失败。

3. 抑制励磁涌流的有效措施

抑制励磁涌流的有效措施主要有采取消磁措施、加装选相合闸装置、加装合闸电阻等。

（1）采取消磁措施。预先消磁法的策略是先通过消磁设备，将变压器铁芯中残留的剩磁消除，只需要在电源电压极值处合闸，即可消除暂态磁通分量，变压器铁芯中磁通将直接进入稳态，不会产生励磁涌流。但实际操作中，消磁过程往往难以将剩磁完全准确消除。若仍然按照这一合闸策略进行合闸的话，将会产生励磁涌流，且剩磁消除效果越差，残留剩磁越多，由剩磁所造成的励磁涌流也越大。因此，采用预先消磁的方法抑制励磁涌流时，需要对消磁的效果进行评估，只有消磁效果较好时才能按照既定策略进行合闸。目前此方法在实际工程中的应用效果难以得到保证。

（2）加装选相合闸装置。单相变压器选相合闸的方法基于减小暂态磁通的思想，指通过控制断路器在特定的相角合闸以抑制励磁涌流。对于单相变压器，在已知剩磁值的前提下，通过改变合闸时刻，使得该时刻电源电压的相角满足一定要求，即可消除暂态分量。

（3）加装合闸电阻。合闸电阻法一般通过在断路器上加装电阻实现，增加合闸电阻等效于增大了一次侧绕组的电阻，因此可以起到减小涌流幅值、加快涌流衰减的效果。加装合闸电阻后，励磁涌流的大小显著减小。研究结论及工程实践表明，加装合闸电阻能够有效地抑制励磁涌流，减小励磁涌流的危害。对于大容量变压器而言，应该考虑预防在某些极端情况下因励磁涌流导致保护误动、合闸失败等问题。

由于变压器空载合闸时电网电压相角不可控性和电网电压三相对称性，改变空载合闸瞬间电网电压合闸角度不易实现，加装合闸电阻能够有效地抑制励磁涌流，减小励磁涌流的危害，是变压器空载合闸励磁涌流最直接有效的解决方法。目前国内大部分 750kV 变电站均采用了此方案。

800kV 断路器合闸电阻常用序列阻值为 400、570Ω 和 600Ω。断路器合闸电阻对励磁涌流有明显的削弱作用，这种削弱作用随合闸电阻增大而增加，但并不特别敏感。从订货方便角度考虑，一般可考虑 750kV 主变压器进线回路断路器合闸电阻与出线断路器保持一致。

4. 后续展望

尽管目前在工程中普遍采用了断路器加装合闸电阻等措施来抑制励磁涌流，但是由于在工程前期阶段，变压器本体参数等尚不能完全确定；同时，励磁涌流对谐波阻抗具有敏感性，仿真程序中难以完全模拟，故计算结果可能与实际情况有一定偏差。后续结合设备制造工艺的进步以及计算方法的完善，有望更精确地进行计算模拟，更好地控制励磁涌流。

第四章 高压电气设备

750kV 变电站高压电气设备选择包括 750kV 主变压器、750kV 配电装置电气设备、330kV 或 220kV 配电装置电气设备、66kV 配电装置电气设备选择。其中，750kV 变电站中 330kV（220kV）、66kV 设备选择要点及主要原则除应特别注意短路电流水平、短路电流直流分量时间常数以及额定电流外，其余与 330kV 变电站中 330kV 设备及 500kV 变电站中 220kV 及 66kV 设备选择一致。本章第一节对 750kV 变电站各级电压等级设备选择的原则和要点进行阐述，其余各节仅对 750kV 变电站中 750kV 电气设备的选择进行阐述。

第一节 高压电气设备选择原则和要点

一、一般原则

750kV 变电站高压电气设备选择原则如下：

（1）应贯彻国家技术经济政策，考虑工程建设条件、发展规划和分期建设的可能。力求技术先进、安全可靠、经济合理、符合国情。

（2）应满足正常运行、检修、短路和过电压情况下的要求，并适应远期发展。

（3）应满足环境条件要求。

（4）应与整个工程的建设标准协调一致。

（5）在设计中应积极慎重地选用通过试验、正式鉴定合格并具备工程运行经验的新技术、新设备。

（6）750kV 变电站如果按智能变电站设计，一次设备需通过附加智能组件实现智能化，使一次设备不但可以根据运行的实际情况进行操作上的智能控制，同时还可根据状态检测和故障诊断的结果进行状态检修。主变压器、断路器由常规设备加智能终端组成。

（7）对于国家电网有限公司系统内 750kV 变电站，其高压电气设备还应按照《国家电网有限公司 35～750kV 输变电工程通用设计、通用设备应用目录（2020 版）》进行选择，并满足《国家电网有限公司十八项电网重大反事故措施（修订版）》（国家电网设备〔2018〕979 号）的相关要求。

二、技术条件

750kV 变电站选择的高压电气设备，应能在长期工作条件下确保实现正常运行，在发生过电压、过电流的情况下确保实现所规定的功能。750kV 变电站高压电气设备选择与其他电压等级变电站一样，应按照一般技术条件、长期工作条件、短路稳定条件、绝缘水平等进行选择。

750kV 变电站高压电气设备选择需要重点关注的几个方面如下：

1. 额定电流

在 750kV 变电站中 330kV（220kV）、66kV 设备额定电流选择方面，750kV 主变压器容量通常要比 500、330kV 以及 220kV 变压器容量大，因此需要注意结合 750kV 主变压器容量选择各级电压等级电气设备的额定电流，尤其要注意 330kV（220kV）、66kV 侧设备额定电流超过 500kV 及 330kV 变电站相应电压等级额定电流典型值的情况。

2. 短路电流水平

随着系统的发展，750kV 变电站中各级电压等级短路电流水平逐渐增大，在实际工程中，750kV 变电站各级电压断路器需要根据各短路电流计算值，结合各级电压等级目前设备额定短路电流开断能力选择。如果出现 750kV 变电站 750kV 侧短路电流超过现有 750kV 断路器开断能力时，需要采取降低 750kV 侧短路电流的措施；如果出现 750kV 变电站中压侧或低压侧短路电流超过目前相应电压等级断路器开断能力时，可选择高一级电压等级产品，也可采取降低中压侧或低压侧短路电流的措施。如某 750kV 变电站 750kV 侧三相短路电流为 66.7kA，通过优化电网主网架后，750kV 侧三相短路电流降为 50.23kA。

3. 短路电流直流分量时间常数

随着系统的发展，750kV 变电站中各级电压等级短路电流直流分量时间常数逐渐增大，目前已经有 750kV 变电站 750kV 侧、330kV 侧、220kV 侧短路电流直流分量时间常数超过典型值的情况。

（1）750kV 变电站 750kV 侧及 330kV 侧短路电流直流分量时间常数超过典型值的情况举例。西安东 750kV 变电站 750kV 系统的短路电流直流分量时间常数为不小于 82.2ms，330kV 系统一次时间常数为不小于 98.864ms。目前短路电流直流分量时间常数典型值对于 750kV 设备要求为 75ms，但现有 800kV GIS 产品短路电流直流分量时间常数可以达到 120ms，能够满足该工程 82.2ms 的要求。对于 330kV 断路器，目前主要可通过两种方案解决：一种方案为提高断路器的短路电流直流分量时间常数，目前已有制造厂研发了短路电流直流分量时间常数为 120ms 的 330kV 断路器产品；另一种方案为使用高一级（500kV）的产品替代，也能达到要求，目前较多采用这一解决方案。该工程 330kV GIS 最终使用了 500kV 产品，其短路电流直流分量时间常数为 120ms。

（2）750kV 变电站 220kV 侧短路电流直流分量时间常数超过典型值的情况举例。五家渠 750kV 变电站扩建 3 回 220kV 出线至阜康抽水蓄能电站工程，根据计算结果，五家渠 750kV 变电站 220kV 母线短路电流直流分量时间常数要求为不小于 87.5ms，已经超过目前 220kV 断路器典型值 45ms 的情况，该工程在 220kV GIS 设备招标阶段提出断路器开断电流为 63kA、短路电流直流分量为 100ms 的要求。该工程实际解决方案为：前期

220kV GIS 断路器为满足 63kA 短路电流要求，实际采用 363kV GIS 断路器，本次扩建工程也采用该型断路器。

在实际工程中，应结合系统具体情况进行计算确定各级电压等级短路电流直流分量时间常数，并结合设备制造能力确定解决方案。

三、环境条件

与其他电压等级高压电气设备一样，在选择 750kV 电气设备时，也应按当地环境条件校核。当温度、日照、风速、冰雪、湿度、污秽、海拔、地震、噪声等环境条件超出一般电气设备的基本使用条件时，应通过技术经济比较分别采取下列措施：

（1）向制造厂提出补充要求，订制符合当地环境条件的产品。

（2）在设计或运行中采用相应的防护措施，如采用屋内配电装置、减（隔）震装置、降噪设施等。

750kV 电气设备环境条件中的温度、日照、冰雪、湿度、污秽、海拔、地震等环境条件与其他电压等级的环境条件相同。在风速方面，选择 750kV 电气设备时，宜采用离地面 10m 高、50 年一遇 10min 平均最大风速。

四、特殊环境条件下设备选择注意事项

国内目前只有西北地区采用 750kV 电压等级，而西北地区冬季气温较低以及风沙较大，为防止低温环境下 SF_6 断路器液化问题以及风沙对设备安全运行的影响，需要结合工程实际情况，在断路器选择及规范书编制时提出相关措施。以下是对设备相关要求及相关措施，在实际工程中可结合实际情况参考使用。

（1）冬季气温较低地区的设备应有抗低温的措施，在其寿命期内不应因为低温影响运行性能。断路器应加装伴热带，伴热带一主一备。伴热带应用自动和手动启动功能，当环境温度低于 −25℃时，自动启动，并根据环境温度的变化，停止加热；应将报警信号送控制室，伴热带电源应与断路器控制电源独立；伴热带投退情况应方便现场及远方监视，带有显示和远传功能；优化温度监测位置和量程，保证温度传感器测量精度，避免由于将 SF_6 运行温度指示器放置于机构箱内，而机构箱内有加热装置，不能反映 SF_6 气体实际运行的温度，气体压力无法根据运行情况调整的问题。

（2）设备套管应选取抗风沙磨损能力强的产品，应有相关的防风沙措施，如瓷套管釉层应加厚等；若采用复合绝缘，应提供防风沙专题研究报告；防止沙暴磨损造成的外绝缘水平下降。

（3）设备本体承受风速的大小应采用折算至设备最高处的风速，同时设备供应商应充分考虑沙暴对风压的增益作用。

（4）提高设备表面喷漆工艺水平，采用具有憎尘性的专用漆。

（5）设备外露的所有连杆、密度表等部件，均采用加装防护罩（不低于 IP65 防尘防水等级）等措施，避免沙尘进入；设备外壳钢板应采取加厚壁厚等措施。

（6）所有设备材料（包括绝缘子等）均应考虑大风沙的影响。

（7）设备接线盒等设计等级应至少达到 IP65 防尘防水等级。

（8）设备户外机构箱和端子箱工艺要求如下：

1）表面处理工艺。柜体表面应进行酸洗去脂、烘干、纳米陶瓷涂层（带静电吸附原理），对封闭结构的内表面也要喷涂或进行防锈处理，柜体各个面及角落缝隙都能被底漆附着，达到最佳保护效果。

2）柜体的结构。所有柜体应为双层不锈钢 304 结构，中间配有隔热棉，包括基本框架、内部支撑系统、布线系统等。柜体框架应采用型材 TS8、S18 或 ES 结构，机柜承重大于 1t 以上。整个柜体外部没有裸露的螺钉，柜体配备标准门五防锁。机柜的内部附件安装方式应简单方便多样化。

3）柜体密封采用 PU 发泡密封材料，机柜的防护等级至少可达 IP55。户外柜需采用专用户外密封胶，耐高温及低温，抗老化，阻燃。

4）柜内附带加热功能及温控装置，当温度低于 0℃时自动启动，保证柜内温度不低于 0℃，加热器功率应能满足极低温度下的运行要求。柜体需要着重考虑通风散热性能。户外空调应有纳米涂层，以保证防水、防尘和防油，减少后期对空调的维护和保养。

第二节　750kV 主变压器

一、型式选择

1. 相数、绕组数量及绕组结构型式选择

在变压器相数方面，受运输条件所限，国内容量 750MVA 及以上的 500kV 降压变压器大都采用单相变压器，从 750kV 示范工程至现在，所有 750kV 工程均采用了单相变压器。

在绕组数量方面，750kV 变电站一般有三级电压，高压为 750kV、中压为 330kV 或 220kV、低压为 66kV，从 750kV 示范工程至今，所有 750kV 工程均采用了三绕组变压器。在绕组结构型式方面，与普通变压器比，自耦变压器具有耗材少、造价低、损耗小、效率高等优点，在 220kV 及以上电压等级变电站中宜优先选用自耦变压器，从 750kV 示范工程至今，所有 750kV 工程均采用了自耦变压器。而且，从各国外制造厂供货情况以及国内制造厂研发情况来看，除发电机升压变压器之外，750kV 降压变压器及联络变压器均采用三绕组单相自耦变压器。

综合以上情况，750kV 主变压器型式按单相三绕组自耦变压器选择，这一原则从 750kV 示范工程延续至今。

2. 变压器绕组连接方式

自耦变压器绕组有两种接法，即三角形接线和星形接线，在自耦变压器的联结组别中，"Y"表示为星形接线，"Yn"表示表示为星形带中性线的接线，"d"表示为三角形接线，"a0"中"a"表示自耦、"0"表示没有相位。

750kV 自耦变压器绕组连接方式采用 YNa0d11，即高压侧采用星形接法并且有中性点引出，中压侧采用星形连接并且无相位移，低压侧采用三角形接线且二次侧线电压与一次侧线电压相量相差 30°。这一原则从 750kV 示范工程延续至今。

二、主变压器容量选择

在 750kV 示范工程建设前，对 750kV 主变压器容量系列进行研究，提出了 750kV 变压器容量选择的一般原则：① 尽可能以较少的主变压器容量规范种类涵盖新电压等级服务期内的拟建变电站，以减少设备制造与运行管理的投入和工作量；② 主变压器容量应该与相应网络结构下线路的输送能力相匹配，充分发挥新电压等级的规模经济效益，为电网结构的优化提供基本条件；③ 注意"远近结合"，由于超高压大型变电站投资和固定费用较大，停电影响范围大应尽量避免增容改建。因此，既要避免较长时间的提前投资，也要避免已经使用的主变容量规范较快地退出系统运行，造成设备制造与运行管理方面的浪费。

经过研究后，当时提出在综合考虑简化电网结构、系统负荷需要、变压器供应能力、变电站经济性后，考虑到运行、维护及备品备件，主变容量系列不宜过多，在电网结构未发生质的变化前可根据系统发展需要，750kV 单相主变压器采用以下系列：① 网内降压型自耦降压变压器为 333、500MVA；② 区外送电联络型自耦降压变压器为 400MVA。

对于变压器第三绕组容量，研究表明：北美、南美、南非等 750kV 主变压器第三绕组一般不装设低压无功补偿设备，第三绕组主要作用是限制 3 次谐波。我国电力系统无功补偿的主要配置方式是在变压器第三绕组装设低压无功补偿容量，与其他电压等级变电站相同，我国 750kV 变电站主变压器第三绕组容量选择取决于系统无功补偿的需要。根据 750kV 示范工程当时相关研究结果，每组变压器补偿容量最大达到 400Mvar 左右。从系统需要看，主变压器第三绕组容量选择为 450MVA，为 750kV 示范工程每组（三相）主变压器容量 1500MVA 的 30%。

750kV 示范工程中官亭 750kV 变电站、兰州东 750kV 变电站均采用了容量为 500MVA 的单相变压器，750kV 示范工程之后，随着技术水平的发展以及工程需要，银川东 750kV 变电站、西宁 750kV 变电站等多个 750kV 变电站，在满足变压器运输条件的情况下，750kV 变压器单相容量由 750kV 示范工程的 500MVA 增大至 700MVA。目前，750kV 主变压器单相变压器容量推荐采用 500/500/150MVA、700/700/233MVA（中压侧为 330kV 时）以及 334/334/100MVA、500/500/150MVA、700/700/233MVA（中压侧为 220kV 时）。具体工程需要根据实际情况选用。

三、主变压器调压方式、调压绕组位置选择及电压比

1. 主变压器调压方式

变压器调压方式选择原则为在满足运行要求的前提下，能用无励磁调压的尽量不用有载调压，对于 220kV 及以上的变压器，仅在电网电压可能有较大变化的情况下采用有载调压方式。

在 750kV 示范工程建设前，对国外主变压器调压方式进行调研，调研表明 750kV 变压器既有有载调压、也有无载调压，既有高压侧调压、也有中压侧调压，说明从变压器制造角度来讲，可以满足各种调压方式的需要。当时对 750kV 系统经济压降进行

了计算，西北电网无论是西电东送，还是东电西送，均形成 800km 以上的链型网络，根据以上分析，电网首末端的经济压降不应超过 4.67%（800～765kV）。根据以上分析，当时提出在最高运行电压为 800kV 的前提下，无载调压方式变压器抽头范围建议为 765/345±2×2.5%/63kV 或 765±2×2.5%/345/63kV，有载调压方式变压器抽头范围建议为 765/345±8×1.25%/63kV；以上为典型的抽头规范，正、负抽头的多少应在具体工程中选取。

实际上，虽然在 750kV 示范工程建设前提出了 750kV 变压器采用无励磁调压方式以及有载调压方式变压器抽头范围，但我国从 750kV 示范工程至今，变压器调压方式均为无励磁调压。因此，我国 750kV 变压器调压方式推荐采用无励磁调压。

2. 调压绕组位置选择

自耦变压器调压绕组位置有公共绕组中性点侧调压、串联绕组末端调压及中压侧线端调压三种方式，中压侧线端调压方式为将调压开关直接接于中压侧出线端部的中压侧线端调压方式，其最大优点是在高压侧电压保持不变，中压侧电压变化时，可以按电压升高与降低相应的增加或减少匝数，保持每匝电动势不变，从而保证自耦变压器铁芯磁通密度为一恒定数值，消除了过励磁现象，使第三绕组电压不致发生波动；当高压侧电压变化时，变压的励磁状态虽然也会发生变化，影响低压侧的电压数值，但这种变化远比中性点调压方式小，并不会大于电压波动范围。中压侧线端调压适用于中压侧电压变化较大的情况，目前超高压变电工程大多采用这种调压方式，我国从 750kV 示范工程至今，750kV 变压器调压方式均采用中压侧线端调压方式。

3. 电压比

在变压器电压比方面，在确定 750kV 示范工程 750kV 主变压器技术参数时，也考虑采用 35kV 作为低压侧绕组的额定电压。但若采用 35kV 电压等级，低压侧母线的三相短路电流最大达到 51kA，同时额定电流也大于 4000A，从而导致 35kV 开关设备的选择和生产制造变得十分困难，当时国内 35kV 断路器的最大开断电流为 31.5kA。而采用 66kV 电压等级，不仅可以降低额定电流，还可以限制和降低短路电流，与采用 35kV 电压等级相比，采用 66kV 电压等级对主变压器造价的影响均较小。主变压器低压侧主要连接低压并联电抗器和低压并联电容器等无功补偿设备。经过系统分析计算，采用 66kV 时，在一定工况条件下，低压侧母线电压可达到 75kV，超过了 66kV 电压等级最高工作电压 72.5kV 的限制，从而会危及电气设备的安全运行，而当按 63kV 电压进行计算时，低压侧母线电压可由 75kV 降低到 72.5kV 以下，满足 66kV 电压等级最高工作电压为 72.5kV 的要求。因此，主变压器低压侧额定电压最终被确定为 63kV。高、中、低压侧电压比推荐采用 $765/\sqrt{3}$ /345/ $\sqrt{3}$ ±2×2.5%/63kV（中压侧为 330kV 时）及 $765/\sqrt{3}$ /230/ $\sqrt{3}$ ±2×2.5%/63kV（中压侧为 220kV 时）。

四、主变压器结构型式

近年来，750kV 自耦变压器铁芯结构型式开始研究采用单相三柱式，在此之前均采用了单相四柱式结构，单相四柱式结构的中、低压线圈均采用并联接线，高压线圈的连接方式有并联接线方式和串联接线方式两种，这两种方式各有其特点，高压线圈采用串联接线方式时，高压和中压线圈的冲击特性较好，采用并联接线方式时，漏磁控制更为可靠，抗短路强度进一步提高。750kV 示范工程主变压器采用了单相四柱式结构，其中官亭 750kV 变电站主变压器采用高压线圈并联接线方式、兰州东 750kV 变电站主变压器采用高压线圈串联接线方式。

图 4-1 为高压线圈串联接线的单相四柱式结构，图 4-2 为高压线圈并联接线的单相四柱式结构。

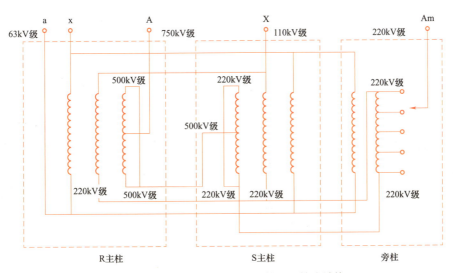

图 4-1　高压线圈串联接线的单相四柱式结构

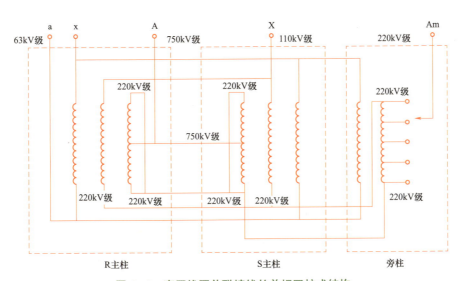

图 4-2　高压线圈并联接线的单相四柱式结构

图 4-3 为单相四柱式铁芯结构型式示意图，图 4-4 为单相四柱式结构铁芯示意图，图 4-5 为单相四柱式结构线圈示意图。

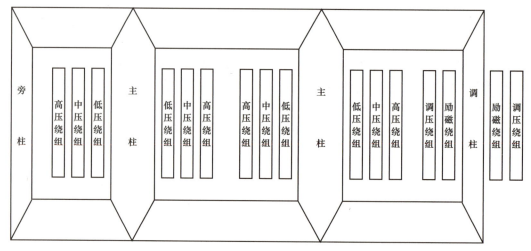

图 4-3　单相四柱式铁芯结构型式示意图

图 4-4　单相四柱式结构铁芯示意图　　　图 4-5　单相四柱式结构线圈示意图

随着变压器制造水平的不断进步，国内变压器制造厂针对 750kV 单相变压器的改型设计进行了专项研究，将单相四柱式结构更改为单相三柱式结构。改型后可减少运输宽度及运输质量，2019 年 12 月投运的西宁 750kV 变电站第三台主变压器扩建等工程、容量为 500MVA 的 750kV 自耦变压器采用了单相三柱式结构。此外，依托青海玛尔挡 750kV 变电站工程，成功研制了国内首例容量为 700MVA 的 750kV 单相三柱式结构自耦变压器。

图 4-6 为单相三柱式结构接线图，图 4-7 为单相三柱式铁芯结构型式示意图，图 4-8 为单相三柱式结构铁芯示意图，图 4-9 为单相三柱式结构线圈示意图。

关于 750kV 自耦变压器高压出线方式，之前均为间接出线，即将高压升高座（出线装置）放置在油箱外部。近年来高压出线方式开展了直出式的研究，该方式为取消外置式高压升高座（出线装置），将高压出线整体布置在油箱内部。在旁柱侧通过引线均压管在箱盖直接引出，使高压出线内置在较大体积的变压器油中，降低绝缘故障下的压力冲击，提升了产品的防燃抗爆性能。

与间接出线方式相比，直接出线方式具有以下优点：① 高压均压管设置在变压器油箱内，随本体一起运输，可以降低出线装置受潮可能性；② 减少现场安装环节，缩短安

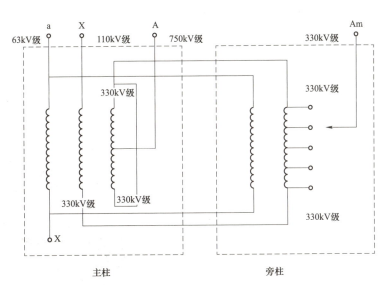

图 4-6　单相三柱式结构接线图

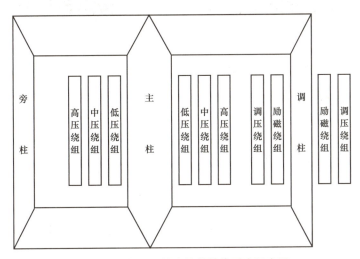

图 4-7　单相三柱式铁芯结构型式示意图

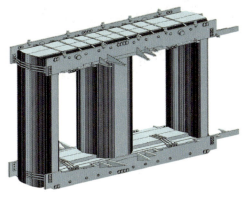

图 4-8　单相三柱式结构铁芯示意图

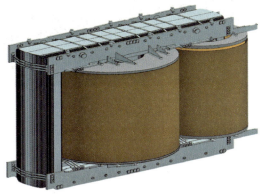

图 4-9　单相三柱式结构线圈示意图

装周期；③ 提高产品防燃抗爆性能，保障产品运行安全；④ 高压套管箱盖直出结构，取消了原高压出线装置，产品结构更加紧凑。其缺点为高压套管从箱盖直出，变压器整体高度较高。

图4-10和图4-11分别为间接式出线引线结构及直出式出线引线结构示意图。图4-12和图4-13分别为间接式出线引线变压器及直出式出线引线变压器。

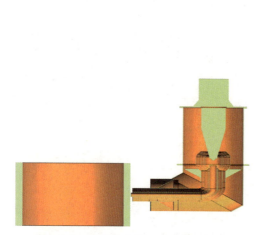

图4-10　间接式出线引线结构示意图

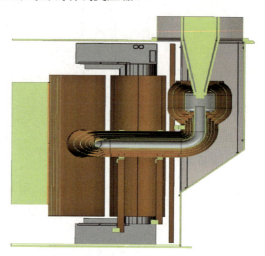

图4-11　直出式出线引线结构示意图

图4-12　间接式出线引线变压器

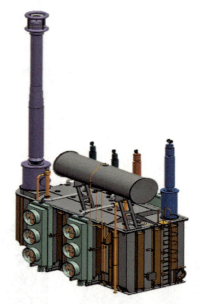

图4-13　直出式出线引线变压器

五、主变压器阻抗选择

主变压器阻抗的选择应在系统需要与设备制造能力方面找到一个合适的平衡点。主变压器阻抗的取值原则是在设备制造允许的条件下尽量满足电力系统运行的期望值，以提高整个电网的技术经济性。从整个电网运行的经济性来讲，影响最大的是通过容量最大的高、中压侧之间的阻抗，国外 750kV 自耦变压器高、中压侧之间的阻抗一般都做到 14% 以下。750kV 示范工程研究提出西北电网 750kV 变压器阻抗可结合具体工程，根据国产设备的制造能力，在以下阻抗范围内选取（根据不同系统需要选择高值或低值）：$U_k\%$（高—中）取 11%～16%，$U_k\%$（高—低）取 42%～60%，$U_k\%$（中—低）取 30%～45%。

在 750kV 示范工程之后，对于单相容量为 700MVA 主变压器，主变压器阻抗一般选择为：$U_k\%$（高—中）=18%，$U_k\%$（高—低）=56%，$U_k\%$（中—低）=36%。

另外，鉴于目前 66kV 设备难以满足 50kA 以上短路电流要求，因此，在进行 750kV 主变压器阻抗选择时，需要将主变压器低压侧短路电流限制在 50kA 以内，同时应兼顾主变压器运行能效和短路电流两方面的要求。

主变压器阻抗选择应结合具体工程情况选择确定。

六、主变压器冷却方式选择

在变压器冷却方式选择方面，在 750kV 示范工程建设前，相关研究建议 750kV 变压器的冷却方式采用强迫油循环风冷（OFAF）冷却方式。750kV 示范工程具体应用时，官亭 750kV 变电站主变压器采用的冷却方式是强迫导向油循环风冷（ODAF），兰州东 750kV 变电站主变压器采用的冷却方式是强迫油循环风冷（OFAF）。其主要差异在于是否采用导向油循环。为了避免油流带电，在技术协议中提出了 750kV 官亭变电站主变压器选用的冷却器油泵转速要求。

截至目前，国内 750kV 变压器采用的冷却方式主要是强迫油循环风冷（OFAF）和强迫导向油循环风冷（ODAF）。玛尔挡水电站 750kV 送出工程主变压器采用了 ODAF 冷却方式，主要原因为：① 该项目较以往工程温升要求高，绕组热点温升要求 65K；② 结构发生了变化，为单柱结构，线圈增高了。采用 ODAF 可大幅度降低绕组线油温差，进而保证绕组平均温升和绕组热点温升。

主变压器冷却方式选择时，应结合具体工程实际情况选用。

七、主变压器备用相

750kV 主变压器备用相设置原则为对于 750kV 变电站的单相变压器，应考虑 1 台变压器故障或停电检修时对系统的影响，经技术经济论证后确定是否装设备用相。一般初期安装 1 组主变压器时，可考虑设置 1 台主变压器备用相，扩建第二组主变压器时，可将原备用相作为工作相，不再设置备用相。对于容量、阻抗、电压等技术参数相同的两台或多台主变压器，首先应考虑共用一台备用相。当变电站之间距离较近，运输条件较为方便，且采用的变压器型式相同时，可考虑按区域设置备用相。

八、主变压器运输

750kV 主变压器运输结合工程实际情况，经技术经济比较后选择采用铁路、公路或水运方式进行整装运输。

九、主变压器耐受直流偏磁能力

主变压器耐受直流偏磁能力应结合周围直流输电项目情况计算，提出 750kV 主变压器直流偏磁要求值。

第三节　750kV 并联电抗器

一、型式选择

结合制造、运输以及国内外 750kV 并联电抗器使用运行经验，750kV 并联电抗器推荐选用户外、单相、间隙铁芯、油浸方式。国内从 750kV 示范工程开始至今均采用了户外、单相、间隙铁芯、油浸方式。

二、容量选择

在 750kV 示范工程建设前，对 750kV 并联电抗器容量系列进行了研究，指出随着 750kV 电网的发展，发电厂、变电站的不断接入，750kV 线路的平均长度将趋于缩短，因此电网运行的初期容量较大。当时对国外 750kV 并联电抗器也进行了调研，调研结果为 AEP 系统运行的有 3×50Mvar、3×100Mvar 两种，苏联电力系统运行的最大容量为 3×110Mvar，南美运行的最大容量为 3×120Mvar，南非运行的最大容量为 3×133Mvar，世界范围内已运行的高压并联电抗器容量范围为 3×50Mvar～3×133Mvar。

当时根据有关课题研究结论，西北电网 750kV 系统的高压并联电抗器补偿度可以选择为 70%、80%、90%，根据计算，选择单相容量 60～130Mvar 高压并联电抗器可以满足西北电网各阶段发展需要，其中长度为 100km 左右需要一组高压并联电抗器（线路一侧有一组高压并联电抗器），200～300km 线路需要两组高压并联电抗器（线路两侧各一组高压并联电抗器），400km 以上需要三组高压并联电抗器（线路一侧一组高压并联电抗器，另一侧两组高压并联电抗器）。根据计算，西北电网 750kV 系统理想补偿情况下的高压并联电抗器容量种类有 60、70、80、90、100、110、120、130Mvar 八种，种类太多，需要简化，当时对高压并联电抗器容量系列进行了分析并提出了推荐意见，具体如下：① 3×70Mvar＋3×100Mvar 方案、3×80Mvar＋3×110Mvar 方案、3×70Mvar＋3×110Mvar 方案均可满足系统需要，各方案全网平均补偿度差别不大，适应性也基本相当；② 鉴于线路的平均长度将随着电网的发展趋于缩短，750kV 电网最小高压并联电抗器若选择为 3×80Mvar，对长度小于 95km 的 750kV 线路难以补偿，而如果最小高压并联电抗器选择为 3×70Mvar，则对长度小于 83km 的 750kV 线路难以补偿，显然 750kV 电网最小高压并联电抗器容量选择稍低一点对电网发展的适应性较好；③ 根据西北电网规划，西北电网在 2015 年可能出现的 750kV 线路最大长度达到 410km，无论是 3×100Mvar 还是 3×110Mvar 高压并联电抗器，均需要三组，从可能出现的最长线路来看，100Mvar 方案与 110Mvar 方案差别也不大；④ 3×70Mvar＋3×100Mvar 方案组合的三相补偿容量分别为 210、300、420、600 等，3×70Mvar＋3×110Mvar 方案组合的三相补偿容量分别为 210、

330、420、660 等，前者的补偿容量间隔稍小于后者，对低压无功补偿较为有利。通过以上分析，当时推荐采用单相 70、100Mvar 两种容量的高压并联电抗器。在 750kV 示范工程官亭 750kV 变电站中，750kV 高压并联电抗器容量选择了 3×100Mvar。

750kV 示范工程后，根据工程需要，750kV 并联电抗器除采用单相 70、100Mvar 两种容量外，还采用了单相 80、100、120、140Mvar 等容量。

目前，750kV 并联电抗器单相容量推荐采用 70、80、100、120Mvar 四种典型值。

三、补偿形式

高压并联电抗器按照补偿形式分类，可分为固定并联电抗器和可控并联电抗器，750kV 示范工程及后来一段时间内均采用固定并联电抗器，之后在敦煌 750kV 变电站、鱼卡 750kV 开关站以及吐鲁番 750kV 变电站等工程中采用了可控并联电抗器。

750kV 高压并联电抗器按照补偿形式选择时，应结合工程实际情况选择。

750kV 可控并联电抗器详见本章第八节。

四、结构型式

单芯柱带两旁轭结构铁芯示意图如图 4-14 所示。

在线圈结构方面，自 750kV 示范工程以来，750kV 并联电抗器的绝缘结构有层式线圈结构和饼式线圈结构两种，层式结构线圈的工艺复杂、制造难度大，而饼式线圈绕制相对简单、制造难度较低，产品长宽尺寸减小，占地面积更小。

在引线结构方面，750kV 引线采用直出式结构。图 4-15 为某 750kV 变电站工程外形示意图。

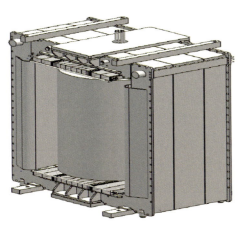

图 4-14　单芯柱带两旁轭结构铁芯示意图

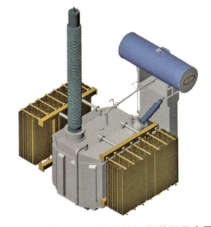

图 4-15　某 750kV 变电站工程外形示意图

五、额定电压

750kV 高压并联电抗器额定电压选择推荐采用 $765/\sqrt{3}\,\mathrm{kV}$，中性点侧绝缘水平推荐采用 110kV 级。

六、冷却方式

750kV 高压并联电抗器推荐采用 OANA 方式。截至目前，国内 750kV 高压并联电抗器均采用了这种冷却方式。

七、中性点小电抗选择

（1）中性点小电抗型式：单相油浸自冷式。
（2）中性点小电抗额定电压：110kV。
（3）中性点小电抗额定阻抗：根据工程实际计算选用。

第四节　800kV GIS（HGIS）和罐式断路器

一、800kV 断路器型式选择

断路器的型式选择对于变电站的平面布置，隔离开关、电流互感器、电压互感器和避雷器等其他设备型式的确定，以及变电站建设的综合技术经济指标和投运后的可靠运行等均有重要影响。断路器型式需要根据工程建设对质量、可靠性和技术先进性等目标的要求，结合环境条件、经济性等因素，综合考虑、科学决策。我国从 750kV 示范工程至今，750kV 电压等级应用了 GIS、罐式断路器及 HGIS 等型式。

（一）750kV 示范工程 800kV 断路器型式选择

在 750kV 示范工程建设前，对国外 750kV 断路器型式进行了调研，西门子公司从 1979 年生产出第一台 800kV 50kA 四断口 SF_6 断路器至我国 750kV 示范工程建设前，其型式均为瓷柱式；阿尔斯通公司在 1983～1984 年间为美国电力公司提供的 800kV 50kA 四断口压气式 SF_6 断路器，其型式也为瓷柱式；ABB 公司在 1983～2001 年间为美国等国家提供的 800kV 压气式四断口 SF_6 断路器，大都为瓷柱式；ABB 公司生产的 800kV 罐式断路器 2001 年在美国 AEP 公司也已投入运行；苏联已运行的 750kV 变电所中断路器大都采用瓷柱式；日本各公司对 800kV 断路器的研究主要以罐式为主；南非在 1987 年投运的两座变电站中全部采用了 GIS 设备；当时韩国已建成和规划的 765kV 变电站全部采用 GIS 设备。此外，当时也对国内制造厂研发计划进行了调研，西安高压开关厂在 2002 年 6 月中旬制定了 800kV 双断口罐式 SF_6 断路器的研制计划，当时准备在 363kV 单断口罐式断路器灭弧室的基础上，完成 800kV 双断口罐式断路器的设计；沈阳高压开关厂当时正在与日立公司（其所组建的专门制造输变电设备的公司称为 AE.Power）进行 800kV 开关设备的合作制造探讨，以日立公司现有的 800kV GIS 为基础，开发 800kV 双断口罐式断路器、复合式电器（H-GIS）、组合电器（GIS）等产品。综合以上情况，在当时国外已运行的 750kV 系统中，断路器采用瓷柱式四断口居多。当时提出：选用瓷柱式断路器还是罐式断路器，断路器选用双断口还是四断口，与工程造价密切相关，在具体工程中经技术经济比较确定。

在从环境适应性、质量可靠性、运行安全性、设备本地化制造的可行性和制造周期、制造能力和试验条件、占地要求、运行维护、投资节省等角度，对不同的 750kV 断路器型式进行实地调研考察、认真研究、对比分析，同时结合国内外超高压断路器的发展和选用趋势后，确定 750kV 示范工程选用 800kV 简化 GIS 设备，原因如下：① 安全可靠运行是工程最重要的因素，选用 800kV 简化 GIS，满足 750kV 示范工程安全可靠性的要求；② 选用 800kV 简化 GIS，满足 750kV 示范工程先进性和示范性的要求；③ 选用 800kV 简化 GIS，满足 750kV 示范工程经济合理性的要求；④ 选用 800kV 简化 GIS，满足 750kV 示范工程建设工期和设备本地化的要求。750kV 示范工程官亭 750kV 变电站、兰州东 750kV 变电站建设时 800kV 断路器均采用了简化 GIS 型式。

（二）750kV 示范工程后 800kV 断路器型式选择

800kV 简化 GIS 方案在后续多个 750kV 变电站工程中得到了应用，尤其是高海拔地区。

之后，银川东 750kV 变电站在进行设备选择时，考虑站址海拔仅为 1250m，且站址污秽等级界于 Ⅰ 级和 Ⅱ 级之间，污秽较轻，因此，结合站址各方面有利条件，为节约工程造价，对 800kV 断路器进行了比较选择。当时国内制造厂正在积极研究开发 750kV SF_6 罐式断路器，该断路器采用双断口结构，可用于 2000m 海拔地区，耐地震能力为 9 度，完全满足银川东 750kV 变电站工程的要求。后续多个工程如 750kV 兰平乾输变电工程平凉 750kV 开关站、乾县 750kV 变电站，750kV 宁夏贺兰山至黄河输变电工程 750kV 变电站，新疆与西北 750kV 联网工程 750kV 变电站，新疆与西北 750kV 第二通道输变电工程 750kV 变电站，新疆 750kV 凤凰—西山—东郊输变电工程 750kV 变电站，新疆准东五彩湾 750kV 输变电工程，750kV 伊犁—博州—乌苏—凤凰输变电工程变电站，750kV 莎车—和田输变电工程变电站等也采用了 SF_6 罐式断路器。

从 750kV 示范工程开始，750kV 输变电工程经过一段时间运行后，800kV GIS 设备经过多年的运行逐渐暴露了一些问题，主要集中在 SF_6 气体泄漏问题上，增加了维护工作量。主要原因是 800kV GIS 安装在户外，运行环境较差，日夜温差较大使 GIS 设备热胀冷缩范围加大，特别是受 800kV GIS 布置的限制，母线过长时容易造成气体泄漏。为此，在天水 750kV 变电站设计时，提出将 GIS 母线外露方案，该方案称之为 750kV HGIS 方案，800kV HGIS 的结构与 GIS 基本相同，其优点是母线不装于 SF_6 气室，是外露的，因而接线清晰、简洁、紧凑，安装及维护检修方便，解决了母线 GIL 管过长容易造成气体泄漏的问题，而且价格相对便宜。800kV HGIS 方案较 SF_6 罐式断路器方案节省占地 20%，有效减少噪声源，便于智能化方案实施。800kV HGIS 方案在宁夏妙岭 750kV 变电站、青山 750kV 变电站等工程中也得到应用。

结合我国 750kV 设计及运行情况，800kV 开关设备可以选择 GIS、HGIS 及罐式断路器，应结合工程具体条件经技术经济比较后选择使用。

二、操动机构选择

在 750kV 示范工程建设前的有关调研中，各国超高压系统中使用的断路器主要采用的操作机构有四种：液压机构、气动机构、弹簧机构、液压弹簧机构。每种操作机构各有其优缺点，750kV 断路器的操作机构的选择应与断路器相配套。国内自 750kV 示范工程以来，800kV 断路器一直采用液压机构。

三、断路器参数选择

1. 额定电流

在 750kV 示范工程建设前，相关研究提出：断路器的额定电流取决于线路输送容量，一回 750kV 线路自然输送功率在 2300MW 左右，当功率因素为 0.95 时，其负荷电流为 1864A，如考虑双回路线路中一回线路故障或环网供电事故状态，则负荷电流将达 3000A 左右。按系统规划 750kV 变压器最大容量为 1500MVA，其回路最大电流为 1155A。断路器的额定电流在取 3000A 时，能满足系统各种运行状况的要求。考虑系统以后的发展及设备的制造情况，断路器的额定电流可依据具体工程选择 3000A 或 4000A。

随着 800kV 断路器制造水平的发展以及工程实际需要，同时为减少 800kV 断路器额定电流序列，800kV 断路器额定电流目前统一为 5000A。

2. 额定短路开断电流

在 750kV 示范工程建设前，相关研究提出：考虑到设备制造以及系统以后发展情况，750kV 断路器的额定开断电流可选用 40kA。系统建设初期在不增加设备投资的情况下，750kV 断路器的额定开断电流也可选用 50kA。

随着 750kV 系统的发展、制造水平的不断提高以及工程实际需要，同时为减少 800kV 断路器额定短路开断电流序列，800kV 断路器额定短路开断电流目前统一为 63kA。

3. 额定短路关合电流

断路器的额定关合电流一般取断路器额定电压下额定开断电流的 2.5 倍，当 750kV 断路器的额定开断电流选用 40kA 时，其对应的额定关合电流选用 100kA；当断路器的额定开断电流选用 50kA 时，其对应的额定关合电流选用 125kA；800kV 断路器对应额定开断电流 63kA 时，额定短路关合电流统一为 170kA。

4. 额定峰值耐受电流

断路器的额定峰值耐受电流等于额定短路关合电流，当 750kV 断路器的额定开断电流选用 40kA 时，其对应的额定峰值耐受电流为 100kA；当额定开断电流选用 50kA 时，其对应的额定峰值耐受电流为 125kA；当额定开断电流选用 63kA 时，其对应的额定峰值耐受电流统一为 170kA。

5. 额定短时耐受电流及热稳定持续时间

断路器额定短时耐受电流等于断路器的额定开断电流。当 750kV 断路器的额定开断电流选用 40kA 时，相应的断路器短时耐受电流也为 40kA；当额定开断电流选用 50kA 时，相应的断路器短时耐受电流也为 50kA；当额定开断电流选用 63kA 时，相应的断路器短时耐受电流也为 63kA。热稳定持续时间决定于后备保护的整定时间，在 750kV 示范工程建设前，相关研究提出：考虑系统运行的不定性及短路故障的复杂性，750kV 断路器额定热稳定电流持续时间建议取 3s，后来根据系统发展，800kV 断路器热稳定持续时间取 2s。

6. 断路器合分闸同期性要求

在 750kV 示范工程建设前，相关研究建议 750kV 断路器的相间合闸不同期时间不应大于 5ms，分闸不同期时间不应大于 3ms；同相断口间分闸不大于 2ms，合闸不大于 3ms。

750kV 示范工程以后的 750kV 变电站也沿用了以上要求。

7. 断路器合闸电阻

断路器合闸电阻典型值为 400～600Ω，是否设合闸电阻以及阻值大小，具体工程应结合实际情况计算后确定。

8. 机械寿命

在 750kV 示范工程建设前，相关研究建议 750kV 断路器机械操作次数大于 3000 次。目前，750kV 断路器机械操作次数均按大于 5000 次设计。

9. 短路电流直流分量时间常数

随着系统的发展，750kV 输变电工程各级电压等级短路电流直流分量时间常数逐渐增大，目前已经有 750kV 变电站 750kV 侧短路电流直流分量时间常数超过典型值 75ms 的情况。在实际工程中，应结合系统具体情况进行计算确定。

四、800kV GIS（HGIS）快速接地开关参数选择

800kV GIS（HGIS）快速接地开关需要注意其开、合容性额定静电感应电流能力及开、合感性额定电磁感应电流能力参数选择，各工程需要根据实际情况计算，当计算值小于 A 类（或 B 类）时，按照 A 类（或 B 类）选择；当计算值超过 B 类要求时，应按实际情况选用。

快速接地开关 A 类/B 类开、合容性额定静电感应电流及开、合感性额定电磁感应电流参数如下：

（1）开、合容性额定静电感应电流能力（A 类/B 类）：容性电流 3/50A（有效值），额定感应电压 12/32kV（有效值），开断次数 10 次。

（2）开、合感性额定电磁感应电流能力（A 类/B 类）：感性电流 80/200A（有效值），额定感应电压 2/25kV（有效值），开断次数 10 次。

800kV GIS 快速接地开关以上参数超过 B 类的情况举例如下：海南 750kV 输变电工程海南—西宁 I 回、II 回和 III 回线路最大容性电压 57.32kV，最大容性电流 4.80A，最大感性电压 4.74kV，最大感性电流 92.31A，容性电压超过当时的执行标准（DL/T 486—2010 中额定电压 800kV 的 B 类接地开关参数要求值 32kV）。按照此要求值，该站 800kV GIS 提供的快速接地开关能力为静电感应 150A/180kV、电磁感应 500A/30kV。

第五节　800kV 高压隔离开关

本节阐述的 750kV 隔离开关为 750kV 变电站中相对独立、敞开式的 800kV 高压隔离开关。

一、型式选择

750kV 示范工程建设前对隔离开关的型式进行了调研，当时仅有国外厂家生产 750kV 及以上隔离开关，其型式主要有垂直断口单柱上剪式、水平断口双柱立开式和水平断口三柱旋转平开式三种。垂直断口单柱上剪式包括单柱单臂（半）剪刀式和单柱对称形（双）

剪刀式两种结构，水平断口双柱立开式包括伸缩式和直臂式两种结构。

垂直断口单柱上剪式隔离开关分闸后形成垂直方向的绝缘断口，分、合闸状态清晰，十分利于巡视，适用于软母线及硬母线。此系列隔离开关通常在配电装置中作母线隔离开关，具有占地面积小的优点。

水平断口双柱立开式隔离开关分闸后，动触头向一侧瓷柱收拢，形成水平方向的绝缘断口，适宜于用作进出线隔离开关。该系列隔离开关两端接线为水平排列，且均为固定接线端，与水平断口三柱旋转平开式隔离开关不同的是，其需要在隔离开关的上方有足够的空间以满足其运行和空气绝缘间距。

水平断口三柱旋转平开式隔离开关形成的是双断口，此类隔离开关有三个绝缘子柱，左右两个支持绝缘子上装有静触头，而中间绝缘子上装有旋转主导电杆，操作绝缘子经底座内的拐臂、连杆，与机构的主轴连接。此系列隔离开关特点是可一侧或两侧附装接地开关，且为折叠式结构，分闸后折叠于两边柱之间。具有结构紧凑、简单、易于维修等特点，可以减少占地面积和使用空间。

当时经过比较后推荐意见为：根据西北 750kV 配电装置的接线及平面布置，750kV 隔离开关拟采用垂直断口单柱上剪式隔离开关和水平断口双柱立开式隔离开关。在 750kV 示范工程官亭 750kV 变电站及兰州东 750kV 变电站，750kV 高压并联电抗器回路采用了水平断口垂直开启式隔离开关，该型隔离开关打开时为向上打开，存在打开时高度较高从而增加构架高度。750kV 示范工程后，为解决以上问题，国内厂商自主研制了三柱水平旋转式隔离开关，并在银川东 750kV 变电站及后续其他 750kV 变电站采用。

综合以上情况，750kV 变电站 800kV 高压隔离开关型式建议采用三柱水平旋转式。

图 4-16 为在 750kV 示范工程中使用的 750kV 水平断口垂直开启式隔离开关，图 4-17 为在 750kV 变电站中采用的 750kV 三柱水平旋转式隔离开关。

图 4-16　750kV 水平断口垂直开启式隔离开关　　图 4-17　750kV 三柱水平旋转式隔离开关

二、操动机构选择

隔离开关操动机构型式为电动并可手动，接地开关操动机构型式为电动或手动，操

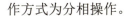

作方式为分相操作。

三、参数选择

1. 额定电流

在750kV示范工程建设前，相关研究提出：隔离开关的额定电流取决于线路输送容量，一回750kV线路自然输送功率在2300MW左右，当功率因素为0.95时，其负荷电流为1864A，如考虑双回路线路中一回线路故障或环网供电事故状态，则负荷电流将达4000A左右。当时按系统规划750kV变压器最大容量为1500MVA，其回路最大电流为1155A。断路器的额定电流在取3000A时，能满足系统各种运行状况的要求。所以当时提出：考虑到系统以后的发展及设备的制造情况，断路器的额定电流可依据具体工程选择3000A或4000A。

随着制造水平的发展以及工程实际需要，同时为减少800kV隔离开关额定电流序列，目前800kV隔离开关额定电流统一为5000A。

2. 额定短时耐受电流及热稳定持续时间

回路中的隔离开关额定短时耐受电流均与回路中的断路器额定短时耐受电流值相同，考虑系统以后发展情况，断路器额定短时耐受电流选择等于断路器的额定开断电流。当750kV断路器的额定开断电流选用40kA时，相应的断路器短时耐受电流也为40kA，即隔离开关短时耐受电流也为40kA；当额定开断电流选用50kA时，相应的断路器短时耐受电流也为50kA，即隔离开关短时耐受电流也为50kA。750kV示范工程800kV断路器的额定开断电流选择为50kA，相应800kV隔离开关额定短时耐受电流为50kA。

随着系统的发展，750kV示范工程后，一些750kV变电站750kV短路电流水平已经超过50kA，结合制造水平的提高，此时800kV断路器的额定开断电流选择为63kA，相应800kV隔离开关短时耐受电流也为63kA。

热稳定持续时间决定于后备保护的整定时间，与800kV断路器一致，热稳定持续时间取2s。

3. 额定峰值耐受电流

隔离开关的额定峰值耐受电流为其额定热稳定电流周期分量有效值的2.5倍。当750kV断路器的额定开断电流选用40kA时，其对应的额定峰值耐受电流为100kA；当额定开断电流选用50kA时，其对应的额定峰值耐受电流为125kA。750kV示范工程800kV断路器的额定开断电流选择为50kA，相应800kV隔离开关额定短时耐受电流为125kA。

随着系统的发展，750kV示范工程后，一些750kV变电站750kV短路电流水平已经超过50kA，结合制造水平的提高，此时800kV断路器的额定开断电流选择为63kA，相应800kV隔离开关额定峰值耐受电流统一选择为170kA。

4. 开合感应电流能力

750kV隔离开关开合电容电流和开合电感电流应至少达到500kV隔离开关的水平，即750kV隔离开关开合电容电流和开合电感电流分别取值为2A和1A。具体工程应按照实际计算结果取值。

5. 母线转移电流开断能力

800kV 高压隔离开关开、合额定母线转换电流能力典型参数为 1600A，恢复电压为 400V。

6. 接地开关开、合感应电流能力

线路侧 800kV 高压隔离开关接地开关应具有切合感应电压、感应电流的能力，典型参数如下（A 类/B 类）。

（1）电磁感应。感性电流 80/200A，感应电压 2/25kV，开断次数 10 次。

（2）静电感应。容性电流 3/50A，感应电压 12/32kV，开断次数 10 次。

具体工程应根据实际情况计算后确定，特别要注意实际计算值高于 B 类的情况。

第六节　750kV 电压互感器

一、型式选择

在工程中采用的电压互感器，按照工作原理可分为电容式电压互感器和电磁式电压互感器两种。

电容式电压互感器的优点为：① 高电压等级（大于 110kV）上其造价小于电磁式电压互感器；② 不存在谐振问题；③ 当用于线路上时可以兼作高频通道的结合电容器。电磁式电压互感器虽然具有较好的暂态响应特性，但其容易产生谐振以及造价高等缺点，在 750kV 电压等级上远不如电容式电压互感器。

750kV 示范工程建设时，国内能够生产的电压互感器有 60～500kV 电容式电压互感器以及 0.4～220kV 电磁式电压互感器，当时部分国内厂家具备生产 750kV 电容式电压互感器的能力。从设备制造角度和工程实际使用情况看，各电压互感器制造厂家的 750kV 设备均采用电容式电压互感器，目前投入运行的 750kV 工程也基本都采用电容式电压互感器。

综合考虑上述因素，750kV 示范工程至今，750kV 电压互感器均采用了电容式电压互感器。

二、参数选择

1. 额定电压

额定一次电压：$765/\sqrt{3}$ kV。

额定二次电压：单相电压互感器的额定二次电压为 $100/\sqrt{3}$ V，对于接成开口三角的剩余电压绕组额定电压为 100V。

2. 绕组个数

750kV 示范工程建设前，根据对设备制造厂家生产情况的了解，当时高电压等级电压互感器一般具有两个主二次绕组和一个剩余电压绕组。在当时实际工程中，主二次绕组接成星形，用于继电保护和测量仪表，剩余电压绕组接成开口三角形，用于接地保护和同步。采用这种二次绕组配置与接线方案，继电保护与计量装置将混合使用同一个二次绕组，对于二次绕组的准确级和二次负载的确定均会产生影响。为解决这一问题，当时曾提出过 750kV 电压等级的电容式电压互感器在目前配置基础上再增加一个主二次绕组的方案，但当时各厂商均提出在制造上尚存在一定的困难，并且将会引起设备造价较大幅度的增加，在工程中不具备可能。鉴于这一情况，当时考虑到 750kV 变电站采用微机监控系统，取消了主变压器 750kV 侧、750kV 线路的大部分常规表计，可以相对减轻互感器的二次负载，750kV 示范工程建设时仍采用具有两个主二次绕组和一个剩余电压绕组的电容式电压互感器。

后来，根据继电保护、测量及计量的需要，750kV 电压互感器需要三个主二次绕组，主二次绕组接成星形。另外，需要一个剩余电压绕组用于接地保护和同步，剩余电压绕组接成开口三角形。即需要三个主二次绕组、一个剩余电压绕组。根据这一要求，并随着制造技术的发展，在银川东 750kV 变电站后，750kV 电压互感器均采用了三个主二次绕组、一个剩余电压绕组方案。

3. 准确级选择

750kV 电压互感器分别用于主变压器 750kV 侧以及 750kV 出线。主变压器 750kV 侧安装的电压互感器由于主变压器保护的双重化，两套保护中均需要高压侧电压量，另外考虑到计量用关口表的精度要求，电压互感器绕组分配的原则应为：第一绕组接计量装置，第二绕组接第一套保护，第三绕组接第二套保护以及测量装置，剩余绕组接故障录波。750kV 出线保护也按双重化原则配置，两套保护也均需要 750kV 侧电压量，因此其绕组分配原则与主变压器 750kV 侧电压互感器相同。

根据上述原则并为保证计量表计的精度要求要求，接有计量设备的主二次绕组应为 0.2 级；另两个主二次绕组准确级为 0.5（3P）级；剩余绕组的精确级为 3P。

4. 瞬变响应

在额定电压下互感器的高压端子对接地端子发生短路后，二次输出电压应在额定频率的一个周期内衰减到短路前电压峰值的百分数应不大于 10%。

5. 铁磁谐振特性

在 0.8、1.0、1.2 倍 U_{in} 下二次侧短路不少于 0.1s 后又突然消除短路，其二次电压峰值恢复到与正常值相差不大于 10% 的额定频率周波数及试验次数：$0.8U_{in}$ 下≤25 周波，10 次；$1.0U_{in}$ 下≤25 周波，30 次；$1.2U_{in}$ 下≤25 周波，10 次。

在 1.5 倍 U_{in} 下二次侧短路不少于 0.1s 后又突然消除短路，其二次电压回路铁磁谐振持续时间及试验次数：$1.5U_{in}$ 下≤2s，10 次。

6. 额定输出组合

在 750kV 示范工程时，750kV 电压互感器的额定二次输出值确定为 50VA。后来变化为线路、主变压器侧 30VA/30VA/30VA/30VA，母线处 50VA/50VA/50VA/50VA。

母线处额定输出组合容量比线路、主变压器侧大的原因为：线路和主变压器侧的电压互感器只是本间隔二次设备使用，而母线处电压互感器为 750kV 电压等级所有二次设备使用。

750kV 电压互感器推荐主要参数归纳如下：设备最高电压 800kV；额定电压比 $765/\sqrt{3}/0.1/\sqrt{3}/0.1/\sqrt{3}/0.1/\sqrt{3}/0.1$kV；额定标准级组合 0.2/0.5（3P）/0.5（3P）/3P；额定输出组合线路、主变压器为 30VA/30VA/30VA/30VA，母线为 50VA/50VA/50VA/50VA。

第七节 750kV 避雷器

一、型式选择

750kV 示范工程建设时，经调研，国外已建成的 750kV 等级系统中，氧化锌避雷器已成功运行了数十年。当时国外制造商已成功开发和生产出规格的氧化锌避雷器，并不断改进，已形成了成熟的技术。当时国内制造商在掌握 500kV 等级避雷器技术的基础上，正在致力于开发 750kV 等级氧化锌避雷器。

由于氧化锌避雷器优越的技术特性、良好的经济性能，以及成熟的制造技术和运行经验，当时建议在我国第一个 750kV 输变电工程中采用无间隙氧化锌避雷器。从 750kV 示范工程至今，750kV 避雷器均采用了无间隙氧化锌避雷器。

外套形式方面，750kV 示范工程至 2013 年 6 月沙洲 750kV 变电站建设投运前，750kV 避雷器外套形式均采用了瓷套式，沙洲 750kV 变电站 750kV 避雷器外套首次采用了复合外套，之后在准北 750kV 变电站扩建工程中，750kV 避雷器也采用了复合外套。具体工程中，750kV 避雷器外套型式可根据变电站环境条件、运行经验等进行技术经济比较后合理选用。

750kV 氧化锌避雷器采用单柱就能够满足能量吸收，同时单柱相对多柱结构简单，也可以避免采用多柱带来的均流问题。从 750kV 示范工程至今，750kV 氧化锌避雷器均采用了单柱结构。

2022 年 7 月投运的郭隆—武胜第三回 750kV 线路工程变电站中，首次采用了 750kV 可控避雷器，它是基于金属氧化物避雷器伏安特性可变的思想，通过动态控制避雷器电阻片的投入数量，使避雷器在系统正常运行时具有高可靠性，暂态情况下残压低，能够深度降低系统操作过电压。今后 750kV 变电站需要结合具体工程实际情况，经技术经济比较后确定是否采用。

二、参数选择

1. 避雷器持续运行电压

750kV 系统最高工作线电压 U_m 为 800kV。根据避雷器的选用导则，持续运行电压 U_c 值必须大于或等于其所处工作点所承受的系统持续运行电压，持续运行电压（相对地）U_c 与系统最高工作线电压 U_m 的关系可以表示为 $U_c \geq U_m/\sqrt{3} = 800/\sqrt{3} = 462kV$，因此，避雷器的持续运行电压 U_c 不低于 462kV。

750kV 避雷器持续运行电压典型值为：母线及主变压器回路 462kV，750kV 出线回路 498kV。

2. 避雷器额定电压

避雷器用于线路入口、变压器、电抗器等的过电压保护。避雷器的额定电压 U_r 与最高工作线电压 U_m 的关系为 $U_r = \beta U_m/\sqrt{3}$，选择一定的工频暂态过电压倍数 β，就可以确

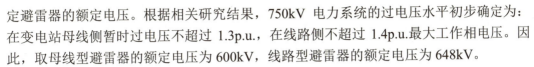

定避雷器的额定电压。根据相关研究结果，750kV 电力系统的过电压水平初步确定为：在变电站母线侧暂时过电压不超过 1.3p.u.，在线路侧不超过 1.4p.u.最大工作相电压。因此，取母线型避雷器的额定电压为 600kV，线路型避雷器的额定电压为 648kV。

3. 标称放电电流

经过估算，750kV 避雷器的雷电冲击电流为 14.7～16.1kA。从国内外主要生产商的避雷器参数选择情况来看，其标称放电电流多为 20kA，结合估算结果和《交流无间隙金属氧化物避雷器》（GB 11032—2020）中的规定，选择 750kV 避雷器的标称放电电流 I_n 为 20kA。

4. 直流 1mA 参考电压及荷电率

经过计算分析，对于母线型避雷器 $U_{dc(1mA)} \approx 808kV$，对于线路型避雷器，$U_{dc(1mA)} \approx 873kV$。750kV 避雷器直流 1mA 参考电压典型值：母线及主变压器回路不小于 810kV，750kV 出线回路不小于 875kV。

母线型及线路型避雷器采用同样的荷电率，取 81.5%。

5. 雷电冲击残压

经过计算分析，选择 20kA 雷电电流下的残压 U_p（8/20μs，20kA）母线型不高于 1380kV，线路型不高于 1491kV。

6. 陡波冲击残压

目前 750kV 工程 750kV 避雷器 20kA 下陡波冲击残压典型值为：母线及主变压器回路不大于 1518kV，750kV 出线回路不大于 1639kV。

7. 操作冲击残压

750kV 示范工程 750kV 避雷器选择 2kA 下操作冲击残压：母线及主变压器回路为 1135kV，750kV 出线回路为 1226kV。目前 750kV 工程 750kV 避雷器 2kA 下操作冲击残压典型值为：母线及主变压器回路不大于 1142kV，750kV 出线回路不大于 1226kV。

第八节　新型高压电气设备应用及展望

一、新一代 800kV GIS 及可控避雷器

（一）新一代 800kV GIS

我国采用"引进、消化、吸收、再创新"的技术路线，快速掌握了超特高压 GIS 核心技术，并成功研制了 800kV 和 1100kV GIS 产品，支撑了我国超特高压电网建设。但我国自主研制的第一代超特高压开关设备普遍存在结构复杂、质量重、部分零部件依赖进口等不足。我国自主路线的超特高压 GIS 技术研究，形成了新一代超特高压 GIS 关键技术，其突出技术特征体现在以下几个方面：① 采用可控避雷器抑制操作过电压，断路器可以取消合闸电阻，灭弧室和传动系统得到简化，从而可在一定程度上减少 GIS 尺寸；② 研究建立了 GIS 隔离开关分、合闸操作过程高频电弧的时变电阻模型以及 GIS 主要部件的宽频等效模型，提出了自适应变步长的全过程仿真方法，实现了操作全过程的 VFTO

精确仿真，基于 750kV 郭隆—武胜三期工程经过仿真计算，揭示了隔离开关操作速度对 VFTO 的影响机理，提出了隔离开关抑制 VFTO 的最优操作速度范围，可大幅降低高幅值 VFTO 出现概率，从而可取消隔离开关阻尼电阻，减少隔离开关尺寸及重量；③ 采用铝合金壳体进一步降低 GIS 重量。采取以上优化措施后，新一代 800kV GIS 与传统 GIS 相比，罐体外径由 1300 降为 1200，整体尺寸由 6144×2700×1300 减少为 5910×2265×1200，整体重量由 12t 降为 4.8t。

新一代 800kV GIS 主要改进内容和改进效果如表 4-1 所示。

表 4-1 　　　　　　　　　新一代 800kV GIS 主要改进内容和改进效果

结构	改进内容	改进目标	改进效果
开断单元	沿用原 800kV 断路器开断单元	保证断路器 63kA 开断能力	通过全套开断试验验证，电寿命 22 次
支撑方式	改进机构框架支撑	降低断路器中心	断路器中心由 2070mm 降至 1650mm
绝缘结构	通过采用集成电容、改进电阻布置等措施优化断路器绝缘结构	在保证断路器绝缘水平的前提下缩小产品体积	通过标准规定的最高档参数绝缘试验，并通过 1.1 倍绝缘裕度验证
壳体改进	断路器壳体改为铝罐体	降低断路器重量	断路器重量由 10t 降为 5.5t
操动机构	氮气储能液压机构改为碟簧机构	提高机构操作稳定性和可靠性，安装、调试、运维更加简便	满足断路器特性要求，通过 10000 次机械寿命试验验证

新一代 800kV GIS 灭弧室开断单元仍采用现有产品的开断单元结构，以保证 63kA 短路电流开断能力（已通过全部型式试验，电寿命 22 次）。根据灭弧室整体改进需要，仅对电容布置进行改进，断口绝缘性能更优。断口电容由陶瓷电容改为集成电容，结构简单，装配方便，绝缘可靠性更高；根据需要电阻绕装在灭弧室动侧，由 6 组减少为 2 组，结构简单，减少了绝缘柱的使用；灭弧室中传动箱、动静支座、电容支撑座、电阻支撑座等元件改为大圆角铸件，改善了灭弧室对地电场。

通过技术工艺攻关，突破了大型铝罐体制造技术，断路器罐体由钢罐体改为铝合金罐体（壁厚 15mm），消除了钢罐体的涡流磁滞损耗，提高了断路器的通流能力；断路器壳体温升从 26.5K（6930A）降到 14.7K（6930A），壳体发热大幅降低；焊接铝壳体强度满足产品要求，通过 1.84MPa 水压试验；断路器重量由 10t 降为 5.5t。

新一代 800kV GIS 采用碟簧液压机构，吊装布置在断路器下部，体积小，重量轻，可以实现整机更换，安装、检修、调试更加简便。基于新一代 GIS 技术路线，隔离开关取消阻尼电阻，内部结构得到简化，采用齿轮齿条传动，配电动操作机构，转动扭矩小，结构简单，可靠性提高，同时布置更加灵活。

与原有 800kV 隔离开关相比，零部件数量减少 40%，重量降低超过 70%，操作功降低约 60%，机械寿命从 5000 次提高到 10000 次，母线转换电流试验参数达到国标最高参数要求。

隔离开关额定电流 6300A，额定峰值耐受电流 171kA，机械寿命 M2 级（10000 次），母线转换电压 400V，电流 1600A。同时隔离开关无水平布置盆式绝缘子，避免异物放电风险；整体卧式设计，直线型出线，布置灵活方便。

磁环型阻尼母线是改进型 GIS 的重要元件，可实现系统 VFTO 的深度抑制，通过了 VFTO 抑制效果试验，达到了预期效果。阻尼母线中高频磁环内置，元件静止，可靠性更高；且阻尼母线外壳与母线相同，不需要改变 GIS 结构，可用于新建变电站和已建变电站改造。

（二）可控避雷器

可控避雷器是基于金属氧化物避雷器伏安特性可变的思想，通过动态控制避雷器电阻片的投入数量，使避雷器在系统正常运行时具有高可靠性，暂态情况下残压低，能够深度降低系统操作过电压。其结构示意图如图 4-18 所示，避雷器本体分为固定元件 MOA1 和受控元件 MOA2，控制单元 CU 由开关 K 和控制器组成，MOA2 和 CU 并联。合闸和单相重合闸时，在站内断路器合闸前，预先将 CU 合闸，以限制合闸和单相重合闸引起的操作过电压；操作过电压过去后，CU 分闸，MOA1 和 MOA2 共同作用，以保障避雷器的运行可靠性。系统持续运行电压、暂时过电压和雷电过电压下，CU 断开，MOA1 和 MOA2 共同承担系统持续运行电压、暂时过电压和雷电过电压。

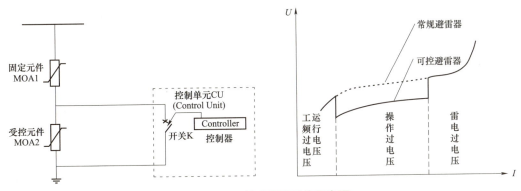

图 4-18　可控避雷器结构示意图

750kV 开关型可控避雷器按照可控比 15% 进行设计。在控制开关断开状态下，技术参数满足常规 800kV 避雷器要求；在控制开关闭合状态下，可控避雷器受控部分被短接，固定部分可深度降低合闸操作过电压。

在 750kV 郭隆—武胜第三回线路工程变电站中，根据过电压计算结果，线路断路器不装设合闸电阻时，线路两端装设额定电压 648kV、可控比为 15% 的可控避雷器，可将线路合闸操作过电压限制在标准允许范围内（不超过 1.8p.u.）。经论证后工程采用了新一代 800kV GIS，750kV 进出线避雷器采用可控避雷器、电压互感器采用常规敞开式设备。

该工程 750kV 开关型可控避雷器由 750kV 避雷器、控制开关、控制器、检修支架共同组成。750kV 开关型可控无间隙金属氧化物避雷器由固定部分及可控部分组成，4 节固

图4-19 新一代 800kV GIS 及 750kV 可控避雷器

定部分和 1 节可控部分串联组成一个避雷器单元，共 3 个避雷器单元。750kV 可控避雷器与常规避雷器相比，整体参数是一样的，只是常规避雷器没有第 5 节控制部分，少了控制开关和控制器，也没有检修平台。

图4-19 为在 750kV 郭隆—武胜第三回线路工程运行的新一代 800kV GIS 及 750kV 可控避雷器。

二、750kV 可控高压并联电抗器

超/特高压交流输电相较于高压交流输电对系统的抑制过电压和无功调节能力要求更高。而且，随着风电、光伏发电等新能源发电的大规模集中接入，使得输电通道上潮流变化及无功电压波动更加频繁，进一步加剧了无功电压控制的难度。可控高压并联电抗器作为一种新型柔性交流输电系统装置，通过动态补偿输电线路过剩的容性无功功率，可以更加有效地抑制超/特高压输电线路的容升效应、操作过电压、潜供电流等现象，降低线路损耗，提高电压稳定水平及线路传输功率。可控高压并联电抗器可根据系统运行情况灵活调节自身输出容量，解决特高压输电系统中无功补偿和限制过电压对并联电抗器不同需求之间的矛盾，提高系统稳定性和调控灵活性、提升输电能力，是保证超/特高压交流电网安全、高效、经济运行的重要设备之一。若采用可控并联电抗器，在线路轻载时，可控电抗器容量调节至最大，限制系统工频过电压；线路重载时，可控电抗器容量调节至最小，维持电压稳定，减小系统网损，提高输送能力；线路开断瞬间，可控高压并联电抗器容量快速达到最大值，可限制操作过电压，故障时可抑制潜供电流，提高单相重合闸成功率；除此之外，作为系统无功的灵活调节手段对电网的弱阻尼动态稳定也有一定的改善作用，并可有效提高系统稳定性。其在超/特高压电网中应用前景广阔。

可控高压并联电抗器根据其结构形式及原理不同，可分为晶闸管控制电抗器（TCR）、磁控式并联电抗器（MCSR）、变压器式和超导型等。TCR 应用于高压大容量场合，造价高昂，目前应用范围限于 35kV 及 10kV 配电网。超导型可控高压并联电抗器存在超导材料难以满足性能要求的技术瓶颈。目前，工程应用于超/特高压系统的可控高压并联电抗器主要有磁控式和变压器式两大类，变压器式可控高压并联电抗器可分为分级式和晶闸管控制变压器式（TCT）。根据使用场合的不同，可控高压并联电抗器可分为母线可控高压并联电抗器和线路可控高压并联电抗器。线路可控高压并联电抗器的主要作用是补偿输电线路的容性充电功率，限制工频过电压和操作过电压；母线可控高压并联电抗器的主要功能是调节母线电压。

磁控式可控高压并联电抗器又称为裂芯式可控高压并联电抗器,基本工作原理是通过改变直流励磁电流的大小,改变励磁饱和度,进而改变等效磁导率,从而平滑地改变磁控式可控高压并联电抗器的等效电抗值和输出容量。磁控式可控并联电抗器由电抗器本体、整流系统、中性点电抗器、旁路开关等部分组成。根据系统去能方式的不同,磁控式可控高压并联电抗器可以分为外励型和自励型两种。外励型磁控式可控高压并联电抗器包括本体、外励系统和滤波器,外励系统由外接励磁电源(变电站站用电源)、励磁变压器和整流桥构成,本体包括网侧绕组、控制绕组和辅助绕组,辅助绕组连接滤波器,控制绕组连接到励磁系统的整流输出回路,用于容量控制。自励型磁控式可控高压并联电抗器包括本体、自励磁系统和滤波器,自励磁系统由励磁变压器和整流桥构成,本体包括网侧绕组、控制绕组和辅助绕组,辅助绕组用于自励磁系统取能,并连接到滤波器,控制绕组连接到励磁系统的整流输出回路,用于容量控制。暂态调节依靠每个二次绕组上旁路断路器短路实现,稳态调节靠直流励磁大小实现。磁控式可控高压并联电抗器优点为其控制系统从输电线路进行数据采集,通过控制可控硅晶闸管的导通角进行自动控制,因此可实现连续可调,并且从最小容量到最大容量的过渡时间很短,因此可以真正实现柔性输电。缺点为:线路发生故障时,磁控式可控电抗器必须快速闭合旁路断路器使容量达到 2 倍额定容量,使得线路出现过补偿从而可能发生工频谐振点;中性点小电抗选择困难,线路断路器恢复电压高,面临危险;励磁系统故障时,磁控式可控并联电抗器失去励磁,输出容量为零,对输电线路安全稳定运行构成很大威胁;稳态调节响应速度慢,不能适应响应速度要求较快的场合,例如应用于线路或系统稳定控制。

分级式可控高压并联电抗器原理简单,响应速度快,且晶闸管工作时处于全导通或全关断,理论上不产生谐波污染。缺点在于容量只能分级调节。考虑到成本等因素,其分级容量又不宜设置过多,故分级式可控高压并联电抗器更适合于潮流变化剧烈但具有季节负荷特性的超/特高压输电系统。目前,我国已掌握了超/特高压分级式可控并联电抗器设计和研制方面的所有核心技术,具有完全的自主知识产权。

晶闸管控制变压器式可控高压并联电抗器响应速度快,有较强的过负荷能力,既可作为线路高压并联电抗器解决无功补偿和过电压抑制间的矛盾,又可作为母线高压并联电抗器控制系统无功电压。总之,TCT 式可控高压并联电抗器兼具分级式响应速度快和直流助磁式容量大范围平滑可调的优点,在风电大规模集中接入的超/特高压交流输电系统中应用独具优势。晶闸管控制变压器式可控高压并联电抗器在国外应用较多,比较典型的如安装于大阪 Higashi-Osaka 变电站的 60Mvar 可控高压并联电抗器、加拿大 Loreatid 变电站的 735kV,450Mvar 可控高压并联电抗器以及印度 Itarsi 的 420kV 50Mvar 可控高压并联电抗器等。虽然目前我国晶闸管控制变压器式可控高压并联电抗器在装置的关键技术研究和工程应用方而尚未成熟,但若能借鉴国外有关研究成果以及进一步自主开发,其在我国超/特高压电网将有广阔的应用前景。

20 世纪 80 年代末至 90 年代初,国内一些制造厂也开始与一些科研单位合作研究可控高压并联电抗器,并取得了一定的成果。750kV 方面,国际上首次在敦煌 750kV 变电站应用了 750kV 控高压并联电抗器，并于 2011 年 12 月顺利完成了系统调试工作，全部试验参数测试正常，安装在敦煌变电站 750kV 母线侧，额定容量为 100Mvar（单台），分25%、50%、75% 和 100% 四级可控。后来，青海鱼卡 750kV 开关站、新疆吐鲁番 750kV 变电站线路侧也应用了分级式 750kV 可控并联电抗器，青海鱼卡 750kV 开关站 750kV 可控并联电抗器额定容量为 130Mvar，分 10%、40%、70% 和 100% 四级可控；新疆吐鲁番 750kV 变电站 750kV 可控并联电抗器额定容量为 140Mvar（单台），分 10%、40%、70% 和 100% 四级可控。2013 年 6 月，世界首套 750kV 磁控型母线可控并联电抗器在青海鱼卡 750kV 开关站顺利通过试运行阶段，设备正常、运行良好，正式转入投运，其安装在鱼卡 750kV 开关站母线侧，额定容量为 110Mvar（单台），容量有效调节范围 5%～100%。

分级式 750kV 可控并联电抗器（见图 4-20）以鱼卡 750kV 变电站为例，该产品原理如下：本体由一次线圈和二次线圈组成。一次线圈为主线圈，一次线路端子直接接到 750kV 网路上，中性点端子"Y"接后接地；二次线圈为控制线圈，外接断路器、晶闸管控制装置等。可控电抗器本体二次侧串接有分级电抗，分级电抗为独立安装，通过外接断路器和晶闸管控制装置的短接或断开，来实现 10%、40%、70%、100% 的容量调节。交流有级可控电抗器实质上是一台高阻抗的变压器，在 100% 容量时处于完全短路状态下运行。

图 4-20　分级式 750kV 可控并联电抗器

鱼卡 750kV 变电站 750kV 可控高压并联电抗器本体采用了单柱带两旁轭的新型组装式铁芯结构，线圈采用饼式结构；油箱采用钟罩式结构，整体能耐受全真空；储油柜采用隔膜袋式全真空储油柜。采用了片式散热器加风扇、油泵的冷却方式，散热器分布在本体的两侧，与本体分开独立放置。

应用于青海鱼卡 750kV 开关站的磁控型可控并联电抗器（见图 4-21），铁芯结构采用单相四柱式或三相八柱式结构，采用国产高导磁、低损耗优质晶粒取向冷轧硅钢片叠积，全斜接缝。在主铁芯两侧各放置一个副轭，同时在油箱上设置电、磁屏蔽。高压线圈为中部出线方式。补偿线圈为端部出线方式，采用螺旋式结构。控制线圈为端部出线方式，椭圆形连续式结构。线圈之间的主绝缘结构采用薄纸筒小油隙的结构。为保证产品的运输尺寸和运输强度，主体油箱采用筒式结构。

图 4-21 磁控型 750kV 可控并联电抗器

三、750kV 串联补偿装置

2018 年 12 月 29 日，青海电网 750kV 日月山—海西—柴达木输电线路串联补偿工程正式投运。在 750kV 日月山—海西—柴达木四回输电线路上共计加装 8 组 24 套串联补偿平台。这是国内在同一输电通道中使用串联补偿装置套数最多的工程之一，填补了我国 750kV 电压等级串联补偿工程技术的空白。工程投运后将大幅缩短输电通道电气距离，提升联网通道和青海海西外送输电能力最大约 80 万 kW，将有效促进新能源消纳。

（一）750kV 串联补偿装置应用的提出

2013 年新疆与西北 750kV 联网二通道建成后，青海海西光伏、甘肃河西新能源、新疆电力都通过新疆与西北联网通道送出，受通道输电能力的约束，三者相互制约。为此，2014 年开始对青海海西至青海主网输电通道能力提升进行了研究，对该通道加装 750kV 串联补偿装置的必要性进行了论证，论证后认为是十分必要的，其必要性如下：

（1）提高联网通道输电能力，为海西地区新能源的进一步开发创造条件。

根据相关研究结论，2016 年新疆外送电力按 3000MW 考虑，甘肃嘉酒地区通过 750kV 敦煌、酒泉变电站集中接入的风电装机为 7000MW，出力为 4410MW（按 63% 考虑），嘉酒地区光伏出力 641MW，此时，受新疆与西北电网 750kV 联网一通道酒泉至河西同塔双回线路"$N-2$"故障限制，青海海西光伏接纳能力约 1533MW，750kV 海西—日月山线路最大送电能力仅 2950MW。而根据规划，2016 年青海海西地区新能源装机容量达到约 3480MW，考虑出力系数，新能源最大出力约 2580MW。受联网通道输电能力限制，海西地区仍有约 1050MW 新能源出力无法送出，需进一步加强网架结构，提高联网通道输电能力，满足海西新能源的送出需求。

若提前建设省内 750kV 第二输电通道，工程投资大，建设周期长，且建成初期运行经济性不高。若考虑在现有的远距离联网通道安装串联补偿装置，可充分挖掘已有 750kV 通道的输电能力，提高海西地区新能源接入能力，且投资相对较小，建设工期短，见效快。

（2）有利于新疆与西北联网一、二通道潮流分布均匀。从西北电网网架考虑，新疆

95

与西北 750kV 联网二通道距离约为一通道的 1.5 倍，而 750kV 柴达木—海西—日月山双回线路长度占二通道总距离的 58%。根据相关研究结论，若在联网一通道上加装串联补偿装置，会进一步加重该通道潮流，不利于联网一、二通道整体输电能力的提升，远景年还将存在热稳问题。因此，从改善网架结构，平衡潮流分布的角度，在二通道中的 750kV 柴达木—海西—日月山双回线路加装串联补偿装置有利于联网一、二通道潮流分布均匀，从而有利于新疆电力外送和西北新能源整体外送。

（3）为系统薄弱点的暂态电压恢复提供支撑，有利于故障后青藏直流功率恢复。考虑哈密至郑州直流单极闭锁故障，故障后系统保持稳定，但部分盈余功率通过 750kV 新疆—西北线路长距离转移，导致沿线电压波动较大。从抑制电压波动和提供电压支撑考虑，750kV 柴达木—海西—日月山双回线路加装串联补偿装置缩短了电气距离，可有效减小故障后盈余功率经 750kV 线路长距离转移后导致的沿线电压波动，为系统薄弱点的暂态电压恢复提供支撑，同时可有效地平息青藏直流的功率波动，有利于故障后青藏直流功率恢复。

（4）积极采用先进成熟的电网技术，实现青海电网的技术升级。青海 750kV 电网已具相当规模，但 750kV 电网受送电距离长的影响，不能充分发挥其送电能力，为使 750kV 电网的送电能力大幅度提高，应用串联补偿、静止补偿、紧凑型等先进输电技术，不仅能提高交流线路的输电能力，而且可以降低送电成本，节约工程投资，同时也促进了先进成熟技术在青海电力系统中的应用，实现青海电网的技术升级。

因此，为提高联网通道输电能力及海西地区新能源接入能力，平衡潮流分布，为系统薄弱点的暂态电压恢复提供支撑，有利于故障后青藏直流功率恢复，利用先进技术实现青海电网的技术升级，在 750kV 柴达木—海西—日月山双回线路加装串联补偿器是必要的。

根据研究结果，需要在 750kV 柴达木—海西双回和 750kV 海西—日月山双回线路各加装 40% 的固定串联补偿器，分散布置，装设在现有高压并联电抗器的线路侧，具体情况见表 4-2。

表 4-2　青海电网 750kV 日月山—海西—柴达木输电线路串联补偿器配置情况

线路	柴达木—海西		海西—日月山	
变电站	柴达木侧	海西侧	海西侧	日月山侧
补偿度	20%	20%	20%	20%
额定电流（kA）	3	3	3	3
串联补偿电抗（Ω）	2×22.1	2×22.1	2×20.6	2×20.6
串联补偿三相额定容量（Mvar）	2×597	2×597	2×556	2×556

（二）750kV 串联补偿装置接线

关于串联补偿装置的电气接线，按照《电力系统用串联电容器　第 1 部分：总则》（GB/T 6115.1—2008），串联补偿装置随过电压保护配置方案的不同，接线上略有不同，主要采用 4 种接线方案：① 单一火花间隙保护接线方案（K1 型）；② 由两个不同设置的单一火花间隙组成的双间隙保护接线方案（K2型）；③ 非线性电阻器保护接线方案（M1型）；④ 带旁路间隙的非线性电阻器保护接线方案（M2 型）。串联补偿装置接线示意图如图 4-22 所示。

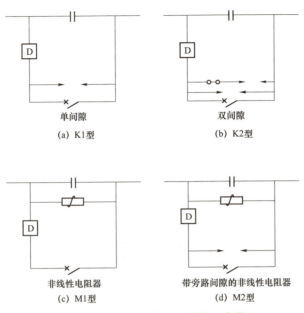

图 4-22　串联补偿装置接线示意图

K 型（K1、K2 型）保护接线方案当由于系统故障引起线电流过大时，间隙就会发生火花放电，电弧将一直持续到线路被开断或旁路开关闭合时。在间隙燃弧期间电容器上承受的电压峰值将不大于 U_{pl}。电容器仅在间隙每次动作时受到一次短暂放电。

M 型（M1、M2 型）保护接线方案非线性电阻器永久跨接在电容器的端子之间，当电容器在正常的负荷电流下运行时，仅有非常小的电流流过非线性电阻器。在线路发生外部故障的场合，一旦故障被切除，串联电容器就会自动地被再次接入，甚至在故障期间，串联电容器仍能起到一定的补偿作用。由于这个原因，在许多情况下 M 型保护装置所选取的 U_{pl} 值可以低于 K 型过电压保护装置的 U_{pl} 值。另外，当被补偿线本身短路时，线路末端的断路器将被打开。非线性电阻器应能耐受在过负荷状态下和出现系统摇摆时以及由此引起的最大的线路故障电流产生的热应力。一旦其线路保护失灵，则外部故障将长时间存在，这时非线性电阻器将处于过热状态。另外在被补偿线路上的短路会产生很大的电流，要按照这个电流来决定非线性电阻器的参数是不经济的。在这种情况下，为了保护非线性电阻器，可以用一个开关或强制触发火花间隙进行旁路。

目前，国内 500kV 串联补偿装置的接线主要采用 M2 型保护接线方案，该方案兼顾了运行的灵活性及投资的经济性。

根据以上所述分析，750kV 柴达木—海西—日月山双回线路加装串联补偿装置的保护接线方案延续了 500kV 串联补偿装置的接线方案，即采用 M2 型保护接线方案。

750kV 串联补偿装置每套为三相，采用 M2 型保护接线方案，为满足装置在故障时退出检修，同时保证线路的连续供电，在每相装置两端接入线路处设串联隔离开关，并设旁路隔离开关。

为防止串联电容器组承受过电压而损坏，串联补偿装置应装设串联电容器组过电压保护。串联电容器组的过电压保护可采用单间隙保护、双间隙保护、MOV 保护、以及晶闸管保护（TPSC）等保护方案。750kV 串联电容器组采用性能良好的火花间隙加 MOV 的保护方案，不仅能够保护 MOV 在线路区内故障时不致过负荷，而且限制了电容器组上的过电压，降低了对 MOV 能量吸收能力的需要。

为限制火花间隙动作或旁路开关合闸时通过电容器、火花间隙或旁路开关的放电电流的幅值和频率，串联补偿装置应装设阻尼装置。限流阻尼设备可以有效地抑制放电电流，从而降低了电容器熔丝的要求，也减轻了电容器组、火花间隙和旁路开关的负担。典型的阻尼装置类型主要有电抗型、"电抗＋电阻"型、"电抗＋间隙串电阻"型与"电抗＋MOV 串电阻"型等。其中，"电抗＋MOV 串电阻"型阻尼回路由空心电抗器和带 MOV 的并联电阻构成，其特性是电容器放电电流的衰减特性比较好，长时间运行时阻尼回路损耗低，当系统短路电流较大时阻尼回路吸收的能力减小。由于没有间隙，阻尼回路的可靠性较高。因此，750kV 串联补偿装置采用了"电抗＋MOV 串电阻"阻尼装置，我国现有的 500kV 固定串联补偿装置大多也采用此阻尼方案。

旁路开关与火花间隙并联，当系统区内故障，火花间隙击穿时旁路开关合闸，旁路掉火花间隙中的电流，从而保护 MOV 及火花间隙。旁路开关还用于投切串联电容器组。

750kV 串联补偿装置电气接线示意图如图 4-23 所示。

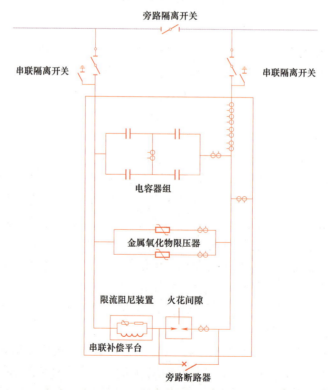

图 4-23 750kV 串联补偿装置电气接线示意图

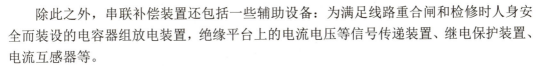

除此之外，串联补偿装置还包括一些辅助设备：为满足线路重合闸和检修时人身安全而装设的电容器组放电装置，绝缘平台上的电流电压等信号传递装置、继电保护装置、电流互感器等。

一套固定式串联补偿装置一般由以下元件组成：

（1）串联电容器组 C：串联补偿装置的基本组成元件，由多台电容器通过串并联方式构成电容器组，其补偿容量由补偿度、最大负荷由短时过载能力确定。本工程电容器组按 40%补偿度确定，容量 556Mvar、额定电流 3000A。

（2）金属氧化物限压器 MOV：作为电容器组的主保护，并联在电容器组的两端，为防止线路故障和不正常运行情况下的过电压直接作用在电容器组上，以保护电容器免遭破坏。

（3）放电间隙 J：为降低 MOV 吸收能量的要求，与之并联一触发间隙，当 MOV 的能量和最大电流达到某一限定值时，由保护信号触发间隙将 MOV 旁路。

（4）旁路断路器 DL：与隔离开关 G1、G2、G3 配合，作为投切电容器组的元件。或当系统故障时，如继电保护或线路断路器拒动时，为防止保护间隙燃弧时间过长，经一定时间，DL 合闸，将间隙短接，保证其熄弧兼作串联补偿装置的后备保护。

（5）辅助断路器 DLf：与线路隔离开关 G1、旁路断路器 DL 配合，退出电容器组。当旁路断路器 DL 合闸旁路电容器组后，由于阻尼元件 D 有一定的电压，即 G1 两端存在电压差，通常此时线路隔离开关 G1 无法开合转移电流。因此需要辅助断路器 DLf 合闸后，在关合线路隔离开关 G1。串联补偿装置投入线路运行时亦然。

（6）阻尼元件 D：由并联的电阻和电感组成，当间隙动作和旁路断路器合闸时，阻尼元件可以限制电容器放电电流的幅值和频率，使其很快衰减，以减轻电容器、保护间隙和旁路断路器的工作条件。

（7）辅助设备：包括为满足线路重合闸和检修时人身安全而装设的电容器组放电装置，绝缘平台上的电流电压等信号传递装置、继电保护装置、电流互感器等。

（8）绝缘平台：由于电容器组串联在 750kV 线路上，必须将串联补偿装置安装在与线路同一电压等级的绝缘平台上。

750kV 线路两侧各装设一组氧化锌避雷器，线路装设一组电容式电压互感器。

（三）750kV 串联补偿装置设备选择

750kV 柴达木—海西—日月山双回线路加装串联补偿工程设计时，由于国内尚未有建成或在建的 750kV 串联电容器组，当时参考了国内 500、1000kV 串联补偿工程的设计经验，经与各厂家沟通配合，当时确定采用布置于对地绝缘的平台上的框架式电容器组，750kV 柴达木—海西—日月山双回线路加装串联补偿工程采用相似的布置，但考虑到运行检修方便，将串联补偿平台布置在线外，该工程 750kV 串联电容器组外形见图 4-24。

与 500kV 串联补偿相比，750kV 串联补偿装置平台对地的绝缘要求更高，主要体现在平台的支撑绝缘子和光纤柱的绝缘水平要更强，长度也更长，而平台也相应更高。至于支撑绝缘子的数目和机械强度则取决于平台上的设备布置情况，重量等及地震要求。

对平台上的设备的影响主要是流过电容器的电流和电容器两端的电压，而不是线路电压。对于不同的线路电压和补偿容量，可通过调整电容器单元的串并联以满足各个方案的要求。

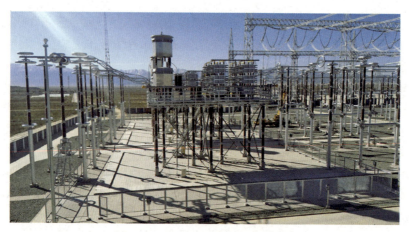

图 4-24　750kV 串联电容器组外形

串联补偿平台是串联补偿装置主设备安装和运行的载体，提供串联补偿装置主设备运行的基准电位，解决主设备对地绝缘问题，降低了各主设备的绝缘要求。串联补偿平台的设计要保证足够的绝缘水平、承载能力，同时还要保证在大风、积雪、覆冰及地震等工况下设备及平台支撑系统的安全与稳定。

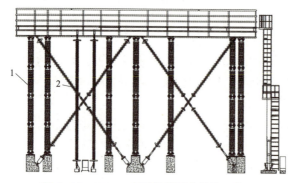

图 4-25　750kV 串联补偿平台结构示意图
1—支柱绝缘子；2—斜拉（复合）绝缘子

串联补偿平台采用 H 型钢连接的主次梁结构，主梁与次梁垂直分布组装而成，平台底部通过支柱绝缘子和斜拉（复合）绝缘子支撑安装在地面基础上，串联补偿平台与串联补偿低压母线通过一点连接，串联补偿平台的电位即为系统运行电压的基准母线电位，支柱绝缘子和斜拉（复合）绝缘子的绝缘要求参照 750kV 系统进行选择，见图 4-25。

串联补偿平台上设备高、低压端子分别接在串联补偿平台上的两条母线，串联补偿平台上母线串联接在 750kV 母线中，其中与串联补偿平台一点连接的母线称为串联补偿低压母线，另一条为串联补偿高压母线。

1. 电容器组

电容器组是串联补偿装置的核心元件之一，由多台电容器单元通过串并联方式形成电容器组。电容器组一般采用 H 桥结构或双支路桥差结构的保护方式。国内的重点及大型工程串联补偿装置项目大多采用内熔丝电容器、H 桥结构的接线方式。图 4-26 为电容器组 H 桥接线原理图。

电容器组两端分别接串联补偿高、低压母线，电容器框架底部通过支柱绝缘子安装在串联补偿平台上，每层框架内串联两台电容器单元，框架和电容器中间接线端子等电位连接，电容器组底部及层间的绝缘选取依据电容器组的额定电压、保护水平和串联数量进行计算。电容器组连接原理图见图 4-27。

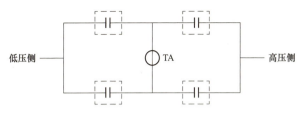

图 4-26 电容器组 H 桥接线原理图

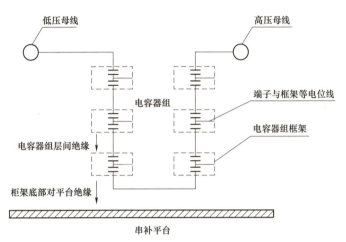

图 4-27 电容器组连接原理图

电容器单元介质材料采用全膜式，绝缘介质应无毒性，并满足环境保护的要求，采用全密封的不锈钢外壳，不允许有任何渗漏。

2. 金属氧化物限压器（MOV）

金属氧化物限压器（MOV）是电容器组的主保护元件，并联在电容器组两端，其主要作用是利用自身优越的非线性伏安特性，在线路故障或不正常运行情况下，防止过电压直接作用在电容器组上，将过电压限制在可以接收的设计水平以内，以保护电容器组。

金属金属氧化物限压器（MOV）并联在电容器组两端，低压侧通过支柱绝缘子安装在串联补偿平台上，高、低压端子分别连接串联补偿平台高、低压母线，其绝缘水平分别为 MOV 低压侧对串联补偿平台及 MOV 瓷套绝缘水平两部分，其绝缘水平参考串联补偿高、低压母线对串联补偿平台绝缘水平，金属氧化物限压器（MOV）连接原理图见图 4-28。

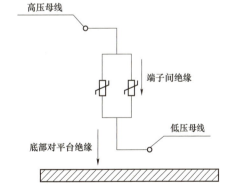

图 4-28 金属氧化物限压器（MOV）连接原理图

金属氧化物限压器安装于绝缘平台上，应满足以下要求：

（1）在非故障期内能持续和过负荷运行。

（2）在系统故障发生后限制过电压。

金属氧化物限压器用来限制流过电容器的故障和振荡电流，其最高电压与系统运行工况相匹配。金属氧化物限压器的通流容量应满足在短时快速释放热能，并且能承受外部和内部故障持续一定的时间。金属氧化物限压器由串并联方式连接的阀片实现，密封在瓷套内，为免维护型。为保证其可靠动作，应作故障时的模拟试验。每台金属氧化物限压器必须严格符合所提供的 V—A 特性曲线，在外部故障时，所有金属氧化物限压器的不平衡电流不应超过 10%。每台金属氧化物限压器带压力释放装置，以释放由内部电流所产生的压力，释放容量应保证整套装置的可靠运行，且不影响相邻避雷器的运行。为满足运行要求，MOV 的最大运行能耗应超过故障时 MOV 可能吸收的最大能耗，并考虑一定的冗余。

3. 火花间隙（GAP）

火花间隙（GAP）作为 MOV 的主保护，电容器组的后备保护，并联在 MOV 两端，在短路故障情况下，可迅速触发，触发时间不大于 1ms，快速旁路串联补偿装置，能够承受故障电流和电容器组的放电电流。

火花间隙（GAP）并接在串联补偿平台高、低压母线之间，通过支柱绝缘子安装在串联补偿平台上，750kV 串联补偿工程设计时考虑选取双层堆叠安装方式。上层间隙外壳与 GAP 高压端子及串联补偿高压母线连接；下层间隙外壳与高、低压侧端子绝缘子，其电位处于高、低压端子间 4 个均压电容的 1/2 电位处；GAP 低压端子与串联补偿低压母线连接。其绝缘水平分别为火花间隙层间及火花间隙—串联补偿平台，其绝缘水平参考串联补偿平台高—低压母线绝缘水平的 1/2 选取，火花间隙外形及原理见图 4-29。

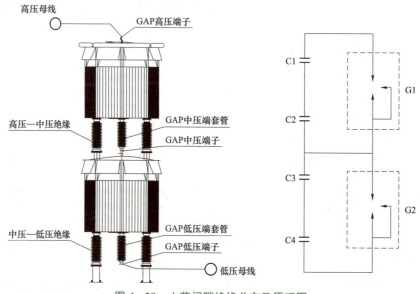

图 4-29 火花间隙绝缘分布及原理图

强迫触发间隙应在接受指令时迅速动作，无指令时不动作。为使强迫触发间隙能可靠运行，其自触发间隙水平应高于可能发生的最高过电压保护水平。

4. 阻尼装置

阻尼装置其作用是限制电容器组放电电流的幅值和频率，使其很快衰减，减小放电电流对电容器、火花间隙、旁路开关的损害，并迅速泄放电容器组残余电荷，避免电容器组残余电荷对线路断路器恢复电压及线路潜供电弧等产生不利影响。

目前，在串联补偿装置中使用的阻尼装置四种类型，阻尼回路类型及其接线示意图见图4-30。

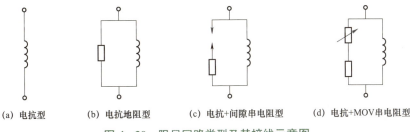

| (a) 电抗型 | (b) 电抗地阻型 | (c) 电抗+间隙串电阻型 | (d) 电抗+MOV串电阻型 |

图 4-30　阻尼回路类型及其接线示意图

不同类型阻尼回路的特点如下：

（1）电抗型：阻尼回路由单台电抗器构成，该电抗器的品质因数比较低，可以加速放电电流的衰减。这种类型的阻尼装置结构简单、造价低，但放电电流衰减缓慢，当系统短路电流较大时电抗器吸收的能量可能比较大。

（2）电抗+电阻型：阻尼电路由空心电抗器和并联电阻构成。其特点是放电电流衰减特性比较好，但长时间运行时电阻损耗较其他方式大，对电阻的热容量要求比较高。

（3）电抗+间隙串电阻型：阻尼回路由空心电抗器和带间隙的并联电阻构成。其特性是电容器放电电流的衰减特性比较好，长时间运行时阻尼回路损耗低，当系统短路电流较大时阻尼回路吸收的能量减少，但结构复杂。

（4）电抗+MOV串电阻型：阻尼回路由空心电抗器和带MOV的并联电阻构成。其特点与电抗间隙串电阻型类似。此外，由于没有间隙，阻尼回路的可靠性进一步提高。

本站串联补偿的阻尼装置采用电抗器+MOV串电阻方式。MOV与电阻封装于绝缘外套中，与电抗器并联连接。阻尼装置下端子与串联补偿高压母线连接，上端子与旁路开关及火花间隙串联连接，其绝缘主要分为设备端子间与设备对串联补偿平台两部分，阻尼装置连接原理图见图4-31。

5. 光纤柱

光纤柱是串联补偿装置数据传输的主要设备，其安装时悬挂在串联补偿平台的下方，底部与地面基础连接，其绝缘要求参照750k系统进行选择。光纤柱安装示意图见图4-32。

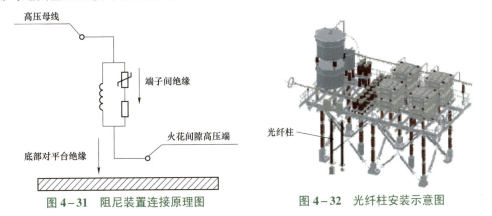

图 4-31　阻尼装置连接原理图　　　　　图 4-32　光纤柱安装示意图

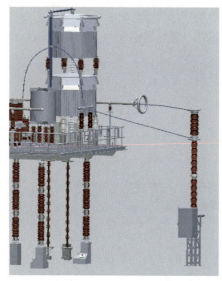

图 4-33 旁路开关安装示意图

6. 旁路开关

旁路开关是一种用于与串联电容器和它的过电压保护装置相并联使线路电流在一定时间内或连续地被旁路的开关或断路器之类的装置，其主要特点是合闸时间短，在串联补偿装置动作后快速旁路使火花间隙息弧，降低其通流容量，同时也是串联补偿装置进行正常投入和退出操作的必要设备。

旁路开关直接装设在地面，其断口并接在串联补偿高、低压母线之间，断口的绝缘选取根据串联补偿装置额定电压及保护水平计算，其对地绝缘选取参照系统绝缘要求进行选择，旁路开关安装示意图见图 4-33。

750kV 旁路开关可选择瓷柱式断路器，包括单灭弧室垂直断口式和双灭弧室水平断口式。

7. 串联隔离开关、接地开关

（1）750kV 隔离开关选型。串联补偿装置用隔离开关布置在串联补偿平台外，其主要作用是实现串联补偿装置投入和退出，为系统操作和检修提供手段。超/特高压用隔离开关常规结构型式有双柱水平伸缩式、双柱直臂开立式、单柱垂直剪刀式及三柱双断口水平旋转式等。考虑 750kV 柴达木—海西—日月山的串联补偿工程电压高、海拔高、风沙大、低气温，且目前国内厂家 750kV 及以上电压等级隔离开关主要应用形式为三柱双断口水平旋转式，该结构受力均衡平稳，不存在其他结构隔离开关的重力平衡问题，有利于断口绝缘设计。该工程 750kV 隔离开关同样选用上述型式。

（2）750kV 接地开关参数选择。对于串联隔离开关平台侧的接地开关，其开合感应电压、电流不高，因此参照 500kV 及特高压串联补偿工程，月海线的 750kV 串联补偿串联隔离开关平台侧的接地开关当时按照《高压交流隔离开关和接地开关》（GB 1985—2004）中的 A 类接地开关参数。

8. 旁路隔离开关

串联补偿装置运行时，旁路隔离开关分闸时断口承受的最大电压为电容器组额定端电压。根据月海线串联补偿装置的参数，750kV 柴达木—海西—日月山串联补偿装置电容器组最大额定端电压为 66.33kV，旁路隔离开关断口间绝缘水平按照 66kV 等级以上电压选取即可。由于相对地绝缘和断口间绝缘相差较大可能导致设备协调性差，旁路隔离开关断口间最小绝缘水平拟按照 550kV 电压等级选取。

当旁路隔离开关断口绝缘水平按照 550kV 电压等级选取时，结构可选用三柱双断口水平旋转式或双柱水平伸缩式；为保证与 750kV 电压等级的串联隔离开关的一致性，结构型式选用三柱双断口水平旋转式。需要注意的是，旁路隔离开关的断口绝缘水平按照 750kV 以下电压等级选择时，由于其断口不能承受 750kV 带电部分至接地部分的绝缘电

压，当串联补偿装置退出后，旁路隔离开关在线路运行或非完全停运时，必须处于合闸位置。

四、复合绝缘材料应用于 750kV 变电站

20 世纪 70 年代，西欧国家先后研制出 RTV 和 LSR（液态硅橡胶）复合绝缘子。因其具有质量轻，安装方便，不易污闪、碰损、脆断、爆炸等优点，已经广泛应用于超高压变电站的罐式断路器、柱式断路器、隔离开关、组合电器、变压器、电抗器、避雷器、互感器各类设备中。随后，国内厂家也相继研发出电站用复合绝缘子（套管），耐老化性能超越了 RTV、LSR 复合绝缘子。目前，以高温硫化硅橡胶为代表的复合绝缘材料在防污闪技术方面有了质的飞跃，特别是特高压空心复合绝缘子套管、实心支柱绝缘子和大吨位复合悬式绝缘子的成功研制，标志我国的复合绝缘子的生产迈上了新的台阶。

用于变电站的复合绝缘材料主要有两种：一种为实心复合支柱绝缘子，以隔离开关的支柱绝缘子及独立支柱绝缘子为代表，主要为隔离开关及母线等提供对地绝缘及机械支撑；第二种为空心复合绝缘套管，其外绝缘采用高温硫化硅复合材料伞裙，以罐式断路器套管、主变压器出线套管、高压并联电抗器出线套管、电压互感器及避雷器的绝缘外套等为代表，其不仅提供设备对地绝缘，也提供套管内高压带电体与设备外壳之间的绝缘。根据空心复合套管内部绝缘介质的不同，可分为充 SF_6 气体空心复合套管、充油空心复合套管及环氧树脂绝缘空心复合套管。

多年来，国内复合绝缘材料供应商开展了 750kV 变电站设备及独立支柱绝缘子复合化应用研究，在研究时除机械性能、耐污闪和冰闪性能外，需要结合西北地区特点在抗震性能、耐风沙性能、耐紫外线性能及耐温差性能方面重点研究。复合绝缘材料的耐紫外线性能及耐温差性能通常是运行单位重点关注的两个方面，也是制约复合绝缘材料应用的两个关键方面。

在沙洲 750kV 变电站之前的 750kV 变电站中，只有部分 750kV 变电站部分设备采用了空心复合套管及复合绝缘子，比如 750kV 示范工程官亭 800kV GIS 套管及贺兰山、白银 750kV 变电站 750kV 罐式断路器应用了复合绝缘套管。于 2013 年投运的沙洲 750kV 变电站在建设前开展了全站电气设备外绝缘复合化研究，经研究后该站电气设备外绝缘全部采用了复合绝缘。其中为首次采用复合化外绝缘的电气设备包括：800kV 主变压器及高压并联电抗器出线套管及 363kV 主变压器出线套管，800kV 及 363kV 电压等级的隔离开关复合化支柱绝缘子，72.5kV 柱式复合绝缘柱式断路器，800kV 复合外套式（内充绝缘油）电容式电压互感器，800kV 复合外套式（内充绝缘油）金属氧化物避雷器等。750kV 罐式断路器复合套管见图 4-34，800kV GIS 复合套管见图 4-35。

关于复合绝缘材料在 750kV 变电站中的应用，其很多方面性能还只是理论分析及试验验证，其有关性能还有待运行时间的验证，加之各地运行经验以及对复合绝缘材料的接受程度不同，这些因素是目前复合绝缘材料在沙洲 750kV 变电站之后没有在 750kV 变电站全面应用的原因。

关于复合绝缘材料在 750kV 变电站中的应用，具体工程应结合工程实际环境条件、运行经验等经技术经济比较后选择使用。

图 4-34　750kV 罐式断路器复合套管　　　图 4-35　800kV GIS 复合套管

五、750kV 变电站高压电气设备应用展望

1. 天然酯（植物）绝缘油变压器

天然酯（植物）绝缘油主要来源于大豆、菜籽、棕榈椰子、山茶籽等，是一种新型环保液体绝缘介质，具有可生物降解、可再生、防火性能好等优点，且能较大提升油浸式电力变压器的超负载性能，降低超负载运行对变压器寿命的影响。天然酯绝缘油来源广泛，而且转基因技术的不断进步让高产量、高品质的植物油料作物的生产成为可能。

天然酯绝缘油具有耐热等级高、电气性能优良、安全性高、环境友好及可延长变压器绝缘寿命等优点，也存在因运动黏度较大从而散热能力较矿物油弱、氧化安定性较差从而抗氧化能力较矿物绝缘油差等缺点。

植物油生产企业、变压器生产企业、电网和工业用户都在植物油和植物油变压器的应用上进行了相应的技术积累。随着市场的发展，相关应用研究明显增多，并且更加深入。环保型植物绝缘油变压器的研制始于 20 世纪 90 年代，在我国的植物绝缘油变压器研制方面，有关高校于 2000 年率先开始了植物绝缘油的研制工作。有关单位于 2014 年研制出植物绝缘油配电变压器、2016 年研制开发 110kV 植物油变压器，2021 年 11 月，国内电压等级最高、容量最大的 SWFSZ-240000/220 植物油电力变压器挂网运行。

随着天然酯（植物）绝缘油变压器制造技术的发展以及在"绿色制造"的不断推进，植物绝缘油变压器有望向更高电压等级包括 750kV 电压等级发展。

2. 油气套管应用

油气套管的种类包括采用油浸绝缘电容式芯子的油浸式油气套管以及采用环氧树脂浸渍纸电容式芯子的干式油气套管。这两种不同类型的油气套管主要特点不同，但均为实现变压器和 GIS 之间的直接连接。

油气套管优点有：① 占地面积小，可以实现变电站内变压器与 GIS 的全封闭、高紧凑连接；② 套管整体部外露于空气使得环境对运行无影响，不存在污秽、雨雪冰等外绝缘问题。

油气套管在国外已经有多年的制造和应用历史,其材料选择、生产设备和工艺水平已比较成熟,产品可靠性有一定的保证。虽然我国在油气套管领域起步较晚,仅20世纪90年代初期研制过低电压等级的油气套管,但国内就生产装备和试验能力而言,有能力进行高压、超特高压油气套管的设计、生产和试验。

为节约土地资源以及今后将有部分变电站选址范围受限,油气套管在未来变电站中有很好的应用前景,对于750kV变电站选址受限的情况,在油气套管技术成熟的情况下可积极采用。

3. 大容量开断断路器应用

随着西北电网的发展,750kV等级电网的短路电流水平大幅提高,特别随着网架的加强与直流配套工程的投运,西北750kV系统短路电流剧增。预计未来西北电网最大短路电流将超过63kA,大容量开断断路器在未来750kV变电站中应用是必要的且有很好的应用前景。

目前,国内制造厂已在多个电压等级下展开对80kA单断口断路器的研究,其中363kV、80kA单断口断路器处于开始研发阶段;550kV、80kA断路器样机已完成试验,处于可投入使用的阶段;750kV、80kA断路器计划2024年研制出样机。

国外已有制造厂在145、245、363、420、550kV电压等级应用了80kA断路器,在750kV、63kA的基础上研发750kV、80kA是完全可以实现的。

4. 新型绝缘气体在断路器中的应用

结合"双碳"目标,减少SF_6的使用和排放,加快SF_6的替代成为构建新型电力系统的一个重要方面。C_4F_7N及其混合气体是当前关注度最高的SF_6替代气体,其具有优异的环保和绝缘性能,因此C_4F_7N气体在电力设备绝缘上应用前景广阔,但C_4F_7N常压下的液化温度较高($-4.7℃$),应用中需要解决低温液化问题,通常需要与CO_2、N_2等气体混合使用。

当前C_4F_7N环保绝缘气体配方的主要矛盾在于绝缘和液化温度的矛盾。要提高气体绝缘能力必须考虑提高C_4F_7N百分含量或者提高气体压力,但这两种措施都会同时提高气体的液化温度,多组分C_4F_7N混合气体配方是解决这一矛盾的可能途径,未来需要抓紧研究,以期早日应用。

5. 低噪声变压器应用

减少噪声是实现环境友好的重要举措,目前已有750kV变电站为了满足环评对噪声的要求,采用局部加高围墙或加设隔声屏障,未来,低噪声变压器是一个研究方向,750kV变压器噪声降低后,一方面可以不采取额外措施即可满足环评对噪声的要求,另一方面可以改善运行环境。

6. 集成化、智能化设备应用

智能变电站与传统变电站最大差别为一次设备智能化、设备检修状态化以及二次设备网络化,随着信息技术的快速发展,我国未来智能变电站将向集成化、小型化和协同化趋势方向发展,对设备集成提出了更高的要求,包括一次设备状态监测集成,二次设备功能集成,一、二次设备有机集成,我国未来智能变电站将具有占地面积小、投资少、耐候性强、工厂预制化生产及施工周期短等特点,建议未来加快在750kV变电站中的应用研究。

第五章 电气总平面布置及配电装置

2005 年，我国 750kV 示范工程建成投运，该工程是我国当时电压等级最高、世界上同电压等级海拔最高的输变电工程，线路全长 140.708km。综合工程示范性、工程环境条件的特殊性和经济性要求，并结合当时的制造水平，经过科学求证、慎重选择，750kV 配电装置采用屋外 GIS 配电装置。

750kV 示范工程确定采用 800kV GIS 配电装置，主要基于两方面考虑：一是当时 750kV 电压是国内最高运行电压，国内各设备制造厂开展 750kV 电压等级设备研究处于初级阶段，为确保安全可靠性，选用了国外有运行经验的 GIS 设备；二是工程的两站一线位于高海拔（海拔 2000m 以上）地区，AIS 设备制造难度较大。

750kV 示范工程的投运极大促进了国内装备制造业的技术投入和更新换代，在随后西北电网建设 750kV 主干网架的历程中，敞开式 750kV 设备得到了全面应用，银川东 750kV 变电站首次采用了 750kV 敞开式布置型式，同步应用了 750kV 罐式断路器、750kV 敞开式隔离开关等设备；敞开式配电装置中的隔离开关均采用水平断口型式，基本结构也从最初的双柱垂直立开式逐步演变为三柱水平旋转式等更成熟、占用空间更小的结构型式；敞开式配电装置中避雷器采用金属氧化物避雷器；电压互感器选用电容式电压互感器。同时在特殊环境地区，GIS 设备和 HGIS 设备也在工程中得到了应用，如天水 750kV 变电站 750kV 配电装置首次采用了敞开式 HGIS 配电装置，应用了 750kV 电压等级的 HGIS 设备。

目前，750kV 电压等级开关设备主要形成了三大类：GIS 设备、HGIS 设备和罐式断路器设备。750kV 配电装置结合设备类型分为了两大类：一是屋内布置，采用 GIS 设备；二是屋外布置，设备型式可采用 GIS 设备、HGIS 设备和罐式断路器设备。

750kV 配电装置采用屋内布置主要针对特殊环境条件区建设的变电站，即用于"低温（年最低温度为–30℃及以下）、日温差超过 25K、重污秽 e 级"等区域。

目前已建的 750kV 变电站中，海拔 2000m 以上时基本上采用了 800kV GIS 配电装置，800kV HGIS 配电装置和敞开式罐式断路器配电装置主要用于较低海拔区域；其中 800kV HGIS 配电装置将是今后的建设重点，主要特点为母线采用敞开式，一方面消除了长距离 GIS 主母线易发生漏气或盆式绝缘子故障等的不利之处，减少了主母线的故障率；二是扩建方便，减少了 GIS 主母线停电时间、母线对接工程量等；三是工程整体投资适中，兼顾了安全可靠和工程建设费用之间的平衡。

第一节　配电装置及电气总平面特点及原则

一、配电装置总的原则及要求

配电装置是电气总平面布置的基础和前提。整体而言，配电装置可分为户内配电装置和户外配电装置两大类，每类根据主接线方案、设备型式、母线型式、进出线方案的不同，又可分为多种型式，本节中对750kV变电站中的各电压等级配电装置型式进行说明。

（一）配电装置总的布置原则及要求

配电装置的设计应遵循有关法律、法规及规程、规范，根据电力系统条件、自然环境特点、运行检修方面的要求，合理选用设备和设计布置方案，应积极慎重地采用新布置、新设备、新材料、新结构，使配电装置设计不断创新，做到技术先进、经济合理、布置清晰、运行与维护方便、减少占地。在确定配电装置型式时，必须满足以下几点要求。

（1）符合电气主接线要求。电气主接线需满足本期接线、适应过渡接线及方便远期扩建，应根据系统规划的要求并结合线路出线条件，对可能采用的配电装置布置方案进行比较分析，如制约配电装置选型的因素，包括系统规划、站区可用地面积、出线条件、分期建设和扩建过渡的便利等。

（2）设备选型合理。目前配电装置常用的断路器型式包括瓷柱式、罐式、HGIS、GIS等，设备选型应结合区域地理位置、环境条件进行，考虑设备覆冰、防阵风、抗震、耐污等性能，同时结合全寿命周期，通过详细的技术经济比较确定。

GIS将断路器、隔离开关、电压和电流互感器、母线、避雷器、出线套管（或电缆终端）、接地开关等元件，按照电气主接线的要求，依次连接，组合成一个整体，全部封闭在接地的金属外壳中，壳体内充以 SF_6 气体，作为绝缘和灭弧介质，在技术经济比较合理时，750kV变电站中GIS宜用于布置场所特别狭窄地区、重污秽地区、高海拔地区、高烈度地震区等。其特点为：

1）占用面积和空间小，节约占地。

2）运行可靠性高，暴露的外绝缘少，因而外绝缘事故少。

3）运行维护工作量小，设备检修周期长。

4）电磁环境好，无静电感应、电晕干扰、噪声水平低。

5）适应性较强，抗震性能好、除套管外不受外界环境影响。

（3）节约投资。应采取有效措施降低工程量，降低造价。

（4）安装和检修便利。应妥善考虑安装和检修条件。如半高型布置中要对上层母线和上层隔离开关的检修、试验采取适当的措施；根据带电检修作业要求，在布置与构架荷载方面需要为此创造条件；要考虑构件的标准化和工厂化，减少构架类型；设置设备搬运通道、起吊设施和良好的照明条件等。

（5）运行安全、巡视方便。应重视运行维护时的方便条件，如合理确定电气设备的操作位置，设置操作巡视走道等。应能在运行中满足对人身和设备的安全要求，保证各种电气安全净距，装设防误操作的闭锁装置，采取防火、防爆和蓄油、排油措施，运行人员在正常操作和处理事故的过程中不致发生意外情况，在检修维护过程中不致损害设备。配电装置发生事故时，能将事故限制到最小范围和最低程度。

（二）750kV 配电装置的设计要点

1. 静电感应的场强水平及限制措施

在高压输电线路或配电装置的母线下和电气设备附近有对地绝缘的导电物体时，由于电容耦合感应而产生电场，对于 750kV 电压水平静电感应场强水平的控制尤为重要。当被感应物体接地时，就产生感应电流，这种感应通称为静电感应。由于感应电压和感应电流与空间场强密切相关，所谓空间场强，是指离地面 1.5m 处的空间电场强度，故实际工程中常以空间场强来衡量某处的静电感应水平。

（1）关于静电感应的场强水平，我国标准中有明确的规定：330kV 及以上的配电装置内设备遮栏外的静电感应场强水平（离地 1.5m 空间场强），不宜超过 10kV/m，少部分地区可允许达到 15kV/m；配电装置围墙外侧（非出线方向，围墙外为居民区时）的静电静电感应场强水平（离地 1.5m 空间场强），不宜超过 5kV/m。

（2）对于 750kV 配电装置静电感应采取限制，在设计 750kV 配电装置时应重点考虑如下措施：

1）尽量减少在电气设备上方设置带电导线，减少静电感应强度，便于进行设备检修。

2）对平行跨导线的相序排列避免或减少同相布置，尽量减少同相母线交叉与同相转角布置。因为同相区附近电场直接叠加，场强增大。当相邻两跨的边相异相（ABC–ABC）时，跨间场强较低，靠外侧的边相下场强较高。当相邻两跨的边相同相（ABC–CBA）时，C 相跨间场强明显增大。

3）提高电气设备及引线的安装高度。如 750kV 配电装置，C 值取为 12m，1000kV 配电装置，C 值取为 17.5m（管型母线）时，配电装置的绝大部分场强低于 10kV/m，少数部位低于 15kV/m。

4）控制箱等操作设备应尽量布置在较低场强区。由于高电场下静电感应的感应界限与低电压下电击感觉界限不同，瞬时感应电流仅 100～200μA，未完全接触时已有放电，接触瞬间会有明显针刺感。因此，控制箱、断路器端子箱、检修电源箱、设备的放油阀门及分接开关处的场强不宜太高，以便于运行和检修人员接近。

5）在电场强度大于 10kV/m 且人员经常活动的地方，必要时可增设屏蔽线或设备屏蔽环等。如隔离开关引线下场强较高，在单柱式隔离开关的底座间加入少量屏蔽线后，引线下的最大场强可显著降低。

此外，接地围栏下侧的空间场强也会因受其屏蔽而减弱，虽然围栏上部边缘处的场强有所加强，但这种加强是很局限的。它随着离开围栏边缘的距离增大而很快衰减。因此，围栏的高度宜为 1.8～2.0m，以便将高场强区域限制在人的平均高度以上。如串联补偿装置附近区域内的地面场强偏高，可用 2m 高的围栏将其环绕，使围栏以外都处于较低场强中。

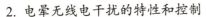

2. 电晕无线电干扰的特性和控制

（1）干扰特性。在超高压配电装置内的设备、母线和设备间连线，由于电晕产生的电晕电流具有高次谐波分量，形成向空间辐射的高频电磁波，从而对无线电通信、广播和电视产生干扰。

电晕无线电干扰的基本特性包括横向分布特性和频谱特性两方面。横向分布特性是指随着垂直于输电线路走向距离或高压配电装置距离的增加而使电晕无线电干扰值衰减的特性，横向分布具有跳跃、衰减的性质；频谱特性是指电晕放电时所发射的各种频率干扰幅值的大小，以便确定对各类无线电通信信号的影响程度。

通过实测，频率为 0.5MHz 时的干扰值最大；当频率大于 0.5MHz 时，干扰值跳跃式地下降；当干扰频率小于 0.5MHz 时，随着频率的增高，干扰值总的趋势是上升的。试验表明，电晕放电的频谱很窄，从无线电广播到电视的频率 0.15～330MHz 中，仅 0.15～5MHz 受电晕放电的干扰影响。所以，电晕放电一般对中波段广播的接受影响较大，对短波的影响较小，而对超短波的电视几乎没有什么影响。

通过对 110～1000kV 变电站（包括发电厂升压变电站）实测，测得变电站的综合干扰值及设备干扰值如下：

1）变电站围墙外 20m 处、0.5MHz 的综合无线电干扰值在 21～55dB（A）之间，一般在围墙外 150～200m 处趋于稳定。

如在 FG 330kV 变电站围墙四周，0.5MHz 的无线电干扰水平范围为 25.15～42.45dB（μV/m）；YCD 750kV 变电站 0.5MHz 频率下变电站周围无线电干扰测量值在 37.8～51.2dB（μV/m）范围内。

2）变电站内一次设备周围的干扰值最高。离设备边相中心线 4.5m 处、1MHz 的无线电干扰值在 75～90dB（A），大多数在 80dB（A）以上［主变压器的无线电干扰值较小，为 50～70dB（A）］，但随着距离的增加，衰减很快，如对 ZT 变电站的 330kV 空气断路器测试时，离断路器 4.2m 处，测得 1MHz 的无线电干扰值为 86dB（A），而离断路器 11.2m 处则为 48dB（A），即距离增加 7m，干扰值衰减 38dB（A）。

因此，电压为 330kV 及以上的超高压配电装置应重视对无线电干扰的控制，在选择导线及电气设备时应考虑降低整个配电装置的无线电干扰水平。

（2）干扰的控制。配电装置无线电干扰的控制可以从综合干扰和设备干扰两方面考虑：

1）超高压配电装置中的导线及电气设备所产生的综合干扰水平，一般都已离变电站围墙一定距离的干扰值作为标准。考虑 0.5MHz 时的无线电干扰最大，而出线走廊范围内也不可能有无线电收信设备，因此，我国目前在高压、超高压、特高压配电装置的设计中，无线电干扰水平的允许标准为：在晴天，配电装置围墙外 20m 处（非出线方向），对 0.5MHz 的无线电干扰值不大于表 5-1 中的要求。

表 5-1　　0.5MHz、80%时间、具有 80%置信度时无线电干扰限值

电压（kV）	110	220～330	500	750～1000
无线电干扰限值［dB（μV/m）］	46	53	55	55～58

由于配电装置的母线、引线、设备、构架纵横交错，导线表面的电场强度很不均匀，对于导线和电气设备产生的综合无线电干扰，目前还没有成熟的计算方法，只能在选择导线时从总的干扰允许值中扣除设备产生的干扰近似值 [10～15dB（μV/m）]，以此作为校核导线无线电干扰条件的标准。

2）为了防止超高压电气设备所产生的电晕无线电干扰影响无线电通信和接收装置的正常工作，应在设备的高压导电部件上设置不同形状和数量的均压环或罩，以改善电场分布，并将导体和瓷件表面的场强限制在一定数值内，使它们在一定电压下基本不发生电晕放电，同时对于设备的无线电干扰值作出规定。

对于高压电气设备及绝缘子串所产生的无线电干扰，世界各国几乎都以无线电干扰电压来表示，其单位为μV。我国标准中对电气设备的无线电干扰水平规定如下：

a. 110kV 及以上的高压电气设备（除 1000kV 隔离开关外），在 1.1 倍最高工作相电压下，户外晴天夜晚应无可见电晕，晴天无线电干扰电压不应大于 500μV。

b. 对于在分、合闸状态下的 1000kV 隔离开关，1.1 倍最高工作相电压下，户外晴天夜晚应无可见电晕，晴天无线电干扰电压不应大于 2000μV。

3. 噪声控制

（1）750kV 变电站内主要噪声源。

1）变压器、电抗器等设备运行中铁芯磁致伸缩、线圈电磁作用振动等产生的噪声和冷却装置运转时产生的低频噪声，特别是大型变压器及其强迫油循环冷却装置中潜油泵和风扇所产生的噪声，并随变压器容量增大而增大。

2）在高压、超高压、特高压变电站内，高压进出线导线、高压母线和部分电器设备电晕放电所产生的高频噪声。

3）高压断路器分合闸操作及其各类液压、气压、弹簧操作机构储能电机运转时的声音是间断存在的噪声源。

上述变电站内主要噪声源中，由于变压器、电抗器等设备运行中产生的噪声对变电站噪声的贡献占到主导因素，这主要是由于变压器、电抗器噪声水平[声压级≤75dB（A）]较高，远高于变电站内其他噪声源，如导体电晕放电而产生的噪声约 20dB（A）。因此，参考已有的噪声测试数据分析，可知变电站内主要噪声源应为变压器、电抗器等设备运行中产生的噪声。

（2）设备噪声水平要求。对产生噪声的设备应优先选用低噪声产品，或向制造厂提出降低噪声的要求。对于电气设备，距外壳 2m 处的噪声水平要求不超过下列数值：

1）断路器：85dB（A）（连续性噪声）、110dB（A）（非连续性噪声）。

2）110kV 及以下电压等级变压器等其他设备：65dB（A）。

3）220kV 及以上电压等级电抗器、变压器等其他设备：75dB（A）。

（3）厂界噪声环境控制值。

变电站各类声环境功能区噪声标准值见表 5-2。

（4）站内声环境限制。变电站内各建筑物的室内噪声限值见表 5-3。

有人值班的生产建筑，每工作日接触噪声时间少于 8h 的噪声标准可按表 5-4 放宽。

表5-2　　　　　　　　　　各类声环境功能区噪声标准值　　　　　　　　　　[dB（A）]

声环境功能区类别		昼间	夜间
0 类		50	40
1 类		55	45
2 类		60	50
3 类		65	55
4 类	4a 类	70	55
	4b 类	70	60

表5-3　　　　　　　　　　　　室 内 噪 声 限 值　　　　　　　　　　　　[dB（A）]

声环境功能区类别	A 类房间		B 类房间	
	昼间	夜间	昼间	夜间
0 类	40	30	40	30
1 类	40	30	45	35
2、3、4 类	45	35	50	40

注　A类房间是指以睡眠为主要目的，特别需要保证夜间安静的房间，包括休息室等。B类房间是指主要在昼间使用，
　　需要保证思考与精神集中、正常讲话不被干扰的房间，包括会议室、办公室等。

表5-4　　　　　　生产建筑内每工作日接触噪声时间少于 8h 的噪声标准　　　　　[dB（A）]

每工作日接触噪声时间（h）	一般	最大值
8	40	50
4	43	53
2	46	56
1	49	59
噪声最高不超过	110（非连续噪声）	

（5）厂界噪声控制对配电装置的要求。对于配电装置设计及布置应结合变电站噪声预测及治理方案综合考虑，当邻近配电装置的环境有防噪声要求时，噪声源宜远离围墙布置，并保持足够的间距，必要时可采取降噪措施，以满足厂界噪声水平要求；同时应注意站区附近居民区等环境敏感点对噪声的要求。

4. 其他应注意的设计要求

（1）管型母线布置及安装。

1）对于 750kV 主母线，考虑到 750kV 配电装置间隔宽度较大，采用悬吊式管型母线时，要尤其重视挠度问题。结合管型母线安装的实践，750kV 变电站主母线在选择管型母线时宜使用 $\phi250/230$ 以上的铝镁合金管型母线或 6Z63 型耐热高强度管型母线。

2）750kV 悬吊管型母线多挂点组合金具以及管型母线跳线型组合连接金具的一般存在如下主要问题：① 悬吊管型母线多挂点组合金具刚性较弱，且挠度改善效果与紧固力大小、角度关系密切；② 管型母线跳线型组合连接金具需要在相邻间隔双套配置，经

济性较差，且施工难度大；③ 挠度控制效果与预期有差距。

为了解决以上问题，在 750kV 悬吊管型母线应用过程中可采取以下措施：

a. 增加主母线构架，缩小管型母线跨度，可有效解决管型母线挠度问题。但是该方案大幅增加了全站用钢量，土建费用较高，经济性较差。

b. 管型母线两端增加配重，以改善管型母线挠度。但该方法因管型母线较长，配重挂点位于管型母线两端，增加配重后产生弯矩较小，无法明显改善大跨度管型母线的跨中挠度，因此仅作为辅助措施。

c. 增加管型母线直径，该方法可以有效降低管型母线挠度，但增加直径后会增加构架受力，同时导体本身的费用也将增加。

d. 设计特制金具，改善管型母线挠度。

e. 采用多根管型母线并列架设结构设计，硬导体除了可采用单根大直径圆管，可也采用多根小直径圆管组成分裂结构。分裂结构的多根管型母线之间增加类似间隔棒的硬型支撑金具，理论分析对管型母线挠度有一定改善，同时分裂结构对电晕也有一定改善作用。但是多根管型母线分裂布置，会造成现场管型母线悬吊施工困难，金具配置也较复杂。

f. 采取悬挑型构架横梁挂点设计，即在常规构架梁的基础上，设计一种构架横梁挂点前伸的结构，使得管型母线 V 串悬吊点前移，以实现减小管型母线挠度的目的，但该方案应用于 750kV 型耐张绝缘子串时经济性、美观性较差。

以上方法中，增加管型母线直径、管型母线两端增加配重以及设计特制金具可以结合使用，使得在管型母线直径增加不太多的情况下达到降低管型母线挠度的目的，同时，还可以辅助采取悬挑型构架横梁挂点设计即在常规构架梁的基础上，设计一种构架横梁挂点前伸的结构，使得管型母线 V 串悬吊点前移，以实现减小管型母线挠度的目的。

3）在管型母线较长时，由于温度变化引起的硬母线伸缩，将产生危险应力。此时应适当加装母线伸缩节。伸缩节的总截面应尽量不小于所接母线截面的 1.25 倍。母线伸缩节的数量及母线长度确定见表 5–5。

表 5–5 母线伸缩节的数量及母线长度

母线材料	一个伸缩节	两个伸缩节	三个伸缩节
	母线长度（m）		
铜	30～50	50～80	80～100
铝	20～30	30～50	50～75

4）对于工作电流大于 4000A 的大电流母线，要采取防止附近钢构发热的措施，加大钢构与母线的间距、设置短路环等。

（2）750kV 降噪金具应用。750kV 电压等级高，导线及金具可听噪声水平高，这与站址条件、设备选型、导线选型等方面有关。结合不同变电站 750kV 噪声的分析发现，站内噪声水平与采用金具和屏蔽环等有关系密切。各站金具和屏蔽环由于制造单位不同，制造工艺和材质控制都有较大差异，总体看噪声较小的变电站采用的金具和屏蔽环加工水平较高，表面平滑度高，材质较好，管径较粗，安装质量相对较好，没有外露螺钉。

结合以上情况，在 750kV 变电站设计中，应对 750kV 金具提出降噪优化设计方案，具体为：

1）主变压器、断路器、互感器、避雷器、隔离开关等设备要求采用双均压屏蔽环设计，同时适当加大均压屏蔽环管径，使设备接线端子和引线金具线夹完全处于均压屏蔽环保护范围内。在软导线设备线夹和管型母线设备线夹接线板上可考虑加装防晕装置—防晕板。

2）T 型线夹可采用外侧铰链式、内侧螺栓的扣接式连接方式，螺栓采用暗埋式安装方式；导线间隔棒采用表面抛光及暗埋螺栓等优化工艺。

3）为了保证金具的一致性以及金具外观光洁，保证金具在正常使用状态不出现电晕，制造工艺应采用先进工艺。如改砂型成型为金属模具或低压铸造成型工艺；产品外表面应采用抛光处理，对铸造工艺生产的金具接线板在进行表面加工时注意粗糙度的控制，保证其受压产生微量变形下达到板与板更为紧密的接触；选择"钎焊"方式作为变电站金具与设备端子之间的铜铝过渡方式、均压屏蔽环应采用专用弯管设备生产、铝管采用挤压和拉伸工艺，保证其强度合格、采用特制的弯管机弯曲铝管，保证外观和尺寸精度、铝氩弧焊接全部采用胎具对正、校准、对接焊缝焊后抛光、确保焊接质量等。

4）应对各类金具（包括均压环、屏蔽环、设备金具、连接金具等）的表面电场强提出限制要求，其表面最高场强应满足不超过 1500V/mm 控制值的要求。

5）采用 4×JGQNRLH55X2K–700 分裂导线及优化均压环外形及提高制造工艺等。

二、配电装置安全净距的确定

1. A1 值

A1 值是基本带电距离。220kV 及以下配电装置的 A 值采用惯用法确定，330kV 及以上配电装置的 A 值采用统计法确定。隔离开关和断路器等开断电器的断口两侧引线带电部分之间，应满足 A2 值的要求。对于 750kV 配电装置 A1 值包括 A1′和 A1″分别用于不同工况。

（1）A1′用于 750kV 带电导体至接地构架。

（2）A1″用于 750kV 带电设备至接地构架。

2. A2 值

A2 值用于带电导体的相间。

该值对于 220kV 及以下由雷电过电压水平确定，330kV 及以上由操作过电压水平确定。

3. B1 值

B1 值主要指带电部分对栅栏的距离和可移动设备在移动中至无遮栏带电部分的安全净距，单位为 cm，计算公式为

$$B1 = A1 + 75 \tag{5-1}$$

一般运行人员手臂误入栅栏时的臂长不大于 75cm，设备运输时的摆动也在 75cm 范围内。此外，导线垂直交叉且要求不同时停电检修时，检修人员在导线上下的活动范围也不超过 75cm。

4. B2 值

B2 值主要指带电部分至网状遮栏的净距,单位为 cm,计算公式为

$$B2 = A2 + 7 + 3 \qquad (5-2)$$

一般运行人员手指误入网栏时的指长不大于 7cm,另考虑 3cm 的施工误差。

5. C 值

C 值是指无遮栏裸导体至地面之间的安全净距。

(1) 330kV 配电装置及以下计算公式为

$$C = A1 + 230 + 20 \qquad (5-3)$$

即当人举手时,手与带电裸导体之间的净距不小于 A1 值(单位为 cm),一般运行人员举手后的总高度不超过 230cm,另考虑户外配电装置场地的施工误差 20cm。在积雪严重地区,还应考虑积雪的影响,该距离可适当加大。

(2) 500、750、1000kV 配电装置。C 值按静电感应场强水平确定。为将配电装置内大部分地区的地面场强限制在 10kV/m 以下,C 值按照下列取值:220kV,4.3m;330kV,5m;750kV,12m。

6. D 值

D 值是指两组平行母线之间的安全净距,单位为 cm,计算公式为

$$D = A1 + 180 + 20 \qquad (5-4)$$

当一组母线带电,另一组母线停电检修时,在停电母线上进行作业的检修人员与相邻带电母线之间的净距不应小于 A1 值,一般检修人员和工具的活动范围不超过 180cm,因户外条件较差,再加 20cm 的裕度。

屋外配电装置的安全净距不应小于表 5-6 所列数值,并按图 5-1～图 5-5 进行校验。当屋外电气设备外绝缘体最低部位距地小于 2.5m 时,应装设固定遮栏。

表 5-6　　　　　　　　　　　屋外配电装置的安全净距　　　　　　　　　　　(mm)

符号	适用范围	图号	额定电压(kV)			
			66	220J	330J	750J
A1′	(1) 750kV 电压等级以下:带电部分至接地部分之间;750kV:四分裂导线和管型母线对接地部分之间 (2) 网状遮栏向上延伸线 2.5m 处与遮栏上方带电部分之间	5-1 5-2 5-4 5-5	650	1800	2500	4800
A1″	750kV:均压环对接地部分之间	5-1 5-2 5-5				5500
A2	(1) 不同相的带电部分之间。 (2) 断路器和隔离开关的断口两侧引线带电部分之间	5-1 5-3 5-5	650	2000	2800	6500
B1	(1) 设备运输时,其外廓至无遮栏带电部分之间。 (2) 交叉的不同时停电检修的无遮栏带电部分之间。 (3) 栅状遮栏至绝缘体和带电部分之间[①]。 (4) 带电作业时的带电部分至接地部分之间	5-1 5-2 5-3 5-4 5-5	1400	2550*	3250*	5550*

续表

符号	适用范围	图号	额定电压（kV）			
			66	220J	330J	750J
B2	网状遮栏至带电部分之间	5－2	750	1900	2600	4900
C	（1）无遮栏裸导体至地面之间。 （2）无遮栏裸导体至建筑物、构筑物顶部之间	5－2 5－3	3100	4300	5000	12000
D	（1）平行的不同时停电检修的无遮栏带电部分之间。 （2）带电部分与建筑物、构筑物的边沿部分之间	5－1 5－2	2600	3800	4500	6800

注　1. 本表中仅列出与 750kV 变电站各电压等级配电装置相关的电压等级，220J～750J 系指中性点直接接地电网。

　　2. 本表所列数据不适用于制造厂生产的成套配电装置。

① 对于 220kV 及以上电压等级，可按绝缘体电位的实际分布，采用相应的 B1 值进行校验。此时，允许栅状遮栏与绝缘体的距离小于 B1 值。当无给定的分布电位时，可按线性分布计算。

＊ 带电作业时，不同相或交叉的不同回路带电部分之间，其 B1 值可取 A2＋750mm。

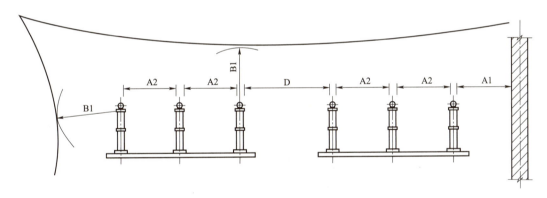

图 5－1　屋外 A1、A2、B1、D 值校验图

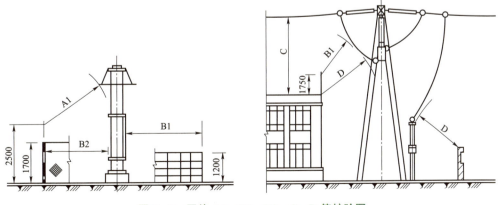

图 5－2　屋外 A1、B1、B2、C、D 值校验图

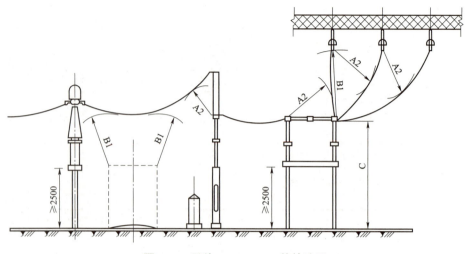

图 5-3　屋外 A2、B1、C 值校验图

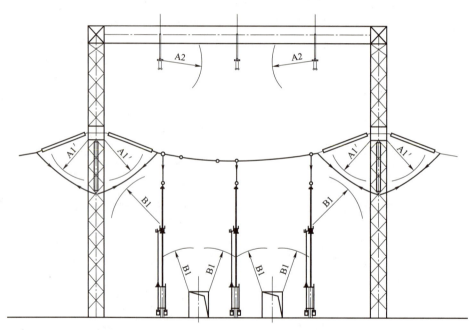

图 5-4　屋外 A1′、A2、B1 值校验图

三、配电装置间隔尺寸的确定

（一）屋外配电装置最小电气距离

750kV 屋外配电装置使用软导线或管型母线时，带电部分至接地部分和不同相的带电部分之间的最小电气距离与 500kV 及 330kV 没有本质的区别，仍应根据下列三种条件进行校验，并采用其中最大数值：

（1）外过电压和风偏。

（2）内过电压和风偏。

（3）最大工作电压、短路摇摆和风偏。

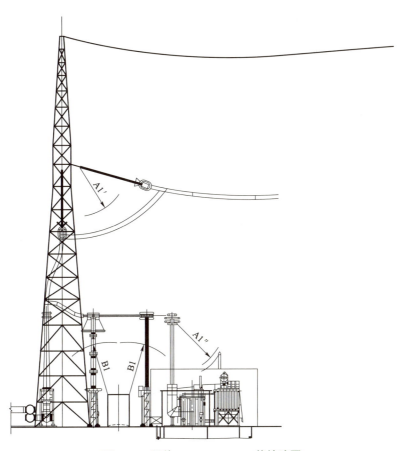

图5-5 屋外 A1′、A1″、B1 值校验图

不同条件下的安全净距如表5-7所示。

表5-7 不同条件下的安全净距 （mm）

条件	校验条件	计算风速（m/s）	A值	额定电压（kV）			
				66	220J	330J	750J
外过电压	外过电压和风偏	10*	A1	650	1800	2400	4300
			A2	650	2000	2600	4800
内过电压	内过电压和风偏	最大设计风速的50%	A1	650	1800	2500	4800
			A2	650	2000	2800	6500
最大工作电压	（1）最大工作电压、短路和风偏（取 10m/s 风速）。（2）最大工作电压和风偏（取最大设计风速）	10 或最大设计风速	A1	300	600	1100	2200
			A2	300	900	1700	3750

* 在气象条件恶劣的地区（如最大设计风速为35m/s 及以上，以及雷暴时风速较大的地区）用15m/s。

（二）屋外中型配电装置的尺寸

（1）海拔1000m 及以下时，66～750kV AIS 配电装置通常采用的尺寸见表5-8，330～

750kV HGIS 配电装置通常采用的尺寸见表 5-9，220～750kV GIS 配电装置通常采用的尺寸见表 5-10。

表 5-8　　海拔 1000m 及以下时，66～750kV AIS 配电装置通常采用的尺寸　　（m）

名称		电压等级			
		66kV	220kV	330kV	750kV
弧垂	母线	1.1	2.0	2.0	3.7～4.0
	进出线	0.8	2.0	2.0	5.0
线间距离	Π 型母线架	2.6	5.5	—	—
	门型母线架	1.6	3.5（支撑或悬吊管型母线）	4.5（悬吊管型母线） 5.6（软导线）	10.5
	进出线架	1.6	4.0	5.5～5.6	11.25
相地距离	Π 型母线架	1.3	2.75	—	—
	门型母线架	1.4	2.5～3.0	4.4（管型母线及软导线，距独立支撑处） 6.0（管型母线，距联合构架处） 5.4（软导线，距联合构架处）	9.5（软导线，距独立支撑处） 10.5（软导线，距联合构架处）
	进出线架	1.4	2.5	4.4～4.5	9.5
架构高度	母线架	7.0	12.0（管型母线）	13.0（软导线） 15.0（管型母线）	27.0
	进出线架	9.0	15.0、16.0	18.0	41.5
	双层架	12.5	21.0～21.5（早期采用）	—	—
	高架横穿	—	—	23.5	
	低架横穿	—	—	13.0（软导线） 15.0（管型母线）	
架构宽度	Π 型母线架	5.2	11.0	—	—
	门型母线架	6.0	13.0、14.0	21.0（软导线） 19.4（管型母线）	41.0
	进出线架	6.0	13.0	20.0	41.5

表 5-9　　海拔 1000m 及以下时，330～750kV HGIS 配电装置通常采用的尺寸　　（m）

名称		电压等级	
		330	750
软导线弧垂/悬吊式管型母线吊点	母线	3.1（管型母线）	5.5（管型母线）
	进出线	2.0（软导线）	5（软导线）
线间距离	门型母线架	4.5（悬吊管型母线）	10.0（悬吊管型母线）
	进出线架	5.6（软导线）	11.25（软导线）
相地距离	门型母线架	5.5（管型母线，距出线构架支撑处） 8.0（管型母线，距中间联合构架处）	9.5（管型母线，距出线构架支撑处） 10.5（管型母线，距中间联合构架处）
	进出线架	4.4	9.5

续表

名称		电压等级	
		330	750
架构高度	母线架	15.7	21.5
	进出线架	20.5	38.0
	高架横穿	26.0	—
	低架横穿	—	—
架构宽度	门型母线架	22.5	40.0
	进出线架	20.0	41.5

表 5-10　　海拔 1000m 及以下时，220～750kV GIS 配电装置通常采用的尺寸　　（m）

名称		电压等级		
		220	330	750
线间距离	进线架	—（利用主变压器构架）	5.0	11.5*
	出线架	3.5	5.0	11.5*
相地距离	进线架	—（利用主变压器构架）	4.0	10.5*
	出线架	2.5，2.75，3.5	4.0	10.5*
间距	进出线构架间距	—	18.8	49.0～50.0
架构高度	进线架	—（利用主变压器构架）	18.0	27.0
	出线架	14.5	18.0	34.0
	双层架			
架构宽度	进线架	—（利用主变压器构架）	18.0	44.0*
	出线架	12.0，12.75	18.0	44.0*

* 750kV GIS 尺寸用于海拔 2000m，当用于海拔 1000m 及以下时，应根据减少的空气间隙值进行修正。

选用出线构架宽度时，应使出线对架构横梁垂直线的偏角 θ 不大于下列数值：220kV，10°；330～750kV，10°。如出现偏角大于上列数值，则需采取出线悬挂点偏移等措施，并对其跳线的安全距离进行校验。

（2）需要考虑设备检修起吊的要求，一般的起吊工具为履带式起重机、汽车起重机、三脚架、扒杆等，其中常用的是汽车起重机。对于 750kV 敞开式配电装置，因在相间设置检修道路，设备的起吊考虑在相间作业，故可不再为此增加纵向距离。汽车起重机的主要特性见表 5-11，供确定纵向尺寸时参考。

表 5-11　　　　　　　　　　汽车起重机的主要特性

型号	外形尺寸（长×宽×高）（m×m×m）	最大起重能力（t）	起升高度（m）	幅度（m）	最大起升高度时的起重能力		最小转弯半径（m）
					起升高度（m）	起重量（t）	
QY12	～10×2.47×3.27	12	8.2	3	20（最长主臂）	3.4（幅度 5m）	9.5
QY16	～11.99×2.5×3.35	16	9.8	4	30.5（最长主臂）	3.85（幅度 8m）	10

续表

型号	外形尺寸（长×宽×高）（m×m×m）	最大起重能力（t）	起升高度（m）	幅度（m）	最大起升高度时的起重能力		最小转弯半径（m）
					起升高度（m）	起重量（t）	
QY25	～12.36×2.5×3.38	25	10.25	3.5	32.5（最长主臂）	6.5（幅度5.5m）	11
QY50	～13.27×2.75×3.3	50	10.7	3	40.1（最长主臂）	7.5（幅度8m）	12
QY100	～15.23×3×3.86	100	12.8	3	47.9（最长主臂）	14（幅度9m）	12
QY160	～15.9×3×4	160	14.3	3	56.3（最长主臂）	15（幅度10m）	12

四、电气总平面布置的原则和要求

电气总平面布置是将变电站内各电压等级配电装置按照电力系统规划，变电站高压、中压、低压出线规划，站区地理位置，站区环境，地形地貌等条件进行布局和设计，遵循布置清晰、工艺流程顺畅、功能分区明确、运行与维护方便、减少占地，总平面尽量规整以减少代征地面积，尽量减少站区的噪声污染，对周围环境影响小，便于各配电装置协调配合的基本原则进行。进行电气总平面布置时，应满足以下几点要求：

（1）应做到节约占地、技术先进、整齐美观、投资优化。

（2）应根据系统规划，按照变电站最终建设规模进行设计，布置方案应统筹考虑近期规模及远期规划的合理衔接。

（3）应结合变电站各电压等级出线走廊规划合理调整变电站布置方位，尽量避免各电压等级出线出现交叉跨越的情况。

（4）应加强变电站周边水土保持，避免出现水土流失影响周边环境及对变电本体安全运行造成隐患。

（5）努力控制变电站噪声、电磁干扰及减少变电站对周围环境的影响，变电站要尽量远离居民区等对噪声敏感的建筑物，厂界噪声应满足环评批复的要求，应建设与环境协调友好的变电站。变电站厂界噪声满足国家相关环境标准的要求是输变电工程设计的一个基本条件；从我国已完成的输变电工程噪声治理情况来看，在工程规划期对噪声进行预测，对合理确定变电站和线路设计参数，保证变电站和线路安全可靠运行以及降低工程建设运行成本、满足环境保护要求等均具有十分重要的意义。

（6）电气总平面布置方案的设计应按照高压配电装置、主变压器及无功补偿区域、中压配电装置、低压配电装置、站前辅助功能区域的优先顺序开展，遵循功能分区的设计原则，首先考虑合理的高压配电装置布置方案，然后依次开展其余各电压等级配电装置布置方案的选择，在对每个功能分区进行设计时，力求做到布置合理、结构简洁，在每个功能分区满足各自功能的前提下做到最小占地，各功能分区的衔接应合理、规整。

（7）电气总平面的布置应考虑机械化施工的要求，满足电气设备的安装、试验、检修起吊、运行巡视以及气体回收装置所需的空间和通道。

第二节 750kV 配电装置布置

一、750kV 配电装置要求

（一）750kV 配电装置的设计要求

750kV 变电站是西北地区电网的最高电压等级变电站，750kV 配电装置布置时除遵循上述布置基本原则外，还应结合主接线要求、设备型式选择等具体考虑以下几个方面要求。

（1）电气总平面布置方案的设计应按照高压配电装置、主变压器及无功补偿区域、中压配电装置、站前辅助功能区域的优先顺序开展，各功能分区的衔接应合理、规整。

（2）750kV 配电装置主接线远期采用一倍半断路器接线，初期根据不同的建设规模选用不同的过渡接线；配电装置的布置型式应适应近远期的过渡方案，满足本期接线、适应过渡接线、远期扩建方便。

（3）作为区域网架的枢纽变电站，750kV 设备的安全性及可靠率是至关重要的，配电装置的布置应根据设备选型进行布置，同时综合考虑站区进出线条件，覆冰厚度，50年一遇、10m 高、10min 平均最大风速，地震烈度，污秽等级等配电装置设计的关键因素，合理进行屋内外、"一"字型或双列式等布置方案的详细比较，最终确定性能参数最优的布置方案。

（4）750kV 配电装置带电导体对地距离由地面场强限值控制，配电装置设计时需要重点考虑安全性和便利性，实现安装可行、巡视方便、检修便利。

首先妥善考虑安装条件，设置设备搬运通道、考虑良好的照明条件、优化起吊设施的布置方案，配电装置内构件工厂化加工、现场组装。

其次重视运行时的便利条件，保证各种电气安全净距，满足对人身和设备的安全要求，设置操作巡视走道，合理确定电气设备的操作位置、装设防误操作的闭锁装置等。

同时采取防火、防爆和蓄油、排油措施，防止运行人员在正常操作和处理事故的过程中发生意外情况，在检修维护过程中避免损害设备，配电装置发生事故时，能将事故限制到最小范围和最低程度。

（5）站内各电压等级配电装置布置应满足工艺要求，考虑施工、安装及运行便捷顺畅。

1）满足最小安全净距的要求，配电装置的最小安全净距宜以金属氧化物避雷器的保护水平为基础确定。750kV 变电站由于环境条件特殊，需要采用屋内配电装置时，若采用 GIS 设备，不涉及屋内带电部分安全净距的校核。

2）设置运行维护通道，必要时可设置围栏，配电装置通道的布置应便于设备的操作、搬运、检修和试验。

3）考虑防火与储油设施，配置必要的消防设施。

（二）750kV 配电装置的其他要求

1. 施工要求

（1）750kV 配电装置的设计必须考虑分期建设和扩建过渡的便利。各种型式配电装置都有分期建设的要求，但对于 750kV 配电装置尤其要注重分期建设的需求，主要是因为 750kV 作为主干网架，通常考虑了 5～10 年或更远期的发展情况。对 750kV 的分期建设应从主接线特点、进出线布置和分期过渡情况进行综合考虑，提出相应措施，扩建时少停电或不停电，为施工安全与方便提供有利条件。

（2）配电装置的结构在满足安全运行的前提下应尽量简化，减少构架类型，以达到节省工程量、提高施工标准化的目的。

（3）750kV 屋外配电装置应设置环形道路作为安装检修时的设备搬运和起吊通道。

750kV 设备体积大，起吊吨位大，对周围道路的需求高，所以 750kV 屋外配电装置应设置环形道路，该道路同时应满足作为配电装置消防通道的要求。相间运输道路的道路路面的宽度一般为 3m，转弯半径不小于 7m；对于大型变电站中的主干道部分（大门至主控制楼、主变压器、高压并联电抗器运输道路等），可以适当放宽，如 750kV 变电站可为 5.5～6m，其转弯半径可根据主变压器等大型设备的搬运方式确定。

（4）工艺布置设计应考虑土建施工误差，确保电气安全净距的要求，一般不应选用规程规定的最小值，而应留有适当裕度（5～10cm）。

（5）变压器在安装检修过程中若需要进行吊罩检查，一般在就地采用汽车起重机起吊，而不考虑利用主变压器构架作为检修吊架。采用汽车起重机起吊主变压器钟罩时，应该在设计中统筹考虑主变压器构架高度及主变压器的检修场。

2. 运行要求

（1）750kV 配电装置与其他电压配电装置之间，以及它们和各种建（构）筑物之间的距离和相对位置，应按最终规模统筹规划，充分考虑运行的安全和便利。

（2）750kV 配电装置的布置应做到整齐清晰，各个间隔之间要有明显的界限，对同一用途的同类设备，尽可能布置在同一中心线上（指屋外）。

（3）架空出线间隔的排列应根据进出线走廊的规划，尽量避免出线交叉，并与终端塔的位置相配合。

（4）变电站的站区围墙宜采用高度为 2.2～2.5m 的实体围墙。有人值班变电站的屋外配电装置周围宜围以高度不低于 1.5m 的围栏，以防止外人任意进入。

（5）当屋内配电装置长度超过 60m 时，应在两侧操作通道之间设置联络通道，以便于运行人员巡视和处理事故。联络通道的位置可结合配电装置室的中部出口及伸缩缝一并考虑。

（6）750kV 屋内外配电装置均应设置闭锁装置及联锁装置，以防止带负荷拉合隔离开关，带接地合闸，带电挂接地线，误拉合断路器，误入屋内有电间隔等电气误操作事故。

（7）屋外充油电气设备单个油箱的油量在 1000kg 以上时，应设置能容纳 100% 油量的储油池和 20%油量的挡油槛等。

当有容纳 20%油量的储油池或挡油槛时，应有将油排到安全处所的设施与之配套，且不应引起污染。当设置有油水分离的总事故储油池时，其容量应按最大一个油箱的

100%油量设计。

（8）油量均为 2500kg 以上的屋外油浸变压器或油浸电抗器之间无防火墙时，其防火净距不得小于下列数值：750kV 不小于 15m。

油量在 2500kg 以上的变压器或电抗器，同油量为 600kg 以上的本回路充油电气设备之间，其防火净距不应小于 5m。

（9）当屋外油浸变压器之间防火净距不够时，要设置防火墙。防火墙的高度不宜低于变压器储油柜的顶端高程，其长度应大于变压器储油池两侧各 1m。对电压较低、容量较小的变压器，套管离地高度不太高时，防火墙高度宜尽量与套管顶部取齐。

考虑变压器散热、运行维护方便及事故时的消防灭火需要，防火墙离变压器外廓距离，以不小于 1~2m 为宜。

防火墙应有一定的耐燃性能，根据防火规范的规定，其耐火极限不宜低于 3h。

（10）配电装置周围环境温度低于电气设备、仪表和继电器的最低允许温度时，应在操作箱内或配电装置室内装设加热装置。

在积雪、覆冰严重地区，对屋外电气设备和绝缘子应采取防止由于冰雪而引起事故的措施，如采用高 1~2 级电压的绝缘子，加长外绝缘的泄漏距离，避免设备落地安装等。

（11）设计配电装置时的最大风速，对 330kV 及以下可采用离地 10m 高、30 年一遇、10min 平均最大风速，对 500、750kV 可采用离地 10m 高、50 年一遇、10min 平均最大风速，对 1000kV 可采用离地 10m 高、100 年一遇、10min 平均最大风速；上述设计风速的取值应按实际安装高度对风速进行换算。最大设计风速超过 35m/s 的地区，在屋外配电装置的布置中，宜降低电气设备的安装高度并加强其与基础的固定等。同时，对于对风载特别敏感的 110kV 及以上棒式支柱绝缘子、隔离开关及其他细高电瓷产品，可在订货时要求制造部门在产品设计中考虑阵风的影响。

3. 检修要求

（1）电压为 110kV 及以上的屋外配电装置，应视其在系统中的地位、接线方式、配电装置型式以及该地区的检修经验等情况，考虑带电作业的要求。

带电作业的内容一般有清扫、测试及更换绝缘子，拆换金具及线夹，断接引线，检修母线隔离开关，更换阻波器等。带电作业时需注意校验电气距离及架构荷载等。

带电作业的操作方法包括用绝缘操作杆、等电位、水冲洗等，目前一般采用等电位法。

等电位作业时人体对地和对邻相带电部分之间的安全距离见表 5-12。

表 5-12　　　　　　　等电位作业时人体对地和对邻相带电部分之间的安全距离　　　　　　（m）

电压等级（kV）	人体对地的安全距离	人体对相邻带电部分之间的安全距离
220	1.8	2.0
330	2.5	2.8
750	4.8	6.5

按照表 5-12 所列的各项安全距离，考虑带电作业时人的活动范围取 750mm，再加上母线金具宽度、隔离开关宽度以及人体高出母线或隔离开关触头的尺寸等，就可以分

别确定进行各项带电作业项目时所需的最小空间距离。

等电位作业一般采用在导线上悬挂绝缘软梯的办法，所挂导线的截面积对于钢芯铝绞线不应小于 120mm²，对于铜绞线不应小于 70mm²。

对于管型母线不能直接上人，一般采用液压升降的绝缘高架斗臂车进行带电作业。

（2）为保证检修人员在检修电器及母线时的安全，电压为 35kV 及以上的敞开式配电装置，对断路器两侧的隔离开关和线路隔离开关的线路侧，宜配置接地开关；每段母线上宜装设接地开关或接地器。其装设数量主要由作用在母线上的电磁感应电压确定，在一般情况下，每段母线宜装设两组接地开关或接地器。

屋内配电装置间隔内的硬导体及接地线上，应留有接触面和接地端子，以便于安装携带式接地线。

二、800kV GIS 配电装置布置

针对 800kV GIS 配电装置，"一"字型布置是最多采用的一种接线方式。"一"字型配电装置是将一台半断路器接线每串中所有的电气设备拉直成一长串，首尾相连，沿横向成"一"字型排列，采用中型布置方案，位于配电装置的下层；两组母线紧靠平行横向置于电气设备上方位于配电装置的最上层；两排进出线架分别位于两组母线外侧与母线架组成框架结构，进出线置于母线与设备间的中间层。

电气设备首尾相连沿横向成"一"字型排列以及进出线构架与母线构架相结合构成框架型式，是"一"字型配电装置基本结构的两个显著特点。"一"字型布置根据主母线布置方式的不同，可分为母线分相布置、母线集中内置、母线集中外置等方式，接线示意图详见第二章。

（一）布置特点及适用范围

800kV GIS 配电装置"一"字型布置的特点为：

（1）进出线方式较灵活、进出线布置顺畅、与线路对应较好。

（2）串间连接母线短、主母线长。

（3）占地面积较小、安装维护方便、适应场地条件好。

"一"字型布置方案中母线均采用集中布置方案，配电装置整体为低位布置，具有安装检修方便，配电装置功能区分清晰等优点。早期 GIS 配电装置设计时，母线采用了集中内置方案，特点是进出线分支母线短，但断路器单元布置在主母线之间，安装检修需选用大吨位吊车，同时运行人员巡检也不够方便；后期 GIS 配电装置设计时，基本采用母线外置方案，特点是进出线分支母线略长，但断路器单元集中布置，安装检修可选用较小吨位的吊车，运行巡视方便，设备布置清晰。

"一"字型接线和布置的配电装置将一台半断路器接线中每串的三台断路器平行排成一行，纵向尺寸比其他布置方案都小，横向尺寸长，非常适合于场地横线尺寸不受限而纵向尺寸受限的场地，800kV GIS 布置大量采用"一"字型布置方式。

（二）布置方案

图 5-6 为某 750kV 变电站 800kV GIS 配电装置布置图，设计条件为海拔不超过 2000m，出线间隔构架宽度为 44m，构架高度为 34m。需要注意的是，该工程 800kV GIS

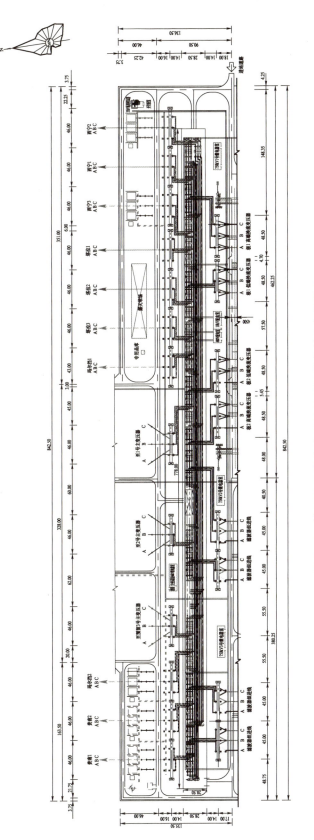

图 5-6　某 750kV 变电站 800kV GIS 配电装置布置图 1

配电装置设计中 GIS 分支管型母线均采用斜向直接出线的设计方案。后期 800kV GIS 配电装置中，为便于串中断路器的检修及选用 100t 的吊车即可满足断路器的吊装，分支母线均采用直角转弯的方案，为串中断路器留出了一定的检修空间，便于吊车直接靠近设备本体。

图 5-7 为某 750kV 变电站 800kV GIS 配电装置布置图，图 5-8 和图 5-9 分别为其断面图和现场实景图。该 750kV 变电站站址海拔 2850m，站址所属地区温差大，紫外线强，从统计的气象条件看，最大日温差达到 29.1K，且日温差大于 15K 的天数超过全年的 42%。通过对高海拔地区在运的 800kV GIS 运行情况调研发现，日温差大和强紫外线易造成 800kV GIS 伸缩节频繁伸缩，导致伸缩节和密封件老化漏气，是目前高海拔地区 GIS 设备故障频发的主要因素。

针对高海拔地区特殊的气象条件，为进一步提高 800kV GIS 设备可靠性，800kV GIS 首次采用户内布置方式，800kV GIS 室尺寸为 780m（长）×28.5m（宽）×16.8m（高），采用户内 GIS，大大改善了 800kV GIS 运行环境。

三、800kV AIS 配电装置布置

800kV AIS 配电装置布置方案中三列式布置是最典型的一种布置方式，也是在敞开式配电装置中应用最广泛的一种布置方案。

三列式布置的特点是对主接线的模拟性强，适宜向两侧出线。三列式配电装置一个间隔可同时在两侧进出线，断路器沿进出线方向排成三列，两组母线布置在两端，进出线构架共四排，电气设备采用中型布置。

三列式布置的配电装置的主要优点是，在一台半断路器接线的配电装置中占地最小，设备布置清晰，对主接线的模拟性强，便于运行检修，进出线方便。适应于变电站或对配电装置无特殊要求的发电厂，尤其对敞开式 750kV 配电装置均采用三列式布置方式。

（一）敞开式线路—变压器组布置

线路—变压器组布置是一台半断路器布置的过渡布置方案，银川东 750kV 变电站初期 1 回进线和 1 组主变压器时采用了该方案。银川东 750kV 变电站是国内第一个敞开式 750kV 变电站，银川东 750kV 变电站 750kV 配电装置接线图如图 5-10 所示，银川东 750kV 变电站 750kV 接线、布置、平面图如图 5-11 所示，该布置简单清晰，占地面积较小，为 128.5 亩，主要设计特点：

（1）初期采用线路—变压器组布置，终期为一台半断路器三列式布置，共有 12 回进出线，接成 6 串，两组变压器为交叉连接；其中一组采用侧面进线方式拐头引入串内，不另占用间隔。

（2）配电装置采用软母线配双柱垂直立开式隔离开关的布置方案，配电装置的纵向尺寸为 291m（围墙中心线之间）。

（3）选用罐式断路器，母线及串中隔离开关均选用三柱水平旋转式独立隔离开关。为改善静电感应的影响，串内采用管型母线，母线对地距离不小于 12m。

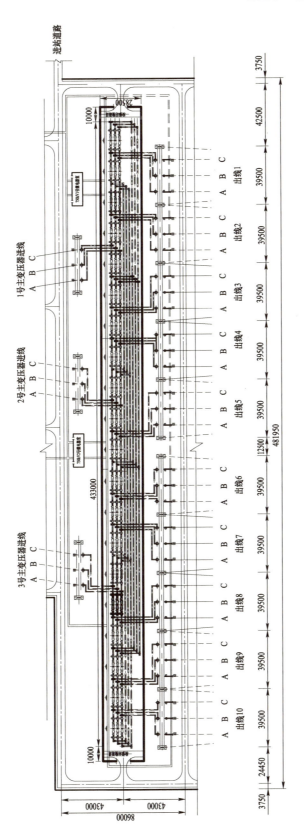

图5-7　某750kV变电站800kV GIS配电装置布置图2

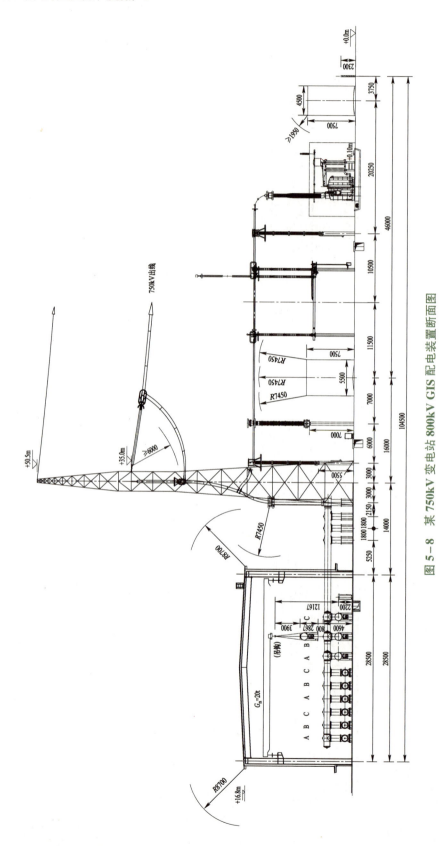

图 5-8 某 750kV 变电站 800kV GIS 配电装置断面图

图 5-9　某 750kV 变电站 800kV GIS 配电装置现场实景图

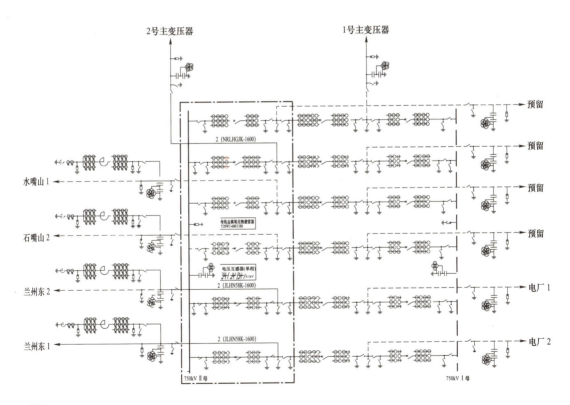

说明：
1. 图中实线表示本期设备、虚线表示远期设备。
2. 图中单点画线框内表示本分册设计内容范围。

图 5-10　银川东 750kV 变电站 750kV 配电装置接线图

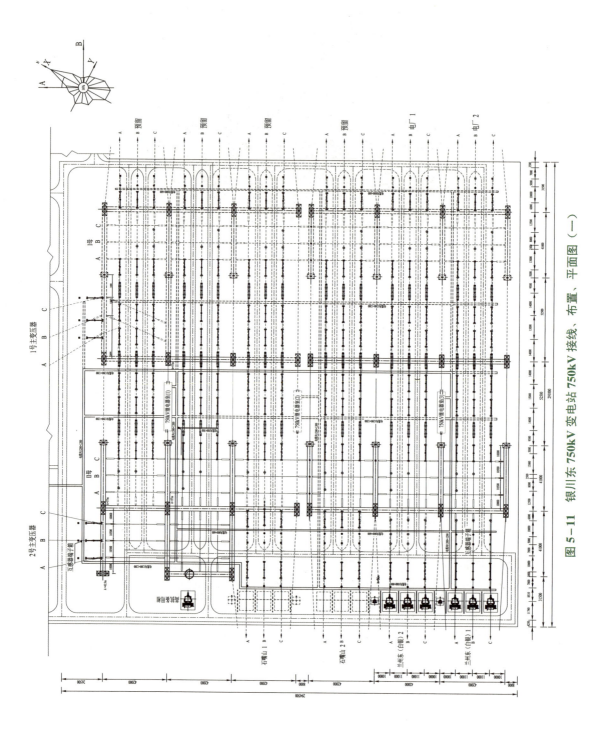

图 5 - 11 银川东 750kV 变电站 750kV 接线、布置、平面图（一）

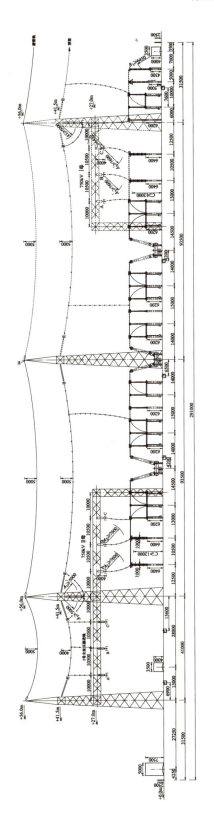

图 5—11　银川东 750kV 变电站 750kV 接线、布置、平面图（二）

（4）配电装置按照远期规模构架及导线一次建成，避免了远期将线路—变压器组改接为一台半断路器接线时一次设施施工造成的停电时间，仅需改造二次接线即可。

（二）敞开式一台半断路器三列式布置

图 5-12 所示为某 750kV 变电站 750kV 配电装置布置图。该配电装置采用软母线配双柱水平伸缩式和双柱垂直开启式隔离开关的布置方案，共有 12 回进出线，接成 6 串，3 组变压器均接入串内，其中 2 组采用拐头进线，另一组采用低架横穿进线。配电装置的纵向尺寸为 334.5m（围墙中心线之间）。

出线间隔宽度为 42m，即相间距离为 11.5m，相地距离为 9.5m，母线构架宽度为 41m，即相间距离为 10.5m，相地距离分别为 9.5m（距构架独立支撑处）和 10.5m（距母线构架和出线构架联合处）。

图 5-13 所示为某 750kV 变电站 750kV 配电装置布置图。该配电装置采用软母线配双柱垂直开启式（双柱水平伸缩式、三柱水平转动式）隔离开关的布置方案，共有 10 回进出线，接成 5 串，2 组变压器均接入串内，其中 1 组采用拐头进线，另一组采用分相低架横穿进线。主变压器采用分相低架横穿进线的半个间隔的母线构架距中间出线构架的间距为 57m，主变压器三相进线之间的间距为 11.5m 和 24m，导线距母线独立构架处间距为 10m、距中间出线构架的间距为 11.5m。

但工程实践中主变压器采用分相低架横穿进线时，该半个间隔的母线构架距中间出线构架的间距取值不一，如某 750kV 变电站工程 750kV 配电装置按照 55m 取值，主变压器三相进线之间的间距为 10.5m 和 23m，导线距母线独立构架处间距为 9.5m、距中间出线构架的间距为 12m，图 5-14 为该变电站 750kV 配电装置典型设计。站址海拔按照不超过 1500m，出线间隔宽度为 42m，即相间距离为 11.5m，相地距离为 9.5m，母线构架宽度为 41m，即相间距离为 10.5m，相地距离分别为 9.5m（距构架独立支撑处）和 10.5m（距母线构架和出线构架联合处）。

图 5-15 为某 750kV 变电站 750kV 配电装置布置图。该配电装置采用软母线配双柱垂直开启式（或双柱水平伸缩式、三柱水平转动式）隔离开关的布置方案，共有 10 回进出线，接成 5 串，2 组变压器均接入串内，其中 1 组采用拐头进线，另一组采用低架横穿斜拉进线，主变压器采用低架横穿斜拉进线的半个间隔的母线构架距中间出线构架的间距为 53m。

四、750kV HGIS 配电装置布置

750kV HGIS 配电装置布置重点是管型母线选择计算、大直径管型母线选择及参数、管型母线金具设计等。图 5-16 为某 750kV 变电站 800kV HGIS 布置图。共有 10 回进出线，组成 5 个完整串。站址海拔接近 1500m，外绝缘空气间隙按照海拔 1500m 修正，出线间隔构架宽度为 42m，母线构架高度为 30m，出线构架高度为 41.5m。该方案布置特点为：

（1）主母线选用管型母线，ϕ300/276mm；V 型串悬吊，母线悬吊金具需要特殊考虑，目的是减少母线挠度。

（2）出线采用顺串，主变压器进线一是采用横向拐头进线，二是采用低架横穿进线。

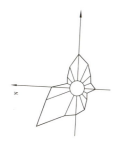

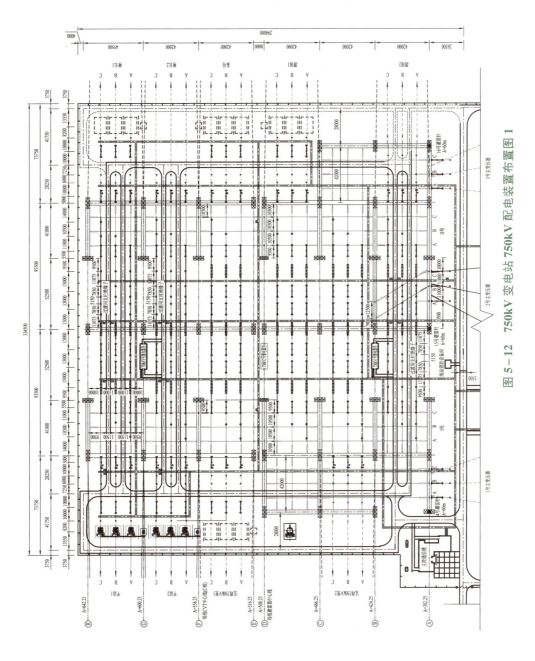

图5-12　750kV变电站750kV配电装置布置图1

135

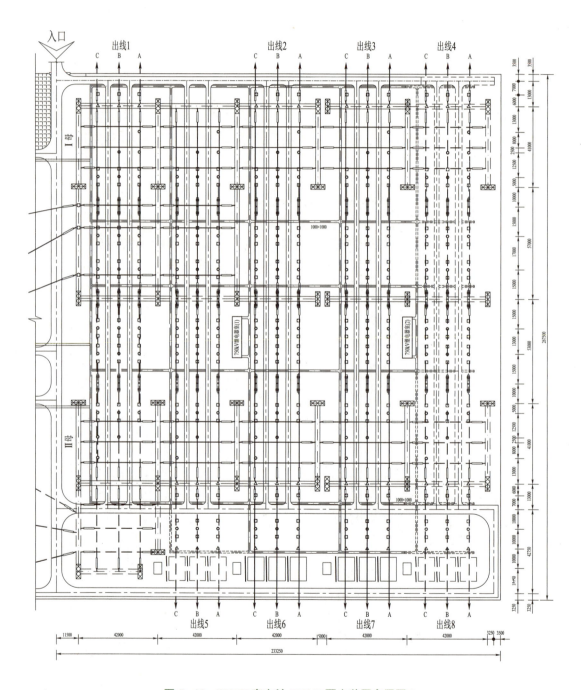

图 5-13 750kV 变电站 750kV 配电装置布置图 2

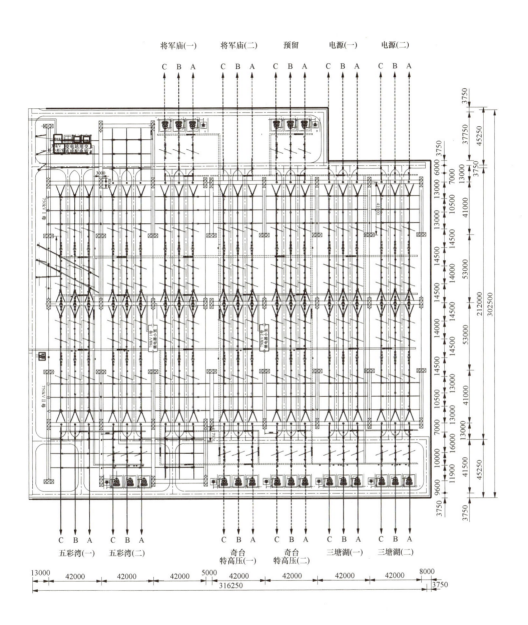

图 5-14 750kV 变电站 750kV 配电装置典型设计

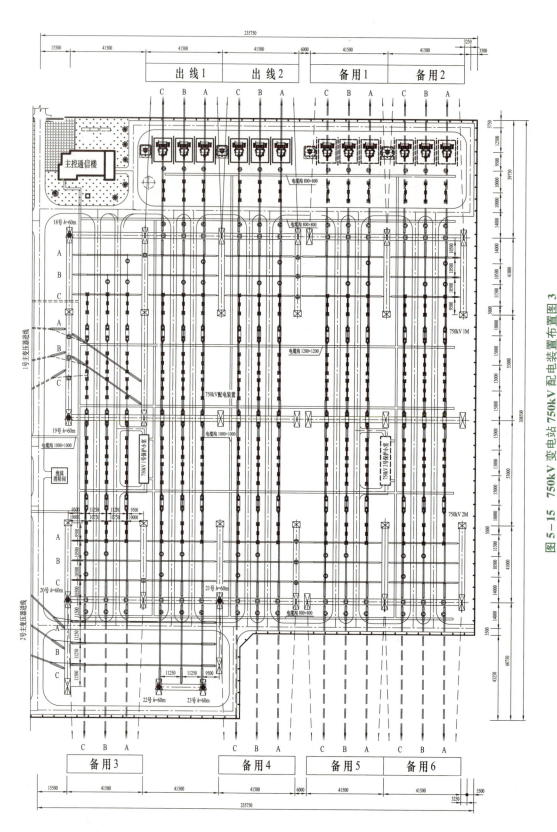

图 5-15 750kV 变电站 750kV 配电装置布置图 3

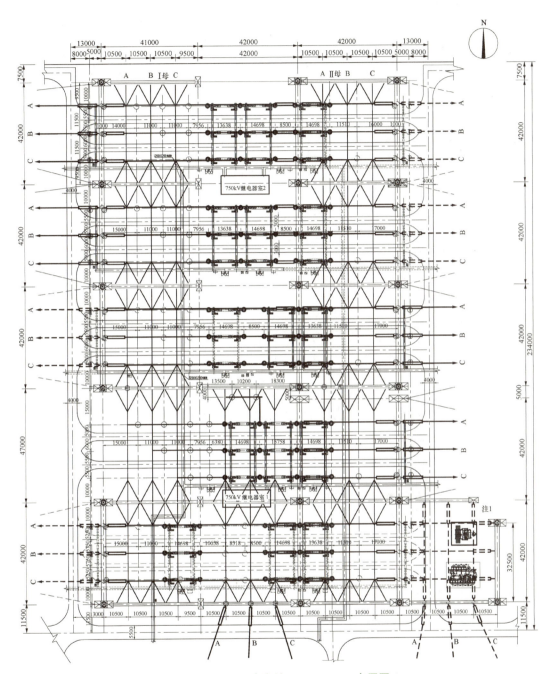

图 5-16 750kV 变电站 800kV HGIS 布置图 1

（3）配电装置完整串采用一相 4 套管（HGIS 断路器 3+0）设计方案；不完整串采用一相 5 套管（HGIS 断路器 2+1）设计方案，便于远期扩建，减少停电时间。

图 5-17 为某 750kV 变电站 800kV HGIS 布置图。该方案按照海拔不超过 1000m 考虑，出线间隔构架宽度为 40m，共有 12 回进出线，组成 6 个完整串。该方案布置特点为 3 组主变压器进线中 2 组采用配电装置两个端头拐头进线，1 组采用低架横穿进线，其余同图 5-16 示例的 HGIS 布置方案。

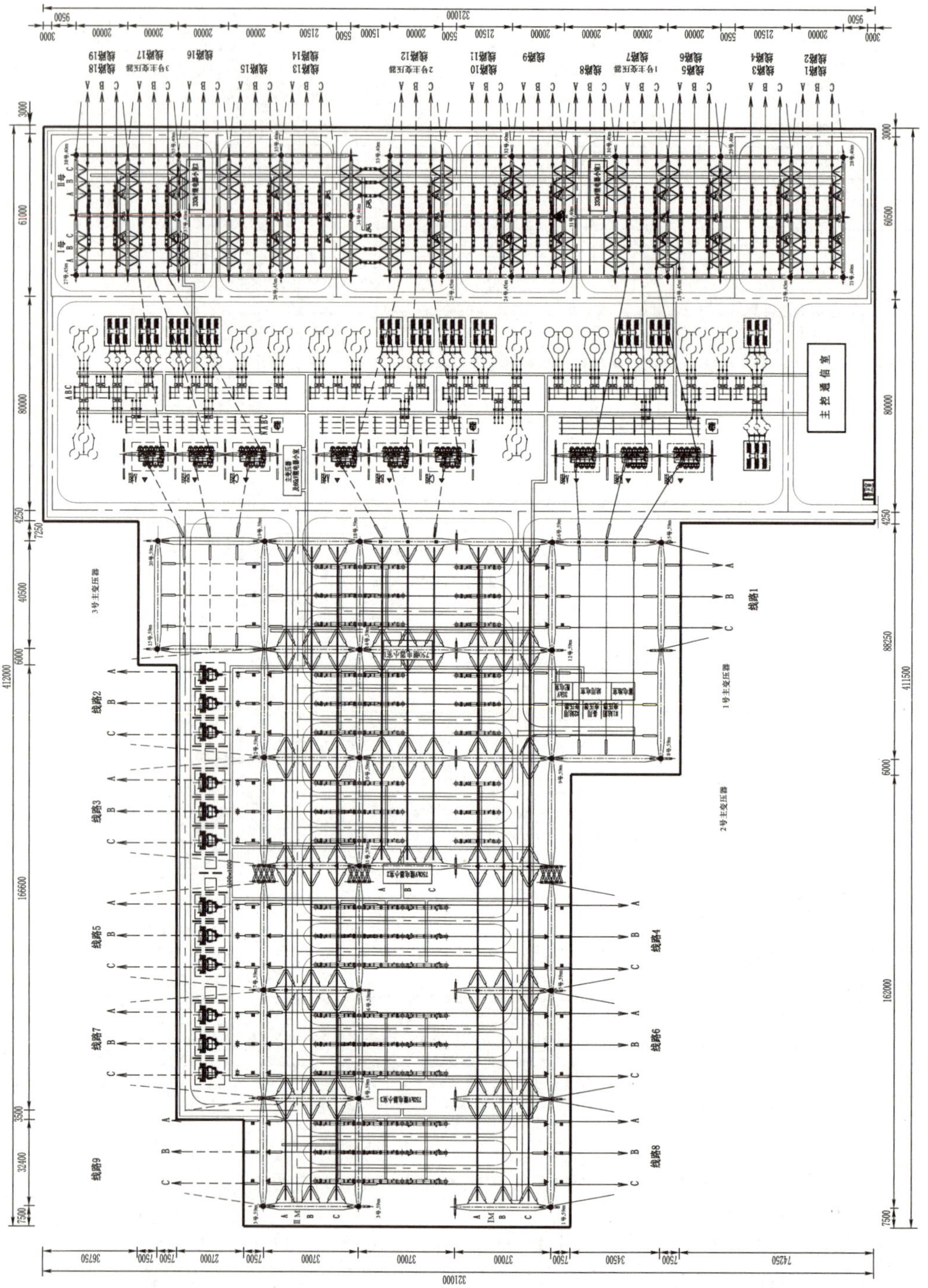

图 5-17 750kV 变电站 800kV HGIS 布置图 2

五、750kV 高压并联电抗器布置

1. 高压并联电抗器布置的基本要求

（1）线路并联电抗器通常带小电抗，一般布置在配电装置的线路侧。

（2）母线并联电抗器通常不带小电抗，一般布置在配电装置内。

（3）电抗器附近应有运输道路，运输道路宽度宜按不小于 4m 考虑。

（4）电抗器下应设置事故油坑，单相电抗器之间应设防火隔墙。

2. 高压并联电抗器布置

（1）固定高压并联电抗器采用单相式布置方案，为方便接线，宜布置在线路下方，毗邻配电装置。

（2）可控高压并联电抗器采用单相式布置方案，宜布置在线路下方，是否毗邻配电装置，与高压并联电抗器低压侧控制装置的布置位置有关。

（3）固定高压并联电抗器的运输道路通常设置在高压并联电抗器低压侧，可控高压并联电抗器运输道路设置与低压侧控制装置的布置位置有关，可设置在高压并联电抗器高压侧或低压侧。

图 5-18 为 330kV 并联电抗器布置图，该方案布置特点为采用户外、单相、油浸式、间隙铁芯并联电抗器；接于线路侧，设置有中性点小电抗；相间设置有防火墙。

图 5-19 为 750kV 并联电抗器布置图，该方案布置特点为采用户外、单相、油浸式、间隙铁芯并联电抗器；接于线路侧，设置有中性点小电抗；相间设置有防火墙。

图 5-20 为 750kV 分级式可控并联电抗器布置图，该方案布置特点为采用户外、单相、油浸式、铁芯型并联电抗器；接于母线侧，未设置中性点小电抗；相间设置有防火墙；低压侧控制装置设置在高压并联电抗器低压侧，高压并联电抗器运输道路设置在低压侧。

六、串联电抗器布置

串联电抗器的主要作用是限制短路电流，以灵州换流站交流出线为例介绍串联电抗器的接线和布置。灵州换流站 750kV 配电装置采用 1 台半断路器接线，为限制短路电流需要在银川东 750kV 双回路线路出口分别安装 1 组限流电抗器，每组限流电抗器装置两侧各经 1 组隔离开关串入线路，同时在每组限流电抗器上设置 1 组旁路隔离开关。远期在黄河 2 回出线各预留一组串联电抗器。

1. 串联电抗器接线

根据当时确定的接线方案，限流电抗器两端采用加装耦合电容器的方式限制断路器的暂态恢复电压，配置避雷器限制雷电侵入波。限流电抗器内外侧按各配置 1 组避雷器考虑，CVT 配置按利用原有出线 CVT，安装于限流电抗器母线侧。限流电抗器回路接线见图 5-21。

2. 串联电抗器布置

在旁路隔离开关和隔离开关采用"Π"型布置的基础上，同一间隔的三相限流电抗器采用倒"品"字布置，远期预留间隔的三相限流电抗器拟采用"品"字布置，充分利用每两个相邻间隔之间的空间。

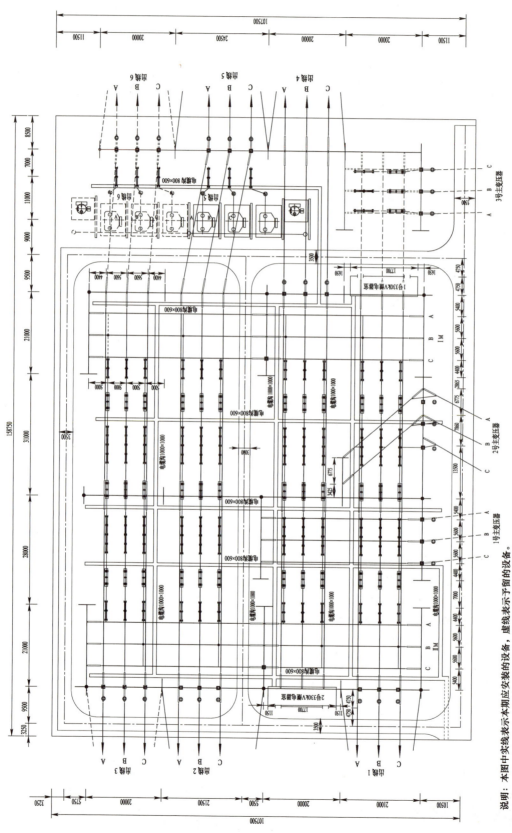

图 5-18 330kV 并联电抗器布置图

说明：本图中实线表示本期应安装的设备，虚线表示予留的设备。

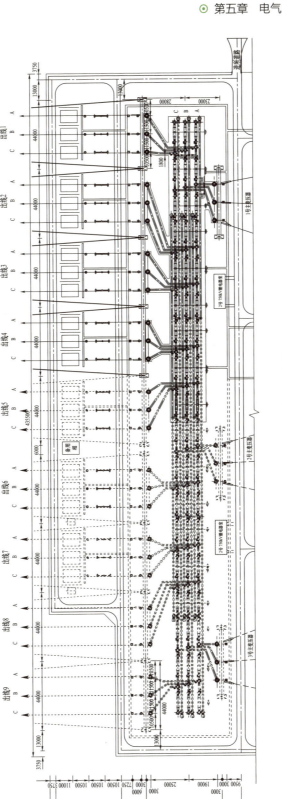

图 5－19　750kV 并联电抗器布置图

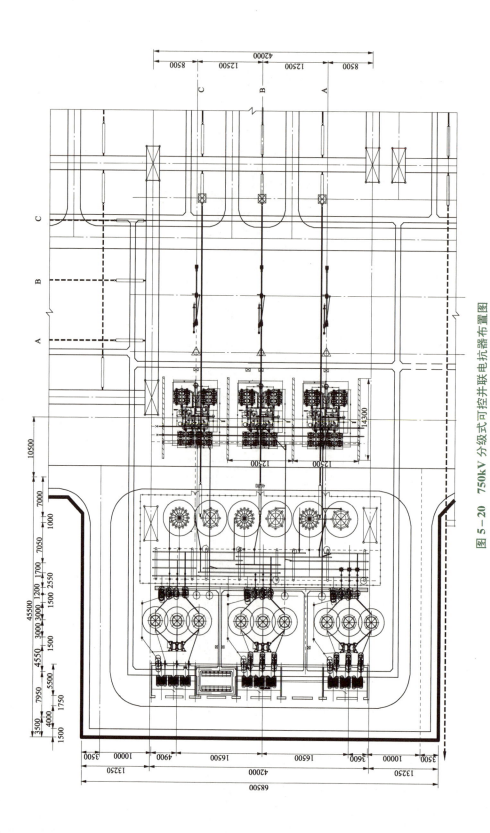

图 5－20　750kV 分级式可控并联电抗器布置图

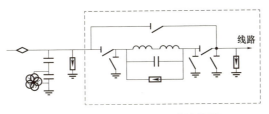

图5-21 限流电抗器回路接线图

在控制限流电抗器配电装置横向尺寸的基础上,尽量压缩限流电抗器配电装置的纵向尺寸,同时在限流电抗器附近设置运输和检修道路,以方便建设期间运行和运行期间的巡视和检修。750kV 限流电抗器的电气总平面布置图和断面图分别见图 5-22 和图 5-23。

该布置方案为节省土石方工程量和降低地基处理难度,摆脱限流电抗器扩建区域与换流站连接道路受坡度所限,难以降低场地标高的限制,本期限流电抗器扩建区域基本为独立布置,设置单独的对外出口,站内道路自成体系,不与换流站连接。为方便安装、运行和检修,在南侧电抗器以南与护坡间设置了东西向道路,以满足南侧限流电抗器设备的吊装要求,使限流电抗器扩建区域内的道路均为环路。但为方便运行管理,限流电抗器扩建区域与换流站间设置人行阶梯,以满足人员通行要求。

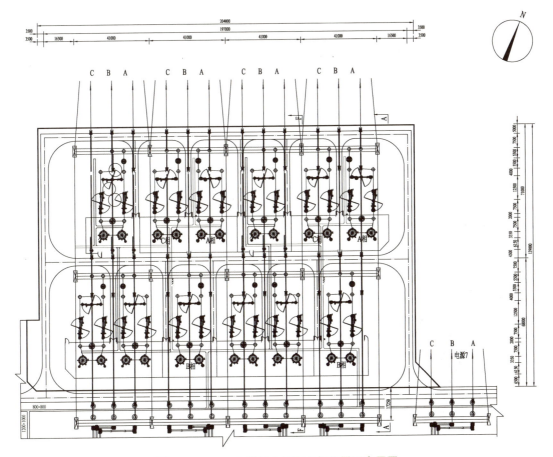

图5-22 750kV 限流电抗器电气总平面布置图

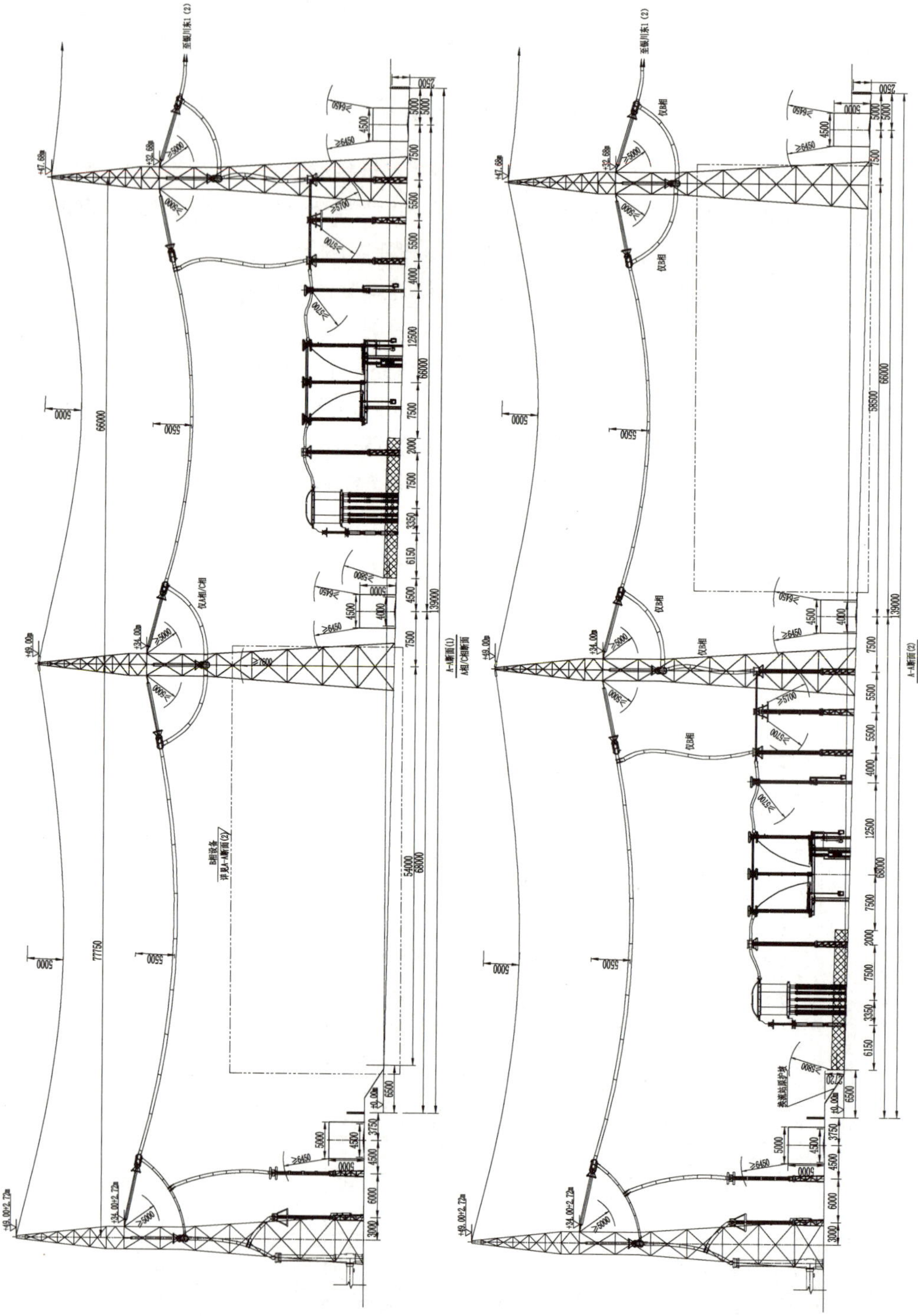

图 5-23 750kV 限流电抗器断面图

第三节　330/220kV 配电装置布置

我国已投运的 750kV 变电站中压侧主要有 330、220kV 两种电压等级。750kV 变电站中的 330kV 和 220kV 配电装置与 330kV 变电站和 220kV 变电站中的配电装置最大的差别在于，750kV 变电站中的 330kV 和 220kV 配电装置一般规模都比较大，其布置一方面应结合在电力系统中的位置，负荷性质、设备特点等条件确定；另一方面在布置上需要与 750kV 变电站的整体布置，尤其是 750kV 配电装置的布置相协调，并应满足供电可靠、运行灵活、操作检修方便、投资节约和便于过渡或扩建等要求。

一、330/220kV 配电装置的特点及要求

1. 750kV 变电站中 330kV 配电装置的接线

（1）330kV 配电装置可采用一台半断路器接线或双母线接线，实际工程结合技术经济比较结果确定。从目前 750kV 变电站的情况看，750kV 变电站中的 330kV 配电装置都采用了一台半断路器接线方案。

（2）因系统潮流控制或因短路电流需要分片运行时，可将母线分段。

（3）采用一台半断路器接线时，宜将电源回路与负荷回路配对成串，同名回路配置在不同串内，同名回路可接于同一侧母线。初期为 1～2 组主变压器，主变压器应全部进串；当主变压器组数超过 2 组时，其中 2 组主变压器进串，其他变压器可不进串，直接经断路器接入母线。

（4）初期回路数较少时，宜采用断路器较少的简化接线，但在布置上应考虑过渡到最终接线方案。

（5）当高压并联电抗器与线路需同投同退时，不设置隔离开关。

（6）应充分考虑 GIS 近远期过渡接线。为便于远期 GIS 的扩建和减少停电时间，可采取以下措施：

1）330kV 采用双母线接线时，当远期线路和变压器连接元件总数为 6～7 回时，可在一条母线上装设分段断路器；元件总数为 8 回及以上时，可在两条母线上装设分段断路器。当本期线路和变压器元件总数为 4 回及以上时，本期可按远期接线考虑，分段、母联、母线设备间隔一次上齐。

2）对布置于本期进出线之间的备用间隔，本期提前建设该间隔母线侧隔离开关，在母线扩建接口处预装可拆卸导体的独立隔室。当远期接线为双母线双分段时，建设过程中尽量避免采用双母线单分段接线。

2. 750kV 变电站中 220kV 配电装置的接线

750kV 变电站中 220kV 配电装置一般采用双母线接线。当线路和变压器连接元件总数在 10～14 回时，在一条母线上装设分段断路器；元件总数为 15 回及以上时，在两条母线上装设分段断路器。为了限制 220kV 母线短路电流或者满足系统解列运行的要求，也可根据需要将母线分段。

147

3. 750kV 变电站 330/220kV 配电装置的型式

750kV 变电站 330/220kV 配电装置的型式应根据站址环境条件和地质条件，通过经济技术比较后确定配电装置的型式。330/220kV 开关设备采用 GIS、HGIS、柱式或罐式断路器。对用地紧张、高海拔、高地震烈度、污秽严重等地区，经技术经济论证，可采用 GIS、HGIS。对寒冷地区日温差较大的地区（如大于 25K）可选择户内 GIS 设备。

二、330kV 配电装置布置

1. AIS 设备布置方案

如图 5-24 所示的 330kV 配电装置布置图中，采用一台半断路器接线，双母线双分段，断路器三列布置，双侧出线加双侧进线，采用 LF-21Y，ϕ200/180mm 铝锰合金管型母线配 GW6-330 型单柱式隔离开关的布置方式；正常间隔宽度为 20m，其进出线相间距离为 5.6m，相地距离为 4.4m，间隔内设备的相间和相地距离为 5m；断路器采用瓷柱式 SF$_6$ 断路器，配电装置共有 18 回进出线 3 回主变压器电线，接成 10 个完整串和 1 个不完整串，共占用 16 个间隔，包括分段间隔。

主要特点有：

（1）出线采用顺串出线、高架横穿和低架斜拉出线三种型式，变压器进线采用顺串进线、高架横穿两种型式；其中低架斜拉进线减少了配电装置内构架数量，高架横穿进线增加了配串的灵活性。断路器三列布置，两组母线分别布置在两侧，进出线构架共 3 排，纵向尺寸为 123.75m；线路终端塔可采用单回路或双回路塔。

（2）母线采用 LF-21Y，ϕ200/180mm 铝锰合金管型母线，V 型绝缘子悬吊式安装，V 型绝缘子串可有效限制管型母线的风偏或短路摇摆，如按照 10m 高 10min 最大风速 35m/s 或短路电流 63kA 进行计算，管型母线线跨中最大位移不超过 0.48m，该值小于 GW6-330 型单柱式隔离开关动触头可承受的水平位移。

（3）断路器采用瓷柱式断路器，采用独立式电流互感器；母线隔离开关为单柱式分相布置，串中隔离开关采用五柱式隔离开关组合电器，进一步减小了纵向尺寸。

（4）配电装置周围设置环形道路，并在两个间隔之间设有纵向通道，可以满足各串设备运输时车辆通行及安装检修的需要。串间纵向道路的设置满足了相邻间隔设备带电运输要求的安全净距。

如图 5-25 所示的 330kV 配电装置布置图中，采用罐式断路器。该配电装置采用断路器三列布置，三侧出线；两组主变压器进串；间隔宽度为 20m，其进出线相间距离为 5.6m，相地距离为 4.4m，间隔内设备的相间和相地距离为 5m。

主要特点有：

（1）出线采用顺串出线、高架横穿和低架斜拉出线三种型式，进线采用顺串进线；断路器成三列布置，两组母线分别布置在两侧，进出线构架共 3 排，纵向尺寸为 113m；线路终端塔可采用单回路或双回路塔。

（2）母线采用 LF-21Y，ϕ200/180mm 铝锰合金管型母线，V 型绝缘子悬吊式安装。

（3）断路器采用罐式断路器，配套管式电流互感器。

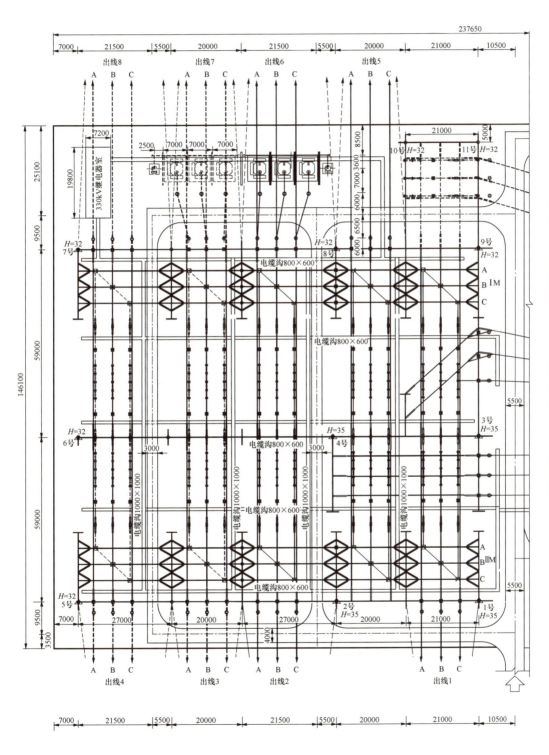

图 5－24　330kV 配电装置布置图（瓷柱式断路器＋悬吊型管型母线—台半断路器）

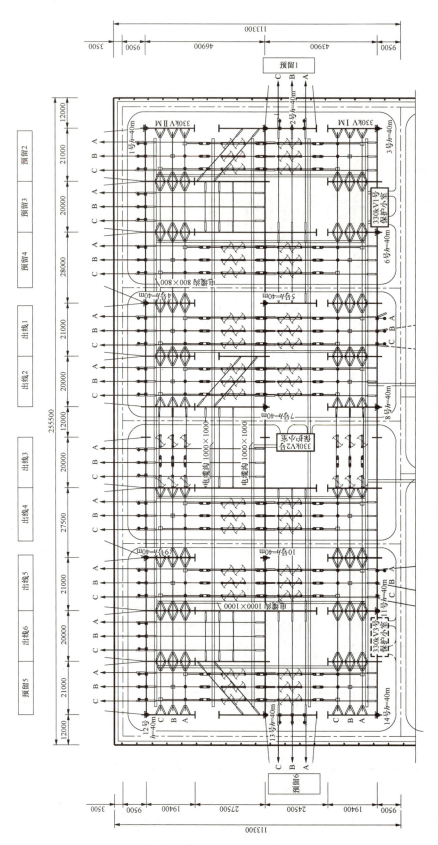

图 5-25 330kV 配电装置布置图

（4）母线隔离开关为水平断口型中型布置，主要是考虑到部分地区由于环境条件的限制，如短时大风、沙尘等的限制，母线隔离开关若选用垂直开启时会存在位移过大、动触头合闸不到位、接触电阻过大造成导电部分过热等情况，同时串中隔离开关采用五柱式隔离开关组合电器，减小了纵向尺寸。

（5）配电装置周围设置环形道路，并在两个间隔之间设有纵向通道。

2. HGIS 配电装置

如图 5-26 所示的 HGIS 设备 330kV 配电装置布置图中，配电装置采用三侧进出线，间隔宽度为 20m，其进出线相间距离为 5.6m，相地距离为 4.4m，间隔内设备的相间和相地距离为 5m。

主要设计特点有：

（1）配电装置为南北两侧顺串进出线及东侧高架横穿出线，断路器按南北向布置，两组母线分别布置在两侧，进出线构架共 3 排为全联合构架，纵向尺寸为 61m；线路终端塔可采用单回路或双回路塔。

（2）母线采用 LF-21Y，ϕ200/180mm 铝锰合金管型母线，V 型绝缘子悬吊式安装。

（3）3 组主变压器均接入两组母线，一方面是考虑到 HGIS 设备的高可靠性，故障检修概率较低，另一方面是主变压器若采用接入两组母线的方案，需要增加空间隔，占地面积大。

（4）配电装置周围设置环形道路，并在两串之间设有纵向通道，可以满足各串设备运输时车辆通行及安装检修的需要。串间纵向道路的设置满足了相邻间隔设备带电运输要求的安全净距。

如图 5-27 所示的 HGIS 设备 330kV 配电装置布置图中，HGIS 设备采用"C"型布置。同常规 HGIS 设备"一"字型布置相比，"C"型方案具有以下特点：

（1）出线套管利用分支母线引出至出线构架下方，增加了分支母线长度；配电装置内母线上方无上层跨线。

（2）两组母线共用一榀构架。

3. 屋外 GIS 配电装置

如图 5-28 所示的 330kV 屋外 GIS 配电装置布置图中，采用双母线双分段接线，出线间隔宽度均为 18m。该方案特点为：

（1）利用出线构架作为主变压器进线跨线的挂点，每组主变压器节省了一榀进线构架。主变压器跨线的高度满足导线带电、下方 GIS 本体设备检修起吊的要求。

（2）GIS 配电装置四周设置有环形道路作为检修维护通道。

如图 5-29 所示的 330kV 屋外 GIS 配电装置布置图中，采用一个半断路器双母线分段接线，出线间隔宽度均为 18m。

三、220kV 配电装置布置

1. AIS 配电装置

如图 5-30 所示的 220kV 配电装置布置图中，采用双母线双分段接线，断路器双列

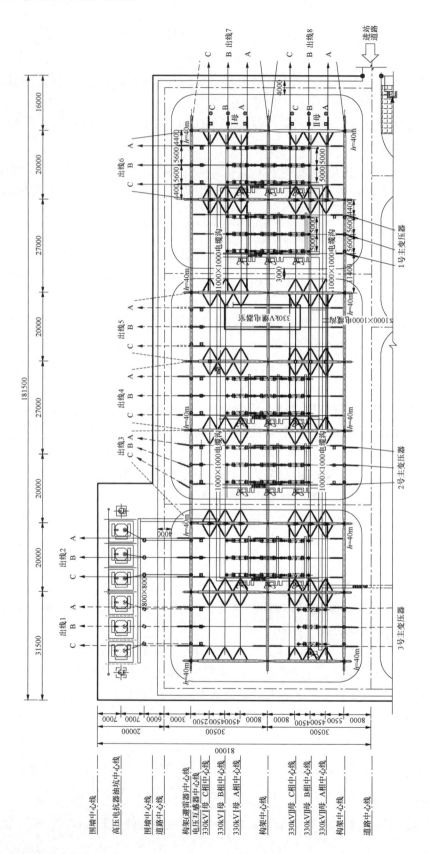

图 5-26 HGIS 设备 330kV 配电装置布置图图 1

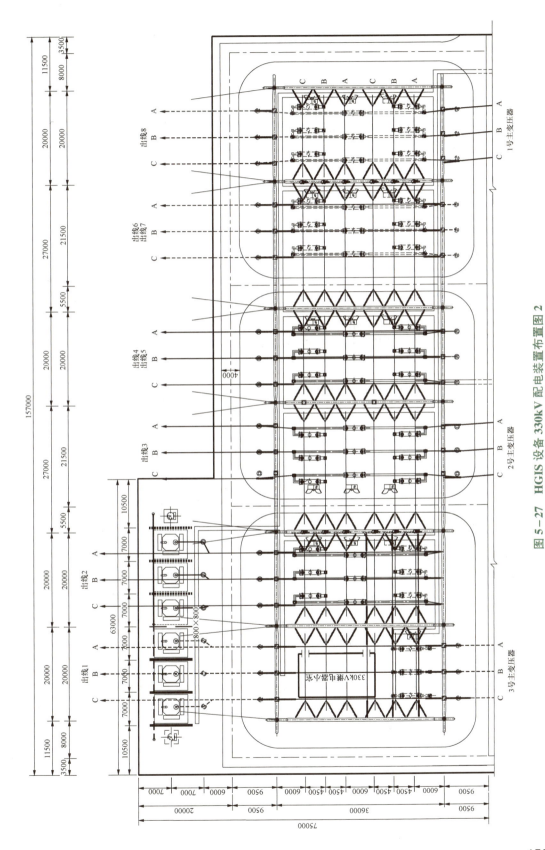

图 5-27 HGIS 设备 330kV 配电装置布置图 2

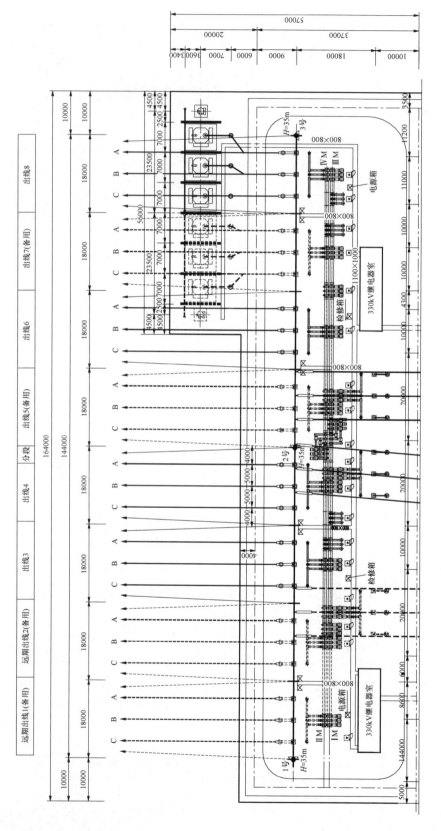

图 5-28 330kV 屋外 GIS 配电装置布置图 1

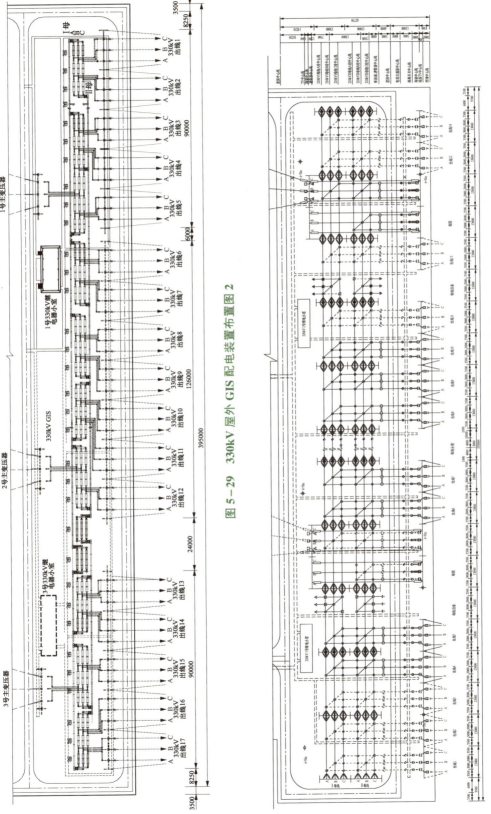

图 5－29 330kV 屋外 GIS 配电装置布置图 2

图 5－30 220kV 配电装置布置图 1

式布置，采用 LF-21Y，ϕ250/230mm 铝锰合金管型母线配 GW6-220 型单柱式隔离开关的布置方式，间隔宽度为 13m，其进出线相间距离为 4m，相地距离为 2.5m，间隔内设备的相间和相地距离分别为 3.5m 和 3m。断路器采用瓷柱式 SF_6 断路器，每回出线包括分段占用 1 个间隔，主变压器进线及母线设备布置在母线另一侧。

主要特点有：

（1）采用断路器双列式布置方案，主变压器进线断路器及母线设备与出线断路器分置于母线两侧。

（2）母线采用 LF-21Y，ϕ250/230mm 铝锰合金管型母线，V 型绝缘子悬吊式安装。

（3）断路器采用瓷柱式断路器，采用独立式电流互感器；母线隔离开关为单柱式分相布置，进一步减少了纵向尺寸。

（4）配电装置周围设置环形道路，并在两个间隔之间设有纵向通道，可以满足各串设备运输时车辆通行及安装检修的需要。串间纵向道路的设置满足了相邻间隔设备带电运输要求的安全净距。

如图 5-31 所示的 220kV 配电装置布置图中，采用双母线双分段接线，断路器单列式布置，采用 LF-21Y，ϕ250/230mm 铝锰合金管型母线配 GW7-220 型水平旋转式隔离开关的布置方式，间隔宽度为 13m，其进出线相间距离为 4m，相地距离为 2.5m，间隔内设备的相间和相地距离分别为 3.5m 和 3m。断路器采用瓷柱式 SF_6 断路器，每回进、出线以及分段、母联、母线设备均占用 1 个间隔。

主要特点有：

（1）采用断路器单列式布置方案，每回进、出线以及分段、母联、母线设备均占用 1 个间隔。

（2）母线采用 LF-21Y，ϕ250/230mm 铝锰合金管型母线，V 型绝缘子悬吊式安装。

（3）断路器采用瓷柱式断路器，采用独立式电流互感器；母线隔离开关为水平旋转式隔离开关。

（4）配电装置周围设置环形道路，并在两个间隔之间设有纵向通道，可以满足各串设备运输时车辆通行及安装检修的需要。串间纵向道路的设置满足了相邻间隔设备带电运输要求的安全净距。

2. GIS 配电装置

220kV 屋外 GIS 配电装置主要应用于污秽严重、站址用地较为紧张地区。

如图 5-32 所示的 220kV 双母线接线屋外 GIS 配电装置布置图中，断路器双列式布置，出线间隔宽度为 12m，每两跨出线设置一榀构架。

如图 5-33 所示的 220kV 双母线双分段接线屋外 GIS 配电装置布置图中，断路器双列式布置，主变压器进线电压互感器、避雷器采用敞开式设备；出线间隔宽度为 12m，其中局部出线间隔上下层布置，采用 13m 间隔宽度；每两跨出线设置一榀构架。

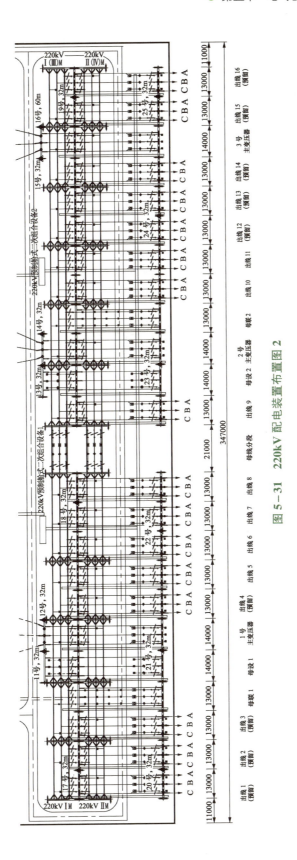

图 5-31　220kV 配电装置布置图 2

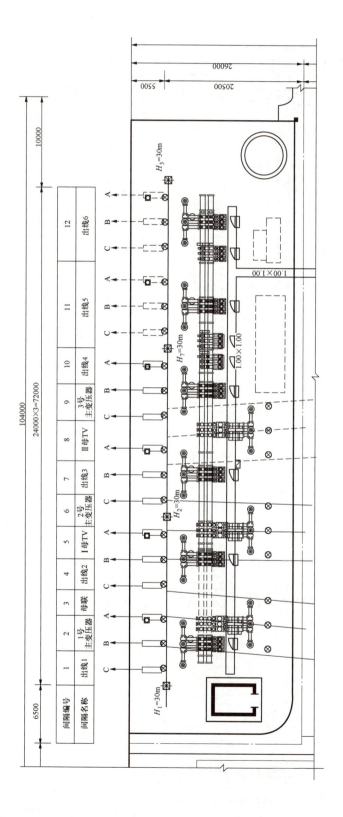

图 5-32 220kV 双母线接线屋外 GIS 配电装置布置图

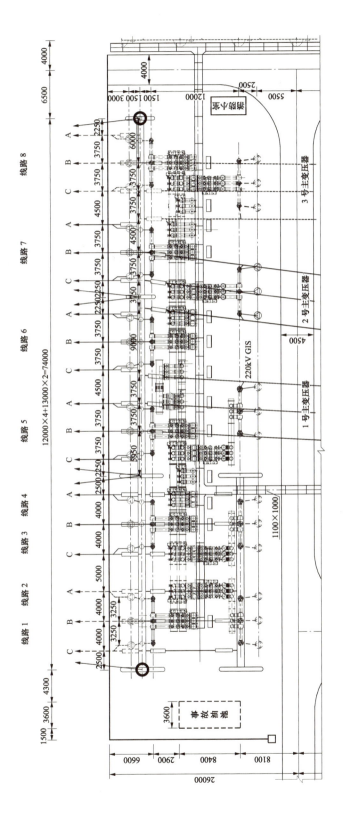

图 5－33　220kV 双母线双分段接线屋外 GIS 配电装置布置图

第四节　主变压器及 66kV 无功补偿装置布置

变电站内的无功补偿装置基本可分为以下两类。

（1）主变压器及低压侧的低压无功补偿装置：66kV 电压等级的并联电抗器、并联电容器、SVC、SVG 等。

（2）线路上安装的高压并联电抗器：包括 330、750kV 等，又可根据电抗器型式的不同，分为固定高压并联电抗器和可控高压并联电抗器。

调相机作为并联补偿装置，主要应用于换流站和单独作为变电站无功的补充，本节不再赘述。

一、主变压器及 66kV 配电装置特点及要求

基本特点及要求包括：

（1）应按照配电装置设计的基本原则及要求进行设计，并结合全站电气总平面布置统筹考虑。

（2）装置布置方案应利于通风散热、运行巡视、更换设备以及分期扩建条件。

（3）在装置安装时，应满足安装地点的自然环境条件（海拔、污秽、风速、地震烈度、温度、湿度、日照等），和防范一些不利的自然因素，如鸟害、鼠害等。

（一）并联电容器

并联电容器一般包括电容器组、串联电抗器及其附属设备的布置。目前电容器组的布置均采用户外式、多层布置。主要特点为：

（1）适用于户外型电容器产品，同时应采取一定措施防止污秽、鸟害等措施。

（2）并联电容器装置应设置安全围栏，围栏对带电体的安全距离应符合标准的有关规定。围栏门应采取安全闭锁措施，并应采取防止小动物侵袭的措施。

（3）并联电容器组的布置，宜分相设置独立的框（台）架，电容组中电容器单元的安装有立放和卧放两种形式。

（4）并联电容器装置的朝向应综合考虑减少太阳辐射热和利用夏季主导风的散热作用，应尽量使电容器箱壳立面的小面为南北向，大面为东西向。

（5）分层布置的 66kV 电压等级的并联电容器组框（台）架，不宜超过 6 层，每层不应超过 2 排。

（6）串联电抗器型式通常选用干式空心，具体布置要求同户内布置时的对周边空间安全净距及防磁要求。

（7）放电线围、避雷器等附属设备，宜独立设置。

（8）并联电容器装置附近宜设置消防设施，装置与其他建筑物或主要电气设备之间无防火墙时，其防火间距不应小于 5m。

（9）围栏内地面宜采用水泥沙浆抹面。

（二）并联电抗器

（1）并联电抗器多适用于户外型，同时应采取一定措施防止污秽、鸟害等措施。

（2）为减少占地面积及便于电抗器引出线，三相干式并联电抗器宜按"品"字布置方式；部分工程为了与电容器组回路布置匹配，三相干式并联电抗器采用"一"字型布置。

（3）地震烈度 7 度及以下时，宜采用高位布置，电抗器本体绝缘子采用不低于 2.5m 高玻璃钢支柱进行支撑。

（4）地震烈度 8 度及以下时，宜采用低位布置，周围设置围栏，围栏同时应考虑防磁等方面的要求。

（5）电抗器本体宜采用隔声降噪措施。

（三）SVC 成套装置

1. TCR 型 SVC 成套装置

（1）晶闸管控制电抗器（thyristor controlled reactor，TCR）型静止无功补偿装置（static var compensator，SVC）成套装置由滤波电容器（filter capacitor，FC）、TCR 和晶闸管阀等组成，并且一般还需要冷却装置及控制保护装置，布置一般采用混合型布置。

（2）成套装置一般布置在变电站的配电装置内，当需要单独布置时，10kV 及以下的断路器为户内布置，且为开关柜式；35kV 及以上的断路器可采用户内或屋外布置，采用开关柜或常规敞开式设备。

（3）FC 的布置与并联电容器组基本相同，不再赘述。

（4）TCR 本体及其附件一般采用户外落地布置方式。对于干式空心电抗器，布置时应满足制造厂提出的三相设备之间，以及设备与周围导磁件之间的最小允许距离。一般情况下，可按照相间距离大于 $1.7D$（D 为电抗器外径），下表面与地面的距离大于 $0.5D$，电抗器中心与墙壁、围栏等的距离在 $1.1D$ 以上来考虑。在上述距离之内的构件应采用非磁性材料制造。电抗器周围不应构成闭合的导磁回路。当 TCR 电压较低、容量较小时，可将一相中两台电抗器堆叠布置，必要时也可采用三相叠装方式。

（5）晶闸管阀及其冷却装置一般应为户内布置，房屋需要配置暖通设备，并设置电磁屏蔽措施。阀组可一字排开布置或者堆叠布置。若采用堆叠布置方案，则阀室的高度较高，土建投资增大，同时抗震性能较差；除非场地受限，一般不推荐采用堆叠布置方案。控制保护装置应靠近晶闸管阀以缩短信号传输距离，但不宜安装在阀室内。

2. MCR 型 SVC 成套装置

（1）磁控电抗器（magnetically controlled reactors，MCR）型 SVC 成套装置主要由 MCR 和控制保护装置组成，此外，当装置容量较大，产生谐波较多时，可相应安装补偿滤波支路。

（2）MCR 一般安装在户外，控制保护装置安装在屋内。

（3）补偿滤波支路与 TCR 型 SVC 成套装置中滤波支路基本相同。

（四）SVG 成套装置

（1）静止无功发电器（static var generator，SVG）成套装置主要包括变流器、连接电抗器（或耦合变压器）、控制柜及相关附属设备等。

（2）与 SVC 各部件布置要求类似。

二、主变压器及 66kV 配电装置布置

（一）主变压器及 66kV 配电装置接线型式

750kV 变电站主变压器采用单相自耦变压器，主变压器低压侧采用三角形接线，主变压器 66kV 侧出口装设双总断路器。

66kV 接线一般采用按主变压器分单元的单母线接线，设置一个或两个单元。每个单元根据系统需要均装设若干组低压并联电抗器及若干组低压并联电容器和一台容量为 2500kVA 的站用变压器。

考虑到对不同地区的适应性，上述各方案主变压器 66kV 侧出口均装设总断路器。装设出口断路器具有防止 66kV 侧母线及其所连接的设备发生故障时跳掉主变压器高、中压侧断路器，致使 750kV 与 330kV 系统解列，以及主变压器差动回路保护范围大等优点。

（二）66kV 框架式并联电容器组及干式空心并联电抗器布置

（1）主变压器布置。主变压器布置按最终规模主变压器考虑，主变压器采用单相自耦变压器；主变压器的构架高度取 27m。

（2）66kV 配电装置。终期对应每组主变压器：无功补偿设备若干组，如 4 组并联电抗器和 4 组并联电容器，每组主变压器低压侧各接 1 台站用变压器。

66kV 母线采用支持式管型母线。66kV 无功补偿装置布置在母线两侧，以节约占地，有利于电气总平面的整体协调布置。其中低压电容器组为框架式；低压并联电抗器为高式布置，不设围栏。

图 5-34 为户外 66kV 框架式并联电容器组及干式空心并联电抗器"一"字型布置图，该方案布置特点为设备均采用户外框架式并联电容器组及户外干式空心并联电抗器，布置上并联电容器组及户外干式空心并联电抗器均采用"一"字型布置。

图 5-35 为户外 66kV 框架式并联电容器组及干式空心并联电抗器"非"字型布置图，该方案布置特点并联电容器组及户外干式空心并联电抗器布置为"非"字型，具有横向尺寸小，适用于横向尺寸受限的布置方式。

（三）66kV SVC 布置

某 750kV 变电站主变压器采用单相自耦变压器，远期 6 台单相变压器。每组主变压器需由各单相变压器的 66kV 端子引线至变压器汇流母线完成"△"接线，汇流母线兼作 66kV 主母线。户外 66kV SVC 布置图见图 5-36。

主变压器容量为单相 700MVA，在满足安全净距的条件下，两个防火墙，即两个单相变压器之间的距离考虑一定裕度后，取 21m，每组主变压器低压侧安装 2×（-180～+180）Mvar SVC。

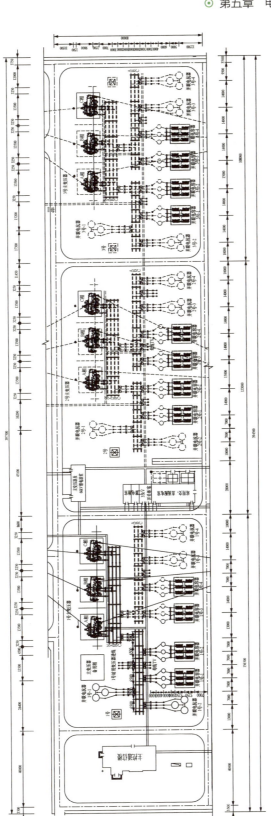

图 5-34 户外 66kV 框架式并联电容器组及干式空心并联电抗器 "—" 字型布置图

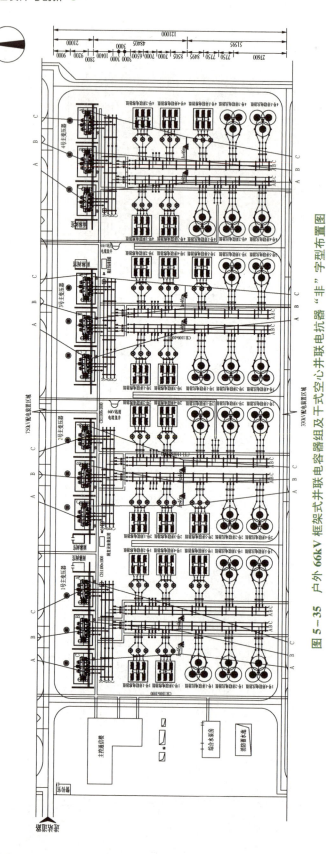

图 5-35 户外 66kV 框架式并联电容器组及干式空心并联电抗器 "非" 字型布置图

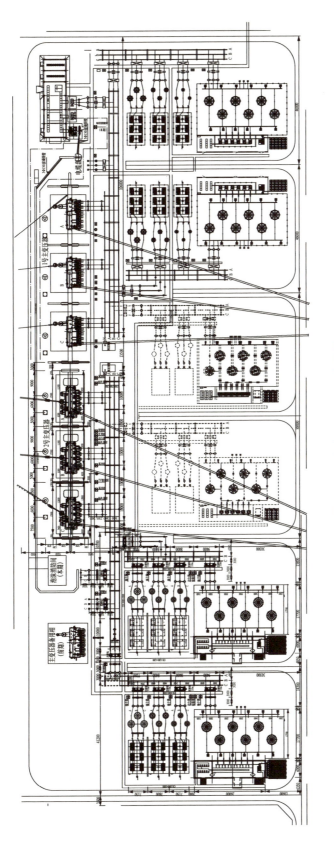

图 5-36　户外 66kV SVC 布置图

主变压器本体构架经比较后，确定每个单相设置一榀构架，即采用 3 个连续的 21m 宽门型架，构架高度取 27m，主变压器相间防火墙和主变门型架构的人字柱合并布置。

66kV 配电装置采用户外中型布置。母线采用支持式管型母线，主变压器汇流母线相间距为 1.7m，母线支架高度为 7.0m；66kV 配电装置分支母线也采用支持式管型母线，相间距为 1.7m，母线支架高度为 5.0m。

SVC 的 FC 回路低压并联电容器组采用框架式，设围栅。

TCR 回路相控电抗器户外高式布置，并设有围栅，阀组户内布置。

第五节　750kV 串联补偿装置布置

750kV 串联补偿装置串接于输电线路中，主要功能在于增强系统稳定性、提高输电能力；根据不同系统要求，750kV 串联补偿装置可以分为固定串联补偿和可控串联补偿，可控串联补偿是将串联补偿容量根据系统要求分为可控段和固定段，两段均采用平台布置，基本的布置要求是一致的。目前，国内仅建设有固定串联补偿，可控串联补偿尚未有工程实例。

一、750kV 串联补偿装置布置特点及要求

（一）总的布置原则及要求

750kV 串联补偿装置容量更大、电压更高、设备均压环及导体表面电场强度更大，因此，过电压及电晕控制等问题更加突出。同时，由于设备安装高度及设备重心更高，抗震性能降低，因此，750kV 串联补偿装置布置在满足电气性能和机械特性要求的前提下，尽可能地降低对环境的影响、提高抗震性能。

（1）串联补偿布置方案重点考虑降低电晕、无线电干扰及可听噪声等环境影响。

（2）围栏尺寸考虑静电感应的影响。

（3）布置方案应做到结构简单、布置清晰，便于主要设备与线路之间以及各设备间的连接，简化连接金具的形式。

（4）平台支撑绝缘子及基础考虑提高抗震性能，满足地震烈度的要求。

（5）串联补偿装置周边具有良好的运输条件，方便运行和检修。

（二）基本布置要求

1. 平台布置

电容器平台布置在围栏内，可采用支持式。绝缘平台采用低位布置，采用绝缘支撑件形成支撑系统，外侧设置围栏，从节约占地考虑，三相平台宜设置 1 个围栏，围栏内宜采用硬化地面便于检修维护，串联补偿装置两相平台之间应设置相间道路。

不同工程，由于容量大小及供货方不同，其平台及围栏尺寸有所差异，但补偿装置的布置方式基本相同。

（1）支持式布置是将电容器平台用多根支持式绝缘子加以支撑，稳定性好、施工维护检修试验较方便、占地少、布置美观清晰、节省钢材，投资可比悬吊式减少 10%～20%。但抗震性能差，对支持绝缘子的要求高，而且需要处理好基础的不均匀沉降。

（2）串联补偿平台上的主要设备宜分类集中布置。布置时除考虑带电距离和电磁干扰的要求外，还应考虑设备的运行维护通道和空间。

（3）串联补偿平台上主要设备既要便于与送电线路之间的接线，也要便于与平台之间的连接；平台与旁路断路器、隔离开关之间以软导线连接为宜。

（4）串联补偿平台宜采用低位布置，周围应设置围栏，750kV 串联补偿平台距离围栏距离应根据围栏处地面场强限值进行确定。

（5）串联补偿平台带电运行时，围栏门应闭锁，串联补偿平台的外缘或中间开孔处应设置护栏，护栏与带电设备外廓间应保持足够的电气安全净距。

（6）串联补偿平台应设置可活动的检修爬梯，且应有联锁功能。

（7）串联补偿平台上的光纤应通过光纤绝缘柱引至平台下。

（8）串联补偿平台四周照明设施应良好；检查视频监视探头布置合理，可对串联补偿设备进行有效监视。

（9）串联补偿平台附近应配置适当数量的移动式灭火器，用于电气设备及建筑物的灭火。灭火器应根据平台高度选择灭火效能高、使用方便、有效期长、可长期存放、喷射距离远的品种。

2. 旁路设备布置

（1）旁路断路器、隔离开关等设备布置于绝缘平台外，与平台外设备通常采用软连接。

（2）隔离开关布置在靠近线路侧，包括旁路隔离开关和串联隔离开关，其中旁路隔离开关宜布置在线路下方，串联隔离开关宜在串联补偿围栏外布置，隔离开关之间通过绝缘子过渡连接。

（3）旁路断路器布置在旁路隔离开关对侧围栏外。

3. 可控串联补偿装置

（1）可控串联补偿每相均包括 1 个可控串联补偿平台和 1 个固定串联补偿平台，通常三相可控串联补偿平台与三相固定串联补偿平台之间毗邻布置，设置两个三相围栏；每个围栏的布置要求同固定串联补偿的布置要求，包括平台四周宜运行检修通道及相间道路的设置原则等。

（2）固定串联补偿平台围栏外设备布置同常规固定串联补偿的设备布置方案。

（3）可控串联补偿平台围栏外侧设备包括隔离开关、旁路断路器及 TCR，TCR 晶闸管阀控制小间布置在平台上。由于增加了 TCR，围栏外设备可采用以下两种布置方案：

1）旁路断路器仍采用与旁路隔离开关对侧布置的设计方案，此时将 TCR 布置在靠近线路侧，该方案平台上电容器组布置在线路对侧。

2）旁路断路器与旁路隔离开关同侧布置，此时将 TCR 布置在围栏对侧，该方案平台上电容器组布置在靠近线路侧。

（4）TCR 宜采用高位布置，下部支撑绝缘子高度以适应平台接线端子高度为宜。

（5）晶闸管阀采用水冷却方案，水冷设备间宜就近布置在围栏外。

二、750kV 串联补偿装置设计要点

以某串联补偿站 750kV 串联补偿装置设计尺寸为例进行介绍，见图 5-37。该站设备外绝缘水平及配电装置空气间隙均按照海拔 3000m 进行修正，海拔 1000m 及以下串联补偿装置的设计可参考进行调整。

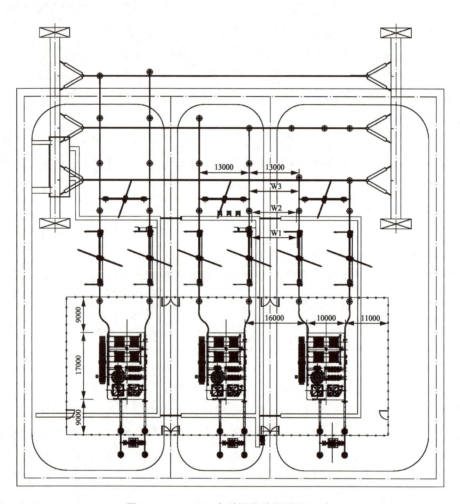

图 5-37　750kV 串联补偿装置设计尺寸

（1）同相串联补偿隔离开关布置间距的确定。根据隔离开关等设备资料，旁路隔离两侧的接线端子板间距约 10m，由图 5-37 可以看出，为方便旁路隔离开关引线，将其平行于线路布置，因此串联补偿隔离开关间距取为 13m。

（2）不同相串联补偿隔离开关布置间距的确定。不同相串联补偿隔离开关的间距主要由图 5-37 中 W1、W2 和 W3 值确定。W1、W2 和 W3 分别为不同相串联补偿隔离开关静触头均压环、支柱绝缘子均压环和管型母线之间的净距，此处用 A2 值（8.8m，海拔

修正后）来校验。根据厂家资料，隔离开关均压环直径约为 1m，支柱绝缘子均压环直径约为 1.4m，管型母线直径取为 0.2m，当上述设备的相间距取为 13m 时，可均满足带电距离要求。

（3）串联补偿平台相间距的确定。750kV 串联补偿平台的相间距应同时满足最小空气间隙及安装检修的要求。根据串联补偿平台相间操作冲击放电试验结果确定的最小空气间隙距离、串联补偿平台宽度、同相串联补偿隔离开关和不同相串联补偿隔离开关布置间距，同时考虑串联补偿吊装空间的要求，串联补偿平台相间距取为 16m。

（4）管型母线线跨距的确定。管型母线跨距主要决定于管型母线挠度要求、支持元件（支柱绝缘子、隔离开关等设备）的受力限值及抗震要求。按现有设备参数验算计算，管型母线最大跨距不宜超过 12m。

（5）构架挂点高度 H 的确定。构架挂点高度参照敞开式 750kV 配电装置构架挂点的确定方式，该工程取 39m。

（6）串联补偿装置相间道路的设置。750kV 串联补偿平台底平面距地面高约 10m，串联补偿平台上设备的最高处距离地面约 16m；串联补偿平台的安装一般可采用两台履带吊或汽车吊抬吊的方法，吊车均需布置在相间道路上；串联补偿平台的检修维护必须借助于检修吊车，如串联补偿装置最经常的维护工作就是电容器的检测和更换。因此，应考虑设置相间道路以满足串联补偿平台设备检维护修的要求。

串联补偿布置中，平台相间距为 16m，围栏内相间路取为 3.5m，因此无需增加占地面积，围栏内相间路与站内道路相通，围栏相间位置设置网门，满足设备检修过车要求，为检修维护创造便利条件。

（7）串联补偿装置围栏尺寸的确定。串联补偿装置围栏尺寸的确定原则为：

1）满足串联补偿带电时围栏处带电安全距离要求。围栏至平台带电部分的距离其值不应小于 7.45m（B1 值）。

2）满足围栏外配电装置场地内的静电感应场强水平要求。

750kV 串联补偿平台高约 10m，围栏高 1.8m，其高差即大于带电安全距离要求，因此安全距离一般不作为串联补偿围栏尺寸确定的控制条件，围栏处主要考虑静电感应场强的限值，包括围栏侧面和正面（进线管型母线处），即离地 1.5m 的静电感应场强水平不宜超过 10kV/m，少部分地区可允许达到 15kV/m。

根据对 750kV 串联补偿配电装置场地内的静电感应场强计算结果，可得出如下结论：750kV 串联补偿三相共围栏，围栏至平台的水平距离在短轴方向不小于 9m、长轴方向不小于 1m，围栏高度为 1.8m 时，满足上述静电感应场强的限值要求。

三、750kV 串联补偿装置布置

根据我国电网的运行特点，目前应用的 750kV 串联补偿工程布置方式均采用线外布置方式，即串联补偿平台布置于线路的外侧，设备检修时不影响线路的运行。在此基础上，按串联补偿平台与线路的相对方位关系不同，基本可分为垂直线路或平行线路两类布置方案。

（1）由于 750kV 线路距离较长，串联补偿度高、串联补偿装置容量大，每相平台需要采用双平台串联。

（2）三相围栏尺寸由围栏处地面场强限值要求控制，750kV 串联补偿平台长度、宽度方向对围栏净距要求均为 4.5m。

图 5-38 为 750kV 固定串联补偿的平面布置图。该方案设计特点为：每相串联补偿采用单平台布置，三相平台间设置一个围栏；每个围栏内两相之间设置 3.5m 宽的相间道路。

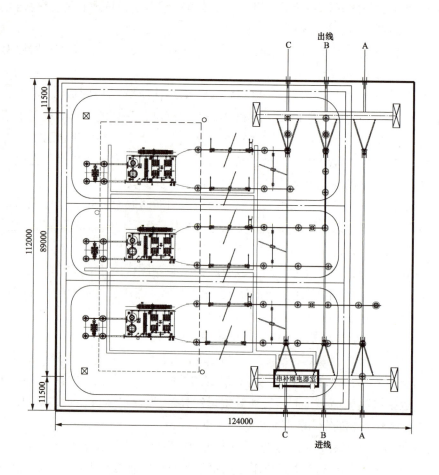

图 5-38　750kV 固定串联补偿的平面布置图

图 5-39 为 750kV 可控串联补偿的平面布置图。该方案设计特点为：每相串联补偿的可控段和固定段均采用双平台布置；每个可控段和固定段各设置一个围栏；每个围栏内两相之间设置 3.5m 宽的相间道路；可控段平台电容器组布置在偏离线路侧，可控段旁路断路器与固定段旁路断路器反向布置。

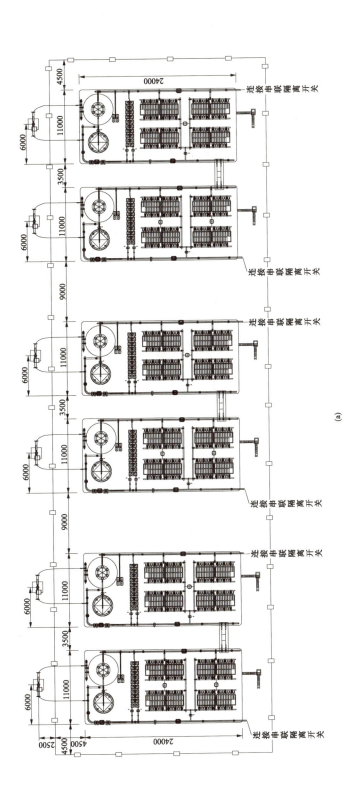

图 5-39　750kV 可控串联补偿的平面布置图（一）

（a）可控串联补偿固定段

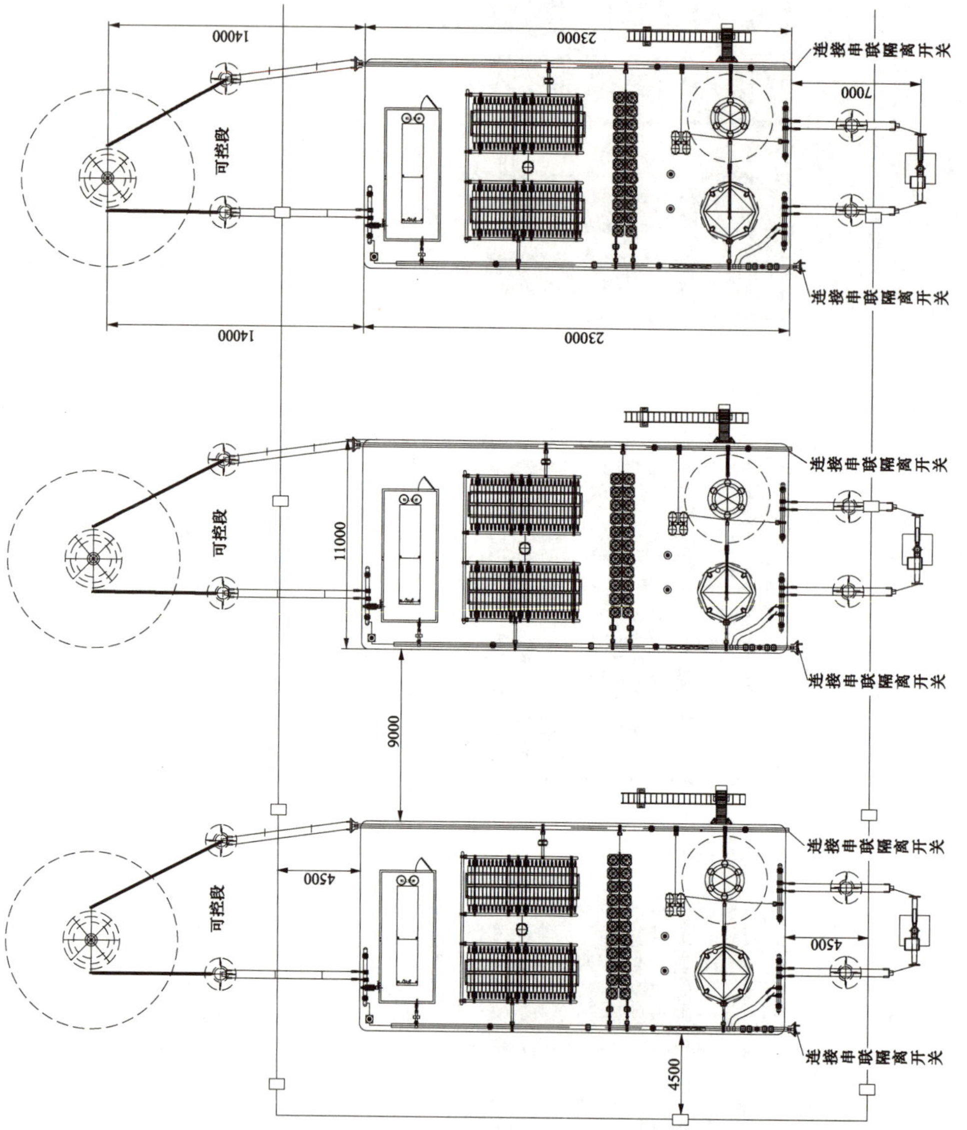

(b)

图 5-39 750kV 可控串联补偿的平面布置图（二）

（b）可控串联补偿可控段

第六节　设计创新及展望

一、750kV 配电装置的设计创新

（一）800kV GIS 配电装置双列式布置

1. 双列式布置的特点

常规一台半断路器接线的 GIS 配电装置多采用母线集中外置"一"字型布置方案，一般均向一个方向出线（局部可根据实际情况反向出线），出线方式不灵活，常会出现难以与出线线路走向相协调的问题，造成线路侧需采用较多转角塔进行转向，且线路路径更长，这将大幅增加线路侧投资；同时常规"一"字型布置方式下，GIS 主母线较长，而 GIS 主母线造价也较昂贵；此外，由于 GIS 断路器单元较重，吊车需由主变运输道路开至离断路器较近处，而此处一般均布置有主变压器进线构架、继电器室等建、构筑物，有时会导致吊车难以顺利驶入预定位置，经常需多次倒车操作，大大延长了操作时间，给安装检修带来不便。

针对"一"字型布置不足，1000kV GIS 配电装置提出了断路器双列式布置方案，并在多个 750kV 变电站应用中取得良好效果，作为一种较有特点和优势的配电装置布置方案，在 750kV 变电站中也得到了应用。

GIS 断路器双列式布置方案，主要是解决以下问题：① 当线路需要向不同方向出线时，如何使变电站与线路配合更为顺畅，节约线路侧投资；② GIS 主母线造价高，如何通过减少管道母线长度，节约 GIS 总体投资；③ 如何通过合理布置设备及安装检修道路，给安装检修带来便利。

GIS 断路器双列式布置方案的特点为：

（1）断路器集中布置为两列，两列断路器中间设安装检修通道。

（2）出线构架分别布置在两组主母线外侧，进出线方式灵活、进出线布置顺畅、与线路对应好。

（3）主母线分别集中布置在断路器两侧，主母线短、两列断路器之间连接母线长。

（4）占地面积小、安装维护方便、适应场地条件好。

此种布置方案可以节约大量 GIS 主母线，节约工程整体投资；配电装置横向尺寸较小，可以很好地与主变压器及其他配电装置区协调配合；安装检修通道设置在两列断路器中间，吊车可直接驶入该通道，无需拐弯，即可方便地安装检修断路器等 GIS 设备，节约大量安装检修时间。

2. 双列式布置需关注的问题

图 5-40 为某开关站工程 800kV GIS 断路器双列式配电装置布置图，800kV GIS 断路器双列式配电装置布置重点应关注以下两方面的问题。

（1）GIS 管道母线跨越道路方案。GIS 采用断路器双列式布置方案，根据断路器双列式布置自身的特点，不可避免地会出现 GIL 管道母线需跨越两列断路器中间安装检修通道的问题。根据实际工程设计经验，GIL 管道母线跨路方案主要可分为两大类：一种为

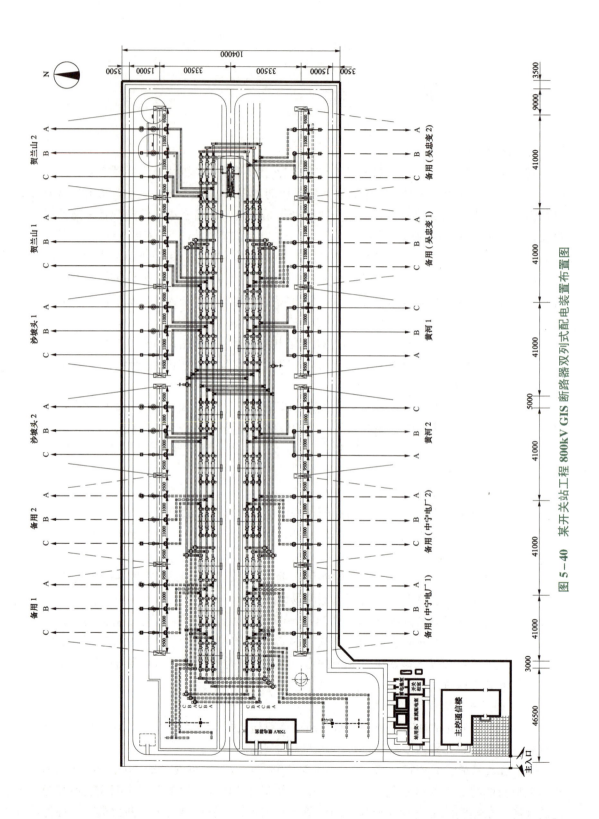

图 5-40 某开关站工程 800kV GIS 断路器双列式配电装置布置图

地上跨越方案，另一种为地下跨越方案。这两种方案在国内外均有较多运行经验。

所谓的地上跨越方案，即在 GIL 管道母线跨越道路处，在满足设备运输及安装检修的条件下，将管道母线局部抬高，采用从地上跨越的方式，穿过道路。该方案的优点在于母线位于地面之上，便于观测、检修、维护。需要时，可利用 SF$_6$ 管路将密度计引至低位，解决了密度计不便于观测的问题。

所谓地下跨越方案，是指在管道母线跨越道路处，设置专用隧道，GIL 管道母线局部降低后，通过隧道穿越道路。如某变电站 1000kV GIL 管道采用地下跨越方案通过隧道穿越道路时，对经过的物体没有高度限制，不影响设备的吊装，布置形式美观，不占用地上空间。该方案缺点是存在占地面积大，检修维护不方便、工程造价高等问题。

750kV GIL 较 1000kV GIL 尺寸小，设备高度低，不存在安装不方便问题，因此，推荐采用常规地上跨越方案。

（2）道路与 GIS 本体间纵向尺寸校验。对于 800kV GIS 设备来说，其安装、检修始终是工程设计所需关注的焦点，而 GIS 设备吊装方案的选取，对于 GIS 设备区域纵向尺寸有较大的影响。对于规模较大的 800kV GIS 配电装置，考虑到施工周期长，从节约安装成本考虑，一般均选择 100t 及以下型号吊车进行安装，以节约吊车租赁费用，依据吊车尺寸、设备外形等对 GIS 配电装置纵向尺寸进行校验并提出推荐值。

GIS 双列式布置方案中道路位于断路器之间，道路距进出线套管距离的设计要求是一致的，即吊车起吊距套管最近的边相主母线时，吊绳等距套管带电部分应满足均压环对地安全距离的要求，根据吊车尺寸、起吊位置、GIS 本体纵向尺寸等参数即可确定道路中心线距进出线套管的距离，以下以道路中心线距出线侧套管中心线距离为例进行计算。

1）设备本体纵向尺寸。设备本体的纵向尺寸由厂家的结构设计决定，主要 800kV GIS 设备尺寸见表 5-13。

表 5-13　　　　　　　　　　　　主要 800kV GIS 设备尺寸　　　　　　　　　　　　　　（m）

两相断路器间纵向尺寸	断路器与最近主母线间纵向尺寸	两相主母线之间纵向尺寸	纵向尺寸（边断路器至边主母线）
3.00	4.0	2.30	14.6
3.00	3.0	1.55	12.1
2.50	3.0	1.60	11.2

注　1. 考虑适应性，设备本体纵向尺寸取为 14.6m。

　　2. 表中尺寸均为中心线距离。

2）起吊故障边相主母线时距出线套管距离。该距离有以下几方面因素控制：① 吊车起吊故障边相主母线时与带电出线套管均压环满足交叉不同时停电检修距离的要求；② 吊车支持脚间的间距；③ 基础外沿与最内侧断路器的间距；④ 吊车支持脚与 GIS 基础外沿的间距不应小于 1000mm。此时，考虑电缆沟位于吊车支持脚与吊车本体之间，电缆沟不影响纵向尺寸。

以 100t 吊车为例，起吊故障边相主母线时距出线套管距离的纵向尺寸计算如下。

750kV 均压环对地的安全净距为 5650mm，吊车钢丝绳考虑起吊故障主母线时可能产生的摇摆 1000mm，吊车钢丝绳距出线套管均压环的裕度按 1000mm 考虑，即边相主母线距套管中心线的距离应为 7650mm；

100t 吊车支持脚间距最大为 7600mm（徐工产品），考虑吊车中心位于道路中心，即吊车支持脚距道路中心距离为 3800mm。

基础外沿与最外侧断路器中心线间距取 2050mm。

吊车支持脚与 GIS 基础外沿的间距为 1000mm。

GIS 本体纵向尺寸为 14600mm。

考虑以上因素后，可确定道路中心线距出线套管距离的纵向尺寸为 29100mm。

（二）750kV 敞开式局部四排架布置

1. 750kV AIS 布置的进线方式比较

一般来说，750kV 主变压器垂直进串有低架斜拉横穿式、母线外侧低架横进式、低架横穿上引线几种常见方式。在 750kV 变电站工程设计过程中，结合 750kV 主变压器进线的特点，提出了 750kV 四排架中间低架横进线方案。

（1）方式 A：低架斜拉横穿进线（见图 5-41）。

此方式目前已应用较为广泛，主变压器采用低架斜拉方式进线，其优点在于与主变压器进线配串的出线两个方向都可以出线；缺点是只能进第一串，斜拉线略显凌乱。

（2）方式 B：母线外侧低架横穿进线（见图 5-42）。

此方式为主变压器进线从母线外侧低架进串，其优点是主变压器进第几串几乎不受限制；缺点是如该侧 750kV 出线不装设高压并联电抗器时需额外占地。

（3）方式 C：低架横穿上引线（见图 5-43）。

此方式是上引线将主变压器低架进线的 A 相与 B、C 相分开，充分利用上层空间，上层引线在 A、B 相之间引入串中。为防止导线大风摇摆相间安全距离，该方式需要将 A、B 相之间的尺寸拉大至少 4m，增大占地面积，另外低架进线与上引线交叉，在布置上不够清晰，对施工要求较高。优点是主变压器可以进入到任意串中。

（4）方式 D：四排架中间低架横进线（见图 5-44）。

750kV 四排架中间低架横进线中主变压器进线从四排架中间低架进串，该方案的主要特点是优化了传统 750kV 敞开式配电装置的主变压器进线方式，提出了在配电装置中局部采用"四排架"的主变压器进线方案，该方案主变压器进线方式灵活、新颖，对比常规方案有以下优点：

1）主变压器可以直接接入任意串中，不受接入位置限制，避免了方案 A 中只能进第一串的问题。

2）该方案充分利用原有间隔占地，从配电装置中间进线，不需要额外增加进线间隔和人为拉大相间距，避免了方案 B 和方案 C 需要额外增加占地的问题。

3）该方案进线清晰，安全可靠，避免了方案 C 中不同回路交叉跨越的问题。

4）该方式也是唯一的可以让主变压器进串位置位于配电装置正中间的进行方式，这种方式对主变压器区域布置受到限制的变电站特别适用。

2. 750kV 局部"四排架"方案应用

如图 5-45 所示的某变电站 750kV 配电装置布置图中，采用软母线配双柱垂直开启

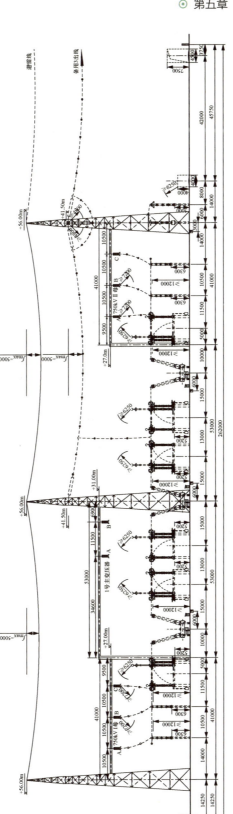

图 5-41　低架斜拉横穿进线断面图

177

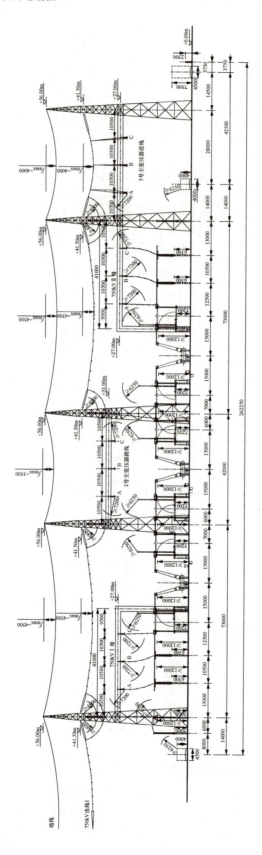

图 5－42　母线外侧低架横穿进线断面图

图 5-43　低架横穿上引线断面图

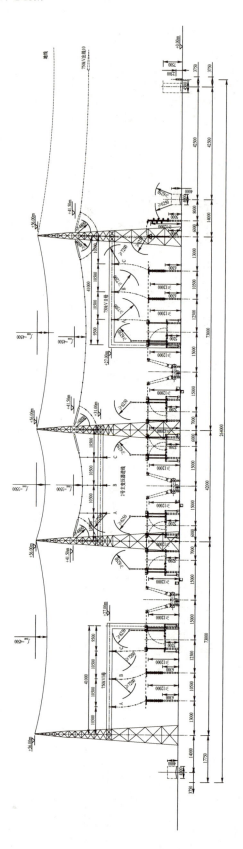

图 5-44 四排架中间低架横进线断面图

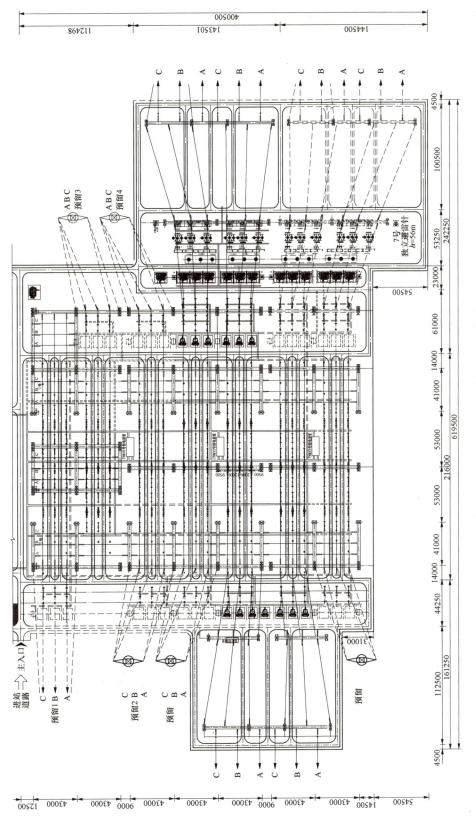

图 5-45 某变电站 750kV 配电装置布置图 1

式隔离开关的布置方案，共有 14 回进出线，接成 7 串，2 组变压器均接入串内，其中 1 组采用拐头进线，另一组采用局部四排架低架横穿进线。配电装置一个间隔的纵向尺寸为 188m（两组出线构架中心线之间）。

站址海拔为 1700m，经过修正后，出线间隔宽度为 43m，即相间距离为 12m，相地距离为 9.5m，母线构架宽度为 41.5m。

如图 5-46 所示的某变电站 750kV 配电装置布置图中，采用软母线配双柱垂直开启

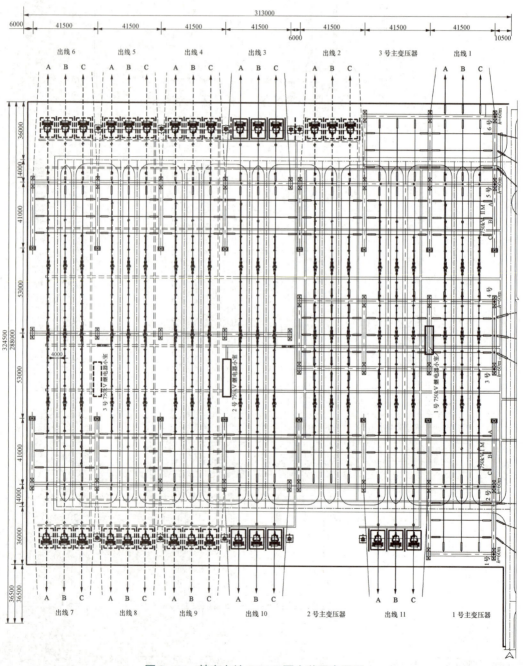

图 5-46 某变电站 750kV 配电装置布置图 2

式（或双柱水平伸缩式、三柱水平转动式）隔离开关的布置方案，共有 14 回进出线，接成 7 串，3 组变压器均接入串内，其中 2 组采用拐头进线，另一组采用局部四排架低架横穿进线。配电装置一个间隔的纵向尺寸为 188m（两组出线构架中心线之间）。

站址海拔按照不超过 1000m，出线间隔宽度为 41.5m，即相间距离为 11.25m，相地距离为 9.5m，母线构架宽度为 41m，即相间距离为 10.5m，相地距离分别为 9.5m（距构架独立支撑处）和 10.5m（距母线构架和出线构架联合处）。为改善静电感应的影响，串内采用管型母线，管型母线对地距离不小于 12m。

（三）800kV HGIS"C"型布置

1. 800kV HGIS"C"型布置的特点

针对 HGIS 设备，通常采用"一"字型接线型式，以一台半断路器接线为例，HGIS 单元组合有 3 种模式分别为"1+1+1 断路器""2+1 断路器""3+0 断路器"。

"一"字型的 HGIS 布置的特点是出线及主变压器套管布置在配电装置间隔内侧，母线套管布置在间隔外侧，利用高跨线完成进出线。优点是 GIS 分支母线使用少，节约了设备投资；缺点是高跨线较多，构架投资大，同时高跨线对母线电磁感应现象严重，不利于运维及检修。750kV 配电装置 HGIS"一"字型布置的断面图见图 5-47。

针对此种情况，工程设计人员通过调换双侧出线套管与母线套管位置，母线套管在配电装置间隔内侧，中间通过支柱绝缘子连接，电气设备上方无带电导线，静电感应较小便于进行设备检修。750kV 配电装置 HGIS"C"型布置的电气主接线图见图 5-48。

"C"型布置的特点是出线及主变压器套管布置在配电装置间隔最外侧，母线套管在配电装置间隔内侧，线路及主变压器进线引接方便。"C"型布置方式在保持 HGIS 设备布置紧凑性的同时，缩小了母线之间的距离，减小了间隔纵向尺寸，较传统布置方案在节约占地方面有明显优势。同时，由于没有高跨线的影响，母线电磁感应现象明显减轻，有利于设备运维及检修。HGIS"C"型布置方案典型断面图如图 5-49 所示。

2. 800kV HGIS"C"型布置的应用

图 5-50 为某 800kV HGIS"C"型布置图。配电装置按照海拔 3000m 考虑，出线间隔构架宽度为 47.5m，本期为 6 回进出线，组成 3 个完整串。该方案布置特点为：

（1）由于海拔达到 3000m，为克服间隔宽度增加影响到管型母线挠度，需要选用外径 ϕ350mm 管型母线；V 型串的母线悬吊金具需要特殊考虑。

（2）"C"型布置方案将出线套管通过 GIS 分支母线引接至出线构架处，取消了母线上方的进出跨线。

（3）考虑横向出线需要的间隔，每个间隔内需要增加支柱绝缘子进行连接。

二、330/220kV 配电装置的设计创新

330/220kV 配电装置采用 GIS 设备时，如果考虑将出线电压互感器置于 GIS 内，出线侧仅设置避雷器，此时出线方案除采用常规的门型架方案外，可以考虑采用一些特殊的出线型式，如垂直型、风帆型、千鸟型双层出线等，主要目的是节约占地面积和节约 GIS 主母线费用。应用这些出线型式时应注意配电装置采用 GIS 设备，出线电压互感器内置，出线避雷器外置；若考虑将出线电压互感器外置，则同常规门型构架的出线相比占地面积上并无优势。

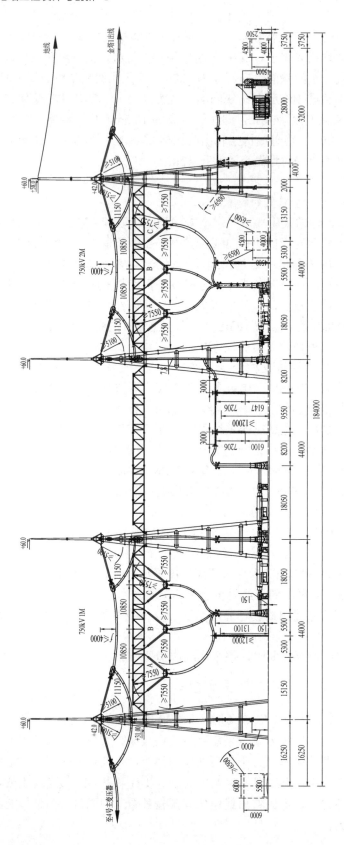

图 5－47 "—"字型布置方案典型断面图

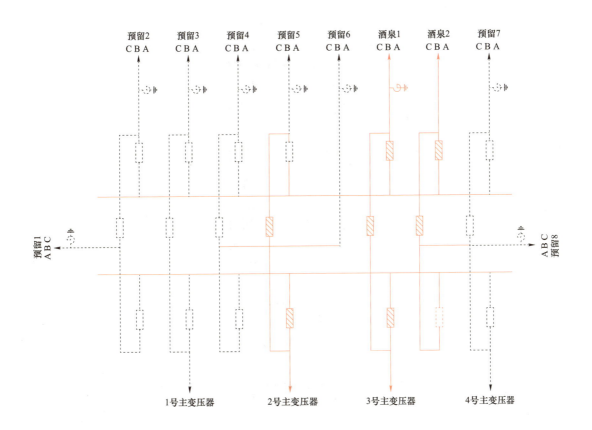

图 5-48 750kV 配电装置 HGIS "C" 型布置的电气主接线图

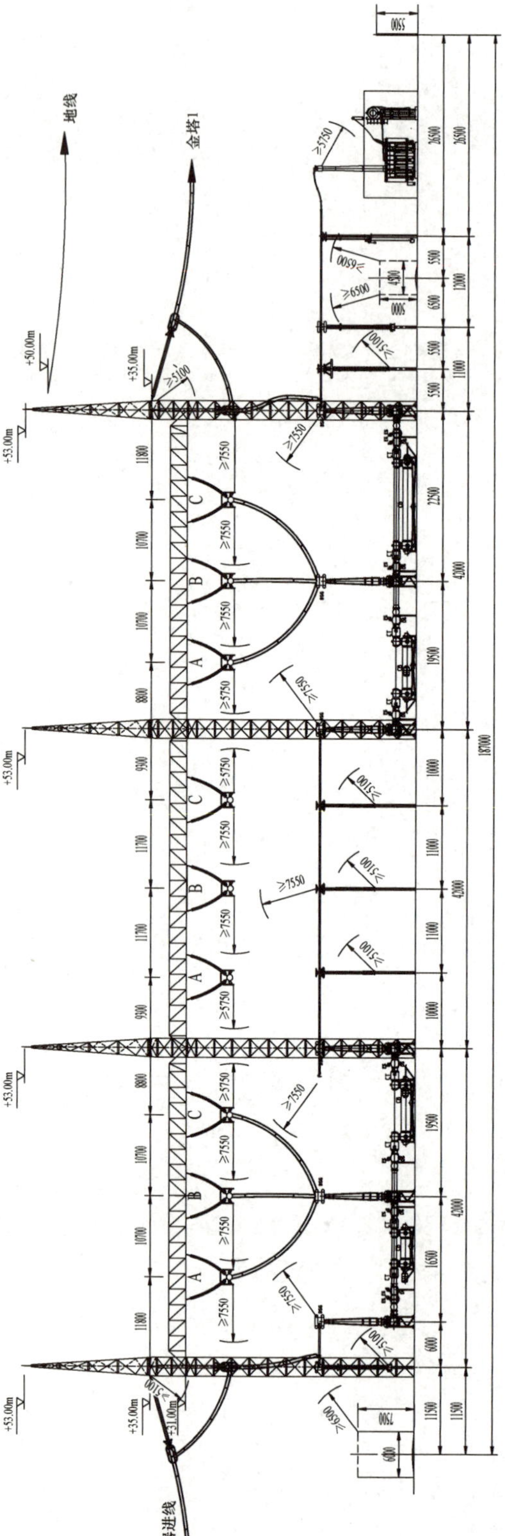

图 5-49 HGIS "C" 型布置方案典型断面图

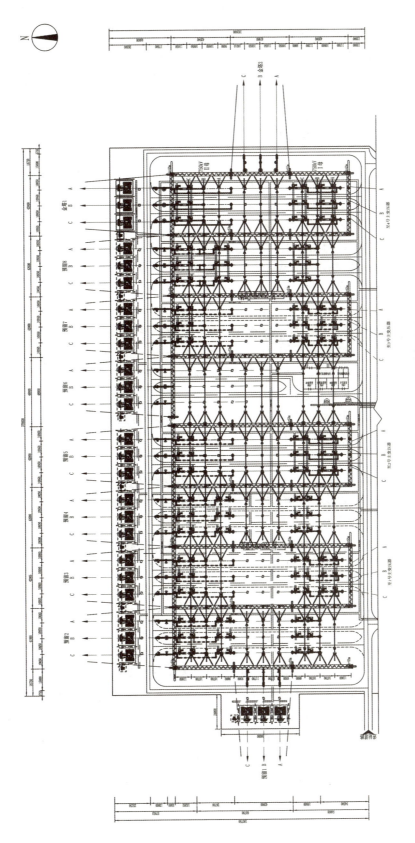

图 5-50 某 800kV HGIS "C" 型布置图

（一）垂直型出线方案

图 5-51 为 330kV 垂直出线的平面和断面图。该方案的主要特点为：

（1）出线构架采用 3 层、高低分叉型；每层之间距离按照相间空气间隙校核。

（2）出线构架结构型式考虑采用单钢管型，可设置一侧或两侧端撑；同时站外双回路塔应尽量靠近，减少出线构架导线拉力。

（3）该方案 4 回 330kV 出线构架中心距为 22m。

（二）风帆型出线方案

图 5-52 为 220kV 风帆型出线的断面图。该方案的主要特点为：

（1）出线构架采用 3 层、逐相前伸型；间隔宽度根据导线相间距离、相地距离以及不同回路之间不同时停电检修距离确定。

（2）出线构架结构柱考虑采用单钢管型、结构梁考虑采用三角形钢管格构梁，设置两侧端撑；同时站外双回路塔应尽量靠近，减少出线构架导线拉力。

（3）该方案 2 回 220kV 出线构架宽度为 12m。

（三）千鸟型出线方案

图 5-53 为 220kV 千鸟型出线的断面图。该方案的主要特点为：

（1）出线构架采用 2 层，上层构架出线需要斜挑上引；间隔宽度根据导线相间距离、相地距离以及不同回路之间不同时停电检修距离确定。

（2）出线构架结构柱考虑采用单钢管型、结构梁考虑采用三角形钢管格构梁，设置两侧端撑；同时站外双回路塔应尽量靠近，减少出线构架导线拉力。

（3）该方案 2 回 220kV 出线构架宽度为 18m。

（四）反向出线

图 5-54 为 330kV 反向出线的断面图。该方案的主要特点为：

（1）本站 330kV 规模较大，若按照常规布置方案设计，则横向尺寸较长，难以同变压器区域相协调。

（2）为适应本站布置方案的需求，330kV 设计了双层出线，即部分出线采用高低架 2 排出线架构，330kV 一个间隔出二回线，减少出线间隔占地，并大大减少 GIS 管道长度。

（3）该站海拔 1500m 校验，330kV 高低架横梁宽度 18m，相间距离为 5.0m，相对地距离为 4.0m。高架横梁挂点高 25m，低架横梁挂点高 18m。

（五）双层出线

1. 330kV 出线的基本情况

330kV 配电装置采用 3/2 断路器接线的户外中型布置，断路器三列式布置，母线采用悬吊式管型母线，配电装置内采用瓷柱式断路器加独立 TA，串间隔离开关采用组合型隔离开关。配电装置完整串布置呈南北方向排列，线路出线 16 回向北，2 回向东，采用顺串出线，主变压器进线同样采用顺串进线。

配电装置间隔宽度为 20m；架空线相间距离为 5.6m，相地距离为 4.4m；管型母线相间距离为 5m，相地距离为 4.4m；设备相间距离为 5m，设备相地距离为 5m；顺串进、出线门型构架高度为 20.5m；低架横穿门型构架高度为 15.7m；母线门型构架高度为 15.7m。

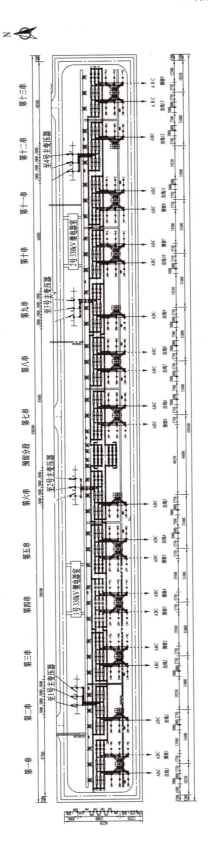

图 5-51　330kV 垂直出线的平面和断面图（一）

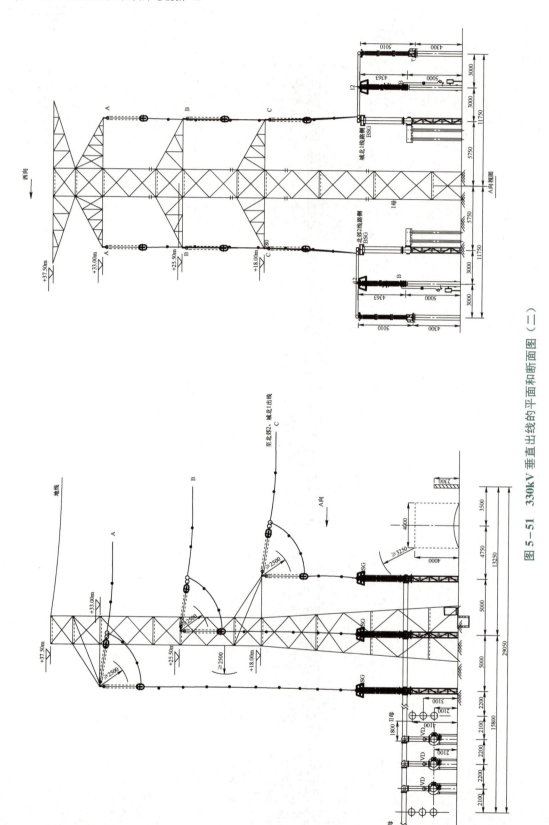

图 5-51　330kV 垂直出线的平面和断面图（二）

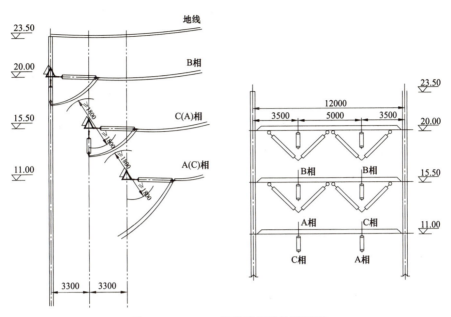

图 5-52 220kV 风帆型出线的断面图

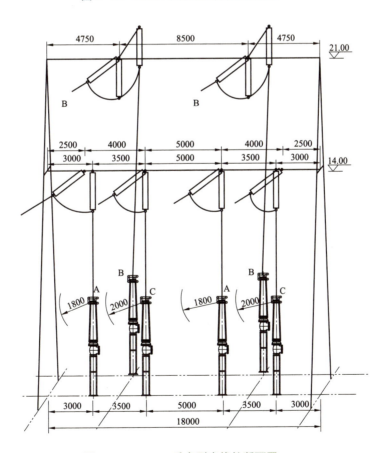

图 5-53 220kV 千鸟型出线的断面图

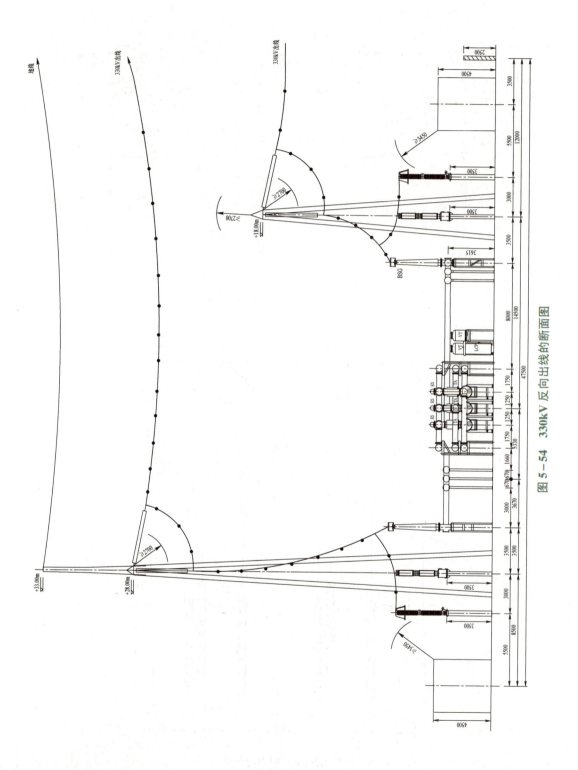

图 5-54　330kV 反向出线的断面图

2. 存在的问题

由于 330kV 出线回路较多（远期 18 回），如按照常规 330kV 低架及高架横穿设计，两侧最多一共可出 4 回，其余 14 回出线则需要占 14 个间隔，而 330kV 配电装置远期共 10 个完整串，这样势必会产生至少 4 个空间隔甚至更多，造成了占地的大量闲置；同时 330kV 配电装置东西向尺寸过大，也很难与总平面协调；若考虑双侧同时出线，则存在堵死了扩建的可能；若留单侧为扩建端，则又会产生至少 2 个空间隔，土地闲置更多，330kV 东西向尺寸更大。

3. 解决方案

为了解决上述问题，330kV 线—线间隔内采用双层架出线的方案，即在典型的 330kV 进出线门型架（该站考虑高度为 20.5m）上方建设 1 层高架，双层架出线，经过电气校验，高度初步考虑为 29.5m。这样，同串的两回出线将从同一个间隔出线，其中的 1 回出线上的避雷器和电压互感器按照常规布置于出线门型架下，另一回出线上的避雷器及电压互感器布置于主变压器进线侧。采用此方案后 330kV 配电装置占地大幅减少，与主变压器及 750kV 区布置也更加协调，变电站整体布置整齐美观。330kV 双层出线布置方案断面图见图 5-55。

采用双层架方案除需要考虑常规出线的安全距离、结构尺寸等因素外，还需要考虑的主要有：

（1）采用非常规的 330kV 双层构架，结构设计上是否存在难度。根据经验分析，常规 500kV 配电装置高架高度为 33m，高于本方案的上层构架高度（29.5m），且 500kV 的导线荷重远大于本方案 330kV 的荷重，故构架设计应属常规设计。经与结构计算，确认在双层构架设计上没有难以克服的困难。

（2）出线门型架为双层结构，与线路终端塔配合是否有困难。同间隔出双回线在 330kV 出线需要与线路出线塔相配合，需要考虑能够适应同一间隔出两回 330kV 出线的终端塔，门型架与线路终端塔引接示意图见图 5-56。

（3）双层构架出线在相邻间隔连续出线对线路终端塔的影响。经与线路专业配合，双层构架出线应避免连续 3 个间隔以上，可以满足线路终端塔布置的要求。一般情况下，应将 330kV 双层同间隔出线连续间隔控制在 3 个以内。

（4）采用上下两层跨线出线方式时，对于上层跨线出线，若安装线路阻波器，则会出现较为困难的情况，应特殊考虑。

（5）目前 330kV 或 500kV 配电装置为节约占地和配串需要，大量采用了高低架等横穿和跨越手段，其与本方案样存在不同的线路间跨越的问题，但大量工程实践表明，330kV 或 500kV 不同线路间的跨越不会对运行及检修等工况造成影响。

经过在变电站中的实际应用及投产后的反馈来看，330kV 同间隔双层双回出线在工程实际中是切实可行的，尤其是在出线回路较多的，而占地受限的区域，可考虑部分或全部采用同间隔双层双回出线的 330kV 布置方案。

三、主变压器及 66kV 无功补偿装置的设计创新

（一）66kV HGIS 布置方案

66kV 配电装置一般采用瓷柱式断路器，敞开式布置形式，但是近年来随着设备运行

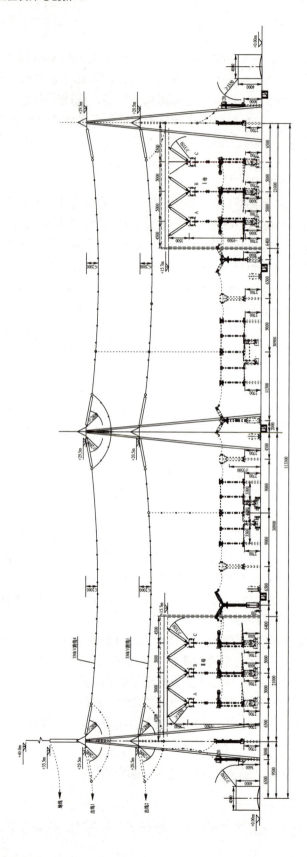

图 5-55　330kV 双层出线布置方案断面图

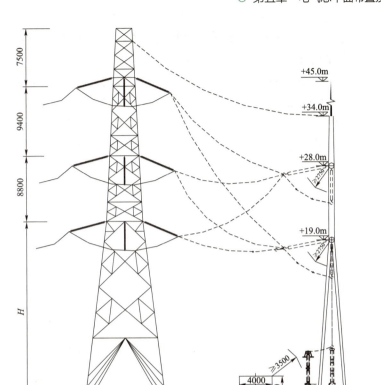

图 5-56　门型架与线路终端塔引接示意图

发现在高海拔、大温差、强紫外线特殊环境下，常规的瓷柱式断路器存在不足，尤其是在青海、甘肃等温差大，紫外线强的部分区域。在高海拔地区目前配电装置的选型主要采用了 HGIS 和 GIS 两种形式，对 66kV 配电装置也提出了采用 HGIS 或 GIS 设备的要求。

1. 66kV HGIS 设备现状

目前 750kV 变电站 66kV 侧设备短路电流一般按照 50kA 选择，经调研国内主要开关厂家，对于 50kA 的 72.5kV HGIS 的大部分厂家无定型产品，但可采用高一级同类型设备替代。

2. 66kV HGIS 方案设计方案

（1）接线方式。以某工程为例，其主变压器及 66kV 配电装置电气主接线见图 5-57。远期规模装设 4 组 3×700MVA 主变压器，每组主变压器低压侧按装设 4 组 90Mvar 低压并联电抗器、4 组 90Mvar 低压并联电抗器及 1 组 SVG 考虑，并在两组主变压器低压侧各接一台容量为 3150kVA 的高压站用变压器。

本期装设 2 组 3×700MVA 主变压器，不设备用相，每组主变压器低压侧装设 1×90Mvar 低压并联电容器及 1×90Mvar SVG，并接一台容量为 3150kVA 的高压站用变压器。

66kV 接线采用按主变压器分单元的单母线接线，采用双分支进线回路，设 2 台总断路器。对应每个进线回路设一段 66kV 分支母线，其中一段连接 2 组低压并联电抗器、2

组低压并联电容器，另一段连接 2 组低压并联电抗器、2 组低压并联电容器、1 组 SVG 及站用电源及 1 台站用变压器。

（2）66kV HGIS 布置调研。针对图 5-57 所示的接线方式，采用 HGIS 方案，主要是将主变压器 66kV 进线回路、66kV 低压电容器回路、66kV 低压电抗器回路、66kV 站用变压器回路、66kV 母线 TV 回路原敞开式瓷柱式断路器、水平旋转隔离开关、单柱式电流互感器、避雷器、电压互感器、电缆终端等集成在气体绝缘金属封闭开关设备内，与主变压器 66kV 汇流母线、主母线、66kV 无功回路设备采用充气套管连接，形成 66kV HGIS 设备。

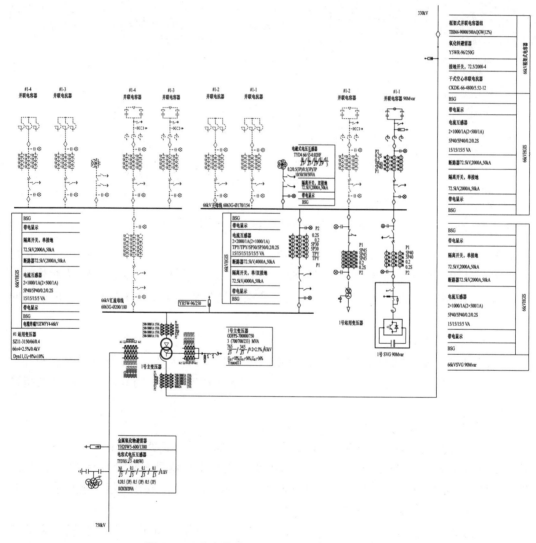

图 5-57　主变压器及 66kV 配电装置电气主接线

以主变压器进线主回路为例，分支回路因 TA 无 TPY 绕组，HGIS 长度为较主回路稍短外，其他区别不大。主回路接线示意图见图 5-58。

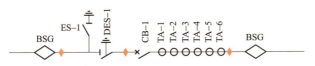

图 5-58　66kV 主变压器进线主回路接线示意图

考虑站址海拔约 2800m，经咨询可采用 HGIS 相间距按海拔 3000m 的 66kV 相间距进行修正。经修正后的 252kV HGIS 平断面图见图 5-59。

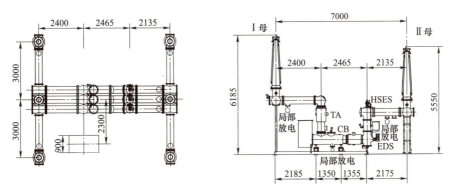

图 5-59　海拔修正后的 252kV HGIS 平断面图

（3）66kV HGIS 布置方案。采用 HGIS 方案后，需要将主回路间隔、分支回路间隔、站用变压器间隔、TV 回路间隔断路器、隔离开关、电流互感器、避雷器等敞开式设备采用 HGIS 代替。主变压器及 66kV 配电区采用 HGIS 平面布置图见图 5-60，66kV 主变压器进线回路断面图见图 5-61，66kV 电容器、电抗器分支回路断面图分别见图 5-62 和图 5-63。

（二）66kV SVG 的布置方案

1. SVG 的主要技术特点

SVG 由自换相的电力半导体桥式变流器来进行动态无功补偿装置。SVG 分为直挂型、降压型。直挂型是指 IGBT 阀组通过电抗器与母线直接相连，降压型是将 IGBT 阀组通过降压变压器与母线相连。降压型设备因将电压降低 10kV 或更低电压，其功率模块数量减少，具有成本优势，但在补偿容量在 15Mvar 及以上时，受变压器容量所限，均采用直挂型设备。

2. 66kV SVG 应用

（1）66kV SVG 的生产现状。目前 66kV 电压等级 SVG 与 35kV 及以下 SVG 主要不同之处除 SVG 回路隔离开关、断路器、避雷器、电抗器采用 66kV 电压等级设备外，逆变主电路 SVG 功率模块中 IGBT 耐压能力由 1700V 提高到 3300V，较 35kV 及以下 SVG，其最主要的突破点是大幅提高装置的基波补偿容量，同时减少成套装置的总体损耗。

66kV SVG 已有成熟产品，目前辽宁 500kV 川州变电站已建设 2 组容量为 ±60Mvar 的 66kV SVG，目前已投运。

（2）66kV SVG 电气主接线及平面布置。66kV SVG 电气主接线及布置图如图 5-64 所示。

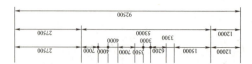

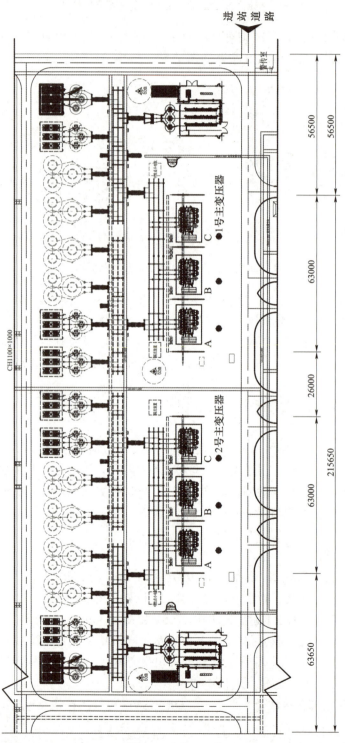

图 5-60　主变压器及 66kV 配电区采用 HGIS 平面布置图

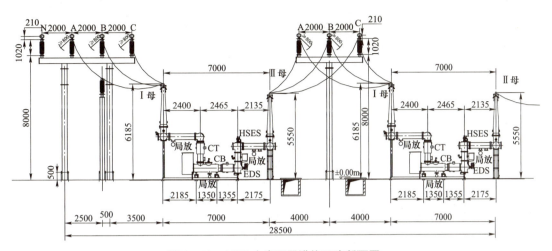

图 5-61　66kV 主变压器进线回路断面图

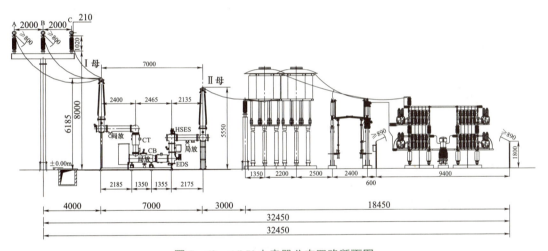

图 5-62　66kV 电容器分支回路断面图

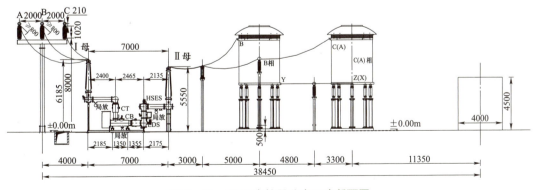

图 5-63　66kV 电抗器分支回路断面图

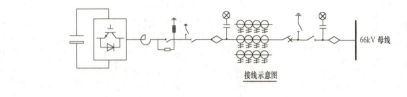

接线示意图

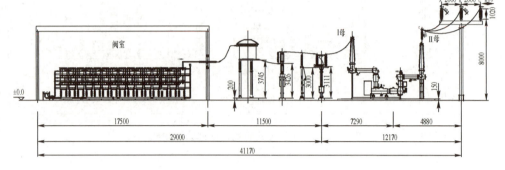

66kV SVG间隔布置图

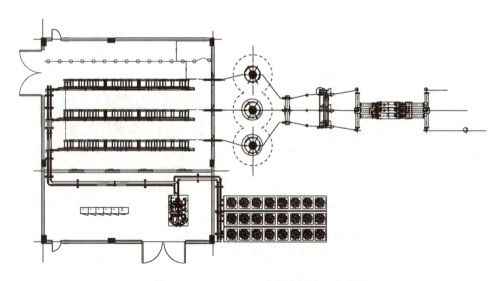

图 5−64 66kV SVG 电气主接线及布置图

四、电气总平面布置实例

750kV 电压等级的配电装置目前主要形成了三大类：GIS、AIS 和 HGIS 集中类型。结合站址气象条件，有分为两大类：一是户内布置，采用 GIS 设备；二是户外布置，设备型式可采用 GIS 设备、AIS 和 HGIS。

针对这几种常规的布置形式分别给出了几种典型的布置方案，供在设计和估算占地面积时参考。

图 5−65 和图 5−66 分别为中压侧电压为 330kV 的 GIS 布置方案，其中图 5−65 为户外 GIS 布置方案，图 5−66 为户内 GIS 布置方案。

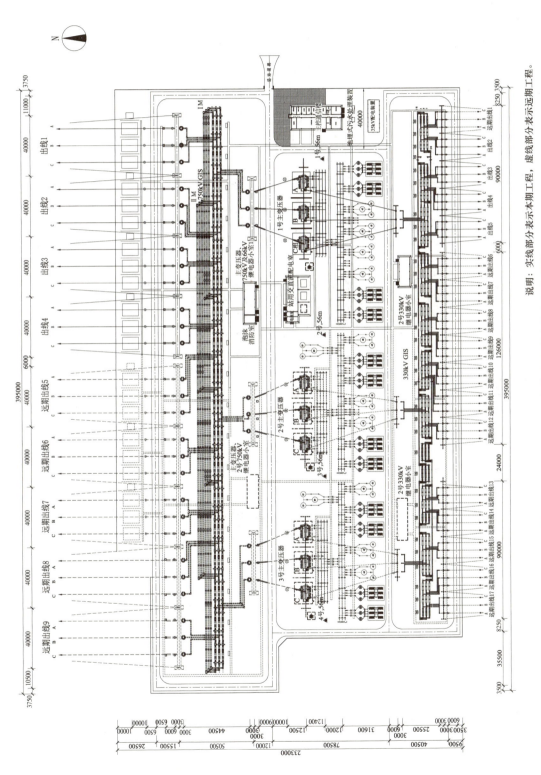

图 5-65 750/330/66kV 户外 GIS 变电站电气总平面

说明：实线部分表示本期工程，虚线部分表示远期工程。

201

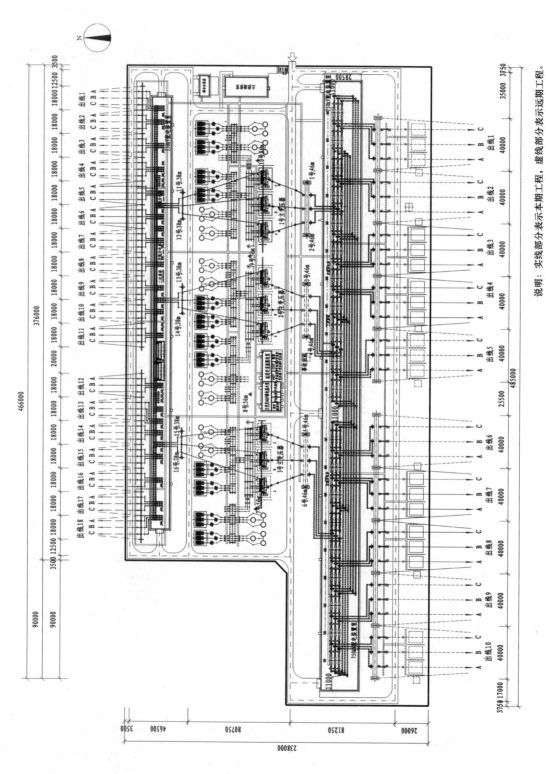

说明：实线部分表示本期工程，虚线部分表示远期工程。

图 5－66 750/330/66kV 户内 GIS 变电站电气总平面

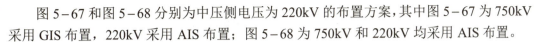

图 5-67 和图 5-68 分别为中压侧电压为 220kV 的布置方案，其中图 5-67 为 750kV 采用 GIS 布置，220kV 采用 AIS 布置；图 5-68 为 750kV 和 220kV 均采用 AIS 布置。

图 5-69 为 750kV 和 330kV 均采用 AIS 布置方案。

图 5-70 和图 5-71 分别为中压侧电压为 330kV 的 HGIS 布置方案，其中图 5-70 为 750kV 采用"一"字型布置的 HGIS 布置，图 5-71 为 750kV 采用"C"型布置的 HGIS 布置。

五、电气总平面及配电装置的发展展望

（一）750kV 变电站模块化设计

按照电网建设按照"标准化设计、工业化生产、智能化技术、装配式建设、机械化施工"总体定位，采用模块化设计方法、全寿命周期理念，努力做到技术方案可靠性、先进性、经济性、适用性、统一性和灵活性的协调统一是 750kV 电气总平面布置的发展方向。

1．电气主接线方案的模块化设计

基本原则：本期接线方案应远期一致，主要是考虑本期和远期过渡的合理衔接，减少过渡接线造成二次回路的改造。

750kV 电气主接线：采用一倍半断路器接线。

330kV 电气主接线：采用一倍半断路器接线或双母线接线。

220kV 电气主接线：采用双母线接线。

主变压器及 66kV 电气主接线：采用以主变为单元的单母线接线。

2．设备选型标准化

基本原则：采用标准化设备，提高设备及零部件的通用率，提高维护效率。

结合目前设备制造能力的增强，设备型式的标准化是未来电网建设的主要趋势。对于 750kV 变电站而言，各电压等级设备将主要包括以下几种型式，仅针对新建变电站，变电站内扩建时，由于前期配电装置布置型式的原因，扩建设备原则将以遵循前期为准。

750kV 电压等级设备：GIS 和 HGIS。

330kV 电压等级设备：GIS 和 HGIS。

220kV 电压等级设备：敞开式瓷柱式断路器。

66kV 电压等级设备：敞开式瓷柱式断路器，特殊环境条件时可考虑采用罐式断路器。

3．电气总平面布置模块化

（1）电气总平面布置采用模块化思路、标准化设计，实现通用互换。采用模块化设计思路，对变电站按照功能区域划分基本模块，各基本模块统一技术标准、设计图纸，实现模块、设备通用互换。

（2）结合 330～750kV 变电站技术特点，推广应用模块化建设，大幅提高工程建设效率。建（构）筑物增加预制装配式结构型式，因地制宜选用，减少现场"湿作业"。

（3）根据电网规划和技术发展方向，精选、优选通用设计方案，覆盖不同变电站类型，最大程度实现国家电网公司层面统一、兼顾地区差异，满足 750kV 变电站建设需求。

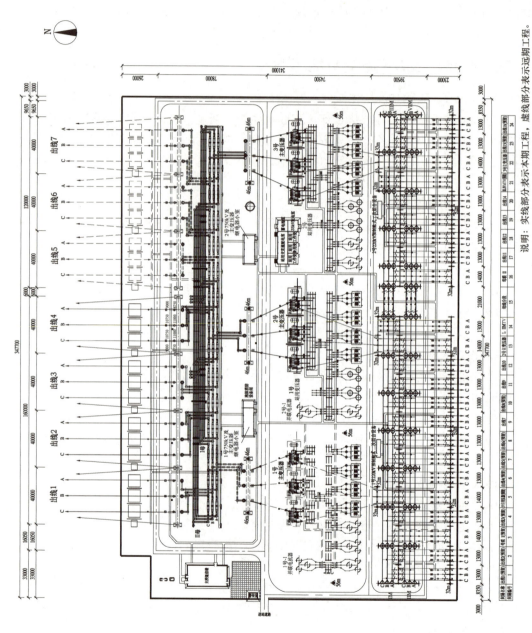

图 5-67 750/220/66kV GIS 变电站电气总平面

说明：实线部分表示本期工程，虚线部分表示远期工程。

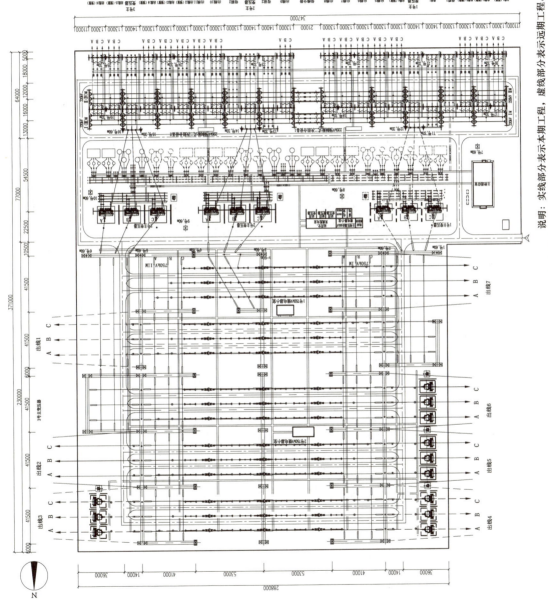

图 5-68 750/220/66kV AIS 变电站电气总平面

说明：实线部分表示本期工程，虚线部分表示远期工程。

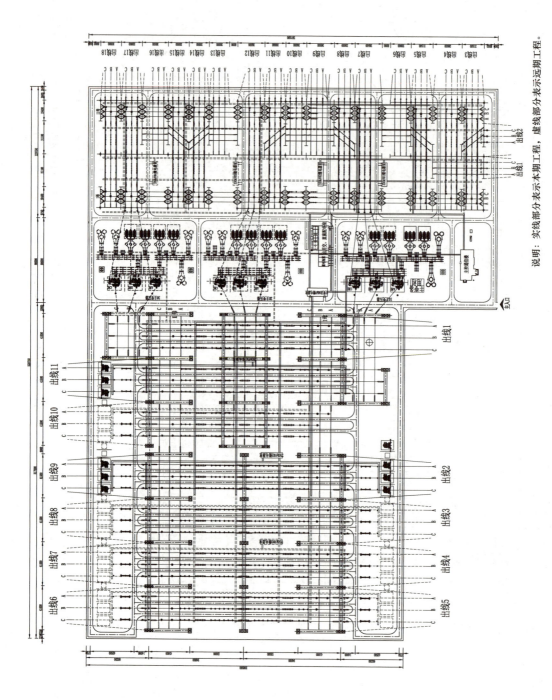

说明：实线部分表示本期工程，虚线部分表示远期工程。

图 5-69 750/330/66kV AIS 变电站电气总平面

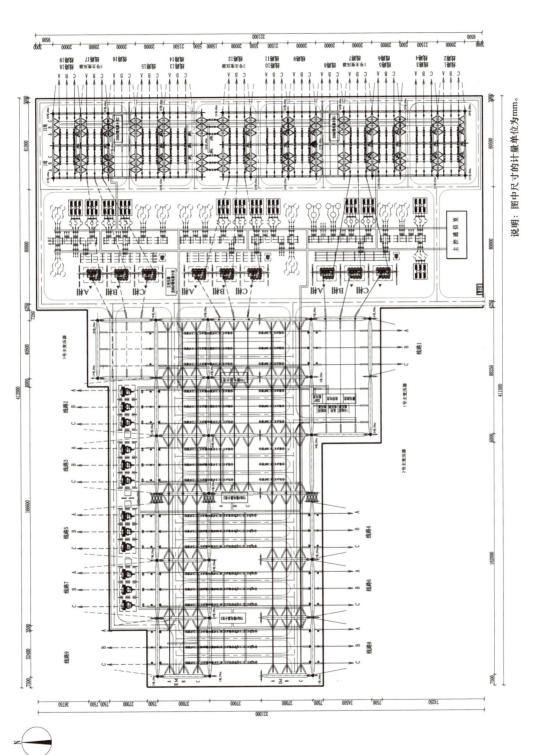

说明：图中尺寸的计量单位为mm。

图5-70　750/330/66kV HGIS变电站电气总平面（"一"字型布置）

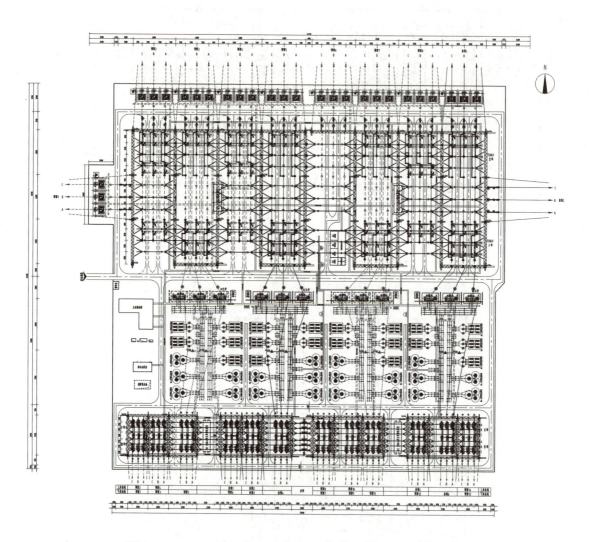

图 5-71　750/330/66kV HGIS 变电站电气总平面（"C"型布置）

（4）方案针对性强，满足不同环境条件和运行要求。针对高寒、日温差大、大气腐蚀性严重等特殊环境地区，采用 750kV 户外 HGIS 等方案。

（5）汲取最新设计创新成果，优化设计方案。除常规"一"字型 HGIS 布置外，还可采用"C"型 HGIS 布置。

（6）750kV 电气总平面布置的基本模块。

1）750kV 配电装置：户内或户外 GIS、户外 HGIS。

2）330kV 电压等级设备：户内或户外 GIS、户外 HGIS。

3）220kV 电压等级设备：户外敞开式配电装置。

4）66kV 电压等级设备：户外敞开式配电装置。

（二）750kV GIS 的小型化设计

新一代超特高压 GIS 关键技术特征包括：

（1）采用可控避雷器抑制合空线操作过电压，断路器可以取消合闸电阻。

（2）隔离开关优选操作速度降低 VFTO 从而取消阻尼电阻，针对极小概率出现的高幅值 VFTO 采用磁环型阻尼母线深度抑制。

（3）基于新一代 GIS 技术路线，断路器可取消合闸电阻，灭弧室和传动系统得到简化。同时采用集成电容，配碟簧操动机构，采用铝合金壳体，断路器重量降低、操作功减小、可靠性提高，实现了断路器产品的技术升级和品质提升。

1. 小型化 GIS 的结构型式

新一代断路器灭弧室开断单元仍采用现有产品的开断单元结构，以保证 63kA 短路电流开断能力（已通过全部型式试验，电寿命 22 次）。根据灭弧室整体改进需要，仅对电容布置进行改进，断口绝缘性能更优。断口电容由陶瓷电容改为集成电容，结构简单，装配方便，绝缘可靠性更高；根据需要电阻绕装在灭弧室动侧，由 6 组减少为 2 组，结构简单，减少了绝缘柱的使用；灭弧室中传动箱、动静支座、电容支撑座、电阻支撑座等元件改为大圆角铸件，改善了灭弧室对地电场。小型化 GIS 的结构型式示意图见图 5-72。

2. 小型化 GIS 的特点

小型化 GIS 通过技术工艺攻关，突破了大型铝罐体制造技术，断路器罐体由钢罐体改为铝合金罐体（壁厚 15mm），消除了钢罐体的涡流磁滞损耗，提高了断路器的通流能力；断路器壳体温升从 26.5K（6930A）降到 14.7K（6930A），壳体发热大幅降低；焊接铝壳体强度满足产品要求，通过 1.84MPa 水压试验；断路器重量由 10t 降为 5.5t。

新一代断路器采用碟簧液压机构，吊装布置在断路器下部，体积小，重量轻，可以实现整机更换，安装、检修、调试更加简便。基于新一代 GIS 技术路线，隔离开关取消阻尼电阻，内部结构得到简化，采用齿轮齿条传动，配电动操作机构，转动扭矩小，结构简单，可靠性提高，同时布置更加灵活。

与原有 800kV 隔离开关相比，零部件数量减少 40%，重量降低超过 70%，操作功降低约 60%，机械寿命从 5000 次提高到 10000 次，母线转换电流试验参数达到国标最高参数要求。目前新一代 800kV GIS 用隔离开关已按照 GB/T 11022、GB/T 1985 等国家标准通过型式试验验证，产品技术参数和可靠性进一步提升。

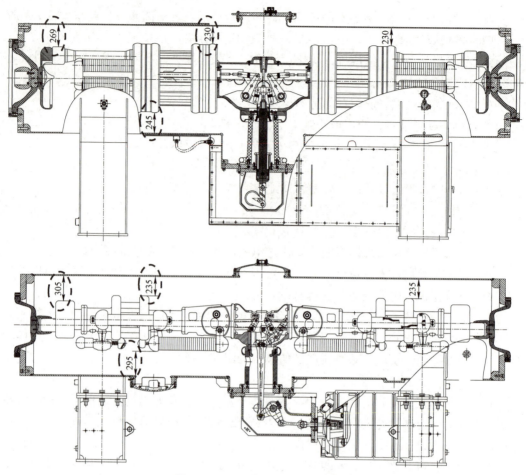

图 5-72 小型化 GIS 的结构型式

隔离开关额定电流 6300A，额定峰值耐受电流 171kA，机械寿命 M2 级（10000 次），母线转换电压 400V，电流 1600A。同时隔离开关无水平布置盆式绝缘子，避免异物放电风险；整体卧式设计，直线型出线，布置灵活方便。

磁环型阻尼母线是改进型 GIS 的重要元件，可实现系统 VFTO 的深度抑制，通过了 VFTO 抑制效果试验，达到了预期效果。阻尼母线中高频磁环内置，元件静止，可靠性更高；且阻尼母线外壳与母线相同，不需要改变 GIS 结构，可用于新建电站和已建电站改造。

小型化 GIS 尺寸更小，重量更轻，尤其对于户内 GIS 有较大的优势。小型化 GIS 与常规 GIS 的对比见表 5-14。

表 5-14 小型化 GIS 与常规 GIS 重量及尺寸对比

产品	房间宽度	GCB 重量	DS 重量
新一代 GIS	26.3m	5.5t	0.7t
现有 GIS	32m	10t	5.38t
优化	17.8%	64.2%	87%

第六章 导体及金具

750kV 变电站导体与金具选择包括 750、330（或 220）、66kV 电压等级导体与金具选择。

750kV 变电站 330（或 220）、66kV 电压等级导体与金具选择要点及主要原则与 500、330kV 变电站中相应电压等级选择一致。本章主要对 750kV 变电站中 750kV 导体与金具选择进行阐述。

第一节 导体设计与选择

750kV 变电站导体选择包括 750kV 配电装置、330（或 220）kV 配电装置以及 66kV 配电装置导体。

750kV 变电站导体选择应根据环境条件（环境温度、日照、风速、污秽、海拔、地震）和导体载流量、电晕、动稳定或机械强度、热稳定、经济电流密度等条件对导体结构型式进行选择和校验，同时，要尽可能减少对构架的水平拉力（包括正常和短路拉力），并满足导线配套使用金具简单以及导线施工和安装简单、方便的要求；导体选择选择软母线时，要控制风偏摇摆以减少相间及相地距离；选择管型母线要进行扰度校验。

750kV 变电站中 750kV 导体与 500kV 及以下电压等级导体相比，其运行电压更高，导体表面场强更大，电晕效应、可听噪声、电晕无线电干扰更加突出。同时，750kV 变电站 750kV 母线跨度大、高度高（相应计算风速大），采用软母线时风偏摇摆较大，采用管型母线时扰度较大。此外，当 750kV 母线选用剪刀式隔离开关时，为保证其可靠合闸，要求母线的风偏摇摆较小，而 750kV 垂直伸缩剪刀式隔离开关本身较高，受风面积也较大，易产生摇摆。因此，在进行 750kV 变电站 750kV 导体论证选择时，需要重点解决以上问题。

750kV 变电站中 330kV 配电装置导体相较于 330kV 变电站 330kV 配电装置导体以及 66kV 配电装置导体相较于 500kV 变电站 66kV 配电装置导体，除了其载流量相对较大外，其余并无区别。因此，本节仅对 750kV 变电站中 750kV 导体设计与选择进行阐述。

随着国家对环境的日益重视，以及我国电网技术的不断发展和提高，降低电网建设对环境的影响的要求越来越高，进一步改善 750kV 变电站特别是 750kV 采用敞开式配电装置变电站内的电晕噪声、无线电干扰、电磁感应水平，改善运行人员的运行环境以及降低对周围环境的影响，成为当时需要进一步解决的问题。在 750kV 变电站建设的不同时期，设计对 750kV 导体设计与选择不断进行了优化研究。

一、750kV 示范工程中 750kV 导体设计与选择情况

（一）750kV 导体与 500kV 导体选型及设计的不同点

1. 考虑邻近效应的方法不同

750kV 的导线输送容量很大，事故检修时最大输出功率 4000MW，母线穿越功率更是高达 5600MW，为了满足载流量的要求，需要采用多分裂软导线。次导线相互靠近产生的邻近效应，使得导线总的允许载流量下降。而以往对 330kV 及以下双分裂软导线的载流量计算，一般都采用单根导线载流量乘以 2 倍的办法，不考虑邻近效应。计算结果表明，对于三分裂导线的邻近效应系数为 0.96，双分裂为 0.94。

2. 电晕效应不同

变电站导体的电晕效应主要包括电晕可听噪声、电晕腐蚀、电晕损耗、电晕无线电干扰及电晕发光，苏联对于 500～750kV 变电站导线的电晕效应进行了长期系统的研究，研究结果表明，超高压变电站导体的电晕效以电晕无线电干扰为主，其次是电晕损耗、电晕可听噪声、电晕发光，电晕腐蚀的影响最轻。

对于 750kV 电压等级，导体实际可能达到的最高运行相电压为 461.9kV，为满足电晕无线干扰的要求，应使导线起始电晕电压大于 513.2kV，与 500kV 导线相比，导线起始电晕电压要求更高。

3. 与隔离开关的配合要求不同

当母线选用剪刀式隔离开关时，由于剪刀式隔离开关的静触头是悬吊在母线上的，为了保证其可靠地合闸，要求母线的风偏摇摆较小。而 750kV 母线跨度大、高度高（相应计算风速大），母线风偏摇摆较大；此外，750kV 垂直伸缩剪刀式隔离开关本身高大笨重，受风面积大，易产生摇摆。而这一问题在 330kV 及以下电压等级的导线选型时并不突出。

（二）750kV 导体采用软导线时设计与选型

1. 软导线分裂型式的选择

750kV 软导线具有工作电流大、电压高、电晕无线电干扰大的特点，因此需要采用多分裂导线，当时主要考虑三分裂正三角形排列、三分裂倒三角形排列、三分裂水平排列、双分裂水平排列几种型式，并进行对比选择。

导线载流量方面，由于 750kV 导线载流量很大，必须考虑分裂导线的邻近效应影响。邻近效应使导线总的允许电流下降。次导线不同的排列方式，邻近效应系数不相同。计算结果表明，相同外径及截面的次导线，其邻近效应影响不同。同样是三分裂导线，三分裂水平排列方案比三分裂正三角形排列及倒三角形排列方案载流量下降 4%左右。

电场强度方面，在分裂导线中由于存在着次导线间的相互影响，使次导线表面各点电场强度不同。如正三角形排列的分裂导线，在靠近三角形内部表面各点的电场强度较低，外部表面各点的电场强度较高。这种附加影响将使表面最大电场强度增加。次导线不同的排列方式，表面电场强度附加影响系数不同。计算结果表明，次导线外径及截面积相同的分裂导线，三分裂水平排列方案比三分裂正三角形排列及倒三角形排列方案的次导线表面电场强度约高 7.5%。

配套金具方面，双分裂导线间隔棒和 T 接引下线的金具最简单，因此在可满足其他条件时，宜优先采用这种排列方式。

750kV 示范工程 750kV 软导线分裂型式推荐选用三分裂正三角形排列或双分裂导线。

2. 分裂导线分裂间距的确定

当增加导线分裂间距时，导线等效半径增加，平均电容随之增加，导线表面平均电场强度增加，有使导线表面最大电场强度增大的趋势；但是由于导线分裂间距增加，各次导线之间电场分布的附加影响使系数减少，有使导线表面最大电场强度减小的趋势。当前者的影响大于后者时，导线表面最大电场强度增加，反之则减少。因此需要确定最佳分裂间距，使导线表面最大电场强度降低。

750kV 示范工程 750kV 分裂导线间距参照了通用的选择，即对双分裂及三分裂正三角形排列的导线，分裂间距取 40cm。

3. 分裂导线次导线最小直径的确定

分裂导线次导线的最小直径按照电晕无线电干扰条件决定。750kV 示范工程按在变电站围墙外 20m 处的电晕无线电综合干扰值不超过 58dB 来考虑。

当时依托官亭 750kV 变电站配电装置布置对双分裂和三分裂正三角形排列的次导线的表面场强和电晕无线电干扰值做了计算。计算结果如表 6-1～表 6-4 所示。

表 6-1 **双分裂、相间距离 10m、分裂间距 40cm**

次导线外径（cm）	5.0	6.0	7.0	8.0
表面场强（kV/cm）	23.52	20.42	18.18	16.48
围墙外 20m 干扰值（dB）	64.97	60.12	58.28	58.33

表 6-2 **双分裂、相间距离 12.5m、分裂间距 40cm**

次导线外径（cm）	5.0	6.0	7.0	8.0
表面场强（kV/cm）	22.48	19.5	17.35	15.72
围墙外 20m 干扰值（dB）	62.18	57.75	56.21	56.5

表 6-3 **三分裂正三角形排列、相间距离 10m、分裂间距 40cm**

次导线外径（cm）	3.0	4.0	5.0	6.0
表面场强（kV/cm）	27.93	22.22	18.75	16.40
围墙外 20m 干扰值（dB）	69.25	55.26	49.10	46.91

表 6-4　　　　　　三分裂正三角形排列、相间距离 8m、分裂间距 40cm

次导线外径（cm）	3.0	4.0	5.0	6.0
表面场强（kV/cm）	29.37	23.39	19.75	17.30
围墙外 20m 干扰值（dB）	74.30	59.37	52.63	50.04

　　根据上述计算结果，对于双分裂导线（分裂间距 40cm）的次导线最小直径取 7cm 为宜。对于三分裂导线（分裂间距 40cm）的次导线最小直径取 4cm 为宜。

　　4. 双分裂导线和三分裂导线的比较

　　根据上文分析，选用三分裂结构型式时，其次导线已不能采用现有的普通钢芯铝绞线系列，因为该系列最大的 LGJ-800 导线外径小于 4cm。如果不考虑重新研制，可以采用目前 500kV 普遍采用的外径 5.1cm，截面积为 1400 的耐热铝合金导线。当然，这样选型经济性不够理想。当导线选用双分裂结构型式时，由于组成分裂导线的次导线根数减少，要求其次导线计算最小直径比较大，为 7cm，已超出生产的普通钢芯铝绞线及耐热铝合金导线规范，必须生产特殊结构的次导线。双分裂导线和三分裂导线比较见表 6-5。

表 6-5　　　　　　　　双分裂导线和三分裂导线的比较

项目	双分裂导线	三分裂导线
载流量	和按载流量发热条件选择的截面积基本一致	载流量是双分裂导线的 1.3 倍，裕度较大
引下线及设备连线的影响	连接金具简单	连接金具较为复杂
对构架的拉力	比三分裂导线小	比双分裂导线大
导线表面电场强度	较小	较大
产品供应问题	需重新研制	需重新研制，若用目前 500kV 普遍采用的外径 5.1cm，截面积为 1400mm^2 的耐热铝合金导线代替，以大代小则经济性较差
静电感应	较小	较大
无线电干扰	较小	较大

　　根据表 6-5，双分裂导线和三分裂导线相比较，双分裂导线具有连接金具简单、对构架的拉力小、导线表面电场强度、静电感应和无线电干扰均较小等明显的优势。因此 750kV 示范工程推荐 750kV 软导线选择分裂根数为 2 根，分裂间距为 40cm 的双分裂导线，次导线的最小直径不小于 7cm。

　　5. 导线允许拉断力的确定

　　750kV 示范工程对导线经济弧垂进行了计算，经济弧垂曲线较陡，说明经济弧垂限制在一个范围相对较小的区域内。无论对于母线门型架或者进出线门型架，当选用 3m 弧垂时，因为拉力过大，经济性较差。当弧垂超过 6.5m 时，又因为其外型尺寸过大，使得经济性迅速变差。其经济弧垂基本上在 4.5～6m 之间。

　　当导线弧垂为 5.5m 时，进出线门型构架的总造价最低。因此，进出线构架的经济弧垂宜取 5.5m。

当导线弧垂为 5.0m 时，母线门型构架的总造价最低。因此，母线构架的经济弧垂宜取 5.0m。

经济弧垂对应的最大水平拉力分别为 7300kg 和 3800kg，根据规程规定，工程中实际使用的导线，其允许拉断力的安全系数不小于 4，工程应用中，变电站实际最大拉力可按照 8～10t 考虑，即对于双分裂导线，其每根次导线最小计算拉断力应不小于20t。

6. 临界电晕电压校验

750kV 示范工程采用《导体和电器选择设计技术规定》（SDGJ 14—1986）中提供的电晕临界电压计算公式进行计算，即

$$U_0 = 84m_1m_2K\delta^{\frac{2}{3}}\frac{nr_0}{K_0}\left(1+\frac{0.301}{\sqrt{r_0\delta}}\right)\lg\frac{a_{jj}}{r_d} \qquad (6-1)$$

$$K_0 = 1+\frac{r_0}{d}2(n-1)\sin\frac{\pi}{n} \qquad (6-2)$$

式中　m_1——导体表面粗糙系数，铝管取 0.96，铝绞线取 0.85；

m_2——天气系数，晴天取 1，雨天取 0.85；

d——分裂间距；

n——分裂根数，对于单根导线，$n=1$；

δ——相对空气密度；

K——三相导线水平布置时的不均匀系数，一般取 0.96；

r_0——导线半径；

a_{jj}——导线相间几何均距，三相水平排列时 $a_{jj}=1.26a$，a 为相间距离；

r_d——分裂导线等效半径。

在海拔 2000m 条件下，对双分裂导线（分裂间距 40cm）在不同次导线外径和不同相间距离时临界起始电晕电压值进行计算，计算结果见表 6-6。

表 6-6　　分裂软导线临界电晕电压（双分裂导线，分裂间距 40cm）

次导线外径（mm）	相间距离（m）	临界起晕电压（kV）（0.82）*	临界起晕电压（kV）（0.90）*
51	3.50	513	604
	8	625.76	687
	10	656	720
	11	669	734
	12.5	686	753
61	2.32	513	604
	8	707	776
	10	742	814
	12.5	777	853

次导线外径（mm）	相间距离（m）	临界起晕电压（kV）（0.82）*	临界起晕电压（kV）（0.90）*
71	1.74	513	604
	8	783	859
	10	822	902
	12.5	862	946
81	1.40	513	604
	10	896	984

* 表中 0.82 和 0.90 代表导线表面粗糙系数。

当 U/U_0（U 为最高工作相电压，U_0 为导线临界起始电晕电压）小于 0.9 时，即 U_0 大于 513.2kV 时，方可满足电晕无线电干扰的要求。根据表 6–6，对于 10m 的相间距离，当选用次导线外径为 7.1cm 的双分裂导线时，电晕临界起始电压是系统最高工作相电压的 1.6 倍，有较大的裕度。

因此，750kV 软导线选用双分裂、分裂间距 40cm、次导线的最小直径不小于 7cm 的导线，临界电晕电压完全满足要求。

7. 电晕无线电干扰校验

按照次导线最小直径选择的控制条件满足围墙外 20m 电晕无线电干扰场强小于 55～58dB 的要求，根据《高压交流架空送电线无线电干扰限值》（GB 15707—1995）中提供的无线电干扰场强计算公式进行计算，计算结果见表 6–7。

表 6–7　　　　　　无线电干扰场强（双分裂）次导线外径 7.1cm

相间距离（m）	9	9.17	10	11.16	11.5	13.71
无线电干扰场强（dB）	61.3	61	59.66	58	57.56	55.0

根据表 6–7，在海拔 1000m 及以下时，选用双分裂（次导线外径 7.1cm）导线要求的相间距离为 11.16～13.71m。海拔 2000m 时要求的相间距离为 9.17～11.16m。

当相间距离满足以上要求时，750kV 软导线选用双分裂、分裂间距 40cm、次导线的最小直径不小于 7cm 的导线，电晕无线电干扰完全满足要求。

结合以上分析计算，当时确定 750kV 变电站软导线的基本技术条件如下：选用双分裂的软导线，其分裂间距均为 40cm，双分裂导线次导线最小外径 7cm；回路工作电流为 5000A，对于每根次导线最小长期允许载流量不小于 3000A；导线的允许拉力（安全系数为 4），变电站实际最大拉力为 8～10t，对于每根次导线最小计算拉断力不小于 20t；导线表面粗糙系数不小于 0.9。

（三）750kV 导体采用管型母线时设计与选型

由于圆管铝管母线制造、安装简单，造价较低，不论是支持式结构还是悬吊式结构，都得到了广泛应用。因此，750kV 导体采用管型母线时推荐采用圆管铝管母线。

对于管型母线安装方式，主要有支持式硬母线和悬吊式管型母线两种方式。由于750kV配电装置的间隔宽度较大，支持式硬母线挠度很难满足要求，在500kV变电站中悬吊式管型母线被广泛采用，并被证明是一种经济合理，美观实用的母线形式。因此，除设备间连线外，750kV配电装置管型母线的安装方式推荐采用悬吊式的安装方式。

悬吊式管型母线又分为倾斜V型绝缘子串悬吊方式和垂直V型绝缘子串悬吊方式两种，两种方式对构架的荷重及要求的母线高度基本相同，倾斜悬吊式的铝管截面积小、省铝材、弧垂也小，但绝缘子串数量多（为后者的1.72倍），相应检修、维护工作量增大；垂直悬吊式恰好相反，铝管的截面大、耗量大（为前者的2.44倍），弧垂也大（为前者的3.81倍），而绝缘子串的数量比较省。考虑耗铝指标是很主要的因素，国内外悬吊式铝管母线都以倾斜悬吊式为主，对垂直悬吊式基本上没有采用，因此，750kV悬吊式管型母线推荐采用倾斜悬吊式铝管母线。

750kV悬吊式管型母线外径选择时同样需要进行动稳定校验（包括正常状态时母线所受的最大弯矩和应力σ的校验、短路状态时母线所受的最大弯矩和应力校验、地震时母线所受的最大弯矩和应力校验）、挠度校验、短路热稳定校验以及电晕校验。

750kV示范工程经过计算及校验，结论为：对于2000m海拔地区，750kV配电装置间隔宽度取42m时，选择ϕ250/230型铝锰合金管型母线满足工程需要；当在海拔1000m以下使用时，间隔宽度降低，可以选用更小管径的锰合金管型母线。该规格产品在500kV配电装置中已得到广泛使用，不需要为750kV配电装置专门研制新产品。

（四）750kV导体开发研制情况

750kV示范工程确定的750kV导体开发研制思路为：产品设计的机械与电气性能须满足工程设计对母线的基本要求，适应工程应用。

鉴于母线的设计载流容量很大，主要铝导体应采用长期工作温度为150℃的耐热铝合金材料；扩径单元材料应尽可能为铝导体，这样既具有扩径支撑作用，又作为导体而具有载流功能，既提高了材料和产品结构空间的利用率，又使整个导体为铝材料而减少磁滞损耗。其生产工艺尽可能利用现有生产装备，以减少生产条件投资，从而使产品成本保持在合理范围内。

当时与330kV变电站用扩径母线、500kV变电站用母线结构比较后，认为存在以下问题：① 当时国内330kV变电站应用的扩径母线，大多采用钢丝弹簧螺旋体或金属软管作为扩径支撑单元，这既增加产品单位重量，又由于钢材料的存在而在运行中产生磁滞损耗，钢材的腐蚀，特别是金属软管结构的易腐蚀，使母线的使用寿命受到影响；② 铝线支撑结构的母线，无法做到外径70mm的要求；③ 500kV变电站用母线，最大导体截面积为1440mm²的钢芯铝合金绞线，其外径为51.4mm，其外径、电晕和载流性能均不能满足750kV变电工程设计要求。

因此，当时提出应研究设计新型结构与性能的扩径耐热母线，提出了两种结构的耐热扩径导线，其技术指标见表6-8。

表 6 - 8   **750kV 变电站用两种结构耐热扩径导线技术指标比较**

项目			铝管支承结构	拱形线支承结构
型号			JLHN58K-1600	JLHN58K-1700
结构根数/ 直径（mm）	外层		AA：45/4.38±1%	AA：45/4.38±1%
	内层		AA：39/4.38±1%	AA：39/4.38±1%
	支撑单元		圆铝管 ϕ52.5/48.5，壁厚 2mm	Al：24 拱等分，ϕ52.5/ϕ46.5
截面积（mm²）	铝合金线		1265	1265
	支撑单元		317	440
	总计		1582	1705
计算直径（mm）			70.0	70.0
计算拉断力（kN）			215	220
允许拉断力（kN）			54	55
弹性系数×10³（MPa）			50±3	50±3
计算重量（kg/km）			4570	4750
线膨胀系数×10⁻⁶（℃⁻¹）			22.2	23.0
20℃时直流电阻（Ω/km）			0.01970	0.01800
长期允许载流量			国内常用计算参数	国内常用计算参数
长期允许载流量（A）	40～70℃		1250	1330
	40～150℃		3250	3420

经过对比后，推荐选择铝管支承结构，型号为 JLHN58K-1600 的导体，并对扩径母线进行了常规及型式试验，实验表明当时设计试制的扩径母线各项性能，均满足原设计方案技术指标要求，同时也符合工程设计技术条件要求。

JLHN58K-1600 导体在 750kV 示范工程官亭 750kV 变电站及兰州东 750kV 变电站中得到了应用，该工程 750kV 配电装置简化 GIS 与主变压器、高压电抗器的连接采用架空导线的方式，架空导线和设备间连线采用双分裂软导线，软导线采用研发的 JLHN58K-1600 型新型耐热铝合金空心扩径导线。

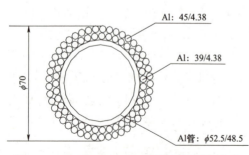

图 6-1   **JLHN58K-1600 型新型耐热铝合金
空心扩径导线结构图**

图 6-1 和图 6-2 为 JLHN58K-1600 型新型耐热铝合金空心扩径导线结构图及产品样品图。

图6-2 JLHN58K-1600型新型耐热铝合金空心扩径导线产品样品图

二、750kV 导体的使用和发展

在 750kV 示范工程之后一段时间建设的 750kV 变电站中,除部分变电站 750kV 设备间连线采用管型母线外,750kV 母线、主变压器 750kV 侧进线、跨线均采用了双分裂 JLHN58K-1600 型耐热铝合金空心扩径导线。银川东 750kV 变电站 750kV 配电装置首次采用敞开式布置方案,除 750kV 设备间连线采用管型母线外,750kV 配电装置主母线、750kV 配电装置与主变压器以及高压电抗器的连线、架空导线均采用双分裂 JLHN58K-1600 型耐热铝合金空心扩径导线。

这些工程运行情况表明:750kV 采用双分裂 JLHN58K-1600 导线及配套金具后,各种指标包括噪声指标均在规程规定范围之内,是满足工程及运行要求的。之后随着国家对环境的日益重视,同时随着我国电网技术的不断发展和提高,降低电网建设对环境的影响的要求越来越高,进一步改善 750kV 变电站特别是 750kV 采用敞开式配电装置变电站内的电晕噪声、无线电干扰、电磁感应水平,改善运行人员的运行环境以及降低对周围环境的影响成为当时需要解决的问题。而 750kV 采用双分裂 JLHN58K-1600 导线处于起晕临界点、裕度较小,部分变电站由于施工、安装金具等各种微小偏差会造成 750kV 导体可听噪声较大的问题,需要对 750kV 导体进一步研究。

2009 年,日月山 750kV 变电站在施工图设计时就 750kV 采用双分裂 JLHN58K-1600 导线与四分裂 LGJQ-1400 导线可听噪声进行了比较,比较后四分裂导线 LGJQ-1400 可听噪声小于双分裂 JLHN58K-1600 导线,该工程 750kV 配电装置采用 GIS,跨线最终采用了四分裂 LGJQ-1400 导线。

2010 年,在天水 750kV 变电站可研设计时,对 750kV 导体选择进行了研究,当 750kV 采用敞开式配电装置及 HGIS 配电装置时,对 750kV 上层导线、母线及设备间连线分别进行了研究。对 750kV 导线采用双分裂导线(JLHN58K-1600)及四分裂导线(NRLH58GJ-800/100)进行了技术经济比较,比较结果见表 6-9～表 6-12。

表 6-9   敞开式方案 750kV 导线采用双分裂导线或四分裂导线技术比较表

序号	项目	计算依据	要求值	双分裂导线	四分裂导线
1	最大持续工作电流（A）	事故最大输送功率 4000MW 功率因数 0.95	3241	6500（150℃）	5915（110℃）
2	短路热稳定要求的截面积（mm²）	按主变压器进线跨考虑	1526	3165.8	3181
3	电晕起始电压（kV）	DL/T 5222—2005 确定公式	889	963.9	973
4	噪声水平（dB）	美国 BPA 公式，湿导线情况		59.87（厂界）60.71（线下）	56.54（厂界）57.38（线下）
5	对构架的拉力			较小	较大
6	配电装置区用钢量			100%	115%
7	对目前配电装置的影响			无	较大
8	配套金具制造情况			有成熟经验	经验不成熟
9	施工难度			较小	较大

表 6-10   HGIS 方案 750kV 导线采用双分裂导线或四分裂导线技术比较表

序号	项目	计算依据	要求值	双分裂导线	四分裂导线
1	最大持续工作电流（A）	事故最大输送功率 4000MW 功率因数 0.95	3241	6500（150℃）	5915（110℃）
2	短路热稳定要求的截面积（mm²）	按主变压器进线跨考虑	1526	3165.8	3181
3	电晕起始电压（kV）	DL/T 5222—2005 确定公式	889	963.9	973
4	噪声水平（dB）	美国 BPA 公式，湿导线情况		59.87（厂界）60.71（线下）	56.54（厂界）57.38（线下）
5	对构架的拉力			较小	较大
6	配电装置区用钢量			100%	115%
7	对目前配电装置的影响			无	较大
8	配套金具制造情况			有成熟经验	经验不成熟
9	施工难度			较小	较大

表 6-11   敞开式方案 750kV 导线采用双分裂导线或四分裂导线经济比较表

序号	项目	双分裂导线	四分裂导线
1	间隔棒价格（元）	130	400~500
2	设备线夹价格（元）	800	1600
3	导线价格（元）	520	540
4	导线及金具部分总费用（万元）	约 354	约 635
5	用钢量增加引起的费用（万元）	0	约 140
6	投资比较（万元）	约 354	约 775（+421）

表 6-12　　　　　　　HGIS 方案 750kV 导线采用双分裂导线或
　　　　　　　　　　四分裂导线经济比较表

序号	项目	双分裂导线	四分裂导线
1	间隔棒价格（元）	130	400～500
2	设备线夹价格（元）	800	1600
3	导线价格（元）	520	540
4	导线及金具部分总费用（万元）	约 220	约 380
5	用钢量增加引起的费用（万元）	0	约 90
6	投资比较（万元）	约 220	约 470（+250）

　　表 6-9 和表 6-10 为雨天情况下湿导线计算结果，对于晴天条件下，根据经验公式，噪声水平比雨天最恶劣情况降低 10～15dB，故采用这两种导线均可满足晴天条件要求。但对站内而言，四分裂导线优于双分裂导线。

　　两种导线对构架的拉力的影响如下：采用双分裂导线时，敞开式及 HGIS 最大跨导线拉力最大分别为 6942kgf（1kgf=9.80665N）及 5942kgf；采用四分裂导线时，敞开式及 HGIS 最大跨导线拉力最大分别为 7621kgf 及 6621kgf；同时通过计算导线风偏摇摆情况，当采用四分裂导线后，由于受风面积大幅增加，导致风压增大，计算结果表明，若导线弧垂维持不变，750kV 配电装置需在双分裂导线基础上采用 V 型悬挂绝缘子串等方法。经当时核算，采用四分裂导线配电装置区用钢量增加约 15%。

　　天水 750kV 变电站建设时，对于 750kV 主变压器进线及出线采用了四分裂导线。

　　对于 750kV 母线，管型母线具有表面光洁度高、毛刺少、金具用量少等特点，可有效降低导体表面场强及局部电晕放电的产生、降低噪声水平，同时与软导线相比施工安装较为简单，因此在天水变电站中可考虑选用管型母线。当时对工程可能采用的管型母线从载流量、挠度等方面进行了比较，结果见表 6-13。

表 6-13　　　　　　　750kV 导线采用不同直径管型母线比较表

母线型号	载流量（A）	挠度（cm）	对配电装置构架的影响
6063－φ200/180	7908	44.5	母线构架局部抬高，不影响进出线构架及配电装置宽度
6063－φ250/200	8798	21.8	母线构架局部抬高，不影响进出线构架及配电装置宽度

　　经过计算，在当时情况下，若 750kV 母线选用管型母线，推荐选用 φ250 管型母线。

　　对于母线选用管型母线与双分裂软导线经济比较如下：

　　（1）750kV 配电装置母线若采用 φ250/200 管型母线，管型母线材料及安装费约为 136 万元，管型母线 V 型悬吊串材料费用约为 190 万元。

　　（2）若采用双分裂软导线材料及安装费约为 87 万元，耐张串材料费用约为 85 万元。

　　（3）母线采用管型导线比软导线增加投资约 154 万元。

　　对于设备间连线，当时已实施的 750kV 敞开式配电装置中，大部分设备间连线均已采用管型母线，其噪声水平较低；同时对于设备接线端子及其端部连接金具处，已处于设备均压环内，屏蔽效果较好。因此，天水 750kV 变电站设备间连线依然推荐采用管型母线。

2012～2013 年，在五彩湾 750kV 变电站设计时，进一步对相关导体进行了比较研究，首先对导体载流量、导线拉力、导线表面场强、无线电干扰、可听噪声等方面进行了计算比较，主要对双分裂软导线 JLHN58K－1600、四分裂软导线 JGQNRLH55X2K－700、四分裂软导线 NRLH52GJ－800/55、四分裂软导线 LGKK－600、四分裂软导线 LGKK－900 及四分裂软导线 LGJQT－1400 进行了比较。

比较时，750kV 双分裂软导线 JLHN58K－1600 的载流量温度条件为导线温度 150℃，环境温度 45℃。750kV 四分裂软导线 JGQNRLH55X2K－700 的载流量温度条件为导线温度 120℃，环境温度 45℃。750kV 四分裂软导线 NRLH52GJ－800/55 的载流量温度条件为导线温度 150℃，环境温度 45℃。750kV 四分裂软导线 LGKK－600、LGKK－900 及 LGJQT－1400 的载流量温度条件为导线温度 80℃，环境温度 45℃。导体载流量、导线拉力、次档距、导线表面场强、无线电干扰、可听噪声等方面进行了比较。

经比较，4×JGQNRLH55X2K－700 导线在电晕、对无线电干扰、次档距等方面均优于 2×JLHN58K－1600 导线，且该导线在张力上也小于 2×JLHN58K－1600 导线。从经济上比较，采用 4×JGQNRLH55X2K－700 导线较 2×JLHN58K－1600 导线节省投资约 4.2%。综合比较后，五彩湾 750kV 变电站 750kV 配电装置采用了 4×JGQNRLH55X2K－700 导线。

2012 年，在沙洲 750kV 变电站设计时，对该站 750kV 配电装置导体电晕降噪进行了研究，选取了 2×JLHN58K－1600、3×JLHN58K－1600、3×LGJQT－1400/3×LGKK－600、4×LGJQT－1400/4×LGKK－600 以及管型母线直径从 100～400mm 进行了电晕计算比较，比较后对于沙洲 750kV 变电站 750kV 导体采用软导线有以下结论：① 若采用分裂导线，3×ϕ70（JLHN58K－1600）或 4×LGJQT－1400/4×（LGKK－600）导线可以满足电晕要求；② 对 3×（JLHN58K－1600）分裂导线，在分裂间距 300～600mm 范围内，分裂间距越大，电晕性能越好，分裂间距取 400mm 已能很好地满足电晕性能；③ 对 4×LGJQT－1400 及 4×（LGKK－600）分裂导线，在分裂间距 300～600mm 范围内，分裂间距为 400 时，电晕性能最好，继续增加分裂间距，会削弱分裂导线的屏蔽效应，起晕电压降低；④ 对 2×（JLHN58K－1600）分裂导线，在分裂间距 300～600mm 范围内，若按照导线粗糙系数保守取值（0.82），E/E_0 大于 0.9；若按照导线粗糙系数取 0.9，$E/E_0 \approx 0.85$，当分裂间距为 400m 时 $E/E_0 = 0.846$，能够满足要求，但几乎没有裕度。

管型母线的计算方法同分裂导线，不同之处在于分裂数为 1，且导体表面粗糙系数取为 0.9。沙洲变电站管型母线电晕校核结果表明：对 750kV 配电装置，若铝合金管型母线直径不小于 130mm，铝合金管型母线不会起晕。750kV 变电站的硬导体选择需要结合载流量及地面场强控制因素选取。

结合以上比较，并考虑到沙洲 750kV 变电站 750kV 配电装置主母线穿越功率要求没有五彩湾 750kV 变电站大，采用 LGJQT－1400/135 可以满足要求，设备间连线采用 ϕ200/184 管型母线，其余 750kV 导线选择四分裂 JLHN58GKK－600 导线。

2016 年，在神木 750kV 变电站设计时就 750kV 导体选型进行了专题研究，神木 750kV

变电站 750kV 采用敞开式配电装置，对 750kV 采用双分裂导线 2×（JLHN58K－1600）、4×（JGQNRLH60XX－700）、4×（NRLH58GKK－600）及 4×（JLNH/T－900/80）就载流量、电晕电压、可听噪声、无线电干扰、导线拉力、风偏摇摆进行了技术比较，同时对四种导线进行了经济比较，比较结果如下：

（1）载流量方面，750kV 屋外配电装置上层跨线选取的四种导线方案都能满足工程要求，且均有较大的裕度。能够满足工程安全稳定运行的要求。

（2）电晕电压方面，750kV 屋外配电装置上层跨线选取的四种导线方案都是能够满足起晕电压 $U_g \leqslant U_0$ 要求的。其中 4×JGQNRLH60 XX－700 与 4×NRLH58GKK－600 型导线起晕电压基本一致，且裕度最大。

（3）可听噪声方面，750kV 屋外配电装置上层跨线若选取 4×JGQNRLH60XX－700 与 4×NRLH58GKK－600 型导线，导线表面最大场强较低，其线下可听噪声较小。

（4）无线电干扰方面，四种导线均能满足工程要求（按照次导线最小直径选择的控制条件满足围墙外 20m 电晕无线电干扰场强小于 55～58dB 的要求）。4×JGQNRLH60XX－700 与 4×NRLH58GKK－600 型导线效果最优。

（5）导线拉力方面，JLHN58K－1600 型导线的最大拉力工况为最大风速，其原因是该导线外径较粗，在大风地区所受侧向风压较大。其余三种导线的最大拉力工况均为最大荷载（覆冰有风）。其中 JGQNRLH60XX－700 型导线由于自身重量较轻，其拉力值也最轻。NRLH58GKK－600 导线拉力值最重，约为 JGQNRLH60XX－700 型导线的 1.16 倍。

（6）最小安全净距方面，采用 JLHN58K－1600 与 NRLH58GKK－600 型导线所要求的配电装置间隔尺寸较小。采用 JGQNRLH60XX－700 型导线所要求的配电装置尺寸最大。每间隔需增加约 2m。

（7）经济性方面，NRLH58GKK－600 经济性最好，JLNH/T－900/80 与 JLHN58K－1600 次之，JGQNRLH60XX－700 最差。

表 6－14 为四种不同 750kV 软导线的技术经济比较表。

表 6－14　　　　　四种不同 750kV 软导线的技术经济比较表

项目	JLHN58K－1600	JGQNRLH60XX－700	NRLH58GKK－600	JLNH/T－900/80
载流量比较	满足要求	满足要求	满足要求	满足要求
起晕电压比较（kV）	＋77	最优±0	＋3	＋147
可听噪声比较（dB）	＋5.5	最优±0	＋0.05	＋3.25
无线电干扰比较	满足要求	满足要求	满足要求	满足要求
导线拉力比较（kg）	＋884	最优±0	＋903	＋788
风偏摇摆检验（mm）	最优±0	＋2.196	＋0.54	＋1.56
经济性比较（万元）	＋36	＋228	最优±0	＋48

经过技术经济比较，采用 2×JLHN58K－1600 型导线所要求的间隔宽度尺寸最优，经济性与导线拉力上适中。但由于其双分裂特性，在起晕电压与可听噪声方面最差，因

此不做推荐。JLNH/T-900/80 导线的各项参数中均较适中,无特别良好指标。且该导线目前仅在 220kV 及以下电压等级中有投运业绩,因此也不做推荐。JGQNRLH60XX-700 型与 NRLH58GKK-600 型导线直径基本一致,因此在起晕电压与可听噪声上数值较为接近。JGQNRLH60XX-700 型导线虽然在导线拉力数值上较 NRLH58GKK-600 型导线轻,可减少部分构架用钢量,但其风偏摇摆值最大,需增加间隔尺寸以满足安全距离值,则相应又会增加构架用钢量。同时,该导线为近年新研制产品,价格较昂贵。

4×NRLH58GKK-600 导线作为 750kV 屋外配电装置导线。该导线与之前 750kV 变电站已广泛引用的 2×JLHN58K-1600 型导线相比,虽然拉力及风偏摇摆取值略大,但在起晕电压及可听噪声项上具有明显优势。同时,该导线属于常规导线,不需进行研发特制,具有良好的经济性。该 750kV 四分裂导线研究成果首次应用在青海日月山 750kV 变电站、柴达木 750kV 变电站、茨茨湖 750kV 变电站中。

三、750kV 导体选择建议

750kV 变电站分裂导线的分裂间距主要根据电晕校验结果确定,750kV 配电装置的双分裂导线和四分裂导线分裂间距一般取 400mm。次导线最小直径应根据电晕、无线电干扰条件确定,考虑一定的设计裕度。750kV 配电装置双分裂导线次导线最小直径宜取 71mm,四分裂导线次导线最小直径宜取 51mm。

750kV 示范工程对 750kV 导体进行了研究,并研制出了双分裂 JLHN58K-1600 软导线,在一段时间内在 750kV 变电站工程中均采用了该型导线及配套金具。即当时在一段时间内,750kV 采用 GIS 配电装置的跨线一般采用 2×JLHN58K-1600 的软导线,750kV 采用敞开式配电装置的母线及跨线一般也采用 2×JLHN58K-1600 的软导线,750kV 设备间连接一般采用外径为 200mm 的管型导体。750kV 变电站发展初期建成的工程运行情况表明:750kV 采用双分裂 JLHN58K-1600 导线及配套金具后各种指标包括噪声指标均在规程规定范围之内,是满足工程及运行要求的。之后随着国家对环境的日益重视,同时随着我国电网技术的不断发展和提高,降低电网建设对环境的影响的要求越来越高,进一步改善 750kV 变电站特别是 750kV 采用敞开式配电装置变电站内的电晕噪声、无线电干扰、电磁感应水平,改善运行人员的运行环境以及降低对周围环境的影响成为当时需要解决的问题。而 750kV 采用双分裂 JLHN58K-1600 导线存在处于起晕临界点,裕度较小,部分变电站由于施工、安装金具等各种微小偏差会造成 750kV 导体可听噪声较大的问题,为解决以上问题,依托多项工程对 750kV 导体及金具进行了进一步研究,此后工程中分别采用了 4×JLHN58K-900、4×JLHN58K-600、4×JGQNRLH55X2K-700、LGJQT-1400、4×NRLH58GKK-600 导体。

4×JGQNRLH55X2K-700 型导线虽然在重量上较 4×NRLH58GKK-600 型导线轻,可减少部分构架用钢量,但其风偏摇摆值大,需增加间隔尺寸以满足安全距离值,则相应又会增加构架用钢量。同时,该导线为新研制导线,价格昂贵。NRLH58GKK-600 导线在载流量、起晕电压及可听噪声上性能比较均衡,并且有大量的工程应用案例,因此,750kV 导体采用软导线时建议采用 4×NRLH58GKK-600。750kV 导体采用管型母线时的推荐意见详见本章第三节。

第二节　金具设计与选择

750kV 变电站中 750kV 配电装置金具相对于 500kV 及以下电压等级变电站金具，其承受电气负荷性能的金具载流量要求更大；其电晕效应、可听噪声、电晕无线电干扰更加突出。因此，在进行 750kV 变电站 750kV 金具设计与选择时，需要重点解决以上问题。

750kV 变电站 330kV 配电装置金具相较于 330kV 变电站 330kV 配电装置金具以及 66kV 配电装置金具相较于 500kV 变电站 66kV 配电装置金具，除了承受电气负荷性能的金具其载流量相对较大外，其余并无区别。因此本节仅对 750kV 变电站中 750kV 金具设计与选择进行阐述。

金具选择主要原则如下：

（1）金具应能承受安装、维修及运行中可能出现的有关机械荷载，并能满足设计工作电流（包括短路电流）、工作温度计环境条件等各种工况的要求。

（2）金具的标称破坏载荷及连接型式尺寸应符合 GB/T 2315 的规定。

（3）所有承受电气负荷的金具，其载流量应不小于被安装导线的载流量。

（4）金具应尽量限制电晕的影响，并应满足晴天夜晚在 1.1 倍最高运行相电压下不产生可见电晕，无线电干扰电压不大于规定值。当不采用屏蔽装置时，金具本身应具有防电晕特性。

金具是配电装置中重要的组成部分，合理地选择金具的材料、类型、结构，对于整个配电装置的布置以及技术经济特性有很大的影响。在我国第一个 750kV 变电站工程建设前，对变电站 750kV 金具设计与选择进行了研究，提出了适合我国国情的 750kV 金具选型意见并在我国 750kV 示范工程中应用。

750kV 示范工程建成投运后的一段时间，随着国家对环境的日益重视，以及我国电网技术的不断发展和提高，降低电网建设对环境的影响的要求越来越高，进一步改善750kV 变电站特别是 750kV 采用敞开式配电装置变电站内的电晕噪声、无线电干扰、电磁感应水平，改善运行人员的运行环境以及降低对周围环境的影响成为当时需要进一步解决的问题。在 750kV 变电站建设的不同时期，设计对 750kV 金具设计与选择不断进行了优化研究。

一、750kV 示范工程中 750kV 金具设计与选择情况

根据 750kV 变电导线及母线的开发研制结论，750kV 变电金具选型及设计按照两大类，一类是与 750kV 双分裂软导线配合的双联耐张金具串、单联悬垂金具串以及其余的配套金具；另一类是单根圆管母线 ϕ250mm 配合的全套金具。

以上两类金具主要包括均压环、屏蔽环、耐张线夹、设备线夹、间隔棒及固定金具、软母线 T 型线夹、悬垂线夹、连接件、管型母线终端球、管型母线悬吊金具、管型母线 T 型线夹等。750kV 示范工程金具要求如下：

（1）均压环、屏蔽环。均压环、屏蔽环满足电晕相关标准的要求，均压环、屏蔽环应能保证安全支撑一个人的体重。

（2）耐张线夹。适用于 JLHN58K-1600 耐热导线，耐张线夹握力应不小于导线计算拉断力的 65%，载流量不小于 2500A。

（3）设备线夹。适用于 JLHN58K-1600 耐热导线，载流量不小于 5000A。

（4）间隔棒及固定金具。间隔棒及固定金具应满足电晕标准要求。

（5）软母线 T 型线夹。软母线 T 型线夹的载流量不小于 2500A。

（6）悬垂线夹。悬垂线夹垂直破坏荷重不小于 70kN，悬垂线夹适用于 JLHN58K-1600 耐热导线，悬垂线夹对导线的握力不小于导线计算拉断力的 22%。

（7）连接件。连接件应能满足绝缘子金具串的强度要求。

（8）终端球。终端球应能改善铝管母线端部的电场分布，使金具及管型母线满足电晕相关标准的要求，终端球自身有一定的重量，其内部为空腔，可以添加配重，调节管型母线的挠度。有（在管型母线端头内部）加装配重的装置。

（9）管型母悬吊金具。管型母线悬吊金具能承受 70kN 的垂直破坏荷重，管型母线悬吊金具悬挂点应与 V 型绝缘子串受力方向匹配，管型母线悬吊金具应满足电晕相关标准的要求。

（10）管型母线 T 型线夹。管型母线 T 型线夹应满足电晕相关标准的要求，管型母线 T 型线夹载流量不小于 5000A。

（11）配套金具设计试验要求。一般技术条件应符合《电力金具通用技术条件》（GB/T 2314—1997）。金具起晕电压不小于 635.1kV。金具直流电阻应不大于同等长度导线电阻，金具部分连接处温升应小于导线温升。

二、750kV 金具开发研制情况

（一）均压环、屏蔽环的研制

均压环、屏蔽环虽然安装位置及作用各不相同，但它们的构造和最终目的是一样的。均压环主要是控制绝缘子上的电晕和无线电干扰；屏蔽环主要是控制金具上的电晕和无线电干扰；用一个环兼作均压环、屏蔽环时，称为均压屏蔽环，在软导线金具串中采用了均压环、屏蔽环，在悬挂式管型母线上采用的是均压屏蔽环和终端防晕球来进行电晕防护。

1. 均压环、屏蔽环管径的选择

均压环、屏蔽环不产生电晕的条件是其表面的电位梯度小于临界值。根据有关资料的介绍，表面的临界电位梯度除和电压有关外，还受金具表面粗糙度、空气密度的影响，经计算，在海拔 2000m 时，均压环、屏蔽环管子半径采用 4cm，表面粗糙度为 0.98 时临界的表面的电位梯度为 34.2kV/cm，实际最大电位梯度为 30.1kV/cm，满足要求。

2. 均压环、屏蔽环形状的选择

根据有关资料介绍，均压环、屏蔽环只要屏蔽范围合适，形状的差别不大，所以在均压环、屏蔽环的形状方面，设计时，只要其所屏蔽的范围稍稍大出所屏蔽的物体即可。均压环的高度应位于第二片绝缘子瓷裙相平的地方效果最好。

均压环、屏蔽环形状见图 6-3。

图 6-3 均压环、屏蔽环形状

3. 均压环、屏蔽环材料和工艺的选择

均压环、屏蔽环的主体采用铝材料制造，铝环的制作采用两半体环中间焊接，焊后对焊缝进行抛光处理，产品表面质量好、防晕性能高、重量轻等特点，克服了钢制均压环、屏蔽环的缺点。因此，750kV 示范工程推荐采用铝制均压环、屏蔽环。

4. 均压环、屏蔽环试验

（1）机械强度试验。按实际使用形式把金具固定在夹具上，在金具上加 120kg 重物，测量金具尺寸是否满足设计要求。

（2）电晕及无线电干扰试验。该产品应满足电晕及无线电干扰的试验要求。

（二）耐张线夹的研制

耐张线夹是一个受力部件，其承受导线的全部张力，包括导线的预紧力、自重产生的力、安装时产生的过载力、风的作用力、覆冰产生的力等。其次，耐张线夹还具有导流的作用，因此要求耐张线夹应具有足够的导电能力，以承载通过耐张线夹的电流。耐张线夹所连接的导线为耐热导线，在设计时应充分考虑导线在高温时对线夹的影响。

1. 耐张线夹的结构设计

750kV 示范工程耐张线夹所连接的导线为 JLHN58K-1600 型耐热铝合金软管扩径导线，其连接方式与现有的 LGKK-600K 型耐张线夹的连接方式相似，所以在耐张线夹的结构上，采用当时已经比较成熟的耐张线夹结构。耐张线夹主体铝管采用外径为 $\phi100$、内径为 $\phi73$ 的纯铝管，引流板采用纯铝板，与铝管焊接在一起。引流线夹配带芯棒。其形状见图 6-4。

图 6-4 耐张线夹结构形状图

2. 耐张线夹受力分析

750kV 示范工程采用的 LGJK-1600 型耐热铝合金软管扩径导线的计算拉断力为 352kN，根据耐张线夹握力应不小于计算拉断力的 65% 要求，得出耐张线夹的最小握力为 229kN，耐张线夹铝管在压紧导线后，其铝截面积为 3668mm²，按铝的抗拉强度为 80N/mm² 计算，得出铝截面能承受的拉力为 293kN＞229kN。由于导线允许拉力为 98kN，所以导线在实际应用中，实际的拉力会小于这个数值。

经计算，750kV 示范工程采用的耐张线夹强度满足使用要求。

3. 耐张线夹载流量的计算

根据有关资料,接触面最小导流系数选取 0.1A/mm² 比较合适。导线的载流量按 3000A 计算,接触面最小导流系数选取 0.1A/mm²。得出端子板的最小面积为 30000mm²,而耐张线夹的端子板面积为 3200mm²。由此可见,750kV 示范工程采用的耐张线夹端子板导电性能方面满足设计要求。

4. 耐热性能分析

由于导线为耐热导线,所以会产生蠕变现象,根据有关资料,铝制件蠕变现象随温度、拉力的升高而加大。并且单位面积的拉力在接近 80N/mm² 时急剧加大。有关资料给出了一组铝制件在 125、80℃时的蠕变数据,在初始压力分别为 80、60、40N/mm² 时其压力降到初始压力的一半时所需的时间,在 125℃时,0.0045、0.1、1 年,在 80℃时 100、1000 年。

根据对此线夹的计算,在长期使用时单位面积的拉力限定在 20N/mm² 以下,可以很好地解决蠕变的问题。而本次使用的线夹在耐张线夹受力分析中,其长期使用时的拉力小于 3N/mm²。

5. 耐张线夹试验

经试验证明,750kV 示范工程耐热扩径导线耐张线夹的握力、电气性能满足设计要求。

三、设备线夹的研制

750kV 变电站使用的设备线夹主要作用是将双分裂 JLHN58K－1600 软导线和设备端子连接起来,起过渡的作用。根据设备端子板的材质,设备线夹分为铝设备线夹和铜铝设备线夹两种。设备线夹要有一定的载流量和一定的机械强度,以保证其正常运行。

1. 设备线夹的结构设计

为了保证设备线夹导流的稳定性,铝管与导线采用压接的方法进行连接。根据导线的载流量以及金具强度要求,铝管外径设计为 ϕ100mm,压接长度为 200mm,考虑到施工要求,设计铝管长度为 300mm。根据设计技术要求铝管间距设计为 400mm。接线板的大小按设备接线板尺寸设计加工。

当设备端子板材质为铜材质时,在双导线铝设备线夹端子板上覆铜板,厚度为 2mm,长宽按设备线夹接线板尺寸覆铜,加工后的线夹为双导线铜铝设备线夹。覆铜工艺一般采用锡－铝合金嵌焊工艺生产,黏合面积大于覆铜面积的 75%。

图 6-5 为双导线设备线夹。

设备线夹的端子板通过附加防晕板,来达到其电晕要求。防晕板的结构和形状与管型母线 T 型线夹的端子板相同。

图 6-5　双导线设备线夹

2. 设备线夹机械强度与电气性能分析

设备线夹机械强度与电气性能分析参考耐张线夹和管型母线 T 型线夹。

3. 设备线夹试验

通过试验，750kV 示范工程设备线夹机械性能、电气性能满足设计要求。

4. 间隔棒与软导线固定金具的研制

双分裂间隔棒主要是防止导线鞭击，起支撑导线的作用。导线固定金具除具有双分裂间隔棒的作用外，还具有固定导线与绝缘子的相对位置的作用。在设计时主要应考虑保持导线间距、机械强度，同时，还应考虑金具的防电晕性能。

（1）结构设计。750kV 示范工程中采用 500kV MRJ 型双分裂间隔棒，通过控制其外侧包裹导线的壁厚和其外观形状，并依靠导线自身的屏蔽，解决了间隔棒的电晕问题。在 750kV 用双分裂间隔棒上，虽然其电压升高了，但导线的外径也加大了很多，而间隔棒在加工上，可以使其尺寸控制在原来的尺寸范围内，并将圆弧进行加大，从而提高了防电晕性能。间隔棒见图 6-6。

软导线固定金具是在双分裂间隔棒的基础上，安装一底座，下面有绝缘子上的屏蔽环，这两者构成一个立体空间，而底座恰好在这个空间的内部，应没有电晕问题，导线固定金具见图 6-7。

图 6-6　间隔棒

图 6-7　导线固定金具

（2）机械强度计算。作用在双分裂间隔棒上的力主要为两导线的互吸引力。两根导线可以近似看作两根无限长的两根平行导线。按分裂间距为 0.4m，短路电流为 40kA，根据电流强度的定义，得出单位长度上导线受到的向心力为 800N/m。

两个间隔棒的间距按 10m，得出每个间隔棒能承受的向心力应大于 8000N，即间隔棒应满足短路电流产生的向心力的要求。一般情况下，类似间隔棒产品的向心力为 10000~15000N，能满足设计要求。同时，经计算，750kV 示范工程底座的机械强度也满足要求。

（3）间隔棒与软导线固定金具试验。750kV 示范工程产品通过了机械强度和电气性能试验，满足要求。

5. 软母线 T 型线夹的设计

软母线 T 型线夹安装在软母线上，主要起引流的作用。将电流引入或引出软母线，要求其载流量应大于或等于软母线的载流量。同时，要求其电晕指标满足设计要求。

（1）软母线 T 型线夹的结构设计。为了方便安装，线夹采用螺栓连接结构，主母线与引下线均适用 JLHN58K-1600 导线，主体采用导电性能较好的节能材料铝合金制造。为了确保软母线 T 型线夹结构和外型在 750kV 电压下无电晕出现，金具外形设计成鼓柱形，沿管径方向尽量小，不形成尖角。螺栓形成埋入式，这样形成的金具主体结构紧凑、

229

图 6-8　软母线 T 型线夹

防晕性好。而对于边缘沿导线方向，使圆弧成渐渐缩小的型式，以增加其防晕性能。软母线 T 型线夹见图 6-8。

（2）软母线 T 型线夹载流量的计算。为了保证软母线 T 型线夹的载流量，线夹与软母线之间必须有一定的接触面，接触面最小导流系数选取 0.07A/mm² 比较合适。软母线的单根导流量为 2500A，按此计算，线夹与软母线之间的最小接触面的面积应为 35700mm² 以上。

研制的线夹接触长度按照 345mm，设计的线夹与软母线之间的接触面为 38400mm² 大于要求值，满足设计要求。

软母线 T 型线夹最小处的导电截面积为 2540mm²。而导线的导电截面积为 1600mm²。由此可见，750kV 示范工程软母线 T 型线夹的导电量应能满足线夹的使用要求。

（3）软母线 T 型线夹的握力。根据金具相关标准，T 型线夹握力值达到导线计算拉断力的 10% 即可，由此得出线夹的握力值应不小于 21.5kN。

软母线 T 型线夹由 8 根 M12 的螺栓将管型母线夹紧，而根据有关资料，每根螺栓能够产生的拉力为 17kN，这样产生的总压力为 136kN。而铝与铝的摩擦系数为 0.25，而压盖与主体同时受压，虽然其受力相反，但产生的握力方向却是相同的，由此可得线夹的握力为 68kN＞21.5kN。

由以上计算可知，750kV 示范工程线夹的握力满足设计要求。

（4）试验。750kV 示范工程产品通过机械强度和电气性能试验，满足要求。

6. 悬垂线夹的研制

悬垂线夹的用途是提携导线，导线经悬垂绝缘子串与横担相连。对于悬垂线夹的设计，应考虑线夹具有足够的机械强度来承载由于导线的自重、覆冰、风力等因素引起的各种力、具有一定的握力，以保证由于自然因素引起的悬垂线夹两端导线的张力不平衡时，导线相对于悬垂线夹不产生相对滑动、具有合适的悬垂角及曲率半径、应考虑降低线夹的磁滞涡流损失。

（1）悬垂线夹结构设计。悬垂线夹的结构型式采用流线型提包式结构。主体为船型提包型结构，螺栓为倒装型 U 型螺钉，埋入在线夹主体内部，用铝压块、U 型螺钉、螺母固定导线，在主体安装抗弯性能较好的横轴与联结金具连接。

线夹主体等采用节能型铝合金材料制造达到节能目的。为了避免金具出现电晕，金具外形成流线型。

导线直径采用 72mm，加缠包缠物后线槽开档设计为 76mm。线夹悬垂角设计为 25°，线夹破坏荷重设计为 70kN。

悬垂线夹见图 6-9。

（2）机械强度的设计。根据 750kV 配电装置可能的布置形式，单个悬垂线夹所承载的导线长度一般不超过 40m。经过计算，得出如下结论：① 悬垂线夹受到的最大合力为 3kN，考虑结构影响等因数，线夹设计最小破坏荷重为 70kN，远大于使用要求；② 悬垂线夹挂耳强度计算方面，悬垂线夹的危险截面位于挂耳处，有关资料给出了眼孔的破坏力的经验公式，当材料强度 σ_b 为 153MPa、孔边距 h 为 19mm、板件厚度 t 为 40mm、

图 6-9 悬垂线夹

孔壁的平均半径 R 为 22.5mm 时，眼孔的破坏力为 167kN，悬垂线夹垂直荷载应能完全满足要求；③ 悬垂线夹对导线的握力方面，在正常运行时，由于线夹两端的导线因热胀冷缩或覆冰等原因引起两端拉力不平衡，为防止导线在这种情况下滑动，要求悬垂线夹对导线有一定的握着力。根据要求，悬垂线夹对导线握力值为钢芯铝绞线计算拉断力的 22%，耐热铝合金镀锌金属软管扩径导线的最大允许拉断力计算值为 54kN。由此得出悬垂线夹对导线的握力为 11.88kN。悬垂线夹由 2 根 M16 的 U 型螺栓（相当于四根普通螺栓）将软母线夹紧，而根据有关资料给出的数据，每根螺栓能够产生的拉力为 33kN，这样产生的总压力为 132kN。而铝与铝的摩擦系数为 0.25，而压条与主体同时受压，虽然其受力相反，但产生的握力，方向却是相同的，由此可得线夹的握力为 66kN。

由以上计算可知，750kV 示范工程线夹的握力满足使用要求。

（3）线槽的曲率。在 GB 2314—1997 中要求悬垂线夹的曲率半径不小于导线的 8 倍。按此计算得出悬垂线夹的曲率半径设计为 568mm，悬垂角设计为 25°。

（4）试验。750kV 示范工程产品通过了握力试验、破坏荷重试验、电晕试验。达到了设计要求。

7. 六变二线夹

六变二线夹是送电线路与变电站的电气连接金具，每回线路的电流通过六变二线夹导通。

根据 750kV 输电线路设计结构，采用耐张线夹引流板进行"六变二"设计，使施工安装比较方便，即在每一个耐张线夹引流板处连接铜铝过渡设备线夹进行"六变二"。

为了保证设备线夹导流的稳定性，与耐张线夹引流板连接的设备线夹和与变电站扩径导线连接的部件采用压接式铜铝过渡设备线夹。为了保证连接的导线能自由弯曲和方便连接并且抗弯曲性能良好，采用软铜线作为导体连线。软铜线两端与铜铝过渡设备线夹连接，一端与 750kV 输电线路六根 LGJK-400/50 扩径导线耐张线夹的引流板连接，另一端与变电站的两根 JLHN58K-1600 扩径导线铜铝过渡设备线夹连接，形成"六变二"软连接结构，六变二线夹结构见图 6-10。

8. 终端球的研制

由于终端效应，铝管母线的端部电场分布不均匀，很容易起晕，所以应在此处加一个终端球，以改善铝管母线端部的电场分布，使金具及管型母线满足电晕及无线电干扰的要求。在变电站中，管型母线一般为露天布置，在端部安装终端球，可防止动物进入，

防止雨雪、灰尘进入的作用。同时，由于终端球自身的重量，及其内部的空腔，可以添加配重，可调节管型母线挠度。

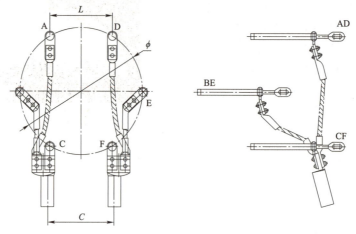

图 6-10　六变二线夹结构图

（1）防电晕结构设计。在变电站，管型母线一般不产生电晕，但管型母线的终端由于电力线比较集中，电场强度较高，在较低的电压下，就使周围空气游离从而出现电晕。据有关资料介绍，管型母线终端不加任何屏蔽装置时，电压升至 70kV 就开始有电晕出现。出现电晕后将严重影响通信，浪费能源，为了解决终端电晕问题，一般加屏蔽环、球等可达到消除电晕的目的。课题采用终端球对管型母线终端进行屏蔽。

目前，国内使用的管型母线金具与电压等级不成比例关系，标准中的终端球只与管型母线外径有关，没有推荐使用电压等级。在电压等级很高时，选用的终端球就有可能不合适。为了探讨 750kV 变电站用 ϕ250 管型母线终端球技术参数，课题参考了国内国外资料计算得出推荐的终端金具发生电晕的最小半径为 330～260mm，在海拔 2000m 时，考虑修正系数为 1.11 后的终端金具发生电晕的最小半径为 363～289mm。

图 6-11　终端球形状图

考虑到 750kV 变电站用 ϕ250 管型母线最后一跨管型母线较长，产生的挠度较大，需要配重来调节其挠度，课题认为终端球直径采用 ϕ750mm 比较合适，其结构与普通终端球相似即可，其型式见图 6-11。

（2）材料和工艺的选择。终端球的材料选用 ZL102，采用铸造的方法成形，主要原因如下：① ZL102 和铝管型母线都是铝制合金，可在使用中尽量避免不同金属间的双金属腐蚀的问题；② ZL102 这种材料在电力金具中是一种常用材料，其铸造性能比较好，而终端球体积比较大，为不规则的球形，采用铸造的方法制作，方法简单，成本低；③ ZL102 这种材料有足够的强度。

（3）终端球试验。750kV 示范工程产品通过试验证明，当终端球直径为 ϕ750mm 时，该产品满足电晕及无线电干扰的使用要求。

9. 管型母线悬吊金具的研制

管型母线悬吊金具主要起悬吊管型母线的作用。管型母线上受到的各种力（包括管型母线自身的重量、风力、电磁引力、附属设备产生的力等）通过悬吊金具，传递给 V 型串，所以悬吊金具必须能够承受拉力。此外，悬吊金具与管型母线直接接触，其上部有 V 型串的屏蔽装置屏蔽，而其下部无屏蔽，所以要求悬吊金具应具有防电晕的性能。

（1）结构设计。由于悬吊金具与管型母线直接接触，所以悬吊金具在电晕方面的设计十分重要。为了确保悬吊金具结构和外型在 750kV 电压下无电晕出现，金具外形设计成鼓柱形，沿管径方向尽量小，不形成尖角。螺栓安装埋入式，这样形成的金具主体结构紧凑，防晕性好。金具周边采用圆滑过渡，而对于边沿最小圆弧，500kV 用 $\phi 250$ 管型母线金具的设计中采用 $R>25\text{mm}$，由于其周边的电场分布比较复杂，分析起来比较困难，750kV 悬吊金具周边圆弧设计为 $R>30\text{mm}$。悬吊金具见图 6－12。

图 6－12　悬吊金具

（2）金具强度的计算。管型母线的长度按 41m 计算，管型母线自身的重量 $=(\pi \times R^2 - \pi \times r^2) \times \sigma \times L = 834\text{kg}$，按其附属设备产生的力与管型母线重量相当，则管型母线金具受到的力为 $834 \times 2 \times 9.8 \approx 17\text{kN}$。

风速为 30m/s 时，由风引起的侧向力 $=9.8 \times 1.2 \times D \times V_2 \times L/16 = 6.7\text{kN}$。

短路冲击电流为 125kA（按管型母线的短路冲击电流）母线之间的电磁引力 $=17.6 \times 0.58 \times I_2 \times 9.8 \times L/a = 5.8\text{kN}$。

金具最大破坏荷重：按风力与电磁力方向重合的极端情况计算，管型母线及其管型母线金具受到的最大破坏荷重为 $P=[(5.8+6.7)2+172]1/2 = 21$（kN），金具最大破坏荷重设计为 70kN。

金具握力：V 型绝缘子串与管型母线（悬吊金具）的夹角为 47.5°，而每根管型母线由两个 V 型串承受，由此得出悬吊金具所受的沿管型母线方向的力（握力）$P_4 = \dfrac{17}{2}\tan 47.5 = 9.3\text{kN}$。

悬吊金具由 6 根 M12 的螺栓将管型母线夹紧，根据有关资料，每根螺栓在载荷下锁紧能够产生的拉力为 13kN，这样产生的总压力为 78kN。而铝与铝的摩擦系数为 0.25，由此可产生的沿管型母线方向的握力 $=78 \times 0.25 \times 2 = 39$（kN）。

由以上计算可知，750kV 示范工程悬吊金具的机械强度均满足使用的要求。

（3）悬吊金具试验。

1）750kV 示范工程产品通过拉力试验、顺线握力试验表明，其强度能够满足设计要求。

2）电晕及无线电干扰试验。750kV 示范工程产品通过试验证明，该产品无需加防晕部件就可满足电晕及无线电干扰的使用要求。

10. 管型母线 T 型线夹的研制

管型母线 T 型线夹安装在铝管母线上，主要起引流的作用。将电流引入或引出管型母线，要求其截流量应大于或等于管型母线的截流量；由于管型母线 T 型线夹是一个承受电气负荷的部件，要求其电晕指标应满足设计要求；同时，管型母线 T 型线夹下部要连接设备线夹及软母线，所以其应能承受引下线的载流量以及一定的下拉力。

图 6-13 管型母线 T 型线夹

（1）结构设计。管型母线 T 型线夹作为一导电部件，其电晕无线电干扰方面的要求很重要。所以在设计时，为了确保管型母线 T 型线夹结构和外形在 750kV 电压下无电晕出现，金具外形设计成鼓柱形，沿管径方向尽量小，不形成尖角。螺栓设计成埋入式，这样形成的金具主体结构紧凑，防晕性好。主体结构与悬吊金具相似不再赘述，管型母线 T 型线夹见图 6-13。

（2）金具载流量计算。对管型母线的导电要求为 5000A，要求母线 T 型线夹导电能力也应达到 5000A。

管型母线 T 型线夹的导电截面最小处位于鼓柱形结构与端子板的连接处，其导电截面积为 $6000mm^2$，按 $1A/mm^2$ 载流量计算，其可承载的电流值为 6000A，可以满足设计要求。

为保证管型母线 T 型线夹的载流量，线夹与管型母线之间、线夹与其所连接的部件之间必须有一定的接触面，根据相关资料，接触面最小导流系数选取 $0.07A/mm^2$。

经计算，管型母线 T 型线夹与管型母线之间的接触面为 $76000mm^2$，接触面接触电流为 75320A，大于 5000A 要求。

管型母线 T 型线夹端子板的接触面为 $80000mm^2$，载流量为 5600A 大于 5000A 要求，满足设计要求。

由以上可知，750kV 示范工程管型母线 T 型线的载流量应可以满足使用要求。

（3）管型母线 T 型线夹机械强度计算。由于风力或机械外力作用，管型母线 T 型线夹应能承受一定的机械载荷。

在线夹沿端子板方向受拉，其危险截面积位于鼓柱形结构与端子板的连接处，而此处的最小截面积为 $6000mm^2$。而 ZL102 强度为 σ_b 为 $153N/mm^2$，由此得出线夹可承受的拉力为 918kN。经计算，在接线端子板上产生的应力之和为 $5.4N/mm^2$，铝合金材料的许用应力为 $140N/mm^2$，远远大于风、导线自重、外力产生的应力，750kV 示范工程产品满足设计要求。

（4）管型母线 T 型线夹试验。

1）电晕、无线电干扰试验。通过试验表明，750kV 示范工程产品满足电晕及无线电干扰的要求。

2）导电性能试验。通过试验表明，750kV 示范工程产品的载流量达到了设计要求为 5000A 的技术指标。

11. 管型母线伸缩金具的研制

管型母线伸缩金具的主要作用是解决由于温度变化带来的管型母线伸缩；连接悬吊管型母线，且不减少母线载流量。要求管型母线伸缩节自身在 750kV 无电晕出现。

（1）管型母线伸缩节结构设计。根据伸缩节的功能，伸缩节由主体、导线、滑动轨道组成。伸缩节主体与悬吊金具结构相似，设计成鼓柱形，用埋入式螺栓连接在断开的管型母线端头。管型母线通过焊接在伸缩节主体上的 8 条 LJ-800 软导线连接在一起，在管型母线受温度变化引起的伸缩过程中导线起伸缩导电作用。为了保证两断开的管型母线端头在同一水平线上，在伸缩节中间设计了滑动轨道。管型母线伸缩节形状见图 6-14。

图 6-14 管型母线伸缩节形状

（2）导电性能设计计算。管型母线的载流量为 5000A，要求伸缩节线夹的导电能力也应达到 5000A 以上，并且当载流量达到 5000A 时，其发热量不应大于管型母线的发热量。

为保证伸缩节线夹的载流量，线夹主体与管型母线之间必须有一定的接触面，接触面最小导流系数选取 0.07A/mm² 比较合适。按此计算，线夹与管型母线之间的最小接触面的面积应为 72000mm² 以上。设计线夹宽 160mm，接触面积为 125000mm²，远大于载流量要求。

起伸缩导电作用的导线，采用了 8 根 LJ-800 导线，采用氩弧焊接工艺与主体焊接，采用了尽量使每根导线载流量一致的排列方式，保证了载流量为 5000A 的要求。

（3）防电晕结构设计。为了保证伸缩节在试验电压下不出现电晕，主体结构设计成柱形，金具边沿圆滑过渡，连接导线左右各四根，形成自身相互屏蔽结构。

（4）伸缩节滑动轨道的设计。滑动轨道由钢制件组成，滑轮在轨道上滑动阻力较小，保证了两断开的管型母线在同一水平线上自由伸缩，同时能承受单跨管型母线重量。

12. 减小管型母线挠度的措施

由于管型母线的跨度较长，受其自重和其上面附属设备的重量的影响，会产生较大的挠度。虽然通过 V 型串减少母线挠度，但是受场地及设备安装位置等诸多因素的限制，跨距中间挠度很难达到设计要求，有效地消除母线挠度的影响，现多采用的在管型母线终端金具中加配重的方法解决。

四、750kV 金具的使用和发展

750kV 金具的使用和发展一方面是对示范工程后研究使用的不同 750kV 导体研究相应的配套金具，另一方面是对降噪金具的不断研究和优化，当时已建成运行的 750kV 变电站中，可听噪声水平情况有较大差异，即使站址条件、设备选型、导线选型等方面相类似的 750kV 变电站现场噪声也有明显差异。从现场反映来看，各站内设备的噪声情况没有太大区别，而配电装置内噪声各站差异较大，其中的主要噪声源自导线引下连接点、设备接线端子等处。初步分析发现，造成站内噪声水平不同的原因，主要与采用金具和屏蔽环等关系密切。各站金具和屏蔽环由于制造单位不同，从制造工艺到材质控制都有较大差异，总体看噪声较小的站采用的金具和屏蔽环加工水平较高，表面平滑度高，材质较好，管径较粗，安装质量相对较好，没有外露螺钉。结合以上情况，在天水 750kV 变电站可研设计时，相应对 750kV 金具提出了降噪优化设计方案，详见本章第三节。

2013 年，在五彩湾 750kV 变电站设计时，进一步对相关导体进行了比较研究，综合比较后，五彩湾 750kV 变电站推荐 750kV 变电站 750kV 配电装置采用 4×JGQNRLH55X2K-700 导线。当时对 4×JGQNRLH55X2K-700 导线配套金具进行了研究，主要包括 750kV 四分裂绝缘子串金具及屏蔽环（包括悬垂线夹、耐张线夹、均压及屏蔽环、连接金具、球头挂环和碗头挂板、联板）；750kV 四分裂软导线 T 接金具及线夹（包括四变四 T 接金具、六变四 T 接金具、管型母线 T 接四分裂导线金具、四分裂设备线夹、四分导线间隔棒）。

750kV 四分裂绝缘子串金具及屏蔽环包括悬垂线夹、耐张线夹、均压及屏蔽环、连接金具、球头挂环和碗头挂板、联板，下面对悬垂线夹、耐张线夹、均压及屏蔽环、连接金具分别进行说明。

悬垂线夹型号为 XGF-700K，在研制过程中，充分考虑到运行的可靠性、防电晕性、耐磨性等要求，技术要求完全按现行的相关标准。其结构型式采用防晕性能良好的提包结构，材料选用 ZL101A 高强度铝合金，加工工艺采用金属模重力铸造方式，并经 T6 热处理，使其具有防电晕、高强度、抗耐磨等性能。

耐张线夹型号为 NY-700K/700KB，线夹主管采用热挤压铝管，强度硬度符合 GB/T 2314—2008 标准要求；引流板采用纯度不低于 99.5% 的铝板锻制；钢锚采用 Q235A 整体锻造工艺生产并热镀锌。引流板与铝管采用熔化极氩弧焊工艺焊接，确保产品焊接质量及载流性能；引流板及引流线夹接触面采用精铣设备加工，确保加工后表面粗糙度不大于 3.2μm。

均压及屏蔽环确保高压端所有连接金具均被屏蔽环屏蔽，针对以往工程均压环出现电晕噪声的主要原因包括管径尺寸过小；环体表面粗糙，尤其是焊缝打磨不光滑；支架焊接位置靠外，不能有效屏蔽；支架弯曲半径过小等，在研制过程中，在研制过程中，均压屏蔽环采取相应防晕降噪措施。

绝缘子串连接金具的关键是保证金具的抗拉强度及疲劳强度。由于标准中只规定了抗拉强度，对屈服强度没有要求，但从国内事故分析中发现，大部分事故均为疲劳破坏产生，所以在该工程中对连接金具除保证其抗拉强度外，通过工艺改进及增加必要的热处理方式，提高屈服强度，在满足技术规范屈强比不大于 0.75 的情况下，尽量提高屈服强度，提高抗疲劳强度及耐冲击性。

750kV 四分裂软导线 T 接金具及线夹包括四变四 T 接金具、六变四 T 接金具、管型母线 T 接四分裂导线金具、四分裂设备线夹、四分裂导线间隔棒。

四变四 T 接金具型号为 JT-4×700K/4×700K-450、六变四 T 接金具型号为 JT-6×400/4×700K-450。金具采用 JT 硬连接结构型式，其中分裂导线侧金具采用螺栓固定结构形式，下引流线侧为液压式设备线夹。

管型母线 T 接四分裂导线金具型号分为 A 型及 B 型，A 型为 MGT-200/4×700K-450、B 型为 MGT-250/4×700K-450，MGT 或 MGC 型管型母线 T 接金具主要与液压型设备线夹配套使用，实现管型母线与设备之间连接。采取的主要防晕降噪措施如下：① 管型母线 T 接金具为防晕型结构，并采用金具模整体铸造而成，不需要额外增加防晕板即保证螺栓不外露，达到防晕降噪；② 线夹本体夹头螺栓采用内嵌式，保证螺栓杆径不超出 T 接金具本体表面，防止螺栓外露放电产生噪声。

四分裂设备线夹型号为 SSY-4×700KB/450，采用分体结构，方便安装及施工，设备线夹铝管采用热挤压铝管，与接线板采用氩弧焊接，接线板采用金属模重力铸造，安装时配装防晕板。采用的主要防晕降噪措施如下：① 设备线夹为防晕型结构，并采用金具模整体铸造而成，保证螺栓不外露，达到防晕降噪；② 金具全部进行抛光打磨，保证金具表面光洁度，提高起晕电压。

四分裂导线间隔棒型号为 MRJ-4×700K/450，针对以往工程间隔棒出现电晕噪声的主要原因包括夹头开口过大，局部产生电晕；紧固螺栓外露，不能有效屏蔽产生电晕；间隔棒表面粗糙等。对间隔棒采取了防晕降噪措施。

2012 年，在沙洲 750kV 变电站设计时，对该站 750kV 配电装置金具电晕降噪进行了研究，经过研究，沙洲变电站在金具选择方面，通过金具电场计算，增加金具管径可降低表面最大电场强度，但随着管径的增大电场强度降低程度有限，且增加管径后经济上不是最优，同时考虑到金具的安装位置与绝缘子、其他金具的距离等因素，金具管径不可能一直增加。均压环、屏蔽环和均压屏蔽环的圆弧处管径要根据优化结果进行确定，同时该处管径要与环径选择相匹配，管径过大不利于控制表面光滑度，过小不符合电场控制值要求。经过计算论证，沙洲变电站对 750kV 金具提出了降噪优化意见并在工程采用。

以上在 750kV 金具使用和发展过程中的具体降噪措施详见本章第三节。

五、750kV 金具设计与选择建议

（1）主变压器、断路器、互感器、避雷器、隔离开关等设备要求采用双均压屏蔽环设计，同时适当加大均压屏蔽环管径，使设备接线端子和引线金具线夹完全处于均压屏蔽环保护范围内。在软导线设备线夹和管型母线设备线夹接线板上可考虑加装防晕装置—防晕板。

（2）T 型线夹可采用外侧铰链式、内侧螺栓的扣接式连接方式，螺栓采用暗埋式安装方式；导线间隔棒采用表面抛光及暗埋螺栓等优化工艺。

（3）为了保证金具的一致性以及金具外观光洁，保证金具在正常使用状态不出现电晕，制造工艺应采用先进工艺。如改砂型成型为金属模具或低压铸造成型工艺；产品外表面应采用抛光处理，对铸造工艺生产的金具接线板在进行表面加工时注意粗糙度的控制，保证其受压产生微量变形下达到板与板更为紧密的接触；选择"钎焊"方式作为变电站金具与设备端子之间的铜铝过渡方式、均压屏蔽环应采用专用弯管设备生产、铝管采用挤压和拉伸工艺，保证其强度合格、采用特制的弯管机弯曲铝管，保证外观和尺寸精度、铝氩弧焊接全部采用胎具对正、校准、对接焊缝焊后抛光、确保焊接质量等。

（4）应对各类金具（包括均压环、屏蔽环、设备金具、连接金具等）的表面电场强提出限制要求，其表面最高场强应满足不超过 1500V/mm 控制值的要求。耐张串和悬垂串用均压环环管径不低于 100mm，支架焊接位置不弯曲，直接与环体焊接。

（5）管型母线伸缩金具采用节距较小、截面积相对较大纯铝线伸缩过流。节距较小的纯铝线容易弯曲成型，铝线不容易松股，从而避免产生电晕；大截面积自身可以防晕；将伸缩过流纯铝线成扇形布置，使其形成一个防晕罩来保护金具其他零部件，可避免放电起晕。

第三节　设 计 创 新 及 展 望

从 750kV 示范工程开始至今，对 750kV 变电站导体、金具选择的相关研究及创新一直在进行，主要是围绕降低导体、金具电晕噪声以及改善观感方面进行研究及创新，包括 750kV 配电装置采用管型母线、大跨度管型母线、750kV 降噪金具以及新型管型母线悬吊系统等，本节对以上内容进行阐述，同时，本节还对 750kV 变电站新型导体选择进行了展望。

一、导体设计与选择创新

（一）大直径管型母线应用

从 750kV 示范工程后，为了进一步提高 750kV 配电装置的整体观感，从银川东 750kV 变电站开始，750kV 配电装置设备间连线采用了管型母线，直径≥130mm 的铝合金管型母线均不会起晕，实际工程需要结合 750kV 设备间连线需要的载流量进行铝合金管型母线的直径选择，银川东 750kV 配电装置设备间连线管型母线选择了 $\phi200/180$ 管型母线。

对于 750kV 主母线，考虑 750kV 配电装置间隔宽度较大，采用悬吊式管型母线存在扰度大的问题，在天水 750kV 变电站前均没有采用。在天水 750kV 变电站设计时，考虑工程进一步降低噪声的需要，并结合工程创优、提高母线观感，750kV 主母线选择使用了 $\phi250/230$ 铝镁合金管型母线，750kV 每跨管型母线跨长 41.5m，为大跨度管型母线。之后一段时间内，750kV 变电站主母线在选择管型母线时选择使用了 $\phi250/230$ 铝镁合金管型母线。

以上工程在运行之后，存在 750kV 主母线肉眼观察弯曲明显、扰度过大的情况，当悬吊式管型母线挠度过时，管型母线两端用金具悬吊起来，是固定连接，虽然没有因此造成金具滑动失常的问题，但是，挠度过大，会带来如下问题：① 若母线侧采用垂直伸缩式隔离开关，会造成隔离开关静触头偏移量过大，隔离开关无法正常开合；② 悬吊式管型母线对其下电气设备的带电距离紧张；③ 会造成视觉上悬吊式管型母线弯曲过于明显，影响美观以及工程创优。在实际工程中，应在满足规程规范要求的同时尽量降低管型母线扰度。

为降低 750kV 悬吊式管型母线的挠度，在桥湾 750kV 变电站设计时对 750kV 管型母线及配套金具选择进行了研究，研究提出了选择 $\phi300$ 管型母线，之后在张掖 750kV 变电站、妙岭 750kV 变电站也选择使用了 $\phi300$ 管型母线。在德令哈 750kV 变电站设计时，其站址海拔接近 3000m，经高海拔校验后，750kV 配电装置间隔宽度取为 48m，较 1000m 海拔以下间隔宽度增加不少，设计在 750kV 管型母线配套金具选择与桥湾 750kV 变电站一致的情况下，选择使用了 $\phi350$ 管型母线。

综合 750kV 示范工程以来管型母线应用及比较情况，750kV 主母线采用管型母线时直径建议采用 ϕ300 及以上，具体采用 ϕ300 还是 ϕ350 应结合工程实际间隔宽度及其他条件比较确定。

（二）新型导体设计与选择展望

电力工业的飞速发展对架空输电线路导线提出了更高的要求，以下简要说明目前已开发出的新型导体及其在 750kV 变电站中的应用展望。

1. JLRX/T（ACCC/TW）碳纤维复合芯导线

碳纤维复合材料的比重为钢的 1/4、强度为钢的 2 倍、线膨胀系数为钢的 1/10，由于其优异力学特性和热稳定性，首先被应用于军事领域的航天、航空器和武器减重；随后被用于民用飞机、竞技体育的器材。随着碳纤维大规模生产技术的解决，碳纤维复合材料开始进入工业和生活领域。

在 20 世纪 90 年代末，人们开始尝试用复合材料代替金属材料来制作导线的芯材，改善导线的弧垂特性，以达到提高线路输送容量的目的，开展碳纤维复合芯导线的研发、生产和销售。

碳纤维复合芯导线由于复合芯的强度足够高，不再需要铝承担受力作用，导电的铝就可以采用退火状态的软铝。

碳纤维复合芯导线的优点如下：① 导线重量轻、强度高，在相同的运行应力时弧垂小；② 导线线膨胀系数小，在最低温到最高温的运行温度范围内弛度小；③ 导线的外径小，导线运行时的风偏及覆冰载荷小；④ 导线的直流电阻和交流电阻小，线路运行时线损小；⑤ 导线允许运行温度 180℃，可大幅度提高输送容量；⑥ 导线耐腐蚀，使用寿命长；⑦ 导线表面紧凑、光滑，电晕损耗小。

碳纤维复合芯导线的力学、热学、电学特性均优于传统导线，综合解决了架空输电领域存在的各项技术瓶颈，可广泛用于老线路增容改造、新线路建设、变电站母线，并可用于大跨越、大落差、重冰区、高污染等特殊气候和地理场合的线路。

750kV 变电站 750kV 配电装置间隔宽度、跨度较 500kV 及以下变电站均较大，如果采用碳纤维复合芯导线，由于其导线重量轻、强度高，可大幅减少导线对构架的张力。因此，750kV 变电站 750kV 配电装置今后可以结合工程具体情况经比较后试点采用。

2. 高强度耐热铝合金管型母线

随着输电容量的不断提高，对导电用铝合金管型母线要求越来越高，在不增加管型母线的重量和外径的前提下，提高导电材料的导电性，特别提高铝合金管型母线找抗拉强度和耐热性的是管型母线的发展要求，高强度耐热 6Z63 铝合金管型母线为在普通铝合金基础上添加 Zr 和 Re 等微量元素形成的。添加 Zr 的铝合金能通过得到的纤维组织来间接提高合金的抗应力腐蚀性能，其熔点高、尺寸小、与基体共格性好的 A13Zr 会在合金缓慢冷却时成为平衡沉淀相的形核核心，降低合金的淬火敏感性；A13Zr 与基体的共格性好，形状为球形，有利于提高合金的断裂韧性；Zr 还可以固溶于基体中，使基体产生晶格畸变，起固溶强化作用。在铝合导线中添加少量的 Zr，可以提高其耐热性同时对导电率影响甚微。6Z63 铝合金管型母线与普通铝合金管型母线相比，其抗拉强度、屈服强度更大；焊接性能更加良好；导体允许运行温度更高，相同截面条件下，其载流量更高。

6Z63 铝合金管型母线已在一些 750kV 变电站中应用，今后 750kV 变电站工程当 750kV 母线穿越功率比较大时，可以经过比较选择使用该型管型母线。

3. 绝缘管型母线

随着我国经济的高速发展，社会对电力的需求日益增大，变电站的变压器容量也越来越大，主变压器低压侧的额定电流也随之增大。原来在低压侧采用的矩形母线桥、共箱母线以及电力电缆，从载流量、绝缘性能和节省空间等方面考虑，已经很难满足要求。

绝缘管型母线具有载流量大、绝缘性能好以及环境适应性强等特点，在电力系统、新能源、石化、冶金等行业应用越来越广泛。目前，已有制造厂生产出 66kV 全绝缘铜管型母线、绝缘铝管母线。目前主要有挤包式及环氧浇筑型两种。

（1）挤包式绝缘管型母线。挤包式绝缘管型母线是绝缘管型母线的一种，其生产工艺与挤包电力电缆完全相同，采用进口硅橡胶，通过挤包、连续硫化，自动流水线生产，产品由内到外依次为导电铜管、导体屏蔽层、固体绝缘层、绝缘屏蔽层、金属屏蔽层、外护层，其结构方式完全同挤包电力电缆。

挤包式绝缘管型母线中间接头采用冷缩预制式生产工艺，产品内外表面均设置有屏蔽层，保证管型母线与中间接头的可靠连接，形成整体的全绝缘屏蔽结构，产品在运行过程中应具备整体的密封性能，确保产品可靠运行。

挤包式绝缘管型母线的特点如下：① 体积小、安全距离小、重量轻、绝缘强度高；② 载流量大；③ 自身功耗低，节省能耗；④ 运行温升低；⑤ 允许应力大、跨距大、机械强度高、抗震动能力强；⑥ 连接形式多样，安装方便；⑦ 适应环境广，不怕雨雪冰霜、凝露与日晒。

（2）环氧浇筑型绝缘管型母线。环氧浇筑型绝缘管型母线采用环氧树脂真空浸渍纸固体绝缘结构，在固体绝缘层的分别设有半导电均压屏蔽层，绝缘结构一次成型，使得绝缘母线端部轴向和径向场强均匀。

环氧浇筑型绝缘管型母线特点如下：① 绝缘结构一次成型，使得绝缘母线端部轴向和径向场强均匀；② 生产工艺成熟，性能指标及可靠性高，弯曲半径小，布置紧凑；③ 整体安装后局放水平优于国家标准（包括中间接头）；④ 环氧树脂浇注绝缘母线中间接头采用预制式屏蔽筒结构，方便拆卸及恢复，可以多次重复使用；⑤ 环氧树脂浇注母线主绝缘材料的玻璃化温度可以达到 110℃或更高，允许温升高，过载能力更强；⑥ 环氧树脂浇注母线主绝缘材料的介质损耗一般在 0.005～0.007，与挤包式母线常用橡胶内的介质损耗 0.01～0.015 相比，损耗更小，产品使用寿命更长；⑦ 环氧树脂浸渍纸绝缘耐温度变化性能好，高温下运行性能可靠。不会出现流油、爆裂等现象；⑧ 环氧树脂浇注绝缘管型母线与挤包式母线相比工艺较复杂，需要的生产设备较多，生产效率较低，生产成本较高。

750kV 变电站若遇建设场地有限，需要尽最大努力减少占地以适应场地时，66kV 配电装置可以结合工程具体情况选择采用绝缘管型母线。

二、金具设计与选择创新

（一）750kV 降噪金具优化应用

750kV 金具的使用和发展一方面是对示范工程后研究使用的不同 750kV 导体研究相

应的配套金具，另一方面是对降噪金具的不断研究和优化，当时已建成运行的 750kV 变电站中，各站金具和屏蔽环由于制造单位不同，从制造工艺到材质控制都有较大差异，总体看噪声较小的站采用的金具和屏蔽环加工水平较高，表面平滑度高，材质较好，管径较粗，安装质量相对较好，没有外露螺钉。结合以上情况，在天水 750kV 变电站可研设计时，相应对 750kV 金具提出了降噪优化设计方案，具体为：

（1）主变压器、断路器、互感器、避雷器、隔离开关等设备要求采用双均压屏蔽环设计，同时适当加大均压屏蔽环管径，使设备接线端子和引线金具线夹完全处于均压屏蔽环保护范围内。在软导线设备线夹和管型母线设备线夹接线板上可考虑加装防晕装置——防晕板。

（2）T 型线夹可采用外侧铰链式、内侧螺栓的扣接式连接方式，螺栓采用暗埋式安装方式；导线间隔棒采用表面抛光及暗埋螺栓等优化工艺。

（3）为了保证金具的一致性以及金具外观光洁，保证金具在正常使用状态不出现电晕，制造工艺应采用先进工艺。如改砂型成型为金属模具或低压铸造成型工艺；产品外表面应采用抛光处理，对铸造工艺生产的金具接线板在进行表面加工时注意粗糙度的控制，保证其受压产生微量变形下达到板与板更为紧密的接触；选择"钎焊"方式作为变电站金具与设备端子之间的铜铝过渡方式、均压屏蔽环应采用专用弯管设备生产、铝管采用挤压和拉伸工艺，保证其强度合格、采用特制的弯管机弯曲铝管，保证外观和尺寸精度、铝氩弧焊接全部采用胎具对正、校准、对接焊缝焊后抛光、确保焊接质量等。

（4）应对各类金具（包括均压环、屏蔽环、设备金具、连接金具等）的表面电场强提出限制要求，其表面最高场强应满足不超过 1500V/mm 控制值的要求。

2013 年，在五彩湾 750kV 变电站设计时，进一步对相关导体进行了比较研究，综合比较后，五彩湾 750kV 变电站推荐 750kV 变电站 750kV 配电装置采用 4×JGQNRLH55X2K-700 导线。当时研究提出了相应配套金具并提出了相应降噪措施，主要如下：① 金具采用防晕性能优良的提包式结构，紧固件采用防晕性能可靠的 U 型螺栓，并保证螺栓端部不外露，有效降低起晕几率；② 增大金具外轮廓曲率半径，有效提高金具自身防电晕性能；③ 采用金属模铸造，并且金属模具采用先进的数控加工中心生产，确保铸造的产品具有良好的外观质量及光洁度，提高产品防电晕性能。

耐张线夹引流板与铝管采用熔化极氩弧焊工艺焊接，确保产品焊接质量及载流性能；引流板及引流线夹接触面采用精铣设备加工，确保加工后表面粗糙度不大于 3.2μm。

均压及屏蔽环确保高压端所有连接金具均被屏蔽环屏蔽，针对以往工程均压环出现电晕噪声的主要原因包括管径尺寸过小；环体表面粗糙，尤其是焊缝打磨不光滑；支架焊接位置靠外，不能有效屏蔽；支架弯曲半径过小等，在研制过程中，均压屏蔽环采取了以下防晕降噪措施：① 采用专用设备、工装工具弯制及焊接环体，有效控制管径及环体的变形量，避免因屏蔽环局部变形过大而产生电晕噪声；② 采用专用工具对环体接缝焊道进行精细打磨处理，保证环体整体圆滑、光洁、无毛刺，提高起晕电压，降低运行噪声；③ 加大环体直径，原 750kV 变电工程均压屏蔽环采用 80 管径，该工程均压屏蔽环采用 100 管径，有效降低环体表面起晕场强，提高起晕电压；④ 加大支架弯曲半径（见

图 6-15），防止支架弯曲半径过小产生电晕噪声；⑤ 均压环支架采用高强度铝合金材料，加粗支架铝杆，防止产品在运输或施工时变形；采用支杆插入环体方式进行焊接，并使焊接点在环体的内侧，确保焊接点能被环体有效屏蔽（见图 6-16），避免焊接点在工程运行中产生电晕噪声。

图 6-15 均压屏蔽环支架示意图

图 6-16 均压屏蔽环支架焊接示意图

四变四 T 接金具型号为 JT-4×700K/4×700K-450、六变四 T 接金具型号为 JT-6×400/4×700K-450，采取的主要防晕降噪措施如下：① 螺栓型线夹本体采用高强度铝合金 ZL101A，并进行 T6 热处理，提高金具强度及硬度；② 螺栓型线夹本体及压盖采用防晕效果最佳的全封闭"元宝"结构，在线夹本体上直接加工螺栓用紧固螺纹，采用等级不低于 A4-70 高强度不锈钢螺栓紧固，提高产品防晕性能、载流性能，引流线夹与接线板连接螺栓采用强度铝合金螺栓，提高防松性能；③ 线夹本体螺栓采用内嵌式，使螺栓端部不超出 T 接金具本体表面，防止螺栓外露产生电晕及噪声；④ 引流线夹引流管采用热挤压成型铝管氩弧焊接，外观整洁、光滑，有利防晕降噪；引流管导线出口处拔梢并倒圆角，确保压接后不损伤导线并保证铝管管口处自然、圆滑过渡，达到防晕降噪效果；⑤ 在分裂线夹与引流线夹连接处加装。

管型母线 T 接四分裂导线金具采取的主要防晕降噪措施如下：① 管型母线 T 接金具为防晕型结构，并采用金具模整体铸造而成，不需要额外增加防晕板即保证螺栓不外露，达到防晕降噪；② 线夹本体夹头螺栓采用内嵌式，保证螺栓杆径不超出 T 接金具本体表面，防止螺栓外露放电产生噪声。

四分裂设备线夹采用的主要防晕降噪措施如下：① 设备线夹为防晕型结构，并采用金具模整体铸造而成，保证螺栓不外露，达到防晕降噪；② 金具全部进行抛光打磨，保证金具表面光洁度，提高起晕电压。

四分裂导线间隔棒针对以往工程间隔棒出现电晕噪声的主要原因包括夹头开口过大，局部产生电晕；紧固螺栓外露，不能有效屏蔽产生电晕；间隔棒表面粗糙等。对间隔棒采取了如下防晕降噪措施：① 四分裂间隔棒夹头采用铰链结构，使其外表面形成闭合曲面，提高起晕电压，降低噪声；② 间隔棒螺栓采用内嵌式，保证螺栓杆径不超出间隔棒本体表面，防止螺栓外露放电产生噪声；③ 间隔棒采用低压压铸工艺生产，表面进行抛丸打磨处理，提高产品质量，确保外观光洁、无毛刺，提高起晕电压，降低噪声。图 6-17 为四分裂导线间隔棒。

2012年，在沙洲750kV变电站设计时，对该站750kV配电装置金具电晕降噪进行了研究，经过研究，沙洲变在金具选择方面，通过金具电场计算，增加金具管径可降低表面最大电场强度，但随着管径的增大电场强度降低程度有限，且增加管径后经济上不是最优，同时考虑到金具的安装位置与绝缘子、其他金具的距离等因素，金具管径不可能一直增加。均压环、屏蔽环和均压屏蔽环的圆弧处管径要根据优化结果进行确定，同时该处管径要与环径选择相匹配，管径过大不利于控制表面光滑度，过小不符合电场控制值要求。经过计算论证，沙洲

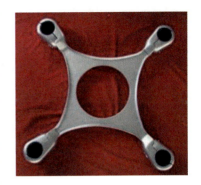

图 6-17　四分裂导线间隔棒

变对750kV金具提出了以下选型意见：① 在750kV变电站导线选型上，出线和母线采用四分裂型式，出线间隔棒采用"X"型，下线间隔棒采用"口"型；② 单联和双联耐张串均压屏蔽环均采用管径120mm均压屏蔽环加120mm的均压环的优化方案；悬垂"V"型串采用管径120mm，环径800mm，高度1100mm，宽度1320mm的均压屏蔽环；③ 支柱绝缘子上均压环和中均压环的管径为140mm，中心距为1000mm，下均压环的管径是200mm，中心距为1600mm；上环和中环之间的距离为600mm，中环和下环之间的距离为450mm；避雷器下均压环管径为150mm，其他设备均压环按照原尺寸保持不变。

（二）新型管型母线悬吊系统

为了降低750kV悬吊式管型母线的挠度，在桥湾750kV变电站设计时对750kV管型母线及配套金具选择进行了研究，研究提出了选择 ϕ300 管型母线，并将过去单点悬挂点金具通过组合设计变为多点悬挂方案，其目的是将挂点前移，相当于缩短管型母线挂点之间的距离，可减少管型母线的挠度。同时，一般悬吊管型母线中间跳线均为导线方式的软跳线，导线重量较轻，不足以平衡两跨之间管型母线的重量导致管型母线弯曲，在该项目中通过设计合理的跳线金具，中间采用较长管型母线连接，既保证管型母线运行的安全性，同时对管型母线起到配重作用，能有效平衡挂点之间管型母线的重量，减少管型母线由于自重的原因产生弯曲。桥湾750kV变电站750kV管型母线及多点悬挂方案金具效果如图6-18所示。

图 6-18　桥湾750kV变电站750kV管型母线及多点悬挂方案金具效果

张掖 750kV 变电站、妙岭 750kV 变电站也选择使用了 ϕ300 管型母线以及以上多点悬挂组合金具方案，与桥湾 750kV 不同之处为：桥湾 750kV 变电站 750kV 母线选用的是新型 6Z63 耐热高强度管型母线，而妙岭 750kV 变电站 750kV 母线选用的是普通 6063 管型母线。

在德令哈 750kV 变电站设计时，其站址海拔接近 3000m，经高海拔校验后，750kV 配电装置间隔宽度取为 48m，较 1000m 海拔以下间隔宽度增加不少，在该宽度下母线采用管型母线扰度控制将更加困难，为此，设计在 750kV 管型母线配套金具选择与桥湾 750kV 变电站一致的情况下，对间隔宽度 48m 情况下 750kV 管型母线选择进行了计算，计算结果表明采用 ϕ300 管型母线不能满足要求，而采用 ϕ300 管型母线能够满足要求，因此，德令哈 750kV 变电站选择了 ϕ350 管型母线，同时，为提高裕度，管型母线采用了新型 6Z63 耐热高强度管型母线。

乌图美仁 750kV 变电站其海拔接近 2900m，经高海拔校验后，750kV 配电装置间隔宽度也取为 48m，在乌图美仁 750kV 变电站设计时，在 750kV 管型母线配套金具选择与桥湾 750kV 变电站一致的情况下，对 750kV 管型母线选择 ϕ300 还是 ϕ350 管型母线进行了进一步计算，计算结果表明：ϕ300 管型母线的最大挠度在工况自重＋短路 63kA＋27m/s 风速以及自重＋10mm 覆冰＋大风（27m/s 风速）时，端头跨跨中挠度略大于管型母线外径的 1/2，在其他工况下满足大于管型母线外径的 1/2 要求。ϕ350 管型母线的最大挠度在管型母线自重＋短路 63kA＋27m/s 风速工况时第 4 跨（整条线的最左端和最右端管型母线）的跨中水平方向的挠度超过管型母线外径的 1/2。由于工况 4 对应的水平荷载来自短路 63kA 和 27m/s 风速同时作用，属于极端情况。并且，短路电流是短暂发生的状况（持续时间约 4s），管型母线应力仍然处于弹性状态，故即使遇到工况 4，管型母线也能完全恢复原状，应不影响管型母线的正常工作。经过分析比较，乌图美仁 750kV 变电站与德令哈 750kV 变电站一样选择了 ϕ350 管型母线，也采用了新型 6Z63 耐热高强度管型母线。

以上悬吊管型母线多挂点组合金具以及管型母线跳线型组合连接金具在施工过程中，也暴露出选择使用的悬吊管型母线多挂点组合金具以及管型母线跳线型组合连接金具的一些问题，主要表现在：① 悬吊管型母线多挂点组合金具钢性较弱；② 管型母线跳线型组合连接金具需要在相邻间隔双套配置，经济性较差，且施工难度大；③ 挠度控制效果与预期有差距。

为了解决以上问题，在兰临 750kV 变电站设计时，首先对大跨度悬吊式管型母线挠度过大可以采用的解决方法进行了分析，分析如下：① 增加构架，缩小管型母线跨度，可有效解决管型母线挠度问题。但是该方案大幅增加了全站用钢量，土建费用较高，经济性较差；② 管型母线两端增加配重，以改善管型母线挠度。但该方法因管型母线较长，配重挂点位于管型母线两端，增加配重后产生弯矩较小，无法明显改善大跨度管型母线的跨中挠度，因此仅作为辅助措施；③ 增加管型母线直径，该方法可以有效降低管型母线扰度，但增加直径后会增加构架受力，同时导体本身的费用也将增加；④ 设计特制金具，改善管型母线挠度；⑤ 采用多根管型母线并列架设结构设计，硬导体除了可采用单根大直径圆管，可也采用多根小直径圆管组成分裂结构。分裂结构的多根管型母线之间增加类似间隔棒的硬型支撑金具，理论分析对管型母线挠度有一定改善，同时分裂结构对电晕也有一定改善作用，但是多根管型母线分裂布置，会造成现场管型母线悬吊施工困难，金具配置也较复杂；⑥ 采取悬挑型构架横梁挂点设计，即在常规构架梁的基础上，设计一种构架横梁挂点前伸的结构，使得管型母线 V 串悬吊点前移，以实现减小管型母线挠度的目的，但该方案应用于 750kV 型耐张绝缘子串时经济性、美观性较差。

以上方法中，增加管型母线直径、管型母线两端增加配重以及设计特制金具可以结合使用，使得在管型母线直径增加不太多的情况下达到降低管型母线挠度的目的，同时，还可以辅助采取悬挑型构架横梁挂点设计即在常规构架梁的基础上，设计一种构架横梁挂点前伸的结构，使得管型母线 V 串悬吊点前移，以实现减小管型母线挠度的目的。

结合以上情况，为改善以往 750kV 工程 750kV 母线挠度过大的问题，妙岭 750kV 变电站、兰临 750kV 变电站设计时 750kV 配电装置主母线不再采用 $\phi250$ 管型母线，而是采用 $\phi300$ 管型母线，同时设置特制金具进一步改善管型母线挠度。通过对妙岭 750kV 变电站 750kV 配电装置中 42m 跨距大跨度悬吊式管型母线采用空间三维分析软件 STAAD CHINA（V8i）程序建模，模拟 V 串与管型母线的连接；模拟引上线、引下线及跳线与管型母线的连接；模拟管型母线的机械应力与管型母线梁支撑之间力的传递和影响。得出本工程 42m 跨距的悬吊式 6Z63－$\phi300/270$ 型 750kV 母线挠度为 95mm，小于 0.5D（D 为 250mm）。同时，采用多点悬挂式组合型绝缘子串及金具以进一步改善管型母线挠度。

750kV 耐张绝缘子串的串长较长，达到 11m 左右，水平方向投影 9m 左右。因此除了间隔宽度内管型母线挠度较大外，两个相邻间隔悬吊点之间的管型母线长度也达到近 20m，需采取措施控制管型母线挠度。增加特制金具以改善管型母线挠度主要从延长悬吊点位置的角度出发，以缩短管型母线跨度，从而改善管型母线挠度。

兰临 750kV 变电站 750kV 悬吊管型母线间隔内跨中管型母线挠度及相邻间隔悬吊点之间的管型母线挠度目标为控制在 0.5D（D=300mm）以内。特制金具的主要思路为：在挂点下方先形成一个刚性结构，使管型母线在悬挂点下方一定范围内，能够降低管型母线挠度或产生一个预拱。挂点在管型母线的上方，在绝缘子串的拉力下，会产生一个使这个刚性结构有旋转倾向的力矩，这个旋转倾向的力矩有利于减小管型母线中部的挠度，但无法完全平衡管型母线两侧的重力，还需在挂点的两侧加挂一些重锤片（管型母线内部，不影响外观），将管型母线的挠度产生的变形控制在最小。基于以上思路，分别提出了刚性结构方案及管型母线加强型结构方案两种设计方案。

图 6-19～图 6-21 分别为刚性结构方案构架型结构挂点处刚性结构图、刚性结构整体结构图、刚性结构原理图。

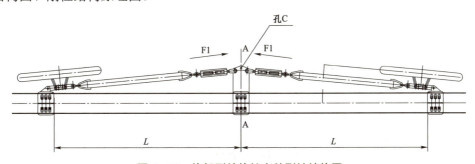

图 6-19　构架型结构挂点处刚性结构图

图 6-20 刚性结构整体结构图

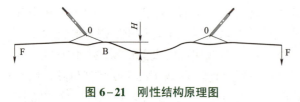

图 6-21 刚性结构原理图

刚性结构方案在两侧有固定点，中间有一个类似桥梁的塔楼式支点，由拉杆将其两侧拉起，拉力由拉杆的花栏螺栓进行紧固产生，紧固时可借用管型母线在地面时自然形成的挠度。中间塔楼式结构带挂孔 C，可通过调节挂孔 C 的位置和拉线的长度 L 取得工程中合适的挂点和拉线最佳位置组合。绝缘子的挂点可在 A-A 截面的合适位置进行调节。该结构无法降低管型母线整体挠度。挠度的降低主要是通过调节挂孔 C 到管型母线中心的距离，同时在管型母线另一侧增加合适的配重来达到对管型母线两端的平衡，以减小管型母线整体挠度。配重挂在原理图中的 F 处。通过增加合适的配重，减小管型母线整体挠度。配重的增加方式如图 6-22 所示。配重块是片状，放在管型母线端头的内部，保证安装后整体造型的美观。

该方案采用一段管型母线作为加强骨架，三个管型母线间隔棒用来支撑。其他结构与第一种方案相同。这种方案仅是对一部分管型母线进行加强。

对两个方案进行比较后，方案一会有一个预紧力，因此管型母线会在两个挂点的下方形成一个预拱，而方案二仅能对加强部分减小挠度；其次，方案一结构简单，仅在两侧加两个拉杆，方案二加强用管型母线较大，并且三个间隔棒也比第一种方案的夹头尺寸上大很多（间隔棒同样受力较大）。因此，项目在执行时选择方案一刚性结构方案。并进行了相关产品的详细设计、研制及性能试验。

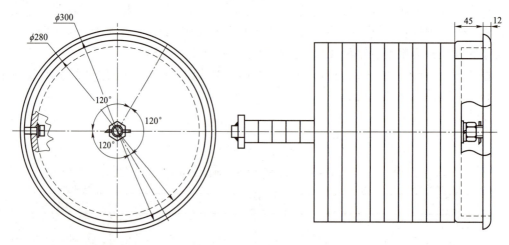

图 6-22 配重块结构图

图 6-23 为管型母线加强型方案结构图。

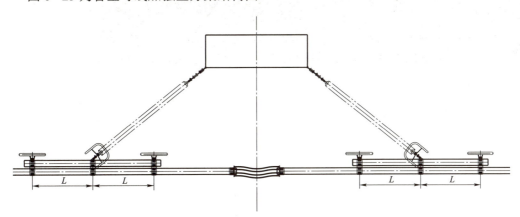

图 6-23 管型母线加强型方案结构图

在产品详细设计时,提出了一种 V 型绝缘子串加双侧辅助拉索的管型母线悬吊系统,包括三点悬吊金具、跳线线夹和绝缘子串,其特点如下:① 绝缘子串上端与构架横梁挂点相连,下端与三点悬吊金具的主悬吊结构上挂孔相连,并通过塔楼式挂点金具紧固管型母线;② 三点悬吊金具的双侧辅助拉索悬吊结构平行于管型母线方向延伸至主悬吊结构两侧,并通过拉紧挂点紧固管型母线,其长度可通过延长拉杆调节;③ 相邻间隔管型母线之间采用跳线线夹连接,并在跳线线夹两侧内部增加线配重,改善跨中挠度。

项目采用以上方案后,对 48m 母线间隔跨进行了仿真计算,计算结果为:① 未配重状态下管型母线位移最大值为 133mm;② 随着配重重量的增加,管型母线位移最大值呈先减小后增大趋势,最大值由管型母线中间位置移向端部两侧;③ 配重约 80kg 时挠度最小。

真型试验结果为:① 对于 48m 跨间隔的 6Z63-300/276 管型母线,三点悬吊金具侧臂延伸至 3.5m 或 4.0m,均可保证 48m 跨间隔挠度降低至 $0.5D$(150mm)以内;② 三点悬吊金具侧臂延伸越长,对管型母线挠度越有利;③ 结合管型母线挠度、该悬吊系统受力分析、经济性等因素综合考虑,兰临站 750kV 母线采用 V 型绝缘子串加双侧辅助拉索的管型母线悬吊系统,两侧臂延伸 4.0m 时为最优。

相较于之前工程采用的悬吊系统,该悬吊系统结构简单,安装前依靠产品的预紧力形成预拱、调平,管型母线对接次数减半,便于施工,经济性高。建议今后工程在 750kV 母线采用管型母线时推荐使用。

第七章　站用电、照明及电缆敷设

　　站用电、照明、电缆敷设及防火措施是保障变电站安全、可靠运行的重要环节。

　　站用电系统为变电站站内所有的低压设备提供所需的电源，包括 380V（或 220V）交流电（如照明、风机、汇控柜）等。一旦站用电系统出现问题，将直接或间接地影响变电站安全稳定运行，严重时会扩大事故范围，造成故障停电。站用电系统接线方式、负荷分配、设备选择是否科学与合理，直接决定了站用电运行是否可靠、灵活与安全。站用电系统设计应根据工程特点和建设规模，在确保站用电系统可靠性的基础上，满足变电站近期的负荷需求，同时兼顾远期的负荷需求。

　　照明系统主要布置在变电站站内建筑物、户外配电装置，为人员运行、检修提供足够的照度和检修供电。

　　变电站的电缆对整个变电站设备运行发挥着重要的作用，其数量多遍布全站，且由于电缆自身结构原因其起火迅速，即使断电也难以控制。故电缆敷设及防火措施也是变电站辅助系统设计重点考虑解决的问题。

第一节　站用电系统

　　与 500kV 及以下电压等级的输变电工程相比，750kV 变电站工程站用电负荷较大、辐射距离较长，需根据工程特点及建设规模，选择经济、合理的站用电设计方案。本节主要研究了 750kV 变电站站用电系统设计，针对几种典型建设规模提出推荐的站用电接线及布置方案。

一、站用电系统接线

　　站用电系统接线方式直接决定了站用电运行是否可靠、灵活与安全。

　　750kV 变电站站用电源变电站一般设置 3 回站用电源，其中 2 回工作站用电源分别引自 2 组主变压器 66kV 侧，另 1 回备用站用电源引自站外可靠的专用线路。变电站初期只有 1 台（组）主变压器时，除从站内引接 1 回电源外，还应从站外引接 1 回可靠的电源，终期需 3 回站用电源。

　　对于 750kV 串联电抗站、串联补偿站、开关站或初期为开关站的变电站，宜从站外引接 2 回来自不同变电站的可靠电源。当难以引接第 2 回可靠电源时，可在站内设置自备应急电源，如配置快速自启动柴油发电机组等。自启动柴油发电机组的配置要求，应按《重要电力用户供电电源及自备应急电源配置技术规范》(GB/T 29328) 的有关规定执行。

两路站用工作变压器电源引自主变压器低压侧母线，一般采用 63/0.4kV 一级降压方式；站用备用变压器电源一般采用 35/0.4kV 或 10/0.4kV 一级降压方式。对于变电站、换流站合建工程，变电站的两回站用电源采用 63/10kV 和 10/0.4kV 两级降压方式。

380V 站用电采用单母线接线，分为 2 段工作母线。引自站内的 66kV 电源经一级降压后，与引自站外的备用电源降压后分别接入 380V 站用电工作母线。为满足电缆压降要求，同时为减少电缆数量、节约投资，分别在各区域设置分电屏或动力配电箱，就近供电。站用电低压系统标称电压采用 380/220V，为直接接地系统。

（一）接线原则

（1）750kV 站外电源电压可采用 10~110kV 电压等级，当满足可靠性要求时，应优先采用低电压等级电源，一般多采用 35kV 电源。

（2）750kV 变电站站用电源选用一级降压方式，站用电低压系统标称电压采用 380/220V。

（3）站用电母线采用按工作变压器划分的单母线接线，相邻两段工作母线同时供电分列运行。两段工作母线间不装设自动投入装置。当任一台工作变压器失电退出时，备用变压器应能自动快速切换至失电的工作母线段继续供电。

（4）有发电车接入需求的变电站，站用电低压母线应设置应急电源接入箱。

（5）站内高压站用电系统（10kV 及以上电压）采用中性点不接地方式。外引高压站用电源系统（10kV 及以上电压）中性点接地方式由站外系统决定。

（6）站用电接线设计应充分考虑变电站分期建设和施工过程中站用电的运行方式，要便于过渡，尽量减少改变接线和更换设备。

（二）站用电负荷供电方式

1. 供电方式

互为备用的Ⅰ、Ⅱ类负荷由不同的母线段供电，一般成对的Ⅰ、Ⅱ类负荷为一个运行、一个备用接于不同母线段，相当于两个独立的电源供电，可提高该类负荷的供电可靠性。

接有单台的Ⅰ、Ⅱ类负荷的就地配电屏由双电源供电，双电源从不同的母线引接，这样在一路电源失去时还有另一路电源可用。由于Ⅰ类负荷不允许中断供电，因此规定对于接有Ⅰ类负荷的就地配电屏双电源应自动切换。针对Ⅱ类负荷允许短时中断供电的特点，为了不增加备用电源自动投入的复杂性，对于接有Ⅱ类负荷的就地配电屏，双电源可手动切换。

站用电负荷宜由站用配电屏直配供电，对重要负荷应采用分别接在两段母线上的双回路供电方式。

当站用变压器容量大于 400kVA 时，大于 50kVA 的站用电负荷宜由站用配电屏直接供电；小容量负荷宜集中供电就地分供。

2. 主变压器（高压并联电抗器）供电方式

主变压器、高压并联电抗器的强迫冷却（如强油风冷）装置、有载调压装置及其带电滤油装置等负荷，宜按台（组）分别设置可互为备用的双回路电源进线，并只在冷却装置控制箱内自动相互切换。当冷却系统的电源发生故障或电压降低时，自动投入备用电源。为避免多重设置自动切换而可能引起的配合失误，故只在冷却装置控制箱内进行双回路电源线路的自动切换，双回电源线路始端操作电器上不再设自投装置。

对由单相变压器（高压并联电抗器）组成的变压器（高压并联电抗器）组，宜按组设置双回路电源，将各相变压器的所有用电负荷（冷却器、有载调压机构及其带电滤油装置等）接在经切换后的进线上，可以大量减少站用配电屏的馈线回路数，从而压缩配电屏需求数量。

目前 750kV 变电站通常采用三台单相的强迫油循环风冷变压器组，单相主变压器的用电负荷大，运行电流高，当采用由中央配电屏二段母线各出 1 回供电至变压器场地总风冷控制箱，然后分供至三台单相变压器的方式供电可靠性高，但单回供电电流大；当采用由中央配电屏两段母线各出 3 回供电至每相变压器风冷控制箱，供电可靠性低于前一种方式，但每回供电电流较小。对于 750kV 变压器组这两种供电方式可根据设备条件选择按每台变压器或按组变压器设置的可互为备用的双回路电源进线。

3. 建筑物内负荷供电

750kV 变电站的主控通信楼、综合楼、下放的继电器小室等建筑物多数都布置在站前区或靠近配电装置侧，而站用电设施多靠近主变压器布置。为提高供电可靠性、减少电缆长度、方便运行操作，宜在建筑物内设置向就地负荷供电的专用配电屏，由站用电中央配电屏引入互为备用的双回路向专用屏供电。专用配电分屏宜采用单母线接线，当带有 I 类负荷回路时应采用双电源供电。

4. 配电装置负荷供电

配电装置内的断路器、隔离开关的操作及加热负荷可采用按配电装置电压区域划分，分别接在两段站用电母线上。

5. 站用电源切换

站内电源应优先作为工作电源，当检测到任何相电压中断时，延时将负载从工作电源切换至备用电源。当工作电源恢复正常时，延时自动由备用电源返回至工作电源供电。

当两台变压器的电压相位不满足并联运行条件时，为避免造成两台站用变压器的并列运行，应采取防止并列运行的措施。

（三）低压检修供电网络

变电站按分区设置固定的低压检修电源，为滤油机、电焊机、电动工具和试验设备等供电。检修电源的容量应按电焊机的负荷确定。检修负荷一般由工作段母线供电，对于滤油机等大功率检修负荷，当计算不满足电能质量要求时，也可直接接入备用段母线，由备用电源供电。

主变压器、高压并联电抗器附近和屋内外配电装置设置固定的检修电源。站内各处（包括屋内配电装置）适当多设检修电源，分布要合理，考虑电源箱引出的电焊机的最大引线长度一般按 50m，所以检修电源的供电半径不宜大于 50m。

做法一：检修分区按 50m 的半径设置，各自单回路引自专用分电屏；一个 750kV 配电装置往往引 5～10 个检修箱回路。

做法二：整个 750kV 配电装置，检修电源分区域按 50m 的半径设置，但分成两个区域，组成两个回路，各自手拉手串起来；两路分别接至站用 I 段、II 段。整个 750kV 配电装置仅有两个回路，这种做法回路少、电缆少，但供电可靠性不高，中间若断开，后面所接的检修箱均无电。

（四）站用电接线示例

1. 初期建设 2 组及以上主变压器的站用电系统电气接线

750kV 变电站初期有 2 组及以上主变压器时，2 路站用电源取自 2 组主变压器 66kV 侧母线，备用电源采用 35kV 或 10kV 外引电源。系统接线图如图 7-1 所示。

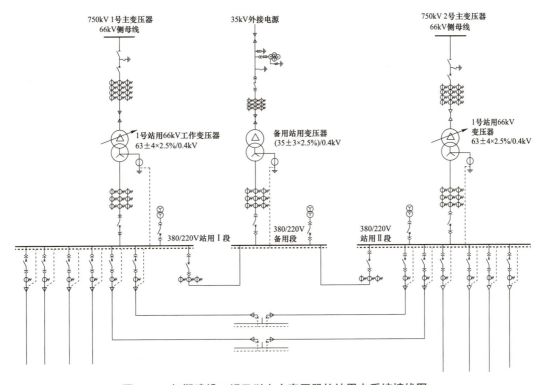

图 7-1　初期建设 2 组及以上主变压器的站用电系统接线图

2. 初期建设 1 组主变压器的站用电系统电气接线

750kV 变电站初期只建设 1 组主变压器时，1 路站用工作电源取自 1 组主变压器 66kV 侧母线，另 1 路站用工作电源暂缺，1 路备用电源取 1 路 35kV 或 10kV 与本站分属不同供电区域外引电源。后期当变电站扩建主变压器时，另 1 路站用工作电源如图 7-2 扩建。系统接线如图 7-2 所示。

3. 初期为开关站的站用电系统电气接线

750kV 变电站初期为开关站时，宜从站外引接 2 回不同供电区域的外引电源。根据工程实际需要，考虑是否设置快速自启动柴油发电机组，其容量仅需满足全站 I 类负荷和部分 II 类负荷（包括全站高压电抗器冷却负荷）用电要求。

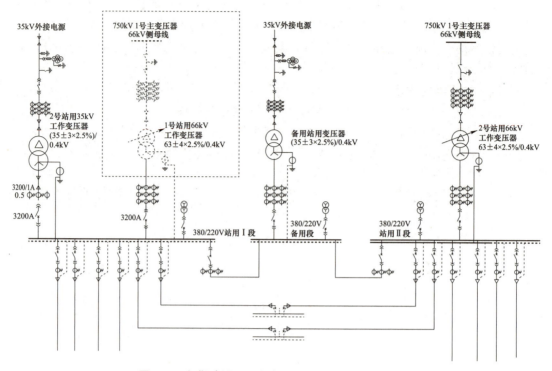

图 7-2　初期建设 1 组主变压器的站用电系统接线图

750kV 示范工程时，官亭 750kV 变电站初期为开关站运行方式，不能由变压器低压母线引接站用工作电源。初期的一路站用工作电源从站外官亭 35kV 变电站 35kV 出线引接，并设置一台功率为 500kW 的柴油发电机组作为备用电源。当工作电源失电时，柴油机组自动投入运行。

当 1 号主变压器投运后，由 1 号主变压器低压母线引接的 1 号站用工作变压器作为 1 号站用工作电源；站外引接的 35kV 电源作为 2 号站用工作电源；柴油机组作为应急电源。站用工作变压器和站用备用变压器容量均为 1000kVA。

4. 其他特殊情况下的站用电系统电气接线

对于交直流合建工程，换流站站用电负荷较大，设置 10kV 作为站用电系统中间电压等级。10kV 母线采用单母线接线方式，设置 2 个工作段和 1 个备用段，即 2 路站内电源经 750kV 变电站 2 台主变压器低压侧 63/10kV 降压变压器后分别接入 10kV I、II 段工作母线段，备用段采用外引电源 110/10kV 或 35/10kV 降压变压器接入 10kV 备用母线段。工作段与备用段母线之间设置分段开关，正常情况下，各段母线分列运行，当任一工作段母线失去电源时可自动投切至备用段母线供电。换流站及 750kV 变电站的站用负荷，分为 6 个区域 12 个单元，I、II 段双回路进线，再分别经 10/0.4kV 降压；750kV 变电站的 400V 站用电系统采用单元接线方式，根据最终规模分为 2 个单元，每个单元内 400V 为单母线分段接线，不设备用段，正常运行时，2 段工作母线分列运行，任意一段工作母线失电，2 段工作母线之间联络开关自动投上，由正常工作段给该单元所有负荷供电。设置 10kV 母线的站用电系统电气接线图如图 7-3 所示。

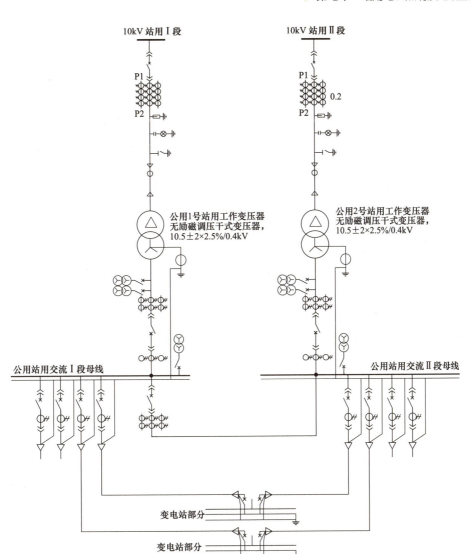

图 7-3　设置 10kV 母线的站用电系统电气接线图

二、站用电设备选择

（一）站用电容量的确定

站用电负荷按停电影响可分为三类：① Ⅰ类负荷，短时停电可能影响人身或设备安全，使生产运行停顿或主变压器减载的负荷；② Ⅱ类负荷，允许短时停电，但停电时间过长，有可能影响正常生产运行的负荷；③ Ⅲ类负荷，长时间停电不会直接影响生产运行的负荷。

每台站用工作变压器和站用备用变压器的容量均按全站计算负荷确定。对于配置应急电源的，其容量应同时满足全站Ⅰ类负荷和长时间停电会影响重要设备正常运行的Ⅱ类负荷的用电要求，具体容量可根据工程实际需求考虑。为防止高地电位升外引，对于非本站用电负荷，不可随意接入本站站用电系统。

负荷计算原则为连续运行及经常短时运行的设备应予计算，如变压器强油风冷装置电源、深井泵电源、消防水泵电源等；不经常短时及断续运行的设备不予计算，如雨水泵电源等。

针对北方寒冷地区冬季 GIS、HGIS 等设备伴热负荷、建筑物内采暖负荷较大的问题，在统计负荷容量时需特别注意。

根据站用电负荷统计，已投运 750kV 交流工程 63/0.4kV、35/0.4kV（备用变压器）或 10/0.4kV（备用变压器）站用变压器容量可选择 1000、1250、1600、2000、2500kVA。在 750kV 示范工程之初，多为开关站或两台主变压器，其站用负荷小，多选用 1000、1250kVA，随着工程规模的扩大，三台变压器、四台变压器以及 750kV、330/220kV 出线回路的增多，站用变压器的容量随之增大；尤其是寒冷地区其站用变容量受 GIS、HGIS 加热功率的影响较大。目前多为 1600、2000、2500kVA。

（二）站用变压器选择

站用变压器选用低损耗节能型标准系列产品。站用变压器宜采用三相双绕组变压器，站用变压器型式宜采用油浸式，当防火和布置条件有特殊要求时，也可采用干式变压器。

站用变压器宜采用 Dyn11 联结组。站用变压器联结组别的选择，宜使各站用工作变压器及站用备用变压器输出电压的相位一致。站用电低压系统应采取防止变压器并列运行的措施。

站用变压器的阻抗应按低压电器对短路电流的承受能力确定，高压侧短路电流在 50kA 以内，低压侧短路电流控制在 50kA 以内，宜采用标准阻抗系列的变压器。

站用变压器高压侧的额定电压，按其接入点的实际运行电压确定，宜取接入点主变压器相应的额定电压。750kV 变电站的低压侧母线额定电压为 63kV，故站用变高压侧的额定电压为 63kV。

综上所述，750kV 变电站站用变压器采用户外油浸式有载调压变压器。由于变电站 66kV 母线接入了无功补偿装置，电压波动范围较大，因此调压范围为 $63\pm4\times2.5\%/0.4kV$。连接外引电源的站用备用变压器可根据电压波动范围选择无励磁或有载调压，调压范围为 $35(10)\pm2\times2.5\%/0.4kV$（无励磁）或 $35(10)\pm4\times2.5\%/0.4kV$（有载）。

（三）站用高压电气设备选择

750kV 变电站站用电高压侧接入主变压器低压侧母线，为中性点非有效接地系统。站用电高压侧设备配置及选型同 66kV 配电装置，66kV 设备的短路水平按 50kA 设计。

早期 66kV 断路器因 66kV 罐式断路器、HGIS、GIS 无法达到 50kA 开断水平，多选用单断口瓷柱式 SF_6 断路器，其操动机构无法增加加热装置，对于低温环境一般采用降压报警或混气措施应对。现今对国内主要生产厂商的调研结果显示，部分国内厂商已可生产 50kA 开断水平的 66kV（或 110kV）罐式断路器、HGIS、GIS，故 66kV 断路器根据环境温度也可选用 66kV（甚至 110kV）罐式断路器、HGIS、GIS。

66kV 隔离开关选用 GW4 型水平开启式隔离开关。

66kV 电流互感器选用油浸式或 SF_6 电流互感器。

站外外引电源的高压侧一般采用 10～35kV 户内成套开关设备。

（四）站用低压电气设备选择

站用电低压系统一般采用三相四线制，系统中性点直接接地。750kV 变电站多为屋外变电站，站用电低压系统一般采用 TN-C-S 系统，目前实际存在两种方式：

第一种方式：中央配电屏后采用 TN-C 系统（三相四线制），进入建筑物或检修系统改为 TN-S 系统（三相五线制）。三相四线系统（TN-C）中引入建筑的保护接地中性导体（PEN）应重复接地，严禁在 PEN 线中接入开关或隔离电器。

第二种方式：中央配电屏后为 TN-S 系统，中央配电屏后 N 线不应重复接地。即全站 N 线只在总配电屏上一点接地，后面不再重复接地；PE 线做重复接地。TN-S 系统站用电接线方案见图 7-4。

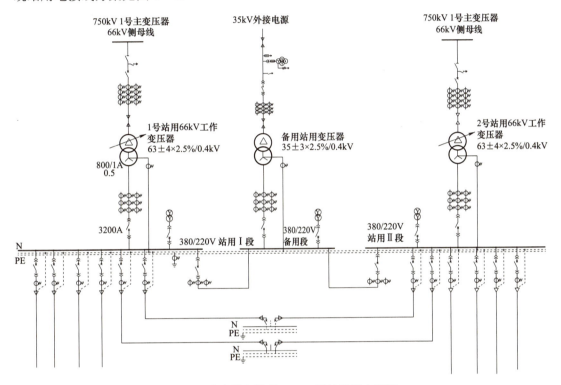

图 7-4 中央配电屏后 TN-S 系统站用电接线

TN-C 系统 PEN 重复接地由于 PE 线和 N 线共用一根线，节省一根导体，节约工程造价；同时可防止长电缆末端中性线零漂的问题；因此在 750kV 变电站初期工程考虑投资多采用第一种方式。但其降低了人身安全水平，PEN 一旦断线，设备金属外壳对地将升至 220V 的故障电压，电击危险很大。

随着安全意识的提高以及国民经济的发展，更加注重"以人为本"，强调运维安全；TN-S 系统能大大降低电击或火灾危险，特别适用于设有配电变压器等有爆炸、火灾危险的场所；且 TN-S 系统可以使用剩余电流火灾报警装置。TN-C 系统 PEN 重复接地与 TN-S 系统相比不存在明显的安全优势；因此目前 750kV 变电站站用电系统设计推荐采用第二种方式，中央配电屏后采用 TN-S 系统。由于变电站有覆盖全站可靠的主接地网，因此既可采用单独 PE 线的三相五线制典型 TN-S 系统，也可采用地网代替 PE 线的三相四线制非典型 TN-S 系统。

站用电低压侧一般都采用 380V 低压配电屏。宜采用抽屉式配电屏，也可采用封闭的固定式配电屏。所有重要的空气断路器、接触器、隔离开关、熔断器、母线支柱绝缘子等各种低压电气设备都安装在配电屏内。按照不同的负荷性质、容量以及供电回路的数量，选择各种标准的配电屏。

低压开关分为框架式断路器、塑壳式断路器及空气开关。800A 以上的回路或分断能力要求特别高的回路或需要功能较多的回路应该采用框架断路器，630A 以下的回路，一般使用塑壳断路器。

低压开关的选择需根据所处环境，按满足工作电压、工作电流、分断能力、动稳定、热稳定要求选择，并应符合相关标准的规定，同时应满足上下级差配合要求及灵敏度要求。

（五）柴油发电机组的选择

柴油发电机一般在开关站中使用，或者前期一台主变压器，无可靠的外引电源时使用，作为保安电源，带 Ⅰ 类负荷和部分 Ⅱ 类负荷。实际工程中应根据负荷计算确定柴油发电机容量。

柴油发电机一般采用空气冷却方式、闭式循环带热交换器。

三、站用电设备布置

750kV 变电站占地面积大，站用电负荷分散，供电距离远，且处西北区域，低温、日温差大，环境恶劣。其站用电设备的布置需综合考虑。

（一）布置原则

（1）站用电设备的布置遵循安全、可靠、适用和经济等原则，应符合电力生产工艺流程的要求，做到设备布局和空间利用合理。

（2）为变电站的安全运行和操作维护创造良好的工作环境，巡回检查道路畅通，设备的布置满足安全净距并符合防火、防爆、防潮、防冻和防尘等要求。

（3）设备的检修和搬运不影响运行设备的安全。

（4）应考虑扩建的可能和扩建过渡的方便。

（5）应考虑设备的特点和安装施工的条件。

（6）应结合各级配电装置的布局，尽量减少电缆的交叉和电缆用量，引线方便。

（7）在选择站用电设备型式时，结合站用配电装置的布置特点，择优选用适当的产品。

（8）站用配电屏室及站用变压器室内，所有通向室外或邻室（包括电缆层）的孔洞，均应以防火堵料可靠封堵。

（9）安装在屋外的检修电源箱应有防潮和防止小动物侵入的措施。落地安装时，底部应高出地坪 0.2m 以上。

（二）站用配电装置配电屏布置

站用配电室宜布置在站区中央，靠近负荷中心，以减少站用动力电缆的长度和电能的损失。在负荷集中的继电器室和主控通信楼设置专用屏。由于 750kV 变电站的消防水泵功率大，其启动电流较大，为满足开关整定、压降及灵敏度校验等要求，建议消防水泵室尽量靠近站用配电室。

考虑站用电的重要性，站用电屏按终期规模一次上齐，除留有备用回路外，一般每段母线留有 1～2 个备用屏的位置。一般在一个房间内设置两个及备用段的站用电母线段，设置在同一列，彼此之间留出 0.8m 的通道，作为维护检修之用。

400V 站用配电室配电屏的布置应满足相关规定要求，同时兼顾考虑直流设备，一般在站用配电室内放置直流配电屏，与交流配电屏面对面布置。站用配电室旁边为直流蓄电池室。某 750kV 变电站站用交直流配电室布置图见图 7-5。

（三）站用变压器布置

63/0.4kV、35/0.4kV（10/0.4kV）站用变压器采用油浸式变压器，宜布置在站用配电室一侧，站用变、备用变压器相互间设置防火墙进行防火隔离。由于 750kV 的站用变压器的容量大，低压侧电流较大，低压侧一般采用母线桥与室内 400V 配电屏连接。油浸式变压器的布置应注意考虑便于运行人员观察储油柜及调压装置油位计。

在交直流合建工程中，63/10kV 站用高压变压器布置在 66kV 无功补偿区域，与并联电抗器、电容器组协调布置。当与周围设备或者建筑物防火距离不满足要求时，应设置防火墙。低压站用变压器 10/0.4kV 多采用干式变压器，可与 400V 配电屏联合布置在站用配电室内，并应按照标准要求进行消防设计。

（四）其他站用电设备布置

1. 配电分屏或动力配电箱

750kV 变电站在各区域继电器室设置配电分屏或配电装置区设置动力配电箱，就近供电。

所有的主变压器、750kV 并联电抗器、消防负荷、配电分屏等重要负荷均由两段工作母线双回路供电。

2. 检修电源箱的布置

（1）室内安装的配电箱宜设置在房间出入口附近，方便人员操作且布置在房间隐蔽处，紧凑布置，安装位置符合相关规定要求。

（2）主变压器、高压并联电抗器、串联无功补偿装置附近、屋内及屋外配电装置内，应设置固定的检修电源。

3. 柴油发电机组的布置

柴油发电机宜布置在柴油发电机房，且进风口与排烟口应通风流畅。

（1）柴油发电机房宜靠近站用电室布置。

（2）柴油发电机组至墙壁距离应满足运输、运行、检修需求。

（3）柴油发电机组储油设施的设置应满足下列要求：

1）在燃油来源及运输不便时，宜在主体建筑物外设置 40～64h 耗油量的储油设施。

2）机房内应设置储油间，其总存储量不应超过 8h 燃油耗量，并应采取相应的防火措施。

（4）柴油发电机房的布置位置应考虑减少其噪声、排烟系统对于运行人员休息及办公的影响。

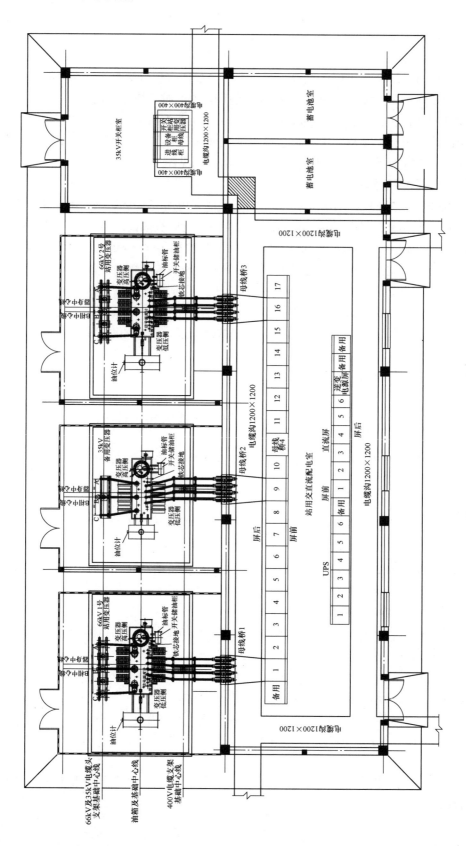

图 7-5 某 750kV 变电站站用交直流配电室布置图

第二节　照　明　系　统

变电站照明系统设计主要包括选择电光源和照明器，确定照度和配置照明供电网络。

一、照明方式选择

变电站的照明种类可分为正常照明、应急照明，应急照明包括备用照明和疏散照明。不同场所的照明方式不同。

在正常生产、工作情况下使用的室内外照明称为正常照明。它一般可单独使用，也可与应急照明同时使用。正常照明由站用电交流电源供电。

备用照明为持续性运行的应急照明，该系统的作用是与正常照明系统一起为建筑物内设备提供足够的照度。火灾期间仍需工作、值守的区域需要设置备用照明。

疏散照明（自带蓄电池的成套装置）在正常和应急系统断电的情况下，确保疏散通道能被有效地辨认。

应急照明在正常情况下由站用电交流电源供电，失去交流电源时则自动切换至直流电源的供电网络中。

变电站不同场所的照明方式不同，包括主控室、继电器室、屋外配电装置、屋内配电装置、综合水泵房、蓄电池室、变电站道路等场所的照明方式。

二、设计思路的发展

（一）原设计思路

750kV 变电站以往照明设计遵循《发电厂和变电站照明设计技术规定》（DL/T 5390）以及《火力发电厂与变电站设计防火标准》（GB 50229），均为常规照明设计。

以典型的 750kV 变电站为例，假设 750kV 变电站包括主变压器及无功补偿区，750、330kV 配电装置区，主控室，继电器室，交直流配电室及消防水泵房等。

（1）户外照明。配电装置区设投光灯，用于夜间检修照明。可引接于配电装置区的照明配电箱，也可引接于各配电区的建筑物的正常照明箱。

（2）户内照明。建筑物的正常照明从该建筑物的站用电配电设施引接至各功能间的分配电箱进行二级配电；备用照明直接接入正常照明回路，采用正常照明灯具加装蓄电池实现；消防应急照明和疏散指示标志自带蓄电池，也直接接入正常照明回路，全部消防应急灯具另有火灾报警信号线接入，控制灯具非事故状态不亮，事故状态亮起。应急照明系统供电电压为220V，采用自带蓄电池供电方式的非集中控制型系统。

（二）现设计思路

随着经济的不断发展，国家和社会对于消防安全越来越关注，为有效提升消防应急照明与疏散指示系统的构建水平，增强消防应急能力，我国出台一系列技术标准，对相关技术行为进行规范，以确保消防系统的科学设置，满足消防工作开展的相关要求。消防应急照明设计方面主要变化对比表见表 7−1。其中《消防应急照明和疏散指示系统技术标准》（GB 51309—2018）对建筑应急照明的供电方式、供电电压和控制方式进行了规定。

主要变化表现在以下几个方面：

（1）系统设计：消防应急照明和疏散指示系统按消防应急灯具的控制方式可分为集中控制型系统和非集中控制型系统。而变电站均设置火灾自动报警系统，故其宜选用集中控制系统，且集中控制系统相关的应急照明控制器、应急照明集中电源、应急照明配电箱和灯具必须为有关市场准入制度的产品。

（2）灯具选择：设置在距地面 8m 及以下的灯具应选择 A 型灯具即主电源和蓄电池电源额定工作电压均不大于 DC 36V 的消防应急灯具。而原来主电源为 220V 的消防应急灯具正逐渐被淘汰，尤其是 GB 55024—2022《建筑电气与智能化通用规范》颁布实施后。

表 7-1　　　　　　　　　　消防应急照明设计方面主要变化对比表

内容	现设计思路	原设计思路
系统制式	集中控制型系统	非集中控制型
配电形式	（1）采用应急照明集中电源供电时，蓄电池放置在应急照明集中电源箱。 （2）采用自带蓄电池供电时，通对应急照明配电箱向灯具供电。 （3）对于集中电源、应急照明配电箱的设置、IP 等级、供电范围、输出回路数量、回路电流、连接灯具数量等有严格规定，减少故障波及范围。 （4）对于集中电源，配电箱的安装，线缆选型与敷设，敷设材料有明确要求。 （5）集中电源/应急照明控制器的输出回路严禁接入应急照明系统以外的负荷	（1）集中电源下设配电箱给灯具供电。 （2）对输出回路无具体限制。 （3）对于消防应急回路和正常照明回路能否混接没有明确规定
照明灯具	（1）设置在距地面 8m 以下的灯具采用输入电压≤DC 36V。 （2）对灯具安装高度、IP 等级、响应时间、持续工作时间有明确要求。 （3）备用照明灯具应有正常照明电源和消防电源专用应急回路互投后供电	（1）对灯具输入电压无限制。 （2）对灯具安装高度、IP 等级、响应时间、持续工作时间无明确要求
应急疏散	（1）设置在距地面 8m 以下的灯具采用输入电压≤DC 36V。 （2）对于灯具的面板、规格、IP 等级、布置原则、安装高度、响应时间、持续工作时间有明确要求	对于灯具的面板、规格、IP 等级、布置原则、安装高度、响应时间、持续工作时间无明确要求
要求	明确配电室、消防控制室、消防水泵房、自备发电机房等发生火灾等仍需工作、值守区域的地面水平最低照度	无细化要求
平面布置	（1）区分出口标志:疏散出口、安全出口、禁止入内。 （2）对于两侧有墙面的或疏散通道的方向标志灯设置作了明确的规定	无细化要求
系统控制型	对于集中控制型/非集中控制型系统在火灾/非火灾状态下灯具应急点亮、熄灭，系统应急启动以及不同疏散预案下的控制联动	无细化要求

根据以上对比分析可知，原设计思路主要存在两大问题：① 应急照明回路和正常照明回路混接；② 消防备用照明回路采用了蓄电池供电。现设计思路在系统型式、配电、灯具选型、系统控制设计等方面有了较大的变化，所以设计人员必须摒弃原有设计思路，重新设计户内照明系统。

变电站应急照明系统主要分为两大部分，一部分是应急照明，主要是为人员疏散和发生火灾时仍需工作的场所提供照明，具体又可以分为给火灾时仍需工作场所提供照明的备用照明和用于疏散通道照明的疏散照明；另一部分是疏散指示标志，带有图形或者文字指示标志，用于在火灾时指示安全出口、楼层、避难间、逃生通道等。

变电站应急照明系统设计主要分为以下几个步骤。

（1）依据新标准的照度要求，结合变电站各功能室的布局特点选型并布设灯具，进行照度模拟计算。

（2）按照新标准的疏散指示系统布置原则，布置疏散指示标志。

（3）按照变电站目前采用的火灾报警系统和站内建筑物内有无消控室确定应急照明系统的系统制式和配电形式。目前变电站按要求都配有火灾报警系统，所以只能采用集中电源供电的集中控制型系统和自带蓄电池供电的集中控制型系统，不能采用非集中控制型系统。

（4）根据新标准对于配电回路和控制回路的要求，设计应急照明灯具和疏散指示标志的配电回路。

（5）根据新标准要求，明确配电线路选型和系统敷设的原则。

三、照明方案设计

（一）照明供电

（1）照明系统的供电由正常电源系统和应急电源系统提供。应急照明包括备用照明和疏散照明，备用照明为持续性运行的应急照明。疏散照明（自带蓄电池的成套装置）在正常照明和应急照明系统断电的情况下，确保疏散通道能被有效地辨认。

（2）照明干线是指照明箱的电源回路，包括配电柜至照明箱回路，两照明箱之间的回路。照明分支回路是指照明箱的出线回路。照明分支回路的电流所接灯数不宜过多，断开电路的范围不致太大，故障发生后检修维护较方便。

（3）照明主干线路供电应符合下列要求：

1）正常照明主干线路宜采用 TN 系统。

2）应急照明主干线路，当经交直流切换装置供电时应采用单相，当只由保安电源供电时应采用 TN 系统。

3）照明主干线路上连接的照明配电箱数量不宜超过 5 个。

（4）照明分支线路宜采用单相；对距离较长的道路照明与连接照明器数量较多的场所，也可采用三相。

（5）距离较远的 24V 及以下的低压照明线路宜采用单相，也采用 380/220V 线路，经降压变压器以 24V 及以下电压分段供电。

（6）站区道路照明供电线路应与室外照明线路分开。建筑入口门灯可由该建筑物内的照明分支线路供电，但应加装单独的开关。

（7）每一照明单相分支回路的电流不宜超过 16A，所接光源数量或发光二极管（LED）灯具数量不宜超过 25 个。

（8）对高强气体放电灯的照明回路，每一单相分支回路电流不宜超过 25A，并应按启动及再启动特性校验保护电器并检验线路的电压损失值。

（9）应急照明网络中不应装设插座。

（10）插座回路宜与照明回路分开，每回路额定电流不宜小于16A，且应设置剩余电流保护装置。

（11）在气体放电灯的频闪效应对视觉作业有影响的场所应采用以下措施之一：

1）采用高频电子镇流器。

2）相邻灯具分接在不同相序。

（二）照明控制

（1）照明控制应符合下列要求：

1）站区内的主控楼、继电器小室、主要设备间等地方的一般照明，宜在照明配电箱内集中控制，以便由运行人员专管或兼管。灯具采用手动或自动方式开关灯，也可以采用分组开关方式或调光方式控制。

2）由于小室出入口和楼梯间、走道等地方人流最低，适合采用自动调节或分组调节方式。当小室出入口、楼梯间无人时，可选用声光控开关进行自动控制。

3）每个灯开关控制的灯数宜少一些，有利于节能，也便于运行维护。

4）房间或场所设装两列或多列灯具时，通过分组控制可以关闭不需要的灯光。

5）正常照明分支线路的中性线上，不应装设开关设备。

6）集中控制的照明分支线路上，不应连接插座及其他电气设备。

（2）照明线路与保护装置的配合：

1）在配电回路中采用漏电开关是防止触电的安全措施之一。如电暖器、空调、轴流风机等。

2）导线和电缆的允许载流量，不应小于回路上熔断器的额定电流或断路器开关脱口器的额定电流。照明线路与保护装置之间应进行必要的配合。

3）为了避免照明线路导线、电缆过热，应在电流超过导线、电缆的长期允许电流值时把电流切断，所有照明线路均应选取有短路保护的开关。

（三）导线选择

正常照明网络电压应为380/220V。

应急照明系统的线缆选择如下：

（1）应急系统馈出线缆选择电压等级不低于交流450/750的耐火线缆，系统通信线路选择耐火线缆或光纤。

（2）应急照明系统线路暗敷时采用穿钢管敷设；当线路明敷时，采用穿钢管或者金属槽盒敷设，并涂刷防火涂料。

（3）集中控制型系统中选用耐火线缆、耐火光纤。

（4）系统中接线盒、管线接头等的IP防护等级需要和配电箱、灯具等保持一致。

（四）应急照明设置

应急照明包括备用照明和应急疏散照明。

1. 备用照明设置原则

（1）消防控制室、消防水泵房、交流及直流UPS配电室等与消防相关的房间或消防工作面备用（继续工作）照明连续供电时间不应少于3h，且相应房间的照度要求按正常照明照度值的 100%考虑。

（2）其余房间按正常照度的 10%设置备用（继续工作）照明，连续供电时间不少于 2h。备用照明采用集中供电的方式，备用照明箱满足双电源切换，一路来自正常交流电源，一路来自事故逆变器屏，正常时由交流电源供电，事故时由事故逆变器屏将直流屏电源逆变为交流电源供电。

（3）辅助建筑物如警传室，设置自带蓄电池的备用照明，正常时由交流电源供电，事故时由灯具的自带蓄电池供电。

2. 应急疏散照明设置原则

（1）应急照明采用集中电源集中控制型。集中电源集中控制系统，由应急照明控制器、应急疏散照明集中电源箱、应急疏散照明灯具（带有地址编码）以及可传输信号的电源线 NH−RVSP−2×2.5mm^2 组成。每一层楼分别设置疏散照明集中电源箱，分区域对相应楼层及楼梯间疏散照明灯具进行供电。

集中电源集中控制型疏散照明系统图见图 7−6，其具有以下优点：

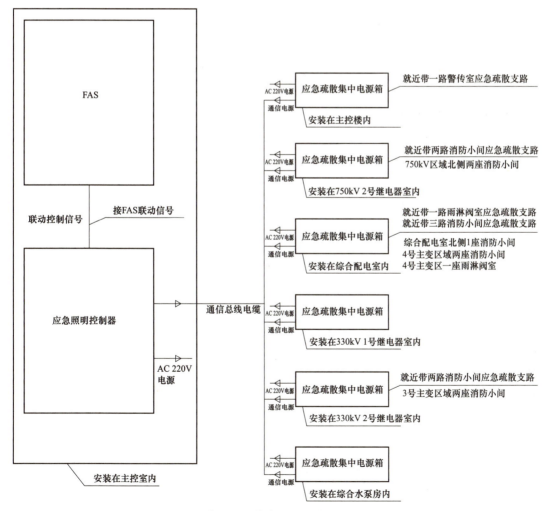

图 7−6　集中电源集中控制型疏散照明系统图

1）系统可 24h 不间断地对设备进行巡检，保证了整个系统运行在最佳状态，避免火灾发生时的逃生盲区，通过和消防报警设备的联动，获悉现场火警信息，应急启动，使逃生人员安全、准确、迅速地选择安全通道疏散。

2）系统符合《消防应急照明和疏散指示系统》（GB 17945）和《消防应急照明和疏散指示系统技术标准》（GB 51309），且系统内设备及灯具均为同一厂家生产制造。

3）每台设备及灯具均具有独立地址码及控制芯片，可与控制器通过总线进行通信，真正实现"点式"控制，而非"段式"控制。

4）系统应能与火灾自动报警系统通信，接收火灾报警信号，消防联动需火灾报警系统提供干接点/DC 24V 信号或标准接口及通信协议，系统能自动/手动进入应急状态。

5）非火灾模式时，在系统主电源断电后，可实现灯具应急点亮；非火灾模式时，当相应区域的正常照明电源断电后，也可实现灯具应急点亮。

（2）其余建筑物应急疏散照明系统由应急疏散照明箱（不带蓄电池）、应急疏散照明灯具（自带蓄电池）以及箱体间的电源线组成。

（五）智能照明系统

智能照明控制系统替代了传统的人工控制方法，是目前最先进的一种照明控制方式，它采用全数字、模块化、分布式的系统结构，通过五类控制线将系统中的各种控制功能模块及部件连接成一个照明控制网络，也可通过触摸屏或计算机控制系统，通过通信总线，可实现遥测、遥控、遥信管理等功能。智能照明控制系统可随时对变电站站区内的户内外照明灯具分区域控制及管理，从而达到管理智能化、操作简单化等要求。实现高效率、低成本的管理，使变电站户内外照明系统更加简单、方便、灵活。

智能照明控制系统主要是采用星形和总线两种网络拓扑结构。两种系统具备不同的特点，星形拓扑结构易于发现故障、诊断故障类型和排除故障、存取协议方便、数据传输较快、从而安全可靠性高。C-bus 总线式控制系统是基于总线式机构，分散布置，将整个变电站所有的照明回路及电动设备集中控制、管理及监控的一套智能系统，灵活性较强，易于扩展、控制相对独立，成本较低，为变电站常用的智能照明控制系统。

下面以一个典型的 750kV 变电站 C-bus 智能照明系统为例进行介绍。随着我国节能理念的逐步推广，智能照明控制系统将具有很好的应用前景。

C-bus 智能照明控制系统结构示意图见图 7-7。整个照明系统配置有中央监控中心和智能控制照明柜，中央监控中心有计算机、主通信控制器等设备，可以对整个系统进行监控和管理。所有的单元器件（除电源外）均内置微处理器 CPU 和存储单元 ROM，由一对信号线连接成网络，可以独立运行，且可以记忆对其设定的参数，停电后不会丢失数据，在恢复供电时，系统会根据预设记忆参数，自动恢复停电前的工作状态，实现无人值守。每个元件在网络中均有唯一的地址码以供识别，用户根据环境以及需要单独对元件编程，这样对该元件对应的照明系统的设定被存储在各个元件中，即使系统中某一单元损坏，也不会影响其他单元的正常运行。如果需要多个器件响应同一个信号，只需要把多个设备所对应的元件设为同一个地址，简单方便，易于控制。

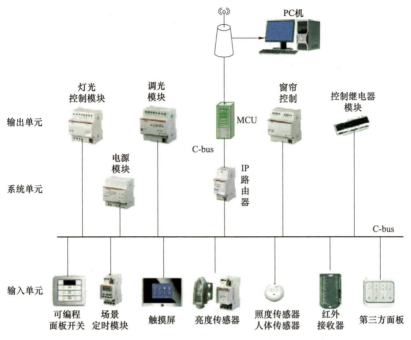

图 7−7　C−bus 智能照明控制系统结构示意图

（1）控制系统。一般智能照明控制系统都采用数字式照明管理系统，它由系统单元、输入单元和输出单元三部分组成。除电源设备外，唯一的单元地址通常被设置在每一单元内，其功能也由软件来设定。各照明回路是受输出单元来控制。系统通过控制总线将单元器件连成网络，同时由总线提供设备工作电源和传输总线设备。

1）系统单元。主要包括供电单元、系统网络模块、系统控制模块，功能是为 C−bus 系统提供控制电源、系统时钟和信号载波。

2）输入单元。包括液晶显示触摸屏、遥控器、控制面板、红外接收器、场景定时模块、传感器，功能是将外界的控制信号转换为 C−bus 系统信号在总线上传播，并作为控制依据。

3）输出单元。包括灯光控制模块、调光控制模块、开关量控制模块、单元控制模块，功能为接受总线上的控制信号，控制相应的负载回路，实现照明控制。

系统采用了 PC 监控软件，可以对整个照明控制系统进行图形化的监视、控制和管理。

（2）控制程序。智能照明控制系统中的 C−bus 软件由 3 个应用程序构成，分别为主程序、监控程序及定时程序，主要为智能照明厂家编制。其中，主程序的主要功能是对 C−bus 系统进行初始化，分配各个功能单元的地址并对其控制功能进行设定，进行参数的修改及故障的查找。监控程序主要用来完成 C−bus 系统工作状态的实时检测，使远程集中控制得以实现。定时程序的应用可实现灯光自动按时开关和亮度调节。

（3）智能照明系统功能。选用基于 C−bus 总线的变电站智能照明控制系统的可以实现以下功能：

1）对变电站的全场照明可以实现远程实时操控，在监控室/集控站设置控制中心并配置监控电脑，通过内部办公网与 750kV 变电站之间传输信号。控制中心可以对系统所有的照明设备进行远程实时操作，包括自动遥控、手动遥控并显示每个回路的开关状态及其他表示运行状态的重要信息。

2）对外场照明可以实现定时开关灯控制，如根据地理经纬度，自动计算当地日出日落时间，按日（季节变化）动态精确调整开关灯时间，以达到节电节能、提高照明质量的目的等。

3）对于变电站的继电器室、通信室、控制室等实现自动感应调光，具有光照度感应器，根据室内的环境照度进行调光，这不仅给工作人员提供了舒适的工作环境，也达到了低碳、节能效果；安装人体红外感应控制器，检测人是否存在调节灯的开关，实现人来灯亮，人走灯灭。

4）对全场照明系统进行数据采集、存储、查询功能，可以对采集到的电压、电流、功率、故障点进行分析，判断当前时刻的运行状态是否良好，并得到各类数据曲线图表。

5）对全场照明可以实现现场手动控制，具体实施方法为对室外照明在分配电箱设置每个回路的手动开关，可根据现场的需要实时地手动控制照明开关回路；对室内照明回路采用带手动按键的单元控制模块。整个照明回路满足既能分散控制又能集中控制的集散管理要求，给运行、维护、管理提供了方便。

第三节　电缆选择与敷设

电缆是变电站必不可少的设施。变电站中电缆的安全稳定运行是整个系统安全运行的必要条件。无论设计还是施工，都应力求电缆选型和敷设更加合理，为变电站的安全可靠、经济运行提供有力保证。

750kV 变电站主要涉及以下几种电缆的选择与敷设：① 站用电系统供电网络低压电力电缆；② 站用电系统高压电缆，包括 66kV、35/10kV 高压电力电缆；③ 控制及保护系统的控制电缆及通信电缆、计算机电缆等；④ 消防系统的电力电缆及控制电缆。

一、电缆选择

（一）电缆分类

变电站使用的电缆一般按照用途、绝缘材质、内外层护套材质、外层保护型式、线芯材质、绝缘电压等级、电缆阻燃防火特性等进行分类。

（1）电缆按用途可分为电力电缆、控制电缆、信号及计算机电缆、通信电缆等。

（2）电缆按照绝缘可分为交联聚乙烯（XLPE）绝缘、聚氯乙烯（PVC）绝缘、橡皮绝缘等不同型式的电缆。

（3）电缆按照内外层护套材质可分为聚乙烯内外护层、聚氯乙烯内外护层、皱纹铝套护层等不同型式的电缆。

（4）电缆按照外层保护型式及材质可分为非铠装电缆、钢带铠装电缆、钢丝铠装电缆、非导磁金属带（丝）铠装电缆等。

（5）电缆按照缆芯导体材料可分为铜芯电缆、铝芯电缆以及铝合金电缆等。

（6）电缆按照变电站常用绝缘电压等级可分为 450/750V 电缆、0.6/1kV 电缆、26/35kV 电缆、50/66kV 电缆等。

（7）电缆按照阻燃防火特性可分为耐火电缆、阻燃电缆、非阻燃电缆等。变电站一般选取阻燃及耐火电缆。

耐火电缆是在火焰燃烧或高温情况下该电缆电气回路能够保持一定时间安全运行的电缆。耐火等级根据耐火温度的由高到低分为 A、B 两种级别。

阻燃电缆是在燃烧火源熄灭后，火焰延电缆的蔓延仅在限定范围内，或火焰在限定时间内能自行熄灭的电缆。其特点是在火灾情况下可阻止火势延电缆的蔓延，把电缆燃烧限制在局部的范围内。阻燃等级根据阻燃性能的由高到低分为 A、B、C 等级别。

（二）电缆型号选择

1. 导体选择

750kV 变电站电缆导体类型选择原则：

（1）变电站控制、信号及通信电缆应选用铜芯电缆。

（2）变电站站用工作及备用电源电缆选用铜芯电缆。

2. 电缆绝缘及内护层选择

常用的电缆绝缘及内护层选择如下：

（1）变电站用 10kV 及以上高压电力电缆一般选用聚乙烯或聚氯乙烯内护套（YJY、YJV），非导磁单芯高压电缆有阻水防护要求选择皱纹铝护套（YJLW）。

（2）1kV 及以下电力电缆一般选用交联聚乙烯或聚氯乙烯挤塑绝缘、聚乙烯或聚氯乙烯挤塑内护套（YJY、YJV、VV）。

（3）控制及信号电缆一般选用交联聚乙烯、聚烯烃、聚氯乙烯挤塑绝缘，聚乙烯或聚氯乙烯挤塑内护套，并根据屏蔽要求选用铜带绕包或铜丝编织屏蔽电缆（KYJYP、KYJYP2、KYJVP、KYJVP2、KVVP、KVVP2 等）以及对绞自屏蔽计算机电缆（DJYPYP、DJYPVP、DJYP2YP2、DJYP2VP2 等）。

（4）消防水泵、火灾报警系统及重要直流回路和保安电源电缆应根据要求定选用相应等级的耐火型电缆。

（5）环境温度低于 −15℃ 以下的低温环境时，绝缘层应选用交联聚乙烯、聚乙烯、聚烯烃、耐寒橡皮绝缘电缆，内护套层宜选用聚乙烯护套电缆。−15℃ 以下低温环境不宜选用聚氯乙烯绝缘及护层电缆。

（6）电缆的绝缘及护层还应根据阻燃或耐火等级要求选用相应等级的阻燃耐火特征。

3. 铠装及外护层选择

（1）交流系统单芯电力电缆，当需要增强外抗力及机械防护力时，应选用铝合金或不锈钢、铝等非导磁金属铠装层（标记为 62、63、72、73 等），不得选用未经非磁性有效处理的导磁钢制铠装。

（2）敷设在 E 型支架上的电缆宜选用金属铠装电缆，对于潮湿及腐蚀场所宜选用带聚乙烯或聚氯乙烯外护套的内铠装电缆。

（3）直埋敷设的电缆应选用带聚乙烯或聚氯乙烯外护套的金属内铠装电缆（标记为22、23 等）。敷设在可能发生位移的土壤或其他可能承受较大拉力破坏处等非专用电缆构筑物的电缆，钢带铠装电缆不满足其抗拉要求时，选用带外护套的细钢丝或粗钢丝内铠装及带外护层的电缆（标记为32、33、42、43 等）。白蚁严重危害地区用的挤塑电缆，应选用较高硬度的外护层，也可在普通外护层上挤包较高硬度的薄外护层，其材质可采用尼龙或特种聚烯烃共聚物等，也可采用金属套或钢带铠装。

（4）除上述（1）～（3）情况外，电缆所有敷设路径上为桥架及平滑过渡穿管敷设的封闭敷设路径等密集支撑、无尖锐棱角和大高差作用力及其他可能引起电缆绝缘护层损坏的环境下可选用无铠装电缆。

（5）在潮湿、含化学腐蚀环境或易受水浸泡的电缆，其金属层、加强层、铠装上应有聚乙烯外护层。

（6）环境温度低于 −15℃以下的时、电缆接触环境有强腐蚀、有低毒难燃要求的场所及地下水位较高的直埋场所，电缆宜选用聚乙烯挤塑外护层。其他场所可选用聚氯乙烯外护层。

（7）外护套材料应与电缆最高允许工作温度相适应。

（8）电缆绝缘及护层选择应考虑工程环保要求及人员密集运行区域的低烟、低毒材料的要求。在人员密集以及有低毒要求的场所，应选用交联聚乙烯或乙丙橡皮等不含卤素的绝缘电缆。有低毒要求时，不应选用聚氯乙烯电缆。

（9）用在有水或化学液体浸泡场所等的 10～35kV 重要回路或 66kV 及以上的交联聚乙烯电缆，应具有符合使用要求的金属塑料复合阻水层、金属套（如挤包型皱纹铝护套）等径向防水构造。并应考虑根据电缆的敷设方式和环的要求选用纵向阻水特性或者全阻水抗水树绝缘、阻水填充层、阻水包带及护层。

4. 常用电缆绝缘及护层型号

变电站常用电缆型号名称及使用范围见表 7−2。

表 7−2　　　　　　　　　变电站常用电缆型号名称及使用范围

电缆型号	名称	使用范围
ZR−VV22	铜芯阻燃聚氯乙烯绝缘及内外护套钢带内铠装电力电缆	敷设在无环保要求，有阻燃要求的地下及室内外电缆构筑物内，能承受较小的外部机械力，不能承受大的拉力
ZR−YJV22	铜芯阻燃交联聚乙烯绝缘聚氯乙烯内外护套钢带内铠装电力电缆	敷设在无环保要求，有阻燃、低温环境运行要求的地下及室内外电缆构筑物内，电缆具有较小的转弯半径，能承受较小的外部机械力，不能承受大的拉力
ZR−YJY23	铜芯阻燃交联聚乙烯绝缘聚乙烯内外护套钢带内铠装电力电缆	敷设在有阻燃、环保、低温环境运行要求的地下及室内外电缆构筑物内，电缆具有较小的转弯半径，能承受较小的外部机械力，不能承受大的拉力
ZR−YJV62	铜芯阻燃交联聚乙烯绝缘聚氯乙烯内外护套非导磁金属带内铠装电力电缆	敷设在有阻燃、环保、低温环境运行要求的地下及室内外电缆构筑物内的交流单芯电力电缆，能承受较小的外部机械力，不能承受大的拉力
ZR−YJY63	铜芯阻燃交联聚乙烯绝缘聚乙烯内外护套非导磁金属带内铠装电力电缆	敷设在有阻燃、环保、低温环境运行要求的地下及室内外电缆构筑物内的交流单芯电力电缆，能承受较小的外部机械力，不能承受大的拉力

续表

电缆型号	名称	使用范围
ZR－YJLW02	铜芯阻燃交联聚乙烯绝缘皱纹铝内护套聚乙烯外护套电力电缆	敷设在有阻燃、低温环境运行要求的地下及室内外电缆构筑物内的交流单芯电力电缆，能承受较小的外部机械力，不能承受大的拉力
ZR－YJLW02－Z	铜芯阻燃交联聚乙烯绝缘皱纹铝内护套聚乙烯外护套纵向阻水电力电缆	敷设在有阻水、阻燃、低温环境运行要求的地下及室内外电缆构筑物内的交流单芯电力电缆，能承受较小的外部机械力，不能承受大的拉力
ZR－YJLW03	铜芯阻燃交联聚乙烯绝缘皱纹铝内护套聚乙烯外护套电力电缆	敷设在有阻燃、环保、低温环境运行要求的地下及室内外电缆构筑物内的交流单芯电力电缆，能承受较小的外部机械力，不能承受大的拉力
ZR－KVVP22	阻燃聚氯乙烯绝缘及内外护套铜丝缠绕总屏蔽钢带内铠装控制电缆	敷设在无环保要求，有阻燃、较大短路抗过载能力的屏蔽要求的地下及室内外电缆构筑物内，能承受较小的外部机械力，不能承受大的拉力
ZR－KYJVP22	阻燃交联聚乙烯绝缘聚氯乙烯内外护套铜丝缠绕总屏蔽钢带内铠装控制电缆	敷设在无环保要求，有阻燃、较大短路抗过载能力的屏蔽要求及低温环境运行要求的地下及室内外电缆构筑物内，能承受较小的外部机械力，不能承受大的拉力
KYJYP2－23	交联聚乙烯绝缘聚乙烯内外护套铜带绕包总屏蔽钢带内铠装控制电缆	敷设在无环保及阻燃要求，有环保、短路时抗过载能力不大的屏蔽要求及低温环境运行要求的地下及室内外电缆构筑物内，能承受较小的外部机械力，不能承受大的拉力
ZR－KYJYP2－23	阻燃交联聚乙烯绝缘聚氯乙烯内外护套铜带绕包总屏蔽钢带内铠装控制电缆	敷设在无环保要求，有环保、阻燃、短路时抗过载能力不大的屏蔽要求及低温环境运行要求的地下及室内外电缆构筑物内，能承受较小的外部机械力，不能承受大的拉力
KYJYP2－33	交联聚乙烯绝缘聚氯乙烯内外护套铜带绕包总屏蔽细钢丝内铠装控制电缆	敷设在无环保及阻燃要求，有环保、短路时抗过载能力不大的屏蔽要求及低温环境运行要求的地下及室内外电缆构筑物内，能长期承受相应的较大敷设高差。具有相应的外部机械防护能力，能承受相应的较大拉力
ZR－KYJYP2－33	阻燃交联聚乙烯绝缘聚氯乙烯内外护套铜带绕包总屏蔽细钢丝内铠装控制电缆	敷设在无环保要求，有环保、阻燃、短路时抗过载能力不大的屏蔽要求及低温环境运行要求的地下及室内外电缆构筑物内，能长期承受相应的较大敷设高差。具有相应的外部机械防护能力，能承受相应的较大拉力

二、电缆及光缆敷设的一般要求

电缆敷设是变电站重要的工程，一个合理的电缆敷设路径及设计方案，不仅可大大节约建设费用，更为变电站的安全云习惯提供可靠保障。

电缆及光缆的敷设方式因地制宜、考虑变电站电气设备分布位置、出线方式、工艺设备类型及布置特点等工程要求，以及地下水位高低、站区环境条件等环境特点，并结合该工程电缆类型、数量、敷设要求等因素，以满足可靠运行，便于检修和技术经济等要求选择。

选择电缆路径时，应符合以下要求：

（1）电缆及光缆路径要短；避免与其他管线交叉；避开规划中需要施工的地方；预留扩建区域的延伸接口；不接近易燃易爆物及其他热源；便于施工及维修；不使电缆受到各种损坏（机械的、化学的、地下电流、水土腐蚀、蚁鼠害等）。

（2）电缆通道满足变电站内站用电系统双电源、双回路之间；高压电缆与低压动缆之间，动力与控制电缆、通信光缆之间、全站重要的公用负荷之间等的分隔敷设的要求。

（3）规定电缆构筑物尺寸时，除考虑远期扩建规模外，还应留出不少于 20%的可用的电缆敷设空间，供后期可能出现的增加区域系统保护、站内技改等扩容要求而增加的电缆敷设。

（4）电缆敷设路径满足电缆的允许弯曲半径。

（5）潮湿地区该电缆应穿入金属管内。腐蚀地区的金属埋管应考虑防腐措施。

（6）电缆布线的基本原则为：电缆在支、托架上从上到下排列顺序一般为从高压到低压，从强电到弱电，从主回路到次要回路，从近处到远处；同一层支（托）架电缆排列以少交叉为原则，一般为近处在两边，远处放中间，必须交叉时应尽量在始终端进行；不同单元的电缆尽量分开。

三、电缆构筑物的布置

（一）常用电缆构筑物的类型

常用的电缆构筑物有电缆隧道（综合管沟）、电缆沟、电缆埋管及排管、壕沟（直埋）、支吊架及桥架等。电缆隧道主要为高压电缆通道，750kV 变电站一般很少用到，常用到的为电缆沟、电缆埋管、地直埋等。

（二）常用电缆构筑物的布置

1. 电缆沟布置

电缆沟布置是指将电缆置于砌筑好的沟内，并固定在沟内支架上，便于检修、监护及更换电缆。电缆沟具有容纳电缆多、占地少、走向灵活等特点，因此在变电站中广泛采用。

（1）电缆沟的尺寸应满足全部容纳电缆的最小允许弯曲半径、施工作业与维护所需空间的要求，电缆沟内通道净尺寸应满足相关规定要求。

（2）电缆支架、梯架或托盘的层间距应满足能方便地敷设电缆及其固定的要求，且在多根电缆同置于一层情况下，可更换任意一根电缆。

（3）电缆与热力管道、热力设备之间的净距离，平时应不小于 1m；交叉时应不小于 0.5m，如无法到达时，应采用石棉水泥板、软木板或其他隔热材料隔离。

2. 地下直埋

地下直埋是一种最常用的经济简单的方法。电缆埋于冻土层下，有利于散热，可提高电缆的利用率。但直埋不便于监护、检修，也不宜敷设电压等级较高的电缆，早期的站用电高压电缆通常直埋，现今多采用暗沟敷设。

3. 电缆埋管

电缆穿管敷设，相比于直埋来说，更便于后期维护和增加电缆。穿管敷设的电缆，可以考虑一些备用管，为日后电缆维护和增容等做准备。

1）穿管敷设时，在线路转弯角度较大，或者直线段距离较长的时候都需要考虑设置电缆井。

2）电缆保护管的管材现在比较多的有钢管、聚乙烯管等，可以根据需要选用。单芯电缆穿金属管时要注意涡流的影响。

3）每管宜只穿 1 根电缆。管的内径不宜小于电缆外径的 1.5 倍。

4）电缆保护管内壁应光滑无毛刺，应满足机械强度和耐久性要求。

四、电缆防火及阻止延燃

电缆火灾事故直接烧坏大量电缆和设备，造成大面积停电。由于电缆分布较广，若在变电站内全站设置固定的灭火装置投资太高；此外，电缆火灾的蔓延速度很快，仅仅靠灭火器不一定能及时防止火灾波及附近的设备和建筑物。因此，为了尽量缩小事故范围，缩短修复时间并节约投资，750kV 变电站主要采用分隔和阻燃作为应对站区电缆沟和电缆隧道中的电缆火灾的主要措施，同时在电缆沟十字交叉处、电缆密集处设置固定的灭火装置。

阻燃电缆对火灾通过电缆通道内的电缆延燃有很好的抑制作用，电缆选型时，应根据回路敷设形式及规程规范等，确定选用耐火或阻燃电缆。750kV 变电站的主要防火措施如下：

（1）动力电缆和控制电缆均采用阻燃电缆。

（2）消防、火灾报警、应急照明、断路器操作直流电源等重要回路选用具有耐火电缆。

（3）在电缆密集的电缆通道内每间隔 60m 应设置一道电缆防火墙，主电缆的分支处及各电压等级配电装置的对应的电缆沟分段处配置防火封堵隔墙。

电缆防火封堵需与土建配合，大型带油设备区域电缆沟排水孔设置在各个电缆防火封堵隔墙范围内，同时将电缆沟防火封堵隔墙侧设置为排水坡度高点，排水方向朝向防火封堵隔墙两侧。结合电缆沟排水设计，主变压器、高压并联电抗器区域等大型带油设备区域电缆沟内防火封堵隔墙设置为不带排水孔。此段电缆沟防火区段内的排水在该段电缆沟防火分区内完成。

（4）电缆沟进入室内的入口处（如主控楼、综合水泵房、交直流配电室、继电器室等）、电缆沟与电缆竖井连接处均需采用防火膨胀模块、防火隔板、软质防火堵料封堵。

（5）电缆竖井，宜每间隔不大于 7m 采用耐火极限不大于 3h 的不燃烧体和防火封堵材料封堵。

（6）对 LCP 柜、控制屏、保护屏、配电屏、端子箱、检修箱等底部开孔处和户外电缆沟开孔埋管处等应采用防火堵料进行封堵，防火隔离采用防火隔墙。防火墙、阻火隔板和阻火封堵应满足耐火极限不低于 1h 的耐火完整性、隔热性要求。

（7）防火墙上的电缆孔洞应采用电缆防火封堵材料进行封堵，并应采取防止火窜燃的措施。其防火封堵组件的耐火极限为 3h。

（8）电缆保护管在电缆穿管敷设完毕后，保护管两端应用防火堵料封堵。

（9）靠近带油设备的电缆沟盖板应封堵严实，以防设备故障时油渗入。

（10）所有防火封堵材料的耐火极限不应低于贯穿物部位构件的规范规定的耐火极限。防火隔墙各 2m 范围、穿墙埋管两侧的电缆各 1m 范围内涂刷防火涂料。

（11）在电缆竖井及静电地板下敷设电缆处同时敷设感温探测电缆。

（12）全站双电源各回路应分不同通道敷设，当同通道敷设时，实施防火分隔。

（13）与电力电缆同通道敷设的控制电缆、非阻燃通信光缆，采取在电力电缆和控制电缆之间设置防火隔板。

（14）高压电缆采用单独通道敷设。66、35/10kV 站用变压器进线电缆单独设置暗沟，且不同通道敷设。

（15）各类电缆同侧敷设时，动力电缆应在最上层，控制电缆在中间层，两者之间采用防火隔板隔离；通信电缆及光纤等敷设在最下层并放置在耐火槽盒内。

（16）站用变压器与站用电室之间的电缆、两组及以上蓄电池组电缆、直流主屏至直流分电屏的电缆，以及为变压器风冷装置等重要负荷供电的双电源回路电缆，宜分沟敷设或敷设于同一电缆沟的不同侧，防止站用交直流系统和重要负荷同时失去。

五、消防提升后主要差异

近些年，相继发生多起充油设备故障引发的设备起火烧损事件，给电网的安全稳定运行带来较大风险，社会层面造成不良影响。消防逐渐得到重视，为确保 750kV 变电站的安全运行，在多方面进行了消防提升。

750kV 变电站消防提升本着"简单实用、经济高效"的原则，提升消防建设标准。针对电缆部分的提升的主要差异如下：

（1）750kV 变压器、高压电抗器周围范围内的电缆沟采取封闭和封堵措施，防止变压器油流入电缆沟内引发次生故障。

（2）高压电缆不宜与低压电缆共沟敷设。

（3）不同站用变压器的高压侧电源电缆避免同沟敷设；若不能避免，需放置在电缆沟两侧加装防火隔板。

（4）消防、火灾报警、应急照明、断路器操作直流电源等重要回路选用具有耐火电缆。

（5）全站双电源各回路应分不同通道敷设，当同通道敷设时，实施防火分隔。

（6）与电力电缆同通道敷设的控制电缆、非阻燃通信光缆，采取在电力电缆和控制电缆之间设置防火隔板。

第四节　设计创新及展望

一、沙戈荒地区的站用电接线

随着大型风光电基地的规划与开发，其建设以沙漠、戈壁、荒漠地区（简称沙戈荒地区）为主，地处偏远，无外引电源可接，尤其是在 750kV 汇集站初期为开关站阶段，既不能从主变压器低压母线引接站用工作电源，又无外接电源可引，其矛盾更加突出。

某 750kV 变电站位于沙戈荒地区初期为 330kV 开关站，初期的两路站用工作电源分别从站内 330kV 母线引接，采用两级降压方案 330/10kV、10/0.4kV。并设置一台功率为 800kW 的柴油发电机组作为启动和备用电源。当工作电源失电时，柴油机组自动投入运行。其站用电接线示意图如图 7-8 所示。

对于沙戈荒地区的 750kV 开关站站内有高压并联电抗器时，1 回也可考虑采用高压电抗器的抽能电源，另 1 回从站外引接可靠电源；当无可靠的站外电源时，另一回也可采用自启动柴油发电机组。目前为止，利用高压并联电抗器抽能作为站用电源，仅在 500kV 系统中使用过，站用电系统接线图如图 7-9 所示。若要在 750kV 系统中采用，需调研论证后方可采用。

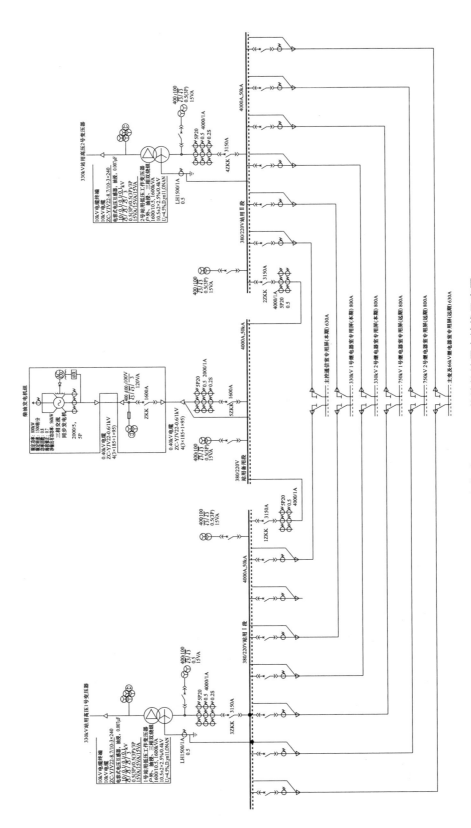

图 7-8 初期为 330kV 开关站的站用电接线示意图

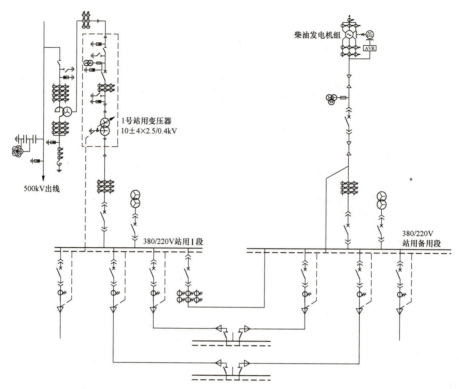

图 7-9　500kV 开关站（1 回高压电抗器抽能、1 回柴油机）用电系统接线图

初期柴油发电机作为站用电保安电源，直接接入 380V 工作母线联络段。正常工作时两段工作母线分段运行，当一回工作电源故障失电时，由另一回工作电源带全站负荷；当两回工作电源同时失电时，柴油发电机保安电源将代替故障电源接入工作母线（需切除部分非重要负荷）。任何两回站用电源不应并列运行。

对于沙戈荒地区以高效利用为目标，考虑其多为大型风电、光伏、光热等多形式清洁能源为主，其区域内的位置 750kV 变电站还可考虑光伏、储能等作为站用电源的补充。

二、低碳时代照明方式选择

低碳照明是在应对全球气候变化的形势下，绿色建筑需求的绿色照明的发展和深化，指低排放、低能耗、省资源的照明系统和照明方式。

（一）智能化的照明调控

随着变电站智能化的发展，照明作为变电站不可或缺的部分，智能照明控制系统也必须贴近智能变电站的数字化、信息化的要求，要优先选取安全、可靠、集成、低碳、环保的智能照明设备。适时、适地、适人、适量的照明可最大限度地节省使用灯光，挖掘节能减排的潜力。因此，利用计算机技术、通信技术及数字调光技术的智能照明控制设备将是未来智能变电站照明系统的发展趋势。

（二）半导体照明

电光源的发展经历了三个阶段：热辐射光源（白炽灯、卤钨灯）、气体放电光源（荧光灯、金卤灯、高压钠灯）、半导体光源（LED、OLED）。

白炽灯使用方便、价格低廉，是早期示范工程时所用的灯具产品。但其光效低，按照节能减排的要求，已被淘汰，目前仅主控室直流常明灯具采用白炽灯。多数工程采用的荧光灯是替代白炽灯的适宜光源。LED 灯是新一代半导体光源、具有光效高、寿命长、比气体放电更环保（无汞）的优势，目前发展很快。

半导体（LED）照明光源在我国变电站照明领域已有广泛应用，并且作为节能新技术正在大力推广。但也存在一定阻碍发展的问题需要解决：没有建立统一完善的产品规格和标准、产品的不一致性和不确定性。

（三）天然采光

天然采光是最清洁、最理想的低碳照明光源，零能耗、零排放、零成本，而且取之不尽、用之不竭。

国内外民用绿色建筑、生态建筑、低碳建筑十分重视天然光的利用。《建筑采光设计标准》（GB 50033—2013）中规定了对天然采光的数量和质量要求，国家电网近期颁布的绿色智能建筑指导意见中也提出了天然光的节能需求，但鉴于各种控光和导光的系统产品研发难度，天然光和灯光一体化的智能控制技术以及有效调节和控制天然光的设备和手段有待进一步研究。变电站内天然采光的设计未来还有很长的路要走。

三、新型防火材料

传统封堵材料阻火包、防火枕等材料存在使用寿命短、可维护性差、无二次使用性、耐候性不足等缺点，已经不能满足变电站对安全生产的需要。近年来，随着人们对消防安全问题以及环境保护问题的逐步重视，防火材料正受到人们的广泛关注。

防火材料技术涉及的内容十分庞杂，按照消防技术选择原则归为防火涂料、防火隔板、防火膨胀模块、耐火砖等。从近年来防火材料的市场来看，从增加产品安全与实用性出发，提高持久耐用性，推出了节省能源、资源与成本的产品；产品更新换代加快，新型防火材料正向着高效、节能、环保、节省的方向发展。

1. 防火膨胀模块

防火膨胀模块采用先进的无毒阻火膨胀材料制成，广泛应用于变电站内电缆沟、电气设备的防火封堵。该产品受到大力推广，是传统封堵材料的更新换代产品，是目前750kV 变电站防火封堵的典型设计产品。防火膨胀模块彻底解决了防火枕、阻火包不防潮、不耐腐蚀、怕小动物啃咬、码放易坍塌、扩建不便利、有效期短等缺点。防火膨胀模块耐潮湿、耐腐蚀，适用于极端恶劣环境，无毒，无污染，有效期长达 15 年以上，且方便扩建，实际耐火时间长，约 3h。

2. 耐火砖

耐火砖是以水泥、石灰、石英砂、发泡剂、气泡稳定剂和调节剂等物质为主要原料，经一系列复杂工序制造而成的新型墙体材料。其容重低，相当于空心黏土砖的 1/3、实心黏土砖的 1/5、混凝土的 1/4，因其内部含有大量独立封闭的小气孔，保温能力是黏土砖的 3～4 倍、普通混凝土的 4～8 倍；其导热系数低、热迁移慢，因此能有效抵抗火灾，其耐火高达 700℃，为一级耐火材料。考虑耐火砖的高温性能及持久耐用性，在变电站的应用也逐渐广泛。

第八章　计算机监控系统

计算机监控系统是变电站二次系统的重要组成部分，能够实现变电站的监视与控制功能，使电网调度人员迅速准确地获得变电站运行中的实时信息，掌握变电站的实时运行状态，及时发现变电站的故障并做出相应的处理与决策，同时对变电站设备进行各种控制操作，实现变电站的自动化运行管理。

第一节　控制方式的选择

一、750kV 控制系统的特点

1. 可靠性要求更高

750kV 变电站容量大、电压高，一般作为电力输送的枢纽变电站，其地位极其重要。监控系统的任何误操作都会造成变电站的故障或事故，不仅影响变电站的正常运行，对整个电力系统的影响也很大，会造成严重的后果，因此，对 750kV 变电站控制系统的可靠性要求更高。

2. 控制设备更多

750kV 变电站高压和中压母线一般都有大量的功率转送，所以高、中压侧的出线回路多，并且无论 750kV 变电站中压侧选择 330kV 还是 220kV 配电装置，其隔离/接地开关都装有带动力的操动机构，可实现就地或远方控制。除高、中压配电装置大量断路器和隔离/接地开关需要远方控制外，无功功率补偿装置、站用电系统、直流系统、变压器有载调压开关也都需要控制，所以 750kV 变电站的控制设备数量更多。

3. 控制对象距离更远

750kV 变电站当时大都采用户外敞开式布置，设备占地面积大，再加上变电站规模庞大，各配电装置之间以及各配电装置和主控室之间距离较远，导致控制电缆较长，加大了控制电缆的二次压降，所以在控制回路工作电压的选择、控制设备的布置、控制回路的构成方式等都必须充分考虑这种情况。

4. 控制设备集成度要求更高

750kV 变电站如果按照常用的强电一对一控制方式，就需要大量控制屏才能布置下站内的控制设备，由于 750kV 变电站控制设备多，大大增加了主控室的控制画面，给

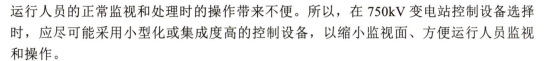

运行人员的正常监视和处理时的操作带来不便。所以，在 750kV 变电站控制设备选择时，应尽可能采用小型化或集成度高的控制设备，以缩小监视面、方便运行人员监视和操作。

5. 自动化水平要求更高

750kV 变电站被控对象多、工作电压高、操作功率大，如果全靠人力操作，不仅增加运行人员的体力劳动，同时人力操作对人身和设备都不安全。所以，为了实现对高压设备安全可靠的操作，减轻运行人员劳动强度，在 750kV 变电站控制系统的选择上应尽可能地采用可靠的、自动化水平更高的设备，为将来实现电力系统的全自动化打下基础。

二、750kV 变电站控制方式的选择

1. 背景情况

变电站的控制方式有两种，一种是在变电站设值班人员，由值班人员通过控制开关或计算机监控系统对变电站的各种电力设备实行控制；另一种是在变电站不设值班人员，由各级调度中心实现对变电站的集中遥控。结合当时技术条件，根据 750kV 变电站控制系统的特点，选择一种可靠、灵活、人性化的控制方式是我国 750kV 示范工程要解决的重要问题之一。

在 750kV 示范工程之前，西北电网的最高电压等级是 330kV，当时的 330kV 变电站为有人值班运行方式。部分在运的 330kV 变电站已经配置了计算机监控系统，采用计算机监控与常规控制屏并存方式。计算机可以实现一般监控要求的功能，可自动记录，保存并打印监测信息，这在一定程度上提高了变电站的自动化水平。但是常规控制屏和计算机监控的重复设置造成了系统功能叠加，既增加了不必要的投资，又使数据信息出现多重采集和次转接传递，给数值分析带来一些不必要误差。

当时的变电站计算机监控系统主要采用完全国产化产品及国内外合作的合成产品两种方式，处于全国产化产品使用率逐步上升的阶段。采用国内外合作的合成产品时，站控层设备均由国内厂商供货，间隔层设备采用原装进口或进口组装。两者之间在进行系统集成时，往往存在一些问题：

（1）软件接口的标准不统一。由于各自提供设备的系统接口标准不统一，为实现互连互通，需要进行通信规约的转换。这种方式的集成，往往缺乏稳定性的测试，无法考验软件以及系统的缺陷，系统可能会出现一些误遥信、死机以及运行不稳定的现象，而这一问题一般都很难查明原因。

（2）不同厂家之间的工程配合问题。合成系统由于供货原因，站控层以及间隔层设备存在大量的接口协调工作，其中问题分析以及解决过程中往往不太顺畅，而确定的折中解决方案一般并非从纯粹的技术优化角度考虑。

鉴于此，在 750kV 变电站监控系统的设计中，要求该系统应是高度集成的一体化系统。

2. 控制方式的选择

750kV 示范工程时，我国的计算机控制技术已比较成熟，新建的 330kV 变电站已经

大量推广采用，因此，在 750kV 示范工程初期考虑按照有人值班的运行方式，计算机控制系统功能满足最终运行方式为无人值班、少人值守变电站设计方案，采用较为成熟先进的分布式、开放式计算机监控系统，取消常规的控制与信号屏。此外，计算机监控系统还应是一套具有完整变电站监测、控制、远方通信功能的一体化系统，系统内各功能模块之间的接口应是符合有关通用标准的，尽可能无缝连接，系统与外部设备之间的接口也应是标准、完整的。

计算机监控系统在 750kV 变电站的应用，符合 750kV 变电站控制系统的特点，可以节省体积庞大的控制屏，减少主控室面积，缩小监视画面，方便运行人员监视和操作，对高压设备操作也安全可靠，还能很方便地过渡到由调度中心遥控的方式，为变电站后续实现无人值班创造了有利条件，为西北 750kV 超高压电网的生产管理、安全和经济运行奠定基础。

第二节　计算机监控系统设计

一、监控范围

750kV 变电站计算机监控系统的功能和设备配置按无人值班的原则进行设计，变电站的日常运行操作控制，均由监控中心或远方调度中心遥控完成。根据这一原则，变电站值守人员的职责应主要限于站内的安全值守。

调查国外无人值班变电站计算机监控系统，发现其监控范围较广，涵盖了变电站内全部的电气元件以及必需的公用系统。借鉴国外的工程经验，结合实际情况，我国计算机监控系统的范围包括 750kV 主变压器，750kV 线路，330kV 线路，750kV 电抗器，330kV 电抗器，750kV 所有断路器、隔离开关及接地开关，330kV 所有断路器、隔离开关及接地开关，66kV 所有断路器、隔离开关，66kV 电抗器，站用变压器，柴油发电机组，直流系统，交流不停电电源（UPS），火灾报警系统，消防系统，通信设备及其他站内公用系统。

变电站无人值班要求调度端能全面掌握变电站的运行情况，因此对遥信量的范围要求较大，经向设备制造厂商了解，对于一台半接线的母线侧断路器单元，750kV GIS 的状态量信号约为 25 个（位置信号为分相双位置），断路器报警信号约为 15 个。上述信息量再加上少量通过硬接线方式接入测控单元的保护跳闸信号以及装置告警信号和模拟量信号均应纳入监控范围。

站用电各段母线上的电气设备以及专用屏上的大部分电气设备，包括站用变压器各侧开关、至专用屏的馈线开关以及重要站用负荷（消防泵等）均纳入监测范围。

为实现变电站的无人值班，应保证变电站日常运行时常规的控制和倒闸操作，因此要求各电压等级的隔离开关、接地开关以及专用接地开关均可实现遥控，尽量采用电动操动机构。

二、监控系统的功能

在 750kV 变电站运行初期，其运行管理方式仍采用有人值班方式，所以 750kV 示范工程的监控系统设计需兼顾无人值班与有人值班两种运行方式，即后台功能仍不能大范围简化，同时站级计算机系统功能还需加强。

监控系统设计包括远方调度中心控制方式、运行控制室的运行人员控制方式、自动化控制系统设备屏上的就地站控制方式、设备就地控制方式，但各级控制方式之间应有可靠的互相闭锁手段，同时需考虑系统今后向无人值班方式的过渡，实现值班方式简单转换的可能性。

1. 基本功能要求

（1）数据的采集和处理。测控单元按一定的扫描周期采集各设备的参数并进行实时处理，及时刷新数据库，为实现其他功能提供依据。

（2）数据库的建立和维护。

（3）控制、闭锁与同期检测及电压、无功自动控制功能。根据调度命令进行断路器、隔离开关和接地开关的正常远方操作和自动倒闸顺序等，并能实现同期检测，跳、合闸闭锁。根据系统运行方式设定要求对无功补偿设备进行自动投切。

（4）报警处理。对模拟量越限、数字量变位（区分事故变位和操作变位）及自动化控制系统自诊断故障等及时报警处理，对重要模拟量越限或事故变位，能自动推出相关报警画面，并有人工确认、手动或远方复归功能。

（5）事件顺序记录及事故追忆。将继电保护、自动装置的动作和断路器跳、合闸按动作顺序记录。对要求追忆的模拟量保存前 30s、后 1min 的采集数据作为追忆记录。

（6）画面生成及显示。主站显示器及远方调度端能显示系统主接线图，设备状态图，负荷曲线、电压曲线、电压棒图，运行参数表，定值表等，并可根据需要将这些画面打印出来。

（7）在线计算及制表。根据采集的电流、电压实时数据能对各种操作和运行数据进行记录和统计，制成相应表格。

（8）电能量处理。

（9）远动功能。远方调度端的遥控命令由远动终端根据目前正在运行的主/备方式自动选择执行，将变电站运行状态传送至调度端。

（10）时钟同步及 GPS。自动化控制系统能接收全球卫星定位系统的标准授时信号，保证各部件时钟同步率达到精度要求。

（11）人机联系。

（12）系统自诊断与自恢复。自动化控制系统能在线诊断系统全部软件和硬件的运行工况，当发现异常及故障时能及时显示和打印报警信息，并在运行工况图上用不同颜色区分显示。在无人值班运行方式下，系统应能实现自恢复。

（13）与其他设备的接口。微机型保护装置可通过现场测控单元将保护信息传送至自动化控制系统，也可通过保护及故障录波工作站与监控系统通信接口，进行信息传输。监控系统可与其他的智能设备经接口进行通信。

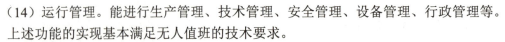

（14）运行管理。能进行生产管理、技术管理、安全管理、设备管理、行政管理等。上述功能的实现基本满足无人值班的技术要求。

2. 功能提升要求

为确保变电站无人值班的可靠实现，监控系统还应在数据的采集和处理、数据库的建立和维护、事件顺序记录及事故追忆、远动功能、系统自诊断与自恢复、与其他设备的接口等功能上进行必要的加强手段。其中，系统自诊断与自恢复功能对无人值班变电站的系统可靠与可持续运行十分重要。部分厂家对此功能进行了研究，自诊断功能一般都能满足要求，自恢复功能在系统死机情况下的自启动尚存在一些困难。考虑官亭750kV 变电站以及兰州东 750kV 变电站的重要性，对监控系统自诊断与自恢复功能提出明确要求。

除此之外，系统还应具备电压无功自动调节功能（VQC）、同期功能以及微机"五防"闭锁功能。

当时变电站监控系统的 VQC 功能上是十分完善的，但变电站实际运行时电压调节方式往往仍采用手动。这是由于该功能一般仅通过静态测试，而相应的实验方案、步骤尚无明确的成文规定。在 750kV 示范工程中明确要求 VQC 功能应是完整的、可操作的。

变电站微机"五防"装置及其编码锁的广泛采用逐渐将常规硬接线的电气闭锁方式取而代之，在变电站采用计算机监控系统后，防误操作闭锁如何与其更好地协调统一也成为一个需要探讨的问题。在 750kV 示范工程设计中，独立配置一套微机防误系统，计算机监控系统和微机防误系统之间具有相互交换信息的功能，监控主机提供微机防误系统所需所有信息并设置软压板，以控制和微机防误系统能否通信。在该压板退出时，监控主机（人机工作站）可独立进行操作；在该压板投入时，在人机工作站上的所有操作均需征得微机防误系统的许可。

三、监控系统的结构型式

1. 系统结构型式

750kV 变电站监控系统的结构主要考虑变电站已成熟应用的结构型式，再结合计算机技术、网络技术的发展水平，在安全可靠、维护方便的基础上，满足易于扩充的要求。

变电站早期采用常规控制屏、指针式测量表的监控方式，这种方式二次接线复杂，运行不便。计算机在监控系统的应用，为实现变电站向无人值班管理方式的逐步推进提供了先进而有效的技术手段。

利用远程终端（remote terminal unit，RTU）装置，通过硬接线采集站内一次、二次设备运行状态的模拟量和状态量信息，监视站内设备并实现与远动调度通信来实现遥信、遥测、遥控、遥调，是计算机在变电站应用的最初阶段。RTU 监控系统结构示意图如图 8-1 所示。

该系统结构简单、投资少，但由于功能受限，扩展性较差，考虑到 RTU 存在故障或停运的可能，所以，微机监控系统结构中没有取消常规的测量和信号系统。正常情况下，变电站靠微机监控系统运行，当微机监控系统故障时，常规的表计还能保留必要的监视信号和主要的电气量的测量功能，变电站的控制仍由常规控制屏控制。

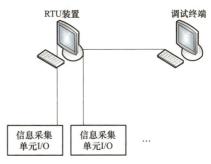

图 8-1　RTU 监控系统结构示意图

20 世纪 90 年代，随着计算机技术、信息技术、网络通信技术的不断发展，常规监控系统的不断简化，有的变电站完全取消了常规监控系统，对计算机监控系统提出了更高的要求。

计算机监控系统结构的标准化、网络化、按功能分布和开放式结构逐步快速发展，整个监控系统由站控和间隔两个控制层组成。站控层采用双机双网的冗余结构，系统功能分布于各工作站并通过网络以实现资源共享。间隔层主要由现场总线连接分散布置在就地继电器室小室的 I/O 测控单元构成，实现数据采集、传送及就地操作控制功能。从数据传输的网络结构来看，有分层分布式和全分布式两种应用方式。

分层分布式是将测控、保护的信息通过通信管理单元将信息传送到监控后台和调度端计算机，相较于 RTU 装置，应用了现场总线和网络技术，数据传输与处理速度大幅提高，双监控主机。该方式不适合大规模组网，不具备防误操作逻辑闭锁等功能。分层分布式监控系统结构示意图如图 8-2 所示。

全分布式是将测控、保护的信息直接传送到站控层网络，直接与站控层通信。相较于分层分布式，无前置单元，间隔层测控直接通过以太网接口与站控层以太网连接，减少了中间环节，网络结构简单，通信带宽和信息传输速率都有较大提高。全分布式监控系统结构示意图如图 8-3 所示。

在 750kV 示范工程时，结合计算机及网络技术的发展，以及监控系统发展中较先进的设计思想，认为全分布式结构（即两层设备结构方式），是计算机监控系统的技术发展趋势。因此，在 750kV 变电站设计伊始就考虑采用全站统一规划的全分布全开放冗余的计算机监控系统。某 750kV 变电站示范工程监控结构示意图如图 8-4 所示。

在图 8-4 所示的监控系统中，取消常规模拟控制屏，变电站计算机监控系统采用两层设备一层网络的结构，站控层通过以太网直接与间隔层通信，系统网络结构简单，硬件配置简洁，功能分散实施，系统开放性、扩展性好，可靠性高；远动信息实现直采直送，无任何前置转换环节和"瓶颈"现象，保证了站控层设备及调度主站数据的安全性、一致性；数据传输通道网络接口简单，通信带宽提高，大大提高了数据的传输速率和容量，有利于大数据文件的传输，实现变电站专家系统的开发及自动化控制系统实时性要求。

2. 网络通信型式

通信网络是变电站监控系统的关键所在，它连接站内各层设备，使独立的各自分散的设备或装置形成协同工作的有机整体，并与外部系统紧密相连。

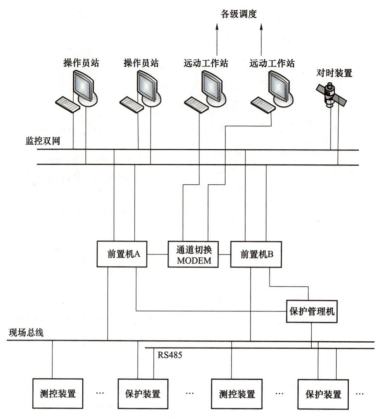

图 8-2　分层分布式监控系统结构示意图

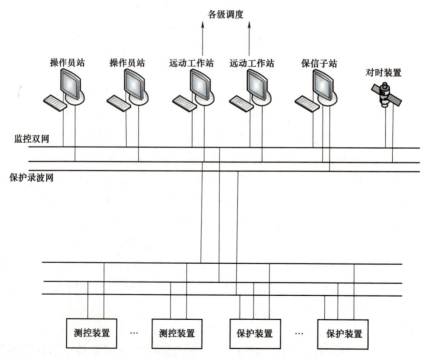

图 8-3　全分布式监控系统结构示意图

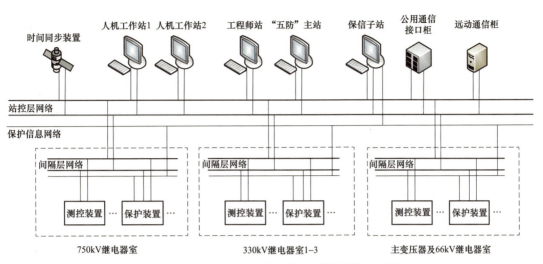

时间同步装置　人机工作站1　人机工作站2　工程师站　"五防"主站　保信子站　公用通信接口柜　远动通信柜

站控层网络

保护信息网络

间隔层网络　　　　间隔层网络　　　　间隔层网络

测控装置 … 保护装置 …　　测控装置 … 保护装置 …　　测控装置 … 保护装置 …

750kV继电器室　　　　330kV继电器室1~3　　　　主变压器及66kV继电器室

图 8-4　某 750kV 变电站示范工程监控结构示意图

（1）数据通信网络的选择。变电站计算机监控系统多年的发展历程中，其通信技术的发展大致可分为简单的串行通信技术、现场总线技术和以太网技术。

在早期的变电站计算机监控系统中大多采用串行通信技术，串行数据通信主要是指数据终端设备（data terminal equipment，DTE）和数据电路端接设备（data circuit-terminating equipment，DCE）之间的通信。常用的串行数据通信接口标准有 EIA-RS-232C 和 RS-422/485。

EIA-RS-232C 采用的是单端驱动和单端接收电路，它的特点是传送每种信号只用一根信号线、而它们的地线是使用一根公用的信号地线。这种电路是传送数据的最简单方法，因此得到广泛应用。但是 EIA-RS-232C 也存在一些不足，如数据传输速率局限于 20kbps；理论传输距离局限于 15m（如果合理地选用电缆和驱动电路，这个距离可能增加）；每个信号只有一根信号线，接收和发送仅有一根公共地线，易受噪声干扰；接口使用不平衡的发送器和接收器、可能在各信号成分间产生干扰。

R5-422/485 规定了差分平衡的电气接口，即采用平衡驱动和差分的接收方法，它从根本上消除了信号地线，因而抗干扰能力大大加强，传输速度和性能也比 EIA-RS-232C 提高很多。如传输距离为 1200m 时，速率可达 100kbPs、距离为 12m 时，速率可达 10MbPs。

随着大规模集成电路技术和微型计算机技术的不断发展，计算监控系统越来越多地在高电压等级变电站中得到应用，节点数和数据量大幅增加，多种冗余要求和节点数量增加使 RS-422 和 RS-485 难以胜任。现场总线能将网上所有节点连接在一起，可以方便地增减节点，且具有点对点、一点对多点和全网广播传送数据的功能。常用的有 Lon Works 网、CAN 网。两个网络均为中速网络，500m 时 Lon Works 网传输速率可达 1Mb/s，CAN 网在小于 40m 时速率达 1Mb/s，CAN 网在节点出错时可自动切除与总线的联系，Lon Works 网在监测网络节点异常时可使该节点自动脱网，媒介访问方式 CAN 网为问答式，Lon Works 网为载波监听多路访问/冲撞检测（CSMA/CD）方式，内部通信遵循 Lon Talk 协议。

采用具有现场总线的自动化设备有明显的优越性，主要表现在互操作性好；现场总线的通信网络为开放式网络；成本降低；安装、维护、使用方便；系统配置灵活，可扩展性好。

现场总线的应用在一定程度缓解了变电站自动化系统对通信的需求，但在计算机监控系统应用于超高压变电站时，系统容量变得很大，这时现场总线技术也很难满足要求，以太网及其嵌入式应用，通信速度比此前的任何一种通信方式提高了几个数量级，使这一问题得到了很好的解决。

以太网为总线式拓扑结构，采用 CSMA/CD 介质访问方式，以太网的带宽高达 10Mbps 以上，100M 以太网也已广泛使用。传输距离可达 2.5km，物理层和链路层遵循 IEEE802.3 协议，应用层采用 TCP/IP 协议。以太网的一个冲突域中可支持 1024 个节点，节点数小于 100 时 10M 的以太网即使负载达到 50%（500kB/s）响应时间也小于 0.01s。

因此，变电站计算机监控系统通信网络采用以太网技术。

（2）网络的拓扑结构。网络拓扑结构是抛开网络电缆的物理连接来讨论网络系统的连接形式，是指网络电缆构成的几何形状，它能表示出网络服务器、工作站的网络配置和互相之间的连接。网络拓扑结构按形状可分为五种类型，分别是星形、环形、总线、总线/星形及网状拓扑结构。

1）星形拓扑结构（见图 8-5）：星形拓扑是以中央结点为中心与各结点连接而组成的，各结点与中央结点通过点与点方式连接，中央结点执行集中式通信控制策略，因此中央结点相当复杂，负担也重。

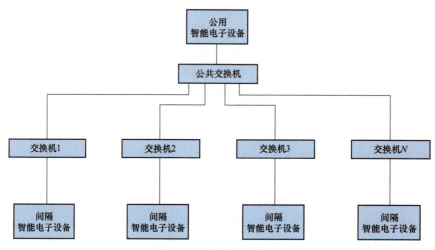

图 8-5 星形拓扑结构

以星形拓扑结构组网，其中任何两个站点要进行通信都必须经过中央结点控制。由于这种拓扑结构，中心点与多台工作站相连，为便于集中连线，目前多采用集线器（HUB）。星形拓扑结构特点是网络结构简单，便于管理、集中控制，组网容易；但其网络延迟时间短，误码率低，网络共享能力较差，通信线路利用率不高，中央节点负担过重，可同时连双绞线、同轴电缆及光纤等多种媒介。

2）环形拓扑结构（见图 8-6）：环形网中各结点通过环路接口连在一条首尾相连的

闭合环形通信线路中，环路上任何结点均可以请求发送信息。请求一旦被批准，便可以向环路发送信息。环形网中的数据可以是单向传输，也可是双向传输。由于环线公用，一个结点发出的信息必须穿越环中所有的环路接口，信息流中目的地址与环上某结点地址相符时，信息被该结点的环路接口所接收，而后信息继续流向下一环路接口，一直流回到发送该信息的环路接口结点为止。

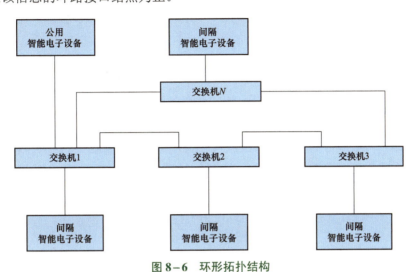

图 8-6　环形拓扑结构

环形网的特点是信息在网络中沿固定方向流动，两个结点间仅有唯一的通路，大大简化了路径选择的控制；某个结点发生故障时，可以自动旁路，可靠性较高；由于信息是串行穿过多个结点环路接口，当结点过多时，影响传输效率，使网络响应时间变长。但当网络确定时，其延时固定，实时性强；由于环路封闭故扩充不方便。

3）总线拓扑结构（见图 8-7）：用一条称为总线的中央主电缆，将相互之间以线性方式连接的工站连接起来的布局方式，称为总线形拓扑。

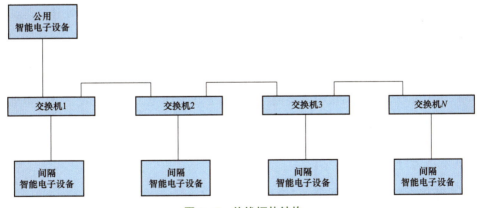

图 8-7　总线拓扑结构

在总线结构中，所有网上微机都通过相应的硬件接口直接连在总线上，任何一个结点的信息都可以沿着总线向两个方向传输扩散，并且能被总线中任何一个结点所接收。

由于其信息向四周传播，类似于广播电台，故总线网络也被称为广播式网络。总线有一定的负载能力，因此，总线长度有一定限制，一条总线也只能连接一定数量的结点。总线布局的特点是结构简单灵活，非常便于扩充；可靠性高，网络响应速度快；设备量少、价格低、安装使用方便；共享资源能力强，极便于广播式工作即一个结点发送所有结点都可接收。

结合当时技术发展现状，750kV 示范工程计算机监控系统采用总线/星形拓扑结构型式。

（3）网络连接介质。网络传输介质是网络中传输数据、连接各网络站点的实体。常见的网络传输介质有双绞线、同轴电缆、光纤等。

1）双绞线电缆（TP）：将一对以上的双绞线封装在一个绝缘外套中，为了降低信号的干扰程度，电缆中的每一对双绞线一般是由两根绝缘铜导线相互扭绕而成，也因此把它称为双绞线。双绞线分为非屏蔽双绞线（UTP）和屏蔽双绞线（STP）。双绞线一般用于星形网的布线连接，两端安装有 RJ-45 头（水晶头），连接网卡与集线器，最大网线长度为 100m，如果要加大网络的范围，在两段双绞线之间可安装中继器，最多可安装 4 个中继器，如安装 4 个中继器连 5 个网段，最大传输范围可达 500m。

2）同轴电缆：由一根空心的外圆柱导体和一根位于中心轴线的内导线组成，内导线和圆柱导体及外界之间用绝缘材料隔开。按直径的不同，可分为粗缆和细缆两种：粗缆输送距离长，性能好但成本高、网络安装、维护困难，一般用于大型局域网的干线，连接时两端需终接器；细缆与 BNC 网卡相连，两端装 50Ω 的终端电阻，用 T 型头，T 型头之间最小 0.5m。细缆网络每段干线长度最大为 185m，每段干线最多接入 30 个用户。如采用 4 个中继器连接 5 个网段，网络最大距离可达 925m。线缆安装较容易，造价较低，但日常维护不方便，一旦一个用户出故障，便会影响其他用户的正常运行。

3）光纤：由一组光导纤维组成的用来传播光束的、细小而柔韧的传输介质。应用光学原理，由光发送机产生光束，将电信号变为光信号，再把光信号导入光纤，在另一端由光接收机接收光纤上传来的光信号，并把它变为电信号，经解码后再处理。与其他传输介质比较，光纤的电磁绝缘性能好、信号衰小、频带宽、传输速度快、传输距离大。主要用于要求传输距离较长、布线条件特殊的主干网连接。

变电站计算机监控系统网络连接可使用同轴电缆、双绞线、光纤等通信介质，也可在一个网络中混合使用，可根据需要灵活选用。750kV 示范工程二次设备分继电器小室分散布置，小室内设备之间的网络连接可采用屏蔽双绞线，小室与主控室的距离较远，需采用光纤作为小室与主控室间的通信介质。主控室内的网络通信介质可根据需要采用屏蔽双绞线或光纤。

四、监控系统的设备配置

750kV 变电站计算机监控系统采用基于现场总线或计算机局域网开发的开放式分层分布式体系。计算机监控系统按照双套设备冗余配置，分布式网络结构。站控层及间隔层采用双光纤以太网。

1. 站控层设备

站控设备按变电站最终规模配置，按全分布冗余配置设计，双网结构，互为备用，布置在主控制室及计算机室。设备包括监控主机（人机工作站）、工程师工作站、"五防"主站、保信子站、公用通信接口柜、远动数据传输设备、时间同步装置、网络设备、打印机等。

（1）监控主机（人机工作站）：监控主机是变电站监控系统的信息处理核心，是主要的人机界面，具有各种信息处理功能及满足运行人员操作时直观、便捷、安全、可靠的要求。750kV 变电站双套配置监控主机（兼作操作员工作站），其容量与变电站规划容量相适应，满足整个系统的功能要求及技术指标，并兼有防误闭锁操作功能。

（2）工程师工作站：实现变电站监控系统的配置、维护和管理功能。

（3）"五防"主站：用于高压开关设备防止电气误操作的装置，通常主要由主机、模拟屏、电脑钥匙、机械编码锁和电编码锁等功能元件组成。

（4）保信子站：保信子站完成继电保护室设备及故障录波装置的信息采集，保护信息及故障录波信息经由保信子站与监控系统进行信息交换。单套配置保信子站，其容量满足变电站终期规模的采集要求。

（5）公用通信接口柜：主要完成站控层设备的信息采集功能。

（6）远动数据传输设备：远动数据传输设备采集间隔层设备及一次设备的实时数据并接收调度下达的指令。750kV 变电站双套配置远动数据传输设备，其容量满足变电站远动信息的采集和传送要求。

（7）时间同步装置：作为全站时间基准为全站设备对时。

（8）网络设备：实现站间隔层设备与站控层设备、站控层设备之间的信息交互。

2. 间隔层设备

间隔层设备主要包括测控装置、继电保护装置，故障录波装置等。间隔层设备下放布置于就地继电器室内。测控单元按间隔配置，每个测控单元负责该间隔的控制和信号采集，直接接入站控层。设独立的保护信息网，分散布置在就地继电器室的保护装置通过保护管理机传送到保信子站，故障录波装置独立组网，信息上传至保信子站，保护信息以及故障录波信息经由保信子站与监控系统进行信息交换，实现监控系统对保护设备的监控。

3. 网络设备

站控层网络主要实现间隔层设备与站控层设备、站控层设备间的信息交互。为保证变电站安全、可靠的运行，750kV 变电站监控主机和远动通信设备均冗余配置，站控层网络的冗余配置也是提高变电站监控系统可靠性的一个重要手段。

当时 IEC 正在拟订网络通信系统标准 IEC 61850，该标准主要针对自动化、保护和通信的组合，统一在控制系统的应用。750kV 示范工程时期该标准尚未完全公布，但国内外的制造厂商均在跟踪研制，并已取得一定成果。

4. 软件配置

计算机监控系统的软件配置满足开放式系统要求，采用模块化结构。软件系统由系统软件、支持软件以及应用软件组成。

（1）系统软件。站控层各工作站应采用成熟的、开放的多任务操作系统，并具有完整的自诊断程序，应易于与系统支撑软件和应用软件接口，支持多种编程语言。

间隔层采用符合工业标准的实时操作系统。操作系统能防止数据文件丢失或损坏，支持系统生成及程序装入，支持虚拟存储，能有效管理多种外部设备。

操作系统应采用高可靠性、安全性的操作系统。

（2）支持软件。应具备足够的支持软件，确保主操作系统的有效运转。支撑软件主要包括数据库软件和系统组态软件。

数据库软件系统应满足下列要求：

1）实时性。能对数据库快速访问，在并发操作下也能满足实时功能要求。

2）可维护性。应提供数据库维护工具，以便操作员在线监视和修改数据库内的各种数据。

3）可恢复性。数据库的内容在计算机监控系统的事故消失后，能迅速恢复到事故前的状态。

4）并发操作。应允许不同程序对数据库内的同一数据进行并发访问，要保证在并发方式下数据库的完整性。

5）一致性。在任一工作站上对数据库中数据进行修改时，数据库系统应自动对所有工作站中的相关数据同时进行修改，以保证数据的一致性。

6）分布性。各间隔层智能监控单元应具有独立执行本地控制所需的全部数据，以便在中央控制层停运时，能进行就地操作控制。

7）方便性。数据库系统应提供交互式和批处理的两种数据库生成工具，以及数据库的转储与装入功能。

8）安全性。对数据库的修改，应设置操作权限。

9）开放性。允许操作员利用数据库进行二次开发。

10）标准性。采用标准商业数据库系统。

系统组态软件用于画面编程，数据生成。应满足系统各项功能的要求，为操作员提供交互式的、面向对象的、方便灵活的、易于掌握的、多样化的组态工具，应提供一些类似宏命令的编程手段和多种实用函数，以便扩展组态软件的功能。操作员能很方便地对图形、曲线、报表、报文进行在线生成、修改。

（3）应用软件。应用软件需保证实现监控系统的全部功能，采用模块化结构，具有良好的实时响应速度和稳定性、可靠性、可扩充性。具有出错检测能力，当某个应用软件出错时，除有错误信息提示外，不允许影响其他软件的正常运行。应用程序和数据在结构上应互相独立。

5. 设备布置

根据计算机监控系统和微机保护装置的特点，设计中考虑采用分散式布置方案。监控系统站控层设备布置在主控楼二层主控制室及计算机室内。主控制室布置有监控主机、打印机等设备。计算机室布置有工程师工作站、远动数据传输设备、保信子站、网络设备等。间隔层设备布置在按配电区域设置继电器小室内。

监控、保护等二次设备自身除具有抗干扰能力外，主控室、计算机室及继电器室还

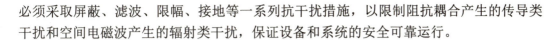

必须采取屏蔽、滤波、限幅、接地等一系列抗干扰措施，以限制阻抗耦合产生的传导类干扰和空间电磁波产生的辐射类干扰，保证设备和系统的安全可靠运行。

五、监控系统的接口

1. 与保护设备的接口

在 750kV 示范工程时，由于不具备统一规约的条件，因此设置了独立的继保故障信息网，保护装置的丰富信息通过保护信息管理机上传至继电保护及故障信息管理子站（保信子站）。各保护装置的信息规约转换工作可在保护信息管理机或保信子站进行。由于变电站计算机监控系统的运行人员不承担保护信息的分析处理工作，对信息实时性要求不高。因此，保护信息可以在通过规约转换后，通过保护信息管理机或保信子站接入站控层网络，由计算机监控系统主站以标准的通信规约 IEC 60870-5-103 接受保护信息。而对于保护装置的故障跳闸信号和装置异常信号，则直接以硬接点方式接入测控单元，保证实时性要求。保护设备与监控系统接口示意如图 8-8 所示。

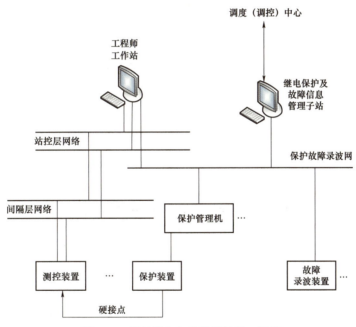

图8-8 保护设备与监控系统接口示意

2. 与调度的接口

当时国内其他电压等级变电站计算机监控系统与远动系统的通信存在各种问题，如信息实时性不能满足要求、信息传送出现错误等。经调研分析，除去部分一次设备的操作原因，还存在监控系统与远动设备的通信问题，其中规约也是一个重要的因素。

对 750kV 变电站无人值班的要求，与远动的通信安全需充分保证。监控系统与远方调度通过远动通道传送信息需采用 IEC 60870-5-101 规约，与调度中心数据网通信应采用 IEC 60870-5-104 或 IEC TASE2.0 规约。无论采用何种类型的网络结构形式，自动化控制系统均应能满足调度端对远动信息的直采直送以及实时性的要求。

3. 与其他设备的接口

当时国内其他电压等级变电站直流系统、交流不停电电源、通信系统、火灾报警系统等设备均能通过串行口与自动化控制系统进行通信。在 750kV 示范工程中要求上述设备均应采用 IEC 60870-5-103 系列传输规约。

六、数字仿真培训系统

由于 750kV 变电站在国内首次运行时并无相关运行经验，为了解决 750kV 变电站的运行培训问题，方便培训运行人员，提升运行管理水平，兰州东 750kV 变电站监控系统中配置一套数字仿真培训系统。

（1）硬件配置。按照运行人员工作的地点来分类，主要包括工程师站/练员台、主控室监控系统学员台、户外设备巡视及就地操作学员台等，如图 8-9 所示。

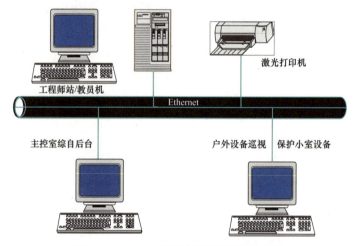

图 8-9 750kV 变电站仿真机硬件结构图

（2）系统功能。工程师站/练员台主要功能有仿真模型的开发维护、培训过程的控制、监视及设置培训教案、教学评价管理等。

主控室监控系统学员台主要功能有采用与原系统硬件一致的 SUN 工作站，运行与原系统一致的 CSC2100 综自系统，保留原系统的所有功能及外观风格；可以采集接收来自现场的实时数据；以网络通信方式接收来自仿真后台的数据，真正实现 1:1 的仿真效果。

户外设备巡视及就地操作学员台主要功能有以设备实际外观为仿真原形，通过仿真模拟现场工作环境和设备的状态来达到身临其境的培训效果；对户外设备及保护小室设备的操作和显示与实际工作过程保持一致，还可以作为工作之余资料的查询，如在开列操作票时，检查各个保护屏的压板内容等。

总体来说，由于对 750kV 示范工程提出最终无人值班的运行方式的要求，所以在计算机监控系统的实现方案上较以往工程也进行了针对性的设计。如：

（1）后台配置的适当简化。变电站最终采用无人值班的运行方式，就不必像常规工程那样配置。经与各计算机监控系统供货厂商多次交流，对后台监控主机的配置进行优化，保证其兼作操作员工作站的可靠性，有效地简化了后台配置。

（2）监控范围的扩大。为满足运行方式的要求，计算机监控系统设计时对监控范围进行了必要的扩大，主要包括 750kV 和 330kV 的接地开关的控制，柴油发电机组的控制，扩大电源系统的状态监测范围，将火灾报警系统等站内公用系统的工作状态纳入监控范围等。

（3）设置公用系统接口机。目前一般变电站内各公用系统采用将重要的信号以干接点方式接入公用测控装置的方式，信息量较有限。而现实中各公用系统一般均具有通信接口，提供系统的运行状态等丰富的信息，在工程设计中往往未加利用。在 750kV 示范工程中设置专用的公用系统接口机，用于与变电站内各公用系统的通信接口的连接，将其收集的信息上传至后台主机，使运行人员能更准确地了解各系统的运行状态，提高工作效率。

（4）对通信规约的统一要求。在设计策划之初，即考虑了站内控制系统等的通信规约的统一，在监控系统以及各其他系统的招标文件中对通信规约均进行了要求，保证了工程调试中各系统的互联互通。在 750kV 示范工程中要求站控层设备间采用 TCP/IP 规约。监控系统与所内其他二次设备的通信连接要求普遍采用标准规约，即 IEC 60870 或 IEC 61850。总体上，要求由自动化控制系统制造商负责整体的协调工作，同时对其他二次设备的通信接口上也要做出相应要求。750kV 示范工程中，虽然已经对站内控制系统等的通信规约做了统一要求，但由于当时国内针对 IEC 61850 的研究和应用还在初期阶段，第一批示范工程中各厂家基本采用行业标准或各自厂家的专用协议，甚至第二批工程中，IEC 61850 通信规约还未能全面使用。

第三节 设计创新及展望

一、智能变电站监控系统

2009 年开始，随着变电站智能化水平不断推进，开始采用"一次设备＋智能终端"和"电子互感器/常规互感器＋合并单元"的方式，通过过程层网络传输过程层设备与间隔层设备之间的信息来实现变电站的智能化。

自我国智能变电站试点工程建设正式启动以来，在设备研制、设计建设等方面取得了较大进展，但在运行实践中出现一些问题，如电子式互感器的大量应用，在某 750kV 变电站试点工程直接采用有源式电子式电流互感器，虽然已基本达到实用化要求，但在运行发现其存在着自身的缺陷和不足，无法完全满足智能电网中智能变电站的智能化要求；如"常规互感器＋合并单元"的方案，在工程运行中发现合并单元切除故障时间要延时 6～10ms，由于 750kV 变电站，330kV 变电站多属于枢纽或汇集站，为保证保护动作的速动性要求，建议取消合并单元，采用常规模拟量采样。

1. 智能变电站监控系统结构

相较于常规变电站监控系统结构，智能变电站的监控系统结构增加了过程层设备和过程层网络。智能变电站与常规变电站监控系统结构比较示意图如图 8-10 所示。

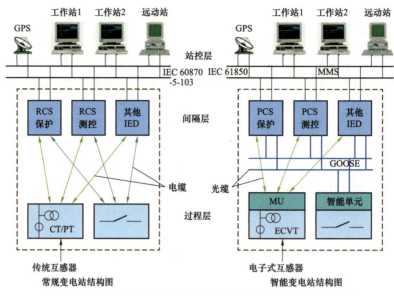

图 8-10 智能变电站与常规变电站监控系统结构比较示意图

2. 智能变电站过程层设备配置

智能变电站过程层设备由智能终端、合并单元组成。

（1）智能终端。理想的智能一次设备是将电力电子回路取代设备机构的机械回路，智能组件及监测组件全部嵌入设备机构内，这种方式无需单独考虑智能单元。鉴于目前的一次设备发展水平，为推进智能化的进程，考虑采用传统开关（或变压器）+智能终端方式来实现一次设备智能化。

智能终端作为连接一次开关设备和二次保护、测控装置的智能化设备，应能给断路器或变压器等一次设备提供智能接口并具有就地操作箱功能，采集一次开关设备的状态通过 GOOSE（Generic Object Oriented Substation Event）网络传输至保护和测控装置，同时通过 GOOSE 网络接收保护和测控装置的命令对一次开关设备进行操作。智能终端工作原理图如图 8-11 所示。智能终端的功能包括断路器、刀闸的操作功能和信号的开入开出功能。智能终端与二次设备之间采用光纤相连，采用 DL/T 860 标准，采用100Mbit/s 以太网接口与网络连接，可实现网络方式通信。

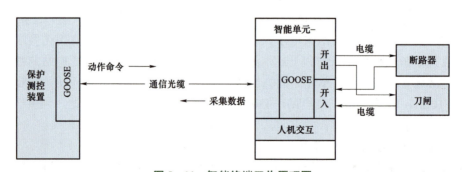

图 8-11 智能终端工作原理图

（2）合并单元。合并单元是连接互感器与智能二次设备之间的设备。

采用电子式互感器时合并单元是属于电子式互感器的一部分，电子式互感器把电流电压信号通过远端模块转化输出为数字量，之后通过合并单元将三相电流电压进行合并同步处理后通过 SMV 采样值网传输给保护和测控装置。电子式互感器在智能变电站建设初期在试点工程中逐步得到应用，但随着试点工程中电子式互感器存在运行不稳定的问题而又逐步将电子式互感器更换为常规互感器。

采用"常规互感器＋合并单元"的方式实现数字化采样时，合并单元将电流电压模拟量转化数字量，将三相电流电压进行合并同步处理后以标准的物理接口及数据格式向二次设备发送数据。合并单元的基本原理图如图 8－12 所示。

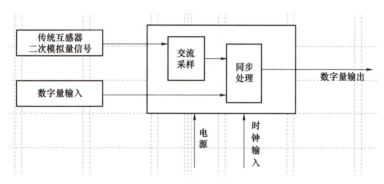

图 8－12 合并单元的基本原理

（3）过程设备安装位置。过程层智能终端、合并单元设备的安装位置理论上比较灵活，可就近安装在一次设备旁的智能控制柜，也可作为二次设备安装在继电器室。

若安装在继电器室，工作环境好，优良的温度及电磁兼容环境对过程设备更为有利，且也更方便维护、运行。但智能终端、合并单元与一次设备之间仍有大量电缆连接，网络传输的优势被大大削弱。若下放到户外，安装在一次设备旁边，节省了大量控制电缆，降低了电缆的成本、管道面积，解决了信号电缆传输过程中受电磁干扰的问题，减少了现场施工、调试的工作量，还可以减少继电器室的屏位数量，减少继电器室的占地面积。同时，就地的控制柜采用双层不锈钢柜体，带隔热材料，有较好的反辐射、隔热、防尘功能，同时配置换气扇和温湿度控制器，经模拟环境试验，可以保持柜内温度在－10～50℃范围内，湿度保持在 90％以下，可满足智能终端、合并单元正常工作的环境要求。

3. 智能变电站过程层网络配置

过程层网络用于连接间隔层设备与过程层设备。过程层网络有 SV（Sampled Measured Value）和 GOOSE 网络，是作为过程设备和间隔层设备之间信息传输的桥梁。SV 网络主要向间隔层设备上传电流/电压互感器的采样值信息。GOOSE 网络主要向间隔层设备上传一次设备的遥信信号（开关刀闸位置、压力等），向过程设备下送保护装置的跳、合闸命令，测控装置的遥控命令，并横向传输间隔层保护装置间 GOOSE 信息（启动失灵、闭锁重合闸、远跳等）的交互等。

（1）网络通信及流量分析。智能变电站自动化系统站控层 MMS 网架构与常规变电站综合自动化系统网络架构基本相同，MMS 网交换的信息主要有后台至测控装置的一次设备操作命令；后台至保护的压板、定值区切换等操作命令；测控装置至后台的一次设备遥测、遥信；保护至后台的保护事件报文等。虽然智能变电站自动化系统按照 IEC 61850-8-1 标准组织 MMS 网数据，网络流量会大于常规变电站，但该层网络通信对实时性要求不高，在不考虑 PMU 和故障录波装置直接接入 MMS 网的情况下，采用和常规变电站相同的 100Mbit/s 带宽网络即可满足要求，因此站控层 MMS 网的流量在此部分中不做详细论述。

1）过程层 SV 网络通信及流量。IEC 61850-9-2 采样值报文帧中存在一些不确定长度，具体值由配置和编码来决定：T-L-V 格式中的 L 采用 ASN.1 编码，具体的编码长度可能不同，但由于 ISO/IEC 8802.3 以太网帧格式长度限制为 1522 字节，所以长度 L 最大占 3 个字节，最小占 1 个字节；还有 SVID（System V Interface Definition）的长度不确定，最少占用 2 字节，最多占用 39 字节；每个数据占 4 个字节的数据值和 4 个字节的数据品质。从以上分析可以看出，按照每个 ASDU 8 个模拟通道提供的标准数据集，假设采样值报文帧中有 n 个 ASDU，每帧数据的长度为（$48+n×121$）～（$54+n×172$）字节。

为便于分析，电力系统工频 50Hz，所有的数据流量分析都考虑保护数据每周波 80 点采样，计量数据每周波 200 点采样（可以供电能计量、PMU 使用），每帧 1 个 ASDU 计算，从上面的计算公式可以计算出，根据不同的配置和编码风格，每帧数据的长度为 169～226 字节。

每台合并单元输出的保护用采样值带宽为（169～226）byte/APDU×8bits/byte× 80APDU/周波×50 周波/s=5.4～7.2M。

每台合并单元输出的计量用采样值带宽为（169～226）byte/APDU×8bits/byte× 200APDU/周波×50 周波/s=13.5～18M。

750kV 变电站一般为一台半断路器接线，750kV 串内网段中的采样值主要包括 750kV 串内合并单元采集的电流、电压值。通过分析可知，750kV 串内网段最大的数据流量出现在计量的端口上，其端口最大数据带宽为 18M×2=36M，在 100M 网口的安全范围（40%）之内，其余端口数据带宽均小于此。因此，750kV 串内过程层 SV 网络可按 100M 以太网交换机配置。

750kV 母线保护采样值按远期串总带宽最大为：7.2M×远景串个数（n），当 $n≤5$ 时，母线保护在 100M 网口的安全范围（40%）之内，750kV 母线保护 SV 网络可按 100M 以太网交换机配置，考虑到母线保护是面向多间隔的，为使数据流向与星形网络的拓扑结构相适应，母线保护接入过程层中心交换机，通过中心交换机获取采样值信息。当 $n>5$ 时，母线保护在 100M 网口的安全范围（40%）之外，可以通过多个 100M 光纤以太网口分担带宽的办法来解决，通过 VLAN 的划分，使每个 100M 光网口分别对应若干间隔，也可按照 1000M 以太网配置过程层中心交换机。

2）过程层 GOOSE 网络通信及流量。GOOSE 报文是过程层网络的又一重要内容，过程层 GOOSE 报文主要包括保护、测控装置从智能终端接收的断路器单元（包括断路器、隔离开关、接地开关在内）的位置信息及本体告警信息；保护、测控装置发至智能终端的对断路器单元内电气一次设备的分/合闸操作命令；测控装置发至智能终端的逻辑闭锁命令；保护间的配合信息；保护至故障录波器的动作触发命令；智能终端、合并单元的自检告警信息等。

对 GOOSE 报文而言，与 SV 报文一样，同样采用了发布者/订阅者结构，适合于典型的分布式系统的网络数据分发，但 GOOSE 报文也有自己的特点：一方面由于 GOOSE 应用于保护跳闸等重要报文，必须在规定时间内传送到目的地，最快的要在 4ms 以内，对实时性要求远高于一般的面向非嵌入式系统；另一方面 GOOSE 应用于跳闸报文、逻辑闭锁等，对可靠性的要求也非常高。

由于 GOOSE 报文中的信息多为开关量等二进制数据，所以报文长度比较短，一般为 200～300 字节，以 TMIN 为间隔发送，得最大 GOOSE 数据流量：（200～300）byte×8bit/byte÷2ms＝（0.8～1.2）Mbps。

以 TMAX 为间隔发送，得最小 GOOSE 数据流量：（200～300）byte×8 bit/byte÷1s＝（1.6～2.4）Kbps。

装置 GOOSE 网口的常规流量很小，通过分析计算，750kV 变电站单间隔内各 IED 网口的 GOOSE 报文流量均在 100M 网口的安全范围（40%）之内；面向多间隔的母线保护接的 GOOSE 报文流量大于单间隔内各 IED 网口的 GOOSE 报文流量，但仍在 100M 网口的安全范围（40%）之内。因此 GOOSE 网络交换机按照 100M 选择满足要求。

（2）过程层网络组网方式。为实现开关量与采样值地实时、可靠传输，间隔层设备与过程层设备之间可以是点对点方式光纤连接，也可以是以太网络方式连接。考虑当前变电站智能化应用技术（尤其是交换机网络技术）的成熟程度，对于过程层 GOOSE 网和 SV 网，提出了三种不同的组网方式。

方式 1：GOOSE 网与 SV 网分别独立组网，保护直采直跳。

考虑保护装置是十分重要的间隔层设备，采样测量值和跳闸命令是过程层网络通信中的两类重要信息，为确保此两类信息传输的可靠性与实时性，可将保护装置的采样值及跳闸命令采用点对点传输的方式实现，即"直接采样、直接跳闸"，采样值及跳闸命令通过直连光缆传输，不通过网络传输，其余装置（如测控、录波等）则分别通过 GOOSE 网与 SV 网传输相关信息。过程层 GOOSE 与 SV 分别单独组网模式下，间隔层及过程层所有设备的相关 GOOSE 信息及 SV 信息均分别通过分开设置的 GOOSE 网及 SV 网传输。

方式 2：GOOSE 网与 SV 网共网，保护直采直跳。

通过网络流量的计算分析，100Mbit/s 的交换机可接入合并单元的数量 5～6 个，除中心交换机外的其他各间隔过程层交换机只需处理本间隔数据，且由于保护装置的采样值及跳闸命令均采用点对点传输的方式实现，即"直接采样、直接跳闸"，采样值及跳闸命令通过直连光缆传输，不通过网络传输，其余装置（如测控、录波等）分别通过 GOOSE 网与 SV 网传输相关信息。因此，不存在因 SV 采样值信息量过大而导致交换机过负荷的问题。而 GOOSE 信息是一种高突发式、高实时、低带宽流量，在间隔内和最大情况下只有 10%负荷，与 SV 采样值共网运行完全不会影响 GOOSE 的实时性传输。中心交换机汇集了来自各个间隔的采样值及 GOOSE 数据信息，当间隔数量较多时，连接至公用设备的网口带宽将会出现超出百兆的情况，此时，可通过配置尽量多口的百兆交换机或将多个交换机级联的方法来满足为公用设备分配多个百兆网口，也可以在公用设备具备千兆硬件处理能力的条件下，分配一个千兆网口承担全部带宽。

方式 3：GOOSE 网与 SV 网共网，保护网络采样、网络跳闸。

在采用高可靠性的网络设备（主要是交换机），优化网络拓扑结构，并采用 VLAN 及 GMPR 等技术对过程层网络的流量进行合理控制的前提下，可采用保护网络采样、网络跳闸，此方案在最大程度上实现了过程层的信息共享、节约资源。

过程层 GOOSE 与 SV 统一组网的模式时，间隔层及过程层所有设备均分别通过统一设置的过程层网络传输相关 GOOSE 信息及 SV 信息。合并单元及智能终端均直接接入过程层网络，保护、测控、录波等设备通过过程层网络获取采样值，保护及测控装置对断路器的分/合闸操作均通过过程层网络传输的 GOOSE 报文实现。

过程层不同组网方式的优缺点比较见表 8−1。

表 8−1　　　　　　　　过程层不同组网方式的优缺点比较

序号	组网方式	描述	优点	缺点
方式 1	GOOSE 网与 SV 网分网，保护直采直跳	SV 报文与 GOOSE 报文完全独立传输；保护装置直接采样、直接跳闸；其余设备相关信息都分别经 GOOSE 网与 SV 网传输	网络结构清晰，SV 报文与 GOOSE 报文完全独立传输，报文传输的实时性也较高。保护装置采样信息和跳闸命令传输的可靠性与实时性均较高	交换机投资较大；信息共享程度较低；合并单元与智能终端需具备多个网口，保护装置也需具备多个网口
方式 2	GOOSE 网与 SV 网共网，保护直采直跳	SV 报文与 GOOSE 报文共网传输；保护装置直接采样、直接跳闸；其余设备相关信息都经 GOOSE/SV 网共网传输	网络结构较简单，SV 与 GOOSE 报文共网传输，运行简单，维护方便，交换机投资少。保护装置采样信息和跳闸命令传输的可靠性与实时性均较高	过程层网络流量较大，对交换机的数据处理能力要求较高。信息共享程度较高；合并单元与智能终端需具备多个网口，保护装置也需具备多个网口
方式 3	GOOSE 网与 SV 网共网，保护网络采样、网络跳闸	SV 报文与 GOOSE 报文共网传输；保护网络采样、网络跳闸，与其他设备信息都经 GOOSE/SV 网共网传输	网络结构简单；信息共享程度最大化；合并单元、智能终端、保护装置网口数最少。最大程度上实现过程层的信息共享、节约资源	过程层网络流量最大，对交换机的数据处理能力要求高

以上三种组网模式在目前技术情况下均可实现，且在工程实践中均有应用。对于方式 1，报文传输的实时性高，但交换机投资较大，一般在高电压等级的变电站中可选择应用。对于方式 2，GOOSE 与 SV 共网可大大减少交换机的数量，减少合并单元、智能终端以及间隔层保护、测控等装置的网口数量，节省了投资。对于方式 3，在方式 2 的基础上，保护网络采样、网络跳闸，与其他设备信息都经 GOOSE/SV 网共网传输，合并单元、智能终端、保护装置网口数最少，最大程度上实现过程层的信息共享、节约资源。

4. 虚回路设计

变电站相关二次保护、测控装置均设置开入、开出及交流输入端子排，通过从端子到端子的电缆连接方式来实现不同保护装置之间，保护装置与测控装置之间，以及保护、测控装置与一次设备间的配合。随着变电站智能化的不断发展，保护、测控装置大量的继电器出口、触点开入，交流输入及开关的操作回路被过程层设备所涵盖，取而代之的是光纤接口的出现。保护测控装置越来越像是一个黑盒子，保护所需的外特性能被 ICD 文件所描述，为了更方便地了解使用装置，就需要进行虚回路设计。

虚回路设计包括装置虚端子，虚端子逻辑联系图表及虚端子信息流图，并有效结合网络及直采直跳光纤走向示意图，直观地反映 GOOSE、SV 信息流，达到智能变电站配置的可视化。

（1）装置虚端子。装置虚端子是源于装置的 ICD 文件，内容包括虚开入、虚开出及 MU 输入三部分。每部分又由虚端子描述、虚端子引用、虚端子编号、GOOSE 软压板及源头（目的）装置组成。装置虚端子如图 8-13 所示。

源头(目标)地址	虚端子引用	GOOSE软压板	虚端子号	虚端子描述
主变压器保护装置	TEMPLATEPI/PTRC01.Tr.general		OUT01	主变压器高侧断路器跳闸
	TEMPLATEPI/PTRC04.Tr.general		OUT02	主变压器中侧断路器跳闸
	TEMPLATEPI/PTRC07.Tr.general		OUT03	主变压器低侧1分支断路器跳闸
	TEMPLATEPI/PTRC08.Tr.general		OUT04	主变压器低侧2分支断路器跳闸(备用)

图 8-13　装置虚端子

（2）虚端子信息流图。在具体的工程设计过程中，根据工程的具体配置情况、技术方案及继电保护原理，完成全站各电压等级的各类间隔的虚端子信息流图，共同组成了虚端子设计。主变压器间隔过程层设备间虚端子典型信息流图如图 8-14 所示。

（3）虚端子逻辑联系图。虚端子逻辑联系以装置虚端子为基础，根据继电保护原理，将全站二次设备间以虚端子连线方式联系起来，直观反映不同间隔层设备间、间隔层与过程层设备间 GOOSE、SV 的联系。虚端子逻辑联系图以间隔为单元进行设计，逻辑联线以某一保护装置的开出虚端子 OUTx 为起点，以另一个保护装置的开入虚端子 INx 为终点。一条虚端子连线 LLx 表示装置间具体的逻辑联系，其编号可根据装置虚端子号以一定顺序加以编排。

虚端子逻辑联系表是以装置虚端子表为基础，参照虚端子信息流图，将装置间逻辑联系以表格的形式加以整理再现，包括起点装置、终点装置、连接方式、虚端子引用及描述，对所有的逻辑联系进行系统化整理。虚端子逻辑联系如图 8-15 所示。

二、一体化监控系统

全分布式计算机监控系统结构的应用一直延续应用到目前的变电站工程设计中。随着计算机技术的不断飞跃发展、调度管理模式的变化，全分布式监控系统的结构也随之逐步出现了一些提升、优化，如一体化监控系统、辅助设备智能监控系统。

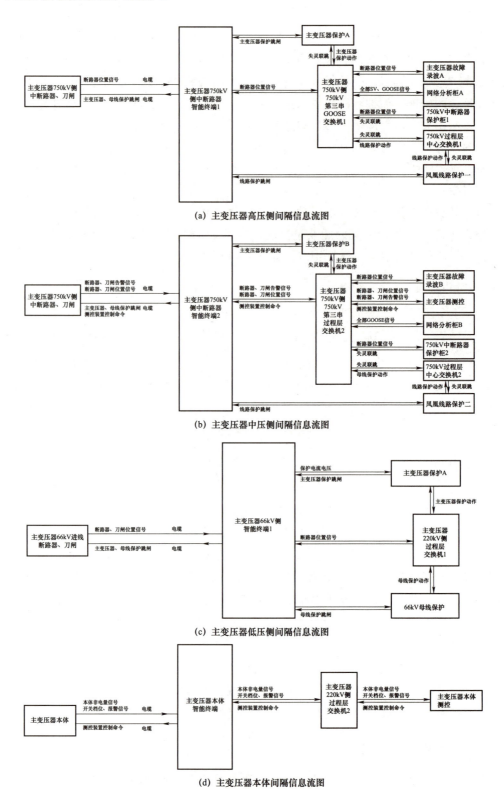

(a) 主变压器高压侧间隔信息流图

(b) 主变压器中压侧间隔信息流图

(c) 主变压器低压侧间隔信息流图

(d) 主变压器本体间隔信息流图

图 8-14　主变压器间隔过程层设备间虚端子典型信息流图

虚端子号	GOOSE 开出描述	GOOSE 开出引用	连接方式	关联装置	虚端子号	GOOSE 开入描述	GOOSE 开入引用
GOOUT1	跳高压 1 侧断路器	PI GO/go PTRC 2.Tr.general	直跳	750kV7511 智能终端 B	GOIN111	三跳_直跳（网口 2）	RPIT/GOING GIO 497.SPCS 0.st Val
GOOUT2	启动高压 1 侧失灵	PI GO/go PTRC 2.Sur BF.general	GOOSE	750kV7552 断路器保护 B	GOIN11	保护三相跳闸－3	RPGO/GOING GIO 3.SPCS 03.st Val
GOOUT3	跳高压 2 侧断路器	PI GO/go PTRC 3.Tr.general	直跳	750kV7510 智能终端 B	GOIN111	三跳_直跳（网口 2）	RPIT/GOING GIO 497.SPCS 0.st Val
GOOUT4	跳高压 2 侧失灵	PI GO/go PTRC 3.Str BF.general	GOOSE	750kV7550 断路器保护 B	GOINI 1	保护三相跳闸－3	RPGO/GOING GIO 3.SPCS 03.st Val
GOOUT5	跳中压 1 侧断路器	PI GO/go PTRC 4.Tr.general	直跳	3 号主变压器 330kV 侧智能终端 B	GOIN81	三跳_直跳（网口 2）	RPIT/GOING GIO 497.SPCS 0.st Val
GOOUT6	启动中压 1 侧失灵	PI GO/go PTRC 4.Str BF.general	GOOSE	330kVⅢ/Ⅳ 母母线保护 B	GOIN157	支路 4_三相启动失灵开入	RPGO/GOING GIO 79.SPCS 01.st Va 山
GOOUT9	跳中压侧母联 1	PI GO/go PTRC 6.Tr.general	GOOSE	330kV 母联 1 智能终端 B	GOIN074	三跳_组网	RPIT/GOING GIO452SPCS 0.st Val
GOOUT10	跳中压侧母联 2	PI GO/go PTRC 7.Tr.general	GOOSE	330kV 母联 2 智能终端 B	GOIN074	三跳_组网	RPIT/GOING GIO452SPCS 0.st Val
GOOUT11	跳中压侧分段 1	PI GO/go PTRC 8.Tr.general	GOOSE	330kV 分段 1 智能终端 B	GOIN074	三跳_组网	RPIT/GOING GIO 452.SPCS 0.st Val
GOOUT12	跳中压侧分段 2	PI GO/go PTRC 9.Tr.general	GOOSE	330kV 分段 2 智能终端 B	GOIN074	三跳_组网	RPIT/GOING GIO 452.SPCS 0.st Val
GOOUT13	跳低压 1 分支断路器	PI GO/go PTRC 10.Tr.general	直跳	3 号主变压器 66kV 侧智能终端 B	GOIN81	三跳_直跳（网口 2）	RPIT/GOING GIO 497.SPC SO.st Val
GOOUT19	保护动作	PI GO/go GGI 016.Ind.st val	GOOSE	3 号主变压器 750kV 侧测控装置	GOOUT 2	GO 开出 2	PI GO/PTRC 2.Tr.general

图 8-15 虚端子逻辑联系图

变电站一体化监控系统按照全站信息数字化、通信平台网络化、信息共享标准化的基本要求，通过系统集成优化，实现全站信息的统一接入、统一存储和统一展示，实现运行监视、操作与控制、信息综合分析与智能告警、运行管理和辅助应用等功能。

1. 一体化监控系统结构

一体化监控系统的概念于 2011 年前后提出，并不断在工程中开始实施应用，其最明显的特点就是对监控系统进行了安全分区，信息分区上送，随之站控层设备与以往比较有了很大的增加。一体化监控系统在工程应用中，通过不断实践、功能集成整合，也经历了不断优化的过程。一体化监控系统结构示意图如图 8-16 所示。

计算机监控系统采用分布式网络结构。安全Ⅰ区包含包括一体化监控系统监控主机（集成操作员站、工程师站）、Ⅰ区数据通信网关机、保护装置、测控装置、一体化电源系统等；安全Ⅱ区的设备包括综合应用服务器、计划管理终端、Ⅱ区数据通信网关机、变电设备状态监测、视频监控、环境监测、安防、消防等。

（1）站控层设备。站控层设备提供站内运行的人机联系界面，实现管理控制间隔层设备等功能，形成全站监控、管理中心，并与远方监控/调度中心通信。

站控层设备按照变电站远期规模配置，主要由监控主机（兼作操作员工作站）、Ⅰ区数据通信网关机、Ⅱ区数据通信网关机、Ⅲ/Ⅳ区数据通信网关机、综合应用服务器，计划管理终端、打印机等设备组成。

1）监控主机（兼作操作员工作站及工程师工作站）：双套配置的监控主机负责站内各类数据的采集、处理，实现站内设备的运行监视、操作与控制、信息综合分析及智能告警，集成防误闭锁操作工作站和保护信息子站等功能；提供站内运行监控的主要人机界面，实现一体化监控系统的配置、维护和管理功能。双机能自动均匀分配负荷，单机故障时，另一机能带全部负荷。同时，还应具有硬件设备和软件任务模块的运行自监视功能。站控层数据库建库以及主接线图等按变电站远期规模设置参数，便于以后扩建工程的实施。

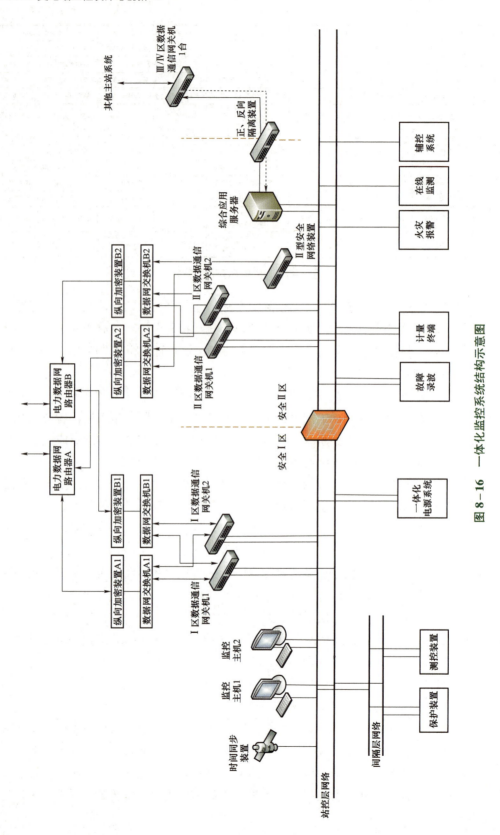

图 8-16 一体化监控系统结构示意图

2）Ⅰ区数据通信网关机：双套配置的Ⅰ区数据通信网关机直接采集站内数据，通过专用通道向调度（调控）中心传送实时信息，同时接收调度（调控）中心的操作与控制命令。

3）Ⅱ区数据通信网关机：双套配置的Ⅱ区数据通信网关机实现Ⅱ区数据向调度（调控）中心的数据传输，具备远方查询和浏览功能。

4）Ⅲ/Ⅳ区数据通信网关机：单套配置的Ⅲ/Ⅳ区数据通信网关机实现与PMS、输变电设备状态监测等其他主站系统的信息传输。

5）综合应用服务器：单套配置的综合应用服务器实现与状态监测、计量、消防、安防和环境监测等信息通信，通过综合分析和统一展示，实现一次设备在线监测和辅助设备的运行监视与管理。

6）计划管理终端：配置1台计划管理终端实现调度计划、检修工作票、保护定值单等管理工作。

7）打印机：在自动化系统站控层设置网络打印机，取消保护装置屏上的打印机，通过变电站自动化系统打印全站各装置的保护告警、事件、波形等。

（2）间隔层设备。间隔层设备包括测控装置、继电保护装置，故障录波装置等设备。间隔层设备下放布置于750、330kV以及主变压器继电器室内，测控单元按间隔配置，每个测控单元负责该间隔的控制和信号采集，直接接入站控层Ⅰ区网络。保护及故障信息管理子站系统纳入变电站自动化系统统一设计，完成继电保护、故障录波实时数据信息的收集和处理，实现电力系统事故分析、设备管理维护及系统信息管理，使调度可以通过数据网络迅速准确地掌握电网故障时的情况及继电保护装置的动作行为，及时分析和处理电网事故。不再设置独立的保护信息网，分散布置在就地继电器室的保护装置直接接至监控Ⅰ区网络，全站保护装置信息由经Ⅰ区数据通信网关传送至各级调度中心系统。故障录波装置独立组网，信息直接接至监控Ⅱ区网络，故障录波信息经Ⅱ区数网关机传送至各级调度中心系统。

（3）站控层网络。站控层网络主要实现间隔层设备与站控层设备、站控层设备间的信息交互。逻辑功能上，覆盖站控层的数据交换接口、站控层与间隔层之间数据交换接口。承载信息为MMS报文和GOOSE报文。站控层设备通过两个独立的以太网控制器接入双重化站控层网络。

间隔层网络作为站控层网络的一部分，主要用于间隔层设备信息汇集后通过站控层网络与站控层设备通信。间隔层设备通过两个独立的以太网控制器接入双重化的间隔层网络。

站控层网络采用国际标准推荐的以太网，具有良好的开放性；网络拓扑结构采用总线/星形。站控层交换机由站控层A网和站控层B网组成，两个网段物理上相互独立。

（4）安全分区。安全Ⅰ区设备与安全Ⅱ区设备之间通信采用防火墙隔离；在安全Ⅰ区中，监控主机采集站内设备实时数据，经过分析和处理后统一展示，并将数据存储在数据库服务器中，Ⅰ区数据通信网关机直接采集站内数据，通过专用通道向调度（调控）中心传送实时信息，同时接收调度（调控）中心的操作与控制命令；当出现设备告警后，调度监控人员可通过Ⅰ区图形网关方式直接浏览变电站内完整的图形和实时数据。在安全Ⅱ区中，综合应用服务器采集站内设备非实时数据，经过分析和处理后统一展示，并将数据存储在数据库服务器中，Ⅱ区数据通信网关机通过防火墙从数据库服务器获取Ⅱ区数据和模型等信息，与调度（调控）中心进行信息交互，并提供信息查询和远程浏览服务。

同时，综合应用服务器通过正反向隔离装置向Ⅲ/Ⅳ区数据通信网关机发布信息，Ⅲ/Ⅳ区数据通信网关机实现与 PMS、输变电设备状态监测等其他主站系统的信息传输。一体化监控系统与远方调度（调控）中心进行数据通信设置纵向加密认证装置。

Ⅰ区数据通信网关机为双向通信，上行数据主要为调控实时数据，如电网运行数据、电网故障信号、设备监控信号等，下行数据主要包括分合闸控制和操作命令等电网控制信息；Ⅱ区数据通信网关机为单向通信，上行数据主要为非实时数据，如保护及故障录波信息、在线监测重要数据、辅助系统主要告警信号等。变电站一体化监控系统数据流向示意图如图 8-17 所示。

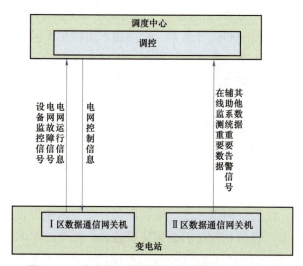

图 8-17　变电站一体化监控系统数据流向示意图

一体化监控系统的应用，对各分散的应用系统进行了一定的集成和优化，基本实现了电网运行监视、操作和控制，信息综合分析与智能告警、运行管理和辅助应用功能，为后续计算机监控系统的进一步集成发展奠定了基础。

2. 辅助设备智能监控系统结构

2020 年初，为满足相关调度、集控站各主站的新需求，同时，为推进变电站模块化建设技术迭代提升，实现"主要设备更集成、二次系统更智能、预制装配更高效、建设运行更环保"，变电站辅助设备智能监控系统应运而生。辅助设备智能监控系统结构示意图如图 8-18 所示。

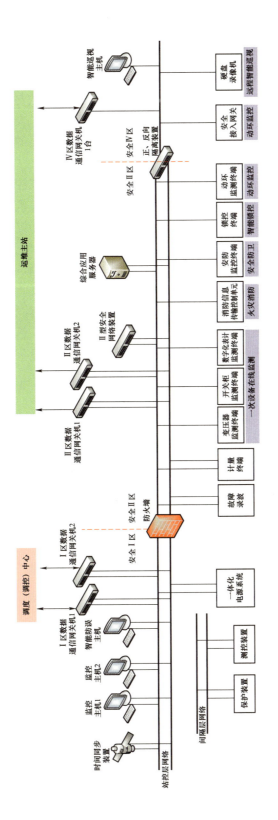

图 8-18　辅助设备智能监控系统结构示意图

辅助设备智能监控系统在一体化监控系统结构的基础上增加了安全Ⅳ区。将辅控系统整体纳入监控系统，由综合应用服务器、智能巡视主机、各子系统前端设备及通信设备组成。辅助设备智能监控系统主要优化内容如下：

（1）打破原有辅控系统各子系统独立配置模式，简化信息层级，各子系统前端设备信息接入采集监测终端，采集监测终端统一采用 DL/T 860 通信规约与综合应用服务器和智能巡视主机通信，实现一次设备在线监测单元、火灾消防单元、安全防卫单元、智能锁控单元，动力环境监测单元，远程智能巡视单元与运维主站数据的交互，实现信息共享和平台化应用。

（2）规范监控系统安全分区，将火灾消防、环境检测系统、锁控系统、一次设备在线监测部署于安全Ⅱ区，信息接入综合应用服务器，通过Ⅱ区网关机与运维主站交互信息；智能巡视子系统部署于安全Ⅳ区，信息接入智能巡视主机，通过Ⅳ区网关机与运维主站交互信息。

（3）规范主辅系统、辅助系统各子系统之间、子系统内部之间联动内容及信息流向，全面提升辅助设备管控能力。安全Ⅱ区与安全Ⅳ区之间配置正、反向隔离装置，强化网络安全防护。

辅助设备智能监控系统采用一体设计、数字传输、标准接口、远方控制、智能联动技术，规范完善设备配置，统一设备模型及规约，全面提升辅助设备管控能力，满足目前变电站智能运维的业务需求。

3. 监控系统的接口

IEC 61850 是关于变电站计算机监控系统第一个比较完整的通信标准体系，与传统通信协议相比，在技术上具有以下优势：使用面向对象建模技术；使用分布、分层体系；使用抽象通信服务接口（ACSI）、特殊通信服务映射 SCSM 技术；使用 MMS 技术；具有互操作性；具有面向未来的、开放的体系结构。

随着 IEC 61850 在国内变电站的应用，计算机监控系统与其他系统、设备的接口也避免了繁琐的协议转换，实现了设备间的互操作。目前，计算机监控系统与继电保护设备、与调度、与其他二次系统的接口基本做到了规约统一。统一的规约使监控系统与其他系统实现了信息统一采集、信息共享、综合分析、互操作，支撑了调控中心、集控站各主站智能调控的需求。

（1）与继电保护的接口变化。国内应用变电站一体化监控系统方案后，保护及故障信息管理子站已纳入变电站监控系统统一设计，有特殊要求时，也可独立配置。独立配置的保护及故障信息管理子站支持 DL/T 860，通过防火墙接入站控层网络收集各保护装置的信息，并通过调度数据网接入调度保护信息管理系统。

1）保护及故障信息管理系统功能集成于监控系统。变电站不单独配置保护及故障信息管理子站，保护及故障信息管理子站系统功能纳入变电站监控系统统一设计。这是近十年来大多变电站采用的设计方案，监控系统用于完成继电保护、故障录波实时数据信息的收集和处理，实现电力系统事故分析、设备管理维护及系统信息管理，使调度可以通过数据网络迅速准确地掌握电网故障时的情况及继电保护装置的动作行为，及时分析和处理电网事故。全站保护装置信息由经Ⅰ区数据通信网关传送至各级调度中心系统，故障录波器经Ⅱ区数网关机传送至各级调度中心系统。此种方式下保信子站与监控接口示意图参见图8-13。

2）独立配置保护及故障信息管理系统。单独配置1套继电保护及故障信息管理子站，子站与监控系统共网采集保护装置信息，全站各保护装置均通过网口接于站内 MMS 网，与监控系统经 IEC 61850 通信规约互通信息，子站最终经硬件防火墙从站控层 MMS 网获取所需保护信息。站内故障录波器独立组网后，经光缆接入保信子站实现故障录波数据的就地显示，并通过调度数据网上送调度端。此种方式下保信子站与监控接口示意图如图8-19所示。

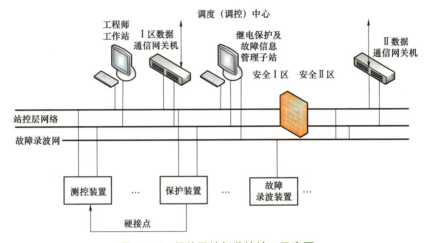

图 8-19 保信子站与监控接口示意图

当采用智能变电站设计方案时，图8-19所示的硬接点信号通过 GOOSE 网络传输。

（2）与调度的接口变化。变电站远动系统和计算机监控系统统一考虑。站内配置双重冗余的通信网关机，直接连在变电站站控层网络上，通过网络接口，直接采集来自间隔层或过程层的实时信息。接收调控中心下达的各种控制和调节命令，直接下达至间隔级的调节和控制设备。

（3）与其他设备的接口变化。监控系统为保证变电站设备运行信息采集的完整性，应配置足够的通信接口装置，采集站内其他智能装置的运行信息。至少应具备以下通信接口：交、直流电源系统监控装置，站内电能采集装置，通信机房动力环境监视系统，安全稳定控制装置，低频低压减载装置，小电流接地选线装置，电能量计费系统，图像监视系统，设备在线监测系统等。

三、一键顺控技术方案

一直以来，变电站倒闸操作存在等待时间长，操作人员往返设备区，确认设备状态和回复令耗时多、效率低等问题，此种操作模式造成检修有效作业时间无法保证，且恢复送电多在夜间进行，存在安全隐患，优质服务难以得到保证。为提高变电站倒闸操作智能化水平，推动变电运维工作质量和效率提升，2020 年前后，一键顺控技术开始在变电站中试点实施。

1. 功能概述

一键顺控是变电站一种倒闸操作模式，可实现操作项目软件预制、操作任务模块式搭建、设备状态自动判别、防误联锁智能校核、操作步骤一键启动、操作过程自动顺序执行。对提升变电站自动化水平、提高操作效率、降低误操作风险、减轻运维人员负担可发挥积极的作用。

按照"全流程、全防误、全顺控"的原则构建的电网设备倒闸操作一键顺控操作体系，一键顺控操作执行人员可以在变电站、调控中心、集控站，采用一键顺控方式完成停送电操作。操作范围包括母线、主变压器、开关的运行、热备用、冷备用互转。目前主要采用两种顺控模式：

（1）调度端+站端模式：一键顺控操作系统应用层功能部署在调度端，在调度端完成顺控操作票的生成、存储、修改、校核、执行等功能，在变电站部署调度端延伸工作站，实现一键顺控功能。

（2）站端模式：一键顺控操作系统应用层功能部署在变电站，在变电站侧完成顺控操作票的生成、存储、修改、校核、执行等功能，调度端仅召唤、调用变电站端的顺控操作票。

2. 实施方案

一键顺控的试点工作基本都从低电压等级变电站开始逐步实施，目前大多变电站将一键顺控操作系统应用层功能部署在变电站，以变电站为核心，采用站端一键顺控操作模式。

（1）系统构架及设备配置。变电站一键顺控功能在站端实现，部署于安全I区，由站控层设备（监控主机、智能防误主机、I区数据通信网关机）、间隔层设备（测控装置）及一次设备传感器共同实施。一键顺控功能由监控主机实现，与智能防误主机之间进行防误逻辑双校核，通过I区数据通信网关机采用 DL/T 634.5104 通信协议实现调控/集控站端对变电站一键顺控功能的调用。站内一键顺控系统结构示意图如图 8-20 所示。

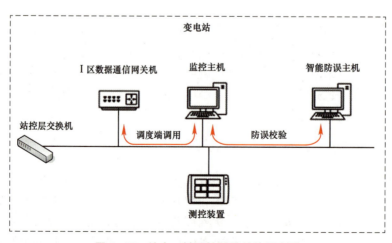

图 8-20 站内一键顺控系统结构示意图

如图 8-20 所示，变电站监控系统主机内置一键顺控模块，同时，Ⅰ区通信网关机集成一键顺控数据通信功能，调控/集控站端通过站内Ⅰ区数据通信网关机调用站端一键顺控功能，并接收一键顺控执行情况的相关信息。变电站建设独立智能五防，与站端监控系统的一体化五防配合，实现一键顺控防误"双校核"。

1）监控主机需具备以下一键顺控基本功能模块：

a. 顺控票管理模块。采取"调用典型票"方式生成一键顺控操作票。

b. 防误校核模块。在模拟预演及正式操作前检查操作条件列表是否满足，并经监控主机内置防误功能以及智能"五防"主机进行逻辑闭锁校验后，方可执行。

c. 顺序控制模块。包括操作指令执行、检查操作条件、执行前当前设备态核实、顺控闭锁信号判断、全站事故总判断、单步执行前条件判断、单步监控系统、内置防误闭锁校验、单步智能防误主机防误校核、下发单步操作指令、单步确认条件判断等环节，流程图如图 8-21 所示。

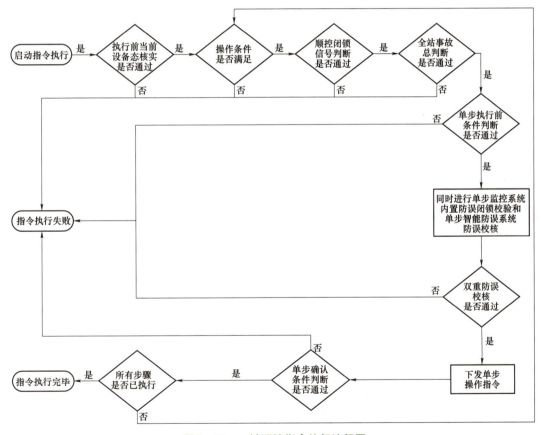

图 8-21　一键顺控指令执行流程图

2）Ⅰ区数据通信网关机：站内Ⅰ区数据通信网关机需具有一键顺控指令转发、执行结果上送功能，调度端通过通信网关机调用一键顺控监控主机实现远程顺控功能。

3）智能防误主机：智能防误主机获取地线、网门等虚遥信状态，并从监控主机获取全站设备实遥信状态，采用双网冗余接入站控层网络。一键顺控监控主机模拟预演时，智能防误主机根据监控主机预演指令执行操作票全过程防误校核，并将校核结果返回至监控主机；一键顺控操作执行时，智能防误主机对监控主机发送的每步控制指令进行单步防误校核，并将校验结果返回至监控主机。

（2）一次设备双确认方案。双确认防误逻辑中，对断路器和刀闸的位置状态确认应至少包含不同源或不同原理的主辅双重判据。主判据应为断路器和隔离开关的机构辅助开关触点双位置信息，辅助判据宜为设备所在回路的电压、电流遥测信息、带电显示装置反馈的有无电信息或设备状态传感器反馈的位置状态信息。

1）断路器"双确认"实现方案。断路器双确认判据采用"断路器位置遥信+遥测/带电显示"的判断方式。其中辅助开关接点位置遥信作为主要判据，遥测/带电显示作为辅助判据，构成断路器分合闸位置的"双确认"判据，为实现变电站隔离开关状态转换的"一键顺控"操作提供安全保障。

断路器应具备遥控操作功能，三相联动机构位置信号的采集应采用合位、分位双位置辅助接点，分相操作机构应采用分相双位置接点。

断路器遥测需要母线、线路的电压量，采用三相电压互感器。若母线缺少三相电压互感器，需要安装三相带电显示装置，以满足断路器分合位置判据"双确认"要求。

2）隔离开关"双确认"实现方案。隔离开关双确认判据采用"辅助开关接点位置遥信+传感器位置遥信"或"辅助开关接点位置遥信+视频图像识别"的判断方式。其中辅助开关接点位置遥信作为主要判据，图像识别或传感器位置遥信作为辅助判据，构成隔离开关分合闸位置的"双确认"判据，为实现变电站隔离开关状态转换的"一键顺控"操作提供安全保障。

隔离开关应具备遥控操作功能，三相联动机构位置信号的采集应采用合位、分位双位置辅助接点，分相操作机构应采用三相位置串联方式。

传感器位置遥信常用的有微动开关、姿态传感器、磁感应传感器。微动开关传感器安装在隔离开关机构箱内传动机构的运动部分和固定部位之间或安装于靠近隔离开关本体位置一侧，当传动机构运动部位到位后，作用于动作弹簧上，快速接通动、静触点并上传位置信号，位置信号通过硬接点输出接至测控装置或智能终端后上传至站控层网络；姿态传感器安装于运动部件，随机构动作测量隔离开关分合旋转角度及距离来判断隔离开关是否操作到位，姿态传感器需单独配置信号接收装置，装置输出位置状态硬接点信号接入测控装置或智能终端；磁感应传感器是由运动的磁钢部件和固定的磁感应部件组成，当隔离开关分合操作到位后，磁钢部件运动到磁感应部件的相应位置，由磁感应部件将分合闸到位信号传输至对应的信号接收装置，该装置输出位置状态硬接点信号接入测控装置或智能终端。姿态传感器和磁感应传感器均需单独配置信号接收装置，所以目前工程使用较少。

视频图像识别是利用隔离开关位置状态变化信号联动变电站视频主机，采集隔离开关位置状态信息，并自动完成图像智能分析识别和位置状态判断，通过无源接点形式或反向隔离装置输出位置状态识别结果和图像信息。

目前新建 750kV 变电站工程大多采用"辅助开关接点位置遥信+传感器位置遥信"的判断方式实现隔离开关的双确认方案，传感器位置遥信采用微动开关。对于一些 750kV

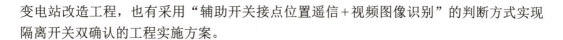

变电站改造工程，也有采用"辅助开关接点位置遥信＋视频图像识别"的判断方式实现隔离开关双确认的工程实施方案。

四、高级应用功能

随着计算机技术的不断发展，考虑监控系统功能的实效性，计算机监控系统除完成信息采集、测量、控制、保护、计量和监测等基本功能外，还需根据工程实际需求，完成支持电网实时自动控制、智能调节、在线分析决策、协同互动等高级应用功能展望。

1. 状态检修功能

状态检修指的是基于设备状态监测的数据，以安全、可靠、环境、成本为基础，生成检修决策系统，实现变压器、组合电器等设备寿命评估及状态检修。

状态检修具体说来是指通过设备的历史运行、检修及试验状态和连续监测数据，分析其趋势，加以预测、诊断，估计设备的寿命，然后确定检修项目、频度与检修内容。

2. 智能告警及决策系统功能

智能告警及决策系统指的是能对站内各种告警信息分类、过滤，按功能分页显示，并对告警及事故信息进行决策和处理。

（1）事故告警。事故告警信息的查看一般是通过时序以平板方式进行查看，优点在于时效性佳，便于时刻关注系统实时信息；缺点在于不够直观，往往需要对照系统拓扑图才能进行分析，并在事故时，由于其他信号的干扰，影响使运行人员集中注意力于故障间隔。智能告警系统可实时查看某测点、某设备、某间隔在某个时间段内的动作信息，也可以复合选择多个间隔、设备、测点进行查看，也可以按照设备类型、测点类型进行组合。

（2）单事件推理。对单个告警信息进行推理判断、提供原因及处理方案。

（3）告警信息预处理。智能告警系统实时监视电网运行情况可监测开关变位，保护信号、事故总信号等故障信息，并通过对采集的相关告警信息进行分析、判断，剔除伪信息后，提炼对故障分析有用的信息并分类，如保护装置动作信息，备自投信息，开关变位信息，重合闸信息等。

3. 事故信息综合分析决策功能

智能告警和事故信息综合分析决策功能考虑由专门的专家分析系统来完成。

（1）异常诊断。对短时间内连续发生、有内在关联的一组事件信息进行综合推理判断，给出原因及处理方案。实时根据当前的所有在动作状态的异常告警进行综合分析。主要在一定时间窗范围内，某站的某个间隔下出现多个异常告警信号，多由于同一个故障或者异常原因导致（主要是针对 TV 断线故障、TV 电压消失、TA 故障、直流电压消失、控制回路断线等具有迁延性故障异常）。

（2）故障智能诊断。完成根据电力系统故障跳闸等信号综合分析出故障的位置，主要实现监控系统告警信息的预处理、扰动类型辨识、电网故障诊断等功能。

4. 经济运行与优化控制功能

支撑经济运行与优化控制功能指的是能将变电站的电压、无功调节设备纳入区域无功电压调节系统，进行整体策略控制，实现区域无功电压自动优化调节。

综合利用 FACTS、变压器自动调压、无功补偿设备自动调节等手段，支持变电站系统层及智能调度技术支持系统安全经济运行及优化控制。系统可提供智能电压无功自动控制（VQC）功能，可接收调度主站端或集控中心的调节策略，完成电压无功自动控制功能。调度主站端或集控中心可以对厂站端的 VQC 软件进行启停、状态监视和策略调整的控制。系统可提供智能负荷优化控制功能，可根据预设的减载策略，在主变压器过载时自动计算出切负荷策略，或接收调度主站端或集控中心的调节目标值计算出切负荷策略，并将切负荷策略上送给调度主站端或集控中心确认后执行。调度主站端或集控中心可以对厂站端的智能负荷优化控制软件进行启停、状态监视和调节目标值设定的控制。

5. 变电站与其他节点交互功能

变电站应作为电网的节点，与相关调度和集控中心、相关变电站、分布式电源、大用户等实现各节点间的数据交互和协调控制，结合整个系统的潮流分布、其他站的运行状况来对站内设备实行自动控制，实现站内重要设备与系统的互动性。并可实现自动调整相关控制策略，提供相应的运行建议或预警。

6. 设备状态可视化

采集主要一次设备（变压器、断路器等）状态信息、重要二次设备（测控装置、保护装置、合并单元、智能终端等）的告警和自诊断信息、二次设备检修压板信息以及网络设备状态信息，进行可视化展示并发送到上级系统，为电网实现基于状态检测的设备全寿命周期综合优化管理提供基础数据支撑。

7. 源端维护

在保证安全的前提下，在变电站利用统一系统配置工具进行配置，生成标准配置文件，包括变电站网络拓扑等参数、IED 数据模型及两者之间的联系。变电站主接线和分画面图形，图形与模型关联，应以可升级矢量图形（SVG）格式提供给调度/集控系统。

五、展望

国内 750kV 变电站计算机监控系统从 750kV 示范工程开始应用至今，已达到较高的技术水平。变电站的一体化监控系统通过系统集成优化，实现全站信息的统一接入、统一存储和统一展示，实现运行监视、操作与控制、信息综合分析与智能告警、运行管理和辅助应用等功能。变电站的一次设备已经具备高可靠性和可控性，已实现倒闸操作的程序化，提高了运行工作效率和操作正确率，杜绝了因人为原因导致的误操作，整体提高了变电站的安全运行水平。

1. 智能变电站发展方向

总体来说，智能变电站在技术水平、功能实现等方面较常规变电站均有较大提升，但与智能变电站最终目标的要求仍存在一定差距。智能变电站应遵循"功能集约、信息集成、设备智能、设计优化"的发展原则，不断提高技术和设备制造水平，向实现占地少、造价低、集成效率高的新一代智能变电站目标前进。

智能变电站自动化系统结构示意图如图 8-22 所示。过程层网络与站控层网络组合为统一以太网，所有设备之间的信号传输采用统一的以太网。系统层相当于站控层，设备层将传统一次、二次系统进行融合。设备层的智能综合组件是一个包含各种装置的统一名称，即过程层设备和间隔层设备可以组合、融合在一起的。

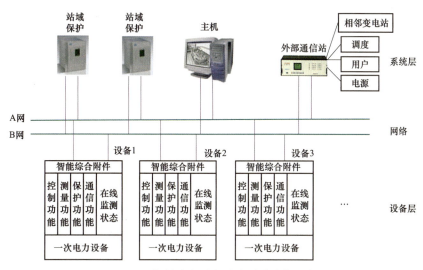

图 8-22　智能变电站自动化系统结构示意图

此方案将过程层和站控层网络组合统一为以太网，减少了间隔层保护控制装置的数字接口，节约了成本。过程层的智能综合附件可以集成，可以分散，可以内嵌，可以外挂，组合架构灵活。系统层更注重对信息共享、设备状态可视化、智能告警、分析决策等高级智能应用。但这种方案使网络的负担过于繁重，并且智能综合附件的技术目前也尚不成熟。可以预见，随着以太网技术的不断发展、强大，设备技术的不断进步、成熟，此方案是未来变电站设备智能化发展的必然方向。

2. 数字化电站发展趋势

随着电网的快速发展，750kV 变电站规模不断升级，设备安全运行风险和运维压力与日俱增，主要表现在：① 站内信息化系统繁多，运维班组信息化负担重；② 站内生产作业在线化、移动化、透明化不足；③ 当前缺乏主动预警和远程诊断技术，站内设备全景监视和全面感知功能不足；④ 站内高压电气设备的运维工作主要采用传统的定期检修和巡检方式，运维人员需长期滞留在带电区域，安全隐患较大；⑤ 站内子系统多，且各子系统间相对独立，很难将各子系统的监测信息汇总起来形成有效的可以反馈各设备状态及整个电网系统安全水平的数据信息，亟需一个可以实现全站数据汇聚共享与集中展示的平台。

数字化变电站的建设基于以上现状，采用可靠、经济、集成、环保的设备与设计，深化应用多维感知、数字孪生、人工智能等技术，解决变电站在现场作业、监控分析、日常管理等业务信息化建设深度不足问题，赋能基层班组和管理决策，推动特高压变电站监控集中化、分析智能化、业务数字化转型，实现设备安全、效能、成本的综合提升。目前，数字化应用已在国内特高压变电站开始试点，大力落实数字化转型发展战略，支撑现代设备管理体系建设，推动运检全业务、全流程、全场景数字化转型，实现特高压变电运维"两个替代"，进一步提高特高压变电站设备管理智能化、精益化水平。随着试点工程不断推进、实践，相信在充分继承现有数字化建设成果基础上，总结数字特高压变电站工作经验，国内将大范围推广数字化变电站建设工作。

第九章　继　电　保　护

继电保护是电力系统的重要组成部分，继电保护应自动、迅速、有选择性地将故障元件从电力系统中切除，使故障元件免于继续遭到破坏，保证其他无故障部分迅速恢复正常运行，反映电气元件的不正常运行状态，并根据运行维护的条件（如有无经常值班人员），发出信号、减负荷或跳闸指令。继电保护装置对保证电力系统的安全经济运行、防止事故的发生或扩大起重大作用。

第一节　750kV 系统对继电保护的影响

750kV 输电线路具有传输容量大、输送距离远、经济效益好的特点，但同时也存在线路分布电容大、故障暂态分量更加明显、直流周期分量衰减时间常数大等影响继电保护工作的因素。

一、750kV 系统的特点

为提高 750kV 输电线路的传输能力，减小其电压损耗和能量损耗，使其达到最佳运行状态和最大经济效益，750kV 系统具有区别于 330kV 系统的电气特征，这些都给超高压系统保护带来更多特殊问题。

（1）750kV 系统由于线路导线截面的增大，使得电阻、电感减小，电容增大。

（2）750kV 线路较长，且都采用多根分裂导线构成相线，多分裂导线的应用大大增加了线路的分布电容。

（3）为补偿长距离线路的分布电容，750kV 线路两端一般装设有并联电抗器，用并联电抗器来补偿输电线路的电容，限制工频过电压，减小单相重合闸过程中的潜供电流，同时也有助于平衡轻负荷时的线路无功功率。但是，750kV 输电线所装设的并联电抗器在故障短路过程中的暂态分量更加明显，衰减时间常数更大。

（4）750kV 变压器工作磁密高，易处于过激磁工作状态，当变压器区外故障切除恢复时会出现过电压的情况。

（5）750kV 系统对稳定的要求更高，从而对保护的故障切除时间相较于低电压等级要求时间更短。

二、750kV 电气参数变化对继电保护的影响

1. 750kV 与其他电压等级线路参数对比

表 9-1 所示为 330、500kV 和 750kV 线路的正序及零序参数,由表 9-1 中可以看出:

(1) 750kV 线路零序电抗与正序电抗之比为 3.013,小于 330kV 和 500kV 线路的比值。

(2) 750kV 线路零序电容与正序电容之比为 1.456,介于 330kV 线路和 500kV 线路之间。

(3) 750kV 线路正序电抗为 0.2661Ω/km,均小于 330kV 线路和 500kV 线路的正序阻抗;正序阻抗角为 87.1°,大于 330kV 线路和 500kV 线路的正序阻抗角。

(4) 单回线路零序补偿系数为 0.73,小于 330kV 线路和 500kV 线路。

为使接地距离保护正确反映正序阻抗值,接地距离保护需引入零序电流补偿系数进行修正。

表 9-1　　　　　　　　**330、500kV 和 750kV 线路的正序及零序参数**

电压等级（kV）	330	500	750	750/500	750/330
导线型号	LGJQ-2×300	LGJQ-4×400	LGJQ-6×400		
R_1（Ω/km）	0.04737	0.02108	0.0133576	63.4%	28.2%
X_1（Ω/km）	0.32555	0.27498	0.265739	96.6%	81.6%
C_1（μF/km）	0.01143	0.01291	0.013872	107.5%	121.4%
R_0（Ω/km）	0.32129	0.309	0.246368	79.7%	76.7%
X_0（Ω/km）	1.0306	0.959	0.800672	83.5%	77.7%
C_0（μF/km）	0.00854	0.00799	0.009525	119.2%	111.5%
X_0/X_1	3.166	3.488	3.013	—	—
C_0/C_1	1.338	1.616	1.456	—	—
$|Z_1|$（Ω/km）	0.3290	0.2758	0.2661	96.5%	80.9%
正序阻抗角（°）	81.7	85.6	87.1	—	—
零序补偿系数	0.90	0.77	0.73	0.948	0.811

2. 750kV 线路参数对距离保护的影响

距离保护是通过测量被保护线路始端电压和电流的比值来反应短路点到保护安装处之间的距离（或阻抗）,并根据距离的远近而确定动作时间的一种保护。

当输电线路不是特别长时,可以认为分布电容对线路阻抗值影响很小,可以忽略不计。

比较表 9-1 中 750kV 线路的阻抗值可见,750kV 线路的阻抗值约为 500kV 线路的 96%、为 330kV 线路的 81%,但就距离保护 I 段的整定阻抗而言,由于其只与本线路阻抗有关,因此 750kV 线路保护不会对此类保护参数提出特殊要求。

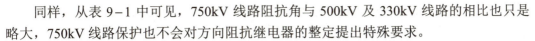

同样，从表9-1中可见，750kV线路阻抗角与500kV及330kV线路的相比也只是略大，750kV线路保护也不会对方向阻抗继电器的整定提出特殊要求。

750kV线路的单回线零序补偿系数为0.73，小于330kV线路和500kV线路；但对于有零序互感的线路，在不同的运行方式下和不同地点发生接地短路时，接地距离保护的零序电流补偿系数是不同的，在保护整定计算中，都是根据具体情况和要求选取零序电流补偿系数。因此，对于750kV线路零序电流补偿系数的选取同样也要根据具体情况而定，并无其他特殊要求。

3. 750kV线路参数对零序电流保护的影响

中性点接地系统中发生接地故障，将产生较大的零序电流分量，利用零序电流分量构成保护，可作为一种主要的接地短路保护。

某750kV线路两侧零序电流保护按躲开本线路末端接地短路的最大零序电流整定，则

$$I_{dz} = K_k \times 3I_{0 \cdot max} \tag{9-1}$$

式中　K_k——可靠系数，取1.25～1.3；

　　　$I_{0 \cdot max}$——线路末端接地短路的最大零序电流。

当可靠系数分别取1.25和1.3时，零序电流保护Ⅰ段整定值和保护范围见表9-2。

表9-2　　　　　　某750kV线路零序电流保护Ⅰ段整定值及保护范围

项目	$3I_{0 \cdot max}$（A）	$3I_{0 \cdot min}$（A）	K_k	I_{dz}（A）	最大保护范围	最小保护范围
一侧	3174.0	2294.1	1.30	4126.2	75%	40.4%
			1.25	3967.5	79%	44.2%
另一侧	2368.2	1704.0	1.30	3079.0	78.8%	45.8%
			1.25	2960.0	82.2%	49.5%

当可靠系数取1.3时，线路一侧零序电流最大保护范围和最小保护范围分别为线路全长的75%和40.4%（110km和59km），另一侧零序电流最大保护范围和最小保护范围分别为线路全长的78.8%和45.8%（115km和67km）；当可靠系数取1.25时，线路一侧零序电流最大保护范围和最小保护范围分别为线路全长的79%和44.2%（115km和65km），另一侧零序电流最大保护范围和最小保护范围分别为线路全长的82.2%和49.5%（120km和72km）。

因此，如果采用零序电流保护作为一种接地短路的保护，当可靠系数分别取1.25和1.3时，线路两侧零序电流保护Ⅰ段的最小保护范围均大于线路全长的40%。

4. 750kV线路参数对线路纵联保护的影响

线路纵联保护根据通道情况一般可分为载波纵联保护、微波纵联保护和光纤纵联保护。每一类纵联保护由于所选取的判别量不同，又可分为方向比较、相位比较和分相电流差动三种保护方式。

（1）方向比较式保护中多用相电流速断、零序电流Ⅰ段、方向距离元件、零序或负序电流作为方向判别元件。从750kV线路参数与500kV及330kV线路参数的比较，以及

从前面对电流及距离保护对 750kV 线路保护适应性的分析，可以推断：750kV 线路保护不会对方向比较式保护的方向判别元件提出特殊要求。

（2）电流相位比较式保护由于现在很少采用，这里也不作讨论。

（3）分相电流差动式保护的基本原理是比较线路两侧电流的幅值和相位，以判断是线路内部还是外部故障。在理想情况下，正常运行或区外故障时，线路两侧电流大小相等，方向相反，差流为零。众所周知，当前线路电流差动保护的基本判据是在忽略输电线路分布电容所产生的电容电流的情况下提出的，由于 750kV 线路多分裂导线的应用大大增加了线路的分布电容，以及大容量并联电抗器的使用，使得故障短路过程中的暂态分量更加明显，这将使线路区外故障时两侧电流的波形、幅值及相位都发生严重畸变，影响电流差动的正确工作。为防止由于测量误差和电容电流的影响而引起差动保护误动，通常在电流差动保护中采用比例制动特性并设置差电流启动门槛值，但这一措施在提高保护安全性的同时牺牲了保护的灵敏度，750kV 系统中这种可靠性与灵敏度之间的矛盾更为突出，为保证差动保护在线路经电阻接地故障情况下有足够的灵敏度，需要电流差动保护中采取补偿电容电流的措施。

5. 谐波分量对继电保护的影响

国内外研究资料表明，750kV 电力系统故障电流中三次、五次、七次谐波分量会有大幅度增加，故障电流中谐波分量对输电线路保护、变压器保护、母线保护都会产生一定的影响，当前国内对三次及以上各次谐波的测量精度较低，在保护装置采用短数据窗的计算方法时（数字式保护通常都采用短数据窗的计算方法以提高保护的动作速度），谐波分量将进一步加大保护的测量误差。为满足 750kV 电力系统的要求，需要在提高保护装置模数转换精度的同时提高其采样频率以获得更高的测量精度。

6. 暂态过电压对继电保护的影响

国内外研究资料表明，750kV 电力系统暂态过电压与 330kV 电力系统相比有很大提高，除采用并联电抗器、断路器带合闸电阻及安装避雷器等措施外，保护装置应增设过电压保护。过电压保护可测量保护安装处的电压，还可以通过光纤通道得到线路对侧的电压，并可作用于跳闸。当本侧断路器已断开而线路仍然过电压时，可通过光纤差动保护发送远方跳闸信号跳开线路对侧断路器。

750kV 示范工程建于我国西北地区，除电压等级高产生的影响外，高海拔的地理因素和多风沙的气象条件对继电保护设备运行环境也产生很大的影响，对 750kV 电力系统继电保护可靠性要求也更高。

第二节　继电保护设计

通过上节 750kV 线路电气参数变化对线路距离保护、零序电流保护及纵联保护整定参数影响的计算分析及谐波分量、暂态过电压的影响分析，表明 750kV 线路参数对线路保护定值整定不会产生特殊影响，750kV 系统存在的特征，在超高压 500kV 及 330kV 系统都存在，只是比它们严重，没有本质的区别。因此，750kV 继电保护设计及配置原则可以参照 330～500kV 系统进行设计，重点对 750kV 系统较特殊问题进行一些补偿措施。

国内第一次研制的 750kV 继电保护装置，由于没有经过 750kV 系统挂网运行考验，为了保证各项性能指标的符合性，将样机在国内首次进行大规模的 750kV 继电保护装置动模试验。这次试验严格考核了线路保护、母线保护、变压器保护、电抗器保护装置的各项性能。针对动模试验中发现的问题，及时对装置进行了改进，并将改进后的保护装置又重新进行了同类试验项目的动模试验。这些措施，确保了继电保护装置的质量，也促进了 750kV 示范工程分系统调试工作的顺利开展。

本节重点介绍 750kV 示范工程变电站高压侧相关设备的保护配置方案。

一、750kV 线路保护

1. 线路主保护的选择

750kV 线路主保护可选用纵联电流差动保护、纵联距离保护、纵联方向保护。

电流差动保护是一种较为理想的保护，从原理上讲，该类保护具有绝对的选择性，不受系统振荡和运行方式的影响，不受串联补偿线路电容器出口故障电压反向带来的影响，也不受串联补偿电容保护间隙击穿或不击穿以及串联补偿线路故障电流中的低频分量的影响，同时受过渡电阻的影响小，没有暂态超越问题。但是，用于长距离超高压输电线路时，要考虑线路分布电容的影响。

电容电流是从线路内部流出的电流，它构成动作电流。电容电流示意图如图 9-1 所示。

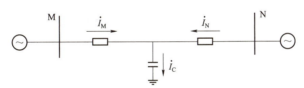

图 9-1　电容电流示意图

为解决超高压长距离输电线路分布电容较大、在空载或轻载下容易造成保护误动的问题，可用启动电流定值躲过本线路电容电流值。但这样，降低了内部短路时保护的灵敏度。如果启动电流定值躲不过线路电容电流值时，就可在软件中采用电压测量来补偿电容电流。

负荷电流是穿越性的电流，只产生制动电流而不产生动作电流。但在重负荷情况下，线路内部经高阻抗接地短路时，短路电流很小，因此动作电流很小。而为躲开电容电流的启动电流又较大，因而灵敏度可能不够。为解决此问题，可采用工频变化量比率差动继电器和零序差动继电器解决，也可对电容电流补偿以降低启动电流。

纵联距离保护或纵联方向保护可看作同类原理的保护。电容电流对阻抗继电器的工作影响不大，因此对纵联距离保护的影响不大。电容电流对工频变化量方向继电器、零序方向继电器的工作影响不大，因此对纵联距方向保护的影响也不大。方向阻抗元件同零序电流方向元件、负序方向元件作为方向元件的纵联方向保护相比较，容易躲开空载合闸及线路电容电流的影响，特别是对于长线路电容电流较大时，方向阻抗元件的优势更能得到体现。但在当时国内外的装置中，方向元件不是采用单一种原理的元件作为方向比较元件，而是采用多种方向元件，如相间阻抗元件、接地阻抗元件、零序方向及负序方向元件等。只利用负序、零序方向元件作为方向比较元件的纵联方向保护是不能选用的，因为它们只能反映不对称故障，且在非全相过程中要退出。

2. 线路保护通道的选择

750kV 示范工程建设时期，750kV 线路保护可以采用的通道有光纤和电力线载波两种通道。

电力线载波通道是将输电线路经高频加工形成的，输电线路上发生的所有电现象，不可避免地会对载波通道产生干扰。系统操作、雷击等产生的过电压以陡峭的电压波通过耦合电容器、结合滤波器侵入到高频收发信机中而形成的干扰，严重时可损坏收发信机的电子元件。在阴雨天气，这些干扰尤为严重。国内也出现过线路的高频保护曾因频繁干扰而被迫退出运行。同时，高频保护大都在保护屏上设置专门的通道试验按钮，每天由两侧运行人员在固定时间手动发信来检验通道的完好性。这种检测手段不仅麻烦，而且对通道故障的检测并非实时性的，不能及时发现通道故障。此外，电力线的运行给电力线载波通道的检查、维修造成了困难，线路内部故障时载波通道要遭受不同程度的破坏，特别是三相对地故障时，高频电流衰减严重，高频信号不能有效传输。

光纤通道脱离了与输电线路的直接联系，线路故障、电晕等电现象不会对光纤通信造成干扰；高压线、雷击等也不会影响光纤的通信质量；光纤为非金属的介质材料，光纤内传输的是光而不是电，因此，光纤通信不受外界电磁干扰。同时，光纤通道可利用低频信号的接收、发送不间断地测试通道的完好性，发现异常立即发出报警信号，为及时发现异常、排除故障提供了帮助。此外，光纤通道独立于输电线路，输电线路故障时不影响光纤通信的正常运行，提高了工作的可靠性。

3. 线路保护相关配置方案

750kV 每回线路配置 2 套完整独立的全线速动主保护并具有完善的后备保护功能。每套主保护对全线路内发生的各种类型故障（包括单相接地、相间短路、两相接地、三相短路、非全相运行故障及转移故障等），均能无时限动作切除故障。每套主保护应有独立选相功能，实现分相跳闸和三相跳闸。两套主保护采用不同路由的复用光纤通道，配置不受振荡影响，没有暂态超越问题的纵联电流差动保护，并采用补偿电容电流的措施。两套主保护的交流电流、交流电压和直流电源彼此独立。750kV 线路的后备保护采用近后备方式，要求两套主保护均具有完善的后备保护功能。后备保护采用三段式相间距离、接地距离保护及阶段式定时限或反时限零序方向电流保护。

750kV 线路与其他超高压线路相比，对故障切除时间要求更高，任何时候均要保证由快速切除故障，各种保护作用要有更高的独立性、更大的冗余度，由于 750kV 官亭—兰州东线路为国内第一条 750kV 线路，考虑为今后 750kV 载波保护积累经验，因此，在建设初期，考虑再装设一套全线速动主保护作为上述两套主保护的后备。该套主保护采用复用载波通道，配置不存在反方向元件的动作时间、灵敏度要与正方向元件配合的允许式纵联距离保护。该套保护的交流电流、交流电压和直流电源与其中一套主保护合用。

为了实现断路器失灵远跳、电抗器故障和过电压远跳，750kV 线路配置远方跳闸保护，远方跳闸信号分别通过两套线路主保护的通道发送和接收。为提高安全性，应加装就地故障判别装置。就地故障判别装置分别装设于线路的两套主保护柜内。就地故障判别元件可采用低电流、过电压、低电压、零序电流、低功率等类型。

750kV 线路配置两套过电压保护。采用高返回系数的相电压元件作为测量元件。过电压保护均采用每套故障就地判别装置中过电压保护功能。

750kV 线路配置专用的故障录波器装置。故障录波器要求能记录系统的电气参数（电流、电压）及各种事件量，以分析电力系统事故及保护装置的工作情况。

为了实现故障的精确定位，750kV 线路配置专用的故障行波测距装置。该装置测距误差在 1km 以内，在 750kV 线路恶劣路径下，可大大减少维护工作量，减少停电时间。

二、750kV 断路器保护

750kV 断路器辅助保护柜按断路器为单元进行配置，每台断路器配置一面断路器辅助保护柜。断路器辅助保护包括断路器失灵保护、三相不一致保护、充电保护、重合闸等。

断路器失灵保护作为一种近后备保护方式，当接收到单相或三相跳闸信号时，若失灵保护"瞬时联跳"功能投入，先瞬时跟跳本断路器对应相，再判别本断路器是否失灵。若本断路器失灵，则先经延时联跳本侧断路器三相；若仍未跳开本侧断路器，保护经延时跳开相邻所有断路器并启动母差及启动远方跳闸等保护。失灵保护采用高灵敏度及快速返回的电流元件作为判别元件。重合闸装置应满足单相、三相及综合重合闸方式，要有三相重合闸检无压、检同期的功能。

三、750kV 母线保护

母线保护范围是母线以及与母线相关的全部的电气设备及相关的电气部分。为满足速动性和选择性的要求，750kV 母线保护设有母线差动保护、充电保护、死区保护等功能。750kV 按母线段双重化配置母线保护。

750kV 系统非周期分量的衰减时间常数大，更易引起电流互感器饱和。线路保护由于采用的电流互感器是带气隙的，暂态过程不易饱和，而母线保护就需要考虑电流互感器饱和的影响，既要在母线外短路、电流互感器饱和时不误动，又不能因引入电流互感器饱和判据闭锁而影响母线内短路时的保护的速动性。因此，除采用常规的稳态量母线差动保护外，当时提出了采用以工频量变化为基础的自适应加权式母差保护，在母线保护装置中采用的阻抗加权抗饱和算法以保证电流互感器最严重饱和情况下的保护动作的正确性和快速性。母线内故障时，工频变化量比率差动元件与故障检测元件同时动作，可得到保护动作所需的较高加权值，而当母线外发生故障时，由于故障起始电流互感器尚未进入饱和，工频变化量比率差动元件的工作滞后于故障检测元件，最多只能得到较小的加权值，保护不会误动。

四、750kV 主变压器保护

750kV 主变压器保护按照双重化配置两套独立的主、后备保护（电量保护）以及一套非电量保护。主保护和后备保护共用一组电流互感器。主保护包括稳态比率差动、差动速断、高灵敏工频变化量比率差动、零序比率差动保护和过励磁保护（定、反时限可选）。Ⅰ、Ⅱ侧后备保护包括二段阻抗保护（Ⅰ段三时限，Ⅱ段两时限）、一段过电流保护（两时限）、三段零序过电流保护（Ⅰ段三时限，Ⅱ、Ⅲ段每段两时限，其中Ⅰ、Ⅱ段可带方向）、过负荷发信号和起动风冷等功能。Ⅲ侧后备保护包括三段复压闭锁过电流保护（Ⅰ、Ⅱ段有两个时限，其中Ⅰ段电流取自低压绕组 TA）、一段零序过电压保护、过负荷发信号和零序电压报警等功能。主变压器非电量保护包括主变压器本体重瓦斯及轻瓦斯、压力释放、油位低、油温过高、线圈温度过高、冷却器故障等保护。其中重瓦斯、压力释放、油温过高、绕组温度过高、冷却器全停等动作，跳开主变压器三侧断路器并发信，其他非电量动作信号只发告警。

针对 750kV 变压器工作磁密高，易处于过激磁工作状态，当变压器区外故障切除恢复时会出现过电压的情况，提出适应大型变压器实际情况的过激磁保护，采用正序电压计算系统频率，利用不受频率变化影响的三相电压瞬时值的均方根方法计算电压的幅值，避免了频率变化对过激磁倍数测量值的计算精度影响，过激磁倍数测量值误差可控制在±1%以内。同时，针对在主变压器空投时产生的励磁涌流、区外故障切除后产生的恢复性涌流，易引发主变压器保护误动，使变压器投运失败或使变压器各侧负荷全部停电，任一相满足励磁涌流判据闭锁三相差动保护的方法使空投于变压器内部故障时（尤其匝间短路）差动保护动作速度慢的情况，提出采用三相差流中的二次、三次谐波的含量或利用波形畸变快速、准确地辨别励磁涌流与主变压器内部故障，消除励磁涌流对变压器保护的影响；采用 Y-△相位补偿，由于 Y 侧没有进行两相电流差的计算，变压器空载合闸时各相有涌流时其特征都很明显，有涌流时闭锁保护更加可靠。当判别出涌流特征后实行分相闭锁，当空投于故障变压器时，由于故障相肯定没有涌流特征使故障相的差动保护没被闭锁可快速动作。另外，针对 750kV 系统发生故障时直流分量比较大，易造成变压器区外故障时出现 TA 的暂态与稳态饱和，从而引起差动保护误动作对于电流互感器饱和问题，可采用电流互感器饱和判据闭锁保护误动发生。

为便于正确分析主变压器故障原因，以及为评价保护的动作情况提供依据，为主变压器设置一套故障录波器，用于记录主变压器故障或异常情况时的电流、电压数据和有关保护安全自动装置动作顺序，完成故障录波数据的综合分析。故障录波器接入故障录波信息网。

五、750kV 高压并联电抗器保护

750kV 高压并联电抗器保护按照双重化配置两套独立的主、后备保护（电量保护）以及一套非电量保护。主保护和后备保护共用一组电流互感器。电量保护包括纵联差动保护、零序比率差动保护、零序功率方向保护、相间过电流保护、过负荷保护、零序过

电流保护、过电压保护等。高压并联电抗器非电量保护包括电抗器本体重瓦斯及轻瓦斯、压力释放、油位低、油温过高、线圈温度过高等保护。其中重瓦斯、压力释放、油温过高、绕组温度过高等动作，跳开串内边、中断路器并发信，其他非电量动作信号只发告警。

对于电流互感器饱和问题，与750kV主变压器保护解决方案相同。纵差保护不能反映匝间短路，采用零序方向来构成匝间短路保护，当短路匝数很少时，零序电压与零序电流可能很小，为提高匝间短路灵敏度，需对零序电压进行补偿，引入固定门槛和浮动门槛。

六、750kV 变电站中压侧及低压侧保护

750kV 示范工程变电站中压侧为330kV 电压等级，采用一台半断路器接线型式，其设备保护配置方案在当时330kV 变电站中已普遍应用，本书不再赘述。对于低压侧66kV 电压等级设备保护配置方案简要介绍如下。

1. 66kV 并联电抗器

66kV 并联电抗器保护设有过电流保护、过负荷保护等。过电流保护整定值按躲过最大负荷电流整定，并应带延时动作于跳闸。为与电抗器发热特性相配合，过电流保护和过负荷保护选用反时限特性的继电器。每组并联电抗器配置一台电抗器保护装置，每2台保护装置可组一面柜。当电抗器容量为10MVA 及以上时，为保护电抗器的内部线圈、套管及引出线短路，还需配置差动保护。对于油浸式电抗器，配置气体保护，当壳内故障产生微瓦斯或油面下降时，应瞬时动作于信号；当产生大量瓦斯时，应动作于跳闸。

2. 66kV 并联电容器

66kV 并联电容器保护设有速断保护、过电流保护、过电压保护、低电压保护、相电压差动保护、不平衡电流保护等。每组并联电容器配置一台电抗器保护装置，每2台保护装置可组一面柜。速断保护的动作电流，按最小运行方式下，电容器端部引线发生两相短路时有足够灵敏系数整定，保护的动作时限应防止在出现电容器充电涌流时误动作，过电流保护的动作电流，按电容器组长期允许的最大工作电流整定。

3. 66kV 站用变压器保护

66kV 站用变压器保护配置一套电量保护和非电量保护，采用电量、非电量保护一体化集成装置。电量保护包括电流速断保护、过电流保护、过负荷保护等。站用变压器非电量保护包括站用变本体重瓦斯及轻瓦斯、压力释放、油温过高等保护。其中重瓦斯、压力释放、油温过高等动作，跳开站用变压器高、低压侧断路器并发信，其他非电量动作信号只发告警。当站用变压器容量为10MVA 以上时，还需配置差动保护。

第三节　设计创新及展望

近年来，随着电力电子技术、计算机技术和通信技术的不断发展，继电保护技术也在原有的基础上不断改进和创新，其配置更优化、功能更集成统一、设备更环保智能。

同时，随着近几年 750kV 线路串联补偿装置、750kV 线路限流电抗器、750kV 可控高压并联电抗器、750kV 可控避雷器的逐步应用，对继电保护的配置也带来一些新的挑战。

一、继电保护设计优化提升

从 20 世纪 50 年代到 90 年代末，国内继电保护完成了四个阶段性的发展，自电磁式保护装置，到晶体管式保护装置，到集成电路保护装置，再到 20 世纪 80 年代引进微机继电保护装置以来，微机保护已得到广泛应用。自 750kV 示范工程后，经过大量研究与实践，基于计算机技术的不断强大，继电保护在功能配置、功能集成、智能化、规范统一等方面有了逐步提升和优化。

1. 750kV 线路保护功能集成

在 750kV 示范工程后的第二批 750kV 兰州东—平凉—乾县输变电工程中，考虑光纤技术的成熟可靠，以及相关 750kV 线路纵联差动保护的稳定运行经验，750kV 线路保护取消第三套采用载波通道的纵联距离保护，完全参照 330kV 电压等级，双重化配置两套完整独立的全线速动主保护并具有完善的后备保护。每套主保护对全线路上发生的各种类型故障，均能无时限动作，切除故障。每套保护装置有独立选相功能，并可分别实现分相跳闸和三相跳闸。在 2018 年前后，随着计算机技术的不断发展，双套配置远方跳闸保护装置不再单独配置，远跳功能及就地判别功能集成于线路保护装置中。

2. 750kV 线路保护通道优化

从 750kV 示范工程至今，750kV 线路保护通道的设置在不断发生变化。750kV 建设初期，线路的两套保护均采用单通道。根据线路距离，两套保护均采用复用通道或一套保护采用复用另一套保护采用专用光纤芯通道的"一专一复"通道方案。线路保护单通道"一专一复"示意图如图 9-2 所示。

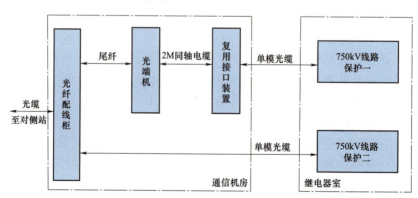

图 9-2 线路保护单通道"一专一复"示意图

线路的两套保护均采用单通道的方案，在任一通道故障都极易造成 750kV 线路的一套保护退出运行，给系统带来很大的运行风险。为提高设备主保护投运率，避免因保护通道及相关通信设备的缺陷，造成保护装置退运，2010 年前后，以提高设备的运行可靠性，各省区逐步开始对 750kV 线路保护每套通道进行独立双通道设计。根据线路距离，每套保护均采用双复用通道或"一专一复"通道方案。线路保护双通道"一专一复"示意图如图 9-3 所示。

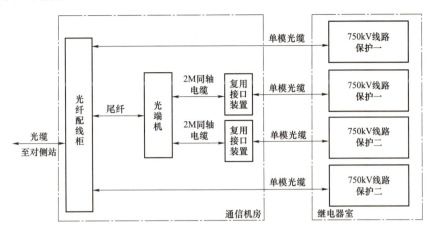

图 9-3　线路保护双通道"一专一复"示意图

近些年，对双通道保护所对应的四条通信通道提出了新的要求，四条通信通道应配置三条独立的通信路由（简称"双保护、三路由"），应采用"一二、一三"通信通道配置方式，即保护一双通道分别采用一、二通道路由，保护二双通道分别采用一、三通道路由。

目前，随着电子技术水平的不断发展，提出在复用通道中逐步推进取消通信接口装置的试点方案，即若继电保护装置为双通道配置时，其中一通道宜优先采用 2M 光口直连技术组织通道，保护装置与通信设备之间直接通过光纤连接，不经接口装置进行光电转换。此种方案减少了中间光电转换环节，降低了原传输通道的故障率，提高线路两侧信息的传送可靠性。后续随着试点工程的稳定运行验证，将会采取全面执行 2M 光口直连技术组织通道的方案。

3. 750kV 断路器保护对电流互感器配置的新要求

在 750kV 示范工程之后的一段时期内，断路器保护配置并无变化，直到 2009 年推行智能变电站以来，为了满足智能变电站双重化配置的两个过程层网络完全独立的原则，断路器保护也实行双重化配置，在保护功能上同传统的保护功能配置上相同，装置功能包括断路器失灵保护、三相不一致保护、死区保护、充电保护和自动重合闸。

由于一台半接线电流互感器一直采用 7-9-7 的配置方案，智能变电站设计之初，断路器保护虽然实行了双重化配置，但两套断路器保护装置的电流回路一直串接使用，并没有真正做到双重化保护要求的电流回路的独立性。期间，部分省份如新疆率先推行智能变电站一台半接线 TA 采用 8-10-8 的配置，直到 2021 年国家电网公司通用设计完全明确一个半接线 TA 采用 8-10-8 的配置方案，智能站断路器保护双重化配置才具有实际意义。

4. 750kV 主变压器保护功能优化

750kV 变压器通常为三相分体自耦式结构，采用 YNynd11 连接方式，其主保护主要有纵差、分相差动、分侧差动保护和低压侧小区差动保护。纵差保护是由变压器各侧外附 TA 构成的差动保护，能反映变压器各侧的各类故障；分相差动保护以变压器各相绕组分别作为保护对象，由每相绕组的各侧 TA 构成的差动保护，能反映变压器某一相各侧全部故障；分侧差动保护以变压器各相绕组分别作为保护对象，由各侧绕组的首末端 TA 按相构成的差动保护，该保护不能反映变压器各侧绕组的全部故障；低压侧小区差动保护由变压器低压侧绕组电流和断路器电流构成的差动保护，能反应变压器低压侧绕组及引线的内部故障。主变压器各种差动保护比较如表 9-3 所示。

表 9-3 　　　　　　　　　　　　主变压器各种差动保护比较

序号	内容	TA 取法	保护范围	保护特点	配置情况
1	纵差保护	各侧外附 TA	各侧绕组及引线各种故障	有相位和幅值转换，非单相涌流	与分相差动保护任选其一
2	分相差动保护	高、中压侧外附 TA、低压侧三角内部套管 TA	高、中压侧引线及各侧绕组各种故障	无相位和幅值转换，单相涌流	具备条件时优先采用，与纵差保护任选其一
3	分侧差动保护	高、中压侧外附 TA、公共绕组 TA	高、中压侧接地故障	无涌流闭锁问题	选配
4	低压侧小区差动保护	低压侧三角内部套管 TA、低压侧外附 TA	低压侧引线	无涌流闭锁问题	选配
5	故障分量差动保护	各侧外附 TA	轻微故障	灵敏度高	选配

在 750kV 示范工程及第二批 750kV 兰州东—平凉—乾县输变电工程中，750kV 变压器主保护装置配置有纵差保护、分侧差动保护功能。后续按照加强主保护的思路，750kV 变压器差动保护增加了低压侧小区差动等保护功能。

以某 750kV 变电站（该站有三个电压等级，750kV 和 330kV 母线均采用一台半主接线，66kV 母线采用单母分段主接线）1 号主变压器为例，包含分相差动、低压侧小区差动保护功能的变压器差动保护及其 TA 配置图（含 TA 极性）如图 9-4 所示，图中仅画出双重化保护中第一套主变压器差动保护及其 TA，第二套保护及其 TA 省略。

在图 9-4 中，DL 为开关，TA 为电流互感器，◇为互感器极性端。主变压器纵差保护范围为 TA1~TA6 之间的设备，主变压器分侧差动保护范围为 TA1~TA4、TA7 之间的设备，主变压器分相差动保护范围为 TA1~TA4、TA8 之间的设备，主变压器小区差动保护范围为 TA5~TA6、TA8 之间的设备。

750kV 变压器差动保护原理各有优缺点，需要配合使用，发挥各自优势，以应对各种复杂的故障类型。

当 750kV 变压器低压侧未配置总断路器（此种接线型式目前较少），无主变压器低压侧总断路器 TA 时，主变压器主保护可采用主变压器高压侧外附 TA、中压侧外附 TA 和低压侧套管 TA 构成的分相差动保护，同时，配置主变压器高压侧外附 TA、中压侧外附 TA 和公共绕组 TA 构成的分侧差动保护，即投入"分相差动+分侧差动"保护作为变压器保护的主保护功能。由于无主变压器低压侧总断路器 TA，主变压器低压侧分支数量一般较多，目前采用的"九统一"主变压器保护装置无法引入多路分支电流，且各分支均不 TPY 级 TA。经与主流保护厂家沟通核实，主变压器保护没有将主变压器低压侧套管

TA 电流输入进行转角处理的功能，建议主变压器低压侧未配置总断路器时主变压器保护不投纵差保护。

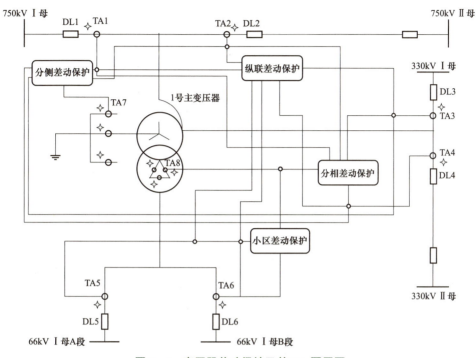

图 9-4 变压器差动保护及其 TA 配置图

当 750kV 变压器低压侧配置总断路器（目前常见接线型式），有主变压器低压侧总断路器 TA 时，主变压器主保护可采用主变压器高压侧外附 TA、中压侧外附 TA 和低压侧套管 TA 构成的分相差动保护，同时，配置主变压器高压侧外附 TA、中压侧外附 TA 和公共绕组 TA 构成的分侧差动保护以及主变压器低压侧三角内部套管 TA、低压侧外附 TA 构成的低压侧小区差动保护，即投入 "分相差动+分侧差动+低压侧小区差动" 保护作为变压器保护的主保护功能。此时，由于有主变压器低压侧总断路器 TA，主变压器保护装置可直接引入低压侧外附 TA，也可采用主变压器各侧外附 TA 构成的纵差动保护，同时，配置主变压器高压侧外附 TA、中压侧外附 TA 和公共绕组 TA 构成的分侧差动保护，即投入"纵差保护+分侧差动"保护作为变压器保护的主保护功能。

早期建设的 750kV 变电站工程在后期主变压器扩建时可能还会遇到如下问题：如某 750kV 变电站第三台主变压器扩建工程，前期 1 号、2 号主变压器低压侧套管电流互感器两个保护级绕组均为 5P20，满足当时的设计要求。为适应低压侧小区差动应用，根据《国家电网公司西北分部关于印发〈750kV 基建（技改）工程继电保护设计审查要点〉的通知》（西北调控〔2017〕184 号）中明确规定主变压器公共绕组和低压侧套管 TA 均应采用 TPY 型 TA。本期 3 号主变压器低压侧套管 TA 按要求可提供为 TPY 级，但会存在已有主变压器备用相（低压侧套管为 5P 级）与 3 号主变压器匹配时低压侧套管 TA 参数三相不一致的情况，不利于备用相匹配。经沟通，提出本期 3 号主变压器低压侧套管 TA 仍采用与前期一致的 5P20，在 3 号主变压器低压侧套管与汇流母线间每相加装两组独立

TPY 级 TA，用于实现 3 号主变压器保护小区差动保护功能，这样，既满足文件要求的精神，也可解决已有主变压器备用相在后期与主变压器其他相匹配问题。

5. 66kV 母差保护的应用

在 750kV 示范工程时未考虑配置 66kV 母差保护装置，低压侧母线故障靠主变压器保护的后备保护来切除。在第二批工程时，考虑到 750kV 变电站的重要地位，配置 66kV 母差保护用以快速切除主变压器低压侧故障。

6. 保护测控一体化装置的应用

保护测控一体化装置是指集保护、测量、控制功能于一体的二次装置，与保护装置相比，多了测量和控制功能。基于可靠、成熟的计算机技术，在设备厂家激烈的内部竞争及外部成本压力逐渐增加的情况下，2015 年前后，微机保护测控装置整合的速度加快，近年来也经历了整合的白热时期。各大设计竞赛中，大多设计方案均推荐保护测控一体化功能集成方案，在实际工程应用中，考虑到不同管理模式，目前仅 66kV 及以下电压等级采用保护测控一体化装置。

7. 智能变电站对保护装置带来的变化

相较于传统变电站，智能变电站对保护装置的影响主要包含以下三方面：

（1）对信息采集、处理的影响。对继电保护中数据传输方面的影响主要包括：

1）模拟量采集方式变化（主要针对采用合并单元的智能变电站）。保护所采用的电子式的互感器或"电磁式互感器＋合并单元"的方式，对继电保护数据源产生了一定的变化，需对以往继电保护中针对电磁互感器所设置的算法和原理重新进行规划。此外，合并单元在采样之后会进行数字转换，这就有可能会造成数据同步延迟的问题，这将对继电保护的运行效果带来一定影响。

2）数据处理方式发生改变。智能变电站中依据 ICE 61850 标准对二次体系进行重新建模，这就造成继电保护的数据处理和相应手段发生改变。在应用 ICE 61850 标准之后，各个设备之间实现了互通和互换，二次数据信息也实现了信息共享，这对于数据信息的储存和保护来说，创造了更加可靠的数据处理手段，致使继电保护形成了新的保护常态。

3）以往的继电保护数据传输方式为设备之间采用电缆连接，将电缆作为数据传输的媒介。而智能变电站是将有线电缆传输转变成光纤传输，利用网络通信实现数据传输的目的，通过网络进行传输之后，使得继电保护更具灵活性，同时支持大量的数据信息传输。

（2）对实现机制的影响。对继电保护实现机制的影响主要包括：

1）智能化的网络数据交换替代原有的数据交换工作。以往的继电保护数据交换是通过采样、计算、出口等步骤进行操作，而智能变电站技术实行之后仅需要利用网络来实现数据交换即可。将原有的操作流程进行简化，在继电保护运行过程中，不再需要对保护装置、数据信息和保护对象进行捆绑，在很大程度上提升了数据信息交换和继电保护的灵活性能。

2）网络化数据的交换与交换机的智能化改善了二次回路不能进行监测控制的弊端。通过对网络数据信息的交换情况进行监控和预警，继电保护可以实时了解数据交换的实际情况，在遇到突发问题时，可以通过智能化设备及时发现并解决，在很大程度上提升

了数据交换的可靠性。

3）过程层的统一采样改善了传统分别进行数据收集的弊端。通过这种信息交互模式使得变电站内部的数据得以重建，实现高质量、高水准的信息共享技术。

4）将主变压器、高压并联电抗器等非电量保护功能集成于本体智能终端中，就地电缆直接跳闸，保护功能集成于一次设备的方案更趋于智能变电站的最终目标。

（3）对运行与维护的影响。对继电保护运行与维护的影响主要包括：

1）改变了继电保护的组成结构与运行方式，原有继电保护自动化系统的运维技术已经无法满足智能变电站技术的发展，有待进一步改进。

2）实现对继电保护的二次回路监测，在很大程度上改进了继电保护设备运行状态的检修操作。

3）智能变电站技术是依据统一标准对二次系统进行建模，使变电站的相关设备都实现了一体化建模。这种情况下，一旦出现需要更换的设备以及需要对变电站进行改建的操作，智能变电站的继电保护系统将面临着实时更改数据库的难题。

8. 保护装置标准化的实施

近年来，随着电网的迅猛发展，变电站工程量与日俱增，这就要求从设计、施工到维护的一系列工程过程要有统一的标准。现场调试及维护人员面临众多厂家和回路，要求各装置、各回路、各设计环节尽量统一，可以节约调试及维护成本。

2013 年前后，提出了继电保护"六统一"标准。继电保护"六统一"是指功能配置统一、回路设计统一、端子排布置统一、接口标准统一、屏柜压板统一和保护定值、报告格式统一。可以看出"六统一"标准对装置的配线、内部保护与测控功能以及程序设计、装置通信等方面较以往都进行了更为细致的规定，从而使厂家和设计单位有据可依，更有利于设计、接线、调试、维护与事故分析等。

2019 年前后进一步推出继电保护"九统一"标准，在原有"六统一"的基础上进行改进，即功能配置统一、定值格式统一、报告输出统一、接口标准统一、组屏方式统一、回路设计统一、面板显示灯统一、装置菜单统一和信息规范统一。进一步规范电网继电保护装置，有效处理各地电网网架结构、运行习惯及保护配合方式差异，解决保护版本以及工程版本较多，版本管理较难的一些突出问题。

二、750kV 串联补偿装置控制保护

2018 年 11 月，750kV 月海柴串联补偿工程首台首套设备在青海日月山 750kV 变电站正式投入运行，缓解了青海海西地区大规模光伏发电外送受限问题，也填补了国内750kV 电压等级超高压交流输变电工程技术及串联补偿标准的空白。

本节以 750kV 月海柴串联补偿工程为例，对其控制保护相关配置进行介绍。

1. 串联补偿装置控制保护配置

750kV 月海柴串联补偿工程采用固定串联补偿（FSC）装置。固定串联补偿装置的控制保护系统完成串联补偿装置电气量的测量、运行状态的监测、控制操作命令的执行和设备保护等功能，可以接受调度命令或操作员命令，完成"系统级"控制，具有灵活的控制方式和友好的监控显示界面。

控制保护系统采用控制和保护相互独立的配置方案。串联补偿工程控制保护及监控系统网络结构图如图 9-5 所示。

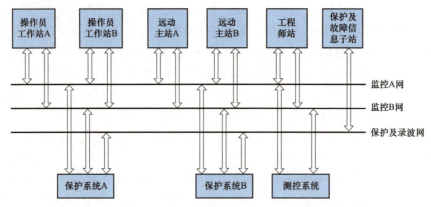

图 9-5 串联补偿工程控制保护及监控系统网络结构图

本系统主要接入操作员工作站、工程师站、保护及故障录波子站以及远动系统（远动主站）。串联补偿装置的保护系统采用两套完全独立运行的冗余配置。保护系统 A/B 和测控系统通过监控双网和保护及录波网与站控层双向通信。保护系统 A/B 分别将保护动作信息上传到监控 A 网和监控 B 网，同时分别将录波信息上传到保护及录波网；操作员工作站 A/B 将控制命令通过监控网下达到保护系统 A/B 和测控系统；远动主站将上级调度的信息通过监控网下达到保护系统 A/B 和测控系统。

串联补偿工程控制保护系统功能框图如图 9-6 所示。

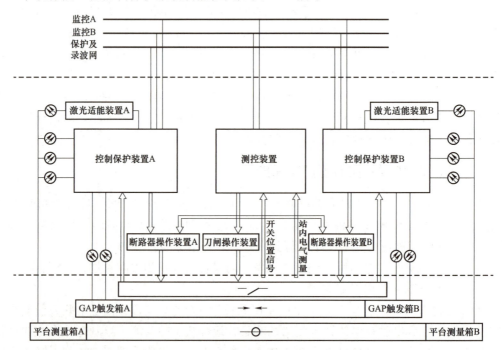

图 9-6 串联补偿工程控制保护系统功能框图

控制保护系统接收平台测量箱采集的串联补偿装置一次电气量信息，监视相关的开关量信息，完成串联补偿一次设备的保护算法，在系统故障或装置故障时，给出相关的保护动作指令（触发 GAP、合旁路断路器等）。测控装置完成站内电气量测量、开关量输入信号采集，并实现对串联补偿刀闸、断路器的控制功能。断路器操作装置接收保护装置、测控装置的指令，动作于旁路断路器；刀闸操作装置接收测控装置的指令，动作于各个刀闸。激光送能装置可在串联补偿装置检修、线路空载等工况下给平台测量箱提供工作电源。

2. 串联补偿装置接入以后对 750kV 交流线路保护的影响

固定串联补偿装置由电容器（C）、金属氧化锌非线性电阻（MOV）、放电间隙（Q）、阻尼电阻（D）组成，结构示意图如图 9-7 所示。750kV 串联补偿装置接入线路后，对相关线路的电气特征和线路保护均有一定影响。

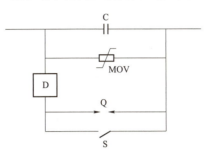

图 9-7　固定串联补偿装置结构示意图

（1）含串联补偿线路对线路保护的影响。

1）电压反向。单回串联补偿线路等值系统示意图如图 9-8 所示。在该单回串联补偿线路上出现"电压反向"的情况主要有如下两种：

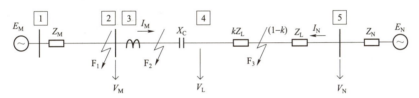

图 9-8　单回串联补偿线路等值系统示意图

a. 在本线 F_3 点发生三相短路，此时

$$\dot{V}_M = \frac{j(kX_L - X_C)}{j(X_M + kX_L - X_C)}\dot{E}_M = \frac{kX_L - X_C}{X_M + kX_L - X_C}\dot{E}_M \qquad (9-2)$$

当 $kX_L < X_C < X_M + kX_L$，$\dot{V}_M$ 的相位与 $\dot{E}_M$ 相反，即发生了"电压反向"。

b. 在本线路 F_2 点或背后母线或邻线出口 F_1 点发生三相短路，此时

$$\dot{V}_L = \frac{-X_C}{X_N + X_L - X_C}\dot{E}_N \qquad (9-3)$$

$\dot{V}_L$ 的相位与 $\dot{E}_N$ 相反，即发生了"电压反向"。

2）电流反向。在本线 F_3 点发生三相短路，此时

$$\dot{I}_M = \frac{\dot{E}_M}{j(X_M - X_C + kX_L)} \qquad (9-4)$$

当 $X_C > X_M + kX_L$ 时，故障电流 $\dot{I}_M$ 超前 $\dot{E}_M$，即发生了"电流反向"。

3）方向继电器的电压方向。反映故障分量的负序、零序方向继电器的正确工作取决于从故障点看出的保护背后等值电源阻抗的性质。采用串联补偿装置的母线侧 TV，串联

补偿电容不可能使此阻抗变成容性，所以这类方向继电器都能正确动作。

但若采用串联补偿装置的线路侧 TV，在正向故障时背后等值电源阻抗有可能为容性而使保护拒动，此时需对该方向继电器的电压进行补偿。

4）对距离保护的影响。由于串联补偿装置等效地缩短了线路的电气距离，当保护装置和故障点之间存在串联补偿电容，且串联补偿装置没有被旁路的情况下，距离元件出现超越动作的情况主要是距离 I 段元件受到了影响。

（2）串联补偿装置对线路保护影响的解决方案。

1）针对"电压反向"问题解决方案。"电压反向"将使距离继电器测量到阻抗性质发生变化，造成距离保护动作不正确，表现为区内某些故障拒动、反方向某些故障失去方向性误动。以姆欧型相间距离继电器为例，只要保证极化电压不反向，则发生区内故障时距离继电器就不会拒动，极化电压必须带记忆的方法。姆欧型相间距离继电器的正、反方向故障的动作特性分别如图 9-9 和图 9-10 所示。

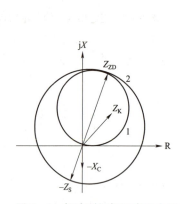

图 9-9　姆欧型相间距离继电器
正向故障的动作特性

1—静态动作特性；2—动态动作特性

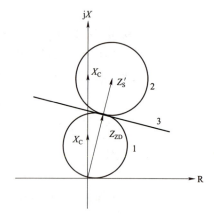

图 9-10　姆欧型相间距离继电器
反向故障的动作特性

1—静态动作特性；2—动态动作特性；3—电抗线

"电压反向"仅发生在电容器出口附近的一段区域内，极化电压采用记忆后可保证距离继电器能快速动作。此时对于反方向的距离继电器，采用记忆的极化电压后，测量阻抗一般不会落入反向动作圆，但在某些情况下由于助增的作用，阻抗圆也有可能误动作，但是其与电抗继电器无共同的动作区，可以有效防止这种情况的误动作。

而对于三相短路，如前所述，采用带记忆的正序电压极化后，动作圆为上抛圆 2，但记忆消失之后，动作圆变为 1，与电抗线 3 就有了共同的动作区，仍可能发生误动。装置中设置一个记忆时间不同的逻辑来闭锁反向误动：设置两个记忆时间不同的阻抗继电器，在正向故障时，这两个继电器同时动作；而在反方向故障时，记忆时间短的先误动，长的后误动。通过这两个继电器动作时间的先后逻辑来闭锁继电器的动作，则可防止反向故障阻抗继电器失去方向性的问题。该逻辑仅使用了本装置的信息，而解决了反向故障电压反向引起失去方向性的问题。

2）方向继电器解决方案。在有串联补偿装置的线路，串联补偿侧采用线路侧 TV 时，有可能出现零序电压反向，导致背后电源等效阻抗为容性的情况，由此该侧的零序功率方向元件将误判为反方向，出现正方向故障保护拒动的情况，正、反方向故障分别如图 9-11 和图 9-12 所示。

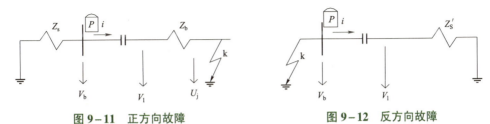

图 9-11　正方向故障　　　　　　　　　　　图 9-12　反方向故障

当采用串联补偿母线 TV 时，正、反方向故障时方向继电器的动作分别取决于 Z_S 和 $Z'_S - jX_C$ 的性质。Z_S 和 Z'_S 都是感抗。因为所有线路的补偿度均不会大于 100%，总有 $|Z'_S| > X_C$，即 $Z'_S - jX_C$ 为感性，所以采用串联补偿母线侧 TV 时，零序电压不会反向，方向继电器肯定能正确动作；当采用串联补偿线路 TV 时，在正、反方向故障时继电器的动作分别取决于 $Z_S - jX_C$ 和 Z'_S 的性质。由于 $Z_S - jX_C$ 的零序和负序不一定总为感性的，因此该侧的零序和负序方向元件可能出现不正确的情况。

为此在方向比较电压中加入补偿

$$U_j = U - I \cdot Z_b \tag{9-5}$$

取 Z_b 为线路阻抗的一部分，相当于将方向元件设于线路的中间。

正方向故障时，$U_j = U - I \cdot Z_b = -I \cdot (Z_S - jX_C) - I \cdot Z_b = -I \cdot (Z_S + Z_b - jX_C)$ Z_b 的选取应保证 $Z_S + Z_b - jX_C$ 为感性，可以简单地可取 $Z_b = jX_C$。

反方向故障时，$U_j = U - I \cdot Z_b = I \cdot Z'_S - I \cdot Z_b = I \cdot (Z'_S - Z_b)$。

由于 Z_b 只取线路的一部分阻抗，即 $Z_b < Z'_S$，因此补偿后的方向继电器在反方向故障仍保持正确的方向性。对于零序方向元件进行电压补偿，由于线路零序阻抗远大于正序阻抗，这样的补偿仅补偿了线路的一小部分，因此在反向故障情况下更不会失去方向性。

3）距离元件解决方案。阻抗继电器的正向有串联补偿装置时，必须考虑阻抗 I 段的超越问题，尤其是下一回线路始端有串联补偿装置时，如图 9-13 所示，由于助增的影响阻抗 I 段无法整定；同时由于得不到流过串联补偿装置的电流，也无法计算电容器两端的压降。

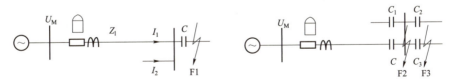

图 9-13　正向区外故障时，I 段阻抗超越

但由于存在 MOV 的保护作用，串联补偿装置两端的电压是不能超过其保护级电压 U_{PL}，这个参数作为串联补偿装置的设计参数是已知的，可以作为一个定值来使用。可以采取保守的做法，认为在故障情况下电容器两端的电压总是达到其保护级电压 U_{PL}，

以此来估计串联补偿装置的等效容抗。即

$$X'_C = \frac{U_{PL}}{\sqrt{2}I}\qquad\qquad(9-6)$$

式中　I——保护感受到的相电流；

　　U_{PL}——以峰值表示的电压，将其折算为有效值 $\sqrt{2}I$。

实测由式（9-6）估算的串联补偿装置的容抗，则将阻抗继电器工作电压中的阻抗定值扣除该容抗，则可防止阻抗继电器超越。

对电容器组有助增电流的情况，虽然此时 $Z_C = \dfrac{U_C}{I_1} = X_C \cdot \dfrac{I_1 + I_2}{I_1}$，超越的情况变得更加严重，但仍然有 $U_C < U_{PL}/\sqrt{2}$，因此利用保护级电压进行补偿的方法依然有效。

从稳态的情况来看，该方法能有效地防止阻抗 Ⅰ 段的超越，不管串联补偿是在本线还是邻线，有还是没有助增的情况。保护安装处与故障点之间有电容，保护测量阻抗受电容影响而超越的问题可以通过正向保护电压的引入而彻底解决，正向保护级电压定值 U_{PL} 一般按 MOV 的保护级电压整定。

由于串联补偿电容两端的电压 U_C 低于正向保护级电压 U_{PL}，串联补偿电容的容抗就可以用正向保护极电压补偿的阻抗所抵消，如果区外故障放电间隙随机导通了，电容被旁路，就更不会超越了。

同时，在区内故障时，保护范围可以根据故障电流的大小做自适应的调整。在本线区内故障时实际的保护范围回缩 $\dfrac{U_{PL}}{\sqrt{2}I}$，短路电流越大保护范围越大。故障越严重，电路电流越大，可以迅速地动作，满足无通道速断保护的要求。当区内保护范围末端发生不严重故障由于保护范围缩小而不能动作的情况可以交给纵联保护完成。

3. 750kV 串联补偿线路保护改造方案

针对 750kV 月海柴串联补偿工程，实施如下保护配置方案：

（1）串联补偿电容安装的线路保护装置更换为适应串联补偿电容接入的差动保护装置。

（2）串联补偿电容相邻输电线路的保护装置更换为适应于串联补偿电容接入的差动保护装置。

（3）对于安装串联补偿装置的 750kV 较短线路（柴达木至鱼卡，日月山至西宁），考虑电容助增作用对相邻二级的 750kV 输电线路同样能造成影响。因此，向外延伸一级，将其相连的 750kV 输电线路的线路保护装置更换为适应串联补偿电容接入的差动保护装置。

（4）对于串联补偿安装站的 330kV 输电线路，由于变压器电抗值大于串联补偿容抗值，仅在 3 台变压器并联运行情况下，变压器等值阻抗略小于串联补偿容抗值，但此时串联补偿电容受 MOV 和火花间隙的综合作用，330kV 输电线路一般不会受到串联补偿装置接入的影响。考虑 330kV 出线较多，改造所有保护对整个系统影响较大。为保险起见，对于串联补偿站内 330kV 输电线路从线路保护相关元件的功能投退进行考虑。将可能出现多台 750kV 变压器并联运行（综合考虑后续扩建情况）的串联补偿站，其 330kV 输电线路主保护为差动保护的欠范围距离一段及工频变化量距离保护退出运行，从而有效避免串联补偿装置接入带来的影响。

三、750kV 限流电抗器对继电保护的要求

2019 年，灵州±800kV 换流站 750kV 银川东间隔限流电抗器扩建工程首台首套设备正式投入运行，有效限制了银川东、灵州 750kV 母线短路电流水平，保证了电网的安全运行，也填补了国内 750kV 电压等级超高压交流输变电工程技术及相关标准的空白。

以下对灵州换流站 750kV 银川东间隔增加限流电抗器后对交流继电保护的影响进行分析介绍。灵州±800kV 换流站 750kV 银川东间隔限流电抗器采用干式空心、单相电抗器。单台限流电抗器由 2 个参数相同的电抗器线圈串联组成，每台配一台并联电容器、两台并联避雷器及相应的支柱绝缘子。每 3 台电抗器为一回路出线。每组串联电抗器装置两侧各经 1 组隔离开关串入线路，同时在每组串联电抗器上设 1 组旁路隔离开关，此方式下可通过旁路开关的转换控制串抗是否接入，运行方式更加灵活。串联电抗器结构示意图如图 9-14 所示。

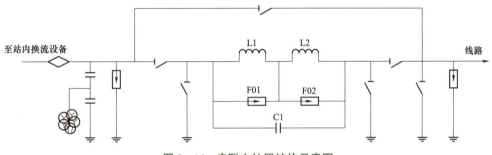

图 9-14　串联电抗器结构示意图

1. 串联电抗器对线路保护的影响

（1）对差动保护的影响。分相电流差动保护基于基尔霍夫电流定律，即线路正常运行时，从线路一端流进的电流等于从另一端流出的电流。而当线路上发生故障时，线路两端的电流都流向故障点。

对于区内故障，串联电抗器的接入使得故障过程中线路阻抗增加，但不会影响线路电流的流向，仅影响差流大小。而差动保护定值通常按躲过线路的电容电流整定，远远小于实际故障差流，灵敏度非常高且具有绝对的选择性，因此差动保护定值不需要调整。

另外，电流差动原理的保护可检测到串联电抗器内的接地故障。电抗器的故障主要包括接地故障与匝间短路故障。因为线路的分相电流差动保护接于串内的独立 TA，对串联电抗器的接地故障，线路的分相电流差动保护可以覆盖，所以线路分相电流差动保护，可以作为串联电抗接地故障的主保护。

为了防止长距离输电线路出口经高过渡电阻接地时，近故障侧保护能立即启动，但由于助增的影响，远故障侧可能故障量不明显而不能启动，差动保护不能快速动作，针对这种情况，保护装置设有差动联跳继电器，本侧任何保护动作元件动作（如距离保护、零序保护等）后立即发对应相联跳信号给对侧，对侧收到联跳信号后，启动保护装置，并结合差动允许信号联跳对应侧。

（2）对距离保护的影响。当线路 TV 位于串联电抗器母线侧时，串联电抗器的接入会对原线路距离保护的整定产生影响。为使得接入串联电抗器后，线路距离保护的测量阻抗仍有明确的意义，零序电流补偿系数采用考虑串联电抗器后的零序补偿系数。

考虑串联电抗器后的零序电流补偿系数 K' 随着故障点的变化而变化，选取故障点在本线路末端时的 K' 值作为零序电流补偿系数的整定值［见式（9−7）］，原因如下：故障点离保护安装处越近，L_k 越小，实际的零序电流补偿系数 K' 越小。选取故障点在本线路末端时的 K' 值作为零序电流补偿系数的整定值。当故障发生在本线路时，整定的零序电流补偿系数大于实际的零序补偿系数，接地距离保护的测量阻抗偏小，保护更加灵敏。当故障发生在下级线路时，整定的零序电流补偿系数小于实际的零序补偿系数，接地距离保护的测量阻抗偏大，保护不会超越。

$$K' = \frac{(Z_0 - Z_1)L_k}{3(Z_1 L_k + Z_{CK})} = \frac{Z_0 - Z_1}{3\left(Z_1 + \dfrac{Z_{CK}}{L_k}\right)} \qquad (9-7)$$

式中　Z_0 ——被保护线路的零序阻抗；

　　　Z_1 ——被保护线路的正序阻抗；

　　　Z_{CK} ——串联电抗器阻抗；

　　　L_k ——线路长度。

（3）对零序过电流保护的影响。串联电抗器的加入使得母线到故障点的阻抗增大，保护安装处的零序电流减小，零序电压减小，从而缩短了零序电流保护的保护范围，降低了灵敏度，有可能会出现故障发生但继电器拒动的情况。

保护安装处的零序电流与零序电压之间的相位差由母线背后系统阻抗决定，与线路阻抗无关，因此串联电抗器的加入对零序功率方向元件影响不大，仅在一定程度上降低了零序电压影响零序功率方向元件的判别。

（4）对重合闸的影响。通过国内其他 500kV 线路增加串联电抗器仿真计算研究线路安装串联电抗器后对重合闸的影响，得到以下结论：

1）串联电抗器是否投入运行对潜供电流的熄弧时间基本没有影响，因此重合闸的重合时间整定无须专门考虑串联电抗器的投入运行与否。

2）由于三相串联电抗器阻抗值完全相同，而且串联电抗器采用空心电抗，不存在饱和等问题，因此在重合闸时不存在不平衡电流的情况，不影响重合闸的成功率。

虽然串联电抗器不会直接影响到自动重合闸装置的运行，但是由于串联电抗器的存在，使得自动重合闸的情况变得较为复杂。当被保护范围内（串联电抗器或线路）故障时，线路纵联差动保护会判别出线路故障内部故障而动作，同时启动重合闸，经过一段延时后线路开关重合。如果故障发生在线路上，这样的重合逻辑是完全没有问题的。而如果故障发生在串联电抗器的内部，此时的自动重合闸存在很大的风险。也就是说自动重合闸重合于串联电抗器的内部故障，再次重合的故障电流会加重串联电抗器内部的损伤程度。线路保护可在投运初期取消重合闸功能，可靠运行一段时间后再投入重合闸功能。

2. 750kV 串联电抗器线路保护改造方案

灵州±800kV 换流站 750kV 银川东间隔限流电抗器采用干式空心电抗器，考虑匝间短路故障后通过线路保护跳开故障，且匝间一旦短路，无法修复，配置保护的意义不大，因此线路加装串联电抗器后，线路两侧原有线路保护装置继续使用，未配置专门的串联电抗器本体保护。

串联电抗器的接入对本线路及周边线路差动保护、重合闸影响不大，保护定值可不做修改；串联电抗器的接入对本线路及周边线路距离保护、零序电流保护产生影响，在串联电抗器投入、退出时，可在保护屏柜相应调整保护整定以配合串联电抗器投退状态。

四、750kV 可控避雷器控制

可控避雷器在国内最早试点应用于 1000kV 北京西—石家庄输变电工程。2022年，首台首套 750kV 可控避雷器设备在郭隆 750kV 变电站、武胜 750kV 变电站正式投入运行。

1. 可控避雷器基本组成

可控避雷器主要安装在高压、特高压线路两端，用于抑制线路的合闸操作过电压。交流开关型可控避雷器示意图如图 9-15 所示。

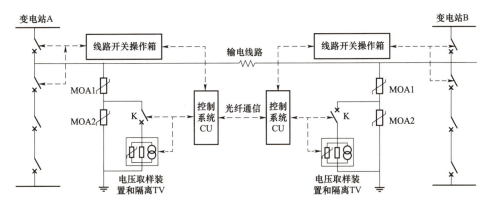

图 9-15 交流开关型可控避雷器示意图

图 9-15 中的可控避雷器由三部分组成，分别为避雷器本体 MOA，控制开关 K 及控制系统 CU。其中避雷器本体 MOA 包含 MOA1 和 MOA2 两部分，MOA1 为避雷器固定部分，MOA2 为避雷器可控部分，在 MOA2 两端并联有控制开关 K。线路带电时，自动分控制开关，将避雷器可控部分投入；线路带电后，自动合控制开关，当控制开关合闸时，避雷器可控部分退出，整个避雷器的残压将降低，从而达到限制特高压系统中合闸操作过电压的作用。

控制系统 CU 是可控避雷器的智能控制组件，实现控制开关 K 的控制和整套可控避雷器的通信，监视功能。控制开关 K 串联有电压取样装置和隔离 TV，通过该电压判断控制开关 K 的位置。

可控避雷器安装在线路两端，可控避雷器控制系统需要联锁对侧变电站线路开关，通过光纤通信网进行信号的交互。当在线路正常带电出现分闸失灵故障时，可控避雷器 MOA2 长期被旁路，MOA1 会因长期承受过负荷而出现压力释放损坏。此时需要跳开线路中开关和边开关保护避雷器，跳闸信号通过线路开关操作箱直接出口，不经过线路保护装置和测控装置。

2. 控制系统的功能及控制策略

（1）控制系统的功能。

1）自动分合闸功能。线路不带电时，控制开关合闸，退出避雷器可控部分 MOA2；线路带电时，控制开关分闸，投入避雷器可控部分 MOA2；线路合空线、单相重合闸时，控制开关均可进行上述自动分、合闸操作。

2）拒动、误动处理功能。在控制开关分闸失灵时，将两侧线路开关三相跳开，避免可控避雷器固定部分 MOA1 过负荷发热损坏；当控制开关合闸失灵时，禁止对侧线路开关三相合闸操作。

3）遥控/手动操作功能。控制系统具有控制开关遥控/手动操作功能，可在后台遥控操作控制开关分、合闸，可在屏柜上通过把手进行手动操作控制开关分、合闸。

4）自检功能。在线路不带电时，控制系统可执行自检操作，按照顺控流程执行控制开关分、合闸操作命令，检验控制系统和控制开关的可用性。

5）通信功能。在合空线时，最严重的合闸过电压出现在线路的末端，因此两变电站可控避雷器控制系统需要可靠的交互数据以监视对侧可控避雷器运行状态，进行逻辑判断，并接收/发送远跳命令，实现线路两端可控避雷器控制系统的协同操作。

6）人机交互功能。能够在远方和就地全面实时地监控可控避雷器的运行状态。

（2）控制系统组成。可控避雷器控制系统由控制器、通用测控装置、控制开关操作箱、通信装置组成。控制系统协同可控避雷器各个部分与变电站二次系统之间的连接，实现可控避雷器整体的控制、保护、监控和通信功能。

控制器是可控避雷器控制系统的核心，实现信号采集计算、逻辑控制保护、站间通信等功能。控制器主要功能包括：

1）实时采集线路电压、电流，判断线路有压、无压状态，根据控制策略将分/合闸指令输出至控制开关操作箱 1 和操作箱 2，同时对两组分/合闸线圈进行控制。

2）采集控制开关的分合闸位置、近控、合簧未储能、SF_6 低气压闭锁等信号作为辅助判据。

3）控制器开出"允许线路开关合闸"信号接点串接至线路开关操作箱的手合/遥合回路，闭锁线路开关的合闸操作。控制器开出"分闸失灵跳线路开关"接点至线路开关操作箱分闸回路（可接 TJF 或者 TJR，根据是否启失灵确定）。当出现控制开关合闸失灵故障时，发出合闸失灵信号，同时闭锁线路开关的合闸操作；控制开关分闸失灵时，跳开线路开关，同时向对侧控制器发出分闸失灵远跳信号，告知对侧控制器。为不对线路开关已有的控制保护系统产生影响，控制器仅与线路开关的操作箱连接，以实现线路开关合闸闭锁、控制开关分闸失灵跳线路的操作需求。

通用测控装置采集开关本体、操作箱、控制器的信号，并将信号上送至监控后台。

控制开关操作箱监视开关的分、合闸位置，接收控制器下发的分、合闸指令，并向控制开关分合闸线圈发出控制命令，向通用测控装置发送断路器三相不一致、控制回路断线等监视信号。每套操作箱包含一组分相合闸回路及一组分相分闸回路，配置两套操作箱与控制开关的两组分合闸线圈配合使用。

可控避雷器控制系统通过复用站内的数字通信设备（synchronous digital hierarchy，SDH）接入变电站光纤通信网，与对侧变电站的可控避雷器控制系统进行通信，实现线路两侧可控避雷器控制系统信号的交互。光纤互传信号包括控制开关位置、分闸失灵跳线路、合闸失灵等。

可控避雷器控制系统屏柜布置方案为控制器、两个控制开关操作箱、通用测控装置集中组屏放置于继电器小室，通信屏安装 MUX（复用接口装置）装置放置于通信机房。根据工程实际情况，也可将 MUX（复用接口装置）装置组于控制屏内。

（3）控制策略。根据可控避雷器的原理，为能够达到深度限制合闸过电压的目的，在线路开关合闸时，线路末端的可控避雷器控制开关 K 必须处于合位，即可控避雷器的可控部分 MOA2 应该被旁路。针对传统时序控制方式操作复杂、可靠性不高的问题，在深入研究避雷器特性及操作过电压特性后，采用更加可靠简洁的"预先合闸，滞后分闸"控制策略，进一步考虑工程的应用和可靠性。可控避雷器的控制策略具体描述如下：

1）控制开关自动合闸。当专用控制器检测到线路处于无压状态，线路对侧也处于无压状态，控制开关处于分位，且控制器处于自动控制模式时，控制器发出合闸指令给控制开关操作箱合上控制开关，将避雷器可控部分退出。

控制系统监测控制开关本体的运行状态如合闸弹簧未储能信号、SF_6 低气压闭锁等信号，控制开关不具备合闸条件时，将闭锁自动合闸命令发出。自动合闸功能的逻辑图如图 9-16 所示。

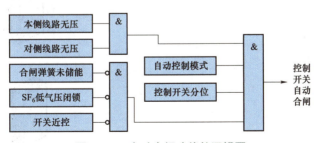

图 9-16　自动合闸功能的逻辑图

2）控制开关自动分闸。当检测到线路处于有压状态，或线路对侧处于有压状态，控制开关没有处于分位，且控制器处于自动控制模式时，控制器发出分闸指令给控制开关操作箱分开控制开关，将避雷器可控部分投入。自动分闸功能的逻辑图如图 9-17 所示。

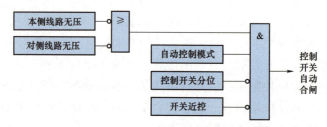

图 9-17　自动分闸功能的逻辑图

五、750kV 可控高压并联电抗器控制保护

750kV 可控高压并联电抗器输电装置最早应用于我国新疆与西北主网联网 750kV 第二通道工程的鱼卡 750kV 变电站、沙洲 750kV 变电站的 750kV 线路和母线上。本部分主要对 750kV 线路采用阀控式可控高压并联电抗器的控制保护进行介绍。

1. 可控高压并联电抗器基本组成

750kV 线路采用阀控式可控高压并联电抗器,阀控式可控高压并联电抗器系统分为本体和控制两个部分。其系统结构示意图如图 9-18 所示。本体部分采用高漏抗型变压器,三相按 Y 型接线,中性点经小电抗接地;控制部分反并联的晶闸管和旁路开关来控制接入变压器二次侧的电抗值,从而改变阀控式可控高压并联电抗器的容量,以达到调节系统电压的目的。

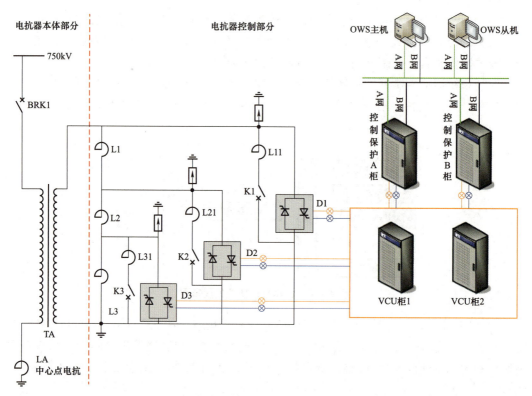

图 9-18　阀控式可控高压并联电抗器系统结构示意图

由图 9－18 控制部分可知，阀控式可控高压并联电抗器输出容量分为 4 个等级：10%、40%、70%、100%。晶闸管阀组 D1、D2、D3 分别定义为 100%级、70%级、40%级晶闸管阀组，相应的旁路开关也定义为 100%级、70%级、40%级旁路开关。

反并联晶闸管和旁路开关并联组合成复合开关，复合开关是阀控式可控高压并联电抗器调档时的动作部件。当阀控式可控高压并联电抗器升档时，目标等级的反并联晶闸管率先导通，随后对应的旁路开关合闸，待合闸成功后，反并联晶闸管关断；降档时，当前等级的反并联晶闸管率先导通，随后对应的旁路开关分闸，待分闸成功后，反并联晶闸管关断。这样的动作策略实现了完全由晶闸管开断电流，断路器仅是机械开合，大大增加了断路器的开断次数和寿命。

阀控式可控高压并联电抗器输出容量与旁路开关状态对应关系如表 9－4 所示。

表 9－4　　阀控式可控高压并联电抗器输出容量与旁路开关状态对应关系

容量	10%	40%	70%	100%
K1	分闸	分闸	分闸	合闸
K2	分闸	分闸	合闸	合闸
K3	分闸	合闸	合闸	合闸

控制系统由主控制单元、接口单元及阀组控制单元组成。主控单元完成采样数据的接收和计算处理、同步锁相及触发脉冲的计算与发出、基本控制或相关逻辑计算、数字量开入开出处理、装置管理，对上位机通信等功能。接口单元完成对阀控系统中各个支路模拟量采集的功能。阀组控制单元完成触发脉冲的光电转换。保护按对象配置，即每个保护装置对应完成特定功能的一次设备。本体保护单套配置，辅助保护在可控高压并联电抗器控制保护装置中实现，为冗余配置。保护区域重叠，无死区。通过保护功能的完善，提高冗余度，尽量做到某一保护装置故障，仍有其他保护装置可以提供后备保护，保证系统安全性，提高系统可用率。

2. 控制保护系统功能

（1）控制系统功能。阀控式可控高压并联电抗器分为手动控制和自动控制两种模式。

1）手动控制模式。手动控制模式分为旁路开关控制模式和升降档模式。

旁路开关控制模式下可以直接对任意旁路开关进行分合闸遥控操作，不会触发晶闸管阀组。一般在系统投运前、检修或者如开关分合闸失灵等异常工况下切换到该模式。在自动控制模式下不允许切换到该控制模式。

当选择手动控制模式时，阀控式可控高压并联电抗器只根据运行人员通过后台监控系统下发的操作命令进行调档。调档命令包括升档和降档，当阀控式可控高压并联电抗器为最大容量时不允许运行人员进行升档操作，当为最小容量时不允许降档操作。手动调档每次只升降一档，不越级调档。

2）自动控制模式。在自动控制模式下，阀控式可控高压并联电抗器闭锁手动调档功能，执行自动控制策略。自动控制策略包括两个内容：电压稳态控制和电磁暂态控制。

a. 电压稳态控制。针对系统无故障情况下的电压正常波动，阀控式可控高压并联电抗器以 750kV 线路的三个线电压为实时监测量，执行电压稳态控制策略。电压稳态控制策略包括内层电压控制、外层电压控制和最外层电压控制。三层电压控制调节原理如图 9-19 所示。

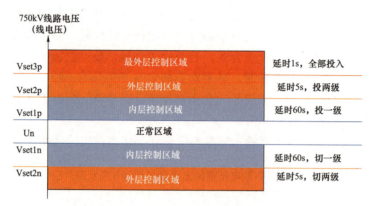

图 9-19　三层电压控制调节原理

b. 电磁暂态控制。电磁暂态控制针阀控式可控高压并联电抗器在所在 750kV 线路发生运行故障时的控制投切策略，主要包括以下情况：

（a）保护跳线路开关。当阀控式可控高压并联电抗器所在 750kV 系统发生线路故障保护、断路器保护、本体保护等一系列保护动作，导致线路开关跳闸线路失电时，阀控式可控高压并联电抗器立即出口动作升至最高档，投入所有高压并联电抗器容量，以起到降低故障过程中的潜供电流，提高重合闸的成功率、稳定系统电压等目的。

（b）线路开关偷跳。当阀控式可控高压并联电抗器控制保护装置结合线路开关位置、开关检修信号、开关合后 KKJ 信号和线路电流，判断线路发生开关偷跳时，立即出口动作升至最高档，投入所有高压并联电抗器容量。

电磁暂态控制发生时，暂时闭锁电压稳态控制功能，此时阀控式可控高压并联电抗器无法根据线路电压进行自动调档。待线路从故障和异常中恢复，潮流恢复正常后，延时 5s，解锁电压稳态控制功能。

3）控制器解锁。在切换到手动升降档或者自动控制模式后，需要将控制器解锁才能使其正常工作，控制器成功解锁表明控制系统当前工作状态正常，满足自动控制以及阀正常触发等基本条件。旁路开关控制模式下无需进行控制器解锁。

（2）保护功能。可控高压并联电抗器保护分为本体保护和辅助保护两部分。本体保护包括大差保护、匝间保护和后备保护等功能。辅助保护是相对于本体保护而言，主要针对控制部分电抗器和阀组故障提供有效的保护功能。

1）阀过电压保护。为了防止系统母线电压过高或变压器匝间短路引起电抗器二次侧过电压，即阀过电压，装置提供了阀过电压保护。

该保护检测可控高压并联电抗器二次侧阀端电压，当阀端电压大于设定值，整定延时到时，保护动作，闭合三级断路器，禁止所有容量等级的调节。

2）阀持续导通保护。阀持续导通保护主要用于保护晶闸管阀在异常情况下，持续导通超过设计时间，引起阀温度过高，导致晶闸管阀损坏的问题。

阀持续导通共有两段保护，当阀电流大于Ⅰ段保护启动电流，且持续时间大于Ⅰ段延时时间时，Ⅰ段保护动作，触发100%级晶闸管，合三级开关；当Ⅰ段保护动作后，阀电流仍大于Ⅱ段保护启动电流，且持续时间大于Ⅱ段延时时间时，Ⅱ段保护动作，跳高压并联电抗器所在线路断路器，将线路和高压并联电抗器退出运行。由于100%级阀组为最高级阀组，所以当发生Ⅰ段保护时，直接跳高压并联电抗器所在线路断路器。

3）阀拒触发保护。阀拒触发保护主要用于检测阀触发系统故障导致的阀拒触发。该保护通过检测阀组电流实现保护功能。

当控制器发出阀触发信号的同时启动阀拒触发保护。控制器监测到在整定延时时间内阀组流过电流持续低于拒触发保护电流定值，则拒触发保护动作，闭锁可控高压并联电抗器调节功能。

4）阀触发不对称保护。阀触发不对称保护主要用于检测阀触发系统异常，造成直流偏置。该保护通过检测阀电流实现保护功能。

5）电抗器过电流保护。主要用于当电抗器过电流时，避免电抗器过热烧损而提供保护。

6）电抗器断线保护。主要用于当本体二次侧发生断线时，对可能引起的过电压提供保护。如果电抗器二次侧串联负载电抗器某相发生断线，那么该相空载，电压上升到二次空载电压，可能会超过100%级阀串能承受的最高电压，也可能超过和100%级阀端避雷器电压，阀在二次空载的工况下触发导通非常危险，可能会因为阀的导通电流过大而损坏晶闸管阀。同时阀端避雷器在高于额定电压下运行也十分危险，该保护检测可控高压并联电抗器二次侧电压和电流，当二次侧电压大于整定值，二次侧电流小于整定值，达到整定延时后，保护动作，闭合三级断路器，禁止所有容量等级的调节，给出告警信息。

六、静止并联补偿装置（static var compensator，SVC）控制保护

1. 控制保护系统结构

SVC 控制保护系统及后台可以监视 SVC 各部件的运行状态，根据系统情况及要求配置不同的控制方式和控制参数，使 SVC 满足设计要求，达到预期的控制目标，同时对各一次设备进行保护。控制系统可通过通信接口与变电站综自系统和上级控制（或调度中心，AVC 等）保持相互传送信息和运行命令。

SVC 控制保护系统从结构上可以分为两层：由运行人员操作站、LAN 等设备组成的站层；由 SVC 控制设备、保护装置组成的设备层。

站层和设备层之间通过冗余的 LAN 网进行通信。阀控单元（VCU）、水冷控制均通过通信线连接到 SVC 控制保护装置。

SVC 控制保护系统典型配置见图 9-20。非冗余配置共 2 面屏柜，第 1 面控制屏，

第 2 面保护屏（包括与远方系统的通信管理设备）。冗余配置可增加 1 面控制屏。

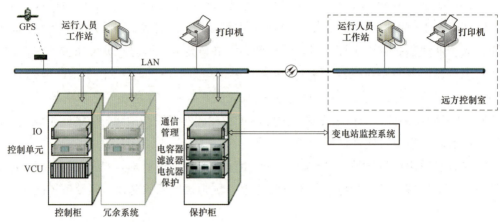

图 9-20 SVC 控制保护系统典型配置

2. 控制保护系统功能

（1）监控功能。SVC 后台的主要功能包括 SVC 控制功能、SVC 运行监视功能和 SVC 报警/顺序事件记录的集成及显示功能，还兼有系统服务器功能，用于收集和存储控制保护系统产生的顺序事件记录、报警记录以及重要运行参数的历史趋势记录，控制装置自动上送的故障录波波形等。

（2）保护功能。根据被保护的对象和运行的需要，将保护区域划分为电容器组保护区和 TCR 保护区。

每组电容器配备一台电容器保护装置，电容器保护装置应具备过电压保护、低电压保护、速断保护、过电流保护、差压或差流不平衡保护等基本保护功能。

TCR 支路的保护主要由电抗器保护装置和控制系统共同完成。电抗器保护装置应具备速断保护、过电流保护、过负荷保护等基本保护功能。控制系统应具备过电压保护、低压保护、水冷系统保护、阀组 IP 回报故障保护、阀组过电压转折保护等基本保护功能。

保护单套配置，保护区域重叠，无死区。通过保护功能的完善，提高冗余度，尽量做到某一保护装置故障，仍有其他保护装置可以提供后备保护，保证系统安全性，提高系统可用率。

七、静止无功发生器（static var generator，SVG）控制保护

1. 控制保护系统结构

静止无功发生器（SVG）控制保护系统由主控单元 PCP、阀组触发控制单元 VBC、阀组子模块控制保护子单元 SMC、操作箱、网络交换机和其他保护装置组成。其中，操作箱用来对旁路断路器进行操作，网络交换机对装置和监控后台进行组网通信，对于升压式 SVG 系统需要配置相应的变压器保护装置，对于带 FC 支路的 SVG 系统还需要配置相应的电容器保护装置。PCP、VBC、操作箱、网络交换机和其他保护装置一般组屏安

装，而 SMC 安装于功率单元内部。

主控单元 PCP 完成采样数据的接收和计算处理、同步锁相、有功和无功的解耦控制、高级应用控制策略及相关逻辑计算、开入开出处理、装置管理、对上位机通信，同时接收 VBC 上送的阀组汇总信息并发送控制命令至 VBC。

阀组触发控制单元 VBC 对各功率阀组的状态信息和直流电容电压值进行汇总并通过光纤上送至 PCP，同时通过光纤接收 PCP 下发的信号，完成各功率阀组之间有功和无功的分配，实现各链节电容电压的平衡控制。

阀组控制保护子单元 SMC 对各功率阀组的状态信息和直流电容电压监视进行采集并通过光纤上送至 VBC，同时接收并执行 VBC 下发的相关控制命令和脉冲触发信号。

2. 控制保护系统功能

SVG 后台监控系统监视 SVG 各部件的运行状态，根据系统情况及要求配置不同的控制方式和控制参数，使 SVG 运行在不同的模式下，达到预定的补偿目标，且可通过通信接口与站控、上级控制（或调度中心）保持相互传送信息和运行命令。

（1）控制模式。静止无功发生器（SVG）系统主要有四种基本的控制模式，分别为恒无功控制模式、恒电压控制模式、恒功率因数控制模式和综合电压无功模式，同时具备 AVC 控制模式。SVG 基本控制模式见表 9-5。

表 9-5 SVG 基 本 控 制 模 式

控制模式	说明
恒无功	设定补偿点（可以通过定值选择补偿主变高压侧或主变低压侧）的无功目标定值或遥调值，装置根据当前负荷无功值大小以及该无功目标值，自动调整装置无功输出
恒电压	设定补偿点的电压目标定值或遥调值，装置根据当前系统电压大小以及该电压目标值，自动调整装置无功输出。当系统电压低于设定的电压参考时，装置输出容性无功以提升系统电压；当系统电压高于参考值时，装置输出感性无功以降低系统电压。为提高装置的电压控制范围，在该模式下设定了一定的电压调差率，该调差率定值可根据系统短路容量大小不同进行整定
恒功率因数	设定补偿点的功率因数目标定值或遥调值，装置根据补偿点处的有功负荷以及当前功率因数值，自动调节装置输出无功大小，稳定补偿点功率因数值（可以通过定值选择补偿后呈容性或者感性），满足电网要求
综合电压无功方式	在恒无功模式下，当电网电压越上限时进入恒电压模式，电网电压低于上限值时（4%滞环，滞环定值可设定）重新进入恒无功模式
AVC 模式	在 AVC 模式下，SVG 将接收并执行 AVC 下发的无功功率指令，若当前控制侧母线电压有效值越过 AVC 下发的遥调电压上、下限值时，SVG 将退出 AVC 模式进入本地电压控制模式

静止无功发生器（SVG）系统除了以上基本的工作模式之外，在不同的应用场合，还设置了手动恒无功输出功能、暂态电压补偿功能、阻尼系统振荡功能、无功储备功能等多种其他附加控制功能供用户选择投退。

（2）保护功能。静止无功发生器系统设置了三层保护，主要针对 SVG 功率单元、SVG 成套阀组和系统故障提供有效的保护功能，分别为器件级保护、阀组级保护和系统级保护。

器件级保护检测阀组内部器件级的故障，如驱动板对 IGBT 集电极—发射极过电压时的有源箝位保护、IGBT 短路时的退饱和保护等。

阀组级保护主要由 VBC 装置对 SVG 系统进行保护，此类故障一般为较严重的阀故障，如每相功率模组数目冗余不足、合旁路开关失败（针对带旁路开关的功率模组）等，当发生阀组级故障时，SVG 延时保护跳闸。

系统级保护主要对 SVG 系统进行保护，此类故障一般为较严重的故障，当发生系统级故障时，SVG 延时保护跳闸。

八、展望

近年来，随着信息技术及电子技术的发展，继电保护装置的可靠性、功能的完善性、操作的方便性及操作界面的人性化等要求已基本满足目前需要。

变电站二次、继电保护设备整机均已实现国内研制生产，但设备所使用的工业级芯片与核心元器件绝大部分还是依靠进口，在全球芯片供应链紧张的情况下，芯片短缺的风险始终存在。只有自主创"芯"，才能固本强根。克服国产变电二次装备"缺芯"的挑战，需要在短短三四年时间内，迅速追赶此前技术更新留下的"时间差"。基于国产芯片的变电站二次设备及系统的研制已从 2019 年全面起步，短时间内需要攻关解决芯片种类不全、性能不足等一系列难题，进而构建该领域研制技术成熟、配套完善的芯片产业链。

2019 年至今，通过开展基于国产芯片的变电站二次设备及系统的研制，我国已完成了测控、网关机、保护等主要变电站二次设备的全国产化，经过国家输配电安全控制设备质量检验检测中心和电力工业电力系统自动化设备质量检验测试中心权威测试评估，基于国产芯片的二次装备，与进口芯片装置性能水平基本持平。通过不断的挂网试运行，可靠性已得到了有效验证，目前已在工程建设中逐步推进应用，相信不久的将来，基于国产芯片的变电站二次、继电保护设备将在工程中全面推广应用。

同时，随着科学技术、社会经济及电力电子技术的日益发展，微机继电保护技术需要满足电力技术进步提出的更高要求，除了保护的基本功能外，还应具有快速数据处理功能、大容量故障信息和数据的长期存放空间以及强大的通信能力，继电保护技术将会向计算机数字化、网络化、一体化以及智能化等方面不断发展。

第十章 电源、时间同步及辅助控制系统

第一节 系 统 设 计

直流电源系统、交流不间断电源系统、时钟同步对时系统、一次设备在线监测系统、图像监视系统、火灾报警系统等二次系统在变电站设计中发挥着不可或缺的作用。直流电源系统为全站保护、监控、事故照明、交流不间断电源和断路器操作等负荷供电。时钟同步对时系统为全站的保护、控制设备统一授时，为系统故障分析和处理提供了准确的时间依据。一次设备在线监测系统对设备的重要参数进行连续监测，根据监测数据对设备当前运行状态进行判断，对设备未来状态进行预测，可实现预测性维护维修，最大限度减少 "过修" 或 "欠修"，降低事后抢修比率。图像监视系统对站内配电设备区、大门出入口、主控室等重要场所进行防盗、防火、防人为事故的实时监视，便于运行人员通过监视后台获取每个摄像机的监视范围图像信息。火灾报警系统能够在早期发现和通报火情，便于人员及时疏散、防止火灾蔓延，同时可实现变电站水消防设备的自动启动和远程手动启动功能。

与计算机监控系统、继电保护相比，上述二次系统技术方案的确定与变电站电压等级关系不大，主要取决于当时的计算机等电子信息技术水平以及基于当时技术水平条件下人们对于辅控类设备功能的定位。本节对 750kV 示范工程的各系统设计方案进行介绍。

一、电源系统

1. 直流电源系统

直流电源系统在变电站生产设备及电力系统安全运行中发挥着重要作用，无论是在正常运行还是事故情况下，都必须保证直流电源系统不间断地供电，并满足电压质量和供电能力的要求。

不同电压等级变电站的直流电源系统可采用单母线或单母线分段接线。750kV 变电站考虑按照 330kV 变电站的直流电源系统接线型式，采用两电三充型式，由 2 组蓄电池、3 组充电装置组成，直流母线采用两段单母线接线，两段直流母线之间设联络开关，每组蓄电池及其充电装置分别接入相应母线段，第 3 组充电装置经切换开关可分别对 2 组蓄电池进行充电。正常运行时，联络开关断开，各母线段的充电装置经直流母线对蓄电池充电，同时提供经常负荷电流，蓄电池的浮充或均充电压即为直流母线正常的输出电压。两电三充单母线分段接线示意图如图 10-1 所示。

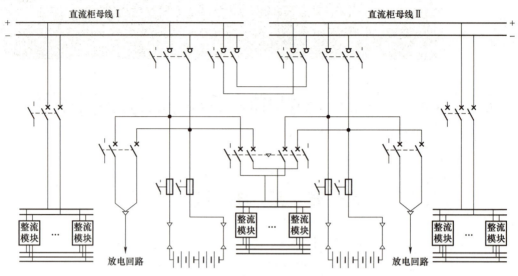

图 10-1　两电三充单母线分段接线示意图

750kV 变电站控制负荷主要有控制、保护等二次系统负荷。由于 750kV 示范工程阶段断路器机构基本为交流电动机，站内通信电源独立设置，则 750kV 变电站动力负荷主要有高压断路器电磁操动合闸机构、交流不间断电源装置、直流应急照明负荷，不包含各类直流电动机和 DC/DC 变换装置。

变电站经常负荷主要有长明灯，逆变器，控制、保护装置等。事故负荷主要有事故中需要运行的直流应急照明、交流不间断电源装置。冲击负荷主要有高压断路器跳闸。事故后恢复供电的高压断路器合闸冲击负荷按随机负荷考虑。

站内每组蓄电池负荷应按全部动力和控制负荷统计。在 750kV 变电站建设初期为有人值班管理模式，当全站事故停电时，约 30min 即可恢复站用电，为了保证事故处理有充裕时间，计算蓄电池容量时按 1h 的事故放电负荷计算。直流负荷统计计算时间见表 10-1，直流负荷统计负荷系数见表 10-2。

表 10-1　　　　　　　　　　直流负荷统计计算时间

序号	负荷名称	经常负荷	事故放电计算时间						随机负荷
			初期	持续时间					随机负荷
			1min	0.5h	1.0h	1.5h	2.0h	3.0h	5s
1	信号灯、位置指示器和位置继电器（有人值班变电站）	√	√		√				
2	控制、保护、监控系统（有人值班变电站）	√	√		√				
3	断路器跳闸		√						
4	断路器自投（电磁操动机构）		√						
5	恢复供电断路器合闸								√

序号	负荷名称	经常负荷	事故放电计算时间						随机负荷
			初期	持续时间					
			1min	0.5h	1.0h	1.5h	2.0h	3.0h	5s
6	交流不间断电源 （有人值班变电站）		√		√				
7	直流长明灯 （有人值班变电站）	√	√		√				
8	事故照明 （有人值班变电站）		√		√				

注　表中"√"表示具有该项负荷时，应予以统计的项目。

表 10-2　　　　　　　　　　　直流负荷统计负荷系数

序号	负荷名称	负荷系数
1	信号灯、位置指示器和位置继电器	0.6
2	控制、保护、监控系统	0.6
3	断路器跳闸	0.6
4	断路器自投（电磁操动机构）	0.5
5	恢复供电断路器合闸	1.0
6	交流不间断电源装置	0.6
7	直流长明灯	1.0
8	事故照明	1.0

　　免维护阀控式密封铅酸蓄电池具有免维护、密封、寿命长，性能稳定的特点，整个生命周期基本上不用维护保养，以及采用 220V 直流电压控制电缆压降低，直流动力回路电缆截面小，且站内事故照明系统可直接切换使用等优点而被广泛应用。因此，750kV 示范工程直流电源系统设计方案为：直流系统采用 220V 电压供电方式；变电站共设两组无端电池的 800Ah 免维护蓄电池组，直流系统采用单母线，每组蓄电池装设一套 220V、210A 充电装置作为浮充电源，另外两组蓄电池再设置一套与浮充电源相同规格的公用充电装置，可兼作浮充、均充电源；直流电源系统配置主、分屏的绝缘监测，以保证二次回路供电的高可靠性，避免单端绝缘下降而导致另外一端接地造成直流母线短路的故障发生。

　　2. 交流不间断电源系统

　　不同电压等级变电站的交流不间断电源系统可采用单机、双机并联或串联、双机冗余等接线型式。750kV 变电站考虑按照 330kV 变电站接线型式，采用双机并联冗余配置方式，主机容量采用 2×50% 双套主机并机运行。双机并联交流不间断电源系统接线示意图如图 10-2 所示。

　　交流不间断电源系统为站内计算机监控系统主机、网络设备、远动工作站、GPS、电能表以及火灾报警装置等重要负荷提供不间断电源。变电站内 UPS 负荷据负荷的铭牌容量、功率因数（当设备制造厂不能提供功率因数时，可参考表 10-3 变电站常用 UPS 负荷表）和容量换算系数（见表 10-4）计算。

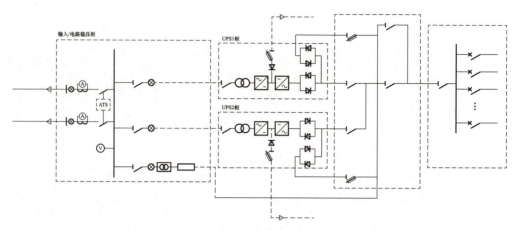

图 10-2　双机并联构成交流不间断电源系统接线示意图

表 10-3 　　　　　　　　　　变电站常用 UPS 负荷功率因数

序号	负荷名称	负荷类型	运行方式	功率因数
1	电能计费系统	计算机负荷	经常、连续	0.8
2	时间同步系统	计算机负荷	经常、连续	0.8
3	火灾报警系统	非计算机负荷	经常、连续	0.8
4	调度数据网络和安全防护设备	计算机负荷	经常、连续	0.95
5	同步相量测量装置、RTU	非计算机负荷	经常、连续	0.9
6	监控系统主机或服务器	计算机负荷	经常、连续	0.98
7	操作员工作站	计算机负荷	经常、连续	0.9
8	工程师工作站	计算机负荷	经常、连续	0.9
9	网络打印机	计算机负荷	经常、连续	0.6

表 10-4 　　　　　　　　　　变电站常用 UPS 容量换算系数

序号	负荷名称	换算系数
1	电能计费系统	0.8
2	时间同步系统	0.8
3	火灾报警系统	0.8
4	调度数据网络和安全防护设备	0.8
5	同步相量测量装置、RTU	0.8
6	监控系统主机或服务器	0.7
7	操作员工作站	0.7
8	工程师工作站	0.5
9	网络打印机	0.5

　　在 750kV 示范工程建设初期，变电站站用电源系统采用分散独立设计，直流、交流、UPS、通信电源系统由不同的供应商生产、安装、调试，供电系统也由不同的专业人员

进行管理，这种方式主要存在以下问题：

（1）从系统设计角度讲，站用电源信息作为计算机监控系统的简单附属信息（电压是否异常、装置告警故障），难以实现系统管理和信息共享，在相关子系统变化时不能协调整个站用电源以最佳方式运行。

（2）由不同供应商提供的交流系统与直流系统通信规约一般不兼容，难以实现网络化系统管理，自动化程度较低。

（3）不同供应商分别设计各个子系统，资源不能综合考虑，一次投资大，经济性较差。

（4）变电站站用电源由不同专业人员进行管理，交流系统与直流系统由变电站人员进行维护，UPS 电源由自动化人员进行维护，通信电源由通信人员维护，除人力资源不能总体调配外，通信电源、UPS 电源也没有纳入变电站严格的巡检范围。

二、时钟同步对时系统

变电站中各类自动化及继电保护装置的时间同步是进行事故分析的基准，计算机监控系统、电能量计费系统、故障录波器、微机继电保护装置等都需要由统一时钟信号源向它们提供标准时间。

在 750kV 示范工程设计时，国内外变电站的同步时间主要以 GPS 时间信号作为主时钟的外部时间基准信号。对时方式主要有以下 3 种：

（1）硬对时（脉冲接点）。主要有秒脉冲信号和分脉冲信号。秒脉冲利用 GPS 所输出的 1pps（即每秒 1 个脉冲）方式进行时间同步校准，获得与 UTC（Coordinated Universal Time）同步的时间准确度较高，上升沿的时间准确度不大于 1μs。分脉冲是利用 GPS 所输出的 1ppm（即每分 1 个脉冲）方式进行时间同步校准，获得与 UTC 同步的时间准确度较高，上升沿的时间准确度不大于 3μs。硬对时是当时国内外保护常用的对时方式。

（2）软对时（串口报文）。串口校时的时间报文包括年、月、日、时、分、秒，也可包含用户指定的其他特殊内容，如接收 GPS 卫星数、告警信号等，报文信息格式为 ACSII 码或 BCD 码或十六进制码。如果选择合适的传输波特率，其精确度可以达到毫秒级。串口校时往往受距离限制，RS-232 口传输距离为 30m，RS-422 口传输距离为 150m，加长后会造成时间延时。

（3）编码对时。编码时间信号有多种，国内常用的有 IRIG（inter-range instrumentation group）和 DCF77（deutsche，long wave signal，frankfurt，77.5kHz）两种。IRIG 串行时间码共有 6 种格式，即 A、B、D、E、G、H。其中 B 码应用最为广泛，有调制和非调制两种。调制 IRIG-B 输出的帧格式是每秒输出 1 帧，每帧有 100 个代码，包含了秒段、分段、小时段、日期段等信号。非调制 IRIG-B 信号是一种标准的 TTL 电平，用在传输距离不大的场合。当时，IRIG-B 时间编码对时方式主要用于给某些进口保护装置或故障录波器对时。

比较而言，软对时的对时精度较低（误差在 10ms 以上），当时一般应用在变电站自动化系统的后台计算机系统；硬对时编码信息较少，一般需与时间报文配合使用；IRIG-B 时间编码是一种较优秀的时间编码格式，能提供较高的对时精度且包含了全部的时间信息。

在 750kV 示范工程中，结合当时国内的保护装置、测控单元等设备情况，为了提高对时精度，采用硬对时与软对时相结合的方式，即装置通过串口获取年、月、日、时、分、秒等信息，同时，通过脉冲信号精确到毫秒、微秒。按照当时习惯，时钟同步设备随计算机监控系统统一供货，不单独组柜。装设于站级控制层的 GPS 卫星对时装置与远动工作站相连，远动主站向网络广播下发取自 GPS 的授时命令（年、月、日、时、分、秒），间隔层测控单元和保护装置的时钟处理模块接收 GPS 提供的同步秒脉冲对时信号。750kV 示范工程时钟同步对时系统示意图如图 10-3 所示。这种硬对时与软对时相结合的对时方案时间信号输出的种类、数量和精度有限，且只有 1 套主时钟，对时可靠性并不高。

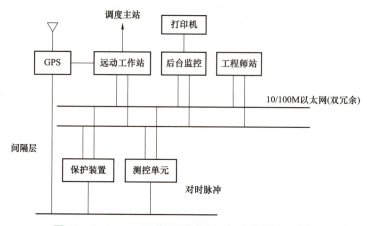

图 10-3　750kV 示范工程时钟同步对时系统示意图

三、辅助控制系统

辅助控制系统主要包括一次设备在线监测系统、图像监视系统及安全警卫系统、火灾报警系统。早期示范工程中，各系统分别独立设置，配置独立后台。

1. 一次设备在线监测系统

变电站的设备在长期运行中存在绝缘的劣化及潜伏性故障。早期有人值班变电站通过运行人员的日常巡视来发现潜伏性故障，通过定期检修的方法降低一次设备的故障几率。

项目全寿命周期管理的目标是在保证项目基本功能及可靠性的基础上，使项目在全寿命周期内拥有综合成本最低，从而实现最佳的经济效益、社会效益及环境效益。运用全寿命周期管理理念，在变电站一次设备装设在线监测系统，做到对已经发生、正在发生或可能发生的故障进行分析、判断和预报，明确故障的性质、类型、程度、原因，指出故障发生和发展的趋势及其后果，提出控制故障发展和消除故障的有效对策，将设备检修策略从常规变电站设备的"定期检修"变成"状态检修"，避免被监测设备事故发生，保证设备安全、可靠、正常运行。

在 750kV 变电站示范工程之际，基于当时传感器技术、通信技术等的发展，国内在线监测技术水平还处于初级阶段，仅考虑在 750kV 主变压器和高压并联电抗器配置在线监测装置，个别站配置了 GIS 局部放电在线监测，配置较为单一。750kV 示范工程在线监测配置方案如图 10-4 所示。

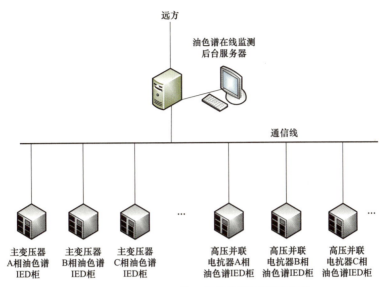

远方

油色谱在线监测
后台服务器

通信线

主变压器
A相油色谱
IED柜

主变压器
B相油色谱
IED柜

主变压器
C相油色谱
IED柜

...

高压并联
电抗器A相
油色谱IED柜

高压并联
电抗器B相
油色谱IED柜

高压并联
电抗器C相
油色谱IED柜

...

图 10-4 750kV 示范工程在线监测配置方案

在图 10-4 中，站内设置一套变压器/高压并联电抗器油中溶解气体色谱在线监测装置，用于主变压器以及 750 kV 电抗器的油色谱分析。750kV 主变压器/高压并联电抗器首次采用了状态在线检测装置（油中气体色谱在线检测装置），可以实现对变压器运行状态的在线实时监测，还可以实现主设备的计划检修向状态检修过渡。随着技术水平的不断提高，还可以实现对更多设备运行状态的在线监测，构造变电站主设备运行状态在线检测网络，为无人值班变电站创造条件。

2. 图像监视系统及安全警卫系统

由于 750kV 变电站的安全运行极为重要，在监视、控制、保护等方面的任何失误，不仅可能影响变电站自身的安全运行，还可能导致负荷损失，甚至对系统稳定产生影响，因此为保证变电站的安全运行，750kV 示范工程配置了 1 套变电站图像监视及安全警卫系统。

该系统在变电站围墙、大门分别设置红外对射，可以对变电站站区及周边范围全方位安全布防，当系统监测到有入侵者违法入侵时，会产生报警通知现场运行人员；在站内区域及主控楼、继电器室等设备间设置摄像机，在变电站日常运行维护中可以对站区内设备的运行环境进行监视。

经后期现场运行人员反馈，750kV 示范工程图像监视系统及安全警卫系统还有许多需要改进的方面，如在火灾发生初期，不能对火灾情况主动进行高效率的报警功能；当变电站发生入侵时，站内设置的摄像机不能完全对入侵人员和方位进行实时跟踪拍摄，也不能对入侵者的下一步意图做出精准预测；该系统与站内其他辅助系统相对孤立，无法进行有效、全面地联动等。

3. 火灾报警系统

750kV 示范工程设置 1 套火灾自动报警系统，由火灾探测器、手动报警按钮、火灾报警主机等组成。早期的火灾报警系统只能发送简单的火警信号，向运行人员通报火情，便于人员及时疏散，防止火灾蔓延；不能完全做到火灾时联动切断发生火灾区域的风机、空调等设备，也不具备消防电源监视等功能，而且没有实现与图像监视系统的联动，事故的处理效率较低。

750kV 示范工程及之后的十多年中，750kV 主变压器基本采用的是泡沫消防，设置独立的主变压器泡沫消防主机，当泡沫消防主机接收到主变压器感温电缆报警，且主变压器各侧断路器断开的信息后，立即启动主变压器泡沫消防。主变压器泡沫消防与火灾报警系统之间无关联。

第二节 设计创新及展望

一、交直流一体化电源系统

2010 年前后，站用交直流一体化电源系统开始实施。交直流一体化电源系统由站用交流电源、直流电源、交流不间断电源（UPS）、逆变电源等装置组成，并实现统一监视控制，共享直流电源的蓄电池组。站用电系统内容详见本书第七章，本节仅包含直流电源、交流不间断电源（UPS）相关内容。

1. 交直流一体化电源系统总体监控

在交直流一体化电源系统中，各电源系统一体化设计、一体化配置、一体化监控，其运行工况和信息数据上传至远方控制中心，实现就地和远方控制功能，实现站用电源设备的系统联动。设置站用交直流一体化电源系统的集中监控管理单元，总监控装置作为一体化电源系统的集中监控管理单元，同时监控站用交流电源、直流电源、交流不间断电源（UPS）、逆变电源等设备。对上通过 DL/T 860 与变电站站控层设备连接，实现对一体化电源系统的远程监控维护管理；对下通过总线或 DL/T 860 与各子电源监控单元通信，各子电源监控单元与成套装置中各监控模块通信。站用交直流一体化电源系统监控示意图如图 10-5 所示。

该系统具有监视交流电源进线断路器、交流电源母联断路器、直流电源交流进线断路器、充电装置输出断路器、蓄电池组输出保护电器、直流母联断路器、交流不间断电源（逆变电源）输入断路器、直流变换电源输入断路器等设备状态的功能，上述断路器选择智能型断路器，具备远方控制及通信功能。

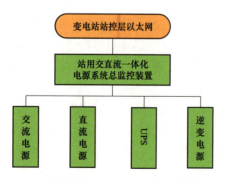

图 10-5 站用交直流一体化电源系统监控示意图

该系统具有监视站用交流电源、直流电源、蓄电池组、交流不间断电源（UPS）、逆变电源等设备运行参数的功能。

该系统能监测交流电源馈线、直流电源馈线断路器的脱扣告警信号功能。

该系统具有交流电源切换、充电装置充电方式转换等功能。

2. 直流电源系统的优化

（1）蓄电池容量计算时间及负荷系数选取优化。750kV 变电站站内操作电源额定电压一般采用 220V。直流系统采用两套阀控式密封免维护铅酸蓄电池组，考虑无人值班变电站的要求，由于配电装置规模大，在事故停电时间内很难立即处理恢复站用电，操作相对复杂以及维修人员前往变电站的路途时间可能超过 1h，故每套蓄电池组容量按无人值班 2h 放电考虑。对于地理位置特别偏远的无人值班变电站，可根据实际情况，适当延长蓄电池事故放电时间。

某 750kV 变电站直流负荷统计计算时间如表 10-5 所示。

表 10-5　　　　　　　　　　某 750kV 变电站直流负荷统计计算时间

序号	负荷名称	装置容量（kW）	负荷系数	计算容量（kW）	考虑负荷系数的计算电流（A）	经常负荷电流 I_{jc}（A）	事故放电时间及电流（A）						随机或事故末期（5s）
							初期（min）	持续时间（min）					
							0～1	1～30	30～60	60～120	120～180	180～480	
							I_1	I_2	I_3	I_4	I_5	I_6	I_R
1	UPS	15.00	0.60	9.00	40.91		40.91	40.91		40.91			
2	信号灯等经常负荷	9.20	0.60	5.52	25.09	25.09	25.09	25.09	25.09	25.09			
3	测控装置电源	4.73	0.80	3.78	17.18	17.18	17.18	17.18	17.18	17.18			
4	保护装置电源	9.4	0.60	5.64	25.64	25.64	25.64	25.64	25.64	25.64			
5	智能终端电源	4.66	0.80	3.72	16.93	16.93	16.93	16.93	16.93	16.93			
6	合并单元电源	0.00	0.80	0.00	0.00	0.00	0.00	0.00	0.00	0.00			
7	交换机电源	6.9	0.80	5.52	25.09	25.09	25.09	25.09	25.09	25.09			
8	事故照明	16.00	1.00	16.00	72.73		72.73	72.73		72.73	72.73		
9	断路器跳闸	10.00	0.60	6.00	27.27		27.27						
10	断路器合闸	5.00	1.00	5.00	22.73								22.73
11	DC/DC 变换装置				0.00								
计算	电流统计（A）	本放电阶段放电电流总和			109.93		250.84	223.56	109.93	223.56	72.73	0.00	22.73
	容量统计（Ah）	本放电阶段的放电容量（$I×t$）					4.18	111.78	54.97	223.56	72.73	0.00	
	容量累加（Ah）	放电开始阶段至本放电阶段末的放电容量和					4.18	115.96	170.93	394.49	467.22	467.22	

（2）直流供电方式的优化。直流电源系统接线示意图如图 10-6 所示。

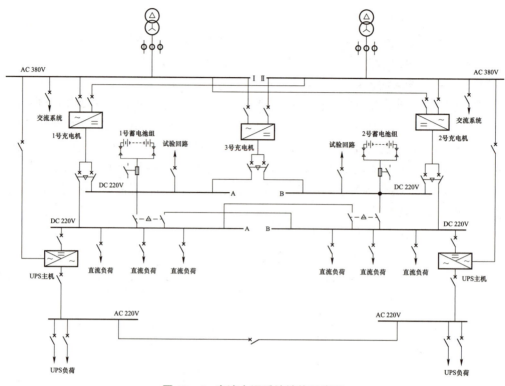

图 10-6　直流电源系统接线示意图

直流系统采用高频开关充电装置，配置三套充电装置（两充一备），采用两段单母线接线，两段直流母线之间设置联络断路器。每组蓄电池及其充电装置应分别接入不同母线段。直流系统接线满足正常运行时两段母线切换时不中断供电的要求，切换过程中允许 2 组蓄电池短时并列运行。每组蓄电池均应设专用的试验放电回路，试验放电设备经隔离和保护电器直接与蓄电池组出口回路并接。

直流系统采用主分屏两级方式，辐射型供电。在交直流配电室设置直流馈线柜，根据直流负荷分布情况，在继电器设置直流分屏，各单元的测控、保护、故障录波、自动装置等负荷均从直流分屏引接。直流馈线屏至每面分屏每段各引一路电源。馈线断路器选用专用直流空气断路器，分馈线断路器与总断路器额定电流级差应保证 3 倍及以上。对于智能控制柜，以柜为单位配置直流供电回路。当智能控制柜内仅布置有单套配置（或双重化配置中的某一套）的保护测控、智能终端、过程层交换机等装置时，配置一路公共直流电源。当智能控制柜内同时布置有双重化配置的保护测控、智能终端、过程层交换机等装置时，配置两路公共直流电源。智能控制柜内各装置共用直流电源，采用独立的空气断路器分别引接。

蓄电池出口、充电装置直流侧出口回路、直流馈线回路和蓄电池试验放电回路应装设保护电器。保护电器采用专用直流空气断路器，分馈线断路器与总断路器之间至少保证 3 级级差。

蓄电池采用组架安装方式布置于专用蓄电池室，两组蓄电池各设蓄电池室。直流系统主馈屏和充电装置与蓄电池室应邻近布置，并且布置于交直流配电室。

（3）增加蓄电池在线监测技术。每套充电装置配置一套微机监控单元，根据直流系统运行状态，综合分析各种数据和信息，对整个系统实施控制和管理，并通过 DL/T 860 将信息上传至一体化电源系统的总监控装置。

每套蓄电池配置一套蓄电池巡检仪，检测蓄电池单体运行工况，对蓄电池充、放电进行动态管理。蓄电池巡检装置应具有单只蓄电池电压和整组蓄电池电压检测功能，并通过 DL/T 860 将信息上传至一体化电源系统的总监控装置。

在直流主馈屏和分屏上装设直流绝缘监察装置，在线监视直流母线的电压，过高或过低时均发出报警信号，并通过 DL/T 860 将信息上传至一体化电源系统的总监控装置。

3. 交流不间断电源系统的优化

750kV 变电站配置 1 套交流不间断电源系统（UPS），采用主机冗余配置方式，UPS 为静态整流、逆变装置，并应具有旁路隔离稳压的功能。UPS 为单相输出，输出的配电柜馈线采用辐射状供电方式。UPS 采用分列运行方式，两台 UPS 装置输出交流母线为单母线分段，设置母联开关，母联开关是手动切换。UPS 正常运行时由站用交流电源供电，当输入电源故障消失或整流器故障时，由变电站直流系统供电。UPS 分列运行方式接线示意图如图 10-7 所示。

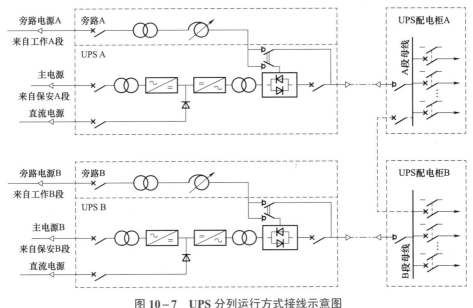

图 10-7　UPS 分列运行方式接线示意图

4. 并联直流电源系统

一直以来，变电站直流电源系统通过多只铅酸蓄电池串联组成，220V 直流系统一般采用 104 只 2V 铅酸蓄电池组成，110V 直流系统一般采用 54 只 2V 铅酸蓄电池组成。阀控式铅酸电池组以串联的方式构成，存在单个电池故障影响整体电池组运行、整组报废，检修维护不便等问题。

随着交直流逆变技术的成熟，多组并联智能蓄电池组件并联输出的直流系统方案逐渐出现。2010 年初，随着智能变电站建设的快速发展，对站用电源模块化、智能化、易更换、易维护等要求也越来越高，并联直流电源得到大力推进及应用。

（1）并联直流电源系统原理。并联直流电源系统主要是采用改变电池的连接方式来解决传统直流电源系统的缺点，由多个并联电池模块组成，每个模块独立配置 1 节 12V 电池，每节电池相互独立，互不影响。并联直流电源系统接线示意图如图 10-8 所示。

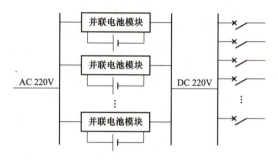

图 10-8　并联直流电源系统接线示意图

并联电池模块是并联直流电源系统的关键，它由 12V 蓄电池与匹配的 AC/DC 充电模块、DC/DC 升压模块等器件组成。在每个并联电池模块内，CPU 智能电路对组件内的 AC/DC 电路、DC/DC 变换器进行监控，精确控制组件工作在其对应状态，并与整个系统的监控器进行通信，接收系统指令。单个并联电池模块基本原理示意图如图 10-9 所示。

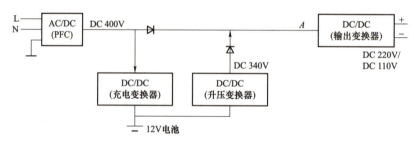

图 10-9　单个并联电池模块基本原理示意图

正常情况下，蓄电池处于浮充电状态，交流电源通过 AC/DC 模块、12V 中间环节（充放电切换回路）、DC/DC 模块实现直流输出；交流电源故障运行状态下，蓄电池经 DC/DC 升压电路向负载供电，实现故障状态下的不间断供电。

（2）并联直流电源系统特点。并联直流电源系统与传统串联直流电源系统相比，其结构、技术方案有明显变化，主要特点如下：

1）设备运行可靠性高。传统串联模式下，整串蓄电池整体性能受制于最弱的一只，整体可靠性是"与"的关系，串联越多，可靠性越差。而并联直流电源系统整体可靠性是"或"的关系，并联越多，可靠性越高。常规串联直流电源系统单只蓄电池损坏，整组就需更换；而并联直流电源系统单只蓄电池损坏，不影响运行。串联和并联直流电源系统接线比较如图 10-10 所示。并联直流电源系统更简洁，单一电源组件故障不影响系统运行。

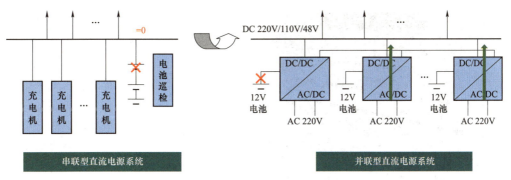

图 10−10 串联和并联直流电源系统接线比较

2）实现自动在线核容。传统串联直流电源系统不具备在线管理每只蓄电池的能力及在线更换蓄电池的功能，需要人工停电核容。并联直流电源系统可以利用系统现场负载自动对蓄电池进行在线全容量核容，每次只允许核容 1 只蓄电池，核容完毕后自动转入均充管理阶段，并把核容数据（包括电压、电流、核容时间、核容后的物理容量）导出到系统监控界面，通过冗余设计，即使现场一个模块因核容出现问题而退运也不会影响整个系统运行，因此蓄电池核容时工作人员可不到现场，通过自动核容能够及时发现容量落后蓄电池并对其进行在线更换，从而减小了维护工作量，提高了直流电源系统运行可靠性。蓄电池在线全容量核容示意图如图 10−11 所示。

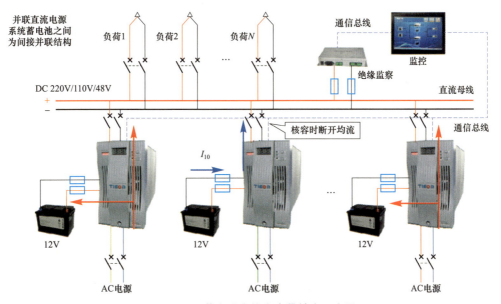

图 10−11 蓄电池在线全容量核容示意图

并联电源组件独立对蓄电池进行充放电管理，结合监控实现周期性在线核容，提前发现异常蓄电池，有效延长蓄电池使用寿命。

3）单节蓄电池利用率高。并联电源系统内蓄电池相互隔离架构，实现每只蓄电池使用至寿命终止点，不同时间、不同品牌、不同类型蓄电池可以混合使用，全寿命周期内有效延长蓄电池使用寿命，提升资产利用率，减少蓄电池备件采购，节能减排，助力碳

图 10-12　并联电源系统内蓄电池相互隔离架构图

中和。并联电源系统内蓄电池相互隔离架构图如图 10-12 所示。

4）便于分散式布置。传统串联直流电源系统一般全站设置 1 套蓄电池组置于专用蓄电池室中，各小室设置直流分屏；对于分散式布置的变电站，直流分屏数量众多且各小室间距离较远，分屏至主屏间的电缆压降严重，电缆截面往往很大，投资非常高。并联直流电源系统可以根据每个分散布置小室中的直流负荷灵活选择所需的容量，靠近供电对象就近供电，既方便设备布置，又节约投资成本。

尽管并联直流电源系统具有诸多优势，但鉴于目前开发的并联智能电池组件单个额定输出功率较小，过小的功率输出影响了其在大负荷环境下的应用，仅适用于 110kV 及以下变电站，其直流系统结构简单，无需双重化配置。随着生产技术、生产工艺、生产材料的不断改进，开发具有大功率输出的并联电池组件，减少并联蓄电池组件柜的数量，可使并联直流电源系统在 110kV 及以上电压等级变电站得到广泛推广。

二、时钟同步对时系统

1. 双时钟对时

在 750kV 示范工程之后一段时期内，由于计算机技术在变电站中的广泛应用，诸如线路行波故障测距装置、功角测量装置等对于时间同步精度要求较高的自动化设备，均单独设置专用的时间同步对时装置，导致变电站的对时装置大多由各系统设备成套提供。由于各设备厂家提供的对时装置型号各异、在制造、质量等方面差异较大，在对时精度上都有一定的偏差，从而导致全站各系统无法统一时间基准，数据分析和对比比较困难，给变电站正常运行和事故分析带来很多不便。

为了满足变电站不断提升的自动化水平的需要，考虑 750kV 变电站的重要性，全站设置 1 套独立的时间同步对时系统，接收单元双重化配置，互为热备用。正常情况下各接收单元独立接收 GPS 卫星发送的时间信号，当主单元发生故障时，能自动接收备用单元标准时钟信号。具体设计时，考虑到 2 套时间信号接收单元布置在同一地点，同时遭到破坏的可能性较大，所以将 2 套时间信号接收单元分别布置在不同设备房间。西宁 750kV 变电站统一时间同步系统连接示意图如图 10-13 所示。

2010 年前后，随着国内北斗系统的不断成熟应用，主时钟设计开始同时支持北斗系统和 GPS 系统单向标准授时信号，优先采用北斗系统，时间同步精度和守时精度满足站内所有设备的对时精度要求。时间同步系统连接示意图如图 10-14 所示。

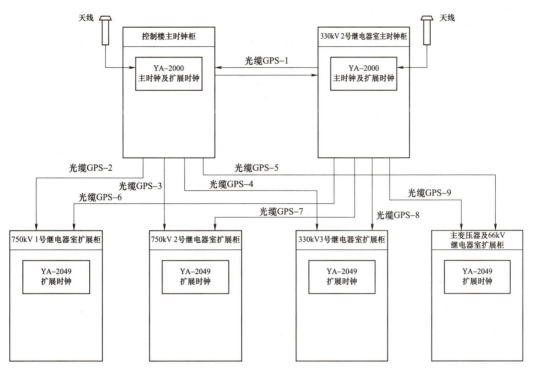

图 10－13　西宁 750kV 变电站统一时间同步系统连接示意图

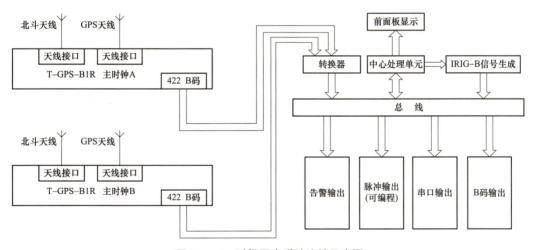

图 10－14　时间同步系统连接示意图

2. 对时方式优化

随着国内继电保护、测控装置以及二次设备对时接口的不断统一，对时方式也在不断优化。时间同步系统对时或同步范围包括监控系统站控层设备、保护及故障信息管理子站、保护装置、测控装置、故障录波装置、故障测距、相量测量装置等二次设备。站控层设备对时采用 SNTP 方式。间隔层和过程层设备对时采用 IRIG－B 方式。时间同步系统具备 RJ45、ST、RS－232/485 等类型对时输出接口扩展功能，工程中输出接口类型、数量均按需求配置。

3. 时间同步监测管理系统

自时间同步系统应用以来，时间同步设备的运行无实时监测技术及预警机制，时间的准确性依靠运行人员现场的设备时间显示来判断。但对于毫秒级的时间偏差人眼是根本无法判断的，微秒级的偏差一般简单的测试仪表也难发现。很长一段时间，电网缺乏有效及时地实时监测和预警手段，威胁电网的生产安全，迫切需要建设一套可信、准确、在线的时间监测和预警系统，确保电网各级运行人员对电网同步时钟设备时间准确度的实时监测，及时发现并预警不能达到性能要求的时钟设备，防患于未然。

2014 年，各省电力公司开始制订变电站时间同步监测实施计划，要求将变电站时间同步监测纳入年度技改或基建项目，本着先易后难的原则实施变电站改造工作。以下主要针对厂站端进行描述。

（1）总体要求。电力系统时间同步监测遵循分级管理的原则，各级调度控制中心监测管理直调厂站和下级调度的时间同步状况，厂站监控系统监测管理站内主要二次设备的时间同步状况。通过分级时间同步监测系统，实现对电力系统时间同步的闭环管理。各级时间同步监测均基于乒乓原理（三时标或四时标）计算时间同步管理者与其他被监测设备之间的时间偏差。调度主站与厂站的时间同步监测精度应小于 10ms，厂站内部时间同步监测精度小于 3ms。

（2）技术方案。厂站端监控主机作为站控层时间同步管理者，基于 NTP 乒乓原理（四时标）实现对时钟装置、测控装置、故障录波装置、PMU 等的时间同步监测管理；测控装置作为间隔层时间同步监测管理者，基于 NTP 乒乓原理（四时标）通过 GOOSE 实现对智能终端、合并单元的时间同步监测管理。当管理端询到某装置一次监测值越限时，以 1s/次的周期连续监测 5 次，并对 5 次的结果去掉极值后平均，平均值越限则认为被监测对象时间同步异常。当管理端发现被监测设备同步异常时，管理端生成告警信息，并通过告警网关机或数据通信网关机上送相应调控中心。

1）时钟装置的时间监测管理实施方案。时钟装置通过网络方式接入变电站计算机监控系统，使监控主机能够对时钟装置进行管理。时间同步系统需支持自检状态数据上送，上送信息类型符合调控要求，传输规约采用 DL/T 860 MMS。时间同步装置的 NTP 服务应分别响应正常 NTP 对时请求和来自监控主机地址的标识 TMMS 的偏差监测请求。

2）测控装置的时间监测管理实施方案。测控装置与变电站监控系统已有网络通道，监控主机对测控装置直接进行管理。对于智能变电站，测控装置需具备对多个过程层设备进行时间同步监测管理功能：① 测控装置需配置对过程层设备时间精度的检测发布虚端子和响应返回订阅虚端子，以及对过程层设备的时间自检状态订阅虚端子；② 测控装置模型中需新增过程层设备的时间自检状态逻辑节点和时间精度检测数据逻辑节点，过程设备的时间状态自检信息通过测控装置以遥信方式上送站控监控主机，时间检测精度数据通过测控装置以遥测类型上送站控监控主机。

3）故障录波装置的时间同步监测管理实施方案。变电站监控系统对录波装置的时间监测分以下情况：① 对配置了保护信息管理子站的变电站，时间同步的管理可采用分层的方式，变电站监控系统主机管理保信子站，保信子站管理故障录波装置，保信子站通过网口与监控系统通信，实现时间同步监测管理；② 对未独立配置保信子站，录波接入站控层网络的变电站，录波装置与一体化监控主机直接通信实现时间同步监测管理。

4）PMU 装置的时间同步监测管理实施方案。时间同步的管理采用分层的方式，变电站监控系统主机管理 PMU 集中器，PMU 集中器管理 PMU 装置，PMU 集中器通过网口与监控系统通信，实现时间同步监测管理。

5）保护装置的时间同步监测管理实施方案。变电站监控系统对保护装置的时间监测分以下情况：① 对配置了保护信息管理子站，保护信息只接入保信子站的变电站，时间同步的管理可采用分层的方式，变电站监控系统主机管理保信子站，保信子站管理保护装置，保信子站通过网口与监控系统通信，实现时间同步监测管理；② 对采用一体化监控系统的变电站，保护装置与一体化监控主机直接通信实现时间同步监测管理。

6）智能终端的时间同步监测管理实施方案。变电站监控主机通过测控装置间接管理智能终端，测控装置通过基于 GOOSE 的管理报文监测智能终端的时间同步状态，再将结果报告监控主机。具体技术实施要求为：① 基于 GOOSE 类发布/订阅机制，在请求端和响应端均对收发报文进行配置，包括控制块信息和数据集，单个测控单元监视多个智能终端时，需响应智能终端订阅测控单元 GOOSE 报文，同时测控单元也订阅智能终端返回报文；② 测控单元用轮询方式向被测智能终端订阅发送请求 GOOSE 报文，被测智能终端接收 GOOSE 报文后，判断是自身订阅对象后响应，翻出返回 GOOSE 报文；③ 智能终端返回 GOOSE 报文中携带测控单元时间同步请求 GOOSE 报文接收时刻和返回 GOOSE 报文发送时刻信息；④ 测控单元发送请求 GOOSE 报文时记录发送时刻，接收到返回到 GOOSE 报文时记录接收时刻，结合返回 GOOSE 报文携带相关时标计算出时间偏差。智能终端时间同步自检状态配置为遥信量上送。

三、智能辅助控制系统

2012 年前后，智能辅助控制系统概念应运而生。智能辅助控制系统由图像监视及安全警卫子系统、火灾报警子系统、环境监测子系统组成，通过智能辅助控制系统后台实现子系统之间以及与消防、暖通、照明等的联动控制。各子系统和智能辅助控制系统后台之间采用 DL/T 860 标准互联，解决了以往辅助系统集成度不高，二次各辅助系统没有采用统一综合的分析平台，信息不能共享，不能实现各系统的联动的问题。

（一）智能辅助控制系统结构

智能辅助控制系统结构组成示意图如图 10－15 所示。

1. 后台配置

后台主机功能利用综合应用服务器（状态监测及智能辅助控制系统后台）主机实现。后台具备视频显示、图像存储回放、报警及监视控制功能，能实现以下联动控制：

（1）通过和其他辅助子系统的通信，能实现用户自定义的设备联动，包括消防、环境监测、报警等相关设备联动。

（2）在夜间或照明不良情况下，需要启动摄像头摄像时，联动辅助灯光、开启照明灯。

（3）发生火灾时，联动报警设备所在区域的摄像机跟踪拍摄火灾情况、自动解锁房间门禁、自动切断风机电源、空调电源。

（4）发生非法入侵时，联动报警设备所在区域的摄像机。

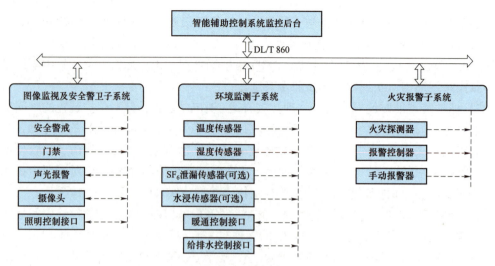

图 10-15　智能辅助控制系统结构组成示意图

（5）当配电装置室 SF_6 浓度超标时，联动配电装置室区域的摄像机，自动启动相应的风机。

（6）发生水浸时，自动启动相应的水泵排水。

（7）通过对室内环境温度、湿度的实时来集，自动启动或关闭通风系统。

2. 图像监视及安全警卫子系统

图像监视及安全警卫子系统设备包括视频服务器、多画面分割器、录像设备、摄像机、编码器、门禁及沿变电站围墙四周设置的电子栅栏等。利用摄像头对目标进行图像监视；利用电子围栏、红外对射、红外双鉴和门禁等实现入侵检测，出入控制。

安全警卫（电子围栏、红外对射和红外双鉴等）、门禁、声光报警等前端设备可采用 RS485（232）或现场总线与图像监视及安全警卫子系统通信，摄像头采用模拟或网络万式传输图像。温度传感器、湿度传感器、SF_6 泄漏传感器、水浸传感器等前端设备采用 RS485（232）或现场总线与环境监测子系统通信。

3. 环境监测子系统

环境监测子系统由环境数据采集单元、温度传感器、湿度传感器、SF_6 泄漏传感器、水浸传感器等组成。二次设备室、开关室、独立通信室等重要设备间宜每个房间配置 1 套温度传感器、湿度传感器或组合型温湿度传感器；电缆层、电缆沟等电缆集中区域可配置水浸传感器；GIS 室、SF_6 断路器开关柜室等含 SF_6 设备的配电装置室应配置 SF_6 泄漏传感器。

4. 火灾报警子系统

火灾报警系统由联动型火灾报警控制器（或火灾报警控制器与消防联动控制器的组合）、手动直接控制装置（多线控制盘）、控制室图形显示装置、消防电话、消防应急广播控制装置、消防电源监控器、火灾探测器、手动火灾报警按钮、火灾声光警报器、火灾显示盘、各种模块等全部或部分设备组成，来完成火灾探测报警功能和消防联动控制功能，并能接收和显示消防应急广播系统、消防应急照明和疏散指示系统、防烟排烟系统、消火栓系统、各类灭火系统、消防通信系统、电梯等消防系统或设备的动态信息。

　　总体来说，智能辅助控制系统方案的实施对减轻运维工作负担，提升运维工作质量和效率有很大改进。然而，随着中国经济的飞速发展，智能辅助控制系统方案也在朝着更加智能、监测加更全面的方向逐步优化、提升。2022年初，随着设备集成技术不断提升，变电站辅控设备智能监控系统应运而生。

（二）辅助设备智能监控系统

　　2022年初，本着打破站内信息孤岛、支撑全面监控、提升网络安全、支撑智能运维的发展思路，提出变电站辅助设备智能监控系统的设计方案。

　　辅助设备智能监控系统包含一次设备在线监测子系统、火灾消防子系统、安全防卫子系统、动环子系统、智能锁控子系统、智能巡视子系统等，实现一次设备在线监测、火灾报警、安全警卫、动力环境监视及控制、智能锁控、图像监视信息的分类存储、智能联动及综合展示等功能。一次设备在线监测、火灾消防、安全防卫、动环、智能锁控子系统部署于安全Ⅱ区，无线传感器接入及智能巡视子系统部署于安全Ⅳ区。辅助设备智能监控系统构架图如图10-16所示。

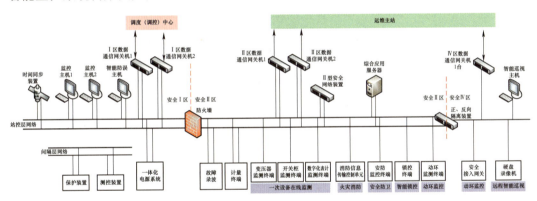

图10-16　辅助设备智能监控系统构架图

　　1. 后台配置

　　变电站辅控设备智能监控系统由综合应用服务器、智能巡视主机、各子系统监测终端及传感器、通信设备等组成。站控层设备主要包括综合应用主机，智能巡视主机，Ⅱ区、Ⅳ区网关机等设备，完成数据采集、数据处理、状态监视、设备控制、智能应用及综合展示等功能。站控层统一采用DL/T 860通信报文。

　　2. 一次设备在线监测子系统

　　变电站一次设备在线监测子系统对提高电力设备的可靠性、环保性和经济性具有重要意义。变电站一次设备在线监测子系统通过不同传感器、通信技术以及信息技术的应用，对变电设备运行状况进行在线监测，准确评估设备状态，及早发现设备内部存在的潜伏性缺陷，并掌握缺陷的发展情况，以此来科学合理地制订变电站设备检修计划，提高检修的质量和效率，节省大量的人力物力，使输变电设备状态运行的检修管理得以有效实现，使输变电行业生产运行管理水平得到有效提高，进而实现精细化管理。这就要求对变电站状态监测系统进行进一步的改进和优化。

　　在750kV示范工程之后的一段时期内，变电站一次设备在线监测范围有所扩大，除油色谱在线监测，又增配了避雷器在线监测，部分站点还配置了绝缘气体在线监测、局部放电监测等，但是各个在线监测系统采集数据后均独立组网，将数据送至各自的后台机进行全监视和分析。此种方式导致站内存在多个在线监测后台，如 GIS 局部放电在线监测后台，GIS SF$_6$ 气体在线监测后台，主变压器油色谱分析后台等。监测系统主机繁多，且数据不能共享，不能综合分析设备的故障状态。

一体化监控系统的概念于 2011 年提出，要求在线监测后台系统按变电站对象配置，全站共用统一的后台系统，各类设备状态监测统一后台分析软件、接口类型和传输规约，实现全站设备状态监测数据的传输、汇总和诊断分析。后台主机功能利用综合应用服务器主机实现。将多种在线监测设备接入统一在线监测后台，这是在线监测系统的发展必然趋势。统一的后台能对设备的工作状态进行动态的监控，监控的同时对监测和收集到的数据进行研究，根据研究结果分析和预测变电站可能会出现的故障，识别到故障风险后自主进行警报。

随着在线监测技术的发展成熟，自 2022 年年初开始，750kV 变电站一次设备在线监测配置越来越全面。变电站一次设备在线监测子系统实现包含油温及油位监测、变压器/高压补偿电抗器油中溶解气体监测、铁芯夹件接地电流监测、避雷器泄漏电流监测、绝缘气体密度监测、开关触头测温等功能，配置前端监测设备。330~750kV GIS（HGIS）设备预留特高频局部放电传感器和测试接口。前端设备实时采集各一次设备状态信息，点对点传输至就地配置的一次设备在线监测 IED，IED 采用 DL/T 860 协议将数据整合（各 IED 接入安全Ⅱ区交换机）上送至综合应用服务器，并发送给智能巡视主机。一次设备在线监测子系统框架图如图 10-17 所示。

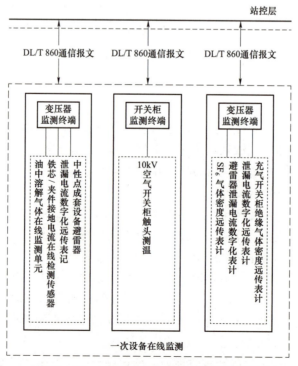

图 10-17 一次设备在线监测子系统框架图

（1）750kV 主变压器/高压并联电抗器在线监测配置。变压器监测终端根据变电站内主变压器数量进行配置，每台主变压器配置一台变压器监测终端，接入油色谱、铁芯夹件电流及中性点避雷器泄漏电流，油温、油位需接入数字化表计监测终端。750kV 主变压器在线监测配置如图 10−18 所示。750kV 高压并联电抗器在主变压器在线监测基础上增加中性点成套设备避雷器泄漏电流数字化远传表计。750kV 高压并联电抗器在线监测配置如图 10−19 所示。

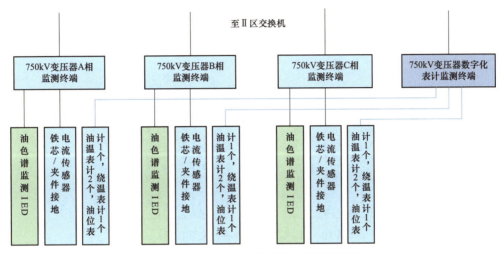

图 10−18 750kV 主变压器在线监测配置

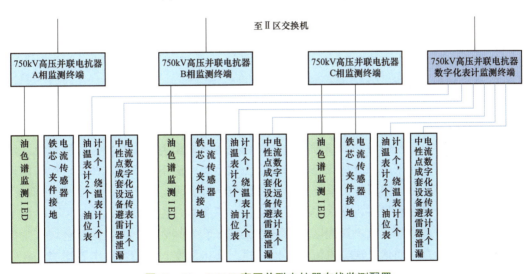

图 10−19 750kV 高压并联电抗器在线监测配置

变压器、高压并联电抗器油色谱在线监测主要采用气相色谱技术，主要采集七种气体（氢气、甲烷、乙烷、乙烯、乙炔、一氧化碳、二氧化碳），氧气和氮气虽不作为判断指标，但可作为辅助判据。此外，还可采用光声光谱技术，该技术较传统的气相色谱技术而言，不需要频繁的维护以及耗材的更换，但其一次投入成本较高。

（2）750/330kV GIS/HGIS 在线监测配置。750/330kV GIS/HGIS 预留特高频局部放电

传感器和测试接口。GIS/HGIS 监测终端按电压等级配置，接入绝缘气体密度远传表计和内置避雷器泄漏电流数字化远传表计。GIS/HGIS 在线监测配置如图 10-20 所示。

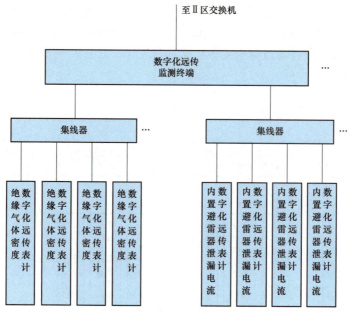

图 10-20　GIS/HGIS 在线监测配置

（3）66kV 在线监测配置。按需配置 66kV 监测终端，接入断路器绝缘气体密度远传表计及 66kV 站用变压器油温、油位远传表计。

（4）独立避雷器在线监测配置。66kV 及以上对避雷器配置泄漏电流数字化远传表计，按电压等级配置表计采集终端。

3. 火灾消防子系统

变电站火灾消防子系统由消防信息传输控制单元、火灾自动报警系统以及模拟量变送器等设备组成，配合火灾自动报警系统，实现站内火灾报警信息的采集、传输和联动控制。火灾自动报警系统内的前端设备通过总线上送数据至消防信息传输控制单元，消防信息传输控制单元采用标准协议将数据整合上送至综合应用服务器，并发送给辅助设备监控主机。变电站火灾消防子系统架构图如图 10-21 所示。

火灾自动报警系统设备包括火灾报警控制器、探测器、控制模块、地址模块、信号模块、手动报警按钮等；火灾探测区域应按独立房（套）间划分。火灾探测区域有主控制室、二次设备室、通信机房、直流屏（柜）室、蓄电池室、可燃介质电容器室、各级电压等级配电装置室、油浸变压器及电缆竖井等。随着《火灾自动报警系统设计规范》（GB 50116—2013）的实施以及当前 750kV 变电站基本采用水消防，火灾报警系统的设计内容更加丰富，主要表现在：

（1）火灾报警系统配置。由联动型火灾报警控制器（或火灾报警控制器与消防联动控制器的组合）、手动直接控制装置（多线控制盘）、控制室图形显示装置、消防电话、消防应急广播控制装置、消防电源监控器、火灾探测器、手动火灾报警按钮、火灾声光警报器、火灾显示盘、模块等设备组成，实现火灾探测报警功能和消防联动控制功能，并能接收和显示消防应急广播系统、消防应急照明和疏散指示系统、电梯等消防系统或设备的动态信息。

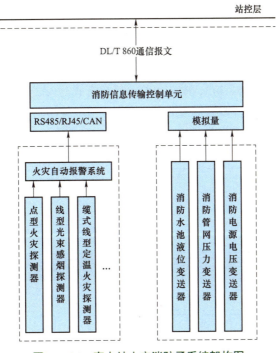

图 10－21　变电站火灾消防子系统架构图

（2）可燃气体探测报警系统。在蓄电池室独立设置一套可燃气体探测报警系统，由可燃气体报警控制器、可燃气体探测器和火灾声光报警器组成。可燃气体探测报警系统报警信号和故障信息在火灾报警图形显示装置显示。当可燃气体探测报警系统有联动及警报要求时，由可燃气体报警控制器或火灾报警联动控制器来实现。

（3）水消防联动控制。750kV 变电站采用水消防时，水消防的控制也与火灾报警系统之间有密切联系。水消防联动控制系统包含消防水泵和雨淋阀的启停控制。

消防水泵的启动方式有自动启动模式、远方手动启停模式、就地强制启停模式和机械应急启泵四种方式。消防水泵控制柜在平时应使消防水泵处于自动启泵状态。消防水泵应由消防水泵出水干管上设置的压力开关、高位消防水箱出水管上的流量开关，或报警阀压力开关等开关信号直接联锁自动启动消防水泵自动开启。当自动启动消防水泵异常时，运行人员可在火灾报警多线盘上通过硬接线远方手动启停消防水泵。同时，消防水泵、稳压泵应设置就地强制启停泵按钮。消防水泵控制柜还应设置机械应急启泵功能，保证当控制柜内控制线路发生故障时由有权限的人员在紧急时启动消防水泵。消防水泵反馈给火灾报警系统的信号有消防水泵和稳压泵运行状态、消防水池、高位消防水箱等水源的高水位、低水位报警信号，以及正常水位。

雨淋阀启动方式有自动启动模式和远方手动启停模式。当雨淋阀组接收到火灾报警联动控制器的相关区域的火灾报警启动逻辑（变压器超温保护与变压器断路器跳闸同时动作），自动开启雨淋阀组。当火灾报警自动启动雨淋阀异常时，运行人员可在火灾报警多线盘上通过硬接线启动雨淋阀组的启停。雨淋阀反反馈给火灾报警系统的信号有水流指示器，压力开关，雨淋阀组、雨淋消防泵的启动和停止的动作信号应反馈至消防联动控制器。

4. 安全防卫子系统

变电站安全防卫子系统按照安全防范要求配置，包括安防监控终端、防盗报警控制器、门禁控制器、电子围栏、红外双鉴探测器、红外对射探测器、声光报警器、紧急报警按钮等设备。前端设备通过 RJ－45、I/O、RS－485 等接口方式与安防监控终端进行通信，安防监控终端采用 DL/T 860 协议将数据整合上送至综合应用服务器，并发送给辅助设备监控主机，实现站端安全警卫信息的采集和监控。变电站安全防卫子系统架构图如图 10－22 所示。

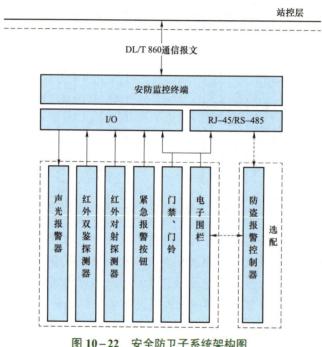

图 10－22　安全防卫子系统架构图

安全防卫子系统配置如下：① 1 套安防监控终端；② 变电站围墙应配置电子围栏，大门入口宜配置红外对射探测器用于周界安防；③ 各设备室对外门窗处可配置红外双鉴探测器用于非法入侵监测；④ 大门入口及非常开门的主要设备室应配置门禁；⑤ 变电站大门入口应设置门铃；⑥ 对于有人值班变电站的监控室，配置紧急报警按钮，对于需要远传报警信息至报警中心的变电站，可在变电站门卫室配置 1 台防盗报警控制器。

5. 动环子系统

变电站动环子系统包括动环监控终端、空调控制器、照明控制器、除湿机控制箱、风机控制器、水泵控制器、温湿度传感器、微气象传感器、水浸传感器、水位传感器、绝缘气体监测传感器等设备。前端设备通过 RS－485、I/O 等接口方式与动环监控终端进行通信，动环监控终端采用 DL/T 860 协议将数据整合上送至综合应用服务器，并发送给辅助设备监控主机，实现站端环境数据的实时采集和监控。变电站动环子系统架构图如图 10 – 23 所示。

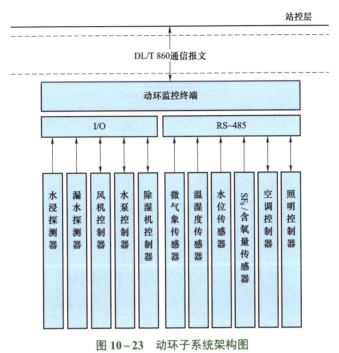

图 10 – 23　动环子系统架构图

动环子系统配置如下：① 配置 1 套动环监控终端，布置于二次设备室；② 主要一次设备室、二次设备室及预制舱应配置温湿度传感器；③ 存在绝缘气体泄露隐患的设备室应配置绝缘气体泄漏监测传感器；④ 电缆层、室外电缆沟等电缆集中区域宜配置水浸传感器，集水井应配置水位传感器；⑤ 各变电站主控楼楼顶宜配置 1 套一体化微气象传感器，采集室外温度、湿度、风速、风向、气压、雨量等数据；⑥ 有灯光补充需求的站内场地应配置辅助灯光。

6. 智能锁控子系统

变电站智能锁控子系统由锁控监控终端、电子钥匙、锁具等配套设备组成。自成后台系统，后台具备上送开锁任务、人员及锁具配置信息，下发开锁任务至电子钥匙等功能。预留锁控监控终端接入辅助设备智能监控系统的接口。变电站智能锁控子系统架构如图 10 – 24 所示。

锁具布置应符合以下布置原则：① 一台锁控控制器、四把电子钥匙集中部署，并配置一把备用紧急解锁钥匙；② 锁具部署在全站屏柜门锁、箱门锁、爬梯门锁、围栏门锁（不含防止电气误操作的锁具），消防小室门、水泵房门等需要常开的场合，无需部署锁具。

7. 智能巡视子系统

变电站智能巡视子系统含智能巡视主机、硬盘录像机及摄像机等前端设备，应支持枪型摄像机、球形摄像机、高清视频摄像机、红外热成像摄像机、声纹监测装置及巡检机器人等设备的接入，实现变电站巡视数据的集中采集和智能分析。前端设备相关视频图像及告警信息采用 TCP/IP 协议上传至智能巡视主机，并可通过智能巡视主机，实现与安全 Ⅰ、Ⅱ 区的联动。变电站智能巡视子系统架构如图 10 – 25 所示。

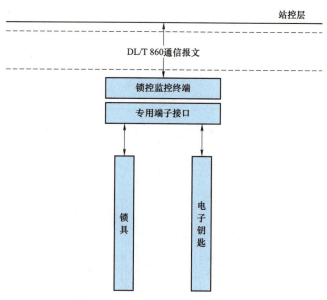

图 10-24　变电站智能锁控子系统架构图

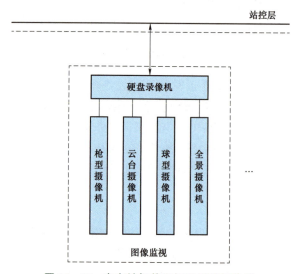

图 10-25　变电站智能巡视子系统架构图

　　智能巡视子系统摄像机配置原则如下：① 摄像机布置应满足变电站安全防范、设备运行状态监视及设备智能巡视的要求；② 站区大门、站内场地、户外设备区、各房间及预制舱均应安装球形摄像机，户外设备区可安装云台摄像机，对变电站进行常规监视，兼顾环境状态、人员行为及设备状态分析；③ 变压器、高压并联电抗器等重要一次设备区域宜配置高清固定摄像机、红外热成像摄像机、声纹监测装置等，满足远程在线巡视的布点需求；④ 建筑楼顶或设备区最高点构架应安装全景摄像机进行设备区全景监视及盲区覆盖；⑤ 站区大门正对入口处应安装枪型摄像机，识别记录进入人员及车辆车牌；⑥ 变电站周界等户外场地摄像机附近可按需装设防水射灯，满足周界防入侵监控等监视要求。

（三）电子防范系统

变电站作为能源传送场所，已成为极端分子密切关注的新目标，很多设施被破坏后将无法继续稳定运行，直接威胁着国家的经济安全和社会稳定。因此，即使目前来看变电站遭受攻击的可能性并不高，而且需要投入较高的人力、物力和财力等，但落实反恐方案，是对人民和国家财产安全负责任的表现。

750kV变电站按常态一级重点目标防护，需构建以防入侵、防盗窃、防破坏、防爆炸、防暴力袭击、安全检查和应急处置为目的，由人力防范（人防）、实体防范（物防）和电子防范（技防）组成的安全防范和控制体系。

人力防范（人防）是具备相应素质的人员有组织的防范、处置等安全管理行为。

实体防范（物防）是利用建（构）筑物、屏障、器具、设备或其组合，延迟或阻止风险事件发生的实体防护手段。站内配置车辆防冲撞系统、出入口金属防护栏等实体设施。

电子防范（技防）是利用传感、通信、计算机、信息处理及其控制、生物特征识别等技术，提高探测、延迟、反应能力的防范手段。站内部署电子治安管理平台，统一管控站内电子巡查系统、出入口安全管控系统、入侵和紧急报警系统、视频监控系统及无人机防御系统等子系统，电子治安管理平台预留智能辅助监控系统平台接口，可在智能辅助监控系统平台上调取电子治安管理平台上的数据信息。750kV变电站电子治安管理平台体系架构图如图10-26所示。

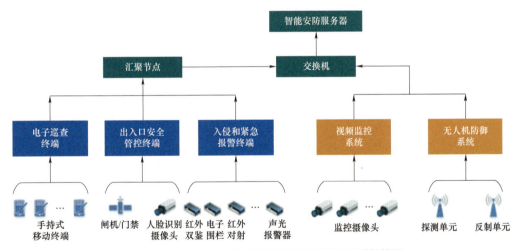

图10-26　750kV变电站电子治安管理平台体系架构图

电子防范系统中视频监控及出入口安全管控系统、入侵和紧急报警系统等技术要求与站内已有智能辅助控制系统设计内容重合部分，在实际设计中两者综合考虑按最高要求进行设置。

750kV变电站内反恐防护设施遵循"安全第一、全面覆盖、因地制宜和精准投资"的原则，以站内大门、周界为监控对象，配置安全防范系统，配备无人机防御系统，做到监管"高清化、网络化、智能化、高集成"，满足视频监控、资料留存等综合安防业务应用中日益迫切的需求。

四、展望

在 750kV 示范工程之后，本着以人为本，人性化要求不断提高，基于成熟发展的电子信息集成技术、传感器技术，二次辅控类设备配置方案更全面，交直流一体化电源系统、一次设备在线监测系统、智能辅助控制系统以及电子防范系统的实施，在电力系统安全稳定运行、减轻运维工作负担、提升运维工作质量和效率方面都有很大提高。

1. 并联直流电源系统

随着交直流逆变技术的成熟，针对采用串联接线方式的蓄电池组存在的缺点，多组并联智能蓄电池组件并联输出的直流系统方案已在低电压等级变电站开始逐步应用。随着生产技术、生产工艺、生产材料的不断改进，今后的发展方向应该沿着开发具有大功率输出的并联电池组件，减少并联蓄电池组件柜的数量，使这项技术广泛推广应用于在高电压等级变电站。

2. 全面的在线监测系统

为了更好地完善高效高质的变电站在线监测系统，进一步提升在线监测的智能化，减轻运维人员工作量，二次设备在线监测也在逐步发展。通过对二次设备状态进行监测，判断变电站内二次设备能否科学合理的工作，估算可使用时间。变电站二次设备状态监测包括交流测量系统、直流操作、逻辑判断系统等。交流系统的测量包含判断电流互感器、电压互感器二次回路的绝缘性、回路的完整性和测量元件的完整度等。直流系统分为直流电源、操作及信号回路的绝缘性和完整性；逻辑判断系统分硬件逻辑判断回路和软件功能。基于目前技术现状，变电站二次设备在线监测技术还在不断完善和发展，随着试点工程的不断应用，技术的不断成熟，变电站二次设备在线监测技术必将全面推进实施，使输变电一、二次设备状态运行的检修管理得以有效全面实现，提高检修的质量和效率。

第十一章　站区布置及建构筑物

第一节　站 区 布 置

750kV 变电站站区布置应本着因地制宜、节约用地、节省投资、低碳环保的设计理念，从站址选择、总体规划、总平面布置、竖向设计、地下管线与沟（隧）道、站内道路与场地等多方面进行方案比较和优化，降低工程造价，缩短建设周期，方便施工和节能减排，并为文明施工创造条件。

一、站区布置的特点

从 750kV 示范工程投运至今，已建设投运多条 750kV 输变电工程，基本涵盖了西北地区建站的各种环境条件，包括海拔从 1000m 以下至 3000m 以上，场地从常规土质到湿陷性黄土、盐渍土、膨胀土等特殊土质，气候条件从无风区到强风区，温度从温和到严寒地区，各电压等级的配电装置型式也从最开始的敞开式 AIS、户外 GIS 两种布置型式发展到户外 HGIS、户内 GIS 等型式。在进行 750kV 变电站总平面设计时，应充分考虑站址环境条件，选择合适的配电装置型式，并对各电压等级配电装置型式进行设计优化与组合，优化建设用地，使变电站总平面布置合理，满足运维检修要求。

二、站区布置原则

1. 站址选择

750kV 变电站站址选择应根据电力系统规划的网络结构、负荷分布、国土空间规划、城乡市（乡镇）规划、城市建设规划、线路走廊、征地拆迁、土（石）方量、地基处理、站外给排水、站外引接电源、大件设备运输、进站道路引接等方面的综合要求，通过技术比较和经济分析，选择安全可靠、经济合理、方便运行维护的站址。

站址选择除应遵循国家和行业标准的有关规定外，750kV 变电站特殊土质的站址选择，还应符合下列规定：

（1）湿陷性黄土地区宜避开自重湿陷性很严重的黄土场地，或厚度大的新近堆积黄土以及高压缩性的饱和黄土等地段。

（2）盐渍土场地宜选择含盐量较低、场地条件较易于处理的地段，避开次生盐渍化程度明显增加的地段。

（3）膨胀土场地宜选择地形条件比较简单，且土质比较均匀、胀缩性较弱的地段，宜避开地下溶沟、溶槽发育、地下水变化剧烈的地段。

2. 总体规划

750kV 变电站总体规划应与当地城乡规划、城镇规划以及居住区、工业园区、基本农田保护区、林业和草场保护区、饮用水源保护区、自然生态保护区或旅游风景区规划相协调。

总体规划应根据站区工艺布置、施工、运行、检修和扩建需要，结合生活需求、站址条件，按最终规模统筹规划。分期建设时，应根据负荷发展要求，以近期为主，近远期结合，一次规划，分期实施，一次或分期征用土地，并应根据建设条件留有适当的发展余地。

站区进站道路、进出线走廊、终端塔位、给排水设施、防（排）洪设施等应统筹安排，合理布局，使站址与周围环境和设施相协调，满足相关标准的要求。

位于城市规划区、工业园区内的变电站，其总体规划应符合以下要求：

（1）满足城市规划、园区规划对道路红线、建筑红线的退距要求。

（2）站区大门应满足与市政或园区道路交叉口距离及道路接口处标高要求。

（3）架空线路出线方向和路径应与城市、园区规划的线路走廊或电缆路径相协调。

（4）站区供水和排水应与城市、园区的规划相协调。

3. 总平面布置

750kV 变电站总平面布置应在总体规划的基础上，根据建设规模、站区接线、交通运输、环境保护，以及消防、安全、节能、施工、安装及检修、扩建等要求，结合场地自然条件，经技术、经济比较后择优确定。

变电站站内应工艺布置合理，功能分区明确，功能分区内各项设施布置应紧凑、合理，总平面布置宜规整。

站区总平面布置应按区域系统负荷发展最终规模统一规划、分期建设，以近期为主，兼顾远期，不宜在接线和场地利用方面堵死扩建的可能。

750kV 变电站总平面布置包括 750kV 配电装置区、主变压器及 66kV 配电装置区、330/220kV 配电装置区、站前辅助生产区等区域的模块化布置。各级电压等级的配电装置可根据工艺要求选择敞开式 AIS、户外 HGIS、户外或户内 GIS 等布置形式，各级继电器室一般就近布置在各自的配电装置区域。站前辅助生产区主要包括主控通信楼（室）、警传室、综合水泵房、安保器材室（新疆地区如有的话），以及蓄水池、地埋式污水处理装置、事故油池等水工构筑物。梳理已建成的 750kV 变电站总平面布置情况，750kV 变电站围墙内占地面积受变电站建设规模（变压器容量）及分、合建方案影响较大，相对来讲，早期采用敞开式 AIS 布置的占地面积相对较大（最大 27.14hm^2），近些年较多采用 HIGS 布置，其占地面积适中（最大 18.50hm^2），GIS 布置的占地面积最优（最大 14.93hm^2），西北院设计的 750kV 变电围墙内用地面积统计见表 11-1。

总平面布置除应遵循国家和行业标准的有关规定外，750kV 变电站特殊土质的总平面布置，还应符合下列规定：

（1）湿陷性黄土场地。

1）主要建（构）筑物宜布置在地基湿陷等级低的地段。

2）在同一建筑范围内，地基土的压缩性和湿陷性变化不宜过大。

3）在挖填方厚度较大场区，宜避免在挖填交界处规划布局单体建筑。

4）埋地管道、排水沟、雨水明沟和水池等与建（构）筑物之间的防护距离，应满足《湿陷性黄土地区建筑标准》（GB 50025）的要求。

（2）盐渍土场地。

1）重要建筑宜布置在含盐量较低、地下水位较深、地势较高、排水通畅的地段。

2）单体建（构）筑物宜布置在含盐量均匀的地层上。

（3）膨胀土场地。

1）主要建（构）筑物宜布置在膨胀土埋藏较深、胀缩等级较低或地形较平坦的地段。

2）挖方和填方地基上的建（构）筑物，应防止挖填部分地基的不均匀性和土中水分变化所造成的危害。

3）应避免场地内排水系统管道渗水对建（构）筑物升降变形的影响。

表 11-1　　　　　　　750kV 变电围墙内用地面积统计（西北院设计）

序号	地区	AIS 布置	GIS 布置	HGIS 布置	数量合计
1	陕西	BaoJi 750kV 变电站（15.631hm²）与换流站合建 QanXian 750kV 变电站（16.4967hm²）YuHeng 750kV 变电站（17.6674hm²）ShenMu 750kV 变电站（16.6849hm²）	XiAnNan 750kV 变电站（10.5059hm²）XiAnBen 750kV 变电站（9.6274hm²）XiAnDong 750kV 变电站（人字柱，10.0121hm²）AnKang 750kV 变电站（人字柱 10.0121hm²）PuBai 750kV 变电站（人字柱，10.66hm²）		9
2	甘肃	PinLiang 750kV 变电站（27.14hm²）JiuQuan 750kV 变电站（25.7313hm²）	LanZhouDong 750kV 变电站（12.575hm²）YongDeng 750kV 变电站（14.92815hm²）	LanLin 750kV 变电站（人字柱，13.0961hm²）YuMen 750kV 变电站（人字柱 13.6741hm²）	6
3	青海		GuanTing 750kV 变电站（9.10hm²）XiNing 750kV 变电站（11.8111hm²）RuYuShan 750kV 变电站（14.8071hm²）ChaiDaMu 750kV 变电站（含串联补偿站 10.5059hm²）GuoLong 750kV 变电站（12.5407hm²）HaiNan 750kV 变电站（12.3636hm²）XiNingBei 750kV 变电站（人字柱，9.6313hm²）	KunLunShan 750kV 变电站（格构式，15.8951hm²）HuaTuGou 750kV 变电站（18.5026hm²）DingZiKou750kV 变电站（格构式，18.1860hm²）	10
4	宁夏	YinChuanDong 750kV 变电站（22.17hm²）HeLanShan 750kV 变电站（10.50hm²）	QiXiang 750kV 开关站（6.0948hm²）	MiaoLing 750kV 变电站（10.7351hm²）QinShan 750kV 变电站（人字柱，11.1718hm²）TianDuShan 750kV 变电站（人字柱，12.79hm²）GanTang 750kV 变电站（人字柱，12.39hm²）	7

续表

序号	地区	AIS 布置	GIS 布置	HGIS 布置	数量合计
5	新疆	WLMQBei 750kV 变电站（10.1214hm²） TuLuFan 750kV 变电站（11.562hm²） HaMi 750kV 变电站（13.6791hm²） BaZhou 750kV 变电站（9.9909hm²） WuSu 750kV 变电站（11.8577hm²） HaMiNan 750kV 变电站（12.9802hm²） MaNaSi 750kV 变电站（9.433hm²） JiJiHu 750kV 变电站（14.4001hm²）	XiShan 750kV 变电站（8.8413hm²）	GanQuanBao 750kV 变电站（10.0199hm²） ALaEr 750kV 变电站（8.2765hm²） NaoMaoHu 750kV 变电站（18.7582hm²）	12

4. 竖向设计

竖向设计应结合站区总平面布置统筹规划，并应与站外现有及规划的道路、排水系统、周围场地标高等相协调。竖向布置方案应根据生产、运输、防洪、排水、管线敷设及土（石）方工程等要求，结合地形和地质条件进行技术、经济综合比较后确定。当 750kV 变电站分期建设时，应根据用地情况一次或分次进行征地和场地平整。

竖向设计应合理利用自然地形，根据工艺要求、站区总平面布置格局、交通运输、站内道路布置、场地排水、土（石）方综合平衡等综合考虑，因地制宜确定竖向布置形式。750kV 变电站的竖向设计多采用平坡式，当站区自然地形坡度在 5% 及以上，原有地形有明显的单向坡时，竖向设计宜采用阶梯式。

场地设计坡度应根据自然地形、工艺布置（主要是配电装置型式）、场地土性质、排水方式、道路型式等因素综合确定，宜为 0.5%～2%；有可靠排水措施时，可小于 0.5%，但应大于 0.3%。场地设计坡度也可按不同配电装置分区域设置。

湿陷性黄土、具有溶陷性的盐渍土、膨胀土场地应合理规划，使场地、道路等地表排水通畅，站内场地应有完整、有效的雨水排水系统，可采用暗沟（管）、明沟或地面自然渗排等方式。

场地排水除应遵循国家和行业标准的有关规定外，750kV 变电站特殊土质的场地排水，还应符合下列规定：

（1）湿陷性黄土场地。

1）建（构）筑物周围 6m 范围内场地设计坡度不宜小于 2.0%，当为不透水地面时，可适当减小；建（构）筑物周围 6m 范围外场地设计坡度不宜小于 0.5%。

2）位于防护范围内的排水沟不得渗漏；自重湿陷性黄土地区宜采用混凝土排水沟，防护范围外的排水沟宜做防水处理；沟底应设灰土或水泥土垫层。

3）新建水池、截（排）水沟或雨水排水管与挡土墙、边坡的距离，在非自重湿陷性黄土场地不应小于 12m；在自重湿陷性黄土场地不应小于湿陷性黄土层厚度的 3 倍，并不应小于 25m。

（2）盐渍土场地。

1）建（构）筑物周围 6m 范围内的场地设计坡度应大于 2.0%，6m 范围外的场地设计坡度应大于 0.5%。

2）建（构）筑物周围 6m 范围内为防水监护区，其内不宜设水池、排水明沟、直埋式排水管道、绿化带等。

3）所有排水设施应有防渗措施。

（3）膨胀土场地建（构）筑物周围应有良好的排水条件，距建（构）筑物基础外缘 5m 范围内不得积水，场地内的排水明沟底应采取防渗处理，排水沟的沟边土坡应设支挡。

站区雨水宜采用重力流排放至站外水系，当无重力流排放条件时，应于排水出口附近设置集水池和雨水泵站，采用强制抽排方式排至站外水系，并应考虑泵站的运行、维护措施。当无明显的排放河流或沟渠时，可在站内或站外设置雨水蒸发池。

5. 地下管线与沟（隧）道

地下管线与沟（隧）道布置应与站区总平面布置、竖向设计、管线性质、生产安全、施工维护方便等统筹规划。管线或沟（隧）道相互之间、管线或沟（隧）道与建（构）筑物基础及道路之间，在平面、竖向上应相互协调，紧凑合理。

分期建设的变电站，管线与沟（隧）道布置应按远期规模统一规划、近期集中布置、近远期结合，并留有足够的管线与沟（隧）道走廊，主要管线与沟（隧）道的布置不应影响扩建。

严寒和寒冷地区的埋地给水管线应埋置在最大冻深以下，必要时采取保温措施，避免冻结。

位于湿陷性黄土、盐渍土、膨胀土等特殊土场地的管线与沟（隧）道布置还应符合《湿陷性黄土地区建筑规范》（GB 50025）、《盐渍土地区建筑技术规范》（GB/T 50942）和《膨胀土地区建筑技术规范》（GB 50112）中的有关规定。

沟（隧）道底部应设置排除内部积水的措施，宜采用重力流排水，沟（隧）道底面应设置纵、横向排水坡度，其纵向坡度不宜小于 0.3%，横向坡度宜为 1.5%～2.0%，应在沟（隧）道内有利排水的地点设集水坑和排水引出管。

地下水位低、年平均降雨量小、蒸发量大、场地土质为渗水性强的砂质或砂砾类土时，电缆沟可不设沟底。

电缆沟盖板应符合下列规定：

（1）电缆沟可采用成品沟盖板，也可根据用途现场制作包角钢钢丝网轻型盖板、钢筋混凝土盖板、钢盖板、铝合金盖板或其他成熟材料的盖板。

（2）预制钢筋混凝土盖板宜双面配筋，当单面配筋时应有正反面的明显标识。

（3）电缆沟盖板在沟壁支承处可以采用嵌入式或搭盖式。当采用嵌入式时，宜在沟壁槽口处预埋角钢以保证盖板搁置的平整和沟壁槽口的完整，搁置长度不宜小于 50mm；当采用搭盖式时，盖板每边宜伸出电缆沟外壁 30～50mm，并采取防止盖板晃动的措施。

（4）钢盖板及混凝土盖板的外露铁件等均应做防腐处理。

（5）根据近年来工业经验及业主要求，在充油设备附近 20m 范围内的电缆沟，应设有防火延燃措施，盖板应封堵。可采用防止变压器油流入电缆沟内的卡槽式电缆沟盖板或在普通电缆沟盖板上覆盖防火玻璃丝纤维布等措施。

6. 围墙、道路与场地

（1）围墙。站区围墙形式、高度及结构材料应根据站址地理位置、周边环境、站区噪声控制及安全保卫要求等因素综合确定。根据《变电总布置设计规程》（DL/T 5056）、《220kV～750kV 变电站设计技术规程》（DL/T 5218）及《电力系统治安反恐防范要求　第 1 部分　电网企业》（GA 1800）的规定，站区围墙宜采用不低于高度 2.5m 的实体墙，并按要求设置防穿越功能的入侵探测装置。

变电站围墙材料应就地取材，一般可采用清水墙、水泥砂浆抹面、装配式围墙等形式。

站区围墙应根据噪声计算要求，合理设置降噪围墙。当降噪围墙高度不大于 5m 时，宜采用实体围墙；当降噪围墙高度大于 5m 时，宜采用隔声屏障。

站区可设一个供材料与设备运输、消防车辆进出的出入口，站区出入口宜面向当地主要道路，便于引接进站道路。

（2）道路。道路设计应根据大件设备运输、消防、运行和检修等要求，结合站区总平面布置、竖向布置等因素综合确定。道路纵坡坡度需综合考虑大件设备运输车辆的爬坡要求和消防车的安全行驶要求。

750kV 变电站进站道路宽度宜采用 6m，变电站主入口至主变压器的主变压器运输道路宽度宜采用 5.5m。在工程艰巨或交通量较小的进站路段，路面宽度可采用 3.5m，路基宽度可采用 4.5m，但应在适当的间隔距离内设置错车道。

道路的纵向坡度不宜大于 6%，山区或受条件限制的地段可加大至 10%。位于寒冷冰冻、积雪地区的变电工程应采用增大路面摩擦系数或增加路面防滑条等技术措施，改善冬季行车条件。

消防车道或兼作消防车道的道路应符合下列规定：

1）道路的净宽度和净高度应满足消防车安全、快速通行的要求。

2）转弯半径应满足消防车转弯的要求。

3）路面及其下面的建筑结构、管道、管沟等，应满足承受消防车满载时压力的要求。

4）坡度应满足消防车满载时正常通行的要求，且不应大于 10%，兼作消防救援场地的消防车道，坡度还应满足消防车停靠和消防救援作业的要求。

5）消防车道与建筑外墙的水平距离应满足消防车安全通行的要求，位于建筑消防扑救面一侧兼作消防救援场地的消防车道应满足消防救援作业要求。

6）长度大于 40m 的尽头式消防车道应满足消防车回转要求的场地或道路。

7）消防车道与建筑消防扑救面之间不应有妨碍消防车操作的障碍物，不应有影响消防车安全作业的架空高压线。

站内道路的转弯半径应根据行车要求和行车组织要求确定，一般不应小于 7m。主干道的转弯半径应根据通行大型平板车的技术性能确定，750kV 高压并联电抗器运输道路转弯半径不宜小于 9m，主变压器运输道路转弯半径不宜小于 12m。

道路横断面类型应根据场地排水方式选择，可采用公路型、城市型或混合型。其类型选择宜符合下列规定：

1）全站宜采用同一种道路横断面类型或站内、外道路采用不同道路横断面类型。

2）湿陷性黄土、具有溶陷性的盐渍土和膨胀土等对雨水敏感的场地宜采用城市型。

3）进站道路的类型还应与城乡现有道路的类型相协调。

道路路面等级应与道路类型相适应，应根据使用要求和当地的气候、路基状况、材料供应和施工条件等因素确定，并应符合下列规定：

1）宜采用高级或次高级路面，路面的面层宜采用同一种类型，车间引道可与其相连的道路采用相同面层类型。

2）当进站道路较长时，宜采用中级路面。

3）考虑施工期间主要道路路面的临时过渡措施。

（3）场地。主控通信楼（室）等人员集中的建筑楼前应设置非重型车辆通行和停放的小型广场，方便临时停车和人员活动，广场结构层可与站内道路结构层同等设置，面层可采用块材类铺砌砖或采用硬化透水地面。

主变压器与高压电抗器等重型设备的安装检修就位侧，应设置便于安装和检修的硬化场地，硬化场地的面层和基层设计应满足重型和大件舍内车辆通行和停放要求。

在户外配电装置场地应根据站区地理位置、场地土质特点等因地制宜地采取适宜的覆盖保护措施。湿陷性黄土、膨胀土以及具有溶陷性的盐渍土等特殊土场地采用碎石覆盖处理时，应在覆盖层下设置黏性土、灰土或水泥土隔水层。风沙较大地区不宜采用碎石等粒状材料覆盖处理，为便于清扫宜采用块材类铺砌覆盖措施。

7. 大件运输

大件运输是 750kV 变电站建设中十分重要的一环，应以安全可靠性和经济实用性为基本原则，选择合适的运输方式、运输路线，在安全可靠的前提下，最大限度地降低运输成本，保证大件设备运输方案的优选性。

750kV 变电站大件运输主要内容是对变电站大件运输的可行性进行研究，分析变电站大件设备参数及相关潜在设备供应制造厂家到站址之间的交通运输条件，确定合理的运输方式、运输路径方案及相应的运输手段，并对各种障碍设计合理可行的排除方案，同时对大件运输各种费用进行估算。

从大件设备（主要是指变压器）运输各方面关键因素入手，进行运输路径选择，研究依据主要有以下几个途径：

（1）对主要可能至变电站址沿线运输路网进行实地调研、考察测量，掌握大量的实地一手资料。

（2）以规模相当、条件相似的变电站工程的大件运输报告作为参考依据。

（3）在对大件运输的相关因素充分调查并掌握的基础上，进行分析研究及运输方案设计，在方案比选中运用技术、经济综合比选的方法，为变电站大件运输提供可行性论证。

第二节 建 筑 物

750kV 变电站建筑设计应满足工艺布置及功能需求，妥善考虑防火、安全疏散等相关技术要求，充分保障变电站设备及设施安全和人员生命安全，充分考虑基层运检人员的工作生活需要，为运检人员日常值班、办公及生活创造便利条件。

一、建筑设计

750kV 变电站建筑设计应本着"求实创新"和"以人为本"的设计理念，在满足工艺布置及功能需求的前提下，使站内建筑在平面布局、功能分区合理，运行管理方便；并应处理好与周围环境、地域文化的关系，使建筑的人工环境与站址周围自然环境融为一体。

1. 750kV 变电站建筑配置

750kV 变电站站内建筑按工业建筑标准设计，应统一设计标准、统一设计风格，方便生产运行。

（1）750kV 变电站建筑配置演变。从 750kV 示范工程至 2014 年，750kV 变电站站内建筑一般包括主控通信楼、继电器室、站用电室、泡沫消防间、警卫室等建筑，主控通信楼为两层建筑，建筑面积控制在 800m² 以内。

2014～2018 年，750kV 变电站向无人值班智能化方向发展，主控通信楼多为一层布置，建筑面积控制在 650m² 左右，相应建筑名称改为主控通信室。

2019 年之后，随着《火力发电厂与变电站设计防火标准》（GB 50229）的修订，750kV 变电站站内建筑发生了变化，增加了综合水泵房、雨淋阀室、消防设备间等水消防建筑。目前 750kV 变电站站内建筑一般包括主控通信楼（室）、继电器室、站用电室、综合水泵房、雨淋阀室、消防设备间、警卫室等建筑。

（2）差异化设计。750kV 变电站主要建设在西北五省地区，部分站址偏远且环境较为极端，对此类 750kV 变电站站内建筑进行了差异化设计，具体内容为：① 增设检修备品库及汽车库；② 主控通信楼建筑面积扩大至 800m² 以内，主控通信楼层数改为 2 层；③ 警传室功能增加安保用房，面积增加到 100m² 以内，名称改为辅助用房。

部分 750kV 变电站由于海拔及气候因素，GIS 设备采用户内布置，因此设置了户内 GIS 室。

2. 建筑防火

变电站建筑防火设计主要遵循《建筑设计防火规范》（GB 50016）、《火力发电厂与变电站设计防火标准》（GB 50229）及《变电工程总布置设计规程》（DL/T 5056）的相关要求。

从 750kV 示范工程至今，《建筑设计防火规范》经历了两次修编和一次局部修订，目前现行版本为《建筑设计防火规范（2018 年版）》（GB 50016—2014）。针对变电站工业建筑，主要增加了消防救援相关章节要求，同时针对二级耐火等级的单层厂房（仓库）钢结构柱及柱间支撑、梁及楼盖支撑、屋顶承重构件及屋盖支撑（包括系杆）由原来可采用无防火保护的金属结构，修编（订）为要求有不同的耐火极限。

《火力发电厂与变电站设计防火标准》（GB 50229—2019）针对变电站工业建筑，主要修改了主控通信楼、继电器的火灾危险性类别，两类建筑均由火灾危险性戊类提高为丁类。

（1）建筑物火灾危险性分类及耐火等级。依据 GB 50229—2019，750kV 变电站建筑物的火灾危险性分类及耐火等级见表 11－2。

表 11－2　　　　　　750kV 变电站建筑物的火灾危险性分类及耐火等级

建筑物名称	火灾危险性类别	耐火等级
主控通信楼（室）	丁	二级
站用电室	丁	二级
继电器室	丁	二级
雨淋阀室	戊	二级
综合水泵房	戊	二级
检修备品库	丁	二级
汽车库	丁	二级
警传室（辅助用房）	戊	二级
户内 GIS 室	戊	二级

（2）建筑物结构构件的耐火极限。依据 GB 50229—2019，750kV 变电站建筑物结构构件的耐火极限应满足表 11－3 要求。

表 11－3　　　　　　750kV 变电站建筑物结构构件的耐火极限

建筑物名称	柱及柱间支撑	楼面梁/楼盖支撑	屋顶承重构件及屋盖支撑、系杆
主控通信楼（室）	2.5h	1.5h/1.0h	1.0h
站用电室	2.5h	1.5h/1.0h	1.0h
继电器室	2.5h	1.5h/1.0h	1.0h
雨淋阀室	2.5h	1.5h/1.0h	1.0h
综合水泵房	2.5h	1.5h/1.0h	1.0h
检修备件库	2.5h	1.5h/1.0h	1.0h
汽车库	2.5h	1.5h/1.0h	1.0h
警卫室	2.5h	1.5h/1.0h	1.0h
户内 GIS 室	2.5h		1.0h

（3）防火分区。站内建筑物每个防火分区的最大允许建筑面积应符合《建筑设计防火规范》（GB 50016）和《火力发电厂与变电站设计防火标准》（GB 50229）的有关规定。

同一建筑物或建筑物内的任一防火分区布置有不同火灾危险性的房间时，建筑物或防火分区内的火灾危险性类别应按火灾危险性较大的部分确定；当火灾危险性较大的房间占本层或本防火分区建筑面积的比例小于 5%，且发生火灾事故不足以蔓延至其他部位或火灾危险性较大的部分采取了有效的防火措施时，可按火灾危险性较小的部分确定。

每个防火分区之间应采用防火墙分隔，防火墙上不应开设门、窗、洞口。确需要开设时，应设置不可开启的甲级防火窗或火灾时能自动关闭的甲级防火门。

（4）安全疏散。站内建筑物每个防火分区或一个防火分区内的每个楼层，其安全出口的数量应经计算确定，且不应少于 2 个；丁、戊类建筑物，每层建筑面积不大于 400m²，且同一时间的作业人数不超过 30 人，可设置 1 个安全出口。

建筑面积超过 250m² 的控制室、通信机房、配电装置室、电容器室、电缆夹层，其疏散门不宜少于 2 个。

建筑物内疏散楼梯的最小净宽度不宜小于 1.10m，疏散走道的最小净宽度不宜小于 1.40m，疏散门的最小净宽度不宜小于 0.90m。首层外门的总净宽度应按该层及以上疏散人数最多一层的疏散人数计算，且该门的最小净宽度不应小于 1.20m。

建筑物内的操作平台、检修平台，当使用人数少于 10 人时，平台的面积可不计入所在防火分区的建筑面积内。

水泵房下泵坑的楼梯可采用敞开金属梯，但其净宽度不应小于 0.90m，倾斜角度不宜大于 45°。

（5）消防救援。两层布置的主控通信楼的外墙应在每层的适当位置设置可供消防救援人员进入的窗口或出入口，每个防火分区不应少于 2 个。

建筑物首层对外疏散门可作为消防救援入口。

供消防救援人员进入的窗口的净高度和净宽度均不应小于 1.0m，下沿距室内地面不宜大于 1.2m，间距不宜大于 20m。窗口的玻璃应易于破碎，并应设置可在室外易于识别的明显标志。

3. 建筑节能

工业建筑节能设计的目标是对参与工业活动的建筑物进行整体节能设计，其主体思路是合理规划设计建筑功能布局，降低能耗，从而实现建筑节能的目标。

2018 年以前，我国没有相关工业建筑节能的强制要求，变电站等工业建筑节能参考的是公共建筑节能设计标准。建筑节能设计的主体思路大多是采用环保建材，并配合合理的设计方案，强化建筑围护结构隔热性能，或应用高能效的通风采暖设备，进一步降低工业建筑能耗。

《工业建筑节能设计统一标准》（GB 51245—2017）于 2018 年 1 月颁布实施，该标准对 750kV 变电站所处的严寒、寒冷地区工业建筑的体型系数、窗墙比、围护结构导热系数、门窗导热系数、地面热阻等数值均做出了明确要求。

4. 装配式建筑在 750kV 变电站的应用

在建筑行业大力推广装配式建筑的背景下，变电站建筑也将紧跟时代步伐，向着工业装配化方向创新发展。

为推进变电站模块化建设技术迭代提升，实现"主要设备更集成、二次系统更智能、预制装配更高效、更绿色环保"，遵循"安全可靠、先进适用、经济合理、建设高效、运维便捷"的原则，依据《变电站模块化建设 2.0 版技术导则》，对变电站装配式建筑要求如下：

（1）建（构）筑物采用工厂化预制、机械化装配，减少现场"湿作业"，减少劳动力投入，实现环保施工，提高施工效率。

（2）建筑物宜采用装配式建筑，采用钢结构全拴接，选用一体化墙板，减少现场拼装、焊接与涂刷。应按工业建筑标准设计，统一标准、统一模数，满足结构设计安全年限要求。

二、建筑材料与构造

750kV 变电站建筑主要材料及建筑构造主要包含墙体材料与构造、屋面防水、屋面保温、地面面层、地面隔热、门窗以及装配式建筑外围护的材料与构造做法，同时包含楼梯、散水、坡道等构造做法。

1. 常用建筑材料的发展与变化

（1）建筑地面面层。继电器室、站用电室等电气设备房间以及与消防相关的水工房间，建筑地面面层在 750kV 示范工程阶段一般采用环氧自流平地面或地砖地面。《建筑内部装修设计防火规范》（GB 50222—2017）对地面面层燃烧等级的要求予以提高，因此上述建筑地面面层目前使用水泥基自流平地面，燃烧等级为 A 级不燃材料。具体做法为防静电水泥基自流平面层（含防静电面涂、中涂、底涂及导静电铜箔等）＋抗裂预制膜界面剂（A 级不燃材料）两道。

（2）墙面面层。继电器室、站用电室等电气设备房间以及与消防相关的水工房间，墙面面层在 750kV 示范工程阶段一般采用乳胶漆墙面。《建筑内部装修设计防火规范》（GB 50222—2017）对墙面面层燃烧等级的要求予以提高，因此上述建筑墙面面层改用燃烧性能等级为 A 级的无机涂料饰面。

（3）外墙保温材料。750kV 变电站紧跟民用建筑在建筑外墙保温材料领域的发展步伐，经历了从外墙内保温（保温砂浆），到外墙外保温（聚苯板），再到保温装饰一体板（岩棉）的发展过程。目前常用的保温装饰一体板、一体化铝镁锰板复合板、一体化水泥纤维复合板的保温材料均选用燃烧性能等级为 A 级的岩棉，各区域根据外墙节能计算要求选择岩棉的厚度，岩棉容重要求不小于 120kg/m³。

（4）外窗材质。750kV 变电站建筑外窗由 750kV 示范工程阶段的塑钢门窗，逐步过渡到采用断桥铝合金中空玻璃节能窗，玻璃采用 Low-E 镀膜技术，整窗具有节能、隔声、防噪、防尘、防水等功能。

采用隔热断桥铝合金型材，其热传导系数大大低于普通铝合金型材，采用中空玻璃结构，有效降低了通过门窗传导的热量。带有隔热条的型材内表面温度与室内温度接近，降低室内水分因过饱和而冷凝在型材表面的可能性。在冬季，带有隔热条的窗框能够减少 1/3 的通过窗框的散失的热量；在夏季，在有空调的情况下，带有隔热条的窗框能够更多地减少能量的损失；采用厚度不同的中空玻璃结构和隔热断桥铝型材空腔结构，能够有效降低声波的共振效应，阻止声音的传递，可以降低噪声 30dB 以上。

2. 常用建筑构造的发展与变化

（1）建筑防火构造。随着《建筑设计防火规范（2018 年版）》（GB 50016）、《火力发电厂与变电站防火设计标准》（GB 50229）以及《建筑内部装修设计防火规范》（GB 50222）的颁布，变电站防火问题日益受到关注，750kV 变电站建筑的防火构造也相应朝着规范、统一的方向发展。

1）主控通信楼（室）建筑防火构造。

a. 根据《建筑设计防火规范（2018 年版）》（GB 50016），主控通信楼（室）内交流配电室、蓄电池室及楼梯间的墙体宜为不燃材料，且耐火极限不应小于 2.00h，楼板耐火极限不应小于 1.00h；主控室、计算机室、通信机房的墙体宜为不燃材料，且耐火极限不应低于 0.50h，楼板耐火极限不应低于 1.00h，疏散走道两侧隔墙耐火极限不应小于 1.00h。

b. 根据《建筑设计防火规范（2018 年版）》（GB 50016），主控通信楼（室）外墙、屋面保温材料燃烧性能不应低于 B1 级；当外墙保温材料燃烧性能为 B1 级时，应在保温系统中每层设置水平防火隔离带。防火隔离带应采用燃烧性能为 A 级的材料，防火隔离带的高度不应小于 300mm。当建筑的屋面和外墙外保温系统均采用 B1 级材料时，屋面与外墙之间应采用宽度不小于 500mm 的不燃材料设置防火隔离带进行分隔。建筑的外墙外保温系统应采用不燃材料在其表面设置防护层，防护层应将保温材料完全包覆。当采用 B1 级保温材料时，防护层厚度首层不应小于 15mm，其他层不应小于 5mm。

c. 根据《建筑内部装修设计防火规范》（GB 50222），主控通信楼（室）室内顶棚装修材料燃烧性能应为 A 级；主控室、配电室、蓄电池室、二次设备室、计算机室、蓄电池室、通信机房、空调设备间、排烟机房、厨房及疏散楼梯间内墙面装修材料燃烧性能应为 A 级，其余房间内墙面装修材料燃烧性能不应低于 B1 级；控制室、配电室、蓄电池室、无窗的二次设备室、空调设备间、排烟机房、厨房和疏散楼梯间地面装修材料燃烧性能应为 A 级；其余房间地面装修材料燃烧性能不应低于 B1 级。

d. 根据《建筑设计防火规范（2018 年版）》（GB 50016），主控通信楼（室）内配电室、空调设备间、排烟机房开向建筑内的门应采用甲级防火门；计算机室、蓄电池室、通信机房、主控室、厨房开向建筑内的门应采用钢质乙级防火门。封闭楼梯间应采用乙级防火门；竖井维修入口应采用丙级防火门。

e. 根据《建筑设计防火规范（2018 年版）》（GB 50016），电气线路不应穿越或敷设在燃烧性能为 B1 或 B2 级的保温材料中；确需穿越或敷设时，应采取穿金属管并在金属管周围采用不燃隔热材料进行防火隔离等防火保护措施。设置开关、插座等电器配件的部位周围应采取不燃隔热材料进行防火隔离等防火保护措施。

f. 根据《建筑设计防火规范（2018 年版）》（GB 50016），主控通信楼（室）内部各水平和竖向防火分隔的开口部位应采取防止火灾蔓延的措施。控制楼穿楼地面洞口部分采用不低于楼板设计耐火极限的防火封堵材料封堵。

g. 根据《建筑设计防火规范（2018 年版）》（GB 50016），消防控制室应与主控室合并设置。

2）其他建筑物防火构造。

a. 建筑物外墙、屋面保温材料燃烧性能不应低于 B1 级。

b. 当外墙保温材料燃烧性能为 B1 级时，应在保温系统中每层设置水平防火隔离带。防火隔离带应采用燃烧性能为 A 级的材料，防火隔离带的高度不应小于 300mm。建筑的外墙外保温系统应采用不燃材料在其表面设置防护层，防护层应将保温材料完全包覆，防护层厚度首层不应小于 15mm，其他层不应小于 5mm。

c. 站用电室、继电器室、综合水泵房、雨淋阀室、泡沫消防间、选择阀室、油浸变压器室室内顶棚装修材料燃烧性能应为 A 级，其他设备间室内顶棚装修材料燃烧性能不应低于 B1 级。

d. 站用电室、继电器室、消防水泵房、雨淋阀室、泡沫消防间、选择阀室、油浸变压器室室内墙面装修材料燃烧性能应为 A 级，其他设备间内墙面装修材料燃烧性能不应低于 B1 级。

e. 站用电室、继电器室、消防水泵房、雨淋阀室、泡沫消防间、选择阀室、油浸变压器室地面装修材料燃烧性能应为 A 级，其他设备间地面装修材料燃烧性能不应低于 B1 级。

f. 位于建筑物内的排烟机房、配电室等开向走道的门应采用甲级防火门，蓄电池室、厨房开向走道的疏散门应采用乙级防火门。

（2）地面热阻层。地面保温问题容易被忽视，实践证明，在严寒和寒冷地区的采暖建筑中，直接接触土壤的周边地面如果不采取保温措施，不仅会增加采暖能耗，而且接近墙脚的周边地面因温度过低，还可能出现结露或结霜，严重影响建筑物的使用。

当变电站位于严寒和寒冷地区时，根据《工业建筑节能统一标准》（GB 51245—2017），地面周边及非周边地面热阻值大于等于 1.10。因此 750kV 变电站站内建筑物直接接触土壤的地面目前均采取了保温措施，具体方案可为在混凝土地坪的下卧层中铺设挤塑聚苯板（XPS 板）作为热阻层。

（3）屋面复合防水。屋面构造一般分为保护层、防水层、找平层、保温（隔热）层、找坡层、隔气层和结构基层。刚性防水层宜与柔性防水材料组成两道或两道以上的复合多道设防。刚性防水层宜设在柔性防水层的上面，两者之间应设隔离层。

屋面刚性防水材料宜选用细石防水混凝土、补偿收缩混凝土等。屋面柔性防水材料宜选用高聚物改性沥青防水卷材、合成高分子防水卷材、合成高分子防水涂料、高聚物改性沥青防水涂料等。

屋面雨水汇水面积应按屋面水平投影面积计算。高出屋面的侧墙，应附加其最大受雨面正投影的一半作为有效汇水面积计算。每一屋面或天沟，一般不宜少于 2 个排水口。平屋面采用结构找坡不应小于 3%，采用材料找坡宜为 2%，采用金属压型钢板屋面其排水坡度不应小于 5%。单坡跨度大于 9m 的平屋面，宜通过结构找坡方式实现排水的坡度要求。

3. 装配式变电站建筑材料与构造的选用

装配式变电站建筑材料应选用节能环保、经济合理的材料；应满足保温、隔热、防水、防火、强度及稳定性要求。

（1）装配式建筑墙体材料选择。

1）一体化铝镁锰复合外墙板。由外墙板＋内墙板组成。外墙板采用一体化铝镁锰复合墙板，为三层结构金属夹芯板，工厂一体化加工，四面启口，外层采用铝镁锰合金板，表面氟碳辊涂，中间保温层采用岩棉，内层采用镀锌钢板；内墙板采用纤维水泥饰面板。用于防火墙时，应满足 3h 耐火极限。

墙板推荐采用横向排板，推荐宽度为 0.9m 或 1m，长度为 3～5m。外墙板缝处宜采用隐钉式连接，无外露栓钉，拼缝处采用密封胶密封处理。一体化铝镁锰复合外墙板变电站建筑示例见图 11-1。

图 11-1　一体化铝镁锰复合外墙板变电站建筑示例

2）纤维水泥复合外墙板。由外墙板＋中间保温层＋内墙板组成，现场复合。外墙板采用纤维水泥饰面板，安装于檩条上；内墙板采用纤维水泥饰面板；中间保温层材料选择可根据当地情况合理调整，采用轻质条板、纤维水泥板或纤维增强硅酸钙板等。

墙板推荐采用横向排板，推荐尺寸为 1220mm×2400mm 或 610mm×1220mm。板缝处采用长寿命密封胶密封。纤维水泥复合外墙板变电站建筑示例见图 11-2。

图 11-2　纤维水泥复合外墙板变电站建筑示例

3）一体化纤维水泥集成外墙板。由外墙板＋中间骨架填充保温层＋内墙板组成，外墙板和内墙板为纤维水泥饰面板；中间为型钢骨架，内部填充岩棉保温层。内外面板、骨架系统和保温材料等在工厂内集成，整体加工，现场直接挂板安装，无需施工檩条。

墙板可采用横排版或竖排版。推荐宽度为 1200mm 或 2400mm，推荐长度寸为 3000mm 或 6000mm。板缝处采用长寿命密封胶密封。一体化纤维水泥集成外墙板变电站建筑示例见图 11-3。

图 11-3 一体化纤维水泥集成外墙板变电站建筑示例

4）内隔墙。

a. 建筑内隔墙宜采用纤维水泥复合墙板、轻钢龙骨石膏板或一体化纤维水泥集成墙板。

b. 纤维水泥复合墙板由两侧面板+中间保温层组成。面板采用纤维水泥饰面板；中间保温层采用岩棉或轻质条板；内墙板板间启口处采用白色耐候硅硐胶封缝。

c. 轻钢龙骨石膏板为三层结构，现场复合，由两侧石膏板和中间保温层组成，中间保温层采用岩棉，石膏板层数和保温层厚度根据内隔墙耐火极限需求确定，外层应有饰面效果。内隔墙与地面交接处，设置防潮垫块或在室内地面以上 150～200mm 范围内将内隔墙龙骨采用混凝土进行包封，防止石膏板遇水受潮变形。

d. 内隔墙排版应根据墙体立面尺寸划分，减少墙板长度和宽度种类。

（2）装配式建筑屋面材料选择。

1）采用钢筋桁架楼承板的装配式建筑，其屋面材料构造选择基本同钢筋混凝土框架建筑屋面。

2）采用压型钢板作为屋面的装配式建筑，一般采用 360°直立锁边屋面体系、檩条露明型复合压型钢板。隐藏式安装方式将直立锁边屋面板纵向咬合固定在固定座上；整个屋面除屋脊部位外没有螺钉穿透，为水密性屋面。直立锁边方式须解决屋面热胀冷缩问题。

三、建筑物结构选型

750kV 变电站站内建筑面积和体积均较小，现浇钢筋混凝土框（排）架结构是普遍采用的一种结构形式，具有整体性好、技术成熟，结构材料可以就地取材，造价较低等优点，适合国内绝大多数施工单位的施工能力。但其现场湿作业工作量大，能源及原材料消耗大。在西北寒冷地区，施工周期有限，特别是在高海拔地区，若土建施工正好赶在冬季进行，存在冬季施工的问题，影响工程进度和质量。采用钢结构体系时，由工厂制作现场组装，不受冬季施工影响，可缩短建筑物上部结构施工工期。装配式建筑工业化程度高，施工速度快建设周期短，大大节约了现场劳动力，解决了人工费用高的问题，尤其是在西北高海拔的"沙戈荒"地区，当地建筑物资匮乏，钢结构工厂制作现场组装，适合远距离运输且避免现场湿作业。钢结构建筑的不足之处在于钢材单价高，易腐蚀且防火性能较差（需采取防腐防火措施并增加相应费用），运输费用高，整体造价偏高。

1. 结构形式对比

（1）钢结构体系。变电站所有的建筑物均为单层或两层的钢框架结构体系，即纵横两个方向均由钢框架作为承重和抵抗水平抗侧力的主要构件，一般有两种型式：无支撑纯钢框架和框架—支撑体系。其中，纯钢框架是无支撑的纯框架体系，由钢柱和钢梁组成，在地震区框架的纵、横梁与柱一般采用刚性连接，形成空间体系具有较强的侧向刚度和延性，承担两个主轴方向的地震作用。对于层数不多的房屋，纯钢框架结构体系是一种比较经济合理的结构体系。

钢结构体系主要优缺点如下：

1）纯钢框架可以扩大柱距，减少框架柱的数量和柱断面尺寸，可以形成较大的使用空间，平面布置灵活，更好地满足工艺专业的使用功能要求。

2）箱型或工字型梁柱采用刚性连接，有较强的侧向刚度和延性。钢构件自重较轻，钢材各向同性，结构各部分刚度比较均匀，对地震作用敏感小，抗震性、抗冲击韧性均较钢筋混凝土框架结构好，在高烈度区是一种很好的抗震结构形式。

3）钢构件易于标准化和定型化，构造简单，易于施工，尤其是压型钢板直接支撑于钢梁上，为各种工种作业提供了宽敞的工作平台，大大加快施工进度，缩短工期。

4）在西北高寒地区施工时，钢结构能较好地解决冬季施工问题，保证工期。

5）钢材属于生态环保的绿色材料，回收和再利用率高，符合经济循环的要求。

6）少量存在现场焊接工作，对质量要求较高，采用纯拴接可以避免。

7）钢结构构件易腐蚀，耐火性能差，需采取防腐防火措施并增加相应的费用。所有钢构件采用涂水性无机富锌防腐漆防腐。根据《建筑设计防火规范（2018 年版）》（GB 50016—2014）规定，主控通信楼（室）的火灾危险性为丁类，耐火等级二级，钢柱耐火极限不小于 2.5h，钢梁耐火极限不小于 1.5h。钢柱采用防火板或厚涂型防火涂料，钢梁采用薄涂型防火涂料。

（2）现浇钢筋混凝土框架结构。现浇钢筋混凝土框架结构，梁柱均为刚性连接，在纵横两个方向形成空间体系，有较强的侧向刚度，承担两个主轴方向的地震作用。

现浇钢筋混凝土框架结构主要优缺点如下：

1）结构的材料可以就地取材，故能充分利用当地资源和廉价劳动力，其造价较低、适合国内绝大多数施工单位的施工能力。

2）现场浇筑施工工作量相对较大，施工工期相对较长。但随着技术进步，施工机械化程度的提高以及商品混凝土的应用，混凝土结构施工工期较长的缺点大大改善。

3）楼板选择钢筋混凝土楼板，可与框架梁柱同时整浇，有利于结构的整体刚度和共同工作性能。

4）钢筋混凝土结构可以不额外采取防火措施就可以满足工程的防火要求，并且较钢结构经济实用，且易于维护。

5）钢筋混凝土框架自重较大，在高烈度地区梁柱截面较大，影响了建筑面积和空间的有效应用。

6）西北高寒地区存在冬季施工问题，施工周期长。

2. 施工对比

（1）钢结构体系。

优点：施工周期短，周转性材料投入少，节约了混凝土强度达标及拆除脚手架时间；施工受季节、环境影响较小，可以如期进行冬季施工。

缺点：防火性能差需增加防火施工工序；墙体内有钢构件对管道、线管等路径限制，局部不能暗敷，需装修时另做处理占用空间且影响美观；另外装修施工阶段需增加装修费用，对吊顶以下墙体中的钢柱、钢梁以及斜支撑一般需进行美观处理。

（2）现浇钢筋混凝土框架结构。

优点：防火性能好；抗震性能满足变电站要求；房间隔墙可以随意拆改可以满足复杂的建筑形式，室内空间规矩利于装修施工，各种收边收口处理方便，不需额外增加费用。

缺点：框架柱尺寸较大影响局部美观；施工周期长；周转性材料投入较大；施工受季节、环境影响较大，如需进行冬季施工，需采用棉被、火炉等保温、防冻措施，增加了火灾风险，且增加费用较大。

第三节 构 筑 物

750kV 变电站构筑物设计主要包括各电压等级构（支）架、设备基础、防火墙与围墙、电缆沟及水工构筑物等。750kV 变电站作为西北五省区特有的超高压变电站，在我国电网网架结构中的地位突出，其构筑物结构形式、构件材料、关键构件承载力等方面的选择与优化，对 750kV 变电站总平面布置、工程造价及安全运行具有举足轻重的作用，是保证变电站设计达到安全适用、经济合理的重要前提条件之一。

一、750kV 变电构（支）架

750kV 变电站构（支）架依据电压等级分为 750kV 配电装置构（支）架、750kV 主变压器构架、主变压器进线架、66kV 配电装置构（支）架、330/220kV 配电装置构（支）架、站区独立避雷针或构架避雷针及地线柱等。本节通过梳理 750kV 变电站各电压等级变电构支架二十多年的发展与发展进程，总结 750kV 变电站构支架（尤其是 750kV 配电装置构支架）设计特点，深入剖析 750kV 构（支）架设计存在的不足，针对性地进行创新优化方案，为后续 750kV 变电站设计的提供参考。

1. 一般原则

（1）750kV 变电站构架结构形式。钢管格构式结构和焊接圆形钢管结构是目前 750kV 变电站构架较常采用的结构形式，其中：

1）750kV 构架主要采用钢管格构式结构或焊接圆形钢管 A 字柱＋三角形格构梁结构。

2）750kV 主变压器进线构架采用圆形钢管 A 字柱（支撑于主变压器防火墙上）＋三角形格构梁结构或圆形钢管 A 字柱（支撑于主变压器防火墙上）＋单钢管梁结构。

3）330/220kV 主变压器进线构架采用焊接圆形钢管 A 字柱＋单钢管梁结构或焊接圆形钢管 A 字柱＋三角形/四边形格构梁结构。

4）330/220kV 配电装置构架采用圆形钢管 A 字柱＋三角形/四边形格构梁结构、圆形钢管 A 字柱＋单钢管梁结构。

5）站区独立避雷针或构架上避雷针根据地区气象条件（温度及风压），采用三角形或四边形钢管格构式结构，或者法兰连接的单钢管结构。

（2）750kV 变电站设备支架结构形式。

1）750kV 设备支架一般采用单钢管结构，地震设防烈度在 8 度及以上地震区根据抗震验算，宜采用四边形钢管格构式结构。

2）330/220kV 设备支架采用单钢管结构。

3）66kV 配电装置构（支）架采用 T 字、"Π" 型或 I 字柱焊接圆形钢管结构。

2. 750kV 构架

从 750kV 官亭—兰州东输变电示范工程采用 GIS 布置单排出线构架开始，通过借鉴国内外变电构架的成功设计经验，并对 750kV 构架进行充分论证，提出了适合于 750kV 配电装置需求、受力明确、观感新颖轻巧的构架形式——钢管格构式构架，即 750kV 构架柱采用矩形变断面钢管自立柱，钢管主材、钢管腹杆，节点板螺栓连接；750kV 构架梁采用矩形等断面格构式钢梁，钢管弦材、钢管腹杆，节点板螺栓连接；柱钢管主材、梁钢管弦材拼接接头采用法兰连接；梁柱单点为铰接，整体刚接。该构架整体通过 1:1 超载真型试验，安全可靠。

格构式结构传力路径和受力明确，节点构造简单，都为拉压杆，更符合计算假定；加工、运输和安装方便。另外，格构式构架为超静定结构，一旦某个杆件出现问题，可以通过内力重分布重新进行调节，从结构形式的选取上确保了 750kV 大型构架的安全储备。

自 2005 年 9 月建成投运 750kV 官亭—兰州东输变电示范工程以来，后续又建成投运了一大批 750kV 变电站，其 750kV 构架均采用了钢管格构式梁柱结构形式。目前，钢管格构式构架一直为国内 750kV 构架和 1000kV 构架结构形式的主流。

（1）750kV 配电装置布置发展变化。750kV 配电装置布置形式（AIS、HGIS、GIS）不同，对应 750kV 构架布置形式也不同。

750kV 变电站工程建设初期 750kV 电气配电装置均采用 GIS 布置形式（见图 11－4），相应的 750kV 构架只有一排多跨连续出线构架。随着 750kV 主网架在西北地区的全面建设，积极推进 750kV 设备国产化成为 750kV 变电站电气设计的主要原则和思路，对平原（低海拔）、轻污秽、地质条件较好等条件的地区推荐采用罐式断路器的设备，750kV 配电装置采用管型母线户外中型或软母线户外中型敞开式布置，相应的 750kV 构架采用了 AIS 敞开式布置，即母线构架与进出线构架或中央构架分片联合，且构架跨度、高度及荷载进一步加增大，结构形式相对复杂。

针对 AIS 敞开式布置，采用空间杆系分析与设计软件对 750kV 联合构架，分别在构架柱经济根开尺寸、温度应力、风荷载、地震作用以及节点设计等方面展开研究。之后较长一段时间，750kV 部分联合构架仍旧采用全钢管格构式结构（见图 11－5）。

图 11-4　GIS 布置单排 750kV 格构式构架

图 11-5　AIS 敞开式布置 750kV 格构式联合构架

　　近年来，800kV HGIS 设备的应用日渐增多，其主要特点是将 GIS 形式的断路器、隔离开关、接地开关、快速接地开关、电流互感器等元件组合在金属壳体内，由出线套管通过软导线连接敞开式母线以及敞开式电压互感器、避雷器，布置成的混合型配电装置。

　　针对 800kV HGIS 设备的配电装置母线形式主要采用敞开式母线——悬吊管型母线，布置主要分为"一"字型布置和"C"型布置，常规"一"字型布置的特点是出线及主变压器套管布置在配电装置间隔内侧，母线套管布置在间隔外侧，利用高跨线完成进出线，构架复杂。"C"型布置的特点是出线及主变压器套管布置在配电装置间隔最外侧，母线套管在配电装置间隔内侧，线路及主变压器进线引接方便，仅有母线构架和出线构架，仅为单层构架，俯视构架呈"田"型，相对"一"字型受力简单。

　　与 AIS 敞开式布置类似，无论 800kV HGIS 配电装置采用"一"字型布置还是"C"型布置，其电气导线及设备所需的带电距离、构架高度和跨度与 GIS 方案相比进一步增大，母线构架与进出线构架或中央构架全部联合。通过空间分析与计算，全钢管格构式构架仍是 750kV HGIS 布置的主流 750kV 构架结构形式（见图 11-6）。

　　（2）750kV 构架结构形式发展变化。随着 750kV 变电工程技术的发展与创新，从节省占地的角度出发，工程中也出现了 750kV 变电构架采用焊接圆形钢管 A 字柱＋三角形格构梁结构形式。不同 750kV 配电装置见图 11-7～图 11-9。

图 11-6　HGIS 布置 750 kV 格构式联合构架

人字柱构架（尤其是柱头处）工厂焊接工作量大、薄弱环节多，更多地受制于工厂焊接质量，焊接及镀锌变形都很大，柱头结构、梁柱连接之假定与实际差别太大，受力复杂，一旦某个杆件出现问题，将无多余的安全储备；对于敞开式布置而言，两个方向受力相对更为复杂。另外，对于钢管人字柱柱头交汇处、柱与横撑相贯线焊接节点，相贯线处的焊缝密集且交错，应力集中严重，节点的实际受力性能状态以及极限承载力更加难以确定，其承载能力低于杆件极限承载力的情况并不少见。当发生强震时，结构的整体性能更依赖于节点而非杆件。

图 11-7　GIS 布置单排 750kV 焊接圆形钢管 A 字柱构架

图 11-8　AIS 敞开式布置 750kV 焊接圆形钢管 A 字柱构架

图 11-9　HGIS 布置 750kV 焊接圆形钢管 A 字柱构架

（3）750kV 构架标准化设计进展。全面梳理已建 750kV 变电站工程的 750kV 构架设计数据，通过大数据分析与统计，提出 750kV 变电构架标准化设计思路。总结的大数据可为后续工程可研、初设、施工图等不同阶段提报工程量提供基础数据，减少重复计算工作，节约劳动力，提高工作效率，提高构架用钢量提报准确性。

750kV 配电装置多采用 HGIS 及 GIS，针对 HGIS、GIS 布置构架，提出三种布置方案（GIS、"一"字型 HGIS、"C"型 HGIS）、两种结构型式（钢管格构柱＋矩形格构梁、钢管 A 字柱＋三角格构梁）、六种不同海拔（1000、1500、2000、2500、3000、3500mn）、两种不同风压（0.50、0.65kN/m²），分别进行组合后的 3 大类、72 小类标准化设计内容。750kV 配电装置构架宽度及高度推荐值见表 11-4～表 11-6，两种结构型式高海拔地区 800kV GIS 变电构架对比见表 11-7，800kV HGIS 变电构架对比见表 11-8 和表 11-9。

标准化设计成果可应用在后续任何一个 750kV 变电构架设计中，对提高构架施工图出图效率，降低工程造价，提高变电构架设计水平等有着重要的促进作用。

表 11-4　　　　　750kV 配电装置构架宽度及高度推荐值（GIS）　　　　　（m）

海拔	1000	1500	2000	2500	3000
出线间隔宽度	40	41.5	43	44.5	46
出线相间距离	11	11.45	11.9	12.35	12.8
出线相—构架柱中心距离	9.0	9.3	9.6	9.9	10.2
出线挂点高度	31	32	33	34	35

注　表内尺寸按照格构式架构设计。

表 11-5　　　　　　　**750kV 配电装置构架宽度及高度推荐值（HGIS）**　　　　（m）

海拔	1000	1500	2000	2500	3000
出线间隔宽度	40.5	42	43.5	45	46.5
出线相间距离	11.25	11.70	12.15	12.60	13.05
出线相一构架柱中心距离	9.0	9.30	9.60	9.90	10.20
出线挂点高度	41	42	43	44	45

注　表内尺寸按照人字柱式架构设计。

表 11-6　　　　　　　**750kV 配电装置构架宽度及高度推荐值（AIS）**　　　　（m）

海拔	1000	1500	2000	2500	3000
出线间隔宽度	41.5	43	44.5	46	47.5
出线相间距离	11.75	12.2	12.65	13.1	13.55
出线相一构架柱中心距离	9.0	9.3	9.6	9.9	10.2
出线挂点高度	41.5	42.5	43.5	44.5	45.5

注　表内尺寸按照格构式架构设计。

表 11-7　　　　**高海拔地区 800kV GIS 变电构架对比（两种结构型式）**

工程名称	海拔高度	基本风压	构架型式	导线拉力（kN）				工艺提资（m）				结构重量（t）					指标（按4跨）	
				出线水平	出线垂直	地线水平	地线垂直	出线跨数	出线跨度	挂点高度	地线净高	边柱	中柱	联合柱	钢梁	地线柱	占地（m）	用钢量（t）
西宁北	2812	0.41	钢管A字柱三角格构梁	70	47	16.5	4	4	45.0	35.0	15.5	26.0	46.2	83.2	18.2	2.8	180	334.6
西宁	2614	0.41	钢管格构柱四边格构梁	45	24	10	1	7	45.0	34.0	15.5	26.0	26.0		18.5	2.9	180	217.7
日月山	2420	0.35	钢管格构柱四边格构梁	70	47	16	4	4	45.0	34.5	15.5	26.7	26.7		18.3	3.5	180	225.0
佑宁	2730	0.35	钢管格构柱四边格构梁	70	56	16.5	4	5	46.5	35.0	16.0	27.4	28.7		19.9	2.6	186	233.5
柴达木	2875	0.50	钢管格构柱四边格构梁	70	47	16	4	4	46.5	35.0	15.5	30.0	30.0		21.2	2.8	186	248.8
海南	2850	0.46	钢管格构柱四边格构梁	70 / 90	47 / 56	21	5	4	46.0	35.0	15.0	33.9	34.1		21.7	3.1	184	272.4

表 11-8　　800kV HGIS 变电构架对比（两种结构形式用钢量对比）——以 4 回出线全联合构架为例

工程名称	结构形式	基本风压（kN/m²）	海拔（m）	出线梁			母线梁			出线端撑柱			过渡端撑柱			出线中柱			过渡中柱			避雷针			指标（按 4 跨）	
				数量	单重（t）	小计（t）	数量	单重（t）	小计（t）	数量	单重（t）	小计（t）	数量	单重（t）	小计（t）	数量	单重（t）	小计（t）	数量	单重（t）	小计（t）	数量	单重（t）	小计（t）	占地（m²）	用钢量（t）
妙岭	钢管格构柱四边格构梁	0.45	1450	12	13.7	164.4	15	13.0	205.5	2	34.2	68.4	2	34.2	68.4	4	36.5	146.0	8	35.3	282.4	10	2.4	24.0	（42×4）×（42×3）= 21168	794.7
青山	钢管 A 字柱三角格构梁	0.45	1400	12	19.6	235.2	15	15.3	229.5	2	61.8	123.6	2	63.2	126.4	4	31.3	125.2	8	31.9	255.2	10	3.0	30.0	（41×4）×（42.5×3）= 20910	889.9
兰临	钢管 A 字柱三角格构梁	0.35	1930	12	22.0	264.0	15	18.8	282.0	2	55.7	111.4	2	56.5	113.0	4	34.5	138.0	8	35.5	284.0	10	3.3	33.0	（42×4）×（44×3）= 22176	961.4

表 11-9　　800kV HGIS 变电构架对比（两种结构形式结构设计）

工程名称	结构形式	基本风压	海拔	构架柱根开 (m×m)	构架柱下部主材截面	构架梁断面 (m×m)	构架梁主材截面	构架柱高 (m)	构架柱 (t)	出线跨度	母线跨度	出线梁 (t)	母线梁 (t)	避雷针/地线柱高	避雷针/地线柱重
妙岭	钢管格构柱 四边格构梁	0.45	1450	2.5×7.2	φ351×14/φ351×12/ φ299×12	出线: 2.5×2.5 母线: 2.5×2.0	出线梁: φ194×6 过渡梁: φ194×6 母线梁: φ159×8	出线: 42.0 母线: 42.0	出线边柱: 34.2 出线中柱: 36.5 其余中柱: 35.3	42.0	42.0	13.7	13.0	18.0	2.4
青山	钢管A字柱 三角格构梁	0.45	1400	9.364（出线）9.620（过渡）	φ750×16 出线端撑柱 φ750×14 过渡端撑柱 φ750×14 出线端撑A柱 φ750×14 过渡端撑A柱 φ750×12 中柱（4跨）	出线: 2.5×2.5 母线: 2.5×2.5	出线梁: φ273×12/φ245×10 上弦 φ203×10/φ203×10 下弦 过渡梁: φ219×12/φ194×10 上弦 φ203×10/φ180×10 下弦 母线梁: φ219×10/φ194×10 上弦 φ180×10/φ180×10 下弦	出线: 42.5 母线: 42.5	出线端撑柱: 61.8 过渡端撑柱: 63.2 出线A字柱: 31.3 过渡A字柱: 31.9	41.0	42.5	19.6	15.3	17.5	3.0
兰临	钢管A字柱 三角格构梁	0.35	1930	9.556	φ750×14 端撑柱 φ750×12 端撑A柱 φ750×12 中柱 φ650×10 组合柱	出线: 2.5×2.5 母线: 2.5×2.5	出线梁: φ245×12 上弦 φ180×10 下弦 过渡梁: φ245×12 上弦 φ180×10 下弦 母线梁: φ219×12 上弦 φ168×10 下弦	出线: 43.0 母线: 43.0	出线端撑柱: 55.7 过渡端撑柱: 56.5 出线A字柱: 34.5 过渡A字柱: 35.5 联合组合柱: 72.5	42.0	44.0	22.0	18.8	17.0	4.3

3. 750kV 设备支架

根据 750kV 示范工程 750kV 变电构架及设备支架设计研究科研课题的结论，750kV 设备支架与其他电压等级的构架柱从外观上应协调统一，推荐采用直缝焊接圆钢管支架柱。对于隔离开关受力较大，且操作时存在较大的动荷载，为增强其支架的抗弯刚度，在支架柱钢管内沿全长灌混凝土。

设备支架基础为素混凝土插入式独立杯口基础，基础杯口配置构造钢筋，在支架柱脚处设六边形或圆形混凝土保护帽。

随着复合材料在电网工程的试验及运行经验日益增多，复合材料轻质高强、耐腐蚀、易加工、可设计性强和绝缘性能好等优点日益显现，已在部分输变电工程中采用。结合复合材料的自身特性及国内外复合材料的生产现状，经分析研究，提出了一种复合材料设备支架方案，即支架柱采用复合材料，柱头及以上部分采用钢结构，如图 11－10 所示。

作为生命线工程重要组成部分的变电站如果在地震中损坏，不仅妨碍电网的安全稳定运行，而且极易造成次生灾害的发生，影响抗震救灾工作的开展并危及人民群众的生命财产安全。设计阶段对变电站内设备的抗震性能进行评估是确保地震作用下变电设备安全稳定运行的重要前提。通过对"750kV 回路系统"进行大风及地震工况下的力学性能分析，研究回路系统在大风及地震作用下的反应规律，提出了提高回路的抗震性能的措施。

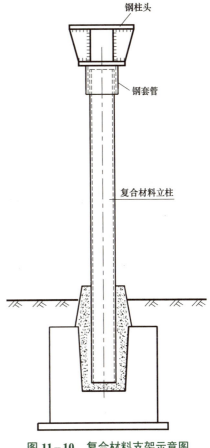

图 11－10 复合材料支架示意图

考虑在地震作用下的安全系数不满足《电力设施抗震设计规范》（GB 50260—2013）和《高压配电装置设计技术规程》（DL/T 5352—2006）规定的套管安全系数大于 1.67 的要求，因此需考虑采用减震技术来减小电气设备在地震作用下的反应。对于支柱类电气设备，可采用将减震装置安装在电气设备本体底部与电气设备的支架顶板之间，从而减小设备的地震反应。

减震装置安装示意如图 11－11 和图 11－12 所示，在电气设备支架顶板和电气设备本体底部之间安装有两块附加过渡板（上连接板和下连接板）、一块支撑垫块和一定数量的减震装置。考虑到现场施工工序的便捷，通常下连接板是与支架焊接或螺栓连接后，由于上连接板与电气设备底板相连的先后顺序，使减震装置安装出现两种工序：第一种工序是上连接板与电气设备底板焊接或螺栓连接好之后，然后安装减震装置；第二种工序是上连接板单独与减震装置进行安装，再将电气设备与上连接板相连接，完成安装工序。

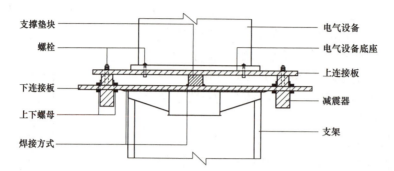

图 11-11　上连接板与电气设备底座螺栓连接的减震装置安装示意图

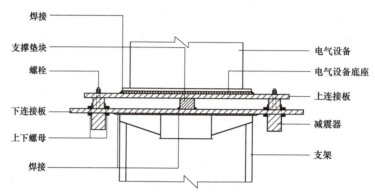

图 11-12　上连接板与电气设备底座焊接连接的减震装置安装示意图

依据抗震验算结果，地震设防烈度在 8 度及以上地震区，建议设计时采用刚度相对较大的锥形格构式支架，以降低设备在地震作用下的位移，750kV 设备支架采用四边形钢管格构式结构示例图见图 11-13。

图 11-13　750kV 设备支架采用四边形钢管格构式结构示例图

二、750kV GIS 设备基础

1. 750kV GIS 设备基础特点

（1）750kV GIS 设备基础几何尺寸较大，底板厚、钢筋密、混凝土方量大，对于这类大体积混凝土结构，由于水泥水化过程中释放的水化热引起的温度变化和混凝土收缩而产生的温度应力及收缩应力是其产生裂缝的主要因素，这些裂缝会给工程带来不同程度的危害，应采取相应的设计施工等技术措施，控制温度差值，解决温度应力并控制裂缝的开展。

（2）750kV GIS 设备基础预埋件敷设数量多，要求高，所有埋件顶面高差不得超过 ±2mm，水平误差不得超过 ±5mm，这对埋件的定位都提出了较高的要求。

2. 750kV GIS 基础形式

按照不同的工程地质条件，根据多年来的工程实践和技术创新，对于 750kV 电压等级的 GIS 设备基础，一般可采用如下几种结构形式。

（1）整体筏板式 GIS 基础。整体筏板式 GIS 基础具体分为设备、主母线及分支母线基础，均为整体大板，直接外伸出场地设计地坪满足电气要求，基础埋深由冻土深度控制。这种情形下，整体筏板基础厚度一般均较大，尤其是在寒冷地区，如图 11-14～图 11-16 所示。

电缆沟直角处底板厚度加配放射状防裂钢筋、沟深范围内设计成圆角，这样设计并不影响 GIS 基础表面电缆沟花铁盖板的铺设。

除计算配筋外，基础表面、侧边还应构造配筋。

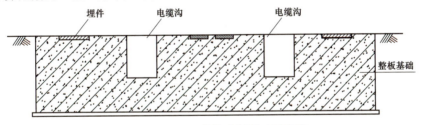

图 11-14　GIS 整体大板基础示意图

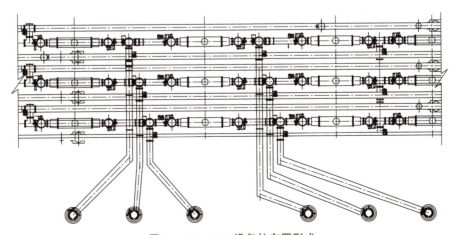

图 11-15　GIS 设备的布置形式

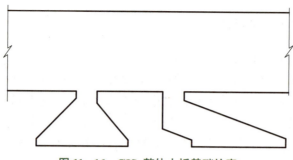

图 11-16 GIS 整体大板基础轮廓

1）主要优点。现场施工支模板方便。

2）主要缺点。

a. 混凝土和钢筋工程量大，施工工期长，投资大，不经济。

b. 施工期间基础内产生的水化热大，对基础内施工温度的控制要求高，需要做必要的降温计算和采取相应的工程措施。

c. 整板 GIS 基础表面积大，温度应力及作用明显，基础表面的裂缝难以克服，温度导致的基础裂纹或裂缝的问题比较普遍，影响工程创优和耐久性。

d. GIS 基础表面电缆沟纵横交错，沟直角处容易产生应力集中和开裂，严重时加上地基不均匀沉降的影响甚至剪断，电缆沟支模板复杂。

e. 为方便摆放 GIS 基础表面大量的预埋铁件和接地件，包括埋件的位置、标高、平整度以及接地件的方向（全站统一）等，以及表面添加抗裂纤维的需要，一般需要分层浇注，为保证新旧混凝土的良好结合，又需要在两层浇筑间留设竖向插进，设计及施工工序较为复杂。

f. 户外布置的 GIS 设备，大面积的基础顶面高出场地影响，严重影响了场地排水。

g. 对于设计有坡度的场地，即便场地坡度垂直于出线间隔设置，当 GIS 基础宽度较宽时，即使较小的场地坡度，为了保证 GIS 基础外露地坪高度最少为 100mm，GIS 基础另一侧外露地坪高度最大将达到 500mm 以上，甚至 700mm 以上，这严重影响基础在场地的观感，需适当的措施加以隐蔽解决，额外增加建设工期和投资。

（2）整体筏板外伸支墩（短柱）GIS 基础。根据 GIS 基础表面埋件、接地端子和电缆沟布置特点，采用整体筏板上部短柱外伸的基础形式（即 GIS 主设备区基础采用钢筋混凝土筏板外伸基础短柱的形式，主母线及分支母线设备采用独立支墩的形式，并演算基础沉降量满足设计要求），这种基础形式筏板厚度根据抗冲切受力计算决定，其厚度远小于整体筏板式基础，可大幅减少基础混凝土的用量，见图 11-17～图 11-19。

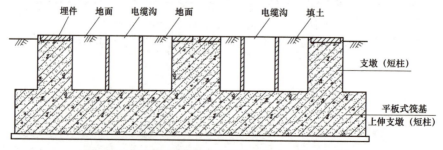

图 11-17 GIS 筏板基础上外伸支墩（短柱）示意图

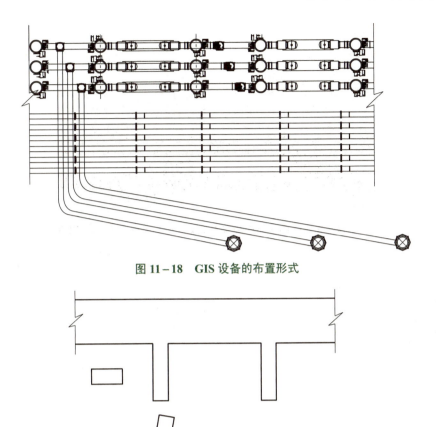

图 11-18　GIS 设备的布置形式

图 11-19　整体筏板外伸支墩（短柱）GIS 基础外轮廓

1）主要优点。

a. 基础混凝土工程量小，造价低。

b. 施工期间基础内产生的水化热小，但仍需要对基础内施工温度进行必要的控制。

c. 从结构形式上尽量避免了基础表面的温度裂缝。

d. GIS 基础范围内的电缆沟可以在底板顶面以上独立设计与施工，非寒冷地区可以设计为砖砌电缆沟，可进一步减少施工难度和工程造价。

2）主要缺点。外伸支墩（短柱）支模板比整体筏板式基础烦琐。但可以通过将外伸支墩（短柱）尺寸根据不同的 GIS 设备厂家要求尽量归类合并类型，以减少模板种类，使得不同间隔的 GIS 基础支墩（短柱）可以重复利用模板予以适当克服。

整体筏板外伸支墩（短柱）GIS 基础实景见图 11-20。

3）目前的工程，对此基础形式进一步优化如下：

a. 配合 GIS 厂家，在 GIS 设备设置水平或垂直伸缩节的部位土建设置 GIS 基础温度伸缩缝保证设备本体可以满足基础不同单体基础的沉降差。

b. GIS 整体筏板基础整体浇筑，第二次浇筑支墩（短柱），两次浇注的间歇时间主要用于正确摆放、调整 GIS 基础表面大量的埋件，外露支墩（短柱）部分添加抗裂纤维，避免开裂，埋件周围预留缩缝，并做防水处理。

图 11-20　整体筏板外伸支墩（短柱）GIS 基础实景

c. 视情况利用电缆沟对基础进一步分段，如 GIS 基础表面电缆沟纵横交错，则沟直角处容易产生应力集中，建议电缆沟顶部直角处加配放射状防裂钢筋、沟深范围内设计成圆角，这样设计并不影响 GIS 基础表面电缆沟花铁盖板的铺设。

d. 除计算配筋外，基础表面、侧边尚应构造配筋。

（3）箱涵式 GIS 基础。为减少 GIS 基础混凝土用量，将 GIS 基础设计为箱涵式，GIS 基础搁置在掏空箱涵的顶板上。基础埋深由冻土深度控制，基础顶面按电气专业要求高出设计地面 100mm。

1）主要优点。

a. GIS 基础混凝土用量小，可降低工程造价。

b. 箱涵可兼作电缆沟使用。

2）主要缺点。

a. 施工支（拆）模板均较为复杂。

b. 箱涵的混凝土工程量依然较大。

c. 顶板需要设置较多的暗梁，顶板电缆开洞较多。

综上各方面因素，实际工程中推荐采用整体筏板外伸支墩（短柱）GIS 基础。

3. 整体筏板外伸支墩（短柱）GIS 基础在工程中应用

（1）配合 GIS 厂家，GIS 每个完整串设置一个温度伸缩缝，GIS 设备在相应位置设置伸缩节。保证设备本体可以满足基础不同单体基础的沉降差。

（2）GIS 基础远期扩建时，宜预留沉降缝。

（3）GIS 支墩（短柱）上应设置沉降观测标，对基础的沉降进行实时监测，沉降观测标的设置位置应能相互通视。

（4）即便采用了整体筏板外伸支墩（短柱）GIS 基础型式，它仍属于大体积混凝土，应采取避免温度裂缝的构造措施，增加基础的耐久性。设计中应明确混凝土的水泥品种及选择的基本要求。同时，还应明确基础混凝土外加剂的品种及用量。

（5）筏板厚度根据抗冲切受力计算决定。除抗弯计算配筋外，基础表面、侧边还应构造配筋。

根据《混凝土结构设计规范》（GB 50010—2010），卧置于地基上的混凝板，板中受拉钢筋的最小配筋率可适当降低，但不应小于 0.15%；在温度、收缩应力较大的现浇板区域，应在板的表面双向配置防裂构造钢筋。配筋率均不宜小于 0.10%，间距不宜大于200mm。防裂构造钢筋可利用原有钢筋贯通布置，也可另行设置钢筋并与原有钢筋按受拉钢筋的要求搭接或在周边构件中锚固。楼板平面的瓶颈部位宜适当增加板厚和配筋。沿板的洞边、凹角部位宜加配防裂钢筋，并采取可靠的锚固措施。

（6）GIS 基础范围内布置的电缆沟结构形式，可采用与基础底板整体（后）浇筑在一起的混凝土沟道或砌筑电缆沟。

（7）采用与 GIS 室柱脱开布置的底部整体筏板外伸支墩（短柱）GIS 基础后，室内地面按有沟道的复杂地面设计。

（8）基础预埋件和接地端子的施工工艺。GIS 对埋件的平整度和接地端子的定位要求严格。GIS 的接地端子很多，且要求定位准确、布置整齐。为解决这个问题，采用二次连接的方式进行解决。即在基础顶部预留 200×200×150 接地小坑，接地扁钢预埋至小坑内，再通过二次连接小节接地扁钢保证接地扁钢外露的方向、高度一致美观，见图 11-21。

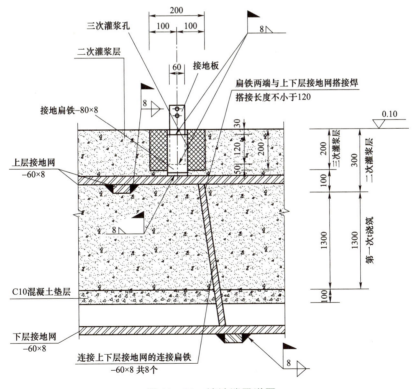

图 11-21　接地端子详图

第四节　地 基 处 理

750kV 变电站建（构）筑物地基处理方案合理与否，不仅直接影响 750kV 变电站土建投资水平的高低，还将影响变电站的安全运行和建设周期，因此选择适合具体工程地质条件、经济合理的地基处理方案，是变电站土建设计中的一项重要工作。

750kV 变电站地基处理方案与变电站所在地区地质情况息息相关，不同站址地质情况迥异，其地基处理手段也差异较大。总结数十年设计经验，750kV 变电站建设主要遇到湿陷性黄土、盐渍土、膨胀土等特殊场地地质情况，其地基处理方式有换填法、强夯法、灰土挤密桩（复合地基）、振冲碎石桩（复合地基）、沉管夯扩灌注桩、旋挖成孔灌注桩以及高强预应力混凝土管桩（PHC 管桩）。

一、湿陷性黄土地基处理

1. 建（构）筑物地基湿陷等级分类

湿陷性黄土地基处理的目的主要是全部或部分消除地基土的湿陷性，同时提高地基承载力。首先应根据相关规范对变电站内建（构）筑物的湿陷等级进行分类，以便对不同建（构）筑物的地基处理方案做到区别对待、有的放矢、经济合理。

《湿陷性黄土地区建筑标准》（GB 50025—2018）根据建（构）筑物的重要性、地基受水浸湿可能性的大小以及在使用期间对不均匀沉降限制的严格程度，对建（构）筑物进行划分，没有针对电力系统变电站建（构）筑物的划分标准，而变电站建（构）筑物有其自身的结构特点和受力特点。

根据《湿陷性黄土地区建筑标准》（GB 50025—2018）对建构筑物湿陷等级分类的原则规定，总结现有湿陷性黄土场地建设 750kV 变电站的地基处理经验，对 750kV 变电站内湿陷性黄土场地上的建（构）筑物地基湿陷等级进行分类，见表 11-10。

表 11-10　　　　750kV 变电站建（构）筑物湿陷等级分类表

建（构）筑物名称	分类	分类依据
主控通信楼	乙类	按高度、地基受水浸湿可能性及不均匀沉降限制的严格程度
GIS、HGIS 基础	乙类	按不均匀沉降限制的严格程度
750、330kV 构架	丙类	按高度及不均匀沉降限制的严格程度
主变压器、高压并联电抗器基础及防火墙	丙类	按不均匀沉降限制的严格程度
继电器室、交直流配电室	丙类	按高度、地基受水浸湿可能性及不均匀沉降限制的严格程度
其他水工构筑物	丙类	按不均匀沉降限制的严格程度

由表 11-10 可知，变电站建（构）筑物湿陷等级都达不到甲类建（构）筑物的分类标准，大多为乙、丙类。

2. 湿陷性黄土地基处理设计原则

根据《湿陷性黄土地区建筑标准》（GB 50025—2018），对乙、丙类建筑消除地基湿陷性做如下规定：

（1）乙类、丙类建筑应采取地基处理措施消除地基的部分湿陷量。当基础下地基湿陷性黄土较薄，经技术、经济比较合理时，可消除地基的全部湿陷量或将基础设置在非湿陷土层或岩层上，或采用桩基穿透全部湿陷性黄土层。

（2）对于乙类建筑，在自重湿陷性黄土场地，处理深度不应小于基底下湿陷性土层的 2/3，且下部未处理湿陷性黄土层的剩余湿陷量不应大于 150mm。

（3）对于乙类建筑，在非自重湿陷性黄土场地，处理深度不应小于地基压缩层深度的 2/3，且下部未处理湿陷性黄土层的湿陷起始压力不应小于 100kPa。

3. 消除黄土湿陷性的地基处理方法

常用消除黄土湿陷性的地基处理方法总体上可以分为两大类：一类为复合地基，如灰土垫层法、灰土挤密桩、DDC 工法（又称孔内深层强夯）、强夯法等；另一类为桩基，如钻（挖）孔灌注桩、挤土成孔灌注桩、静压或打入的预制钢筋混凝土桩等。根据《湿陷性黄土地区建筑标准》（GB 50025—2018），湿陷性黄土场地甲、乙类建筑物桩基，桩端必须穿透湿陷性黄土层，并应选择压缩性较低的岩土层作为桩端持力层。

选用地基处理方案时，要根据上部结构形式及受力特点、场地湿陷类型、建（构）筑物地基湿陷等级分类、湿陷性黄土层厚度、桩端持力层的土质（如为桩基）、施工条件和场地周围环境等因素综合分析确定。

二、盐渍土地基处理

盐渍土是指含盐量超过一定数量的土。《盐渍土地区建筑技术规范》（GB/T 50942—2014）规定，当地基土中易溶盐含量大于或等于 0.3% 且小于 20%，并具有溶陷性或盐胀等特性的土时，应按盐渍土地基进行勘察、设计和施工。

盐渍土地基的危害主要体现在以下三个方面：

（1）盐渍土地基浸水后，因盐溶解而产生地基溶陷。

（2）某些盐渍土（如含硫酸钠的土）地基，在温度或湿度变化时，会产生体积膨胀，危害建筑物和地面设施。

（3）盐渍土中的盐溶液会导致建筑物和地下设施的材料腐蚀。

1. 盐渍土地基基础设计等级

盐渍土地基处理的目的主要在于改善盐渍土的工程性质，消除或减小地基因浸水而引起的溶陷或盐胀等。盐渍土地基处理的范围和厚度应根据其含盐类型、含盐量、分布状态、盐渍土的物理和力学性质、溶陷等级、盐胀特性及建筑物类型等确定。

根据《盐渍土地区建筑技术规范》（GB/T 50942—2014），盐渍土地区的建筑工程根据其规模、性质、重要性、破坏后果以及对盐渍土的溶陷、盐胀、腐蚀特性的敏感程度、场地复杂程度等，将地基基础的设计等级划分为甲、乙、丙三个等级，见表 11-11。

表 11-11　　　　　　　　盐渍土场地地基基础设计等级

设计等级	建筑和地基类型
甲级	重要的工业与民用建筑物；30 层以上的高层建筑；体型复杂，层数相差超过 10 层的高低层连成一体建筑物；大面积的多层地下建筑物（如地下车库、商场、运动场等）；对于地基变形有特殊要求的建筑物；复杂地质条件下的坡上建筑物（包括高边坡）；对原有工程影响较大的新建建筑物；场地和地基条件复杂的一般建筑物；位于复杂地质条件下及软土地区的 2 层及 2 层以上地下室的基坑工程；开挖深度大于 15m 的基坑工程；周边环境条件复杂、环境保护要求高的基坑工程
乙级	除甲级、丙级以外的工业与民用建筑物；除甲级、丙级以外的基坑工程
丙级	场地和地基条件简单，荷载分布均匀的 7 层及 7 层以下民用建筑一般工业建筑；次要的轻型建筑物；非软土地区且场地地质条件简单、基坑周边环境条件简单、环境保护要求不高且开挖深度小于 5.0m 的基坑工程

750kV 变电站站内土建设施种类繁多，其重要性、规模、功能要求和工程地质特征等差异较大，盐渍土场地上的建（构）筑物地基等级分类可参照表 11－12 的分类原则进行分类，见表 11－12。

表 11－12　　750kV 变电站盐渍土场地建（构）筑物地基基础设计等级

建（构）筑物名称	分类	备注
主控通信室、继电器室、站用电室	乙级	重要建筑物
综合水泵房	乙级	主要供水建筑物
屋外配电装置构架	丙级	—
750/330kV GIS 设备基础	乙级	对地基变形要求严格
750kV 主变压器基础及防火墙	乙级	对地基变形要求严格
顶部硬连接的设备支架	乙级	对地基变形要求严格
其余各电压等级、对地基变形不敏感的设备支架	丙级	
事故油池（主变压器和高压并联电抗器）	丙级	
其他水工构筑物	丙级	—
其他次要建（构）筑物	丙级	—

2. 地基溶陷的处理

大量的工程和试验表明，盐渍土在天然状态下，由于盐的胶结作用，其承载力一般都较高，可作为一般工业和民用建筑的良好地基，但当盐渍土地基浸水后，土中易溶盐被溶解，溶陷迅速发生，承载力显著下降。盐渍土的地基处理方法主要有浸水预溶法、换填法、强夯法或强夯置换法、砂石（碎石）桩法、盐化处理等，也可将预浸水法与强夯法结合起来，即先浸水后强夯，这种方法在处理含结晶盐较多的砂石类土中效果较好。

（1）浸水预溶法。浸水预溶法是对拟建建筑物的地基预先浸水，在渗透过程中，土中易溶盐溶解，并渗流到较深的土层中，易溶盐的溶解破坏了土体的结构，土体在自重压力下产生压密，导致土层溶陷。浸水预溶法具有处理效果较好、施工方便、成本低等特点，适用于厚度较大、渗透性较好的砂性土类盐渍土，对于渗透性较差的黏性土效果不好，一般不采用。

（2）换填法。对于溶陷性较高，但不很厚的盐渍土采用换土垫层方法消除其溶陷性是较为可靠的，即把基础下一定深度范围内的盐渍土挖除，如果盐渍土层较薄，可全部挖除，然后回填不含盐的砂石、灰土等替换盐渍土层，分层压实。作为建筑物基础的持力层，可部分消除或完全消除盐渍土的溶陷性，减小地基的变形，提高地基的承载能力。

在盐渍土地区，当盐渍土层仅存在于地表下 1～5m 厚时，可采用砂石垫层处理地基，将基础下盐渍土层全部挖除，回填不含盐的砂石材料（也可采用土垫层或灰土垫层）。应注意，此种方法仅适用于当盐渍土层不厚，可全部替换时。因砂石垫层透水性较好，如果砂石垫层下还残留部分溶陷性盐渍土层时，则地基浸水后同样会产生溶陷。采用砂石垫层是针对完全消除地基溶陷而言，其挖除深度随盐渍土层厚度而定，但一般不宜大于 5m，太深会给施工带来较大困难，也不经济。

如果全部清除盐渍土层较困难，也可以部分清除，将主要影响范围内的溶陷性盐渍土层挖除，铺设灰土垫层。采用灰土垫层，一方面清除了地基持力层上部土层的溶陷性，

另一方面灰土垫层具有良好的隔水性能，对垫层下残留的盐渍土层具有防水作用。

（3）强夯法或强夯置换法。强夯法或强夯置换法适用于处理盐渍土中的碎石土、砂土、粉土和低塑性黏性土以及由此类土组成的填土地基，不宜用于处理盐胀土地基。

（4）砂石（碎石）桩法。砂石（碎石）桩法适用于处理盐渍土中松散砂土、碎石土、砂土、粉土和黏性土和填土地基。可采用振动沉管、锤击沉管、冲击成孔或振冲法等方法成桩。

3. 防止盐渍土地基盐胀

《盐渍土地区建筑技术规范》（GB/T 50942—2014）根据盐胀系数的大小和硫酸钠含量，将盐渍土的盐胀性分为非盐胀性、弱盐胀性、中盐胀性、强盐胀性。根据总盐胀量将盐渍土地基的盐胀等级分为Ⅰ、Ⅱ、Ⅲ三级。

盐渍土的盐胀一般指碳酸盐盐渍土的盐胀和硫酸盐盐渍土的盐胀，前者在我国的分布面积较小，其危害程度也较低；而后者分布较广，对工程造成的危害大，在新疆750kV变电站中危害相当严重。所以，国内的一些防止盐渍土盐胀的措施主要是针对硫酸盐盐渍土而言。下面介绍几种在国内证明比较有效防止硫酸盐盐渍土盐胀的方法。

（1）设变形缓冲层。我国新疆地区硫酸盐盐渍土地区广泛采用设变形缓冲层方法来防止盐胀破坏建筑物地坪，取得了良好的效果。这种做法是在地坪下设一层厚20cm左右不含砂的大粒径卵石层，小头朝下立栽于地，使盐胀变形得到缓冲。

（2）设地面隔热层。盐渍土地基因盐胀而隆起的大小，除与硫酸盐的含量有关外，还取决于土的温度和湿度的变化。当土温的变化范围小于某极值（Δt）时，即使含硫酸盐较多的土，因无相变而不产生体积变化，所以在天然情况下，土中一定深度（h）以下，地温由t_1变成t_1'时，因$t_1 - t_1' < \Delta t$，故不产生盐胀，盐胀只在有效盐胀区范围内出现。

根据这一原理，如在地面设一隔热层，使盐渍土层顶面的温度变化减小到$t_1 - t_1' < \Delta t$，则有效盐胀厚度$h = 0$，就可以达到完全消除盐渍土地基盐胀的目的，而不需要采用换土垫层法，将盐渍土挖除。

4. 盐渍土地基腐蚀性处理

盐渍土对建构筑物的腐蚀性，可分为强腐蚀性、中腐蚀性、弱腐蚀性和微腐蚀性四个等级。土对钢结构、水和土对钢筋混凝土结构中钢筋、水和土对混凝土结构的腐蚀性评价应符合《岩土工程勘察规范》（GB 50021）的规定。

为确保建、构筑物基础的安全性、耐久性能够达到规定的设计使用年限要求，盐渍土地区地下结构防腐蚀设计应根据结构的设计使用年限和腐蚀等级确定采取相应的防腐蚀措施。

（1）原材料。

1）水泥宜采用普通硅酸盐水泥和矿渣硅酸盐水泥。水泥的技术要求应符合《通用硅酸盐水泥》（GB 175）的规定。

2）为防止地基土对基础的侵蚀，在水泥混凝土拌和时，掺用一定量的抗侵蚀防腐剂，用于改善水泥水化、密实性能，减少盐类腐蚀应力，抵抗盐类侵蚀性物质作用，提高环境侵蚀条件下水泥砂浆或混凝土的耐久性，混凝土抗侵蚀防腐剂的理化性能要求应符合《混凝土抗侵蚀防腐剂》（JC/T 1011）的规定，混凝土抗侵蚀防腐剂的掺量和胶凝材料用量应根据防腐剂供应商的产品配合比要求掺和，请监理单位严格控制掺和比例，确保混凝土耐久性。

3）掺合料宜选用低钙粉煤灰、矿渣粉。粉煤灰的质量应符合《用于水泥和混凝土中的粉煤灰》（GB/T 1596），并不低于Ⅱ级F类的有关规定；矿渣粉的质量应符合《用于水泥、砂浆和混凝土中的粒化高炉矿渣粉》（GB/T 18046）的有关规定。

4）减水剂、泵送剂、引气剂应符合《混凝土外加剂》（GB 8076）的规定，并不得降低混凝土耐久性的质量要求。

5）细骨料应采用质地坚固，模数合理，杂质及其有害物质含量应少的材料，并应符合《建设用砂》（GB/T 14684）标准及有关的规定。

6）粗骨料应采用质地坚硬，级配合理、粒形良好，杂质含量少，并应符合《建设用砂》（GB/T 14685）标准及有关的规定。

7）混凝土拌和用水应符合《混凝土用水标准》（JGJ 63）的规定。

（2）混凝土和钢筋混凝土结构的建构筑物基础，在满足结构受力要求的前提下，其防腐蚀措施可按《盐渍土地区建筑技术规范》（GB/T 50942—2014）中的规定选用。防腐蚀混凝土的最低强度等级、最大水胶比、最大氯离子含量、最大碱含量应满足《混凝土结构设计规范》（GB 50010—2010）、《工业建筑防腐蚀设计标准》（GB/T 50046—2018）、《混凝土结构耐久性设计标准》（GB/T 50476—2008）的要求。

（3）基础及基础梁外防护要求应按《工业建筑防腐蚀设计标准》（GB/T 50046—2018）的相关规定执行。

三、膨胀土地基处理

膨胀土中黏粒成分主要由亲水矿物组成，具有显著的吸水膨胀和失水收缩两种变形特性，在浸水状态下，存在承载力衰减、干缩裂隙发育等问题，与正常场地土相比，工程性能很不稳定。由于膨胀土对环境变化的影响极为敏感，如不采取措施予以处理，必然会对地基的稳定性、耐久性产生影响，进而影响变电站上部建（构）筑物的安全和正常使用。

1. 膨胀土地基基础设计

膨胀土地区 750kV 变电站地基基础设计目的在于采取有力措施，消除或有效控制外部环境对膨胀土地基的不利影响，保证地基性能稳定。

根据《膨胀土地区建筑技术规范》（GB 50112—2013），膨胀土场地上的建筑物可根据重要性、规模、功能要求和工程地质特征以及土中水分变化可能造成建筑物破坏或影响正常使用的程度，将地基基础分为甲、乙、丙三个设计等级，见表 11－13。

表 11－13 膨胀土场地地基基础设计等级

设计等级	建筑物和地基类型
甲级	（1）覆盖面积大、重要的工业与民用建筑物。 （2）使用期间用水量较大的湿润车间、长期承受高温的烟囱、炉、窑，以及负温的冷库等建筑物。 （3）对地基变形性要求严格或对地基往复升降变形敏感的高温、高压、易燃、易爆的建筑物。 （4）位于坡地上的重要建筑物。 （5）胀缩等级为Ⅲ级的膨胀土地基上的低层建筑物。 （6）高度大于 3m 的挡土结构、深度大于 5m 的深基坑工程
乙级	除甲级、丙级以外的工业与民用建筑物
丙级	（1）次要的建筑物。 （2）场地平坦、地基条件简单且载荷均匀的胀缩等级为Ⅰ级的膨胀土地基上的建筑物

750kV 变电站站内土建设施种类繁多，其重要性、规模、功能要求和工程地质特征等差异较大，膨胀土场地上的建（构）筑物地基等级分类可参照表 11-14 的分类原则进行分类，具体见表 11-14。

表 11-14　　750kV 变电站膨胀土场地建（构）筑物地基基础设计等级

建（构）筑物名称	分类	备注
主控通信室、继电器室、站用电室	乙级	重要建筑物
综合水泵房	丙级	主要供水建筑物
屋外配电装置构架、750/330kV 设备支架	乙级	—
750/330kV GIS 设备基础	乙级	对地基变形要求严格
750kV 主变压器基础及防火墙	丙级	
顶部硬连接的设备支架	乙级	
其余各电压等级、对地基变形不敏感的设备支架	丙级	
事故油池（主变压器和高压并联电抗器）	丙级	埋深深大于大气影响深度
其他水工构筑物	乙级	
其他次要建（构）筑物	丙级	—

2. 膨胀土地基的设计原则

由表 11-14 可以看出，750kV 变电站内膨胀土场地建（构）筑物地基基础设计等级属于甲级、乙级或者丙级，根据《膨胀土地区建筑技术规范》（GB 50112—2013）考虑建（构）筑物地基基础设计等级及长期荷载作用下地基胀缩变形和压缩变形对上部结构的影响程度，膨胀土地基的设计原则（规范强制性条文）如下：

（1）建筑物地基计算应满足承载力计算的有关规定。

（2）地基基础设计等级为甲级、乙级的建筑物，均应按地基变形设计。

（3）造在坡地或斜坡附近的建筑物、高耸构筑物和挡土结构、基坑支护等工程，尚应进行稳定性验算。验算时应计及水平膨胀力的作用。

注：考虑膨胀土力学性能不稳定，承载力计算不考虑宽度修正，深度修正系数为 1.0；地基变形允许值应满足 GB 50112—2013 的规定。

3. 地基处理方案

膨胀土综合治理措施涉及面较广，在现有相关理论框架的基础上，可从土建设施对场地、地基、边坡的稳定性及可靠性要求入手，采取多种措施制定经济有效的综合防治技术路线。

（1）《膨胀土地区建筑技术规范》（GB 50112—2013）关于地基基础措施的规定如下：

1）建筑物四周应设散水，散水垫层宜采用 2:8 灰土或三合土；

2）膨胀土地基处理可采用换土、土性改良、砂石或灰土垫层等方法；

3）膨胀土地基换土可采用非膨胀性土、灰土或改良土，换土厚度应通过变形计算确定。膨胀土土性改良可采用掺和水泥、石灰等材料，掺和比和施工工艺应通过试验确定，适用于需要处理的浅层或薄层膨胀土。

4）平坦场地上胀缩等级为Ⅰ级、Ⅱ级的膨胀土地基宜采用砂、碎石垫层。垫层厚度不应小于300mm。垫层宽度应大于基底宽度，两侧宜采用与垫层相同的材料回填，并应做好防、隔水处理。

5）对较均匀且胀缩等级为Ⅰ级的膨胀土地基，可采用条形基础，基础埋深较大或基底压力较小时，宜采用墩基础，对胀缩等级为Ⅲ级或设计等级为甲级的膨胀土地基，宜采用桩基础。

6）桩基础设计时，基桩和承台的构造和设计计算，除应符合《建筑地基基础设计规范》（GB 50007）的规定外，尚应符合以下规定。

a. 桩顶标高低于大气影响急剧层深度的高、重建筑物，可按一般桩基础进行设计。

b. 基础施工出地面后，基坑（槽）应及时分层回填，填料宜选用非膨胀土或经改良后的膨胀土，回填压实系数不应小于0.94。

c.《土方与爆破工程施工及验收规范》4.6.17条要求采用中等膨胀土回填时需要经过加工及改良处理。

可以看出，膨胀土地基方案与实际场地类别、地基基础设计等级、地基土的膨胀性、地基的胀缩等级、土建设施的具体部位等有关。

7）地基土的胀缩等级。根据《膨胀土地区建筑技术规范》（GB 50112—2013）关于胀缩等级的划分标准，排除浸水或有热源的情况，仅考虑大气影响时，膨胀土地基的胀缩等级是以大气影响深度范围内基底膨胀土的分级变形量（胀、缩）为准进行划分的，地基土的分级变形量分别依据规范相关条款进行计算。

一般情况下（无浸水情况下，仅考虑大气影响深度影响），基础直接埋深至大气影响深度影响，理论上基底需考虑的受影响膨胀土厚度为零，地基分级变形量为零，此时可不考虑基底膨胀土的影响；基础埋深小于大气影响深度影响时，需按规范要求计算地基分级变形量，依变形量划分胀缩等级，再依据不同等级采取适当的地基基础措施。

（2）地基方案。

1）对处在挖方区的建（构）筑物，结合岩土工程勘察报告关于场地膨胀土膨胀潜势、胀缩等级等评价结论，考虑场平后的不确定因素及膨胀土对土建设施的长期潜在影响，挖方区的建（构）筑物可以采用天然地基方案，考虑大气影响深度范围内膨胀土以及相关基础回填措施可能造成的渗水、浸水等不利影响（如基础底部、侧面的碎石垫层及缓胀层在缓冲的同时，可能形成渗水通路），采用直接加大基础埋深方案，基础埋深至大气影响深度，同时做好场地封闭等防、隔水措施。

2）对于设计等级为甲级的膨胀土地基土建设施，如GIS基础等采用桩基础，桩端持力层可选择下部无膨胀性的坚硬土层作为持力层。

3）对于处在深填方区或半挖半填（填方比较深）区域的比较重要的、对地基变形比较敏感的建（构）筑物设施，考虑场平回填土的欠固结性及膨胀性填土的不利影响及地基基础的整体性，可采用桩基础方案。桩端持力层可选择下部无膨胀性的坚硬土层作为持力层。

4）对于浅填方区，填方比较均匀，建（构）筑物重要性不高的情况，以天然地基方案考虑，考虑大气影响深度范围内膨胀土以及相关人为因素可能造成的渗水、浸水等不利影响（如基础底部、侧面的碎石垫层及缓胀层在缓冲的同时，可能形成渗水通路），按照平坦场地Ⅰ级、Ⅱ级的膨胀土地基的处理方式，基础埋深至大气影响深度，同时做好场地封闭等防、隔水措施。

5）建议同一建筑物尽量采用同一地基方案，应避免同一建筑物跨越半挖半填地基两个地段。

6）根据 GB 50112 中关于地基基础施工的要求，基础施工出地面后，基坑（槽）应及时分层回填，填料宜选用非膨胀土或经改良后的膨胀土，回填压实系数不应小于 0.94。因此，需对基坑回填土进行改良。

7）其他抗膨胀措施。站区地处膨胀土地区，为了迅速排水避免场地积水设计采取以下优化措施：

a. 道路采用郊区型，道路边设置排水沟，有效迅速排掉场地水，避免场地积水。

b. 站区电缆沟沉入地下，避免出现电缆沟阻挡排水。以往站区由于电缆沟高于场地，虽然设置了过水渡槽，但其效果不好，依然出现电缆沟迎水面积水问题，针对此问题，设计提出将电缆沟沉入地下，避免出现电缆沟阻挡场地排水情况，电缆沟每隔 6~8m 设置检查井，便于检修。

c. 配电装置区场地处理。为抑制扬尘，改善运行环境，保护设备安全运行，站区裸露地表拟采取覆盖措施。

在屋外配电装置场地根据巡视、操作和检修要求铺设绝缘地坪和操作小道。因站区土具膨胀性，其余裸露场地为了避免场地积水引起场地膨胀，站区可采用 60mm 厚成品广场砖，其下 50mm 厚干硬性水泥砂浆，500mm 厚 3:7 灰土封闭层。

第五节　设 计 创 新 及 展 望

一、站区布置设计优化与创新

1. 站区布置优化

节约用地是我国的一项长期基本国策，也是考核工程设计好坏的重要指标。750kV变电站为节约站区用地，通常遵循如下原则：

（1）符合出线规划、尽量避免线路交叉。

（2）各电压等级配电装置布置协调，总平面规整。

（3）满足变电站的安全运行、方便运行检修的要求。

（4）在满足技术要求的前提下，尽可能减少占地面积，节约土地资源。

（5）尽量符合地形、地质要求，减少土建工程量。

（6）优化配串和主变压器进线布置，适应分期建设。

（7）选择适宜的竖向布置方案，既满足场地排水要求又尽可能减少土石方工程量。

通过以上原则，各变电站应根据实际情况，对总平面布置做出合理的设计方案，方便施工、运行、检修，节约工程总投资。

2. 站区竖向标高及场地坡度优化

站区竖向标高的确定通常采用的有两种方案：一是在站区场地设计标高高于频率为

1%的洪水水位或历史最高内涝水位时由站区土方平衡确定竖向标高;二是对站区场地设计标高低于频率为 1%的洪水水位或历史最高内涝水位时抬高场地竖向标高,使其满足防洪或防涝要求。这两种布置方案均较为成熟,应用较广。

站区场地坡度、坡向的确定不仅与自然地形坡度、坡向有密切关系外,还与工艺专业布置以及结构专业设计有关。在选择场地坡度、坡向时,应尽量与自然地面保持一致,以减少土方工程量;同时应结合工艺专业配电装置区布置,对联合构架长方向、构架母线长轴方向坡度取值不宜取大,以减少由于场地设计坡度过大造成的结构设计工程量增加。针对自然地形坡度过大的场地,竖向设计采用阶梯式。具体工程中可根据实际情况选择最优方案。

(1)变电站竖向布置实例 1:某变电站站址地形开阔,地势大体呈南高北低、东西方向较平坦,站区总平面采用三列式布置,由南向北依次为 750kV 配电装置、主变压器及 66kV 配电装置区、220kV 配电装置区,根据自然地形,站区竖向采用了南高北低,东西向无坡的平坡式布置,并对南北方向设计坡度进行了 0.5%和 1.0%方案的比较,对场平土方、边坡挡土墙、征地、地基处理、结构用钢量等工程量进行了比较。通过比较,发现 0.5%设计坡度的站区整体感官较好,但土方、边坡、挡土墙工程量较大;1.0%设计坡度的土方、边坡、挡土墙、地基处理工程量最小,但结构用钢量增加,遇到短时暴雨时,东西向电缆沟及道路边缘会出现局部较大冲刷,站区整体感官较差。因此,经技术、经济比较,1.0%设计坡度的总造价比 0.5%设计坡度的总造价节约 7%,最终设计选用 1.0%设计坡度。

(2)某变电站竖向布置实例 2:某变电站站址地形北高南低、东西方向较平坦,自然地面坡度约 4%,站区总平面采用三列式布置,由南向北依次为 750kV 配电装置、主变压器及 66kV 配电装置区、330kV 配电装置区,根据自然地形,站区竖向设计对平坡式布置和台阶式布置进行了方案比较,对场平土方、进站道路引接、边坡挡土墙、征地、地基处理等工程量进行了比较。通过比较,发现采用台阶式布置时,土方、边坡挡土墙、地基处理工程量小,进站道路引接坡度小,征地面积稍大;平坡式布置时,征地面积略小,但土方、边坡挡土墙、地基处理工程量大,进站道路引接不便。因此,经技术、经济比较,采用台阶式布置的总造价比采用平坡式布置的总造价节约 19%,最终设计选用台阶式布置。

3. 提高站区基槽余土精确性

土(石)方工程是工程建设的重要组成部分,土(石)方工程量计算的准确性对工程造价、建设周期、环境保护等方面均会产生较大影响。变电站土(石)方计算通常包括场地初平、终平两个设计阶段,设计应尽可能做到土石方自平衡,避免或减少外弃或外购土(石)方。通过总结已建 750kV 变电站的场平情况,场地初平标高(设计可调整)并不影响弃土或购土,产生弃土或购土主要是由站内建(构)筑物基槽余土量(包括地基处理部分)准确性决定的。设计规范基槽余土计算原则,根据不同场地不同地质情况和填土实际填筑情况,结合相关设计标准、工程经验以及现场试验综合考虑松散系数或紧缩系数。计算站内基槽余土时根据工程建设规模,按照不同建设区域,提前梳理设计界面,明确计算范围,避免遗漏或重复。通过以上措施管控基槽余土误差,尽量做到站址土方平衡,不外弃外购土方。

4. 站区高边坡优化设计

站区边坡支护结构由支挡工程、边坡防护工程及截排水工程三部分组成。常用的支挡结构包括锚杆框架梁、重力式挡土墙、悬臂式/扶壁式挡土墙、加筋土挡土墙、桩板式挡土墙及抗滑桩等；常用的边坡防护措施包括挂网喷护、拱形梁/框架梁/格构梁防护（见图 11-22）、生态混凝土护坡及植被生态护坡等；常用的截排水设施包括截排水（盲）沟、导流槽、泄水孔、排水管等。工程中结合地形条件、地质特点、填挖方高度、工程经济性、环水保要求等方面因素综合考虑，确定既满足边坡稳定性要求，又经济合理的最优方案。

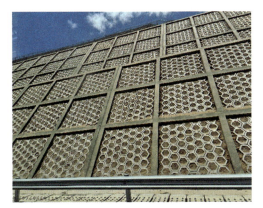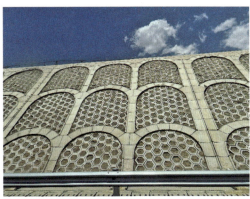

图 11-22　拱形梁/框架梁/格构梁防护实景图

5. 场地电缆沟形式创新

屋外配电装置场地内的地下电缆沟常规做法为沟壁高于场地设计标高 100～150m（见图 11-23）。风沙较大地区，可采用地埋式电缆沟（见图 11-24 和图 11-25），且每隔一定距离设满足防涝要求且高出地面的人孔及活动盖板。

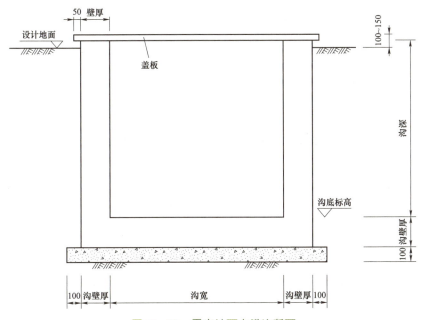

图 11-23　露出地面电缆沟断面

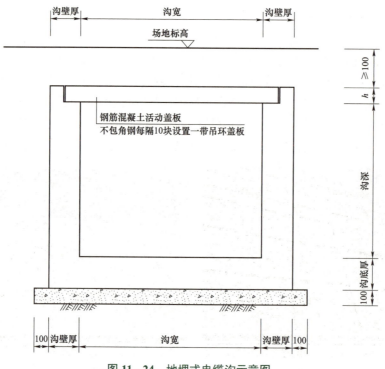

图 11-24 地埋式电缆沟示意图

图 11-25 地埋式电缆沟界限示意图（红色砖标识电缆沟走径）

二、变电站建筑风格地域文化探索

建筑物是变电站的重要组成部分，是变电站生产、运行人员工作生活的核心场所，为传达和弘扬出地域文化特点，有必要在设计时针对特定地区的建筑形式、地域材料和当地建筑技术进行有机整合，提取地域文化中核心本质的元素，致力于把当地地域文化用直观的理念和技术表达出来，使建筑和其所处的当地社会形成一种和谐自然的关系。

750kV 变电站主要建设于西北五省（自治区），西北地区的建筑体系与东南地区以传统木构架为主的建筑体系相比较，存在明显的区别。西北地区降雨量少、蒸发量大，这些自然条件致使人们早早地就与泥土打交道，从而不断沉淀形成了一种"生土营造"情结，西北地区建筑多以土、木材、石材、秸秆、草等原生材料来建造房屋，这些材料的优势在于可就地取材、价格低廉、使用可靠、施工方便等。在这些传统材料基础上又衍生出黏土砖、草砖、草泥、陶瓦、白灰等次生材料。同时，由于石材有很好的耐久性与抗腐蚀性，在建筑中主要应用在基础、台基部分。不同地区会用当地的石材，大小、颜色各不相同，会呈现很浓的地域性，粗犷、敦厚的视觉感受能很好地与地方特色相呼应。此类建筑材料广泛应用于如陕甘宁地区的窑洞、甘青地区的庄廊院、新疆地区的阿以旺等建筑。

变电站建筑地域文化探索主要采取两条主线，即建筑细部特色元素的提取以及地域色彩元素的提取。

1. 地域文化建筑元素

陕北地区建筑的门窗的结构和形式特征与其窑洞型建筑风格有着密切的关系门窗是中国传统建筑文化的重要组成部分，窑洞多为半圆拱形，洞口安装木制门窗，门或居于正中，或在一侧。门上一般开一扇小窗，门旁边开一大窗，上部与门平齐，最上部则开一通风的小窗，所以又有"一门三窗""一门四窗"的说法（见图11-26）。

图 11-26　陕北地域文化主控楼示意

甘肃以丝路文化作为地域文化的标志，河西走廊是丝路文化的重要载体，河西走廊地域建筑的主要特征是由稳定、朴素、厚重的几何元素所创造出的厚重体积感，由于木材的缺乏所创造出的砖雕、石雕的大量运用也成为当地建筑的特色元素（见图11-27）。

宁夏地域文化丰富，西夏文化、边塞文化、民族文化的相互交融，产生了富有特色的地方建筑，多采用拼砖、拼瓦、砖雕等建筑技法，在建筑风格上考虑地理环境与气候条件，同时结合宁夏地区的民族文化，在质朴气息中展示别样特色（见图11-28）。

青海藏族风格建筑，建筑外墙从下向上又逐渐收分，从侧面看呈梯形状，这种"下大上小"的梯形结构加强了墙体的稳固性，产生出高耸向上的视觉效果，使得建筑物本身显示出一种凝重感。厚重的墙体上较少开窗，明显地体现出碉房建筑的防御作用，同时又很好地适应了高原寒冷、多大风的自然环境条件。藏族碉房建筑的收分造型特点，实际上已经成为藏族传统建筑风格的一个重要标识（见图11-29）。

图 11-27　丝路地域文化主控楼示意

图 11-28　西夏、边塞地域文化主控楼示意

图 11-29　藏风地域文化主控楼示意

新疆地区建筑在建筑立面风格上比较有代表性的就是洞口的设计。尖拱元素被充分运用在廊道、窗户、门等部位。此外，富有韵律的组合型装饰图案也对变电站建筑的洞口设计有所启发（见图 11-30）。

图 11-30　新疆地域文化主控楼示意

2. 地域文化建筑色彩

（1）生土砌体建筑色彩：对于黄土高原原生土砌体建筑的色彩较为单一，主要原因是生土砌体建筑以黄土固有的黄色为主要材料，对其进行构筑。黄色和灰色是生土建筑的两种主色调，描绘出地域传统建筑的质朴和内敛。

（2）石砌建筑色彩：色彩以青、灰为主色，重点突出石砌建筑的质朴、生态与沉静的特点。

（3）藏族风格建筑色彩：藏族人民生活在高寒地区，造就热情、质朴、豪爽的性格。藏族建筑在色彩运用上大胆细腻，构图以大色块为主，喜好以大面积的白色突出重点部位的大面积红色，墙檐上段常做成连续整体的色彩饰带，以及局部施以浓彩点缀的色彩方式，这使得藏族建筑形象给人趋于稳定的感觉。

三、建筑信息模型（BIM）为依托的低能耗装配式建筑

以建筑信息模型（BIM）为依托的低能耗装配式建筑是未来建筑发展的主流方向，其设计理念融合建筑节能、建筑低碳、装配式建筑、绿色建造、三维数字设计等多项建筑业发展趋势。

1. 低能耗装配式技术建筑设计理念

低能耗装配式技术是指装配式建筑的使用材料和建筑设备在制造、施工和使用的整个建筑生命周期，通过减少常规化石能源的应用，提高装配式建筑的环保建设，从而降低有害气体特别是二氧化碳气体的排放总量，并节省大量的建筑能源。低能耗装配式建筑已经逐渐成为建筑行业的主流技术趋势，在这种趋势的影响下，低能耗装配式建筑技术必将成为建筑领域新的技术变革。

低碳节能装配式建筑技术是指遵守气象设计条件的约束和节能规范要求的基本方法，在设计的过程中对整个建筑工程进行规划分区的基础上，进一步对太阳辐射角度、建筑群体和单体、建筑物之间的间距、建筑物的朝向、现场风向和建筑物外部空间环境进行充分的研究论证，设计出低碳节能装配式建筑。常见的低碳节能装配式建筑技术主要有以下方面：

（1）低碳节能装配式建筑外墙技术。外墙墙体的复合技术可以分为内附保温层、外

附保温层、夹心保温层三种不同的技术层面。我国一般采用夹心保温层技术，而在欧美各国，则采用内附保温层的技术。

（2）低碳节能装配式建筑门窗技术。这种技术使用中空玻璃、镀膜玻璃、高强度防火玻璃来进行节能优化和二氧化碳气体的排放，从而达到装配式建筑环保节能的效果。

（3）低碳节能装配式建筑屋顶技术。该技术是运用现代化的智能技术或者生态技术来实现整个建筑低碳节能的设计目标，如太阳能集热屋顶以及可控制的通风屋顶就是这种设计技术的常见类型。

除上述三种常规的低碳节能技术外，由于采暖、制冷以及照明都是建筑工程能量消耗的主要集中部分，因此，还可以使用置换式新风系统、热泵系统、地面辐射采暖等技术来达到低碳节能的设计效果。随着新时期科学技术的发展，新能源的开发利用也有助于低碳节能装配式建筑技术的创新。

针对传统的建筑领域设计模式已经很难融入低碳节能建筑设计要求的现状，结合国内外相关的设计经验，引入低碳节能装配式建筑技术的概念，也就是在装配式建筑设计的最初阶段就让低碳节能专业的技术人员参与到相关建筑工程的设计工作中去，从而可以提出初步设计阶段的低碳节能技术方案，并在后期的设计过程中紧密配合建筑、土建、结构、暖通空调、给排水、建筑电气与楼宇控制、室内设计等多个工程专业的技术要求，通过整个工程设计人员的密切协作和设计资源的有效整合，并最终采用成熟的先进设计技术及低碳环保产品，达到装配式建筑低碳节能的设计目标。在整个设计过程中最为重要的设计环节是建筑整体能量平衡系统的综合设计，相关的设计人员一般通过使用工程计算机软件系统对整个建筑的室内外热工环境、能量平衡进行模拟演练，为各个专业进一步的设计工作的深化提供充分的技术依据。

2. 建筑信息模型（BIM）设计应用

建筑信息模型（BIM）可以帮助实现建筑信息的集成，从建筑的设计、施工、运行直至建筑全寿命周期的终结，各种信息始终整合于一个三维模型信息数据库中，设计团队、施工单位、设施运营部门和业主等各方人员可以基于 BIM 进行协同工作，有效提高工作效率、节省资源、降低成本、以实现可持续发展。

BIM 的核心是通过建立虚拟的建筑工程三维模型，利用数字化技术，为这个模型提供完整的、与实际情况一致的建筑工程信息库。借助这个包含建筑工程信息的三维模型，大大提高了建筑工程的信息集成化程度，从而为建筑工程项目的相关利益方提供了一个工程信息交换和共享的平台。

BIM 提供了可视化的思路，让人们将以往的线条式的构件形成一种三维的立体实物图形展示在人们的面前。BIM 提到的可视化是一种能够同构件之间形成互动性和反馈性的可视化，由于整个过程都是可视化的，可视化的结果不仅可以用效果图展示及报表生成，更重要的是，项目设计、建造、运营过程中的沟通、讨论、决策都在可视化的状态下进行。

四、750kV 格构式构架优化

与焊接圆形钢管 A 字柱＋格构式梁结构形式相比较，750kV 格构式构架的主要缺点是节点板占去了一定比例的用钢量。经初步统计，750kV 格构式构架用钢量中，柱节点板材的重量约占柱总用钢量的 25%，梁节点板的重量约占梁总用钢量的 35% 左右，这也是尊崇了强节点弱杆件的设计原则。

节点设计是钢结构设计的一个重要环节。结构能否正常受力，节点形式和其强度、刚度大小是关键因素之一，节点的破坏往往导致与之相连的若干杆件的失效。因此，节点设计的好坏是 750kV 格构式构架结构设计的关键问题。

为充分了解 750kV 格构式构架节点的实际受力性能，对 750kV 敞开式布置的出线构架，从构架柱的腹杆布置、横隔设置、零杆设置、梁柱节点区柱交叉斜腹杆布置、梁挂线点设置等方面进行结构设计优化，同时进行了 5 个 K 型、1 个 KT 型复杂与典型节点足尺试件静力加载试验研究，并分别对 K 型、KT 型构架节点及柱法兰盘连接节点进行了有限元分析验证，得出了具体优化结论。

1. 优化腹杆布置形式

对于 750kV 格构柱的宽面，750kV 示范斜腹杆双斜"w"形布置如图 11-31 所示，横腹杆两端的节点板一端形成"K+T"型的组合节点、另一端形成"T"型节点。由于柱斜腹杆受力一般比横腹杆受力要大很多，导致"K+T"型组合节点的节点板厚度、尺寸均远大于"T"型节点。若同一横腹杆两端采用两个不同的节点板厚度，将对横腹杆产生偏心，不利于腹杆的受力；如采用相同的节点板厚度，对"T"型节点来说节点板厚度比较浪费。另外，斜腹杆采用"w"形布置时，因斜腹杆的布置角度过大，一般导致"K+T"型组合节点板尺寸很大，有时最大达 1m 多长，对节点板平面外的稳定不利，需通过加厚节点板或者增设加劲板来弥补，进一步导致了用钢量的加大。

将 750kV 格构柱的宽面双斜"w"形布置改为单斜"\\"形布置，如图 11-32 所示，所有节点板均为不规则的"T"型节点。这样可以有效地避免"w"形布置的缺点，使同一横腹杆两端可以采用相同板厚的节点板也不会浪费，且不会对横腹杆造成偏心。

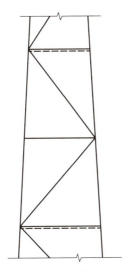 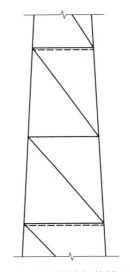

图 11-31　宽面斜腹杆双斜"w"形布置　　图 11-32　宽面斜腹杆单斜"\\"形布置

双斜"w"形布置时，相交的斜腹杆一根受压，则相交的另一根受压，中间的水平横腹杆充当零杆作用。在单斜"\\"形布置中，斜腹杆之间不相交，水平横腹杆被充分利用起来。格构柱正面和背面的腹杆的倾斜方向相反布置，保证一面的斜腹杆受压，另一面的斜腹杆受拉，充分发挥格构式这种结构形式的特点。

斜腹杆与主材 30°～60° 的角度时受力最为充分合理，对于格构柱等截面的窄面，若两面斜腹杆也采用"\\\\"形布置（见图 11-33），将造成斜腹杆有一端既没有水平横腹杆也没有斜腹杆与之相交，不能在一个节点中通过腹杆自身来实现拉压平衡，所以窄面斜腹杆一般均采用"w"形布置（见图 11-34）。

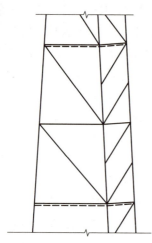

图 11-33　窄面斜腹杆"\\\\"形布置

图 11-34　窄面斜腹杆"w"形布置

2. 减少横隔设置

根据《架空输电线路杆塔结构设计技术规定》（DL/T 5154—2012），在铁塔塔身坡度变更的断面处、直接受扭力的断面处和塔顶及塔腿顶部断面处应设置横隔面。塔身坡度不变段内，横隔面设置的间距，一般不大于平均宽度（宽面）的 5 倍，也不宜大于 4 个主材分段。根据《高耸结构设计标准》（GB 50135—2019），塔桅钢结构截面的边数不小于 4 时，应按结构计算要求设置横隔。当塔柱及其连接抗弯刚度较大时，横隔杆按计算为零杆时，可按构造要求设置横隔，宜每 2～3 节设置一道横隔。

初期 750kV 格构式构架一般在柱子主材的每个分段处均设置横隔（水平横腹杆下有虚线代表设置有横隔），如图 11-35 所示。所以按照上述两个规范都可以仅在底部设置一道横隔，在梁柱接头的地方对应于梁的上下弦杆各设置一道横隔，如图 11-36 所示。

关于横隔的设置方式，《架空输电线路杆塔结构设计技术规定》（DL/T 5154—2012）规定，受力横隔面必须是一个几何不变形的体系，可由刚性或柔性杆件组成。《高耸结构设计标准》（GB 50135—2019）规定，横隔应具有良好的刚度。现阶段施工图在水平面内设置交叉角钢，可以很好地满足横隔刚度的要求。

3. 梁端柱交叉角钢改为交叉钢管

位于梁柱接头处梁高范围内的柱斜腹杆受力比较大，初期工程一般采用单角钢背靠背放置，中间相交处加设垫片，这样会使一根角钢处于偏心状态，根据《钢结构设计标准》（GB 50017）对于单角钢的处于偏心连接时，其强度要求折减。采用圆钢管则可以充分利用钢材的强度。

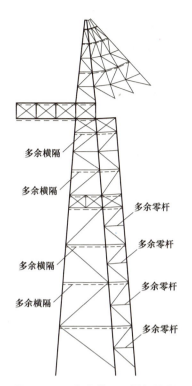

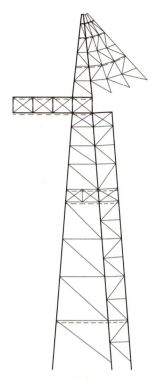

图 11-35 多余横膈及零杆设置　　　图 11-36 减少横膈及零杆设置

在钢材重量上，根据以往工程，通常采用至少 L140×14 的角钢，每延米重 30kg，若采用圆钢管可采用 $\phi152×6$ 的截面，其每延米重 21kg。相对每延米可节省 9kg，一根柱用到的角钢总长按 24m 算，则可省 216kg 钢材。梁柱节点区交叉杆件优化如图 11-37 所示。

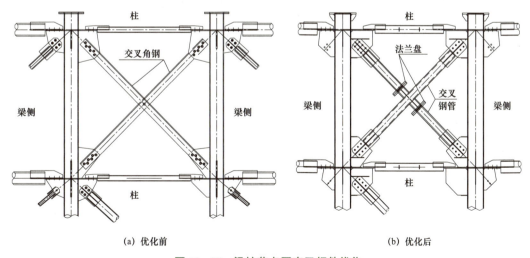

(a) 优化前　　　　　　　　　　　　　(b) 优化后

图 11-37　梁柱节点区交叉杆件优化

4. 减小法兰盘宽度和厚度

根据 750kV 格构式构架实际用钢量的统计，每根出线梁、柱的法兰重量均超过 1t，在 750kV 构架梁、柱中占的比重能达到 3% 左右。

《变电站建筑结构设计技术规程》（DL/T 5457）中明确法兰盘的厚度主要是受弯控制，法兰的螺栓主要受拉。可见控制法兰承受的弯矩是减小法兰盘宽度、厚度行之有效的办法。一般通过减小连接螺栓直径、控制螺栓端距及中心距、提高螺栓抗拉强度设计值、提高法兰盘的抗弯强度设计值来具体实现。

法兰盘的连接螺栓采用高强度材料的 8.8 级普通螺栓，可提高螺栓的承载能力，减小螺栓直径，更靠近钢管布置，使法兰盘弯矩减小，也就减小法兰盘厚度。同时螺栓个数也能相应减少，使法兰的宽度随之减小。

钢结构设计规范中要求螺栓的端距受力方向为 $2d_0$（d_0 为螺栓孔径），不受力方向为 $1.5d_0$，根据《高耸结构设计手册》可以将螺栓中心距管壁的距离改成 $1.2d_0$，据《变电站建筑结构设计技术规程》（DL/T 5457），在单个螺栓极限承载力设计值相同情况下，法兰盘的厚度能减少 10%。

法兰盘采用 Q345 高强材料，能提高法兰盘抗弯强度设计值，可相应减小法兰盘厚度。

5. 挂线点下移至梁下弦

初期工程中通常将挂线点设置在梁跨中竖腹杆上，导线拉力直接作用到竖腹杆上，竖腹杆受很大的集中力，属于拉压弯构件，竖腹杆与梁上下弦杆采用相贯焊连接，计算所需截面较大。

当时的《钢结构设计标准》（GB 50017—2003）第 10.2.1 条规定，主管的外部尺寸不应小于支管的外部尺寸，主管的壁厚不应小于支管壁厚。目前 750kV 构架梁一般在端头受力较大，主材较大，中间则相对较小。但是挂线环设置于梁竖腹杆中部，竖腹杆受很大的集中力，导致其管径也要比弦杆大。若按上述规范要求，则必须相应将弦杆加大，750kV 构架梁的跨度最小为 41.5m，若因此将整根梁弦杆加大将浪费很大的用钢量。将挂线点移至梁下弦，由于荷载是作用于节点处，梁下弦截面并没有增大。根据某 750kV 变电站的 750kV 构架测算，为了保证弦杆和挂线杆截面一致，每根出线梁和母线梁至少分别多用钢材 2.2t 和 1.5t，即全梁的用钢量能因此增加 10% 左右。

梁挂线点布置优化将挂线点布置在下弦杆上，受力合理，节约钢材量，如图 11-38 所示。

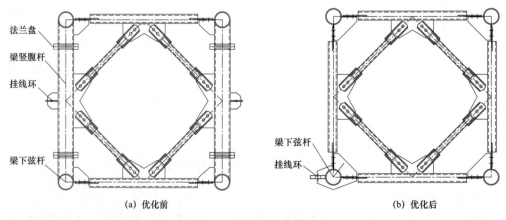

(a) 优化前　　　　　　　　　　　　　(b) 优化后

图 11-38　梁挂线点布置优化

将梁挂线点设置于梁下弦，将导致梁的中心标高往上提，柱增加半个梁的高度，对于柱子的截面几乎没有影响。若按现有的柱截面计算，每根柱将增加不到 0.4t。总的来说，用钢量还是节省的。

6. 减少加劲板的设置

初期工程，梁、柱节点板均设置加劲板。当腹杆内力不大时，可取消节点板的加劲板。如有些零杆的"T"型节点，则节点板处可不设置加劲板，以节省用钢量，简化加工程序，750kV 构架柱优化实例见图 11-39。

图 11-39 750kV 构架柱优化实例

五、半相贯半螺栓连接节点设计在 750kV 格构式构架应用

在上述 750kV 格构式构架优化的基础上，为进一步减少节点板、连接螺栓、加劲板及其用钢量，对 750kV 钢管格构式构架采用半相贯半螺栓连接节点进行了设计布置、节点真型试验、节点有限元仿真计算等方面的研究。该方案可节省近一半数量的节点板、加劲板及连接螺栓。该新形式节点以某 750kV 变电站为依托，进行设计方案研究、节点真型试验、节点有限元仿真计算等研究，分析其受力特点。

1. 典型构架布置形式

选取典型 750kV 构架 GIS 布置形式，单排 4 连跨，纵向总长度为 170m，构架单侧挂线，单相导线拉力 60kN，挂线点高度为 30m，总高 46m，基本风压 0.35kN/m²。根据设计条件确定 750kV 变电构架变截面矩形格构柱的最大外形尺寸为 6m（根开）×2m（宽度）×46m（高度），变截面矩形格构梁的外形尺寸为 2m（高度）×2m（宽度）×42.5m（跨度），750kV 构架透视图如图 11-40 所示。

2. 梁柱半相贯半螺栓连接设计方案

受构架的加工和运输的影响，750kV 格构式构架无法采用整体相贯焊设计方案。半相贯半螺栓连接的设计方案，即格构柱等截面窄面以及格构梁的前后平面（竖平面节点板有风阻，且为美观）由原设计节点板螺栓连接改为相贯线（见图 11-41）工厂焊接、分段单面整片运至现场后再进行整体组装，柱不等截面的宽面以及梁上下平面仍采用节点板螺栓连接（见图 11-42）。这种方案在现场无焊接工作量，同时减少格构梁柱的节点板、连接螺栓、加劲板等用钢量，加快了施工组装进度、降低了工程造价。

整体计算结果表明，梁正背面主腹杆相贯连接、顶底面腹杆用节点板螺栓连接的方式使梁的正背面和顶底面刚度均衡，受风面积更小，利于结构受力。

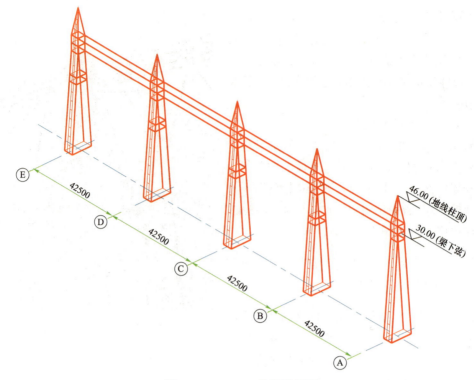

46.00（地线柱顶）
30.00（梁下弦）

42500
42500
42500
42500

图 11-40　750kV 构架透视图

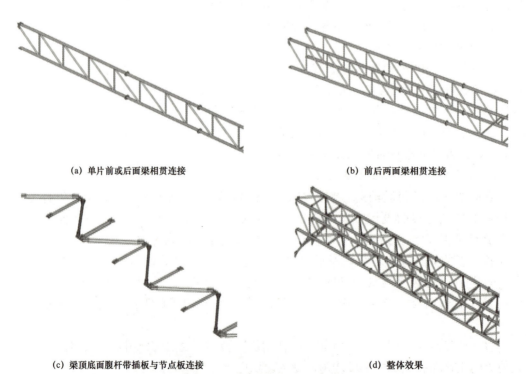

(a) 单片前或后面梁相贯连接

(b) 前后两面梁相贯连接

(c) 梁顶底面腹杆带插板与节点板连接

(d) 整体效果

图 11-41　梁正背面相贯连接示意

（a）柱窄面相贯连接

（b）相对两窄面相贯连接

（c）柱宽面腹杆带插板与节点板连接

（d）整体效果

图 11－42　柱侧面相贯连接示意

3. 代表性相贯节点选择

由于组成 750kV 格构式构架结构的节点形式复杂且种类较多，因此选取形式具有代表性、位置较为关键且受力情况较为复杂的 6 个典型节点进行研究，节点在构架中所处位置，如图 11－43 所示。

其中，梁节点 1 取自构架梁跨中节点，梁节点 2 取自梁两端端部对称加腋处节点，梁节点 3 取自构架梁 A（C）相导线挂线点处节点。柱节点 1 取自柱窄面（等宽度侧）底部节点，柱节点 2 取自与梁腹杆相交部位，柱节点 3 取自梁底平面与柱连接的部位。各个节点的具体形式与结构实际构造设计相同尺寸，其形式如图 11－44 所示。

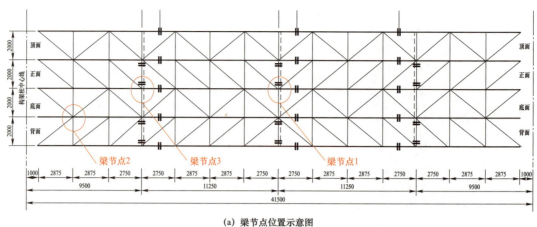

（a）梁节点位置示意图

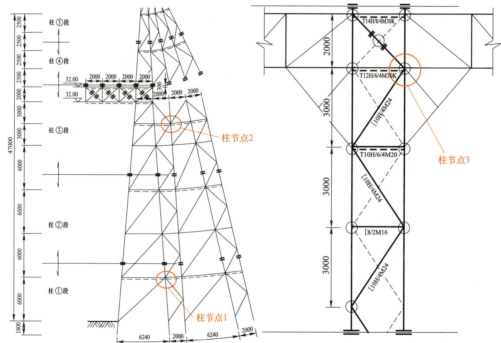

（b）柱节点位置示意图

图 11-43　6 个典型节点所处构架中位置示意图

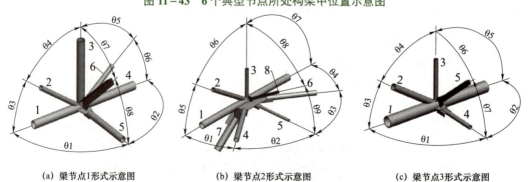

（a）梁节点1形式示意图　　　　（b）梁节点2形式示意图　　　　（c）梁节点3形式示意图

图 11-44　6 个典型节点形式示意图（一）

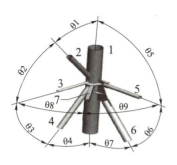
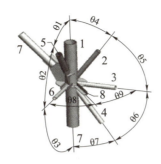
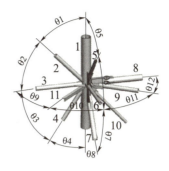

| (d) 柱梁节点1形式示意图 | (e) 柱梁节点2形式示意图 | (f) 柱梁节点3形式示意图 |

图 11-44 6个典型节点形式示意图（二）

4. 半相贯半螺栓连接节点真型试验研究

通过开展足尺寸真型节点的极限承载力试验研究，确保相贯连接空间节点的结构安全性。鉴于国内的试验条件，试验共选取梁节点 1、梁节点 2、梁节点 3、柱梁节点 1 共 4 组节点进行试验。

（1）试验装置。节点试验所用缸均同步加载，试验装置图如图 11-45 所示。试验所施加荷载小于自平衡反力框架装置的承载力，从而使反力框架能够提供足够的刚度，避免了因反力框架的变形而对试件造成过大的次应力。

| (a) 梁节点1试验装置 | (b) 梁节点2试验装置 | (c) 梁节点3试验装置 | (d) 柱梁节点1试验装置 |

图 11-45 试验装置图

（2）加载方案。试验是单调加载静力试验，先预加载后再分级加载。各节点中主管预加载大小是理论设计荷载的 20%，各节点中支管预加载大小是理论设计荷载的 5%；预加载后开始正式加载，每级加载稳定 1min 后记录相应荷载的应变，之后按照每级加载理论设计荷载的 20%，直至加载到理论设计荷载的 80%，此后按照每级加载理论设计荷载的 10%，直至加载时出现主管所对应的应变仪数据波动较大，无法稳定自动卸荷的情况时停止加载。

（3）试验测点布置。加载过程对应变进行实时测量，以梁节点 1 的杆件为例，沿环向布置 3 片电阻应变片。电阻应变片及位移计和百分表布置，如图 11-46 所示。图 11-44 中红色矩形块代表单向应变片，蓝色矩形块代表三向应变花。

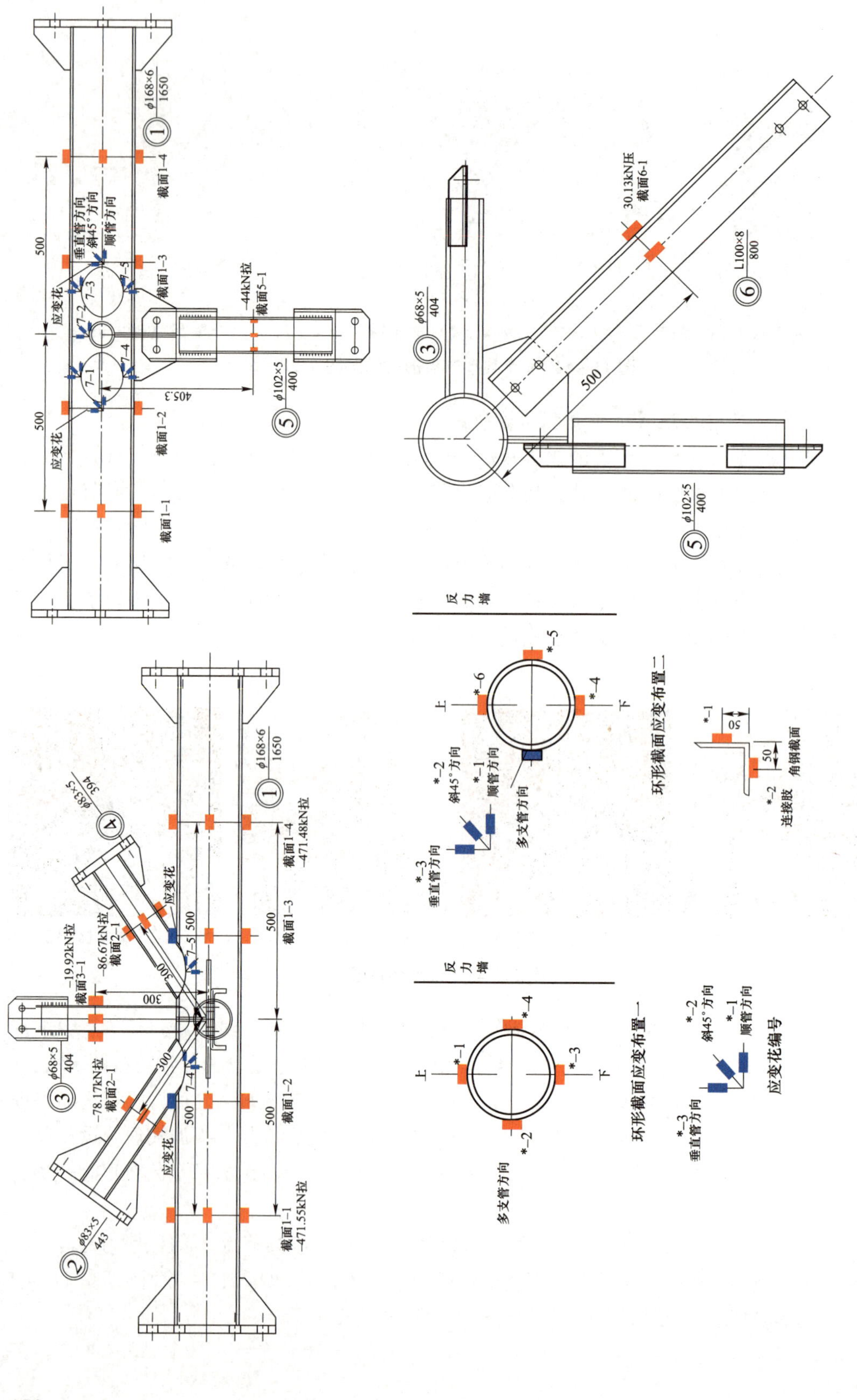

图 11—46 梁节点 1 试验测点布置

5. 半相贯半螺栓连接节点有限元仿真分析

应用有限元分析软件 ANSYS 进行数值分析，采用理想弹塑性作为钢材本构关系。结合节点各管件及板材均为薄壁结构，模型建立使用壳单元 SHELL281，以梁节点 1 为例，节点有限元网格划分示意图如图 11-47 所示。

(a) 梁节点1网格划分示意图　　　　　　(b) 梁节点1单元划分细部图

图 11-47　节点有限元网格划分示意图

（1）边界条件的确定。有限元模拟分析研究中各节点均使用与原结构 1:1 比例，材料与结构设计中选取材料相同，即主管采用 Q345 钢，各支管及连接板采用 Q235 钢。为更好地模拟节点在构架中真实的受力状况，采取主管一端全约束，主管的另一端与其余支管均在全约束前提下释放一个轴向自由度以施加荷载。

（2）极限承载力的判定标准。对于节点的极限承载力，由于其影响因素复杂，目前无论是国内还是国外都没有给出较明确的判定标准，皆为结合试验结果与数值模拟结果所给出的判定标准。选取两项标准作为极限承载力的判定准则：

1）极限强度准则试验选取结构最终加载至破坏所对应的荷载值，有限元模拟选取结构最终由于达到极限强度而发生不收敛时所对应的荷载值。

2）极限变形准则试验与有限元均取主管径向变形最大处达到主管管径 2% 时所对应的荷载值。

选取以上两种判定标准下所对应荷载值的较小值作为结构的极限承载力。

（3）节点极限承载力的求解。求解结构的极限承载力时，将空间模型中计算出的杆件内力作为标准值，乘以相应的放大系数，计算至结果不收敛为止。判定是否为极限变形准则控制极限承载力时，提取计算模型的位移结果进行相应分析，绘制各节点在主管径向位移云图和结构的荷载—位移比例曲线图，如图 11-48 和图 11-49 所示，拟合节点的荷载—位移比例曲线，判定结构在发生破坏，荷载位移曲线达到峰值时是否超过 2% 管径的限制，经计算，梁柱节点极限承载力判定准则分别为极限变形和极限强度，承载力大小达到 1.72 倍以上。

6. 有限元分析结果与试验结果对比

为了更好地验证结果的正确性，将有限元分析和真型试验的结果进行对比分析，同时两者的结果也互补。仍以梁节点 1 为例，梁节点 1 应变片位置详见图 11-46，选取主管上四个位置，可看到在远离支管与主管相交位置处测点的应变较小，处于弹性受力阶段，而靠近相交点位置处测点的曲线可看出较明显的斜率变小，表明已进入屈服阶段，见图 11−50。

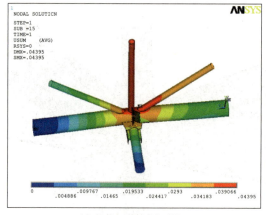

(a) 梁节点1等效应力云图

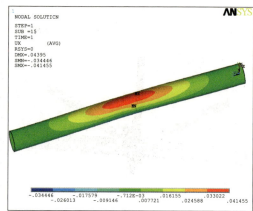

(b) 梁节点1主材径向位移云图

图 11−48　数值模拟结果

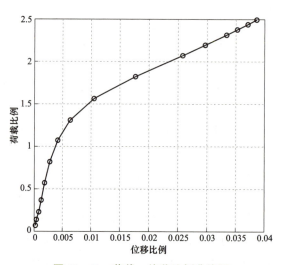

图 11−49　荷载—位移比例曲线图

与试验值相比，有限元分析得出各测点的应变曲线更为平滑，趋势明显，如图 11−51 所示。但两个曲线趋势大体相同，试验中各测点曲线斜率整体来说高于有限元分析测得曲线结果。

试验加载结束时，结构的破坏荷载为初始荷载的 1.9，破坏方式为相贯支管 2、4 的冠点位置主管发生破坏，而有限元分析结果表明结构破坏时的荷载为 1.89 倍极限荷载，为极限变形控制的结构破坏，表明两个分析结果相近，详见图 11−52 和图 11−53 的节点破坏示意图。

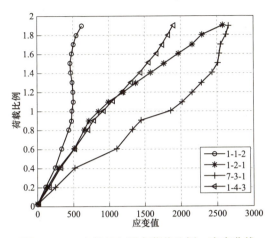

图 11-50 主管轴向测点荷载比例—应变曲线

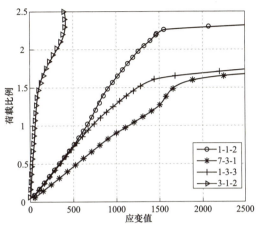

图 11-51 有限元荷载比例—应变曲线图

图 11-52 试验节点破坏示意图

图 11-53 有限元节点破坏示意图

7. 钢材用量比较分析

（1）单根柱节省重量。在图 11-38 所示的构架透视图中，柱子等宽窄面共 19×2＝38 根杆件，地线柱 8×4＝32 根杆件，即单根柱共 70 根杆件由原来的节点板螺栓连接改为相贯连接节点，可节省 70 根杆件的插板及相应的节点板、螺栓和加劲板的重量。辅材直接焊接于主材上，相应增加了原来节点板连接时管材负头的重量，单根柱两个等宽窄面负头重量 0.38t，详见表 11-15。同时，采用相贯连接也节省 70 根杆件在地面的组装。

表 11-15 单根柱相贯连接节省钢材重量表

钢柱高度（m）	柱总重（t）	相贯前节点板螺栓		相贯后节点板螺栓		节省节点板螺栓量	
		重量（t）	占比	重量（t）	新柱占比	重量（t）	原柱占比
46	21.48	4.9	23%	2.83	15%	2.07	10%

从表 11-10 可得出，节点板螺栓连接时，节点板、螺栓和加劲板占柱子重量的 23%，采用相贯连接后，节点板、螺栓和加劲板占柱子重量的 15%（此时柱子重量为减轻后的重量），相比全部节点板螺栓连接时，相贯连接节省柱子总重 10%的用钢量。

（2）单根梁节省重量。在图 11-38 所示的构架透视图中，梁前后面共 27×2=54 根杆件，全部采用相贯节点后，可节省 54 根杆件的插板及相应的节点板、螺栓和加劲板，单根梁节省一半节点板、螺栓和加劲板的重量。辅材直接焊接于主材上，相应增加了原来节点板连接时管材负头的重量，单根梁前后面负头重量 0.22t，详见表 11-16。同时，采用相贯连接也相应地节省 54 根杆件在地面的组装。

表 11-16　　　　　　　　　　单根梁相贯连接节省钢材重量表

钢梁跨度（m）	梁总重（t）	相贯前节点板螺栓		相贯后节点板螺栓		节省节点板螺栓量	
		重量（t）	占比	重量（t）	新柱占比	重量（t）	原柱占比
41.5	12.4	3.41	28%	1.93	18%	1.48	12%

从表 11-11 可得出，节点板螺栓连接时，节点板、螺栓和加劲板占梁重量的 28%，采用相贯连接后，节点板、螺栓和加劲板占柱子重量的 18%（此时梁重量为减轻后的重量），相比全部节点板螺栓连接时，相贯连接节省梁总重 12%的用钢量。

梁和柱子比较，梁由于截面较小，挂线点较多，梁的分段比较密集，辅材较多，相应的节点板、螺栓和加劲板也较多。采用相贯连接，梁节省的重量相对柱子节省的用钢量幅度更大。

8. 小节

（1）当矩形钢管格构柱在等宽度的窄面节点采用相贯焊、变宽度的宽面节点仍然采用节点板螺栓连接，矩形格构梁前后面节点采用相贯焊、上下面节点仍然采用节点板螺栓连接时，相比全部节点板螺栓连接，相贯连接节省近一半杆件的插板及相应的节点板、螺栓和加劲板，节省单根柱子总重 10%的用钢量，节省单根梁总重 12%的用钢量。

（2）对于钢管格构式变电构架，半相贯半螺栓连接的新型节点方案相比全节点板螺栓连接，可节省节点板钢材用量、降低工程造价、减少施工周期、外形美观，同时满足镀锌、运输和安装等要求，此方案已成功应用于部分 750kV 变电站工程，可为后续 500、750kV 和 1000kV 钢管格构式构架设计提供指导和借鉴作用，对提高变电构架的设计水平具有重要的促进作用。

六、330kV 出线构架塔式结构应用

750kV 变电站中，330kV 户外 GIS 布置出线回路数较多时，采用门型构架水平出线，其占地将超过 GIS 主设备占地，不能最大限度地发挥 GIS 布置紧凑的优势。站内塔式垂直出线方式作为一种新型的出线方式，能有效减小出线间隔的占地，充分发挥 GIS 布置紧凑的优势。

　　目前，配电装置站内塔式垂直出线方案布置多见于城市中 220kV 及以下电压等级的配电装置，某工程 110kV 双回垂直出线塔（单杆塔）如图 11-54 所示。对于 330kV GIS 垂直出线布置，导线拉力及出线高度均较 220kV 出线塔大得多，结构受力要求更高，330kV GIS 垂直出线布置若采用单杆塔结构，强度及位移均无法满足规范限值要求，拟采用抵抗矩更大的格构式塔结构，与线路塔有类似之处，区别是 A 相、C 相横担与 B 相横担不在同一竖直面内，横担腹杆布置更趋复杂化，不同结构形式的横担设计研究在国内外尚属首创。

　　1. 设计条件

　　（1）塔架布置形式。某 750kV 变电站工程，330kV 配电装置采用户外 GIS 布置，垂直出线，为配合电气布置的要求，出线构架采用独立塔式结构，单塔上两侧对称布置两回出线，或单侧布置单回出线，从上往下依次为 A、B、C 相。单塔上设置 8 个悬挑的横担，其中 6 个用于出线挂线，2 个用于地线挂线。塔高 37.5m，挂点分别在 18.0、25.5、33.0、37.5m 标高处。导线横担自塔柱中心线悬挑 5.75m，C 相又自塔柱中心线沿出线向悬挑 5.0m，A 相又自塔柱中心线背出线向悬挑 5.0m，地线横担自塔柱中心线悬挑 7.25m。塔架透视图见图 11-55，立面图见图 11-56。

图 11-54　某工程 110kV 双回垂直出线塔（单杆塔）

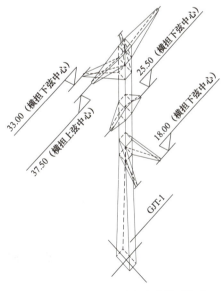

图 11-55　330kV 垂直出线塔透视图

　　（2）计算荷载。330kV GIS 垂直出线塔上作用的荷载有导线拉力、风载、覆冰荷载以及地震作用和温度作用等。

　　（3）作用与作用组合。330kV 垂直出线塔采用极限状态设计法设计，即承载能力极限状态和正常使用极限状态。

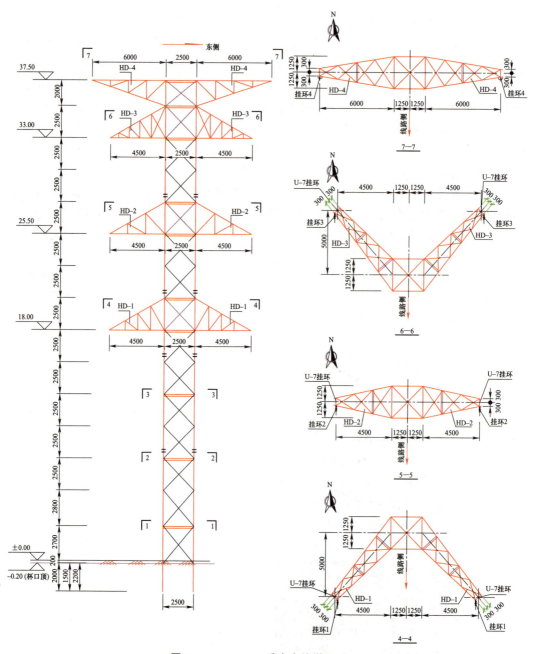

图 11-56　330kV 垂直出线塔立面图

2. **格构塔结构形式**

构架塔柱采用变截面钢管格构矩形柱，钢管主杆、钢管腹杆，节点板螺栓连接，构架横担采用变截面钢管格构四边形梁，钢管弦杆、角钢腹杆，节点板螺栓连接。横担弦杆与塔柱螺栓连接，整体为刚接，柱主杆拼接采用法兰连接。

3. **钢管格构塔的设计**

（1）钢管格构塔柱的腹杆形式选择。独立塔柱从受力要求上最好选用正方形截面，但 330kV 构架塔柱窄面方向由于受出线间隔宽度影响不能超过 2.5m，沿出线方向的宽面参考 750kV 构架柱的经济根开斜率 $H/16$（H 为变截面处高度），确定为 5.0m 宽，这个宽度随着塔柱高度的增加而减小，在标高 18.0m 以上保持 2.5m 宽不变。

选取 2.5m×4.0m、2.5m×5.0m、2.5m×6.0m 根开进行受力分析比较，得出 2.5m×5.0m 根开结构整体比例较协调。

对于单塔两回出线，本期只挂单回，远期才挂两回；或者两回出线，一回挂 2×300 导线，一回挂 4×400 导线；或者单塔单回出线，塔柱均需承受很大的扭转作用，因此塔柱腹杆选用对称布置的十字交叉杆及米字杆，抗扭性能好。

（2）钢管格构塔柱的横隔设计。钢管格构塔柱在宽面采用"米"字腹杆体系，在横杆中点有斜杆交汇，横杆水平面内必须加横隔来维持横杆在塔斜平面外的稳定。横隔的首要作用是维持塔身平面的几何不变性。对于十字交叉腹杆体系的窄面，尽管原则上没有横隔也能维持结构几何不变，但当塔的边数较多时斜杆抗塔身横截面变形的能力较弱，或塔柱变坡时横斜杆受力较大，也要用横隔增加塔身横截面的抗变形刚度。

（3）钢管格构塔的横担设计。横担立面为三角形布置弦杆的悬挑结构，顶底面设十字交叉腹杆。A 相、C 相横担分别进行了两种结构型式计算：

第一种结构型式：上弦杆从柱身到横担端部直线连接，不需弯折，这样，横担顶面交叉腹杆不在同一平面，互不连接，腹杆长细比大，如图 11-57 所示。

第二种结构型式：在柱身处先设置类似三棱柱的格构支座，从支座到横担端部直线连接，上弦杆需要在支座处弯折，见图 11-58。

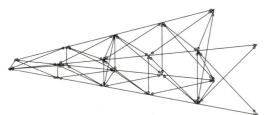

图 11-57 A 相、C 相横担上弦为直杆

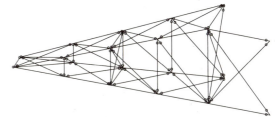

图 11-58 A 相、C 相横担上弦为折杆

第二种结构型式横担顶面交叉腹杆在同一平面，交叉点可连接，腹杆平面外的长细比计算采用与角钢肢边平行轴的回转半径 i_x，而第一种结构型式中采用的是角钢最小回转半径 i_y，i_x 基本是 i_y 的 1.5 倍，第二种结构型式腹杆长细比约为第一种结构型式中对应杆件长细比的 2/3，因此顶面腹杆截面减小。第二种结构型式横担上弦折杆所在平面的竖腹杆及斜腹杆增大，总体钢材量减少 0.2%，但整个结构造型要比第一种结构型式显得笨重，因此 A、C 相横担采用第一种结构型式。

（4）节点设计。节点的强度、稳定计算及构造设计是整个设计工作中的一个重要环节。连接节点的设计实际上是结构模型中杆端连接假定实现的过程。设计是否合理，对保证实际结构与计算模型是否吻合、杆件能否按要求明确传力以及结构整体性起着至关重要的作用。

1）塔架柱节点形式。塔架柱钢管主杆采用法兰接长，法兰连接属于部分刚接节点。受力较大的下段柱法兰采用刚性法兰，受力较小的上段柱法兰采用柔性法兰。柱腹杆钢管与主杆钢管的连接方式有管管相贯线焊接、U 形插板双剪连接、插板单剪连接等。

2）塔架柱与横担连接节点设计。塔架柱与横担整体为刚性连接，立面为三角形的横担上下弦杆与柱通过节点板用普通螺栓铰接连接。柱节点处设环向板，一方面作为柱水平腹杆、横隔、横担弦杆及腹杆的连接板，另一方面加强柱主杆此处的抗扭刚度。对于 A 相、C 相横担在水平面内与柱沿出线方向轴线间的夹角为 42°，B 相及地线横担为 90°，采用环向板便于与各个方向的横担弦杆相连。横担斜弦杆与柱通过竖向节点板连接，环向板作为此节点板的劲板起加强侧向刚度的作用。

综上所述，垂直出线方案的格构式塔横担与塔柱采用便于节点连接的钢管格构式结构，塔柱采用钢管主杆、钢管腹杆，节点板螺栓连接，腹杆采用抗扭性能好的十字交叉杆或米字杆，端部设槽型插板与节点板单剪连接。横担采用钢管弦杆、角钢腹杆、节点板螺栓连接，横担立面内弦杆三角形布置。A、C 相横担上弦杆从柱身到横担端部直线连接，不需弯折，横担顶面交叉腹杆不在同一平面，互不连接，底面腹杆十字交叉布置，交叉处螺栓连接；B 相及地线横担顶底面腹杆十字交叉布置，交叉处螺栓连接。330kV 钢管格构出线塔实例见图 11-59。

图 11-59　330kV 钢管格构出线塔实例

七、主变压器进线构架优化

前期建成的 750kV 变电站中，750kV 主变压器进线构架多采用钢管格构式门型构架，加工和安装过程较烦琐，外观也不够简洁。

以某 750kV 变电站为例，750kV 主变压器进线构架相间距为 12.0m，相边距为 10.5m，导线挂线点高度 27.0m，避雷针高度 15m，构架梁跨度为 45.0m，构架柱高度 42.0m。由于构架跨度大，采用格构式结构是合理可行的方案。一般格构式构架柱的截面尺寸为根部 2.0m×4.0m，梁高处截面为 2.0m×2.0m，构架梁截面尺寸为 2.0m×2.0m，如图 11−60 所示。

受 750kV 电气带电距离的限制，构架高度调整余度较小，对构架简化意义不大，从减小构架跨度着手，将构架柱从构架梁两端头向梁中部移动，形成 "Π" 型结构，使构架梁跨度只受导线相间距影响，消除了导线相边距的影响，减小了构架梁跨度，从传统格构式结构的 45.0m 减小为 "Π" 型结构的 17.0m，再包含两侧各悬挑 3.5m，构架梁总长为 24.0m。在此优化的基础上，最终确定构架柱采用 A 字钢管结构，构架梁采用了单钢管结构，构架柱、构架梁及避雷针通过柔性法兰连接，如图 11−61 所示。

 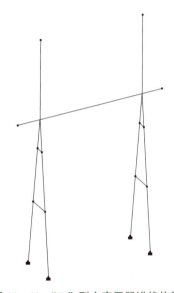

图 11−60　钢管格构式主变压器进线构架简图　　图 11−61　"Π" 型主变压器进线构架简图

经施工图设计，将钢管格构式结构的主变压器进线构架与研究优化后的 "Π" 型构架进行了技术经济比较，后者具有以下技术优点：

（1）结构简单，轻便美观，施工方便。750kV 主变压器进线 "Π" 型结构构架杆件很少，立面简洁明了，加工和施工简单方便，与距离最近的主变压器防火墙处构架结构形式比较接近，均为 A 字钢管结构构架柱，单钢管结构构架梁美观大方。

（2）优化占地面积。格构式结构形式柱顶标高 42.0m，梁中标高 27.0m，跨度 42.0m（柱中心间距），梁截面 2.0m×2.0m，柱脚根开 2.0m×4.0m，一侧基础底面约 3.2m×5.0m。"Π" 型结构柱顶标高 42.0m，梁中标高 27.0m，跨度 17.0m，柱两侧各悬挑 3.5m，A 字柱根开约 4.3m，一侧基础底面大小约 2.8m×3.0m。优化后的构架形式具有布置灵活，节省占地的特点。

（3）优化工程量。传统门型结构跨度大，采用格构式结构对于大跨度结构是较优的选择，但与经过设计优化后采用的 "Π" 型结构相比较，工程量较大。"Π" 型结构具有节省工程量的优点，两种结构形式工程量比较见表 11−17。

表 11-17 两种结构形式工程量比较

序号	项目	构架形式（1 榀）	
		格构式门型结构	"Ⅱ"型结构
1	桩数（根）	24	16
2	基础（m³）	60	35
3	钢材量（t）	35.4	28.1

（4）节约绝缘子串，方便运行检修，提高安全性。由于采用了"Ⅱ"型构架，其接线方式与常规格构式构架有所不同。

通过比较可以看出，采用"Ⅱ"型构架后，主变压器进线构架悬垂串不复存在，节省了导线及金具投资。由于"Ⅱ"型构架小巧，GIS 主设备吊装主要是从主变压器进线侧进行，此种布置方式节约占地，有利于安装检修。此外，750 kV GIS 套管价格昂贵，采用常规格构式构架，当安装或检修悬垂串时，如果操作不慎绝缘子片脱落，将对套管造成损伤，而"Ⅱ"型构架不会出现此问题。钢管格构式构架断面图见图 11-62，钢管人字柱断面图见图 11-63，"Ⅱ"型构架实景图见图 11-64。

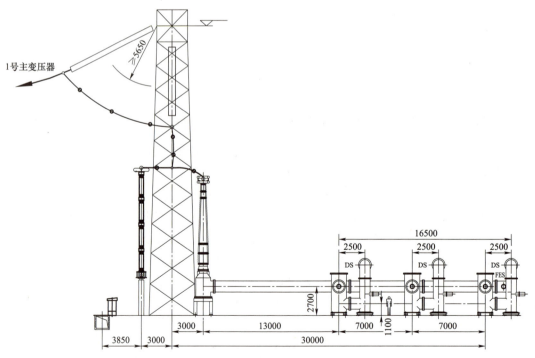

图 11-62 钢管格构式构架断面图

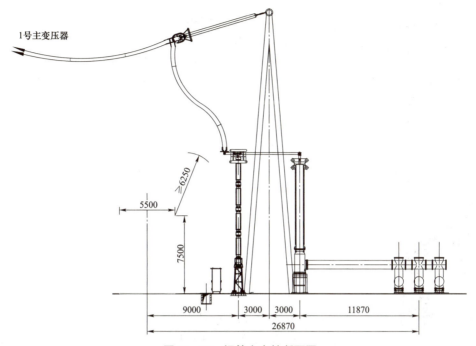

图 11-63 钢管人字柱断面图

图 11-64 "Π"型构架实景图

八、避雷针设计优化

采用钢管格构式结构的 750kV 构架，其格构式柱上端截面收缩形成与构架柱一体的格

439

图 11-65 位于构架上单钢管避雷针

构式避雷针，格构式避雷针整体刚度大，风致变形小，其风振、疲劳破坏问题并不突出。

对于钢管 A 字柱结构形式的构架，出线构架柱顶上的避雷针多采用单钢管结构形式，几段变截面的锥形钢管段之间通过刚性外法兰螺栓连接或直接套接而成，是一类主要承受风荷载作用的超细柔高耸结构。单钢管避雷针在风荷载下易产生振动且具有较大位移，其根部的连接处易发生疲劳破坏。因此单钢管避雷针的设计和使用应引起设计人员高度重视，位于构架上单钢管避雷针如图 11-65 所示。

1. 避雷针受力分析

我国西北地区的纬度和海拔较高，属于干旱性的大陆性气候，全年平均气温较低，区内高原面积广大，风力及频次显著。由于单钢管避雷针的长细比过大，刚度较小，容易在脉动风的作用下发生顺风向的风致振动；同时由于其为圆形钢管断面，容易在低风速下发生横风向的涡激振动。无论哪种风致振动，对于单钢管避雷针来说都会作用有交替往复荷载。在这种交替往复荷载的长期作用下，单钢管避雷针的根部或法兰连接部位的焊缝或螺栓有可能会产生风致疲劳破坏，即在低应力水平下萌生疲劳裂纹并突然断裂。随着焊缝或螺栓有效工作面积的不断减小，某次强风作用就会导致已存在疲劳损伤避雷针的坠落，进而有可能砸坏邻近的电力设施，影响电力系统的安全运行，严重时可能会引发灾难。

2. 强风低温地区避雷针设计原则

通过理论分析、数值仿真、模型疲劳试验等手段研究避雷针在疲劳荷载作用下的受力性能、失效机理；在此基础上采用数值仿真分析的方法通过改变避雷针的高度、直径、厚度等几何参数及不同风压、风频等参数进行单钢管避雷针的受力性能、疲劳寿命的参数分析，总结出强风低温地区避雷针设计原则：

（1）优先采用落地格构式独立避雷针。就新疆、河西走廊等大风低温地区而言，站址大多位于戈壁荒滩而不占基本农田或良田，设计时应尽可能采用落地格构式独立避雷针，增加占地不多，却可以从结构形式上避免避雷针微风共振带来的避雷针坠落事故。

（2）构架上宜采用多点高度较低的避雷针，尤其不应在母线构架上设置避雷针。在落地避雷针布置受到限制时，对于构架上避雷针，在满足直击雷计算保护的前提下，电气专业应尽可能降低避雷针高度，或用高度较低的多个构架避雷针替代高度较高的少数避雷针；尤其不应设置在母线构架上设置避雷针，以降低避雷针高度。

（3）避雷针结构形式选取建议。在强风低温地区，不论落地独立避雷针还是构架上避雷针，应优先采用格构式避雷针，从结构形式上确保避雷针安全。依据研究成果，对于高度大于 20m 的避雷针，建议采用格构式避雷针（见图 11-66）。

（4）单钢管避雷针设计原则。在无法避免采用变截面单钢管避雷针时，应考虑下列设计原则：

图 11-66 构架柱顶格构式避雷针

1）在强风低温地区，应进行避雷针风致响应分析，避免避雷针的风致疲劳破坏。

2）单钢管避雷针设计时应考虑起振风速的影响，合理选择几何尺寸，依据不同建设场地的气象条件，校核电气专业确定的单钢管避雷针的高度。

3）应进行避雷针法兰盘螺栓的疲劳性能分析，避免螺栓发生风致疲劳破坏。推荐采用美国 AASHTO 规范进行疲劳验算，在风载数据翔实的情况下可以基于线性疲劳损伤累计理论进行分析。

4）对于单钢管避雷针下部法兰，推荐采用双法兰螺栓并灌浆工艺，以降低螺栓的应力，避免螺栓发生疲劳破坏。

5）单钢管避雷针设计可考虑防坠落设计，推荐采用法兰处增加卡箍的防坠落方案，避免避雷针的坠落。

6）避雷针全高度必须采用同一个锥度再考虑加工和运输进行结构分段，避免隐形存在原始折点（或拐点）在大风荷载作用下产生应力集中。

7）在避雷针总高度不变的情况下，应适当加大针尖部分的高度，以降低钢管段高度。

8）避雷针及法兰盘、加劲板等材质应采用抗冲击韧性较高和抗疲劳性能较好的 C 级钢，甚至 D、E 级钢。同钢牌号（如 Q235、Q355 等）不同质量等级（B、C、D、E）的钢材每吨增加造价不足 200 元，其实造价都不是问题，主要是用材特殊、用量较少，加工厂采购存在一定的难度。但一般用到 Q345C 采购都不是问题。C 级要求零度时的冲击功大于等于 27J，D 级要求－20℃时的冲击功大于等于 27J。对于一般环境条件的避雷针，使用温度在零度左右，建议采用 C 级钢材；对于极寒地区的避雷针，使用温度在零下 20 度左右，建议采用 D 级钢材。

9）避雷针钢管分段接长应采用带加劲板的刚性法兰，不采用无劲板的柔性法兰，绝对避免采用焊接（排杆困难，存在初始偏心和应力集中）和插接接长的连接方式。

10）法兰连接螺栓应采用抗剪、抗拉强度较高的 8.8 级（C 级）高强镀锌螺栓，同时采用双螺母双垫片防止螺栓松动。

九、构筑物装配式设计

随着经济增长方式的转变，环保问题已逐渐成为社会发展关注的问题。传统生产建筑方式技术落后、污染环境、建设周期长、投入成本高。750kV 变电站作为西北地区主干网架变电站，同样需要全面提高环保要求，提升变电站建造水平。为适应当前环境的总体要求，通过采用装配式建（构）物，使变电站实现"标准化设计、工厂化加工、模块化建设"，减少现场湿作业，使建设周期缩短、人力劳动减少，工程的建设质量和工艺水平全面提升。

1. 装配式构筑物特点

变电站装配式构筑物主要包括围墙、防火墙、电缆沟、构支架、设备基础、水工构筑物等。

（1）标准化设计。在设计上形式统一，不论外型还是功能均实现高水平建设，形成应用上的通用设计、通用设施、通用功能，使构筑物标准化设计得到有效充分应用。

（2）工厂化加工。通用构件或设施通过工厂化加工，减少现场劳动，提高作业能力与效率，相关的构筑物使用工厂标准加工，形成预制结构形式，保证了变电站外观统一，实现规模化生产、现场集成的统一形式。

（3）模块化建设。对围墙、防火墙、电缆沟、构支架、设备基础、水工构筑物等，进行模块化预制，统一建成标准化，保证构筑物尺寸、外形上的统一。通过通用设备基础，能确保各种设施设备装配规格，大大降低了现场施工风险，保证了人身安全。

2. 装配式围墙

目前，装配式围墙已经在 750kV 变电站中得到广泛应用，并形成了一定的推广效果。通过工厂规模化、标准化生产与现场标准化作业，能够全面有效提高建造效率，减少现场施工操作。装配式形式主要有预制混凝土柱和预制墙板实体围墙、型钢柱和预制墙板实体围墙两种形式。装配式板墙最主要的构件是柱和墙板，柱的形式包括混凝土柱、型钢柱两种类型。墙板包括预制混凝土实心板、纤维水泥压力板（AS 板）等。进行装配时需要将柱和墙板进行紧密连接，确保二者统一为整体。柱与基础一般采用地脚螺栓进行连接，也可以采用杯口插入式连接。

装配式围墙如图 11-67～图 11-69 所示。

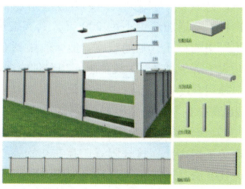

图 11-67　装配式围墙安装图

图 11-68 预制混凝土柱加预制墙板实体围墙实例

图 11-69 型钢柱加预制墙板实体围墙实例

3. 装配式电缆沟

预制钢筋混凝土电缆沟是当前应用较广泛的一种形式，配件主要在工厂制造完成，再通过大型运输设备运到现场做全面的组合，这种电缆沟有着自身的优势，整体施工速度快、沟体光滑、工序简便、安全程度高。如图 11-70 和图 11-71 所示。

图 11-70 装配式电缆沟实例

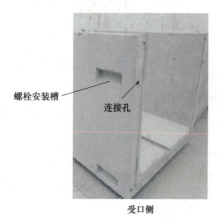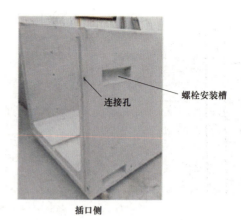

螺栓安装槽　　连接孔　　　　　　　　　　连接孔　　螺栓安装槽

受口侧　　　　　　　　　　　　　　　插口侧

图 11-71　装配式电缆沟连接

电缆沟需要有安全度高的盖板，为了避免出现安全事故，一般使用混凝土成品盖板、无机复合盖板（见图 11-72）、有机复合盖板，不同的建造形式有不同的作用，需要根据现场施工而定，总体看，电缆沟盖板规模化程度较高。

图 11-72　无机复合电缆沟盖板实例

4. 装配式防火墙

当前 750kV 变电站装配式防火墙得到越来越多的应用。装配式防火墙有多种形式，不同形式的组合有着不同的造价与周期，包括框架墙板防火墙、框架砌块防火墙。柱采用的是钢筋混凝土、板采用清水混凝土预制条板或 ALC 板。

750kV 主变压器防火墙高约 9.0m，宽约 12.0m；750kV 高压并联电抗器防火墙高约 8.2m，宽约 12.7m。墙面受风荷载较大，墙柱的受力作用明显，且主变压器防火墙上需固定主变压器构架，因此主变压器及 750kV 高压并联电抗器防火墙采用钢筋混凝土现浇柱，根据主变压器构架人字柱根开尺寸确定现浇柱间距，柱顶预留地脚螺栓固定主变压器构架，柱两侧设置凹槽，用于固定预制墙板。见图 11-73 和图 11-74。

5. 消防小间

预制消防小间采用清水混凝土工艺。定制钢模板，工厂化加工预制墙柱、墙板、顶板，现场由小型吊机进行安装。根据消防要求，分为单隔间和双隔间两种。见图 11-75。

图 11-73　主变压器构架及防火墙组装图

图 11-74　装配式主变压器防火墙实例

图 11-75　预制消防小间实例

6. 预制小件（预制散水、灯具/摄像头基础、雨箅子、过水槽）

（1）预制散水实例见图 11-76。

图 11-76　预制散水实例

（2）预制灯具/摄像头基础实例见图 11-77。

图 11-77　预制灯具/摄像头基础实例

（3）预制雨箅子实例见图 11-78。

图 11-78　预制雨箅子实例

（4）预制过水槽实例见图 11−79。

图 11−79 预制过水槽实例

第十二章　给排水、灭火及暖通空调

第一节　站 区 给 排 水

750kV 变电站是一种特殊的工业设施，具有含油带电设备多、工作人员少、用水量分散等特点。随着我国电力行业快速发展，站区给排水设计的好坏直接影响变电站日常生活及安全稳定运行。

一、给水系统

750kV 变电站一般无生产用水需求，主要为生活用水和消防用水。生活用水包括站内工作人员生活用水及淋浴用水，消防用水包括站区室内外消火栓系统、水喷雾灭火系统等。

1. 用水量

750kV 变电站用水量主要由生活用水量和消防用水量组成。生活用水量根据站址所在地区水资源充沛程度、站内运行人员编制、用水习惯等情况综合分析确定。结合《变电站和换流站给水排水设计规程》(DL/T 5143)与《建筑给水排水设计标准》(GB 50015)，为提升运行人员生活的舒适度，建议的 750kV 变电站生活用水定额如表 12-1 所示。

表 12-1　　　　　　　　　750kV 变电站生活用水定额

序号	项目	用水定额	时变化系数	备注
1	生活用水	150L/（人·日）	2.5～3.0	

《火力发电厂与变电站防火设计标准》(GB 50229—2019)增加了站区消防（室外消火栓）给水设计，使得除含油设备用水以外的建筑消防给水成为 750kV 变电站给水系统的重要组成部分，消防用水量应按《消防给水及消火栓系统技术规范》(GB 50974)确定。

750kV 变电站设计供水量应由生活用水、消防用水和净水处理设施（若有）的自用水量等各项用水的最高日用水量之和，再加上未预见水量及管网漏失水量确定，未预见水量及管网漏失水量宜按除消防用水外的最高日用水量的 15%～25% 计算。

2. 供水水源

（1）水源选择。750kV 变电站供水水源主要包括城镇自来水、地下水和地表水。水源的选择应通过技术经济比较后确定。所选水源应水量充沛、供水稳定可靠、水质良好，取水、输水安全经济，且施工与运行维护方便。

城镇自来水水质良好、供水稳定、运行维护工作量小，有条件时应优先选用。选择自来水作为供水水源时，应取得当地供水单位保证向变电站供水的协议。

地下水水质澄清、水温稳定、不易受到污染、取水工程量及运行维护工作量相对较小，可作为变电站供水水源的第二种选项。选择地下水作为变电站供水水源时，应经过详细的水文地质勘查，取得确切的水文地质资料。水源水质应符合《地下水质量标准》（GB/T 14848）的有关要求。

地表水包括江河水、湖泊水和水库水等。地表水的水质、水量易受外界条件影响发生变化，从取水到水处理的工艺流程复杂，建设及运行维护费用高。因此，除非在水源条件非常有限的地区，一般不选择地表水作为变电站供水水源，西北地区本身也缺少地表水资源。

（2）水质。引接城镇自来水作为生活饮用水的水源时，其水质应符合集中式供水方式的要求；地下水和地表水作为水源时，其水质应分别符合《地下水质量标准》（GB/T 14848）、《地表水环境质量标准》（GB 3838）及《生活饮用水水源水质标准》（CJ/T 3020）的要求。当水源水质不符合上述要求时，不宜作为生活饮用水水源。若限于条件需加以利用时，应采用相应的净化工艺进行处理，处理后的水质应符合《生活饮用水卫生标准》（GB 5749）的要求。

根据《消防给水及消火栓系统技术规范》（GB 50974—2014）相关要求，消防用水应满足水灭火设施的功能要求，消防给水管道内平时所充水的 pH 值应为 6.0～9.0。

（3）生活给水系统。生活给水系统由生活水箱、带气压罐的全自动给水机组及其给水管路等组成，主要为主控通信楼（室）、警传室等提供生活和淋浴等用水。其水量应满足站内全部生活用水的要求，其水压应满足最不利配水点的水压要求。

生活给水设备宜集中布置在生活泵房内，与消防泵房毗邻或合并布置。

（4）消防给水系统。变电站消防给水应采用独立的临时高压消防给水系统，系统由消防水池、消防给水泵组和消防给水管网等组成。

3. 给水管道及附属设施

（1）给水管道材料。生活给水管道一般采用塑料给水管（PE）、塑料给水管（PPR）、衬塑镀锌钢管或钢丝网骨架塑料（聚乙烯）复合管。

室内消防给水管道一般采用内外镀锌焊接钢管；室外埋地消防给水管道可采用钢丝网聚乙烯复合给水管、镀锌钢管，不建议使用球墨铸铁管；室外管沟内敷设的消防给水管道可采用钢丝网聚乙烯复合给水管、镀锌钢管。

（2）阀门井井盖。变电站阀门井井盖材质一般有铸铁、玻璃钢、高分子复合材料（树脂）、钢筋混凝土。其中，玻璃钢材质外观较铸铁材质美观，可以对不同的系统可以采用不同色系标识，且图案和文字标识丰富；但其抗紫外线较差，存在有脱色现象。铸铁材质井盖相对较重，颜色单一，且图案和文字标识简单，但其强度高，使用寿命长。高分子复合材料（树脂）良莠不齐，部分变电站破损较多。钢筋混凝土材质井盖固性强，缺少耐性和刚性，易脆裂、笨重，开启操作困难，使用很少。综合井盖的使用寿命及强度，建议井盖均采用铸铁材质。

硬化场地阀门井井盖采用重型球墨铸铁井盖，非硬化场地阀门井井盖采用轻型。

二、排水系统

750kV 变电站的排水包括站区雨水、生活污水和事故排油的排放。排水设计应符合《室外排水设计标准》（GB 50014）、《建筑给水排水设计标准》（GB 50015）以及《变电站和换流站给水排水设计规程》（DL/T 5143）的有关规定。

排水系统采用分流制，宜设置为重力自流排水方式，不具备自流排水条件时，应采用排水泵加压抽排方式。

1. 雨水排水

雨水排水系统负责收集并排出站区围墙内的地面/屋面雨水。

（1）雨水排水量。雨水设计流量应按下式计算

$$Q_s = q\psi F \tag{12-1}$$

式中 Q_s ——雨水设计流量，L/s；

q ——设计暴雨强度，L/（s·hm²）；

ψ ——径流系数；

F ——汇水面积，hm²。

径流系数可按表 12-2 的规定取值，汇水面积的平均径流系数按地面种类加权平均计算。

表 12-2   径 流 系 数

地面种类	径流系数
各种屋面、混凝土或沥青路（地）面	0.85～0.95
干砌砖石或碎石地面	0.35～0.40
非铺砌土地面	0.25～0.35
绿地	0.10～0.20

设计暴雨强度应按下式计算

$$q = \frac{167A_1(1+c\lg P)}{(t+b)^n} \tag{12-2}$$

式中 q ——设计暴雨强度，L/（s·hm²）；

t ——降雨历时，min；

P ——设计重现期，年；

A_1、c、b、n——参数，根据统计方法进行计算确定。

需要注意的是，应根据不同地区的暴雨强度公式，对式（12-2）进行修正。

鉴于 750kV 变电站的规模和输送容量较大，短期积水对变电站的安全运行造成较严重威胁，建议 750kV 变电站的雨水管道设计重现期适当提高，采用不低于 3 年的设计重现期。对于降雨量较大的湿陷性黄土地区宜选用更高的重现期。

雨水管渠的降雨历时应按下式计算

$$t = t_1 + t_2 \qquad\qquad (12-3)$$

式中　　t——降雨历时，min；

　　　　t_1——地面集水时间，应根据汇水距离、地形坡度和地面种类计算确定，宜采用 5～15min，min；

　　　　t_2——管渠内雨水流行时间，min。

（2）雨水排水设计原则。

1）雨水排水需结合站址附近的水体情况、站址边坡特点及环水保等要求，并在征得当地水务部门的同意后，确定排入的最终水体。

2）雨水排水尽量采取重力自流方式，在地形等外界条件不容许的情况下宜采取抽排方式。

3）当站址附近地形较为平坦，无合适的排入水体而当地的蒸发量较大时，也可考虑设置蒸发池作为雨水最终出路。

4）对于湿陷性黄土、具有溶陷性的盐渍土、膨胀土等对水敏感的场地，应酌情增设雨水口，加强站区雨水排水管的排水能力，避免场地因水浸泡形成沉降与塌陷。

5）配电装置区应合理布置雨水口，对于场地被电缆沟、巡视小道及建筑物进出通道等分割后形成的排水死角，应加强雨水口的设置。

6）电缆沟内排水坡度及排水口设置应合理，避免积水和倒灌。

7）为避免站区排水管道埋设过深，应合理布置地下管道，尽量减少管道之间的相互交叉以及管道与电缆沟的交叉。检查井应避免布置在道路上。

8）合理布置事故油池的位置，宜将事故油池布置于排水干管下游。尽量避免排油管穿越电缆沟（隧）道，减少排油深埋，

9）无压管道应进行严密性试验，压力管道应进行水压试验，试验应符合《给水排水管道工程施工及验收规范》（GB 50268）的规定。

2. 生活污水排水

（1）生活污水排水量。生活污水量应根据生活用水量计算。一般生活污水排水定额为其相应生活给水系统用水定额的 80%～90%。小时变化系数与其相应的生活给水系统小时变化系数相同。

由于变电站生活污水量较少，生活污水排水量可按 90%生活用水量考虑。

（2）生活污水排水设计原则。生活污水处理方案按站址附近有无城镇污水处理设施考虑。如站址附近有城镇污水管网，变电站内需设置地埋式污水处理装置，出水水质应符合《污水排入城镇下水道水质标准》（GB/T 31962）的规定。当站址附近无城镇污水管网时，站区生活污水经生化处理达到《城市污水再生利用城市杂用水水质》（GB/T 18920）规定的标准后，储存在复用水池内，生活污水排水不得不外排。

污水处理设备的处理能力根据生活污水量确定，布置在站前区主控通信楼（室）附近，且应与生活给水分开布置，避免污染生活给水。

生活污水处理设备前应设调节池，调节池有效容积可根据最大日生活污水量确定。

（3）复用水池要求。处理后的生活污水达到中水标准后，一般储存在复用水池内。

除陕西省外，750kV 变电站多位于西北其余四省寒冷地区，冬季温度低，不宜浇洒

道路及绿化，一般宜定期清运。按照每月至少清理一次的需求，复用水池容积应至少能存放不小于 30 天的达标废水。

3. 事故排油

变电站内油浸电气设备（包括变压器、电抗器等）的事故排油，经设备下部的油坑收集，通过地下排油管道汇入布置在设备附近的事故集油池内，进行油水分离，分离达标水排出至雨水排水管网，事故油保留在事故集油池内，可通过有资质的单位回收。

事故集油池设计有效容积按容纳接入的油量最大一台含油设备 100%油量考虑。

$$事故油池有效容积=最大单台换流变油量/绝缘油密度$$

排油管的管径和坡度设计宜按 20min 将事故油排尽确定。当油浸式电气设备等含油设备设有固定灭火设施时，应包含灭火系统流量，即

$$排油管设计流量=排油流量+灭火流量$$

4. 排水泵房（池）

当雨污水采取抽排方式时，需设置排水泵房（池）。排水泵房（池）的设计应符合 GB 50014、GB 50015 的规定。

（1）排水泵房（池）宜选用地下泵站形式。

（2）排水泵房（池）宜按远期规模设计，水泵机组可按本期规模配置。

（3）排水泵房（池）宜设计为单独的建（构）筑物。包括排水泵、集水池等。

（4）排水泵的设置应符合下列规定：

1）水泵宜选用同一型号，台数不应少于 2 台，当水量变化很大时，可配置不同规格的水泵，但不宜超过 2 种。

2）污水泵应设备用泵，雨水泵可不设备用泵。

3）排水泵宜采用自灌式吸水方式。

4）排水泵应选择耐腐蚀、大流通量、不易堵塞的设备。

5）每台排水泵的出水管上均应设置止回阀、闸阀。

6）宜根据水泵安装和检修需要设置起吊设施。

5. 蒸发池

当站址附近没有合适的雨水排水点时，可设置雨水蒸发池。考虑到雨水收集过程中下渗、土壤储水等因素，雨水蒸发池的容积按多年雨季平均降水量 0.65 倍计算。

气象条件中的蒸发力度存在不稳定性，可能造成蒸发池溢流。蒸发池的溢流将引发与附近居民的纠纷，也可能造成水土流失、冲刷草地耕地等后果，在蒸发池即将溢流时，运行单位应考虑定期清运，蒸发池的布置位置应便于清运。

采用蒸发池是解决 750kV 变电站周围无排水条件或排水距离较远的无奈之举。工程前期设计应与当地环水保部门、居民等充分沟通，对于蒸发池意外溢流等问题，也可采用一次性补偿方案解决。

6. 排水管道及附属设施

排水管道应根据 750kV 变电站最终规模统一规划和布置。排水管材应根据排水水质、冰冻情况、断面尺寸、管内外所受压力、土质、地下水位、地下水腐蚀性及施工条件等

因素进行选择。

（1）排水管道材料。除特殊环境外，站内雨污水排水管道管径 $DN \geqslant 300$ 时采用钢筋混凝土管，过道路的雨水口连接管采用钢筋混凝土管，其他雨水口连接管可以采用 FRPP 或 HDPE 等塑料管。对于设有雨水泵站的变电站，雨水泵站加压后的排水管建议采用焊接钢管。

事故排油管建议采用加厚级无缝钢管，埋地管道采取管内外防腐措施，外防腐采取不小于加强级外防腐措施。

（2）排水管道接口。管道接口应根据管道材质和地质条件确定，污水及合流管道应采用柔性接口。当管道穿过粉砂、细砂层并在最高地下水位以下，或在地震设防烈度为 7 度及以上设防区时，必须采用柔性接口。塑料管道与检查井应采用柔性连接。

（3）排水管道基础。管道基础应根据管道材质、接口形式、埋设深度和地质条件确定，埋地塑料排水管道不应采用刚性基础。管顶最小覆土深度应根据管材强度、外部荷载、土壤冰冻深度和地基承载力等条件，结合当地埋管经验确定，人行道下不宜小于 0.6m，车行道下不宜小于 0.7m。排水管道宜埋设在冰冻线以下，生活污水接户管道埋设深度可按不高于土壤冰冻深度以上 0.15m 设计，浅埋时应有依据。风沙大的地区的雨水系统应设置沉砂措施。管道基础的选择可按相关国家标准图集进行选择。回填土的压实系数必须满足 GB 50268 及相关国家标准图集的要求。

（4）雨水检查井及井盖。雨水检查井及井盖可按相关国家标准图集进行选择。根据检查井地基情况，对于在回填土及其他对沉降敏感的区域，检查井建议采用钢筋混凝土检查井。

圆形雨水检查井的受力及稳定性比方形检查井好，接管方向也更为灵活，建议采用圆形检查井。

750kV 变电站检查井、雨水口的井盖材质一般有铸铁、玻璃钢、高分子复合材料（树脂）、钢筋混凝土。其中玻璃钢材质外观较铸铁材质美观，可以对不同的系统可以采用不同色系标识，且图案和文字标识丰富。但抗紫外线较差，存在有脱色现象。铸铁材质井盖相对较重，颜色单一，且图案和文字标识简单，但强度高，使用寿命长。高分子复合材料（树脂）良莠不齐，部分站破损较多。钢筋混凝土井盖固性强，缺少耐性和刚性，易脆裂、笨重，开启操作困难，使用很少。综合井盖的使用寿命及强度，建议井盖均采用铸铁材质。

硬化场地阀门井井盖采用重型球墨铸铁井盖，非硬化场地阀门井井盖采用轻型。

第二节 灭 火 设 施

国内变压器消防技术经过了从无到有，逐渐完善的过程。最初的变压器消防采用大水滴喷头进行灭火，水幕喷头进行隔断。自 20 世纪 80 年代在石横电厂引进美国 EBASCO 公司技术，采用水喷雾灭火系统对变压器进行灭火以来，水喷雾现在已成为国内变压器最主要的消防手段之一。

一、大型含油设备灭火设施

随着社会进步和消防技术的不断发展，越来越多的消防手段应用于变压器消防。目前应用于 750kV 变压器的主要灭火设施有泡沫喷雾灭火系统及水喷雾灭火系统。

灭火系统灭火原理及规范依据见表 12-3。

表 12-3　　　　　　　　　　　灭火系统灭火原理及规范依据

序号	消防系统	灭火原理	规范依据
1	泡沫喷雾灭火系统	隔离、冷却、窒息、乳化	《泡沫灭火系统技术标准》（GB 50151—2021）
			《Recommended Practice for Fire Protection for Hydroelectric Generating Plants》（NFPA 851—2010）
			《电力设备典型消防规程》（DL 5027—2015）
2	水喷雾灭火系统	窒息、冷却、乳化	《火力发电厂与变电站设计防火标准》（GB 50229—2019）
			《建筑设计防火规范》（GB 50016—2014）
			《水喷雾灭火系统技术规范》（GB 50219—2014 ）
			《Standard for Water Spray Fixed Systems for Fire Protection》（NFPA 15—2007）
			《Standard for the inspection，testing and maintenance of water-based fire protection systems》（NFPA 25—2014）
			《Recommended Practice for Fire Protection for Hydroelectric Generating Plants》（NFPA 851—2010）
			《电力设备典型消防规程》（DL 5027—2015）

二、建筑物灭火设施

根据 750kV 变电站建筑物类别及耐火等级，一般在建筑物外设置室外消火栓，在建筑物内配置灭火器。

1. 室外消火系统

变电站消防给水量应按火灾时一次最大室内和室外消防用水量之和计算。变电站建筑室外消防栓用水量不应小于表 12-4 的规定。

表 12-4　　　　　　　　　　变电站室外消火栓用水量　　　　　　　　　　（m³）

耐火等级	建筑物名称及类别		建筑体积					
			$V \leqslant 1500$	$1500 < V \leqslant 3000$	$3000 < V \leqslant 5000$	$5000 < V \leqslant 20000$	$20000 < V \leqslant 50000$	$V > 50000$
一、二级	厂房	丙	15		20	25	30	40
		丁、戊		15				20
	仓库	丙	15		25		35	45
		丁、戊		15				20
	其他建筑		15			25	30	40

2. 灭火器配置

灭火器的配置场所指变电站内存有可燃气体、可燃液体和固体物质，有可能发生火灾、需要配置灭火器的所有场所。灭火器的配置场所，可以是一个房间，也可以是一个区域。

灭火器配置应符合《建筑灭火器配置设计规范》（GB 50140）、《手提式灭火器》（GB 4351）、《推车式灭火器》（GB 8109）及《电力设备典型消防规程》（DL 5027）的有关规定。

灭火器配置场所的火灾类别及危险等级应根据该场所内的物质及其燃烧特性进行分类，划分为五类三级。建（构）筑物、设备火灾类别及危险等级见表12-5。

表 12-5　　　　　　　　　建（构）筑物、设备火灾类别及危险等级

项　目	火灾类别	危险等级
主控制室	E	严重
通信机房	E	中
阀厅	E	中
户内直流开关场（有含油电气设备）	E	中
户内直流开关场（无含油电气设备）	E	轻
配电装置楼（室）（有含油电气设备）	E	中
配电装置楼（室）（无含油电气设备）	E	轻
继电器室	E	中
油浸变压器室	B、E	中
气体或干式变压器室	E	轻
油浸电抗器室	B、E	中
干式电抗器室	E	轻
电容器室（有可燃介质）	B、E	中
干式电容器室	E	轻
蓄电池室	C	中
电缆夹层	E	中
柴油发电机室及油箱	B	中
检修备品仓库（有含油设备）	B、E	中
检修备品仓库（无含油设备）	A	轻
水处理室	A	轻
空冷器室	A	轻
生活、工业消防水泵房（有柴油发动机）	B	中
生活、工业消防水泵房（无柴油发动机）	A	轻
污水、雨水泵房	A	轻

三、电缆灭火设施

电缆竖井（夹层）中电缆布置密集、数量多，电缆在长期运行时会产生大量热量。电缆发生火灾时，传播速度可达 20m/min，火势凶猛激烈，并产生大量烟气。电缆竖井（夹层）内的防火、救火条件相对恶劣。火灾中，烟雾迅速充满地下空间，能见度大大降低。火灾发生时，电缆竖井（夹层）的内部条件，使得人工救援难度非常大。因此，在敷设大量电力电缆的重要电缆竖井（夹层）内，有必要根据工程实际情况设置自动灭火设施。依据《电力设备典型消防规程》（DL 5027—2015）关于电缆层、电缆竖井和电缆隧道（固定灭火介质及系统型式）的规定，无人值班变电站可设置悬挂式超细干粉、气溶胶或火探管灭火装置。在 750kV 变电站的电缆竖井内应设置固定式灭火设施，固定式自动灭火设施宜采用干粉自动灭火器。

第三节　供暖、通风及空气调节

750kV 变电站供暖、通风及空气调节的设计主要是根据工艺房间对运行环境的要求，选择合理的供暖、通风及空气调节方式，满足工艺房间室内温、湿度要求，保证设备安全运行，同时满足运行人员舒适要求。

防烟、排烟设计是变电站内建筑物防火安全设计的重要组成部分，应确保人员的安全疏散、消防扑救的顺利进行，组织合理的烟气控制方式。

一、暖通设计的特点

1. 供暖设计

750kV 示范工程位于青海省供暖区，站区远离集中供暖热源且无可利用热源或可再生能源供暖，站区围墙内的生产及辅助建筑采用了电锅炉房供暖，全站供暖热负荷为148kW，供暖热媒采用 95/70℃热水，热水由电锅炉供给，锅炉房布置在主控通信楼一层，室内选用两台供热量120kW 的电锅炉，一台运行时可满足 80%供暖负荷的需求。电锅炉通过镀锌钢管供暖管道与各室内供暖系统连接，建筑物和锅炉房之间的供暖管道设置在供暖沟道内，沟道尺寸为 600mm（宽）×600mm（高），柴油机房、生活消防水泵房等独立建筑物设置了至锅炉房的供暖沟道。

该供暖方式需设置机房，水工管道进入电气设备间，施工成本高、运行维护工作量大。750kV 示范工程之后，针对变电站供暖特点调研市场新型供暖设备，优化设计方案，通过技术经济比较，后期 750kV 变电站采用空气源热泵空调或电暖器供暖。相比电锅炉系统，该供暖系统无机房、水系统及供暖沟道，投资费用低，运维简单，室内温度可设定并自动控制，满足变电站供暖要求。

2. 通风设计

在早期建设的 750kV 变电站中，进风百叶窗选用自垂防雨型，内设 6 目不锈钢网格，防止小动物进入室内。由于西北地区风沙大，当室外风向、风压变化时，百叶片随之摆动并出现缝隙，沙尘从缝隙进入室内，室内灰尘增多，洁净度变差，影响工艺设备安全运行。沙尘进入电气设备间状况如图 12-1 所示。

图 12-1　沙尘进入电气设备间状况

为了减少沙尘从进风口和排风口进入电气设备间，实际工程设计中多次优化风口方案，目前将百叶窗确定为电动型双层百叶窗。该百叶窗密闭严实，开启和关闭需要齿轮转动，百叶片不随室外风压、风向摆动，密闭严实，相比自垂防雨百叶窗，可以有效防止沙尘、雨水和小动物进入室内。优化前的自垂防雨型百叶窗如图 12-2 所示，优化后的电动型双层百叶窗详如图 12-3 所示。

图 12-2　自垂防雨型百叶窗

图 12-3　电动型双层百叶窗

电动型双层百叶窗技术是改变气流运动方向，从而改变夹杂在气流固体砂砾的运动方向，使沙尘、沙粒被阻挡在挡风板处，同时在百叶后设置滤网，进一步阻挡沙尘进入室内。滤网两侧可设置压差传感器，当滤网堵塞需要更换时，压差传感器压力增大报警。电动型双层百叶窗气流流程如图 12-4 所示。

电动型双层百叶窗的布置及联动方式为下部进风处的电动型双层百叶窗、上部排风处轴流风机外侧的电动型双层百叶窗、轴流风机三者联动启停，操控简单。

通风房间通风机、电动型双层百叶窗布置如图 12-5 所示。

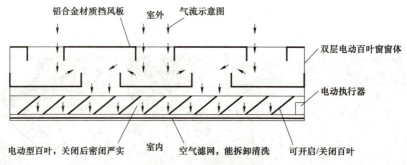

图 12-4 电动型双层百叶窗气流流程图

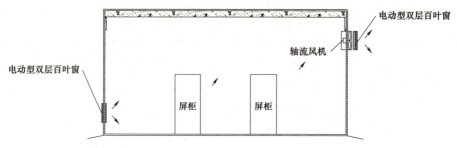

图 12-5 通风房间通风机、电动型双层百叶窗布置图

根据对已投运 750kV 变电站调研，配电室、GIS 室、电抗器室、电容器室、开关柜室、蓄电池室进风口、排风口的电动型双层百叶窗可有效减少沙尘进入室内，也可增强风口处保温，减少空调和供暖能耗。

3. 空气调节设计

750kV 示范工程及之后一段时间，主控通信楼设置多联机中央空调，空调室外机布置在主控通信楼屋顶，室内机根据各房间工艺布置及装修特点选择天井式、风管式空调室内机，该空调系统的特点是铜管可以达到 120m，室内机能根据屏柜位置灵活布置，不布置在屏柜正上方，风口不对屏柜直吹，建筑外立面无室外机，美观整洁。

前期工程采用平吊顶空调布置方式，即工艺房间的空调室内机、空调铜管和风管均布置吊顶上方，空调室内机与吊顶齐平布置，如图 12-6 所示。该方案如果有空调冷凝水滴落到吊顶上，则冷凝水沿吊顶无规则流动，有可能滴落到屏柜上。有些变电站采用了在屏柜上方增加防雨罩措施以避免冷凝水进入屏柜内部。后期工程改进了布置方式，采用下沉吊顶空调布置方式即控制室、二次设备间等工艺房间在墙与屏柜之间的过道上方设置下沉吊顶，空调设备及管道均布置在下沉吊顶上方，如果产生冷凝水，则冷凝水集中在下沉吊顶区域，不沿平吊顶大面积流动，避免滴落屏柜上，如图 12-7 所示。

后期，根据"两型一化"要求，为了减少工程造价，主控通信楼（室）空调调整为分体空调。

随着电网技术的发展进步，750kV 变电站设备布置、建筑物构造逐步优化更新，工艺设备的布置方式、散热量以及设备对温湿度的要求不断变化，其供暖、通风及空气调节设计也随之变化，暖通设计应结合站址气象条件，选择运行安全可靠、节能、低碳、环保、投资小、维护方便的供暖、通风和空气调节方式。

图 12-6 平吊顶空调布置方式

图 12-7 下沉吊顶空调布置方式

二、供暖系统

750kV 变电站建筑物或电气设备间较多，各工艺设备间对冬季运行温度要求不尽相同，冬季室内设计温度应同时满足设备运行和停运检修时的温度要求。综合相关设计标准、规范要求以及近年来的工程实践经验，建筑物冬季室内供暖设计温度可按表 12-6 选取。在供暖负荷计算、供暖设备选型时，应根据不同工艺设备间特点分别计算和选择。

表 12-6 建筑物冬季室内供暖设计温度

房间名称	室内设计温度（℃）	房间名称	室内设计温度（℃）
一、主控通信楼（室）			
主控室（监控室）	18~22	二次设备室	18~20
计算机室	18~22	防酸隔爆蓄电池室	18
通信机房	18~22	阀控密闭式蓄电池室	20
通信电源室	18	检修、劳动工具间	16
交直流配电室	≥5	办公、休息室	18

房间名称	室内设计温度（℃）	房间名称	室内设计温度（℃）
二、单体建筑工艺设备间			
变压器室	—	SVC 室	依据工艺资料
电抗器室	—	SVG 室	依据工艺资料
电容器室	—	可控高压并联电抗器阀室	依据工艺资料
电缆夹层、电缆隧道	—	站用交直流配电室	≥5
继电器室	18～20	开关柜室	≥5
消防控制室	18	柴油发电机室	≥5
GIS 室	依据工艺资料	油罐室	≥5
三、水工建筑物			
综合水泵房	≥5	消防水泵房	≥5
雨淋阀室	≥5	选择阀室	≥5
泡沫消防间	≥5	CAFS 室	≥5

1. 供暖方式选择

目前，750kV 变电站均建设在我国西北五省供暖区。根据热工设计分区特点，变电站工艺设备间、办公和休息类房间的供暖设置可参考表 12-7 的规定。

表 12-7 热工分区建筑物供暖设置

分区名称	主要指标	供暖设计
严寒地区	最冷月平均温度：≤-10℃	工艺设备间、办公和休息类房间设计供暖，宜选用专门供暖设备
寒冷地区	最冷月平均温度：-10～0℃	工艺设备间、办公和休息类房间设计供暖，根据站址气象条件和工艺要求可选择专门供暖设备或热泵空调供暖
夏热冬冷地区	最冷月平均温度：-10～0℃ 最热月平均温度：25～30℃	工艺设备间、办公和休息类房间设计供暖，根据站址气象条件和工艺要求可选择专门供暖设备或热泵空调供暖
夏热冬暖地区	最冷平均温度：>10℃ 最热月平均温度：25～29℃	不设置供暖
温和地区	最冷月平均温度：0～13℃ 最热月平均温度：18～25℃	不设置供暖

当站区附近有可利用余热或可再生能源供暖时，应优先采用，热媒及其参数可根据具体情况确定。

当站区附近有城市供暖热网、区域供暖热网、电厂等外部热源时，可采用集中热水供暖。

对供暖建筑物较分散、供暖负荷较小以及无人值守的变电站，根据站址室外气象条件宜选用热泵空调或分散式电暖器供暖。

2. 供暖设备选择

变电站常用供暖设备主要有电热供暖设备和热水供暖设备。由于种类繁多，各制造厂提供的产品，无论型式、型号或规格、尺寸，还是技术参数等都不统一，在设计过程中，应根据各设备间的工艺布置选择合理的供暖设备。

（1）电热供暖设备。热泵空调是一种能效比较高的供暖设备，在室外气象条件适合的站区应优先选择热泵空调供暖。由于水源或地源热泵空调有水系统，水工管道、阀门等不宜布置在电气工艺房间，且站内建筑物布置分散，单个建筑物热负荷较小，因此很少选用水源或地源热泵空调，多选用空气源热泵空调。空气源热泵空调的优点是无水系统，布置及控制方便，投资费用低；缺点是在寒冷、潮湿的地区，当冬季室外温度降低时制热量衰减，当电气设备间对室内温度稳定性要求较高、热泵空调融霜时间较长时，应按站址平衡点温度确定加装辅助加热装置。

常用的电取暖器包括对流式、辐射式、蓄热式电暖器和电热暖风机、电热风幕等。电取暖器体积小，外壳为铝合金材质，本体带有温控器，表面温度不高于70℃，能根据室外温度变化自动调节用电功率，布置方便，运行维护工作量少，投资费用低、在变电站使用较多。

（2）热水供暖设备。常用热水供暖设备主要包括热水散热器、热水型暖风机和热水型风幕机。变电站无热水资源，若选用电锅炉加热热水，其劣势在于：① 锅炉系统供暖沟道走向复杂、占地大，易与其他地下设施布置冲突；② 带压水管不宜进入电气工艺房间；③ 锅炉系统通过管道长距离输送造成热量损耗大，维护工作量大，投资大等。因此变电站很少采用电锅炉供暖方案。

3. 设备布置

电气工艺设备间的供暖设备布置应根据工艺设备布置、设备散热量及建筑结构特点合理布置，避免过于集中在电气设备附件，导致室内温度不均匀和温度梯度过大。同时应使检修、运行操作方便。

根据以往工程设计经验，供暖设备布置应注意以下事项：

（1）电取暖器布置时应满足电气安全距离，应设置接地措施。

（2）供暖设备宜明装，应有合理的气流组织、足够的通道面积，并方便维修。

（3）供暖管道不应穿越蓄电池室、GIS室等有害气体房间的底部、隔墙及楼板。

（4）蓄电池室冬季送风温度不宜高于35℃，并应避免热风直接吹向蓄电池，供暖选用电暖器供暖时，设备应为防爆型，防爆等级应为ⅡC T1（即为Ⅱ类，C级，T1组）。选用空调供暖时，空调室内机防爆等级为Ex db ⅡC T4。

（5）供暖水管不宜穿越二次设备间和通信设备间、配电室等布置电气盘柜的工艺房间。

（6）变压器、电抗器、电容器运行时散热较大，一般不需要设计供暖。当设备停运且工艺要求室内仪表、消防栓等需要维持一定室温时，设计供暖。

（7）当GIS设备带电伴热时，室内一般不设计供暖；当GIS设备不带电伴热或带电伴热但仍不满足运行温度要求时，室内设计供暖。

（8）SVC室、SVG室设备运行时阀体散热量较大，不考虑供暖。当阀体选用风冷降

461

温方式冬季停运检修时，需根据工艺专业资料确定是否设计供暖，满足阀室温度要求；当阀体选用水冷降温方式冬季停运检修时，应设计供暖，室内温度一般不低于 10℃。当选用电热型设备供暖时应选用防水型，防护等级不低于 IP24。

（9）柴油发电机室及油罐室根据站址气象条件和工艺要求确定是否设计供暖，当选用电热供暖设备时应选用防爆型，防爆等级为 Ex db Ⅱ C T4。

（10）供暖设备不宜布置在配电箱下部，避免配电箱温度过高，安装施工时破坏箱体埋管。

（11）电暖器宜选用壁挂式，通常壁挂在墙与屏柜之间的过道上，安装底标高为0.3m。

（12）水工建筑物室内水工设备、管道多，布置供暖设备时应注意避免与水泵、管道、阀门等碰撞，且不布置在水泵、阀门和管道正下方。当选用电热型设备供暖时，应选用防水型，防护等级不低于 IP24。

（13）热水供暖系统宜采用同程式，供暖立管应设置调节阀或关闭阀，楼梯间立管不宜设置阀门。

（14）位于严寒地区、寒冷地区的主控通信楼（室）宜设置热风幕。

（15）具有腐蚀性气体的房间，应选用耐腐蚀的散热器或供暖设备。

（16）供暖房间的进风口及排风口，均宜设置关闭阀门，避免冬季室外冷空气进入室内，增加冷风热负荷，增加供暖能耗。

（17）散热器或电取暖器形式和种类要考虑外形美观、与房间尺寸相适应，并与室内装饰相协调。

（18）电缆夹层、电缆隧道不设计供暖。

（19）为了提高站区消防安全，确保消防类建筑物冬季供暖温度恒定可靠，消防类建筑物温度宜设置在线监测、低温报警控制系统，电供暖设备设置双电源。

三、通风系统

变电站建筑物通风分为三种工况：① 排除工艺设备散热量通风；② 排除室内有害气体通风；③ 室内增加新鲜空气换气通风。

根据不同工况要求，通常变电站通风选择以下三种通风方式：① 自然通风；② 自然进风、机械排风；③ 机械进风、机械排风。

1. 通风方式选择

根据工艺设备布置、建筑物特点，以及防风沙、运行节能等要求，通风方式应根据室内空气温度和洁净要求、站区气象条件、工艺设备布置及散热量等因素综合考虑。

结合以往工程经验，通风方式选择应注意以下事项：

（1）通风降温应优先选用自然通风。自然通风不满足要求时，可采用机械通风或机械通风与自然通风相结合的方式。当选用机械通风时，通风设备应选用节能型变频风机。

（2）当周围环境洁净时，机械通风宜采用自然进风、机械排风方式；当周围空气含尘严重或从室外自然进风困难时，应采用机械进风、机械排风方式，空气含尘严重时进风应过滤，室内应保持正压。

（3）GIS 室、蓄电池室等生产房间内发生事故时，会突然放散大量有害物质六氟化硫气体或有爆炸危险的氢气，应设置事故通风，风机开关布置在室外便于操作处。

（4）当机械通风不满足降温要求时，应选择空调降温。

2. 通风设备选择

通风设备主要包括轴流风机、离心风机、箱体式风机、空气处理设备（含表冷器）等。通风设备型式和数量应根据使用场合、通风量、安装空间、气流组织等因素进行比较后选择。工艺设备间散热通风的通风量应根据工艺设备散热量计算通风量，不应根据换气次数计算通风量。

站区通风机应选用低噪声型，为了避免雨水从风机口进入室内，宜选用带防雨弯头的侧墙风机，并采取防雨、防蚊虫、防回流等措施。工艺房间通风系统的设备宜按设计风量 2×50% 配置。

3. 设备布置

进风口应布置在室外洁净区域，通风设备及管道应布置在安全区域，室内气流组织合理，避免出现气流死角或气流短路，方便运维检修。通风管道不宜穿越防火墙，当必须穿越时应设置公称动作温度为 70℃ 的防火阀。根据工程经验，工艺房间通风设备布置应有以下注意事项：

（1）蓄电池室排风口不布置在人员流经处，当室内楼板有梁分割时，每个分割处均应设置排风口。蓄电池室通风机及电动机应采用防爆型，防爆等级不应低于氢气爆炸混合物的类别、级别、组别（ⅡCT1），通风机及电动机应直接连接。室内不应装设开关和插座。通风系统的设备、风管及其附件应采取防腐措施，排风系统的吸风口应设在上部，吸风口上缘距顶棚平面或屋顶的距离不应大于 0.1m。通风沟道不应敷设在蓄电池室的地下，通风管道不宜穿越蓄电池室的楼板。

（2）GIS 室应设置机械通风系统，室内空气不得再循环，室内空气中 SF$_6$ 的含量不得超过 6000mg/m^3，与 GIS 室相通的地下电缆隧道（或电缆沟）应设机械排风系统，通风设备、风管及附件应考虑防腐措施。GIS 室设置平时通风和事故通风系统，平时通风系统应按连续运行设计，其风量应按换气次数不少于 4 次/h 计算，事故排风量应按换气次数不少于 6 次/h 计算。在寒冷和严寒地区，温度过低会使 SF$_6$ 气体液化，当工艺设备无电伴热装置时，通风系统需要设置热风补偿装置。为了减少供暖能耗，目前 750kV 变电站工程中，电气专业通常根据站区气象条件给工艺设备设置电加热装置，当工艺设备带有电加热装置时，通风系统不考虑热风补偿。

（3）柴油发电机室应设置平时和事故通风系统，通风量按换气次数不小于 12 次/h 计算，通风系统排风量按消除余热及稀释有害气体计算，并取其中较大值，稀释有害气体所需风量可按发电机组每马力（hp）10～15m^3/h 计算，排风机应采用直联且为防爆型。柴油发电机组燃烧所需空气量按 5m^3/（h·hp）计算，柴油发电机室进风量为排风量和燃烧空气量之和。

（4）通风设备应设置自动控制系统，工艺房间设置温度传感器，按室内温度启停风机。

（5）只有单面外墙时，在水平风管布置困难的情况下，可考虑设置排风竖井。

（6）风机应与火灾信号连锁，当发生火灾时，风机电源应能自动切断。

四、空调系统

变电站空调系统设置的目的是为工艺设备的正常运行提供可靠的室内温湿度，为运行人员工作和生活提供适宜的室内环境。变电站内建筑物及房间的室内空调温度及相对湿度设计值见表 12-8。

表 12-8　　变电站内建筑物及房间的室内空调温度及相对湿度设计值

房间名称	夏季		冬季	
	温度（℃）	相对湿度（%）	温度（℃）	相对湿度（%）
一、主控通信楼（室）				
主控室（监控室）	26±1	60±10	20±1	60±10
计算机室	26~28	60±10	20±1	60±10
通信机房	26~28	60±10	20±1	60±10
通信电源室	≤35	—	—	—
交流配电室	≤35	—	—	—
防酸隔爆蓄电池室	—	—	18	—
阀控密闭式蓄电池室	≤30	—	20	—
检修工具间、工具间、安全工器具室	≤30	≤60	5	≤60
办公室、会议室、值班室	26~28	70	18	
二、单体建筑工艺设备间				
二次设备室	26±1	60±10	20±1	60±10
监控室	26~28	60±10	20±1	60±10
消防控制室	26~28	60±10	20±1	60±10
站用变压器室	≤35	—	≥5	—
交流配电室	≤35	—	≥5	—
开关柜室	≤35	—	≥5	—
蓄电池室	≤30	—	18~20	—
SVC 阀室	≤30	≤60	≥10	≤60
SVG 阀室、高压并联电抗器阀室	依据工艺资料			

1. 空调方式选择

空调系统形式应根据建筑物工艺设备布置、建筑维护结构、站址气象条件、工艺设备对室内环境温湿度、洁净度的要求，结合设备布置、投资费用、运行和维护的便利性等因素，进行技术经济比较后确定。

对于高温、高湿地区，单体建筑物体积较大或二次设备间宜采用全空气集中式空调系统；对于允许冷（热）水管进入的房间如办公室、会议室、交接班室等，可设置空气一

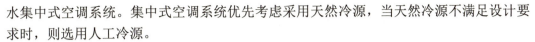

水集中式空调系统。集中式空调系统优先考虑采用天然冷源，当天然冷源不满足设计要求时，则选用人工冷源。

2. 设备选择

单体建筑物体积较小或电气设备间较少时，宜设置分散式空调。当建筑物体量较大、就近布置分体空调室外机困难或者制冷剂管超长时，宜采用多联空调系统。

冬、夏季均使用空调的站区，空调设备的选型应按冬、夏两种工况分别计算，按大者选择设备，避免设备选小影响设备安全运行，计算主要包括夏季空调冷负荷、冬季空调热负荷、夏季空调湿负荷、冬季空调湿负荷，其他计算包括水管阻力、风管阻力、送风气流组织、设备选型等。

主控通信楼（室）需要设置空调的房间包括二次备品间、主控制室、计算机室、通信机房、蓄电池室等工艺类房间和运行人员工作房间。

单体建筑如继电器室、二次设备室、配电室、蓄电池室等工艺类房间通常设置风冷分体空调。

当交流配电室、开关柜室等电气房间采用通风无法满足降温要求时，应采用空调方式控制室内温度。

由于变电站工艺房间空调系统带压水管不应进入室内，变电站工艺设备间宜选用直接蒸发式风冷型空调。

二次设备间空调机不宜选用一台，宜按 2×75% 配置空调。

空调宜选用能效比高的节能产品，空调系统宜设置自动控制系统，能根据室外温度及室内设备散热量自动调节空调制冷量，从而满足房间温度，同时达到节能目的。

3. 设备布置

空调设备布置和管道连接应符合气流组织，并做到排列有序、整齐美观，便于安装、操作与维修。空调设备及管道与电气设备、屏柜之间的距离应满足规程要求。

（1）空调室内机的布置应避免室内温度场的失衡，空调送风不应直接吹向电气屏柜，吊装时空调室内机、铜管、风管不布置在电气设备和屏柜正上方，避免冷凝水滴落到电气设备或屏柜上。

（2）空调室内机不宜压电缆沟，当室内空间有限必须压电缆沟时，可选择壁挂空调或设置固定电缆沟盖板。

（3）空调室内机的布置应与灯具及吊顶布置密切配合，做到美观协调。

（4）空调冷凝水排放应畅通，排水管道留有排至室外的坡度，减少电气房间接头或三通。冷凝水管不易暴露在主控通信楼（室）外立面，室内布置的立管宜进行掩蔽处理或预埋在墙体内，避免冷凝水管碰损排水不畅。

（5）室外机布置在屋面时，制冷剂管穿屋面应设套管。待制冷剂管安装后，套管出口应采用胶泥或其他防水材料进行严密封堵。

五、防火与防烟、排烟系统

变电站防火及防烟、排烟设计应符合《建筑设计防火规范》（GB 50016）、《火力发电厂与变电站设计防火标准》（GB 50229）及《建筑防烟排烟系统技术标准》（GB 51251）

的相关要求。

1. 防火

供暖、通风和空调系统应采取防火措施。当火灾发生时，通风系统、空调系统应能自动停止运行。当采用气体灭火系统时，穿过防护区的通风或空调风道上的阻断阀应能立即自动关闭。

通风及空调系统的风道及其附件、保温材料、消声材料及黏结剂均应采用不燃材料。防排烟系统、供暖系统、通风系统与空调系统中的管道，在穿越隔墙、楼板处的缝隙应采用不燃材料封堵，不燃柔性材料宜为矿棉或岩棉。防排烟系统中的管道、风口及阀门等应采用不燃材料制作并满足相应的耐火时间。

空调系统的电加热器应与送风机连锁，并应设无风断电、超温断电保护装置，电加热器必须采取接地及剩余电流保护措施。

通风及空调系统的风管在穿越防火分区、工艺设备间隔墙、楼板、通风空调机房、竖向风管与每层水平风管交接处的水平管段上应设置 70℃防火阀。

2. 防烟、排烟

自然通风不能满足要求的防烟楼梯间、消防电梯间前室或合用前室、封闭楼梯间，应设置机械加压送风系统。机械加压送风机宜采用轴流风机或中、低压离心风机。采用机械加压送风系统的场所不应设置百叶窗，且不宜设置可开启外窗。

防烟分区内自然排烟窗（口）的面积、数量、位置应经计算后确定，且防烟分区内任一点与最近的自然排烟窗（口）之间的水平距离不应大于 30m。设置排烟系统的场所或部位应采用挡烟垂壁、结构梁及隔墙等划分防烟分区。防烟分区不应跨越防火分区。

变电站主控通信楼（室）内长度大于 40m 的疏散走道应设置排烟设施。办公与生活类建筑物的防火及防烟、排烟设计应按照《建筑设计防火规范》（GB 50016）的有关规定执行，长度大于 20m 的疏散走道应设置排烟设施，建筑面积大于 50m² 且无外窗的控制室或办公类房间，应设置排烟设施。

防烟、排烟系统宜作为独立系统，机械加压送风机或排烟风机均应设置在专用机房内。

第四节 设 计 创 新 及 展 望

一、给排水

近年来，我国社会迅速发展，科技与经济领域快速崛起，并且社会整体的环保意识、节能意识正在逐年增强，人们对于绿色环境的渴望也逐渐加强。我国当前电力企业正在着力打造绿色环保、低碳节能生态系统，对于当前的行业体系也进行了进一步整改，当前各企业变电站给排水系统正在进行绿色化、环保化，全面实现变电站给排水系统的优化升级。

1. 给水

目前很多电力建设工程直接采用普通型给水机组作为稳定的站内供水设备，可采取如下优化措施：

（1）如水源为打井取水，宜设置高位自流水箱，一来可取消造价不菲的给水机组，二来可减少井泵的启停次数，达到了节能降耗、经济可靠的效果。

（2）如变电站为市政供水且在水压不足的情况下，宜设置变频叠压给水机组，最大效率利用市政水压，其较普通水泵节约了 20%以上的能耗，又可延长水泵使用寿命及减少维修次数。

2. 排水

主要优化措施有：

（1）场地电缆沟分隔处设排水流槽，尽可能利用了现有条件，减少场地排水设施的布置。

（2）某些工程仍选用钢筋混凝土管、铸铁管作为排水管，在一些仅运行不到 5 年的改造工程的中，很多管道已经锈蚀或损坏，给变电站运行造成了安全隐患，建议站内排水管道应选用耐腐蚀性强寿命长的塑料类管材，如雨污水采用 HDPE 双壁波纹管。

（3）对于面积大，地下设施复杂的配电装置场地，可采用线性复合材料成品排水沟沿边布置，相较传统的埋管排水方式，缩短工期，降低施工难度。

3. 雨水回用

雨水综合应用主要包括雨水入渗、搜集回用及调蓄排放几个方面内容。

（1）按照变电站的特点设置可设置地表入渗、屋面及硬化场地导流的形式，经过特别设备搜集回用，以降低站内绿化用水的补给水量，而不以减少雨水外排为主要目的。

（2）当场地布置绿化或设置消防水池时，可采用搜集雨水用于绿化用水及消防水池补水。

（3）变电站雨水搜集回用系统需设置雨水蓄水池、简易的净化装置及绿化回用水泵等，因而需要适当增大的初期建设投资，站内设置的消防水池可与雨水蓄水池联合设计，可很大水平地节省投资。经过优化设计及合理的运行管理，适合条件下的变电站有可能能达到水源独立循环回用，实现较好的节能环保效果。

4. 污水排放

变电站多建设于偏远地区，无市政配套污水处理设施。随着国民对环保的日渐重视，工程污水排放问题也变得越来越突出，不少变电站工程进行了污水处理排放，处理工艺（如典型的 A/O 工艺、接触氧化工艺）占用了建设用地。污水处理工艺选择应结合外部环境和当地环保要求，如需进行深度处理，可优选 MBR 工艺，其膜结构紧凑排列方式，使占地面积不到前述工艺的 20%即可实现一级达标处理，极大提高了节能环保效能。如非保护性水体，生活污水处理达到二级标准即可排放，可选择环保型玻璃钢生化处理池，其结构简单占地面积更小、无动力消耗且施工便捷。随着科技的发展，将出现更先进、节能环保的工艺，设计人员应密切关注适时选用。

5. 太阳能的应用

在变电站安装简单高效经济的太阳能热水系统，适用于变电站值守人员平时使用，经测算，一套采光面积约 $3m^2$ 的太阳能热水器在南方基本上能够满足站内用热水需求。由于工业建筑对造型要求不高，可通过在建筑屋顶及配电装置场地设置小型光伏面板，以满足小功率装置，特别是不需要频繁启动的生活水泵、消防稳压泵等设备。如果太阳能的使用能够推广至全国千万变电站，必将带来很显著的经济效应和规模效应。

二、灭火设施

750kV 变电站主变压器电压等级高，输送功率大，750kV 主变压器采用的三相一体的变压器不能满足建造或运输要求，转而采用 3 台单相变压器组成 1 组 750kV 主变压器。除最初的试验示范两座 750kV 变电站采用了水喷雾灭火系统外，由于西北地区缺水原因，之后建设的多座 750kV 变电站均采用了合成泡沫喷雾灭火系统。

750kV 示范工程两座变电站站内各设置 300m³ 生活消防蓄水池 1 座，官亭变电站水源采用站外打井，兰州东变电站水源采用站内打井。生活水池与消防水池合并设置，水池容积按水喷雾系统工作 0.4h 设置。

1. 750kV 变电站灭火设施现状

（1）合成泡沫喷雾灭火系统的不足。根据 2010 年版《泡沫灭火系统设计规范》（GB 50151），750kV 变电站采用合成泡沫喷雾灭火系统存在以下不足：

1）变压器高压套管升高座缺乏泡沫喷雾喷头保护。大多数变电站泡沫喷头仅布置在变压器的两侧上方，缺少对高压套管升高座孔口的保护，存在安全隐患。

2）对泡沫罐容量的计算参数较小。规范要求的供液时间仅为 15min，一旦泡沫液用完，再无任何消防手段。

3）主变压器泡沫消防控制系统电源采用单电源供电。供电可靠性差，存在较大的安全隐患。

4）主变压器感温电缆按照单套配置。与《火灾自动报警系统设计规范》（GB 50116—2013）中"需要火灾自动报警系统联动控制的消防设备，其联动触发信号应采用两个独立的报警触发装置报警信号的'与'逻辑组合"不符。将单套感温电缆报警信号作为泡沫消防系统启动依据，误动作易对保护对象造成不利影响；主变压器升高座位置大多无感温电缆覆盖，由于主变压器热量主要集中在中上部，因此，主变压器升高座、高压套管处不缠绕感温电缆不利于对消防状况的全面掌控及火情的及时发现。

（2）消防给水要求的差异。《火力发电厂与变电站设计防火规范》（GB 50229—2006）中规定：① 主控通信楼火灾危险性为戊类、耐火等级为二级；② 变电站内建筑物满足耐火等级不低于二级，体积不超过 3000m³，且火灾危险性为戊类时，可不设消防给水；③ 变电站户外配电装置区域（采用水喷雾的主变压器消火栓除外）可不设消火栓。可理解为：当主变压器采用水喷雾固定自动灭火系统时，相应设置主变压器消火栓，对应设置消防水池及消防泵房；当主变压器采用预混泡沫喷雾灭火系统时，变电站内建筑物满足耐火等级不低于二级，体积不超过 3000m³，且火灾危险性为戊类时，可不设消防给水，即站区不需设置消防水池及消防泵房。

在《火力发电厂与变电站设计防火表标准》（GB 50229—2019）颁布实施前建设的 750kV 变电站，主变压器采用合成泡沫喷雾灭火系统时绝大多数无需考虑消防用水，且均未考虑消防管网，或个别站虽然考虑了蓄水池，但其储水量仅能满足变压器水喷雾灭火系统 0.4h 及消火栓系统 2h 的持续灭火时间，未考虑消防车补水量。

2. 消防提升措施

750kV 变压器总含油量达到 100t 以上，油箱爆裂形式复杂，仅依赖于泡沫灭火系统达到灭火目是不足的，《火力发电厂与变电站防火设计标准》（GB 50229—2019）应运而生。

《火力发电厂与变电站防火设计标准》（GB 50229—2019）第 11.5.4 条"单台容量为 125MVA 及以上的油浸变压器、200Mvar 及以上的油浸电抗器应设置水喷雾灭火系统或其他固定式灭火装置。"其条文说明中"其他固定式灭火装置"指排油注氮灭火装置。新标准明确推荐含油设备采用水喷雾灭火系统。

除此之外，对 750kV 变电站其他消防提升措施包括：当主变压器采用水喷雾灭火设施时，灭火持续时间由 24min 提升至 1、1.5h 及 2h，设计流量仍为 150L/s，一次最大消防水量为 996～1662m³，并建议 750kV 变电站消防蓄水池有效容积提升按消防救援力量到站时间因地制宜的阶梯式提升，1h 内能到站的消防蓄水池提升至 1000m³，1～2h 到站的消防蓄水池提升至 1500m³，2h 以上的特殊考虑。

三、暖通设计

1. 优化措施

（1）为了减少建筑碳排放，变电站暖通设计应选用新型节能设备，如热泵空调、蓄热型电供暖器等，应具有温控系统。

1）设置空调的房间应优先选用热泵制热，当室外温度降低，热泵空调制热效率降低或不满足制热量要求时，应设置电供暖设备补充供暖。

2）蓄热型电供暖器是利用夜间电网低谷时段的廉价电能，工作 6～8h 完成电热转换并蓄积足够的热能在电网高峰时段断电，断电后蓄热体以设定的放热曲线均衡释放热量，以辐射及对流的方式实现全天 24h 室内供暖，满足室内供暖要求。

（2）供暖设计应尽可能采取减小建筑垂直温度梯度的技术措施，减少无效热损失，如 GIS 室、泵房等高空间建筑物采用热风供暖时，可采取调整送风角度、选用下送型暖风机、并在顶部安装向下送风的循环风机等方式减少温度梯度，达到节能目的。

（3）采用热风供暖时风机电耗大，不利于节能运行，设计时应减少使用，当必须采用时宜加大空气循环量，降低送风温度。

（4）电气工艺房间暖通设备宜设置断电后来电重启功能，保证工艺设备间温度稳定，减少运行工作量。

2. 创新

（1）优化继电器室、配电室等工艺屏柜结构和屏柜布置方式，在屏柜底部或侧部预留空调通风管道和风口，将空调系统处理后的空气通过通风管道、风口送入屏柜内，降低或提高屏柜内的温度，满足屏柜内电气设备运行温、湿度要求，减小整个工艺房间布置空调，从而减小空调容量，低碳运行。

（2）暖通设备配置集中控制系统，该系统将智能化启停空调、供暖和通风设备，减少能源损耗。工艺房间的暖通控制系统根据室外温度及室内散热量智能计算降温设备运行能耗，启动能耗小的设备，达到节能的目的。

1）冬季供暖时，当室外温度升高或室内屏柜散热量增大时，供暖设备输入功率减小；夏季制冷时，当室外温度降低或室内屏柜散热量减小时，制冷设备输入功率减小。办公、休息类房间当检测到室内长时间无人时，供暖、空调设备自动关闭。

2）需要通风房间当室内有害气体浓度达到设定值时自动启动排风换气，当低于设定值时通风系统停止运行，减少通风设备运行时间。

3）结合站区室外气象条件和工艺设备运行温度要求，过渡季节新风降温，减少空调运行时间，降低运行能耗。

第十三章　变电站数字化发展与展望

我国深入实施数字经济发展战略，不断完善数字基础设施，加快培育新业态新模式，推进数字产业化和产业数字化积极发展。以数据资源为关键要素，以现代信息网络为主要载体，以信息通信技术融合应用、全要素数字化转型为重要推动力的数字电网快速发展。"十四五"期间，以技术创新为驱动，以提供全生命周期服务为目标的数字电网转向深化应用、规范发展的新阶段。

第一节　数　字　化　设　计

变电站勘测设计经历了绘图板、计算机辅助二维设计、三维设计、数字化设计的变革，近几年随着行业数字化的关注焦点和能力建设从数字化设计向施工、运维乃至全产业链延伸，变电站数字化成为大势所趋。

一、数字化设计目标

随着设计技术的发展，参数化、可视化、协同化、信息化和智能化的辅助设计方式作为内在驱动力一直在推动设计手段的更新。数字电网的发展，要求采用更先进的技术来解决变电站勘测、设计、施工、建设管理、运维中涉及的诸多问题。设计作为一个重要环节，不仅要提供满足建设要求的技术服务，而且要建立工程全寿命周期的基础数据，为变电站全面采用数字化技术进行协同工作和精细化管理提供基础保障。

数字化设计以数据库为基础、数字化信息模型为核心，通过流程驱动，以数字化设计软件和协同设计工作平台为依托，实现设计项目协同作业、信息共享、精准管控。数字化设计体现在对象的数字化、过程的数字化、成果的数字化三个层面。数字化设计在变电站数字化应用中以优化方案、提高质量、控制工程精准投资、强化工程本质安全、协助工程建设管理和运维管理、助力工程数据全过程应用为出发点和落脚点。

二、数字化设计特点

数字化设计是基于工程信息、地理信息数据，通过数字化建模技术、数字化协同设计技术的集成应用，实现变电站的全过程数字化可视化设计和信息一体化。数字化设计具有可视化、参数化、协调性、模拟性、可扩展性等特点。数字化设计不同于传统设计的重要之处在于，传统设计中的大量信息固化在图纸和说明之上，形成大量的离散数据，不同设计阶段、不同阶段中的信息只能由人为进行辨识和再分析，基础数据量大，冗余度高，缺乏数据信息完整性和延续性。数字化设计可以通过信息模型来处理结构化数据，将工程中的大量数据统一管理起来，可以实现设计各阶段以及全过程的数据共享和利用。

（1）可视化程度高，更加精确和直观。维度的提升使其具备空间特性，延伸出设备布置、碰撞检查、施工模拟等功能，数字化设计技术就像一种高效的语言，提高沟通的效率和质量。

（2）精细化设计，质量提高。各专业在同一模型空间中开展设计，专业间协同的紧密度大幅提高，有效避免传统设计中多专业间错、漏、碰、缺，实现工程量准确统计，提升工程设计质量。另外，数字化设计不同于二维图纸的视图表达，建立符合实际的数字化模型，设计范围和深度都大幅增加。

（3）提升设计产品的附加值。模型数据一体化的特点，又使其具备了材料和工程量统计、关联导航、进度模拟等功能，由过去只为指导施工转变为项目全生命周期应用，包括综合展示、分析计算、采购、合同分包、进度管理、施工仿真、数字化运维等。

（4）由以图纸为核心转变为以数据为核心。将以往图纸、文字的信息由人为辨识转变为信息模型的结构化数据由计算机识别；将离散的电子化信息转变为了可以统计分析的数据信息；将个人经验教训转化为企业知识积累，为大数据分析、人工智能、设计施工一体化等众多领域创造基础数据。

三、数字化设计标准

变电数字化设计标准主要包括软件规范、建模规范、设计规范、移交规范。

（1）软件规范主要规定了模型文件格式、模型架构、存储结构、层级管理等技术要求，实现了数字化设计数据在不同软件、平台之间交互贯通，为工程数字化设计成果规范管理及应用奠定技术基础。同时对软件中各专业数字化设计、协同设计、输入输出、流程管理、校验等功能提出要求，引导了软件平台的开发方向，促进了软件功能的改进和完善。

（2）建模规范主要规定了变电站数字化模型的构建要求，包括建模方法、模型细度和属性细度等要求，综合考虑了建设期和运行期的数据应用需求，为模型在多业务环节的应用与管理奠定了基础。

（3）设计规范主要规定了变电站数字化设计范围和深度、各专业协同设计、编码规则等要求，为设计精细化和投资精准化创造了技术条件。

（4）移交规范主要规定了移交内容、深度、文件存储结构、格式与命名规则，明确了设计阶段数字化移交工作流程和成果形式，为建造、运检等业务环节提供了标准的工程数据支撑。

四、数字化设计应用

1. 数字化设计平台

目前变电数字化设计平台主要基于 MicroStation、Revit 或者开源图形平台定制开发，随着变电数字化设计技术的发展，软件平台的功能在持续升级和迭代。

从 2010 年开始，西北院逐步利用数字化技术进行全方位、多角度的改造，推动生产、经营、管理、服务深度变革，充分发挥数字技术的赋能引领作用，跨界合作，激发新活力，形成新动能。围绕"数字工程、智慧企业"的目标，沿着"从工程数字化到数字化工程"的道路不懈前行，经过多年的探索和实践，基于基础服务层、数据资源层、应用层三个维度，从咨询设计、工程技术服务向工程资产运营全生命周期管理服务延伸，不断推进数字化转型。尤其是在变电数字化领域持续深耕和迭代，开发了变电站全景展示移交平台、电网变电数字化协同设计管理平台、电网工程量及造价数据管理平台、智能变电站二次设计软件等平台，并依托工程广泛开展实践应用。电网变电数字化协同设计管理平台主要功能如图 13-1 所示。

（1）对设计环境、过程及设计成品进行统一管理，利用平台的交互性开展协同设计工作。

（2）利用快速建模工具，建设典型间隔、配电装置和通用方案库，开发以数据驱动基础库的复用功能，提高方案复用效率。

（3）通过专业分析计算软件与数字化设计平台之间的接口，将分析计算结果与数字化设计模型集成。

（4）制订数字化协同设计方式下进行各专业之间的资料交换的方法，通过对数字化提资模块完成数字化设计模式下的互提资料流程。

（5）制订数字化协同设计方式下进行校审和会签的流程及方法。

（6）通过对设计软件的定制开发，使软件功能能够满足设计深度和规范的要求。

2. 数字化设计流程

变电工程协同设计流程应包含资源配置、设计及交互和成品输出三部分内容。

（1）资源配置应包含工程立项、设计策划、人力资源及权限配置、数据库配置、设计原始资料输入、卷册配置等。

（2）设计及交互应包含设计原则确定、数据交互、专业设计、设计方案评审和会签、模型及数据冻结等。

（3）成品输出应包含模型导出、设计文档及图纸输出、工程量数据提取、成品归档、成品移交等。

变电数字化协同设计流程如图 13-2 所示。

3. 数字化设计应用

（1）勘测数字化设计应用。采用勘测数字化技术对地层层面、岩性分布等进行建模分析，生成数字化地形数据、地面和地下结构模型，结合总平面对勘察探点的布置及数量进行精准设置，对地基处理进行多方案的技术及经济比较，并根据地质断面模型优化地基处理方案。勘测数字化模型如图 13-3 所示。

（2）站区规划数字化设计应用。基于地理坐标系统及数字高程系统信息，可进行站址选择、站区规划、场地及边坡分析，并完成土石方平衡计算等竖向布置设计，站区数字化模型如图 13-4 所示。

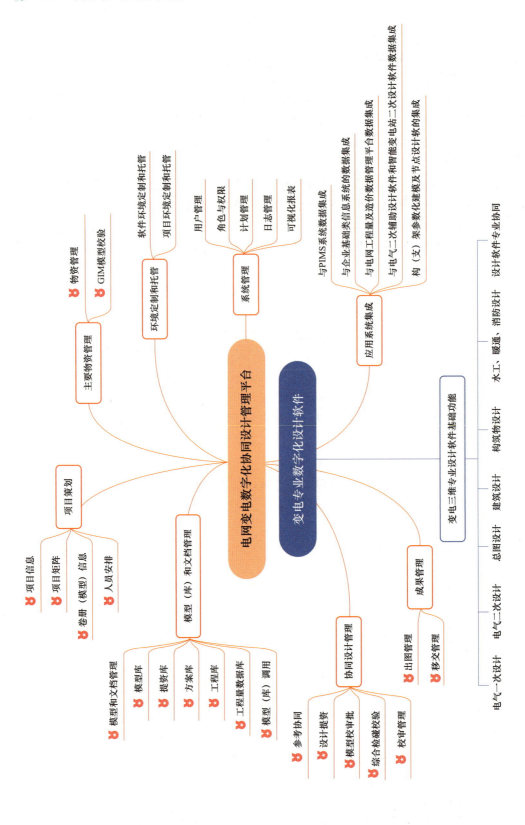

图 13−1 电网变电数字化协同设计管理平台主要功能

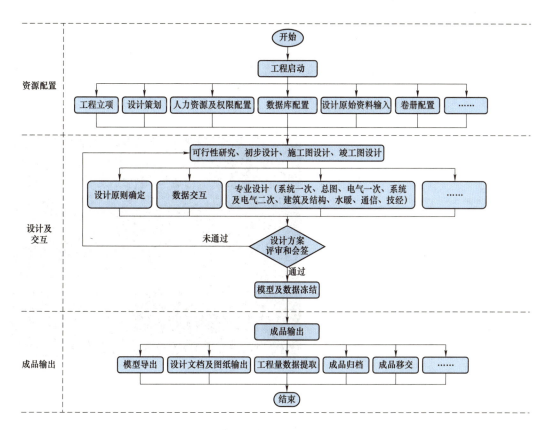

图 13-2　变电数字化协同设计流程

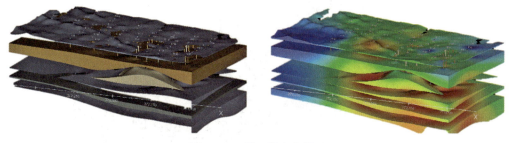

图 13-3　勘测数字化模型

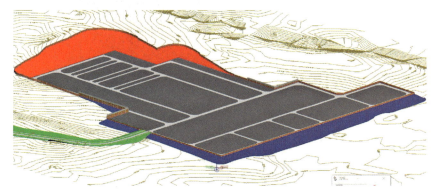

图 13-4　站区数字化模型

（3）布置数字化设计应用。采用基于关键数据要素驱动的数字化模型布置和校验功能，采用数模一体化提资模型，开展专业间的数据协同作业，结合协同设计流程，可进一步提高数字化协同设计和管控能力。数据要素驱动的布置模型如图 13-5 所示。

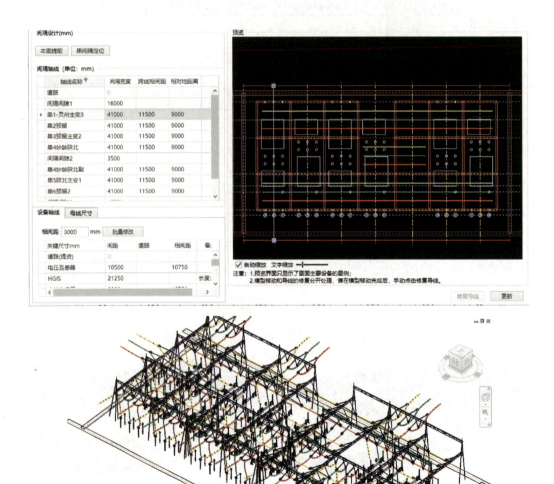

图 13-5 数据要素驱动的布置模型

通过配电装置布置模型，可展示更为直观的设备、导线及土建设施之间的空间占位关系。还可进行安全净距校验，优化结构梁、柱的设置，与输电线路进行协同配合，合理优化配电装置布置方案。多专业数字化协同设计如图 13-6 所示。

将构支架、建筑物的计算模型导入布置模型深化设计，开展地下设施布置和综合碰撞检查，进一步提高设计质量。建（构）筑物数字化设计应用如图 13-7 所示。

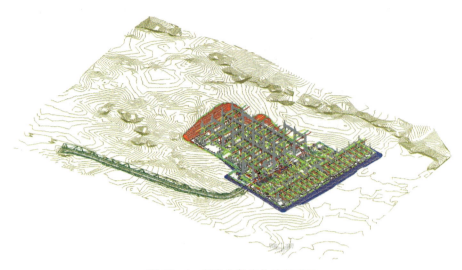

图 13-6 多专业数字化协同设计

图 13-7 建（构）筑物数字化设计应用

（4）数字化设计校审。数字化校审管理主要实现对数字化模型、设计资料、数字化成果进行校审，基于管理流程实现数字化模型校审批，实现不依赖于专业设计软件的数字化模型预览、模型查看、属性查看、模型测量、文档查看和模型标注等功能，并可将校审信息集成至数字化模型中。轻量化平台数字化设计校审如图 13-8 所示。

（5）数字化设计成果输出。通过设计模型与物料主数据关联功能，从布置模型发布主要物资采购清单，提高主要物资采购的效率和质量。根据设计进度多次从数字化模型中分布输出主要材料清单，为现场人、机、材的统筹配置提供了保障。

数字化设计成果输出主要实现对数字化模型动态剖切，主要实现剖切图纸、尺寸标准、图纸修改等，如图 13-9 所示。

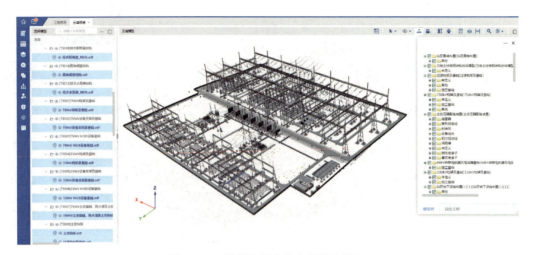

图 13−8　轻量化平台数字化设计校审

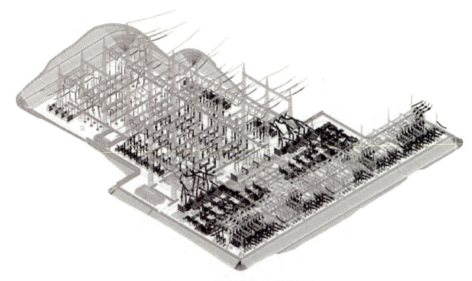

图 13−9　数字化设计成果输出

第二节　数字化建造

　　为深入践行绿色发展理念，推动变电工程建设由传统模式向数字化建造方式转型升级，深入推进变电工程高质量建设，助力"碳达峰、碳中和"行动实施，数字化建造需全面推进和发展。

　　目前，变电工程数字化建造的工作原则是秉承"绿色低碳型、节能环保型、精益化管理、标准化设计、智能化建造"的建设理念，践行全寿命周期管理理念，统筹变电工程安全、质量、效率、环保、生态等要素，加强建造新技术推广应用，因地制宜对建造全过程、全要素进行统筹，努力实现变电工程绿色环保、功能可靠、建设安全、技术经济、运维便捷的和谐统一。

在数字化建造中，结合实际需求有效采用数字化模型、物联网、大数据、云计算、移动通信、区块链、人工智能、机器人等相关技术，整体提升建造手段信息化水平，是提升数字化建造水平的重要手段。

变电站建设工程产品既包含复杂的电气连接、配电装置及其附属设施，又包含为实现变电站功能所必需的建（构）筑物，基于变电站数字化信息模型的可视化、参数化、协调性、模拟性、优化性、一体化、信息完整性、可扩展性等特征，采用地理信息系统、数字化设计技术、数字化协同技术、数字化设计成果移交技术的集成应用，建立一套面向全寿命周期管理，以项目数字化模型为依托，以项目管理为主线，以协同为核心，以工作管理为执行机制的体系，开展变电工程数字化建造应用。

现阶段变电数字化建造中策划、设计、施工、交付的变电站数字化信息模型应用相对分散，尚未实现全过程数字化、网络化、智能化技术应用，没有统一数据及接口标准的信息管理平台，各参与方、各阶段的信息共享与传递比较少，整体应用效率和效益比较低。

变电工程数字化建造采用智慧工地管理系统，实现信息互通共享、工作协同、智能决策分析、风险预控。宜采用变电站数字化信息模型等信息技术进行深化和专业协调，对危险性较大和工序复杂的方案应进行数字化模拟和可视化交底。积极应用项目动态管理信息技术，对施工现场的设备调度、计划管理、安全质量监控等环节进行信息即时采集、记录和共享。积极应用数字化建造在线监测评价技术，以数字化的方式对施工现场各项建造指标数据进行实时监测、记录、统计、分析、评价和预警。应用基于大数据的项目成本分析与控制信息技术，实现工程项目成本管理的过程管控和风险预警。

立足于变电站信息模型及其数据在项目全寿命周期中的利用，结合变电站建造中各阶段实际需求，构建与实体工程完全一致的数字孪生系统，并将设计、施工和交付的需求进行策划和统筹，构建基于变电站信息模型的数字化建造及其管理的系统，主要完成模型、计划、进度、质量、安全等管理功能。支持多单位、多角色协同办公，融入质量、安全、进度、文档管理及相关规程规范、标准，形成一整套实时、高效、透明、可控的管控体系，实现项目信息实时共享、直观显现，增强对项目的监管，提升项目管理精细化程度和标准化水平，达到提质、增效、降本的管理目的。

第三节　数 字 化 运 维

数字化运维融合物联网、大数据、人工智能等技术，通过智能传感设备采集，可实现生产运行状态实时在线测量，物理设备、控制系统和信息系统的互联互通，借助数字化平台的开放性和扩展性，形成一张强大的数字电网。

数字化设计和数字化建造是工程数据的重要源头，构建数字化、结构化的输变电工程数字成果，规范全业务统一数据中心，可实现工程数据信息全寿命周期内"一次录入、共享共用"。目前，数字化运维主要实现数据实时监控、智能化巡检及智能化故障处理。

1. 数据实时监控

在数字化运维中，变电站的各区域设备都清晰可见，运维人员将通过数字化变电站获取并分析处理各类运行数据，实现对变电站的全域和全生命周期管理。在数字化变电站中，各设备的属性信息与真实设备相同，通过虚拟数字技术，可进行设备的拆解、修改等工作。

2. 智能化巡检

通过对站内所有数据的汇总分析，系统自动筛选故障状态，非正常工作状态与正常工作状态的设备，在数字化平台中以丰富的方式将设备位置和电气信息反映给工作人员。

数字化运维变电站不仅能实时监测站内设备的运行状态信息，分析历史数据，找出故障的特征，还可利用人工智能分析等核心技术，对动态数据以及历史数据进行研判分析，实时诊断、分析和告知设备的健康状态以及异常发展趋势，输出差异化、精细化的检修策略，由预防性检修转向预测性检修。

3. 智能化故障处理

在故障发生时，数字化运维变电站可迅速判断故障的类型及故障位置，输出应对策略和修复方案。并记录作业人员的工作内容，做到现场工作实时监控，主动提醒，及时防御，信息可追溯。

变电站数字化运维能够为提升变电站设备及环境全景实时感知能力、在线诊断设备健康状态、推动提升设备隐患故障定位和检修效率、实现设备全生命周期管理等提供有力支撑。基于数字孪生系统的运维模式，可有效提升设备运维精益化管理水平，减少现场作业频度，降低现场作业误操作风险；通过对设备状态的精准评估，延长设备寿命周期，实现资产增值。管理上，能为变电站的运行管理、作业管理、安全管理带来全新的业务决策模式变革；业务上，以数字孪生技术的应用落地，通过信息系统分析决策，数字孪生变电站实时运行状态的反馈，支撑变电站内业务仿真与实时智能控制，真正由预防性检修向预测性检修转变，使运维管理更高效、生产作业更精准、成本开支更精益、安全防御更主动、人员配置更集约。

第四节 数字化应用展望

为保障国家能源安全、实现可持续发展，我国将构建以新能源为主体的新型电力系统，加快构建清洁低碳、安全高效的现代能源体系步伐，推动经济社会绿色转型和高质量发展。构建以新能源为主体的新型电力系统，未来电网将呈现出能源结构绿色化、供电模式互动化等特点，电网数字化转型和发展的最终目的是随着电力系统升级，消纳更多绿色低碳电力，促进源网荷储高效互动，确保系统高效稳定运转，提升能源效率，推动碳达峰、碳中和的实现。坚持数字化智能化绿色化发展，即以数字化转型为基础，以智能化发展为手段，以绿色化发展为目标，实现以科学供给满足经济社会发展和人民生产生活的合理需要。

新时代电网数字化发展的目标是坚定不移推动能源生产和消费革命，加快建设新型电力系统，核心要义之一就是以"大云物移智链"等现代信息技术为驱动，深入探索建设新型电网，即以现代信息技术为依托，实现源网荷储各环节各类主体的信息共享和能力互补，充分释放其间所蕴含的巨大效率效益空间，有力贯彻落实全面节约战略，以更加高效的方式打造数智化坚强电网。一方面，全方位提升大电网的调度控制能力。数字技术的广泛应用能够实现对海量新能源设备的电气量、状态量、物理量、环境量、空间量、行为量的全方位感知，并通过大数据分析与智能决策，有效提升新能源发电出力预测精度、运行调控智能水平、运行维护能力，确保新型电力系统的安全稳定运行。要建立多时间尺度、广地域范围、快响应速度的复杂大电网仿真平台，构建全景可感知，全局可控制，主网、配电网、分布式微电网有效协同的调度控制体系。另一方面，以数字化水平提升助力新能源友好并网。利用现代信息技术构建新能源云等工业互联网平台，通过对新能源发电数据科学分析和合理利用，有效促进风电、太阳能发电等新能源发电的科学规划、合理开发、高效建设、安全运营、充分消纳。依托绿电交易平台，支持绿电交易业务，满足市场主体的绿电消费需求，激发市场主体参与绿色电力交易的热情，有效支撑"双碳"目标实现。

坚持数字化智能化绿色化发展，将带动能源领域实现价值的全面跃升，体现出更为突出的数据价值、服务价值和平台生态价值。基于数字技术对能源电力系统的全面改造和赋能升级，在电力与经济社会系统的数据交互共享中，围绕电力大数据运营、5G与地理信息时空服务、基于区块链技术的场景创新应用等实现数据对新产品新模式的带动。立足从资源提供者到服务提供者的深刻转型，电力将推动形成更加开放柔性的能源互联网发展环境，催生数据整合商、运营零售商、综合服务商、金融服务商等新的市场主体，提供基于信息增值的系列能源电力服务，满足用户多样化、个性化、互动化的需求。在此基础上，推动形成能源工业互联网、电碳资源综合配置平台等全新产业生态，全面激发电力的平台生态价值。以数字化转型开放包容的电网运营体系将在关键环节实现内外资源有效聚合，实现资源优化配置和业务的高效协同互动，激发电网发展新模式新业态的涌现。将从经济社会的更广维度，实现更加高效的供需协同，为经济社会发展提供有效的先行保障和服务能力。持续加强纵向源网荷储各环节、横向电热气冷氢等各品种能源的协调程度，满足各类电力设施便捷接入、即插即用，多措并举支持可再生能源发电安全运行和有效消纳。同时，通过经济社会各领域发展现状、趋势和突出诉求与电力领域的实时互动，可推动数智化坚强电网成为经济社会发展全面绿色转型的引领者。

面向"双碳"目标推进能源转型，加快建设数智化坚强电网，既是推动构建新型电力系统、建设新型能源体系的关键之举，也为新型电力系统建设提供了新范式、探索了新路径、拓展了新空间。需要站在能源安全新战略的高度上，深度把握数智化坚强电网的内涵特征，加深对数智化坚强电网"是什么"的系统性认识，从而推动数字化应用发展。

随着人工智能技术的发展和应用，以数据为核心的数字化设计、建造和运维在人工智能的推动下，将进一步改变输变电的设计、建造、运行、管理和服务方式，提高电网的智能化水平。从工程数字化到数字化工程，数字化技术作为一种新型的生产力，数据和算力是其中重要的生产要素，是工程设计、建造、运营等领域智能化的基础。电网数字化应用及转型需要构建顶层数字技术支撑体系，实现电网数字化全局性发展，优化采集感知，加强共建共享，加强数据管理，提升业务质效，在更大范围、更高频度、更深层次推动数字化资源优化配置，更好地支撑新型电力系统建设。

围绕电网数字化总体发展目标，未来电网在数字化采集与控制、通信网络、算力和存储、算法和应用等新一代数字化技术的大力发展和广泛应用下，将全面联通物理世界与数字空间，通过将电网中的设备信息、生产过程等转化为数字表达，打造电网在虚拟空间中的"数字镜像"。同时，通过数字化监控、智能化分析、数智化自治等数字化能力的进阶式提升，完成物理世界与数字空间从虚实映射到深度交互的演进，进而实现整个电网的数字孪生。

1. 数字化设计

数字化和智能化设计正在深刻改变电力设计的理念和方法，为电力行业带来了更高的效率、更强的安全性和更好的环境适应性，同时也为实现能源的可持续发展提供了强有力的技术支持。具体体现在以下方面：

（1）在数字化基础上，引入人工智能技术，特别是机器学习和深度学习算法，可实现自动化设计、个性化定制、优化决策和创新驱动。数智化设计可以根据给定的条件和参数自动生成设计方案，减轻设计师的工作负担。通过分析用户数据和偏好，AI 能够提供个性化的设计建议和方案。能够处理和分析大量数据，帮助设计师做出更加科学和合理的决策。可以发现新的设计理念和趋势，推动设计的创新和发展。

（2）从规模驱动到价值导向。传统的设计模式往往侧重于规模化生产和大众化需求，而数智化设计则更加注重价值创造和满足个性化、差异化的需求。这种转变意味着设计过程将更加注重用户参与和体验，以及设计解决方案的可持续性和创新性。

（3）数据业务化和一体化决策。数智化设计强调数据的重要性，将业务流程和决策过程建立在数据分析的基础上。这意味着设计不再是一个孤立的环节，而是与企业的其他业务环节紧密结合，通过数据的流动和分析实现生产经营决策的一体化。

（4）社会化大协同和群体智慧的汇聚。数智化设计倡导开放和协作的设计环境，通过社会化大协同，实现不同领域、不同背景的设计师、工程师、用户等多方的合作与交流。这种跨界合作有助于汇聚群体智慧，推动设计的创新和社会价值的最大化。

（5）科技人才培育体系的重构。数智化设计的发展对人才提出了新的要求，不仅需要设计师具备专业领域的知识和技能，还需要具备数字技能和数智化思维。因此，教育体系和人才培养模式需要进行相应的调整，以培养能够适应数智化时代的复合型人才。

（6）数智技术的底层架构和扩散机制。随着数字化技术的深入发展，其底层架构和扩散机制将成为推动设计创新的关键。这包括数据的结构化、标准化以及技术的开放性和互操作性，这些都是实现数智化设计广泛应用和持续创新的基础。

2. 数字化建造

数字化建造通过引入先进的信息技术和智能化管理手段，可显著提升行业的绿色可持续发展能力。

（1）提高资源利用效率：数字化建造利用数字化等技术优化设计和施工过程，减少材料浪费，提高材料使用效率，从而减少对自然资源的消耗和环境的影响。

（2）优化能源管理：通过集成智能传感器和能源管理系统，数字化建造能够实时监控系统的能源消耗，优化能源使用，降低能耗，实现节能减排。

（3）促进废物减量和循环利用：数字化建造采用高效的施工方法和自动化技术，减

少建造过程中的废物产生，并通过对废物进行分类和回收利用，推动建造技术的资源化处理。

（4）实现精细化施工管理：数字化建造通过引入智能监控和 AI 技术，精细化管理施工现场，确保施工过程的安全性和环保性，减少施工过程中的环境污染和生态破坏。

（5）推动绿色建筑标准和认证：数字化建造支持绿色建筑标准的实施和推广，通过数字化手段确保建筑项目符合绿色建筑评价体系的要求，如 LEED、绿色建筑评价标准等，促进建筑行业的绿色转型。

（6）支持可持续性决策：数字化建造提供的数据支持和分析能力，帮助建筑行业从业者做出更加可持续的决策，如选择环保材料、优化建筑布局等，从而推动整个行业的绿色可持续发展。

通过上述方式，数字化建造不仅提高了行业的生产效率和质量，还有助于实现行业的绿色可持续发展目标，为建设环境友好型社会做出贡献。

3. 数字化运维

数字化运维的发展，不仅提升了电网运维的效率和质量，还为电力系统的可持续发展和能源转型提供了强有力的技术支持。随着技术的不断进步，数字化运维将继续推动电力行业向智能化、网络化和数字化方向发展。

（1）实时监控与诊断：通过部署智能传感器和监控设备，数字化运维能够实现对电网设备的实时监控，及时发现和诊断潜在的故障和安全隐患，从而提前采取措施，防止故障发生。

（2）数据分析与决策支持：数字化运维平台收集的大量数据可以用于深入分析电网运行状态，通过大数据分析和人工智能算法，提供决策支持，优化运维策略和资源配置。

（3）预测性维护：利用机器学习和数据挖掘技术，数字化运维可以预测设备故障的发生，实现预测性维护，减少意外停电事件，提高电网的可靠性。

（4）远程操作与自动化：数字化运维支持远程操作和自动化控制，减少了对现场人员的依赖，提高了运维效率和响应速度，同时也降低了运维成本。

（5）智能报警与响应：当系统检测到异常或故障时，数字化运维系统能够自动发出报警，并触发预设的响应程序，快速响应，最小化故障影响。

（6）供应链管理：数字化运维还包括对供应链的管理，通过数字化手段优化物资采购、库存管理和物流配送，确保运维物资的及时供应。

（7）客户服务与互动：数字化运维平台还可以提供客户服务，通过线上平台实现与客户的互动，提供更加便捷和个性化的服务，提升客户满意度。

（8）网络安全与防护：随着电网数字化程度的提高，网络安全变得尤为重要。数字化运维需要构建全面的网络安全防护体系，确保数据的安全和系统的稳定运行。

4. 数字孪生

电网全生命周期数字孪生将涵盖规划建设、计划生产和运营维护等环节。在规划建设阶段，通过建设现场的数字孪生，有效推动工程落地；在计划生产阶段，通过生产过程的数字孪生，合理优化生产策略；在运营维护阶段，通过对生产设备的数字孪生，及时改善设备状态；全周期中，通过对生产环境的数字孪生，大力保障资产与人身安全。

综合未来电网系统核心业务场景对电网数字化技术的应用，核心技术支撑集中体现在以下几个方面：

（1）设备网联化程度决定了数据采集效率以及设备可控性，未来需通过接口统一化、协议标准化实现对各类电力设备的泛在感知，实现关键设备全接入。

（2）多端协同能力的建设可以提高数据处理与分析的表现，未来需进一步拓展协同架构的覆盖面，根据实际业务需求更好地平衡业务响应的实时性与数据分析的准确性。

（3）电力通信专网的构建将为提升数据传输效率及供电可靠性提供大力保障，未来需实现 Gbps 甚至 Tbps 级的高带宽、ms 甚至 μs 级的低时延，确保海量数据的高效传输和处理。

（4）人工智能的广泛应用将为数字孪生时代下各环节带来强大支撑，未来需进一步提高算力以及人工智能在负荷预测、预测性维护、电网监测、用能分析与灵活调度等各场景的渗透和采用。

（5）区块链为能量流、数据流的交互提供了互信保障，未来需加强在各类电力交易以及能源计量领域的应用。

以数字技术为驱动力，以数据为核心要素，坚持架构中台化、数据价值化、业务智能化，打造精准反映、状态及时、全域计算、协同联动的新型电力系统数字技术支撑体系，统筹新型电力系统各环节感知和连接，强化共建共享共用，融合数字系统计算分析，提升电网可观、可测、可调、可控能力，构建形成数字智能电网，高质量推进新型电力系统建设。

随着新型电力系统在电源构成、电网形态、负荷特性、技术基础、运行特性等方面的新变化，当前构建新型电力系统的物质技术基础相对薄弱，未来发展路径存在较大不确定性，特别是未来电力系统演变将面临技术不确定性高、发展路径复杂等一系列挑战。增强电力技术能力，是提升我国电力产业现代化生产力水平的关键，数智化坚强电网建设势必在技术融合创新、核心技术攻关上取得创新性突破。一是坚持循序渐进原则，遵循系统观念和技术规律，充分认识电力行业技术资金密集、存量系统庞大的实际特点，持续优化新型电网科技创新资源配置，积极推动重大科技基础设施和平台建设，促进电网技术创新进步与新型电力系统发展齐头并进。二是坚持问题导向与系统思维，持续推进新型电网基础支撑技术融合创新，着力统筹数字技术、先进信息通信技术、控制技术与能源电力技术创新突破，加大技术创新应用及典型场景试点力度，为新型电力系统路径影响技术与重大颠覆性技术探索提供物质基础与技术支撑。

电网数字化的未来既充满想象空间也面临各种挑战，需要统筹各方资源，让我们携起手来，勇于探索、持续创新，共筑数字化电网！

参 考 文 献

［1］ 水利水电部西北电力设计院. 电力工程电气设计手册. 电气一次部分［M］. 北京：中国电力出版社，1989.

［2］ 中国电力工程顾问集团有限公司，中国能源建设集团规划设计有限公司. 电力工程设计手册. 变电站设计［M］. 北京：中国电力出版社，2019.

［3］ 国家电网公司. 国家电网公司 750kV 输变电示范工程建设总结［M］. 北京：中国电力出版社，2006.

［4］ 国家电网公司. 国家电网公司 750kV 输变电示范工程建设总结. 科研分册［M］. 北京：中国电力出版社，2006.

［5］ 国家电网公司. 国家电网公司 750kV 输变电示范工程建设总结. 设计分册［M］. 北京：中国电力出版社，2006.

［6］ 国家电网公司. 国家电网有限公司输变电工程通用设备　35～750kV 变电站分册（2018 年版）［M］. 北京：中国电力出版社，2018.

［7］ 陈奇，牛冲宣，柴洪梅，等. 消防应急照明及疏散指示控制系统优化研究——以青山 750 kV 变电站为例［J］. 科技创新与应用，2022，12（32）：124－127.

［8］ 杨凯，丁立，范宏建. 对《消防应急照明和疏散指示系统技术标准》的理解和若干总结［J］. 现代建筑电气，2020，11（3）：40－42，47.

［9］ 谢泉明. "双碳"背景下的低碳照明设计研究［J］. 光源与照明，2022（10）：4－6.

［10］ 张仲祥. 750kV 变电站计算机监控系统设想［J］. 云南电力技术. 2001（4）：4.

［11］ 张庆琴. 变电站计算机监控系统在官亭变的应用［J］. 青海电力. 2007，26（2）：37－40.

［12］ 张广顺. 750kV 兰州东变电站综合自动化系统研究和设计［J］. 电力设备. 2008，9（3）：4.

［13］ 李戈. 750kV 智能变电站的继电保护配置分析［J］. 现代工业经济和信息化. 2018，8（16）：2.

［14］ 张健康，栗小华，夏芸. 75 kV 变压器保护配置及整定计算探讨［J］. 电力系统保护与控制. 2015，43（9）：89－94.

［15］ 李瑞生，索南加乐. 750kV 输电线路的特殊问题及其对线路保护的影响［J］2006，34（003）：1－4.

［16］ 李君宏，陈海军. 750kV 输电线路系统特性对线路保护的影响［J］. 电子工程设计. 2011，19（14）：82－85.

［17］ 吴丽华，印永华，李柏青. 西北 750 kV 输变电示范工程投运初期运行特点［J］. 中国电力. 2002，38（12）：17－19.

［18］ 郑彬，印永华，班连庚，等. 新疆与西北主网联网第二通道工程系统调试［J］. 电网技术. 2014，38（4）：7.

［19］ 郭良斌，许玉香，马彦琴. 750kV 串补接入对周边线路保护影响. 工程技术. 2019，140－142.

［20］ 张捷，许玉香，马彦琴等. 串抗对交流保护的影响研究. 工程技术. 2019，111－112.

［21］ 李均甫，张健能，任雪涛. 浅谈变电站直流系统运行维护的几个问题［J］. 继电器，2014，32（17）：75－77.

［22］ 孙强. 我国首批 750kV 变压器、电抗器监造的探讨与小结［J］. 高压电器. 2006，42（5）：

397－398.

[23] 张信权，梁德胜，赵希才. 时钟同步技术及其在变电站中的应用［J］. 继电器. 2008，36（9）：69－72.

[24] 国家电网公司. 国家电网公司输变电工程通用设计 330～750kV 变电站分册（2017 年版）［M］. 北京：中国电力出版社，2017.

[25] 李志刚，杨林，项力恒，等. 750kV 输变电示范工程设计特点［J］. 中国电力. 2005，38（12）：6－11.

[26] 王宁璧，应捷，王甲麟. 330kV 垂直出线塔结构设计［J］. 电力勘测设计. 2021，05（007）：34－40.

[27] 李毅，雷晓标，张玉明. 750kV 钢管格构式构架相贯节点设计研究［J］. 电力勘测设计. 2018，09（A02）：9.

[28] 范明豪，李伟，杜晓峰，等. 典型变压器油燃烧特性试验研究［J］. 华东电力，2013，41（9）：1865－1870.

[29] 张博思，张佳庆，余志红，等. 初始油温对变压器油燃烧特性影响［J］. 消防科学与技术，2019，38（01）：61－63，67.

[30] 范明豪，张佳庆，杜晓峰，等. 典型变压器绝缘纸板燃烧特性试验研究［J］. 消防科学与技术，2016，35（04）：443－446.

[31] 张佳庆，张博思，王刘芳，等. 电线电缆带电燃烧研究进展［J］. 材料导报，2017，31（15）：1－9，35.

[32] 樊小卿. 温度作用与结构设计［J］. 建筑结构学报，1999，（2）：43－50.

[33] 汪一骏. 轻型钢结构设计手册 第三版［M］. 北京：中国建筑工业出版社，2004.

[34] 应建国，叶尹. 大跨越输电线路钢管塔结点分析［J］. 电力建设，2003，024（009）：30－32.

[35] 汪际峰，吴小辰，林火华，等. 数字电网的概念、特征与架构［J］. 南方电网技术，2017，31（15）：1－9，35.